CHEMISCHE UNTERRICHTSVERSUCHE

CHEMISCHE UNTERRICHTSVERSUCHE

6. völlig neu bearbeitete
Auflage des von Heinrich Rheinboldt
begründeten Lehrbuches

von
PROF. DR. P. HABITZ
PROF. DR. H. PUFF
PROF. DR. O. SCHMITZ-DU MONT
Bonn

Mit 167 Abbildungen und 3 Tabellen

SPRINGER-VERLAG BERLIN HEIDELBERG GMBH

Prof. Dr. P. Habitz, Telemannstr. 24, 5300 Bonn-Bad Godesberg
Prof. Dr. H. Puff, Anorganisch-Chemisches Institut der Universität Bonn, Gerhard-Domagk-Straße 1, 5300 Bonn
Prof. Dr. O. Schmitz-DuMont, Malteserstraße 4, 5300 Bonn

Ursprünglich erschienen bei Dr. Dietrich Steinkopff Verlag
GmbH & Co. KG, Darmstadt 1979
Softcover reprint of the hardcover 6th edition 1979

CIP-Kurztitelaufnahme der Deutschen Bibliothek

Habitz, Peter:
Chemische Unterrichtsversuche / von P. Habitz ; H. Puff ; O. Schmitz-DuMont. – 6., völlig neu bearb. Aufl. d. von Heinrich Rheinboldt begr. Lehrbuches. – Darmstadt : Steinkopff, 1979.
1. – 5. Aufl. u.d.T.: Rheinboldt, Heinrich: Chemische Unterrichtsversuche.
ISBN 978-3-642-85896-3 ISBN 978-3-642-85895-6 (eBook)
DOI 10.1007/978-3-642-85895-6
NE: Puff, Heinrich:; Schmitz-DuMont, Otto:; Rheinboldt, Heinrich: Chemische Unterrichtsversuche

Herstellung: Druckerei Triltsch, Würzburg

Vorwort zur 6. Auflage

Seit der etwa 17 Jahre zurückliegenden letzten Auflage der „Chemischen Unterrichtsversuche" von H. Rheinboldt und O. Schmitz-DuMont haben sich die Auffassungen über die Ziele des Chemieunterrichts stark geändert. Nicht mehr die Kenntnis möglichst vieler Stoffe und Reaktionen wird als wesentlich angesehen; im Vordergrund stehen vielmehr die allgemeinen Gesetzmäßigkeiten. Dieser Wandel machte eine völlige Neufassung des Werkes von Rheinboldt und Schmitz-DuMont notwendig.

So sind viele Versuche neu aufgenommen worden, die allgemeine Beziehungen innerhalb der Chemie – einschließlich der organischen – deutlich machen. Vor allem wurde die Zahl der Versuche, die quantitativ ausgewertet werden, erheblich vermehrt. Ausführliche, den einzelnen Kapiteln vorangestellte Querverweise sollen den Überblick über Zusammenhänge erleichtern.

Um den Umfang des Buches in Grenzen zu halten, wurden andererseits rein präparative Versuche, die keine allgemeinen Beziehungen verdeutlichen, nicht mehr aufgenommen. Aus dem gleichen Grunde mußten wir, wenn auch mit Bedauern, viele historische Fußnoten wesentlich kürzen, vor allem Hinweise auf Originalliteratur.

Das Buch ist in mit römischen Ziffern bezeichnete Abschnitte gegliedert, die jeweils nach der Dezimalklassifikation weiter unterteilt sind. Abschnitt I enthält neben allgemeinen Bemerkungen vor allem Hinweise zur Handhabung wichtiger Gase und gefährlicher Substanzen. Im Abschnitt II sind Versuche zur allgemeinen Chemie zusammengefaßt. Die Experimente zur anorganischen Chemie (Abschnitt III) sind in üblicher Weise nach dem Periodensystem geordnet. Abschnitt IV enthält die Versuche zur organischen Chemie, Abschnitt V eine Zusammenstellung von Reagenzien.

Die Beschreibung der Versuche folgt einem festen Schema: Zunächst wird im Lapidarstil die Versuchsanordnung, meist anhand einer weitgehend schematisierten Zeichnung, angegeben. Dann sind die Geräte und Chemikalien aufgeführt, die zusätzlich als Hilfsmittel benötigt werden. Wenn erforderlich, werden darauf Maßnahmen zur Vorbereitung des Versuches geschildert. Anschließend wird die Versuchsausführung im einzelnen beschrieben. In besonderen Fällen werden noch Hinweise zur Beendigung des Versuches gegeben. Bei vielen quantitativen Versuchen wird das Prinzip der Auswertung erläutert; allerdings sind theoretische Erörterungen auf kurze Hinweise beschränkt worden.

Es sei auch an dieser Stelle eindringlich darauf aufmerksam gemacht, daß alle Angaben bezüglich Gefahrenquellen und Schutzmaßnahmen genauestens beachtet werden müssen.

Das vorliegende Buch soll dazu beitragen, eine zu weitgehende Theoretisierung des Chemieunterrichts („Kreidechemie") zu vermeiden und dem Experiment seine Bedeutung als Grundlage des Chemieunterrichts und als Ausgangspunkt für die Ableitung allgemeiner Gesetzmäßigkeiten zu erhalten. Um dieses Ziel zu erreichen, erfordern die meisten Versuche einen gewissen Aufwand, obwohl wir uns nach Möglichkeit um eine Vereinfachung bemüht haben; sie sind daher im wesentlichen für die Vorführung durch den Lehrer gedacht. Jedoch eignen sich viele davon, vor allem die zahlreichen Experimente zu den Eigenschaften der behandelten Stoffe, auch zum Einsatz bei Schülerübungen.

Wir glauben jedoch, daß die vorliegende Neufassung ebenso wie die früheren Auflagen der „Chemischen Unterrichtsversuche“ nicht nur in den Schulen, sondern auch bei der Ausbildung der Lehramtsstudenten und bei der Vorbereitung von Experimentalvorlesungen an den Hochschulen Verwendung finden kann.
Alle neuen und die meisten der übernommenen Versuche wurden sorgfältig erprobt. Für die dabei geleistete wertvolle Hilfe danken wir zahlreichen Mitarbeitern, vor allem den Herren *Erwin Daub, Albrecht Roloff* und Dr. *Peter Volz* sehr herzlich.

Bonn, März 1979

Peter Habitz
Heinrich Puff
Otto Schmitz-DuMont

Inhaltsverzeichnis

I - Allgemeines[1])

I - 1 Abbildungen

In den Abbildungen sind die Apparaturen weitgehend schematisch dargestellt. Verbindungsrohre sind durchweg als Striche wiedergegeben, Schlauchverbindungen als Doppelstriche. Für Waschflaschen wird immer dasselbe Symbol verwendet; auf einen evtl. erforderlichen speziellen Typ wird bei der Versuchsbeschreibung hingewiesen. Stative, Klammern und Stativringe sind nicht eingezeichnet, jedoch sind Apparateteile dort, wo Stativklammern anzusetzen sind, durch Blockmarkierung gekennzeichnet, falls dies notwendig erschien (vgl. Abb. 34c an den Teilen A, D, N, R). Dreifüße sind fortgelassen, Asbestdrahtnetze manchmal durch geradlinige Strichelungen angedeutet (vgl. Abb. 34c unter N). Ein Bunsen- oder Teclubrenner wird symbolisch durch das Brennerrohr wiedergegeben, ein Rohrofen (elektrisch oder gasbeheizt) durch ein Rechteck. Weitere symbolische Darstellungen sind jeweils bei den Abbildungen in Teil I angegeben.
Alle Apparateteile sind von links nach rechts mit Großbuchstaben in alphabetischer Reihenfolge bezeichnet.

I - 2 Aufbau von Apparaturen

Die Ausmaße einer Apparatur müssen der Größe des Unterrichtsraumes und den umzusetzenden Stoffmengen angepaßt sein. Die in diesem Buch beschriebenen Versuchsaufbauten gelten für mittlere Verhältnisse; werden wesentlich größere oder kleinere Apparaturen verwendet, sind u. U. die Versuchsbedingungen abzuändern. Die fertig aufgebaute Apparatur muß zweckentsprechend, stabil und übersichtlich sowie bequem zu handhaben sein. Man verwende daher nicht mehr Stative, Klammern, Ringe, Dreifüße oder Röhrenträger als unbedingt erforderlich sind. Die Stative sind bei Übungsversuchen so aufzustellen, daß die Klammern von der dem Experimentierenden gegenüberliegenden Seite her die Apparateteile anpacken; bei Demonstrationsapparaturen ist umgekehrt zu verfahren, damit für den Betrachter kein Teil der Apparatur durch Klammern oder Stative verdeckt wird. Aus demselben Grunde sind bei Demonstrationsversuchen keine mit Asbestpapier bekleideten Kolben, keine tiefen Sand- oder Luftbäder zu verwenden, sondern Asbestdrahtnetze, in besonderen Fällen flache Schalen, die mit Asbestpapier ausgelegt werden. Schmutzige Gefäße dürfen auf keinen Fall benutzt werden, weil dadurch das Versuchsergebnis beeinflußt und die Unfallgefahr erhöht werden kann.
Die aufgebaute Apparatur ist auf korrekte Zusammenstellung zu prüfen; jeder für Gasreaktionen zu verwendende Aufbau muß auf dichtes Schließen geprüft werden. Erst wenn eine Apparatur vollkommen in Ordnung ist, darf sie mit Substanz gefüllt werden; nachträgliche Abänderungen an Apparaturen, die bereits Chemikalien enthalten oder in denen eine Reaktion im Gange ist, können zu Unglücksfällen führen. Bei der Beschickung der Apparaturen überlege man stets, wie das, was man zu zeigen beabsichtigt, am deutlichsten wahrgenommen werden kann: Beim Einbringen fester Substanzen in Glasrohre verwendet man keine tiefen Schiffchen (wenn dies nicht zur Schonung des Glases unbedingt erforderlich ist), sondern bringt die Substanzen auf eine Unterlage von Asbestpapier, evtl. auf eine Rinne aus Magnesia, oder verteilt sie zwischen Glaswolle, die den gesamten Rohrquerschnitt ausfüllt.

[1]) Die hier gemachten Angaben sind z.T. dem Buch: *Lux, H.*, Anorganisch-Chemische Experimentierkunst, 3. Aufl. (Leipzig 1970) entnommen.

Werden Flüssigkeiten zum Anzeigen von Druck- und Volumenunterschieden benutzt, so sind sie stets anzufärben.
Unordnung auf dem Experimentiertisch vergrößert das Unfallrisiko. Alles für den Versuch Überflüssige ist von dem Arbeitstisch zu entfernen, alles Erforderliche bereitzustellen; die Stopfen der Chemikalienflaschen sind zu lockern. Kurz vor der Ausführung des Versuches überprüft man nochmals die Apparatur, ob alles in Ordnung ist; man achte besonders darauf, daß Apparate, die erwärmt werden sollen, in denen eine Gasentwicklung erfolgt oder durch die Gase hindurchgeleitet werden sollen, nicht irgendwo verstopft oder durch geknickte Schläuche, falsch geschaltete Waschflaschen, geschlossene oder in falscher Richtung geöffnete Hähne o.a. verschlossen sind. Nach Beendigung des Versuches ist die Apparatur möglichst bald in die Einzelteile zu zerlegen und zu reinigen.

I - 3 Rohre aus Glas und keramischem Material

I - 3.1 Glasrohre als Reaktionsrohre

sollten nach Möglichkeit nur in zwei Weiten verwendet werden: Innerer Durchmesser 18 bzw. 25 mm. Rohre aus Jenaer Glas können bis zu Temperaturen von 500 °C, solche aus Duranglas bis 700 °C und solche aus Supremaxglas bis 900 °C verwendet werden, sofern sie keiner mechanischen Belastung ausgesetzt sind und nicht unter Überdruck oder Vakuum stehen. Für höhere Temperaturen (bis 1200 °C) oder bei der Gefahr einer plötzlichen Abkühlung des erhitzten Rohres (etwa durch Kondensation von Wasserdampf) verwendet man Rohre aus Quarzglas. Scharfe Kanten an den Rohrenden, die Schläuche und Stopfen beschädigen können, werden rund geschmolzen.

I - 3.2 Glasrohre zur Verbindung von Apparateteilen

Man nimmt nach Möglichkeit nur Rohre mit ein und derselben Weite (äußerer Durchmesser 8 mm). Bei gebogenen Rohren darf die lichte Weite in der Biegung nicht verringert sein (s. I - 6.1). Die Verbindungsrohre zwischen den einzelnen Apparateteilen sollen möglichst kurz sein; übermäßig lange Verbindungsstücke machen die Apparatur unhandlich und unübersichtlich.

I - 3.3 Rohre aus keramischem Material

haben den Nachteil, daß sie undurchsichtig sind. Für Unterrichtszwecke werden sie deshalb nur bei besonders hohen Temperaturen verwendet: Glasiertes Hartporzellan bis 1200 °C, unglasiertes bis 1300 °C, „Pythagorasmasse" bis 1650 °C. Zu beachten ist, daß derartige Rohre bei zu raschem Erhitzen springen können.

I - 4 Hähne

I - 4.1 Quetschhähne

Um einen Gasweg während des Versuches abzusperren oder den Gasstrom zu drosseln, verwendet man Quetschhähne oder Glashähne. Quetschhähne (Symbol Abb. 1) sind billig, leicht und als Schraubenquetschhähne fein einstellbar – vorausgesetzt, daß der Schlauch einwandfrei ist. Sie geben nach Öffnen den gesamten Querschnitt des Schlauches frei, was bei Glashähnen wegen der relativ engen Bohrung im Hahnküken nicht der Fall ist.

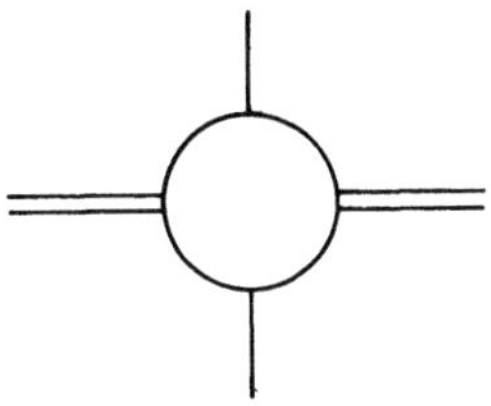

a) offen

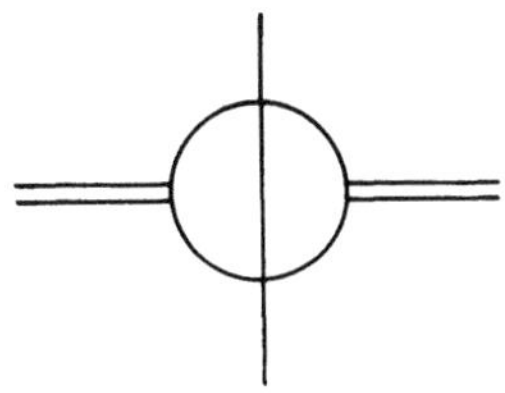

b) geschlossen

Abb. 1. Symbol für einen Quetschhahn

Soll der Quetschhahn einwandfrei funktionieren, so muß das freie Schlauchstück mindestens 3 cm lang sein.

I - 4.2 Glashähne

(Symbol Abb. 2) sind vor allem dann zu bevorzugen, wenn das betreffende Gas den Gummischlauch angreift. Gedichtet wird mit „Hahnfett", das man auf das Hahnküken aufträgt. Es kommt darauf an, die richtige Menge Schmiermittel zu verwenden: Nimmt man zu wenig, schließt der Hahn nicht dicht; nimmt man zu viel, gelangt Fett in die Bohrung. Das Hahnküken muß unter leichtem Druck in seiner Hülse gedreht werden.

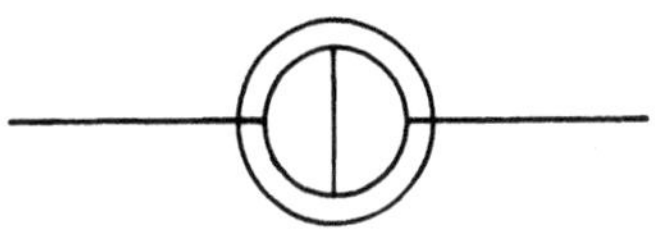

Abb. 2. Symbol für einen Glashahn

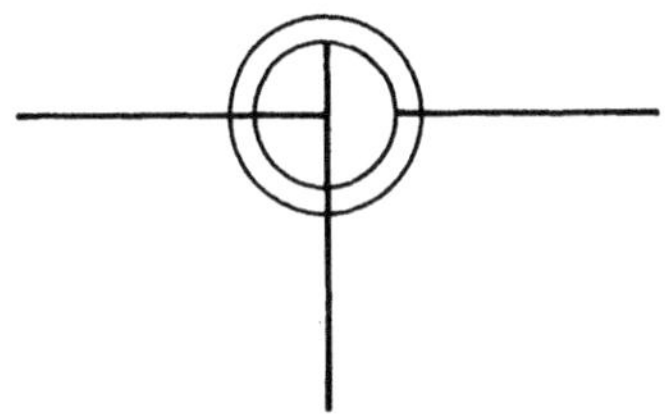

Abb. 3. Symbol für einen Dreiwegehahn

Nach Gebrauch ist das Hahnküken aus der Hülse zu nehmen und das Schmiermittel mit Filtrierpapier oder Watte, die mit Benzol getränkt sind, zu entfernen. Die Bohrung wird mit einem eng zusammengerollten Stückchen Filtrierpapier entsprechend gereinigt. Hat sich das Küken festgesetzt, hilft meist ein vorsichtiges Erwärmen der Hahnhülse mit der leuchtenden Flamme eines Bunsenbrenners (vgl. I - 5.2).
Man beachte, daß beim Hantieren mit nicht gefetteten Glashähnen das Küken leicht herausfällt, was durch Anbringen eines Gummiringes verhindert werden kann. Will man einen Glashahn ungefettet aufbewahren, klemmt man zwischen Küken und Hülse einen Papierstreifen. Glashähne mit besonderer Hahnsicherung sind im Handel.
Für spezielle Zwecke empfiehlt sich die Verwendung von sog. Flachhähnen oder von Glashähnen mit Teflonküken bzw. von Teflonhähnen.
Ist die Umleitung eines Gasstromes während des Versuchs notwendig, so kann man Dreiwegehähne aus Glas verwenden (Abb. 3). Vorteilhaft ist das Modell nach Czako, da es aus der Stellung des gebogenen Hahngriffs den freien Weg für das betreffende Gas sofort erkennen läßt. Auch mit Hilfe eines T-Stücks und zweier Quetschhähne (Abb. 4) ist eine Umleitung möglich.

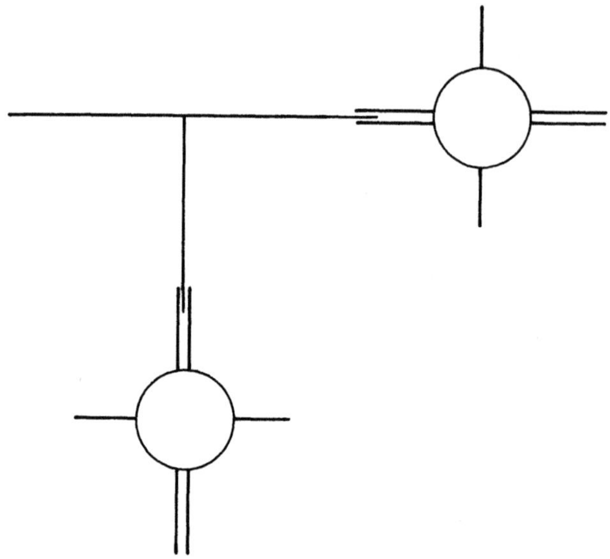

Abb. 4. Ersatz eines Dreiwegehahns durch ein T-Stück mit zwei Quetschhähnen

I - 5 Schliffgeräte

I - 5.1 Allgemeines über Schliffe

Für die in diesem Buch beschriebenen Apparaturen sind im allgemeinen Schliffverbindungen nicht unbedingt erforderlich; jedoch bieten Schliffe die beste Möglichkeit, Apparateteile schnell und mühelos gasdicht miteinander zu verbinden und werden daher in der Schulpraxis in zunehmendem Maße eingesetzt. Sie sind immer da zu verwenden, wo Gummistopfen von Reagenzien (konz. Salpetersäure, Benzol, Äther u.a.) angegriffen würden. Wegen ihres relativ hohen Preises sind Schliffe mit Vorsicht zu handhaben und sorgfältig zu pflegen (vgl. I - 5.2 und I - 5.3). Kann in einer Apparatur ein Überdruck entstehen, sind die Schliffverbindungen zu sichern (Häkchen mit Federn, Schliffklammern). Wenn eine Schliffverbindung der Erwärmung ausgesetzt ist, soll sich die Schliffhülse an dem Rohr befinden, das zur Wärmequelle führt.

Man unterscheidet: Kegelschliffe, Planschliffe, Zylinderschliffe und Kugelschliffe. Am häufigsten werden Kegelschliffe verwendet, die, um ihre Austauschbarkeit zu gewährleisten, genormt sind. Für Schliffkern und -hülse gilt entsprechend den DIN-Normen

$$(d_1 - d_2) : h = 1 : 10$$

mit

d_1 = größter Durchmesser des Schliffkerns
d_2 = kleinster Durchmesser des Schliffkerns
h = Länge der Schliffzone.

Damit ist der Einstellwinkel (Winkel zwischen Schliffzone und Achse) mit 2° 51′ 45″ festgelegt. Normschliffe (Abkürzung NS) werden durch die Angabe NS d_1/h gekennzeichnet. Am gebräuchlichsten sind die Maße NS 14,5/23 („Thermometerschliff", Halbmikro-Schliffsatz), NS 19/26 und NS 29/32 (Standard-Schliffsatz).

I - 5.2 Schliffstopfen

Für Kegelschliffhülsen und für Reagenzienflaschen gibt es genormte Schliffstopfen; sie haben einen achteckigen Kopf. Für Flaschen, die alkalische Lösungen enthalten, eignen sich Glasschliffstopfen nicht, da sie sich leicht festsetzen. Bei Stopfen aus Silicon oder Teflon besteht die Gefahr des Festsetzens nicht.

Einen festsitzenden Glasschliffstopfen kann man vom Schliffbett lösen, indem man unter fortgesetztem Drehen mit einem Stück Holz von unten nach oben auf den Rand des Stopfens schlägt. Man kann den Stopfen auch durch Erwärmen der Schliffhülse mit einer etwa 2 cm hohen leuchtenden Flamme unter ständigem Drehen lokkern. Enthält die Flasche, deren Stopfen festsitzt, leichtflüchtige oder brennbare Flüssigkeiten oder explosive Stoffe, so erwärmt man statt mit einer Flamme mit einem Dampfstrahl.

Analog verfährt man mit festsitzenden Schliffverbindungen. In besonders hartnäkkigen Fällen kann man festsitzende Schliffe mit einer der folgenden Lösungen behandeln, die u.U. längere Zeit einwirken müssen:

10 Teile Chloralhydrat, 5 Teile Glycerin, 5 Teile Wasser, 3 Teile 25%ige Salzsäure (Bredemannsche Lösung) oder 1 Teil Äthanol, 1 Teil Äther, 1 Teil Milchsäure.

I - 5.3 Dichten von Schliffen

Schliffe werden wie Glashähne gereinigt und gefettet (s. I-4.2). Um zu vermeiden, daß bei Kegelschliffen Fett aus der Hülse in das anschließende Glasrohr gelangt, kann im unteren Drittel des Kernschliffes eine Rille zur Aufnahme des überschüssigen Fettes eingeschliffen sein; der Kernschliff darf dann nur oberhalb der Rille gefettet werden. Schliffe, die mit fettlösenden oder aggressiven Flüssigkeiten oder Dämpfen in Berührung kommen, dichtet man entweder durch Schmieren mit sirupöser Phosphorsäure[1]) oder durch eine genormte Teflonmanschette (nur bis 200 °C verwendbar) die man über den Kernschliff zieht.

I - 6 Bearbeitung von Glas

I - 6.1 Biegen von Glasrohren

Man verwendet das leicht schmelzende AR-Glas oder das etwas höher schmelzende Jenaer Glas (G 20), die sich in der Flamme eines Bunsen- oder Teclubrenners bequem biegen lassen. Um die Bildung eines Knickes im Glasrohr zu vermeiden, benützt man einen Breitbrenneraufsatz und erhitzt unter ständigem Drehen zunächst in der leuchtenden, dann in der nichtleuchtenden Flamme. Beginnt das Glas zu erweichen, läßt man die eine Seite des Rohres ohne weiteres Drehen unter dem Eigengewicht absinken, bis der gewünschte Biegungswinkel erreicht ist. Umfangreiche Arbeiten sowie die Handhabung von höherschmelzenden Gläsern lassen sich am besten unter fachmännischer Anleitung erlernen.

I - 6.2 Abschneiden von Glasrohren

Man ritzt das Glasrohr zunächst mit einem scharfen Glasmesser oder einem „Röhrenschneider" an. Dann zieht man das Rohr mit beiden Händen, die Daumen unterhalb des Schnittes angelegt, in Richtung der Rohrachse so auseinander, daß die größere Spannung auf der Seite des Schnittes ausgeübt wird, bis das Rohr auseinanderspringt. Rohre mit größerem Durchmesser als etwa 10 mm ritzt man ringsherum

[1]) In diesem Fall müssen Hülse und Kern nach Beendigung des Versuchs sofort mit reichlich Wasser abgespült werden.

an und setzt auf die Ritzspur einen möglichst heißen Glastropfen, der am Ende eines dünnen Glasstabes erzeugt wird. Entsteht hierbei nur ein eng begrenzter Sprung, so setzt man an das Ende desselben einen weiteren glühenden Glastropfen auf. Nach dem Absprengen werden die scharfen Kanten der beiden Rohrteile rund geschmolzen.

I - 7 Platingeräte

Platin reagiert in der Hitze mit Phosphor, Arsen, Antimon, Wismut, Schwefel, Selen, Tellur und den meisten Metallen, insbesondere Zinn, Blei, Silber, Gold sowie Alkalimetallen. Das Erhitzen leicht reduzierbarer Verbindungen dieser Elemente in Platingefäßen muß deshalb in Gegenwart reduzierender Substanzen unterbleiben. Auch reduzierende Bestandteile einer Gasflamme können schädlich sein, da sie durch die Wandung diffundieren. Platin darf daher nie mit einer leuchtenden Flamme und auch nicht mit dem inneren blauen Kegel der nichtleuchtenden Flamme in Berührung gebracht werden, da es sonst porös wird.
Sulfidschmelzen sowie Schmelzen von Hydroxiden, Oxiden und Peroxiden der Alkalimetalle greifen Platin stark an. Platingeräte können zwecks Reinigung mit heißer Salpetersäure oder heißer Salzsäure behandelt werden, aber niemals mit einem Gemisch beider Säuren (Königswasser), da dieses Platin löst.
Platinelektroden werden mit heißer konz. Salpetersäure gereinigt, mit dest. Wasser und Äthanol abgespült und an der Luft oder hoch über einer Flamme getrocknet.

I - 8 Stopfen

I - 8.1 Gummistopfen

Gummistopfen quellen durch Dämpfe von Kohlenwasserstoffen (Benzol, Xylol, Ligroin u.a.) sowie von Äther und verändern dadurch ihre ursprüngliche Form. Man verwendet deshalb in solchen Fällen Schliffe oder notfalls Korkstopfen. Genormte Gummistopfen, zur Durchführung von Glasrohren (⌀ 8 mm) einfach und zweifach durchbohrt, sind im Handel; Gummistopfen mit drei Bohrungen muß man selbst herstellen. Den Gummistopfen wählt man so aus, daß er etwa zu einem Drittel in das zu verschließende Gefäß oder Rohr hineinpaßt. Der Handel liefert Gefäße und Rohre mit einem sog. Stopfenbett. Dieses hat die Form einer Schliffhülse, in die genormte Gummistopfen hineinpassen; sie liegen dann fest an der Glaswand an.

Das Durchbohren von Gummistopfen erfolgt stets von der Schmalseite aus und geschieht am besten mittels einer Bohrmaschine mit eingespanntem Korkbohrer aus Stahl. Sein Durchmesser soll 0,5 bis 1 mm größer sein als derjenige des Rohres, für welches das Bohrloch bestimmt ist. Als Unterlage für den Stopfen dient ein Holzbrett. Man setzt den Bohrer auf die richtige Stelle der Schmalseite des Stopfens, hält diesen mit der Hand fest, stellt die Bohrmaschine an und drückt den Transporthebel des Bohrers langsam nach unten. Der Bohrer muß wiederholt mit Glycerin als Gleitmittel benetzt werden.
Steht keine Bohrmaschine zur Verfügung, verwendet man einen Korkbohrer (⌀ s.o.): Man setzt den Stopfen auf eine weiche Unterlage (breiter Korkstopfen, Asbestplatte, Pappscheibe), feuchtet den Bohrer mit Glycerin an und hält den Stopfen mit der einen Hand fest. Mit der anderen setzt man den Bohrer genau senkrecht auf und dreht ihn langsam in den Stopfen hinein, während man diesen gleichzeitig jeweils um etwa eine viertel Umdrehung in entgegengesetzter Richtung dreht.

Da Gummi oberhalb 300 °C zersetzt wird, müssen Gummistopfen an heißen Rohren vor Wärmeleitung und -strahlung geschützt werden:
Die Wärmeleitung innerhalb der Rohrwandung läßt sich leicht vermindern, indem man ein genügend langes Rohr verwendet, so daß die Stopfen weit genug von der heißen Zone entfernt sind. Bei Metallrohren kann man die Stopfen in Asbestpapier einpacken oder die Rohrenden mit Filtrierpapierstreifen umwickeln, auf die man Wasser aus einem Tropftrichter tropfen läßt.
Um Gummistopfen vor Wärmestrahlung zu schützen, kann man in die Enden des Reaktionsrohres je einen lockeren Pfropfen aus Glaswolle oder ausgeglühter Asbestwolle einführen.

I - 8.2 Korkstopfen

Wenn die Gefahr besteht, daß trotz aller Vorsichtsmaßnahmen Stopfen aus Gummi angegriffen werden, kann man Korkstopfen verwenden, jedoch nur, wenn es nicht auf einen gasdichten Verschluß ankommt. Neue Korkstopfen werden zunächst unter dauerndem Drehen in der Korkpresse behandelt, so daß sie elastisch werden und sich in die Öffnungen der zu verschließenden Gefäße bzw. Rohre bequem hineinpressen lassen.

Will man einen Korkstopfen durchbohren, drückt man zuerst das Glasrohr, für das die Bohrung bestimmt ist, fest auf den Stopfen und wählt nach dem abgezeichneten Umkreis des Rohres einen Bohrer aus, der etwas enger ist. Dann verfährt man wie beim Durchbohren von Gummistopfen, befeuchtet jedoch mit Wasser. Wenn sich der Umriß des Bohrers auf der entgegengesetzten Seite abzeichnet, wendet man den Stopfen um und vollendet die Bohrung von der Breitseite aus, so daß man an beiden Seiten scharfe Ränder erhält. Damit das einzuführende Rohr dicht abschließt, darf es nur mit einigem Widerstand durch die Bohrung hindurchgehen.

I - 8.3 Asbeststopfen

Wenn ein Reaktionsrohr (z.B. im Rohrofen) sehr hoch erhitzt werden soll, ist es ratsam, Asbeststopfen[1]) zu verwenden. Da diese aber nicht elastisch sind, müssen sie sehr vorsichtig in Glasrohre eingeführt werden.

I - 8.4 Das Einführen von Glasrohren in durchbohrte Stopfen

muß mit äußerster Vorsicht geschehen, da bei falscher Ausführung schwere Verletzungen eintreten können. Das Rohr muß mit einigen Tropfen Glycerin[2]) benetzt werden und darf nur unmittelbar oberhalb des einzuführenden Endes angefaßt werden. Der Stopfen wird mit der anderen Hand so gehalten, daß die Bohrung nach beiden Seiten frei ist und keinesfalls auf die Innenfläche der Hand zeigt. Dann wird das Rohr unter nur schwachem Druck und dauerndem Drehen in die Bohrung eingeschoben. Gebogene Rohre dürfen niemals so angefaßt werden, daß sich die Biegung innerhalb der Hand befindet. Entsprechend vorsichtig muß beim Herausziehen von Glasrohren aus Gummistopfen verfahren werden.
Hat man Schwierigkeiten beim Einführen eines Glasrohres, so kann man von der entgegengesetzten Seite einen Korkbohrer entsprechender Weite in den Gummistopfen einschieben, das Glasrohr durch den Korkbohrer stecken und diesen wieder herausziehen. Entsprechend kann man verfahren, wenn festsitzende Glasrohre aus Gummistopfen herausgezogen werden sollen.

[1]) Lieferfirma Kind (I - 17.8).
[2]) Auch ein Gemisch von Glycerin und Methanol (1:1) wird empfohlen.

I - 9 Schläuche

I - 9.1 Gummischläuche

Zum Verbinden von Glasrohren werden vorwiegend Gummischläuche verwendet, die sich durch gute Elastizität auszeichnen. Gummi ist jedoch für viele Gase, wie z.B. Wasserdampf, Ammoniak, Schwefeldioxid, Kohlendioxid, Kohlenmonoxid, Methan, Sauerstoff, Wasserstoff durchlässig und wird von Halogenen, Ozon u.a. stark angegriffen. Gegenüber Säuren und Alkalien ist Gummi weitgehend beständig, durch konzentrierte Schwefelsäure wird es jedoch schnell zerstört.

Gummi quillt durch Dämpfe von Kohlenwasserstoffen und Äther (s. I - 8.1). Da Weichgummi eine Hitzebeständigkeit bis etwa 110 °C hat, können Gummischläuche ohne weiteres zum Durchleiten von Wasserdampf verwendet werden.

I - 9.2 Schläuche aus Kunststoffen

In Betracht kommen Schläuche aus Polyvinylchlorid, Polyäthylen, Silicon und Teflon; sie sind weniger elastisch als Gummischläuche. Polyvinylchlorid- und Polyäthylenschläuche können bis 60 °C verwendet werden, solche aus Silicon bis 180 °C und solche aus Teflon bis 275 °C. Kunststoffschläuche sind gegenüber Chemikalien resistenter als Gummischläuche. So sind Polyvinylchlorid und Polyäthylen gegen konz. Schwefelsäure bis etwa 40 °C beständig, ebenso gegen Methanol, Äthanol und aliphatische Kohlenwasserstoffe, quellen aber wie Gummi in Berührung mit Benzol und Toluol. Besonders widerstandsfähig gegenüber Chemikalien sind Silicon- und Teflon-Schläuche.

Quecksilber wird in Schläuchen aus Polyvinylchlorid oder Polyäthylen nicht angegriffen, da diese im Gegensatz zu Gummischläuchen keinen Schwefel enthalten; es kann sich daher kein Quecksilbersulfid bilden.

I - 10 Verbinden von Apparateteilen

Glasrohre werden durch kurze Schlauchstücke so miteinander verbunden, daß sie möglichst Glas an Glas aneinanderstoßen. Vor dem Überziehen eines Gummischlauches benetzt man das Glasrohr mit Wasser oder besser mit Glycerin; wenn Spuren von Feuchtigkeit schaden, verwendet man Siliconöl.

Kunststoffschläuche lassen sich leichter über Glasrohre ziehen, wenn man sie vorher durch gelindes Erwärmen geschmeidig gemacht hat. Sie haften jedoch sehr fest am Glas, so daß sie meist durch Aufschlitzen entfernt werden müssen. In Sonderfällen können Apparateteile auch durch Verkitten verbunden werden[1]).

I - 11 Reinigen und Trocknen von Gefäßen

Man mache es sich zur Regel, keine Rückstände, insbesondere keine giftigen oder gefährlichen Stoffe längere Zeit in den bei den Versuchen benutzten Gefäßen zu belassen. Das Reinigungsverfahren muß je nach Art der Rückstände sorgfältig ausgewählt werden. Entsprechende Hinweise findet man in Kap. I - 20 und bei der Beschreibung der einzelnen Versuche. Befinden sich z.B. Natrium- oder Kaliumreste in einem Ge-

[1]) *Angerer, E.v.*, Technische Kunstgriffe bei physikalischen Untersuchungen. 13. Aufl. hrsg. von *H. Ebert*, (Braunschweig 1964).
Lux, H. Anorganisch-Chemische Experimentierkunst. 3. Aufl. (S. 40–42) (Leipzig 1970).

fäß, so darf man unter keinen Umständen wäßrige Lösungen verwenden (s. I - 20.2, I - 20.3).
Besondere Vorsicht ist auch beim Entfernen von Resten weißen Phosphors geboten (s. I - 20.4).
An der Wandung des Gefäßes haftende Verunreinigungen, die man nicht nach Zusatz von Sand oder Scheuermitteln durch Schütteln oder Bürsten entfernen kann, lösen sich häufig unter Einwirkung von Wasser und Reinigungsmitteln[1]) mit der Zeit von selbst ab.
In vielen Fällen lassen sich festhaftende Niederschläge durch entsprechende chemische Reagenzien entfernen, z.B. durch konz. Säuren, durch Chromschwefelsäure, u.U. bei erhöhter Temperatur, oder durch frisch bereitete alkalische Permanganatlösung.

Chromschwefelsäure: Man stellt durch vorsichtiges Eingießen von konz. Schwefelsäure in Wasser unter Rühren eine etwa 50%ige Schwefelsäure her und gibt pro Liter Säure eine Lösung von 20 g CrO_3[2]) in 50 ml Wasser hinzu. Ein Teil des CrO_3 kristallisiert aus und geht in dem Maße, wie es durch Reduktion verbraucht wird, wieder in Lösung.

Nach gründlichem Ausspülen, zuletzt mit dest. Wasser, werden die Einzelteile einer Apparatur im Trockenschrank (150 °C) getrocknet; aus den noch heißen Gefäßen wird die Luft mit einem an die Wasserstrahlpumpe angeschlossenen Glasrohr herausgesaugt, bis sie vollkommen erkaltet sind. Sehr schnelles Trocknen erreicht man durch Ausspülen mit Alkohol und Äther; der Ätherdampf ist unbedingt durch Heraussaugen zu entfernen, sonst können unter Umständen gefährliche Explosionen eintreten. Aus Apparaten, die absolut trocken sein müssen, entfernt man die Feuchtigkeit am besten dadurch, daß man einen scharf getrockneten Gasstrom (Luft, CO_2, N_2) hindurchleitet unter gleichzeitigem Abfächeln der einzelnen Apparateteile mit einer großen, leuchtenden Bunsenflamme.

I - 12 Reinigen und Trocknen von Gasen

I - 12.1 Allgemeines

Alle Gase sind nach der Darstellung mehr oder weniger verunreinigt und oft auch feucht. Bei Unterrichtsversuchen sollte man Reinigung und Trocknung nur soweit wie nötig durchführen, z.B. bei quantitativen Versuchen. Je nachdem, ob zur Reinigung und Trocknung flüssige oder feste Reagenzien verwendet werden, benötigt man verschiedene Geräte.

I - 12.2 Trocknen mit flüssigen Reagenzien

Für Unterrichtsversuche genügt meist die Drechselsche Waschflasche (Abb. 5a). Der Schliff muß dicht schließen und soll daher gut eingefettet werden. Eine Woulfesche Flasche kann man leicht als Waschflasche herrichten; sie kann zugleich als Sicherheitsventil dienen, wenn sie in einem dritten Tubus ein bis in die Flüssigkeit reichendes Steigrohr besitzt. Saugflaschen oder Saugrohre lassen sich als Waschflaschen bzw. Blasenzähler verwenden, wenn man sie mit einem bis zum Boden reichenden Einleitungsrohr versieht.
Für eine gründliche Reinigung (feinere Verteilung des Gases in der Waschflüssigkeit) eignet sich die Muenckesche Waschflasche (Abb. 5b). Hierbei verhindert die starke

[1]) Z.B. RBS 25 oder RBS 50 (Fa. Roth), Extran flüssig, Extran neutral (Fa. Merck) u.a.
[2]) CrO_3 ist stark giftig und kann Schleimhautkrebs erregen.

Erweiterung des Einleitungsrohres durch Aufnahme fast der gesamten Flüssigkeit ein eventuelles Zurücksteigen der Beschickung in die Apparatur.
Für besondere Zwecke sind Waschflaschen im Handel, bei denen das Gas durch eine Glasfritte in feiner Verteilung in die Flüssigkeit gedrückt wird (Abb. 5c).

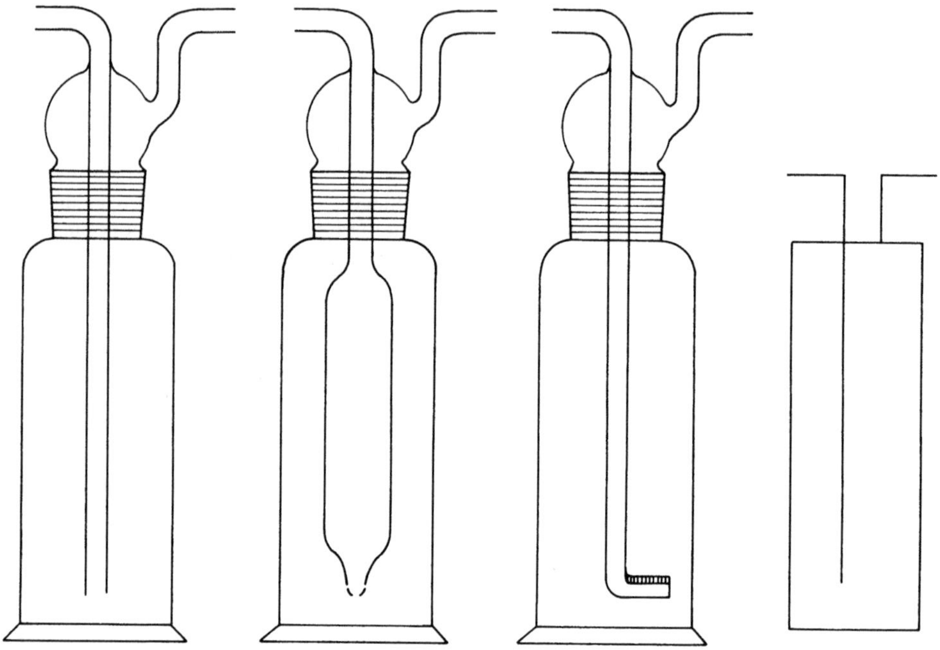

a) nach *Drechsel* b) nach *Muencke* c) mit Fritte d) Symbol

Abb. 5. Waschflaschen

Man achte darauf, daß Waschflaschen richtig in die Apparatur eingebaut sind. Eine gefüllte Waschflasche darf niemals am Kopfteil hochgehoben werden.

I - 12.3 Trocknen mit festen Reagenzien

Zum Trocknen kann man Trockenrohre („Chlorcalciumrohre") oder U-Rohre verwenden. Die Öffnungen des U-Rohres werden mit einfach durchbohrten Gummistopfen verschlossen, durch die je ein rechtwinklig gebogenes Rohr geführt wird. Um das Eindringen von Luftfeuchtigkeit in eine Apparatur zu verhindern, genügen kurze Trockenrohre (etwa 10 cm lang). Zum Trocknen strömender Gase verwendet man längere Rohre (U-Rohre) oder Trockentürme.
Zur Füllung der Chlorcalciumrohre schiebt man zunächst einen Glaswollebausch bis an das Ende der kugelförmigen Erweiterung, füllt das körnige Material ein und fixiert es mit einem weiteren Glaswollebausch. U-Rohre füllt man beiderseitig mit dem Trockenmittel und legt es durch Glaswollebäusche fest. Phosphorpentoxid verteilt man auf Glaswolle, indem man es in kleinen Portionen einfüllt und zwischen diese jeweils einen kleinen Glaswollebausch einschiebt. Statt Glaswolle kann man auch kleinstückige Tonscherben oder Glasperlen verwenden. Gefüllte Trockenrohre, die nicht sofort gebraucht werden, versieht man am Zu- und Ableitungsrohr mit je ei-

nem Stück Gummischlauch, das mit einem Stückchen Glasstab oder einem zugeschmolzenen Glasrohr verschlossen wird.
Bei Trockentürmen schiebt man vor dem Einfüllen einen Glaswollebausch bis zu der Einschnürung. Für Trockentürme lassen sich auch flüssige Reagenzien (konz. Schwefelsäure, Natronlauge u.a.) verwenden, wenn man Tonscherben oder Bimssteinstücke damit tränkt.

I - 12.4 Trockenmittel für Gase[1])

Als flüssiges Trockenmittel dient in der Regel konz. Schwefelsäure; diese ist nicht geeignet zum Trocknen von NH_3, NO_2, Äthylen, Acetylen sowie von reduzierenden Gasen wie HBr, HJ, H_2S oder PH_3.
Als feste Trockenmittel werden verwendet:
Calciumchlorid: Nicht geeignet für NH_3; wenig geeignet für HBr, HJ, Br_2.
Calciumoxid in Stücken, Kalium- oder Natriumhydroxid in Plätzchen: Sehr geeignet für NH_3. Besonders wirksam ist Natronkalk, ein Gemisch von NaOH und CaO.
Kieselgel[2]): Für viele Gase geeignet, jedoch nicht für leicht kondensierbare Gase wie NO_2 (bzw. N_2O_4), NH_3, Cl_2 oder Br_2, da diese stark adsorbiert werden.
Phosphorpentoxid[3]): Schärfstes Trockenmittel, nicht geeignet für NH_3, HCl, HBr; wenig geeignet für H_2S, Cl_2, Br_2.

I - 13 Behandlung von Flüssigkeiten

I - 13.1 Aufbewahrung

Flüssigkeiten werden in Flaschen aus Glas oder Polyäthylen mit engem Hals aufbewahrt. Für Alkalilaugen verwendet man entweder Glasflaschen mit Gummistopfen oder Polyäthylenflaschen; letztere sind nicht geeignet für konzentrierte Salpetersäure.

I - 13.2 Das Abmessen von Flüssigkeiten

geschieht i.a. mit Meßzylindern. Ist eine größere Genauigkeit erforderlich, so verwendet man Pipetten (Voll-, Meß- oder Kolben-Pipetten) oder Büretten. Giftige oder sonstwie gefährliche Flüssigkeiten saugt man nicht mit dem Mund in die Pipette, sondern mit einem Gummiball („Peleusball") oder anderen im Laborhandel angebotenen Vorrichtungen. Vollpipetten werden nicht ausgeblasen, sondern etwa 20 Sekunden nach der Entleerung an der Gefäßwand abgestrichen.

I - 13.3 Trocknen von Flüssigkeiten

Viele organische Flüssigkeiten, z.B. Äther und Äthanol, nehmen aus der Luft Feuchtigkeit auf. Um diese Lösungsmittel wasserfrei zu halten, bewahrt man sie am besten über einem Trockenmittel auf, das nicht mit der betreffenden Flüssigkeit reagiert

[1]) Ausführliche Angaben s. *Lux, H.*, Anorganisch-Chemische Experimentierkunst. 3. Aufl. (S. 349) (Leipzig 1970).

[2]) Kieselgele, meist durch Ausfällen aus konz. Alkalisilikatlösungen als Gallerte erhalten, gehen beim Eintrocknen in Xerogele mit außerordentlich großer innerer Oberfläche über, die unter dem Namen Silicagel als ausgezeichnete Adsorptionsmittel für Gase und Dämpfe im Handel sind. Sie können durch Erhitzen auf 150 °C regeneriert werden.
„Blaugel" ist ein Kieselgel, das als Indikator für aufgenommene Feuchtigkeit $CoCl_2$ enthält; das unverbrauchte Blaugel ist blau, das wasserhaltige rosa.

[3]) „Siccapent" ist P_2O_5 auf einem körnigen Trägermaterial; es verflüssigt sich nicht bei der Aufnahme von Feuchtigkeit.

und auch nicht darin löslich ist. Das käufliche 96%ige Äthanol wird zunächst mit Calciumsulfat, das bei 230–250 °C entwässert wurde, vorgetrocknet; nach dem Filtrieren destilliert man unter Zusatz von Calciumspänen. Zum Absolutieren können auch „Molekularsiebe“ (Typ 3 Å) verwendet werden, in deren Poren Wassermoleküle festgehalten werden.[1])
Das Reinigen und Absolutieren von Äther wird in I-20.6 beschrieben.

I - 14 Stromquellen, elektrische Geräte und Schaltungen

I - 14.1 Stromquellen

Als Stromquellen für elektrochemische Versuche verwendet man die im Laborhandel angebotenen Stromversorgungsgeräte. Diese liefern über einen Transformator mit getrennter Primär- und Sekundärseite[2]) stufenlos regelbare Wechselstrom-Niederspannungen und über einen eingebauten Gleichrichter Gleichspannungen geringer Restwelligkeit. Benötigt man reinen Gleichstrom, so benutzt man besser Akkumulatoren oder Trockenbatterien, deren Spannung durch ein Potentiometer geregelt wird. Für einige Versuche (Erzeugung eines Hochspannungsflammenbogens oder eines Zündfunkens) benötigt man einen Hochspannungstransformator mit getrennter Primär- und Sekundärspule (bis etwa 20 000 Volt erhältlich), der aus Teilen eines „Experimentiertransformators“ [3]) zusammengebau werden kann.
In den Primärstromkreis baut man immer einen Schalter ein. Wenn lediglich ein Zündfunke erzeugt werden soll, ist der Schalter nur kurzzeitig zu betätigen; man verwendet dann am besten einen Tast- oder Hebelschalter.

I - 14.2 Meßgeräte

Im Unterricht verwendet man für Gleich- und Wechselstrommessungen möglichst Vielfachmeßinstrumente („Multimeter“). Bei elektrochemischen Spannungsmessungen muß das Voltmeter einen hohen Eingangswiderstand haben.

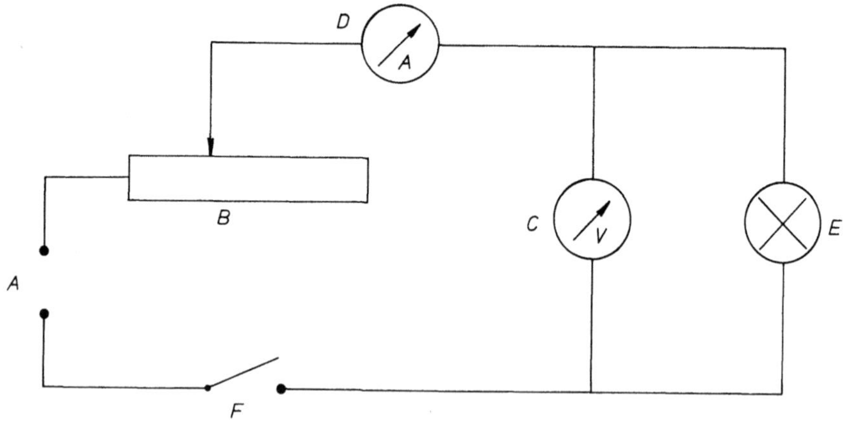

Abb. 6. Schaltung eines Stromkreises

[1]) Trocknen im Labor, Firmendruckschrift E. Merck, Darmstadt.
[2]) Transformatoren mit „Sparschaltung“ sollten im Unterricht nicht verwendet werden.
[3]) z.B. Fa. Leybold, Fa. Leybold, Fa. Phywe (I-17.8).

I - 14.3 Elektrische Schaltungen

müssen übersichtlich angeordnet werden. Als Verbindungsleitung verwendet man isolierte Kupferlitzen oder -drähte mit genormten Steckern, die angelötet sein sollten. Zum Anschluß von Elektroden benötigt man häufig gezahnte Klemmen (Krokodilklemmen). Amperemeter müssen immer in den Hauptstromkreis geschaltet, Voltmeter an geeigneter Stelle in Nebenschluß gelegt werden. Abb. 6 zeigt das Schaltschema: A Stromquelle, B Regulierwiderstand, C Voltmeter, D Amperemeter, E Verbraucher, F Schalter. Bei Verwendung eines Stromversorgungsgerätes erübrigt sich in der Regel der Einbau von Regulierwiderstand und Schalter.
In den Stromkreis eines Lichtbogens muß (auch bei Verwendung eines Transformators) immer ein die Stromstärke begrenzender Starkstromwiderstand (etwa 3–10 Ohm) eingebaut werden.
Bei Demonstrationsversuchen ist die Kennzeichnung von Plus- und Minuspol durch Schildchen empfehlenswert.

I - 15 Brenner und Öfen

I - 15.1 Gasbeheizte Geräte

Zum Erhitzen werden meist Bunsen- oder Teclubrenner verwendet. Ihre Konstruktion (Weite der Düse) richtet sich nach der zur Verfügung stehenden Gassorte. Sie sind für Stadtgas, Erdgas, Propan- oder Butangas im Handel; auch Allgasbrenner sind käuflich.
Für Reaktionsrohre verwendet man, sofern nur ein Teil des Rohres erhitzt werden soll, Brenner mit Breitbrenneraufsatz, zum Erhitzen der ganzen Rohrlänge Reihenbrenner (wie Brennerteil des Verbrennungsofens Abb. 8). Sind höhere Temperaturen erforderlich (> 700 °C), werden spezielle Öfen verwendet: Tiegelglühöfen oder Rohröfen.
Einen einfachen, wirksamen Tiegelglühofen (Abb. 7) fertigt man aus zwei halbierten „Diatomitsteinen"[1]) 12,5 x 12 x 5 cm an. Beide Steine (A, B) werden mit einem Messer kuppelartig ausgehöhlt und am Boden mit einer etwa 2 cm weiten Öffnung – im Deckstein B nur 1 cm weit – versehen. Die beiden Steine A und B werden aufeinander gelegt; in den kugelförmigen Ofenraum hängt man den Tiegel mittels eines Tondreiecks ein und stellt das Ganze auf einen Dreifuß. Für die Drahtenden des Tondreiecks werden in dem unteren Stein geeignete Vertiefungen angebracht, so daß der Deckstein fest aufgesetzt werden kann.

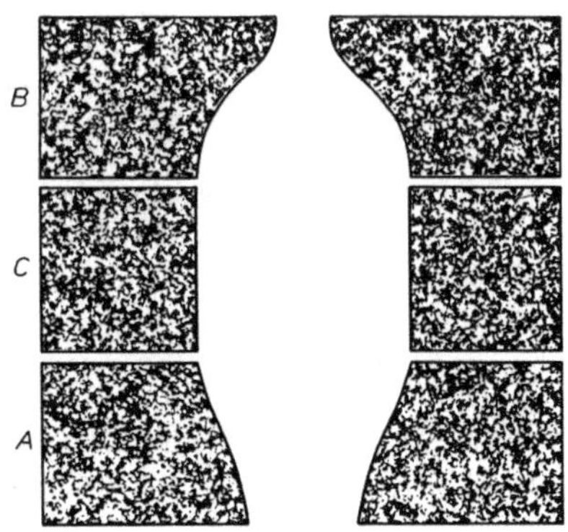

Abb. 7. Tiegelofen aus Diatomitsteinen

Für höhere Tiegel kann die Höhe des Ofenraumes beliebig vergrößert werden, indem man zylindrisch ausgehöhlte Diatomitsteine (Abb 7, C) als Zwischenstücke zwischen Boden- und Deckstein legt.
Die Diatomitsteine besitzen ein so ausgezeichnetes Wärmeisolierungsvermögen, daß man den Deckstein bei einer Ofentemperatur von 900 bis 1000 °C unbeschadet mit der Hand abnehmen kann. Der Brenner darf nicht in die untere Öffnung des Ofens hineinragen; er ist in solcher Entfernung darunter aufzustellen, daß nur die heißen Flammengase in den Ofen gelangen.

[1]) Zu beziehen über den Laborhandel.

Soll ein Reaktionsrohr über einen größeren Längenbereich auf höhere Temperaturen erhitzt werden, so verwendet man einen sog. Verbrennungsofen mit Reihenbrenner[1]) (Abb. 8), dessen Wände mit Diatomitsteinen ausgelegt sind. Das Rohr liegt an

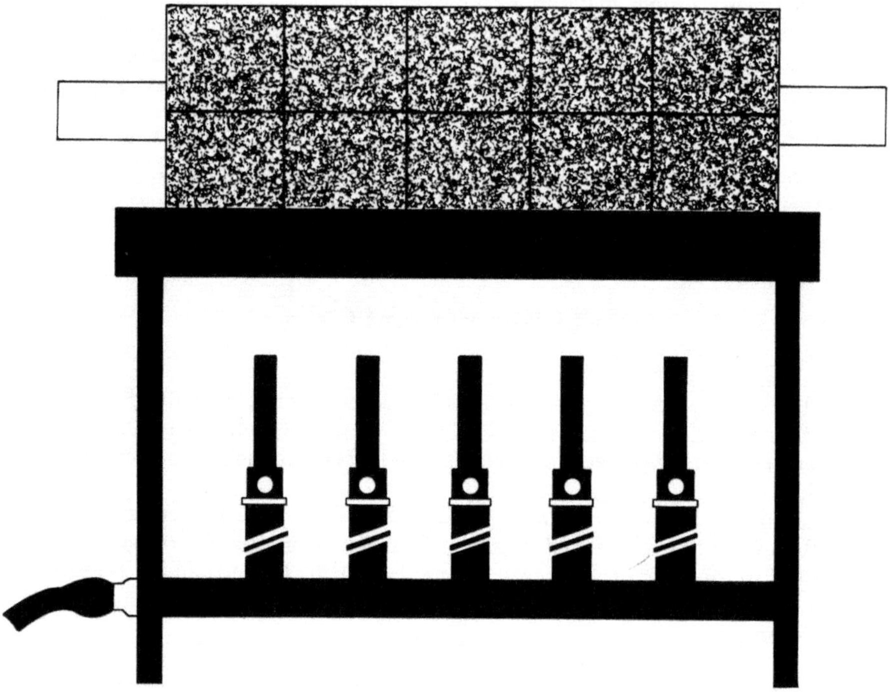

Abb. 8. Rohrofen

den Stirnseiten auf passend ausgehöhlten Diatomitsteinen auf; es wird mit entsprechend bearbeiteten Diatomitziegeln, die zum Abziehen der Heizgase oben durchlocht sein müssen, zugedeckt.

I - 15.2 Elektrisch beheizte Öfen

Legt man Wert auf Konstanz und gute Regulierbarkeit der Temperatur, so verwendet man zum Erhitzen der Raktionsrohre handelsübliche Rohröfen mit elektrischer Widerstandsheizung, z.B. mit Chromnickeldraht-Wicklung (bis etwa 1000 °C)[2]). Wenn man die Reaktion im Rohr beobachten will, erhitzt man in aufklappbaren Öfen, bei denen die beiden Hälften getrennte Heizwicklungen besitzen.

[1]) Lieferfirma Kind (s. I - 17.8).

[2]) Angabe über die Anfertigung von Öfen:

Angerer, E.v., Technische Kunstgriffe bei physikalischen Untersuchungen, 13. Aufl., hrsg. von *H. Ebert* (Braunschweig 1964).

Brauer, G., Handbuch der Präparativen Anorganischen Chemie. 3. Aufl., Bd. I (S. 41) (Stuttgart 1975).

Flörke, O.W., Bauanleitung für einen Laboratoriumsofen mit Widerstandsheizung für Temperaturen bis 1200 °C. Math. naturwiss. Unterricht **8**, 30 (1955).

I - 16 Temperaturmessung

Zum Messen von Temperaturen werden Flüssigkeitsthermometer oder elektrische Thermometer verwendet.

I-16.1 Flüssigkeitsthermometer

Für den Temperaturbereich von –30 °C bis +500 °C verwendet man Thermometer aus Glas mit Quecksilberfüllung. Tieftemperatur-Thermometer enthalten Füllungen aus Pentan (–200 °C bis +20 °C), Äthanol (–110 °C bis +50 °C) oder Toluol (–70 °C bis +100 °C).
Zur sehr genauen Bestimmung von Temperaturänderungen, jedoch nicht zur Messung der Temperatur selbst, dient das sog. *Beckmann*-Thermometer (Abb. 9). Es findet z.B. Anwendung bei der Molmassenbestimmung nach der Methode der Gefrierpunktserniedrigung (Vers. II - 2.3) oder Siedepunktserhöhung (Vers. II - 2.4).

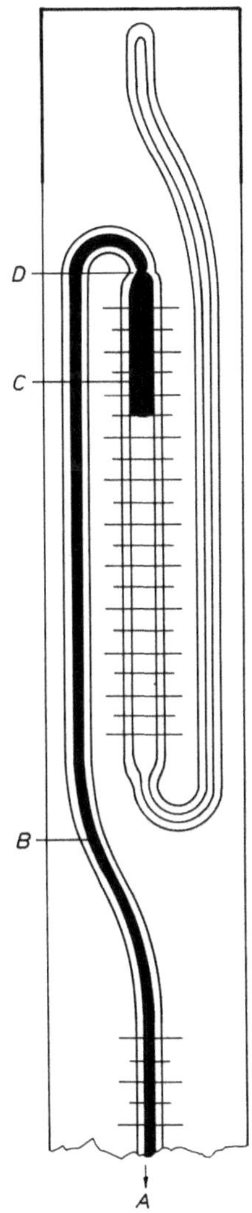

Abb. 9. Beckmann-Thermometer

Der Meßbereich, innerhalb dessen die Temperaturänderung bestimmt werden soll [1]) – er umfaßt etwa 6 °C –, muß jeweils nach Bedarf eingestellt werden, indem man die Quecksilbermenge im Hauptgefäß A (nicht eingezeichnet) verändert. Zu diesem Zweck mündet die das Quecksilber führende Kapillare B in ein Reservegefäß C, das eine kugelförmige Erweiterung mit einer Verengung D und eine Hilfsskala (-20 bis +160 °C) besitzt.
Will man z.B. eine Siedepunktserhöhung im Temperaturbereich von 80 bis 85 °C messen, so erwärmt man das Hauptquecksilbergefäß A in einem Wasserbad, bis das Quecksilber durch die Verengung D in das Reservegefäß C eintritt. Nun wird das Thermometer auf den Kopf gestellt, so daß sich das bei D eingetretene Quecksilber mit dem in C vorhandenen vereinigt. Dann bringt man das Thermometer in die ursprüngliche Lage zurück und erwärmt es im Wasserbad, bis der Quecksilbermeniskus im Reservegefäß C auf die Temperaturmarke +85 °C zu stehen kommt. Jetzt nimmt man das Thermometer aus dem Wasserbad heraus und führt einen nicht zu starken Schlag mit der flachen Hand gegen den oberen Teil, so daß der Quecksilberfaden bei D abreißt.
Bei der Bestimmung der Gefrierpunktserniedrigung verfährt man analog, stellt jedoch die Quecksilbermenge in C (evtl. durch Kühlen) auf die untere zu erwartende Temperaturgrenze ein.

I-16.2 Elektrische Thermometer

beruhen auf der Messung von Thermospannungen (Thermoelemente) oder Widerständen von Metallen (Widerstandsthermometer) bzw. Halbleitern (Thermistore).
Thermoelemente werden meist bevorzugt, da sie bei geringer Wärmekapazität wenig Raum beanspruchen und die Möglichkeit geben, auch hohe Temperaturen zu messen:

Cu-Konstantan	–200 °C – 400 °C	NiCr-Ni	20 °C – 900 °C
NiCr-Konstantan	20 °C – 700 °C	PtRh-Pt	20 °C – 1300 °C

[1]) Die Ablesegenauigkeit beträgt ±0,01 °C, jedoch können 0,002 °C noch geschätzt werden.

Thermoelemente haben drei sog. Lötstellen: Die Lötstelle, die beide Schenkel des Thermoelements verbindet, befindet sich in der zu messenden Temperaturzone; die beiden Verbindungsstellen zwischen den Schenkeln und den Drähten, die zum Meßgerät führen, müssen auf gleicher Temperatur (0 °C oder Zimmertemperatur) gehalten werden. Die beiden Schenkel des Thermoelements sind gegeneinander durch übergeschobene Rohrstückchen aus Quarz oder keramischem Material zu isolieren; sie sollten in ein (Keramik-)Schutzrohr eingeführt werden.
Zur Messung der Thermospannung verwendet man Millivoltmeter mit für bestimmte Thermoelemente geeichter Temperaturskala. Ist das Millivoltmeter nicht auf Temperatur geeicht, so stellt man aus Tabellenwerten[1]) oder eigenen Eichmessungen[2]) eine Eichkurve auf.

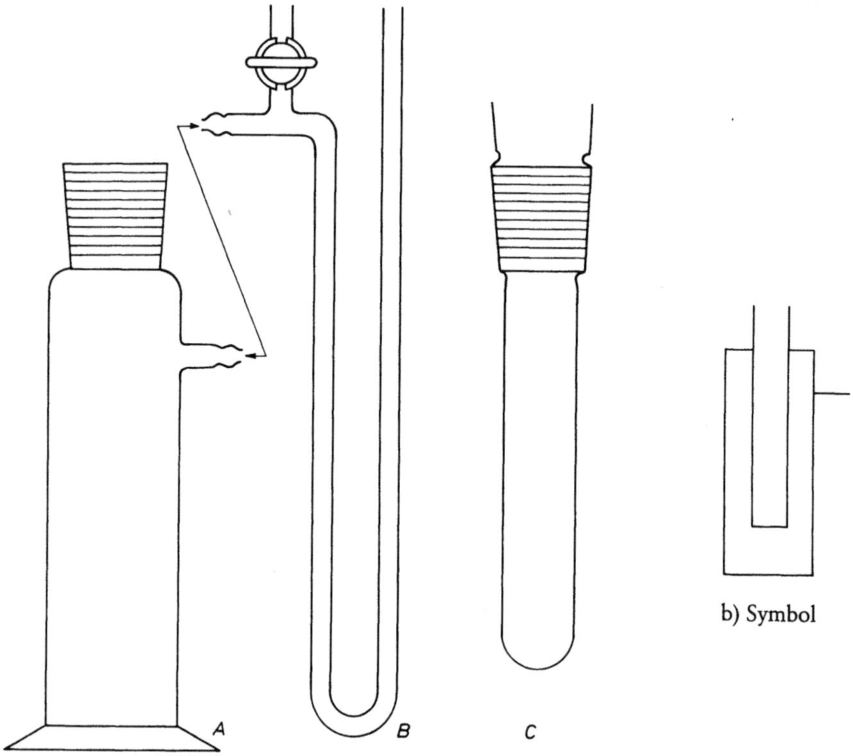

a) Gerät

b) Symbol

Abb. 10 Thermoskop

[1]) *D'Ans-Lax,* Taschenbuch für Chemiker und Physiker. 3. Aufl., Bd. I (S. 43–46) (Berlin 1967).

[2]) *Umland, F.,* u. *K. Adam,* Übungsbeispiele aus der anorganischen Experimentalchemie. (S.20) (Stuttgart 1968).

I - 17 Spezielle Geräte

I - 17.1 Thermoskop

Das Thermoskop (Abb. 10) besteht aus den Teilen A, B und C; B ist ein Manometer (Füllung mit angefärbtem Wasser) mit einem Glashahn, der die Verbindung mit der Außenluft herstellt. Der Luftmantel A ist über das Ansatzrohr mit einem dickwandigen Schlauch an B angeschlossen. In den Schliff von A wird das Reaktionsgefäß C eingesetzt; dieses kann mit einem Gummistopfen (einfach oder zweifach durchbohrt) verschlossen werden. Das Reaktionsgefäß soll möglichst dünnwandig sein, um die Übertragung der Reaktionswärme auf die Luft im Mantelgefäß A zu erleichtern.

Steht diese Vorrichtung nicht zur Verfügung, so kann man den Teil A durch eine Saugflasche ersetzen, in die man ein großes Reagenzglas als Reaktionsgefäß einsetzt und durch einen Gummiring abdichtet.

I - 17.2 Waagen

Zur Wägung geringer Substanzmengen bzw. leichter Gegenstände bis zu 5 g eignen sich Torsionswaagen[1]) (Empfindlichkeit 0,5 mg). Ist das Wägegut schwerer, so bedient man sich einer Präzisionswaage [2]) (Tragkraft etwa 500 g, Empfindlichkeit 0,01 g). Wenn eine große Genauigkeit erforderlich ist (±0,1 mg), verwendet man eine Analysenwaage.

I - 17.3 Tropftrichter

Zur tropfen- oder portionsweisen Zugabe von Flüssigkeiten kann man birnenförmige oder zylindrische Tropftrichter verwenden. Letztere sind oft mit einer ml-Skala zur genaueren Dosierung versehen. Manchmal ist unterhalb des Hahnes eine Tropfspitze („Tropfenzähler") in einer Erweiterung des Ablaufrohres angebracht, um die Tropfenfolge genauer beobachten zu können (Abb. 11). Entsteht im Reaktionsgefäß ein Gas, so kann durch Überdruck der weitere Zufluß aus dem Tropftrichter behindert werden; in solchen Fällen verwendet man Tropftrichter mit Druckausgleich (Abb. 12). Diese sind (mit und ohne Kernschliff) im Handel erhältlich, können aber auch unter Verwendung eines gewöhnlichen Tropftrichters leicht hergestellt werden, indem man als Gasableitung ein T-Stück einbaut, dessen senkrechter Schenkel über einen Schlauch und ein gebogenes Glasrohr mit Gummistopfen an die Einfüllöffnung des Tropftrichters angeschlossen ist (Abb. 13).

I - 17.4 Vakuumpumpen

Zur Erzeugung eines Vakuums oder zum Durchsaugen eines Luft- oder Gasstromes durch eine Apparatur kommen Wasserstrahlpumpen aus Glas oder Metall in Betracht. Sie werden über einen Druckschlauch (Drahtligaturen oder Schlauchschellen) oder direkt durch Verschraubung mit der Wasserleitung verbunden. An den Saugstutzen schließt man über einen Druckschlauch und ein rechtwinklig gebogenes Glasrohr, dessen längerer Schenkel bis nahe zum Flaschenboden reicht (vgl. Abb. 105, D) eine dreifach tubulierte *Woulf*esche Flasche an[3]). In dem mittleren Tubus befindet sich ein Glashahn mit einer weiten Bohrung (∅ etwa 3 mm) und im dritten Tubus ein kurzes rechtwinklig gebogenes Glasrohr zum Anschluß der Apparatur. Diese

[1]) Z.B. zweiarmige Torsionswaage nach Dr. *Tausz* (Hersteller Fa. Jung, I - 17.8).

[2]) Z.B. Ohaus-Präzisionswaage (Dreibalkenwaagen).

[3]) Eine Kombination von *Woulf*escher Flasche und Manometer wird von Fa. Eich (s. I-17.8) unter der Bezeichnung „Universalgerät W1" geliefert.

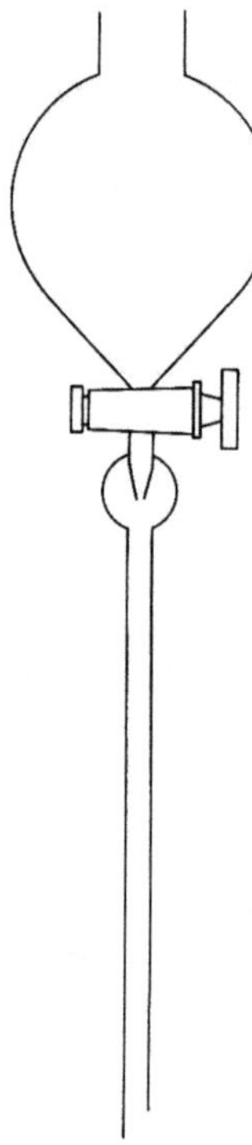

Abb. 11. Tropftrichter mit Tropfenzähler

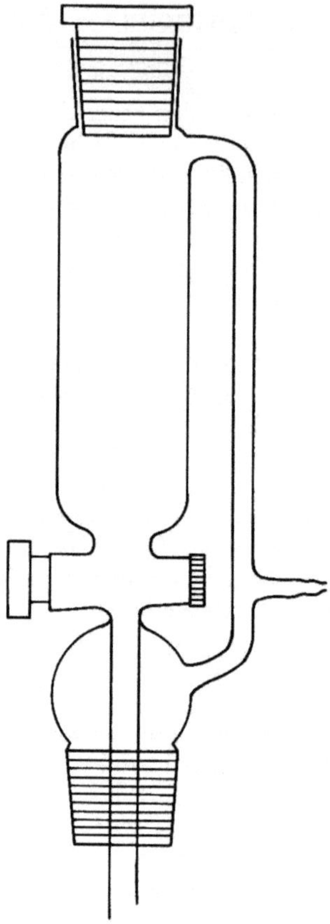

Abb. 12. Tropftrichter mit Druckausgleich, Schliff

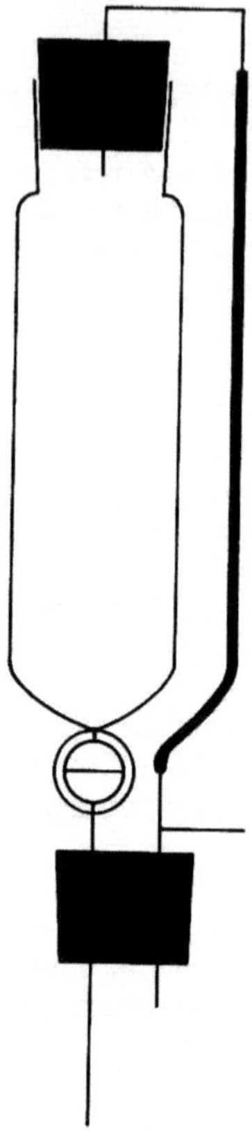

Abb. 13. Tropftrichter mit Druckausgleich, Gummistopfen

Sicherheitsvorrichtung verhindert beim plötzlichen Absinken des Wasserdruckes ein Zurücksteigen von Wasser in die angeschlossene Apparatur[1]). Ferner läßt sich beim Durchsaugen von Luft oder von anderen Gasen durch die angeschlossene Apparatur die Strömungsgeschwindigkeit bei voll geöffnetem Wasserhahn durch mehr oder weniger weites Öffnen des Glashahnes gut regulieren.
Das mit einer Wasserstrahlpumpe erzeugbare Vakuum ist bestenfalls gleich dem Wasserdampf-Partialdruck bei der jeweiligen Wassertemperatur.
Ist ein höheres Vakuum notwendig, verwendet man eine rotierende Ölpumpe. Sofern das Öl nicht durch flüchtige Stoffe (Benzol, Äther u.a.) verunreinigt ist, kann ein Endvakuum von 0,1 Torr erzielt werden.

[1]) Ein zwichengeschaltetes Rückschlagventil ist kein absolut sicherer Schutz; wenn sich in dem Schliff des Ventils Schmutz festgesetzt hat, schließt es nicht mehr dicht.

I - 17.5 Apparatur zur Vakuumdestillation

Hochsiedende Flüssigkeiten oder Stoffe, die sich bei der Siedetemperatur unter normalem Druck zersetzen, werden zur Reinigung unter vermindertem Druck destilliert. Abb. 14 zeigt eine Anordnung mit Schliffkolben A, Claisen-Aufsatz B, Siedeka-

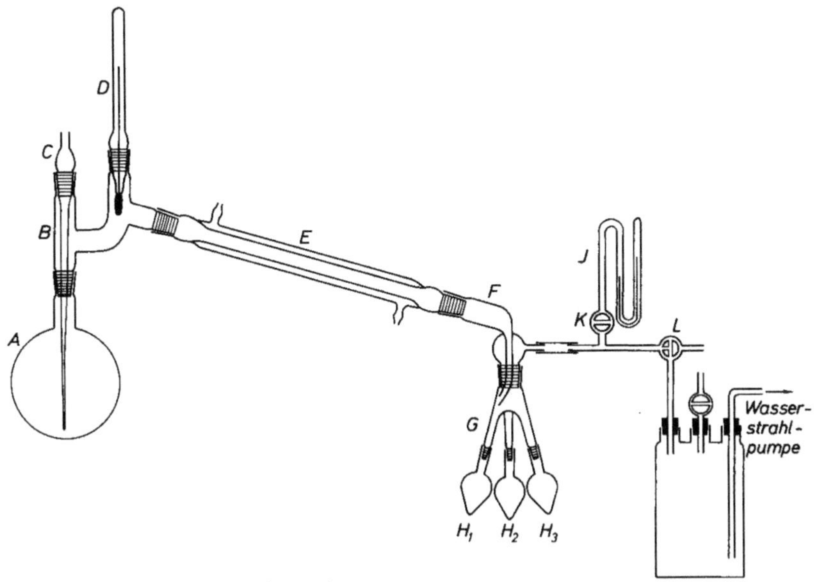

Abb. 14. Apparatur zur Vakuumdestillation

pillare C[1]), Thermometer D, Liebigkühler E, Vorstoß F, Fraktioniervorlage („Spinne") G, Vorlagen H_1, H_2, H_3, Manometer J mit Hahn K, Dreiwegehahn L und Wasserstrahlpumpe mit Sicherheitsflasche.
Durch entsprechende Drehung der „Spinne" ist es möglich, drei Fraktionen des Destillates getrennt aufzufangen: Vorlauf, Hauptfraktion (konstanter Siedepunkt) und Nachlauf. Der Kolben ist höchstens bis zur Hälfte zu füllen. Um eine gute Fraktionierung zu erreichen, erhitzt man ihn nicht mit freier Flamme, sondern in einem Ölbad oder einer Pilzheizhaube. Mit einem zweiten Thermometer verfolgt man den Temperaturanstieg im Ölbad. Sobald die ersten Tropfen des Destillats nach H_1 übergehen, hält man die Temperatur des Ölbades möglichst konstant und beobachtet das Thermometer des Destillierkolbens. Bei konstanter Siedetemperatur fängt man das jetzt übergehende Destillat nach entsprechender Drehung der Spinne in H_2 auf. Steigt die Siedetemperatur, wechselt man wieder die Vorlage, diesmal nach H_3 und fängt den Nachlauf auf.
Während der Destillation beobachtet man auch das Manometer. Plötzliches Ansteigen des Druckes ohne Leistungsabfall der Pumpe deutet auf eine unter Gasentwicklung stattfindende Zersetzung des Kolbeninhaltes hin. Will man die Destillation abbrechen, so entfernt man zunächst die Heizquelle und das Ölbad, dann öffnet man vorsichtig den Hahn L so, daß Luft in die Apparatur einströmt.
Erst nach dem Druckausgleich stellt man die Wasserstrahlpumpe ab.

[1]) Statt der Siedekapillare können auch Siedesteinchen verwendet werden.

I - 17.6 Kolbenprobengerät[1])

I - 17.6.1 Beschreibung
Der Kolbenprober (Abb. 15) ist ein Volumenmeßgerät für Gase. Er besteht aus einer zylindrischen Hülse aus Glas, in der ein Glaskolben leicht beweglich gleiten kann.

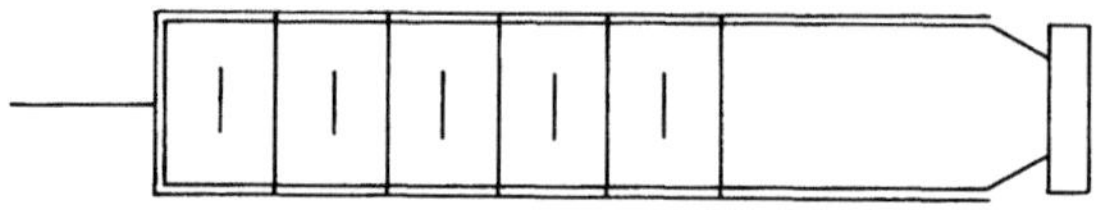

Abb. 15. Kolbenprober, Symbol

Am Ende der Hülse ist ein Kapillarrohr angeschmolzen. Um einen gasdichten Abschluß zu gewährleisten, sind Hülse und Kolben bei älteren Geräten genau aufeinander eingeschliffen; ein Auswechseln ist daher nicht möglich. Neuerdings sind genormte Kolbenprober im Handel, die ein Auswechseln gestatten. Die Hülse trägt die Volumeneinteilung. Es sind Kolbenprober mit einem Gesamtvolumen von 50 ml und einer Einteilung in 1/2 ml und solche von 100 ml mit 1-ml-Einteilung üblich. Auf dem Kolben ist am unteren Ende eine Ringmarke als Ablesemarke eingeätzt[2]). Diese Ringmarke stimmt bei eingeschobenem Kolben mit der Nullmarke der Volumeneinteilung überein.
Außer der Grundausführung des Kolbenprobers gibt es noch einige andere Modelle. So kann z.B. der Kapillaransatz der Hülse noch mit einem Ein- oder Dreiwegehahn versehen sein; oder der Kolbenkopf kann eine Bohrung zur Aufnahme eines Thermometers besitzen.

I - 17.6.2 Benutzung und Pflege
Vor jeder Benutzung eines Kolbenprobers ist zu prüfen, ob der Kolben in der Hülse leicht gleitet. Stellt man dabei einen Widerstand fest, so ist das Gerät zu reinigen (s.u.). Um seine Dichtigkeit zu prüfen, faßt man das Gerät mit der linken Hand, zieht den Kolben bis etwa zur Mitte heraus, verschließt die Öffnung des Kapillaransatzes fest mit dem linken Daumen und liest die Stellung des Kolbens ab. Dann drückt man den Kolben mit der rechten Hand etwas hinein oder zieht ihn etwas heraus und läßt los. Bei guter Dichtigkeit muß der Kolben in seine Ausgangslage zurückfedern. Diese Probe wiederholt man mehrfach unter Drehen des Kolbens.
Die beiden Schliffe des Kolbenprobers müssen immer sorgfältig saubergehalten werden. Zur Reinigung wird das Gerät mit warmem Wasser, dem ein Spülmittel zugesetzt ist, und einer weichen Bürste behandelt. Grobe Bürsten oder Scheuermittel sind zu vermeiden. Nach der Reinigung ist mit viel destilliertem Wasser nachzuspülen. Hülse und Kolben sind getrennt an einem staubfreien Ort zu trocknen (Trockenschrank). Das Trockenwischen mit Tüchern ist nicht empfehlenswert, weil dabei Flusen oder dgl. an den Schliffen hängenbleiben können. Auf ein Schmieren des Kolbenprobers mit Fett oder Öl sollte man verzichten.

[1]) *Böse, R.*, u. *M. Schmidt*, Quantitative Versuche mit dem Kolbenprober. Schriftenreihe zur Chemie, 2. Aufl. (Frankfurt a.M. 1972).
B. Malewski, 25 Jahre Kolbenprobermethoden, Math. naturwiss. Unterricht **8**, 213 (1955).
[2]) Bei älteren Modellen dient der Kolbenboden gleichzeitig als Ablesemarke.

Ein Kolbenprober darf nie mit einer Stativklammer fest eingespannt werden, weil die Hülse dann etwas zusammengedrückt wird und der Kolben nicht mehr frei gleiten kann. Zum Einbau von Kolbenprobern in Apparaturen haben sich am besten Halter aus Plexiglas bewährt[1]), die mit einem Stiel zur Befestigung an einem Stativ versehen sind und die gleichzeitig eine parallel zur Hülse verschiebbare und feststellbare Stange mit einer kleinen Plexiglasplatte an einem Ende besitzen (Abb. 16). Mit Hilfe dieser Stange kann man den Kolbenweg in jeder Länge begrenzen und so verhindern,

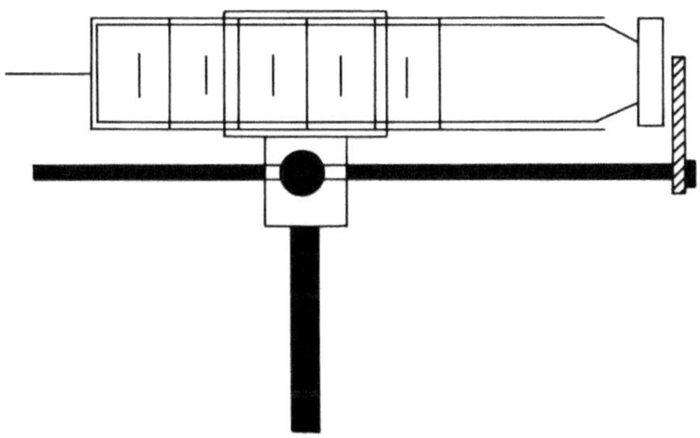

Abb. 16. Kolbenprober mit Halterung

daß der Kolben bei einem in der Apparatur auftretenden Überdruck herausgeschleudert und evtl. beschädigt wird. Außerdem kann man damit den Kolben in der Nullstellung arretieren, was beim Transport oder beim Aufbewahren im Sammlungsschrank von Nutzen ist. Jedem Kolbenprober muß ein solcher Halter speziell angepaßt werden, da die Durchmesser der Hülsen nicht alle genau gleich sind.
Beim Einbau von Kolbenprobern in Versuchsaufbauten ist es in den meisten Fällen unzweckmäßig, Einzelstative oder dergleichen Hilfsmittel zu verwenden. In Analogie zu der aus der Physik bekannten „optischen Bank" sind für das Kolbenprobergerät Experimentierbänke entwickelt worden, die einen einfachen Aufbau ermöglichen und die vor allem den großen Vorteil haben, daß die Apparateteile von allen Seiten aus bequem zugänglich sind und daß die fertig zusammengebaute Apparatur als Ganzes transportabel ist.[2])

I - 17.6.3 Füllen des Kolbenprobers

Vor dem Füllen eines Kolbenprobers mit einem Gas muß die Luft aus den Verbindungswegen und evtl. auch aus dem Reaktionsraum verdrängt werden. Hierzu ist der Einbau von kapillaren Dreiwegehähnen in die Apparatur i.a. unentbehrlich. Erfolgt das Füllen des Kolbenprobers aus einer Stahlflasche, so bedient man sich am besten des bei Versuch II-1.2 (Abb. 34b) beschriebenen Verfahrens.
Enthält die Versuchsanordnung nur einen Kolbenprober (z.B. Abb. 29), so leitet man das Gas über den Dreiwegehahn (A) in den Kolbenprober und drückt es nach Umstellen des Hahns wieder heraus (bei giftigen oder aggressiven Gasen in den Abzug

[1]) Hersteller Fa. Maey (I-17.8).
[2]) Für viele Versuche ist auch die Lochleiste nach Dr. *Peter* brauchbar; Hersteller Fa. Maey (I - 17.8).

oder in Absorptionsgefäße). Diesen Spülvorgang führt man mindestens zweimal durch. In vielen Fällen benötigt man zur Durchführung eines Versuches zwei Kolbenprober (z.B. Abb. 36). Dann schaltet man zwischen jeden Kolbenprober und das Reaktionsrohr einen Dreiwegehahn oder ein Doppel-T-Stück mit 2 Hähnen, leitet das Gas zunächst durch den freien Schenkel eines Dreiwegehahns ein und durch den anderen Hahn heraus. Danach erst verdrängt man wie oben beschrieben die Luft aus den Verbindungswegen zwischen Dreiwegehähnen und Kolben. Hat man zum Anschluß von weiteren Geräten wie Manometer, Absorptionspipetten u.a. anstelle eines Dreiwegehahnes ein Doppel-T-Stück mit Hähnen (Abb. 29b) eingebaut, verfährt man sinngemäß.

Benötigt man zu einem Versuch ein Gasgemisch bestimmter Zusammensetzung (z.B. Knallgas) und sollen die einzelnen Gase aus Stahlflaschen entnommen werden, so verbindet man zwei Kolbenprober mit zwei Dreiwegehähnen und füllt nach Ausführung des Spülvorganges die Kolbenprober mit je einem Gas. Dann drückt man aus einem Gerät soviel Gas nach außen, bis das gewünschte Volumen genau eingestellt ist, und gibt anschließend aus dem zweiten Kolbenprober soviel Raumteile des anderen Gases hinzu, wie das vorgeschriebene Volumenverhältnis angibt. Anstelle der beiden Dreiwegehähne kann man auch ein Doppel-T-Stück mit Hähnen (Abb. 29b) verwenden. Dann muß man nur beim Einfüllen eines Gases aus der Stahlflasche den Kolben des jeweils anderen Kolbenprobers festhalten oder feststellen, damit er nicht herausgedrückt wird.

Nach dem Füllen eines Kolbenprobers sollte man immer über den Dreiwegehahn den Kolbeninhalt kurzzeitig mit der Außenluft verbinden und dadurch den Druck des eingefüllten Gases auf den Luftdruck einstellen, was mit einem angeschlossenen Manometer kontrolliert werden kann.

I-17.6.4 Zusatzgeräte (Abb. 17)

Zum Anschluß an Kolbenprober sind einige besonders angepaßte Zusatzgeräte im Handel erhältlich, z.B.: Kapillares Doppel-T-Stück (Abb. 29,B) mit zwei Hähnen zum Anschluß von Manometer, Orsatpipetten u.a. an die Kolbenprober oder zum Einfüllen sowie zur Entnahme von Gasen – Reaktionsrohre aus Supremax- oder Quarzglas mit Schlauchansatz (a), evtl. mit Heizwicklung (b) – Glühdrahtkugel (c) für Verbrennungsreaktionen zwischen zwei Gasen.

I-17.6.5 Fehlerquellen bei der Benutzung

Bei der Durchführung von Versuchen ist ein größerer Druckunterschied des im Kolbenprober befindlichen Gases gegen den Außendruck zu vermeiden, da sonst durch Undichtigkeit des Schliffes Gasverluste eintreten können. Besonders bei Versuchen mit Wasserstoff ist größte Sorgfalt anzuwenden, auch bei geringen Druckunterschieden. Ferner kann eine ungenaue Graduierung des Kolbenprobers zu Fehlern führen. Bei vielen Versuchen kommt es jedoch nur auf Volumendifferenzen an, so daß ein solcher Fehler sich i.a. eliminiert. Werden, wie es häufig der Fall ist, zwei Kolbenprober in einer Versuchsanordnung benutzt, so sollten alle Volumenablesungen an dem gleichen Gerät erfolgen.

In den Verbindungswegen und den zwischengeschalteten Reaktionsräumen ist ein schädliches Volumen vorhanden. Daher sollten für alle Verbindungswege Kapillarrohre (Ø innen 1 mm) verwendet und bei Reaktionsrohren der freie Raum durch eingelegte Quarz- oder Glasstäbchen soweit wie möglich eingeengt werden.

Bei allen quantitativen Versuchen mit Gasen ist darauf zu achten, daß Gasvolumina nur verglichen werden können, wenn sie unter gleichen Bedingungen (Druck und Temperatur) gemessen werden. Der Druck im Kolbeninnern läßt sich mit Hilfe eines

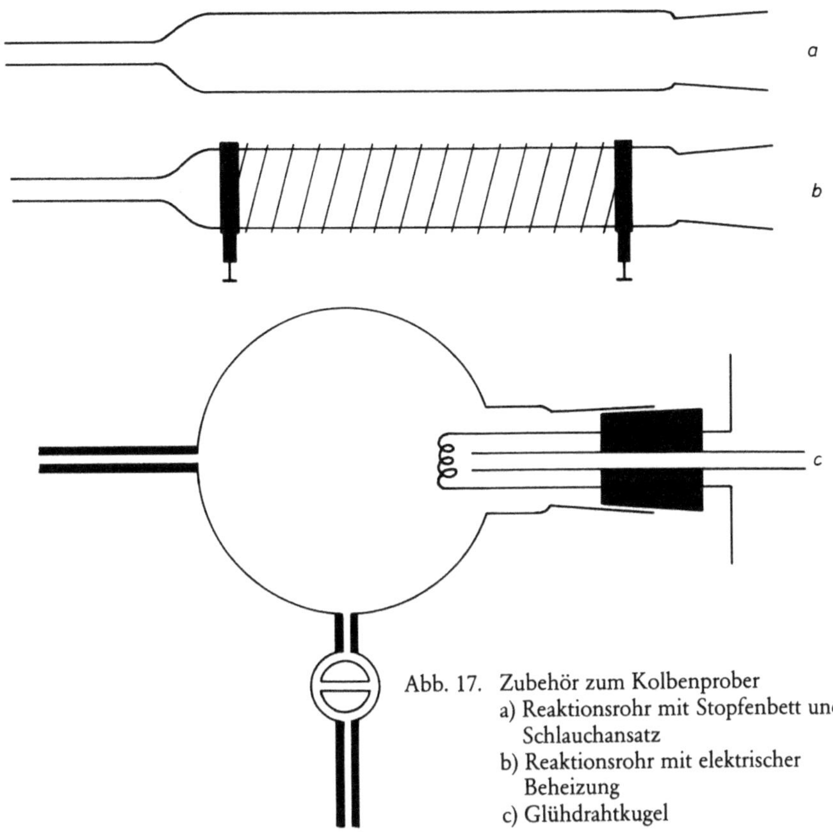

Abb. 17. Zubehör zum Kolbenprober
a) Reaktionsrohr mit Stopfenbett und Schlauchansatz
b) Reaktionsrohr mit elektrischer Beheizung
c) Glühdrahtkugel

angeschlossenen U-Rohr-Manometers leicht auf den äußeren Luftdruck einstellen[1]). Schwierig ist es, die Temperatur des Gases im Kolbenprober zu bestimmen; man muß meist vor der Volumenmessung die Angleichung an die Raumtemperatur abwarten[2]). Unter Umständen kann man auch eine Volumen-Zeit-Kurve aufnehmen, die dann extrapoliert wird.

Für die Einhaltung gleicher Bedingungen bei Volumenmessungen ist auch auf den Wasserdampfgehalt der Gase zu achten. Bei allen Versuchen, bei denen Wasser entsteht oder Absorptionspipetten mit wäßrigen Lösungen verwendet werden, ist eine vorherige Trocknung der Gase nicht nur sinnlos, sondern führt sogar zu beachtlichen Fehlern. Reduziert man z.B. Kupfer(II)-oxid mit trockenem Wasserstoff, so enthält das Restvolumen im Gegensatz zum Anfangsvolumen Wasserdampf; man findet also einen zu großen Wert. Da der Sättigungsdampfdruck des Wasserdampfes bei 20 °C 17,5 Torr beträgt, kann der Fehler 2,3% (bezogen auf 760 Torr) ausmachen. Bei solchen Versuchen sollte man daher die Ausgangsgase durch eine mit Wasser gefüllte Waschflasche leiten und so mit Wasserdampf sättigen.

[1]) Ein Barometer zur Messung des Luftdrucks muß in den Chemieunterrichtsräumen vorhanden sein.

[2]) Werden Reaktionsrohre aus Quarzglas verwendet, kann nach dem Erhitzen die Wartezeit durch kurzes Kühlen mit einem nassen Lappen oder durch Übergießen mit Wasser erheblich verkürzt werden.

I - 17.7 Leitfähigkeitsprüfer

Die Prüfung einer Flüssigkeit auf elektrische Leitfähigkeit erfolgt mit einem Leitfähigkeitsprüfer, der aus zwei gegeneinander isolierten und zu einer Einheit zusammengefaßten Elektroden besteht.
Zweckmäßig sind Geräte, bei denen zwei an längere Kupferlitzen angelötete Platindrähte in ein Glasrohr eingeschmolzen sind (s. Abb. 18 a). Die freien Enden der Kupferdrähte sind i.a. mit Bananensteckern versehen. Solche Leitfähigkeitsprüfer sind im Handel[1]) erhältlich.

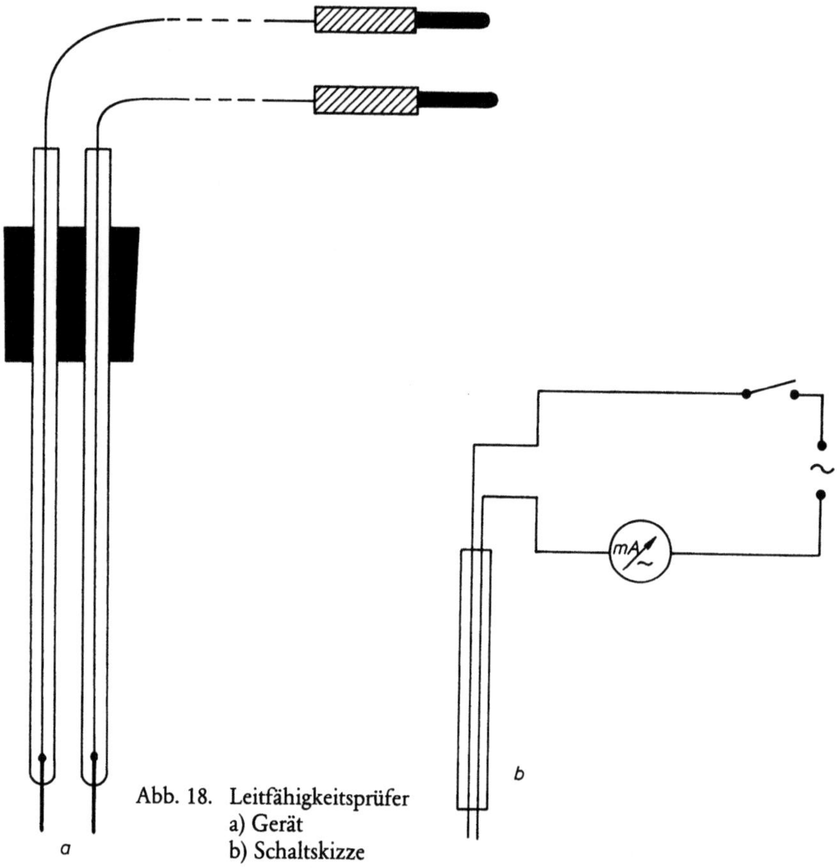

Abb. 18. Leitfähigkeitsprüfer
a) Gerät
b) Schaltskizze

Man kann die Leitfähigkeit aber auch mit zwei getrennten, je in Glasrohre eingeschmolzenen Platinelektroden (in Blech- oder Drahtform) prüfen, wenn man sie durch zwei Bohrungen eines Gummi- oder Korkstopfens führt und so in einem festen Abstand hält; dies ist für Vergleichsmessungen notwendig.
Bei nicht-aggressiven Flüssigkeiten genügen als Elektroden oft zwei verchromte Stricknadeln, die durch einen Korkstopfen hindurchgesteckt sind und evtl. durch eine zwischengeklemmte Korkscheibe, die mit Gummi- oder Tesaband befestigt wird, auf konstantem Abstand gehalten werden. Besonders bei der Prüfung der Leitfähig-

[1]) Z.B. Fa. Kind, Fa. Mauer, Fa. Phywe (I - 17.8).

keit von Salzschmelzen empfiehlt sich diese Anordnung; eingeschmolzene Platindrähte sind hierfür nicht geeignet.
In einfachster Form, allerdings mit nur sehr beschränkter Anwendungsfähigkeit, kann man ein Stück eines zweiadrigen Leitungskabels zur Leitfähigkeitsprüfung verwenden, wenn man seine beiden Enden auf 1 bis 2 cm entisoliert.
Der Anschluß der Stricknadeln oder der Kupferdrähte des Leitungskabels in den Stromkreis kann mit Krokodil- oder Lüsterklemmen erfolgen.
Bei der Prüfung auf Leitfähigkeit sollte man zur Vermeidung von Elektrolysen immer Wechselstrom (i.a. aus einem Stromversorgungsgerät) verwenden. Bei Anschluß des Leitfähigkeitsprüfers an das Lichtnetz (Steckdose) muß in die Leitung ein Schalter eingebaut werden (s. Abb. 18b). Der Leitfähigkeitsprüfer wird mit einem Stromanzeiger in Reihe geschaltet. Als solcher kann ein Wechselstromamperemeter (mit verschiedenen Empfindlichkeitsbereichen) oder eine Glühlampe verwendet werden. Besonders geeignet sind Kohlefadenlampen, weil sie im Gegensatz zu Metallfadenlampen schon geringe Stromstärken (Leitfähigkeiten) durch Glühen anzeigen. Noch empfindlicher sind Glimmlampen; hierbei muß die angelegte Spannung größer als die Zündspannung sein.
Bei hohen Spannungen (Lichtnetz) können beim Eintauchen des Leitfähigkeitsprüfers in die Flüssigkeit oder beim Herausziehen Funken entstehen (Vorsicht bei Äther oder ähnlichen Substanzen). Um dies zu vermeiden, sollte der Stromkreis erst geschlossen werden, wenn das Gerät in die Flüssigkeit eintaucht, und wieder geöffnet werden, bevor es herausgezogen wird. Verwendet man zur Prüfung der Leitfähigkeit Niederspannungen (z.B. unter Benutzung von Taschenlampenbirnchen), so erübrigen sich diese Vorsichtsmaßnahmen.

I - 17.8 Bezugsquellen

Nachstehend sind die Anschriften der in diesem Buch erwähnten Hersteller- und Lieferfirmen aufgeführt. Eine solche Angabe bedeutet nicht, daß die betreffende Firma als alleinige Bezugsquelle in Frage kommt; die meisten Geräte und Apparaturen können auch von anderen Firmen, z.B. über den örtlichen Laborhandel bezogen werden. Weitere Bezugsquellen sind u.a. bei

Flörke, W., u. *F. Flohr,* Methode und Praxis des chemischen Unterrichts. 3. Aufl., (S. 365) (Heidelberg 1969).

angegeben.

Bayer:	Bayer AG, Bayerwerk, 5090 Leverkusen
Buse:	Kohlensäure-Werke Rud. Buse KG, Postfach 180, 4640 Wattenscheid
Eich:	Helmut Eich, Asbacher Str. 20, 5461 Buchholz/Ww.
Feddeler:	Laboratoriumsbedarf W. Feddeler, Michaelstr. 24, 4300 Essen
Gerhardt:	C. Gerhardt GmbH Co. KG, Laborgeräte, Bornheimer Straße 100, 5300 Bonn
Hadü:	Hadü-Lehrmittel GmbH, Postfach 51 29, 4000 Düsseldorf
Heraeus:	W.C. Heraeus GmbH, Abt. Elektrowärme, 6450 Hanau
Jung:	R. Jung AG, Hebelstr. 6–8, 6900 Heidelberg
Kind:	Robert Kind oHG, Sachsenstr. 2, Postfach 98, 8620 Lichtenfels
Krantz:	Rheinisches Mineralienkontor Dr. F. Krantz, Fraunhoferstr. 7, 5300 Bonn
Leybold:	Leybold-Heraeus GmbH Co. KG, Bonner Straße 504, Postfach 51 07 60, 5000 Köln 51
Macherey u. Nagel:	Macherey, Nagel u. Co., Postfach 307, 5160 Düren

Maey:	Lehrmittelbau Prof. Dr. Maey GmbH, Gerhard-Domagk-Str. 2, 5300 Bonn
Mauer:	Mauer Lehrmittel + Labortechnik KG, Hofheimer Straße 57, Postfach 20, 6239 Lorsbach/Ts.
Merck:	E. Merck, Frankfurter Straße 250, 6100 Darmstadt
Messer Griesheim:	Messer Griesheim GmbH, Informationsabteilung, Postfach 37 46, 6000 Frankfurt a.M. 1
Phywe:	Phywe AG, Postfach 665, 3500 Göttingen
Ringsdorff:	Ringsdorff-Werke GmbH, Königswinterer Str. 1, 5300 Bonn-Bad Godesberg
Roth:	Carl Roth, Postfach 21 09 80, 7500 Karlsruhe 21

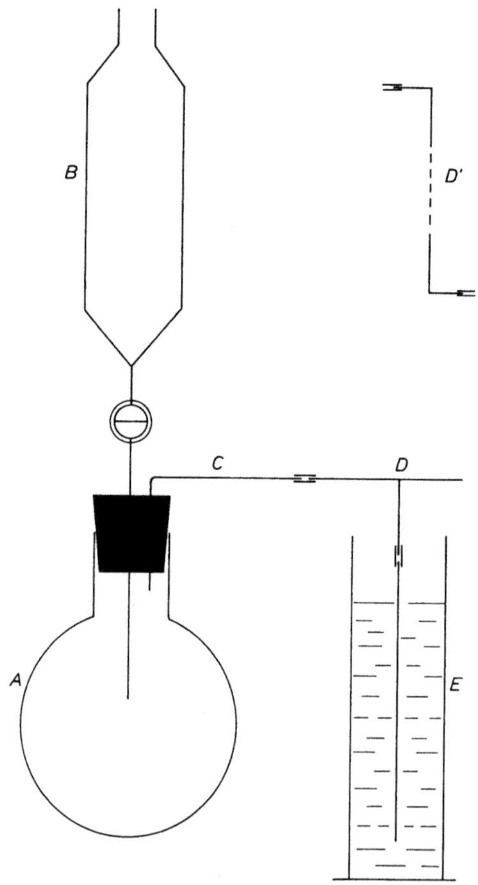

Abb. 19a. Gasentwickler

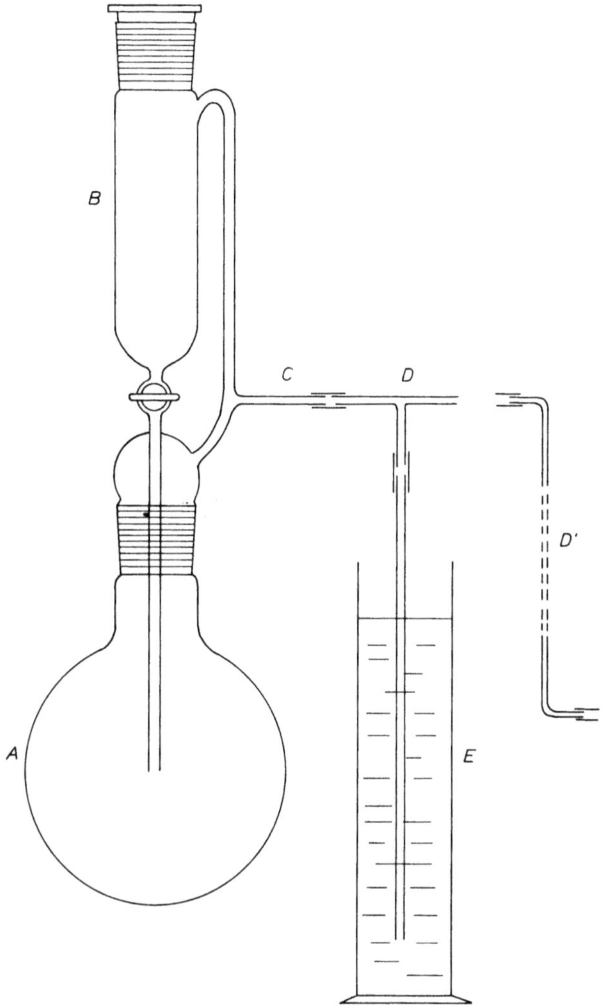

Abb. 19b. Gasentwickler mit Druckausgleich

I-18 Darstellung, Behandlung und Analyse von Gasen

I-18.1 Geräte zum Entwickeln von Gasen

Von den Methoden zur Darstellung von Gasen kommen für Unterrichtsversuche hauptsächlich in Betracht:

1) Erhitzen fester Körper oder flüssiger Stoffe. Für das Austreiben von Gasen aus Flüssigkeiten verwendet man Rundkolben mit einem Stopfen, durch den ein kurzes rechtwinklig gebogenes Ableitungsrohr und evtl. ein bis zum Boden reichendes langes Steigrohr (zur Anzeige des Drucks und als Sicherheitsventil) hindurchgehen. Zum Erhitzen fester Körper benützt man Rund- oder Destillierkolben, für hohe Temperaturen einseitig geschlossene Rohre aus schwer schmelzbarem Glas oder aus Eisen, die in einem Rohrofen erhitzt werden.

2) Einwirkung von Flüssigkeiten auf feste Körper oder auf Flüssigkeiten.
Hierzu verwendet man Gasentwickler (Abb. 19), die aus einem Steh- oder Rundkolben (A) mit doppelt durchbohrtem Stopfen und Tropftrichter (B) ohne Druckausgleich (Abb. 19a) oder mit eingeschliffenem Tropftrichter (B) mit Druckausgleich (Abb. 19b) bestehen. Tropftrichter mit Druckausgleich haben den Vorteil, daß die Flüssigkeit auch bei Überdruck in der Apparatur zugegeben werden kann und daß bei Messung des entstandenen Gasvolumens die zugegebene Flüssigkeitsmenge nicht berücksichtigt zu werden braucht.
An das Gasableitungsrohr (C) ist ein T-Stück (D) angeschlossen, das als Überdruckventil mit einem verlängerten Schenkel in einen mit Sperrflüssigkeit gefüllten Standzylinder (E) eintaucht. Wenn der Kolben A erwärmt werden muß (Stativring oder Dreifuß, Asbestdrahtnetz, Brenner), so erfolgt der Anschluß an eine Apparatur über ein Ableitungsrohr D' passender Länge. Um bei der Einwirkung zweier Flüssigkeiten aufeinander eine bessere Durchmischung und damit einen gleichmäßigen Gasstrom zu erzielen, läßt man das Ablaufrohr des Tropftrichters in ein auf dem Boden des Gefäßes stehendes kleines Reagenzglas oder Präparategläschen eintauchen, das über die in dem Gefäß befindliche Flüssigkeit hinausragt („Schwefeldioxid-Entwickler", Abb. 102, A_S bis D_S; Vers. III - 3.2.8).
Falls nicht erwärmt wird und falls die Reaktion nicht viel Wärme entwickelt, kann man notfalls eine Saugflasche oder eine *Woulf*sche Flasche oder für die Entwicklung kleiner Gasmengen ein Saugrohr[1]) (Abb. 20, A, B) als Gasentwickler herrichten.
Die Apparatur nach Abb. 20 kann zum qualitativen Nachweis von gasförmigen Reaktionsprodukten verwendet werden, wenn man sie durch ein Ableitungsrohr C und ein Reagenzglas D ergänzt. Z.B. wird Kohlendioxid, das aus einem Carbonat (in A) durch Zutropfen einer Säure (in B) entsteht, in D durch Barytwasser nachgewiesen.
Zur Beurteilung der Strömungsgeschwindigkeit ist hinter jeden Gasentwickler oder Gasbehälter ein Blasenzähler oder eine Drechselsche Waschflasche zu schalten.
Für die Darstellung mancher Gase ist die Verwendung besonderer Gasentwickler (z.B.nach *Kipp*) vorteilhaft, bei denen nach Abstellen des Gasstromes die Reaktionspartner (stückiger Feststoff und Flüssigkeit) voneinander getrennt werden; die Gasentwicklung wird damit unterbrochen.

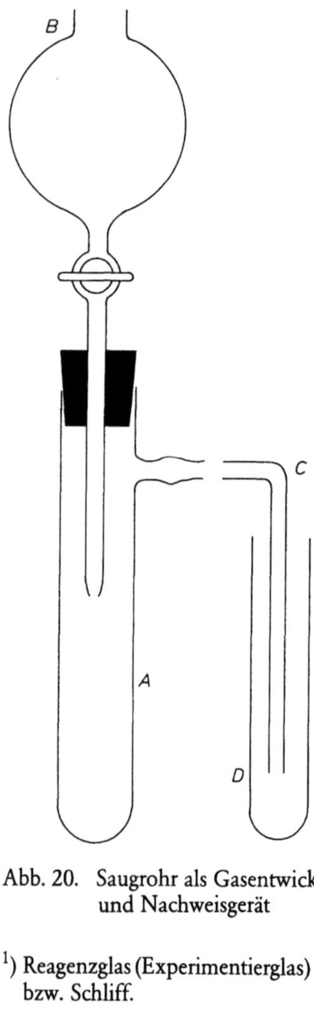

Abb. 20. Saugrohr als Gasentwickler und Nachweisgerät

[1]) Reagenzglas (Experimentierglas) mit seitlichem Schlauchansatz, mit oder ohne Stopfenbett bzw. Schliff.

Bei dem *Kipp*schen Gasentwickler[1]) (Abb. 21) ist das Trichterrohr des Flüssigkeitsbehälters A in den Tubus C des Entwicklungsgefäßes B eingeschliffen; der Schliff ist zu

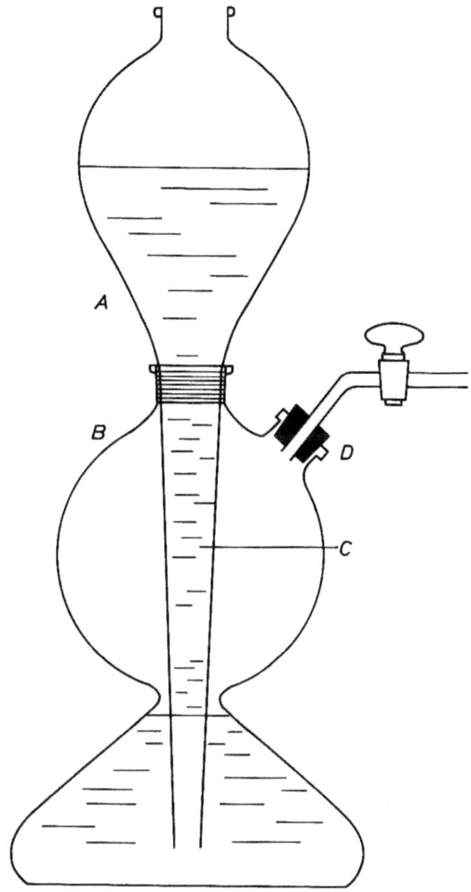

Abb. 21. Kippscher Gasentwickler

fetten und von Zeit zu Zeit zu reinigen. Der seitliche Tubus D ist mit einem durchbohrten Gummistopfen verschlossen, durch den ein gebogenes Rohr mit Hahn geführt ist. Apparate, die zum Ablassen der Flüssigkeit am unteren Teil von B einen Tubus mit Schliffstopfen oder Gummistopfen besitzen, sind nicht empfehlenswert.

Füllen des Apparates: Die feste Substanz wird durch den Tubus D in die Mittelkugel B eingebracht, bis diese höchstens zur Hälfte gefüllt ist. Um ein Herunterfallen nach C zu verhindern, legt man eine durchlöcherte Gummi- oder Kunststoffscheibe über die Einschnürung. Nach Einsetzen des Hahnrohres gießt man bei geöffnetem Hahn die Säure in A ein, bis der Fußteil C zur Hälfte gefüllt ist; dann wird der Hahn geschlossen und so viel Flüssigkeit eingefüllt, daß die obere Kugel A halb voll ist. Wird der Hahn nun geöffnet, so steigt die Flüssigkeit zu der fe-

[1]) *P. J. Kipp* 1862.

sten Substanz in der Mittelkugel, so daß Gasentwicklung einsetzt. Zur Verdrängung der Luft läßt man das Gas einige Zeit entweichen; dann wird der Hahn geschlossen, worauf die Flüssigkeit durch den in B wachsenden Gasdruck in den Fuß und in die obere Kugel A zurückgedrückt wird, so daß die Gasentwicklung aufhört. Öffnet man den Hahn wieder, so entweicht das angesammelte Gas und die Säure steigt in dem Maße, wie der Gasdruck nachläßt, wieder zu der Beschickung der Mittelkugel empor.

Gebrauch des Apparates: Man prüft vor jeder Anwendung, ob noch kräftig Gas entwickelt wird. Beim Gebrauch ist der Hahn nur so weit zu öffnen, daß die Flüssigkeit gerade bis zu der festen Beschickung emporsteigt, ohne diese zu überschwemmen. Beim Herumtragen darf der Apparat nur am Fuß und an der Mittelkugel angefaßt werden.

Wird im *Kipp*schen Apparat Wasserstoff entwickelt, so ist vor jedem Gebrauch die Knallgasprobe (s. I-18.9) zu machen.

Das Entleeren des Apparates erfolgt durch Einführen eines entsprechend langen, mit Wasser gefüllten Gummischlauches durch A bis auf den Boden von B, Abhebern der Flüssigkeit, Nachspülen mit Wasser und Entfernen der festen Teile.

Der *Kipp*sche Apparat hat gegenüber den Stahlflaschen für Gase den Vorteil, daß in den angeschlossenen Apparaten nie ein Überdruck entstehen kann, der höher ist als der durch die Höhe der Flüssigkeit in A bedingte hydrostatische Druck.

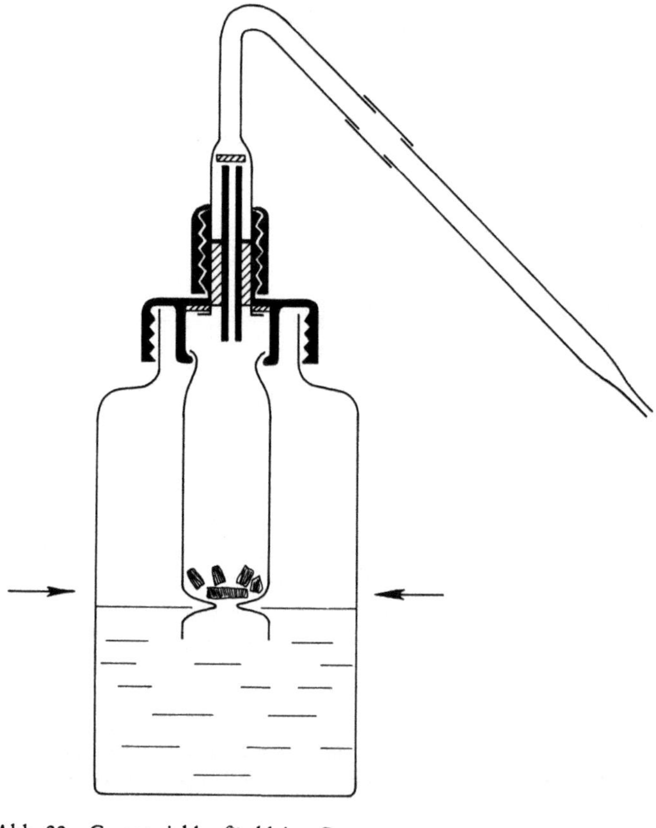

Abb. 22. Gasentwickler für kleine Gasmengen

Hingewiesen sei noch auf einen, insbesondere für Schülerübungen geeigneten, aus plastischem Kunststoff gefertigten Gasentwickler (Abb. 22) für kleine Gasmengen. Durch äußeren Druck auf den Flüssigkeitsbehälter wird die Flüssigkeit in den inneren Zylinder emporgedrückt, wo sie mit dem darin befindlichen festen Stoff reagiert. Das Gas entweicht durch ein Kapillarrohr mit Rückschlagventil in ein aufgeschraubtes, abwärts geneigtes Plastikrohr.

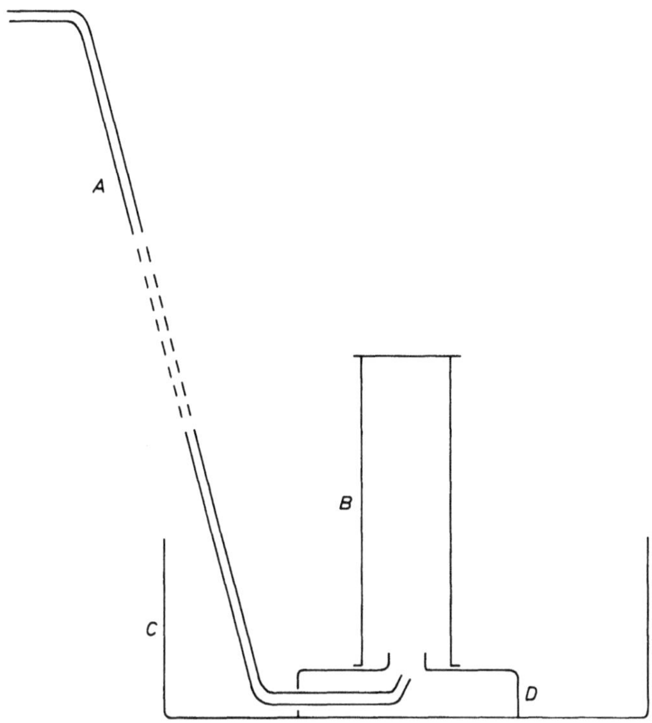

Abb. 23. Pneumatische Wanne mit Gaseinleitungsrohr, Experimentiersockel und Standzylinder

I - 18.2 Auffangen von Gasen

Es ist zu unterscheiden, ob Gase naß oder trocken aufgefangen werden sollen. Zum Auffangen über Wasser füllt man (Abb. 23) einen Standzylinder B bis zum Überlaufen mit Wasser, bedeckt ihn mit einer plangeschliffenen Glasplatte, wendet ihn um, bringt ihn mit der Mündung unter Wasser in eine pneumatische Wanne C, zieht die Verschlußplatte seitlich weg und stellt ihn auf einen Experimentiersockel D.

Dann läßt man das Gas über ein entsprechend gebogenes Einleitungsrohr A in den Standzylinder aufsteigen.

Statt des Experimentiersockels kann man auch eine entsprechend gebogene durchlöcherte Brücke aus Aluminium- oder Zinkblech verwenden, die in die pneumatische Wanne eingehängt wird.

In Wasser gut lösliche Gase (z.B. NH_3, HCl) fängt man durch Luftverdrängung[1]) auf; dabei hat man zu unterscheiden, ob das aufzufangende Gas spezifisch schwerer oder leichter ist als Luft.
Spezifisch schwerere Gase fängt man auf, indem man das Zuleitungsrohr bis auf den Boden eines aufrechtstehenden, mit einer durchbohrten Glasplatte bedeckten Auffanggefäßes, z.B. eines Standzylinders, einsenkt und das Gas langsam in dem Gefäß emporsteigen läßt. Das Verfahren ist dann besonders leicht auszuführen, wenn das Gas farbig ist (Cl_2, NO_2). Bei farblosen Gasen kann man ein Nachweisreagenz in unmittelbare Nähe der Gefäßöffnung bringen, um die vollständige Füllung zu erkennen.
Gase, die spezifisch leichter sind als Luft (z.B. NH_3), werden in das mit der Mündung nach unten gehaltene Gefäß eingeleitet. Das Zuleitungsrohr wird zunächst bis zum Boden des Gefäßes hinaufgeführt und allmählich herausgezogen.

I - 18.3 Aufbewahren von Gasen

Die für Unterrichtsversuche hergestellten Gase werden im allgemeinen nur kurzfristig aufbewahrt. Hierfür eignen sich besonders Standzylinder mit plangeschliffenem und eingefettetem Rand, die mit einer Glasplatte verschlossen werden.
Ist der Zylinder mit einem in Wasser schwer löslichen Gas gefüllt, so kann er mit der offenen Mündung nach unten im Wasser einer pneumatischen Wanne stehenbleiben.
Für volumetrische Versuche werden oft Gasmeßglocken nach Müller (Abb. 24) verwendet. Diese besitzen einen Dreiwegehahn, durch den die Gase ein- und abgeleitet werden. Die in Milliliter geteilte Glocke wird zunächst bis zur Hahnbohrung mit Sperrflüssigkeit gefüllt, indem man sie in den bis zum Rande gefüllten Standzylinder eintaucht. Der Standzylinder ist zum Auffangen des überlaufenden Wassers in eine flache Schale zu stellen. Nach Anschluß des Gasentwicklers wird das Gas zunächst durch den Dreiwegehahn nach außen abgeleitet, bis die Luft aus der Zuleitung verdrängt ist; dann wird das Gas nach Umschalten des Hahns in die Glocke eingeleitet, wobei man diese langsam in die Höhe hebt. Zur Führung der Glocke kann man einen an einem Stativ befestigten Ring verwenden. Beim Ablesen des Gasvolumens muß die Glocke so weit gehoben oder gesenkt werden, daß die Flüssigkeit außerhalb und innerhalb der Glocke auf gleicher Höhe steht. Bei der Entnahme von Gas läßt man die Glocke langsam in den Standzylinder einsinken.

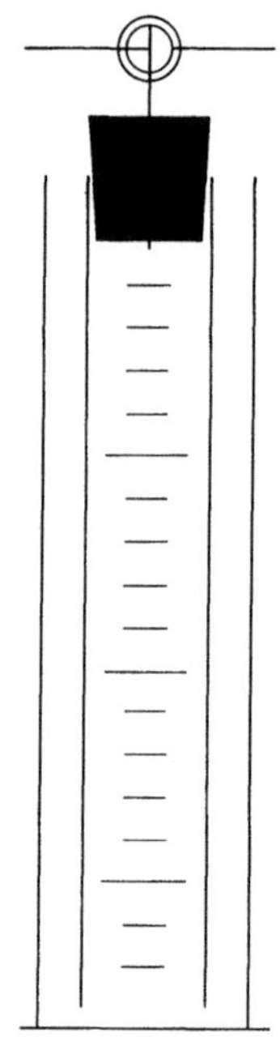

Abb. 24. Gasmeßglocke

Im Handel[2]) sind Gasometer erhältlich, die aus Metall gefertigt und nach dem Prinzip der Müllerschen Gasmeßglocke konstruiert sind. Sie haben einen Rauminhalt von 3, 5 oder 10 Liter und besitzen keine Volumeneinteilung.
Zur Aufbewahrung von Gasmengen bis 5 Liter kann man zwei *Mariotte*sche Flaschen nach Abb. 25a oder zwei gewöhnliche Standflaschen nach Abb. 25b zusammenstellen.
Man füllt zunächst die Niveauflasche mit Wasser und verdrängt die Luft aus der anderen Flasche, indem man erstere bei geöffnetem Hahn langsam in die Höhe hebt.

[1]) Oft empfiehlt sich statt dessen die Verwendung von Kolbenproben.
[2]) z.B. Fa. Kind (I - 17.8)

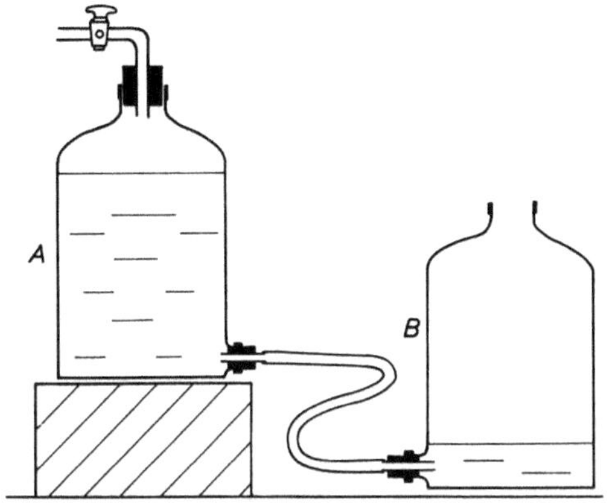

Abb. 25a. Gasbehälter aus zwei Mariotteschen Flaschen

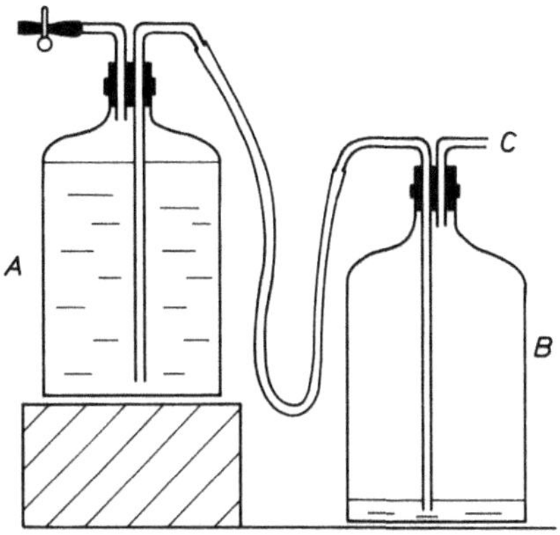

Abb. 25b. Gasbehälter aus zwei Standflaschen

Bei der Vorrichtung b ist zunächst in das Ableitungsrohr der Niveauflasche hineinzublasen, bis die Flüssigkeit überströmt, oder man saugt mit der Wasserstrahlpumpe die Flüssigkeit in den Gasbehälter hinüber. Die Niveauflasche ist zwecks Füllung mit Gas tief, zwecks Entnahme von Gas hoch zu stellen. Die Vorrichtung eignet sich auch zum rohen Abmessen von Gasen.

Als Vorratsbehälter für Gase können auch Luftballons verwendet werden. Man bindet in den Füllschlauch ein kurzes Glasrohr ein, das mit einem durch Quetschhahn verschließbaren kurzen Schlauch versehen ist. Vor dem Füllen preßt man zur Entfernung der Luft den Ballon so weit wie möglich zusammen. Dann verbindet man den Gummischlauch mit der Gasquelle und läßt Gas einströmen. Um verbliebene Luftreste zu entfernen, preßt man den Ballon nach Trennung von der Gasquelle nochmals zusammen. Dann kann die endgültige Füllung mit dem zur Aufbewahrung vorgesehenen Gas erfolgen. Wasserstoff läßt sich, da er relativ rasch durch die Hülle diffundiert, nur einige Stunden in solchen Ballons aufbewahren.

Statt eines Luftballons kann man auch im Handel befindliche sog. Gassammel-Säcke (Inhalt: 0,5 bis 10 l) verwenden, die mit Füllschlauch und Hahn ausgerüstet sind. Zur Aufbewahrung von aggressiven oder giftigen Gasen eignen sich Ballons bzw. Gassäkke nicht.

I - 18.4 Stahlflaschen und Druckdosen

Fast alle gebräuchlichen Gase werden heute in nahtlosen Stahlflaschen (Bomben) in den Handel gebracht, entweder in verflüssigtem Zustand (Cl_2, NH_3, SO_2, CO_2) oder stark komprimiert (H_2, O_2, N_2). Für Unterrichtszwecke empfiehlt es sich, Stahlflaschen bis zu 10 Liter Inhalt zu verwenden.

Achtung! Alle Gasflaschen stehen unter hohem innerem Druck (bis zu 200 atm). Daraus ergeben sich bestimmte Vorsichtsmaßregeln:

Gasflaschen sind vor Erschütterung oder Umstürzen zu sichern, an Tisch oder Wand anzuketten oder anzubinden. Beim Transport dürfen die Stahlflaschen nicht am Ventil angepackt und auch nicht auf dem Boden geschleift werden. Sehr zu empfehlen ist die Verwendung besonderer fahrbarer Gestelle[1]), in denen die Stahlflaschen dauernd verbleiben.

[1]) Fa. Kind, Fa. Mauer (I-17.8).

Gasflaschen sind vor Erwärmung zu schützen, sie dürfen nicht in die Nähe der Heizung gestellt oder der Sonnenbestrahlung ausgesetzt werden. Zwecks Vermeidung von Verwechslungen haben die Stahlflaschen verschiedenfarbige Anstriche: Wasserstoff rot, Stickstoff grün, Sauerstoff blau, Kohlendioxid grau.
Die Stahlflaschen sind durch Haupt- oder Flaschenventile verschlossen. Zur Entnahme regulierbarer Gasströme müssen an diesen Druckreduzierventile angebracht werden; die Anschlußstutzen besitzen zwecks Verhütung von Unfällen für brennbare Gase Linksgewinde, für alle anderen Gase Rechtsgewinde.
Ventile dürfen grundsätzlich nicht geölt oder gefettet werden.
Abb. 26 zeigt einen Schnitt durch die Ventile: Stahlflasche A, Hauptventil B, Hoch-(Vor-)druckkammer C, Drosselventil D, Schließfeder E, Membrane F, Einstellfeder G mit Einstellschraube H, Niederdruckkammer J, Ausgangsventil K mit Anschlußstutzen L, Hoch-(Vor-)druckmanometer M, Nieder-(Hinter-)druckmanometer N. Wird die Stahlflasche nicht gebraucht, müssen das Hauptventil B und das Ausgangsventil K geschlossen und die Einstellfeder G entlastet sein (wie Abb. 26).

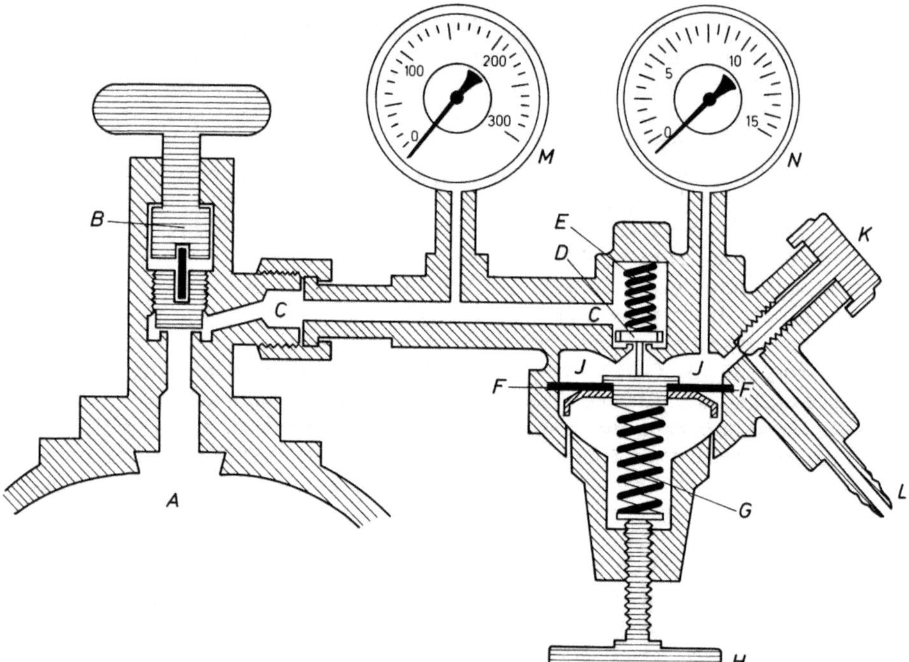

Abb. 26. Druckminderungsventil

Bei der Entnahme von Gasen ist folgender Arbeitsablauf einzuhalten:
Das Flaschenventil wird langsam geöffnet: Das Gas strömt in die Hochdruckkammer C bis zum Drosselventil D, das von der Schließfeder E geschlossen gehalten wird. Das Hochdruckmanometer M zeigt den Flaschendruck an. Dann öffnet man das Ausgangsventil K und dreht die Einstellschraube H langsam hinein: die Membrane F wird dadurch angehoben und öffnet das Drosselventil D; dadurch kann Gas in die Niederdruckkammer J einströmen. Zwischen dem auf die Membrane F wir-

kenden Gasdruck und dem Druck der Einstellfeder G stellt sich ein Gleichgewicht ein, das den Öffnungsquerschnitt des Drosselventils D bestimmt. Dieses Gleichgewicht hält unabhängig von der verbrauchten Gasmenge den Niederdruck, der am Niederdruckmanometer N angezeigt wird, weitgehend konstant. Wird nämlich plötzlich mehr Gas entnommen, so verringert sich der Gasdruck in der Kammer J und damit auf die Membrane F, die Einstellfeder G erweitert die Öffnung des Drosselventils D und es kann mehr Gas aus der Flasche nachströmen. Schließt man das Ausgangsventil K, so steigt der Druck auf die Membrane F, die Einstellfeder G wird zusammengedrückt und das Drosselventil D geschlossen.
Nach Beendigung der Gasentnahme schließt man bei geöffnetem Ausgangsventil K das Hauptventil B, entlastet die Einstellfeder G und schließt dann das Ausgangsventil K.
Ist die Stahlflasche nicht mit einem Druckreduzierventil, sondern nur mit einem Feinregelventil (Nadelventil) ausgestattet, so öffnet man bei geschlossenem Feinregelventil zuerst das Hauptventil und dreht vorsichtig die Spindel des Feinventils heraus, bis der Gasstrom die gewünschte Stärke erreicht hat. Man prüft diesen, indem man die Öffnung eines mit dem Gasauslaß verbundenen Schlauches bei unschädlichen Gasen gegen den Handrücken oder neben das Ohr hält oder die Schlauchöffnung kurzfristig mit dem Daumen verschließt; erst dann stellt man die Verbindung mit der Apparatur her. Bei Beachtung dieser Regel wird das Herausschleudern des Einsatzes von Waschflaschen o. dgl. vermieden. Zum Abstellen des Gasstromes wird zunächst das Hauptventil geschlossen und nach Aufhören des Gasstromes das Feinregelventil zugedreht.
Eine große Anzahl von Gasen (auch Edelgase, Kohlenwasserstoffe u.a.) sind in „Druckdosen" im Handel[1]). Dies sind Leichtmetallgefäße mit einem Rauminhalt von etwa 1 Liter. Sie sind mit einem Druck von 10 bis 12 atm gefüllt und haben einen kurzen mit Schraubgewinde versehenen Stutzen, auf den das mit einem Dorn versehene Ventil aufgeschraubt wird. Hierbei perforiert der Dorn die Dosenwandung, wodurch das Gas in das Ventil einströmt.
Es empfiehlt sich, bei Stahlflaschen und bei Druckdosen zwischen Ventil und Apparatur eine leere Waschflasche umgekehrt, also mit dem Einleitungsrohr zur Apparatur hin, einzubauen, um das Ventil vor etwa aus der angeschlossenen Apparatur zurücksteigender Flüssigkeit zu schützen.

I - 18.5 Abmessen von Gasen

Kleinere Gasmengen (bis 100 ml), wie sie für die Analyse von Gasen benötigt werden, mißt man oft mit der Hempelschen Gasbürette (Abb. 27) ab:
Durch Heben des Niveaurohres bei geöffneten Quetschhähnen A und B wird die Bürette mit der Sperrflüssigkeit gefüllt. Beginnt die Flüssigkeit gerade aus dem die Bürette oben abschließenden, etwa 4 cm über die Bürettenspitze hinausragenden Schlauch auszutreten, schließt man Quetschhahn A, der möglichst weit nach unten zu schieben ist. Den mit der Gasquelle verbundenen Zuleitungsschlauch versieht man am freien Ende mit einem kurzen rechtwinklig gebogenen Glasrohr (in den Abschlußschlauch der Bürette passend), läßt das Gas kurze Zeit zur Vertreibung der Luft ausströmen und führt das Glasrohr, ohne den Gasstrom zu unterbrechen, in den mit Sperrflüssigkeit gefüllten Abschlußschlauch der Bürette ein. Darauf öffnet man A und läßt bei gleichzeitigem Senken des Niveaurohres von dem Gas 1 bis 2 ml mehr als gewünscht einströmen, schließt A, prüft nach Herstellung von Niveaugleichheit das Volumen des eingeschlossenen Gases und schließt B bei Tiefstellung des Niveaurohres. Das Niveaurohr wird jetzt erhöht aufgestellt und durch vorsichtiges Öffnen des Schrauben-

[1]) Fa. Hadü, Fa. Merck, Fa. Messer Griesheim, Fa. Roth (I-17.8).

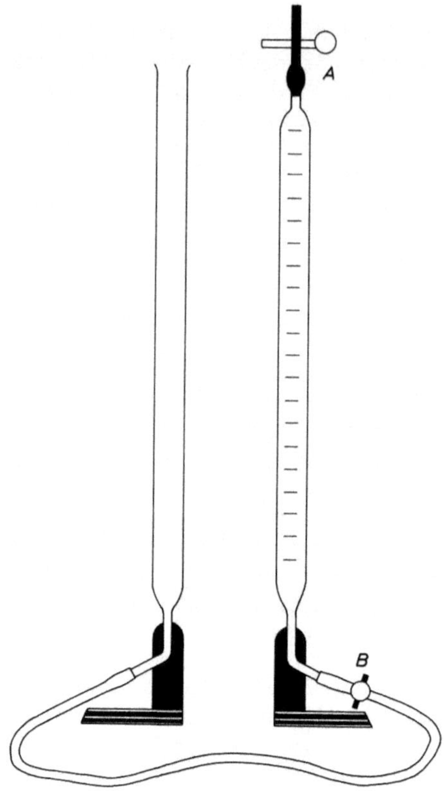

Abb. 27. Hempelsche Gasbürette

quetschhahnes B der untere Meniskus der Sperrflüssigkeit genau auf die dem gewünschten Volumen entsprechende Marke eingestellt. Hierdurch wird das Gas komprimiert.
Nachdem B wieder geschlossen ist, wird durch kurzes Öffnen von Quetschhahn A Druckausgleich mit der Atmosphäre hergestellt.
Zum Ablesen eines Gasvolumens stellt man etwa 3 Minuten[1]) nach dem Einleiten des Gases bei geschlossenem Quetschhahn A und geöffnetem Quetschhahn B Niveaugleichheit her. Das schräg gehaltene Niveaurohr berührt hierbei in Höhe des Flüssigkeitsmeniskus die Bürette.
Beim Arbeiten mit der *Hempel*schen Bürette ist darauf zu achten, daß niemals das Bürettenrohr mit der Hand angefaßt wird.
Die Bürette kann auch mit einem angeschmolzenen Kapillar-Dreiwegehahn statt des Quetschhahns versehen sein.
Ferner sind Gasbüretten im Handel, die am oberen Ende mit einem Stopfenbett ausgestattet sind, das zur Aufnahme eines einfach durchbohrten Gummistopfens mit kapillarem Dreiwegehahn dient. Das durch den Stopfen geführte Rohr des Hahnes darf nicht aus der Bohrung herausragen. Derartige Büretten haben den Vorteil, daß sie besonders leicht zu reinigen sind.
Zum Abmessen von Gasen ohne Verwendung einer Sperrflüssigkeit verwendet man das Kolbenprobergerät (s. I - 17.6).

[1]) Bis das an der Bürettenwand haftende Wasser abgelaufen ist.

I - 18.6 Gasanalyse

Zur quantitativen Analyse von Gasgemischen eignet sich in besonderem Maße das Kolbenprobergerät in Verbindung mit Absorptionspipetten (Orsatpipetten, Abb. 28a, Symbol Abb. 28b) bzw. mit der Glühdrahtkugel (Abb. 17c).
Beim Absorptionsverfahren (Abb. 29) verbindet man den Kolbenprober C mit einem Doppel-T-Stück mit Hähnen B, das seinerseits mit einem Dreiwegehahn A verbunden ist. An die Hähne des Doppel-T-Stücks schließt man Orsatpipetten (Abb. 29) an, die mit geeigneten Absorptionsmitteln (vgl. I - 19) und Glasröhrchen (zur Vergrößerung der Oberfläche) gefüllt sind. Bei geschlossenem Dreiwegehahn zieht man nach Öffnen der zugehörigen Hähne von B die Absorptionsflüssigkeiten mit dem Kolbenprober nacheinander bis zur Meßmarke in dem kapillaren Ansatz der Orsatpipetten hoch und schließt dann jeweils wieder den entsprechenden Hahn.
Darauf füllt man über den Dreiwegehahn nach Verdrängung der Luft aus den Verbindungswegen den Kolbenprober mit dem zu analysierenden Gasgemisch und liest das Volumen (möglichst 100 ml) unter Atmosphärendruck (vgl. I - 17.6.3) ab.
Wenn die Orsatpipetten mit wäßrigen Absorptionsmitteln gefüllt sind, muß das eingefüllte Gas mit Wasserdampf gesättigt sein, also u.U. durch eine Waschflasche mit Wasser geleitet werden (vgl. I - 17.6.5).
Das Gasgemisch wird zunächst in die erste Orsatpipette hineingedrückt (Dreiwegehahn geschlossen) und einige Zeit darin belassen. Dann wird es in den Kolbenprober zurückgesaugt, bis die Absorptionsflüssigkeit wieder an der Meßmarke der Orsatpipette steht. Diese Prozedur wird so oft wiederholt, bis keine Volumenänderung mehr eintritt. Dann wird das Volumen abgelesen und der Vorgang mit der zweiten Pipette wiederholt. Die jeweiligen Volumenänderungen ergeben auf das Anfangsvolumen bezogen die prozentualen Anteile der absorbierten Gase in dem Gemisch.
Will man ein Gasgemisch mit mehr als drei Komponenten analysieren, so muß man weitere Orsatpipetten hinzuschalten.
Für die Gasanalyse nach der Absorptionsmethode gibt es fest zusammengebaute Orsat-Apparate, bei denen der Kolbenprober durch eine Gasbürette mit Niveaugefäß, die manchmal noch in einem Temperiermantel steckt, ersetzt ist.
Wenn das Gemisch ein brennbares Gas (z.B. H_2, CH_4, CO) enthält, kann die Verbrennungsmethode angewandt werden. Hierbei wird dieses Gas mit überschüssigem Sauerstoff verbrannt und evtl. CO_2 nach der Absorptionsmethode bestimmt. Man benützt für die Verbrennung am besten eine Glühdrahtkugel (Abb. 17c) in Verbindung mit dem Kolbenprober[1]).

I - 18.7 Reduktion von Gasvolumen auf Normalbedingungen

Bei quantitativen Arbeiten mit Gasen ist oft eine Reduktion auf Normalbedingungen notwendig. Dies kann mittels der „Reduktionsformel" geschehen:

$$V_0 = V_t \cdot \frac{273 \cdot p_t}{(273 + t) \cdot 760} = V_t \cdot f_R$$

V_t = gemessenes Volumen bei der Temperatur t °C und dem Druck p_t Torr; V_0 = Volumen bei 0 °C und 760 Torr. Bequemer ist es, V_t mit dem Reduktionsfaktor f_R =

[1]) Vgl. *Böse, R.*, u. *M. Schmidt*, Quantitative Versuche mit dem Kolbenprober. Schriftenreihe zur Chemie, 2. Aufl. (S. 49–57) (Frankfurt a.M. 1972). Dort findet man auch Hinweise auf Vorsichtsmaßnahmen.

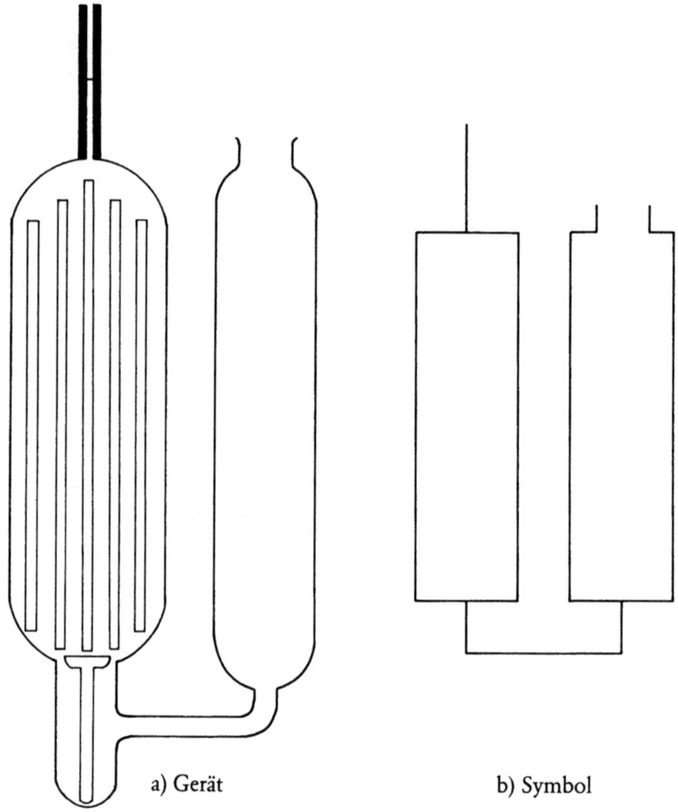

Abb. 28. Orsatpipette

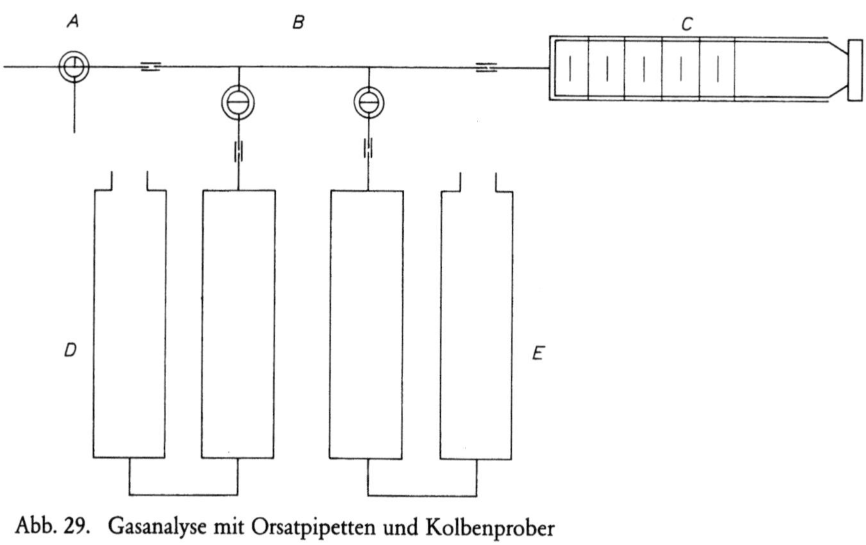

Abb. 29. Gasanalyse mit Orsatpipetten und Kolbenprober

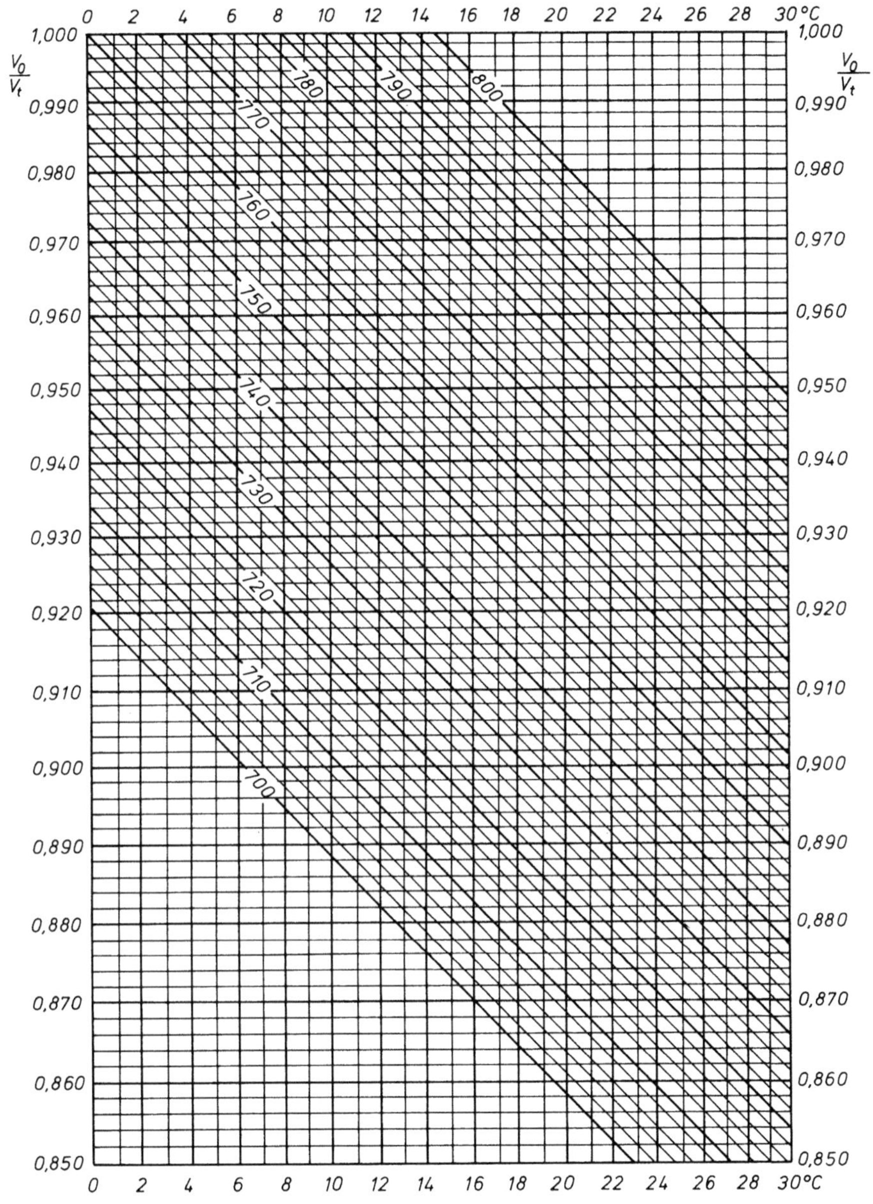

Abb. 30. Reduktion von Gasvolumen auf Normalbedingungen

V_0/V_t zu multplizieren, der einem Diagramm[1]) (Abb. 30) zu entnehmen ist: Die Senkrechte auf der Temperaturskala (Abszisse) in t schneidet die schräge Druckgerade für p_t in dem Ordinatenwert f_R.

[1]) Eine Gasreduktionstabelle (lg f_R für verschiedene Werte von p und t) sowie Korrekturen für Feuchtigkeit und Barometerablesung findet man bei *Küster, F. W., A. Thiel* u. *K. Fischbeck*, Logarithmische Rechentafeln. (Berlin).

Wird das Gasvolumen V_t über Wasser aufgefangen, so ist von dem Druck p_t zuerst der aus der folgenden Tabelle bei der Temperatur t °C zu entnehmende Wasserdampfdruck abzuziehen und dann mit diesem verminderten Druck (Partialdruck des Gases) in die Tafel einzugehen.

Tab. 1. Druck des gesättigten Wasserdampfes von 0 bis 30 °C

°C	Torr	°C	Torr	°C	Torr
0	4,6				
1	4,9	11	9,8	21	18,7
2	5,3	12	10,5	22	19,8
3	5,7	13	11,2	23	21,1
4	6,1	14	12,0	24	22,4
5	6,5	15	12,8	25	23,8
6	7,0	16	13,6	26	25,2
7	7,5	17	14,5	27	26,7
8	8,0	18	15,5	28	28,3
9	8,6	19	16,5	29	30,0
10	9,2	20	17,5	30	31,8

Beispiele:

1) Trocken gemessenes Gasvolumen V_t = 100 ml
   Temperatur des Gases t = 20 °C
   Druck des Gases (Luftdruck) p_t = 730 Torr
   Reduktionsfaktor f_R = 0,895
   Reduziertes Volumen V_0 = 100 · 0,895 = 89,5 ml

2) Feucht gemessenes Gasvolumen V_t = 65 ml
   Temperatur des Gases t = 23 °C
   Gesamtdruck des Gases (Luftdr.) p_t = 745 Torr
   Wasserdampfdruck lt. Tab.1 p_W = 21,1 ≈ 21 Torr
   Partialdruck des Gases p' = 745 – 21 = 724 Torr
   Reduktionsfaktor f_R = 0,8785
   Reduziertes Volumen V_0 = 65 · 0,8785 = 57,1 ml

I - 18.8 Verflüssigung von Gasen

Gase werden bei Unterrichtsversuchen durch Abkühlung unter ihre Siedetemperatur verflüssigt. Zum Wärmeentzug verwendet man Kältemischungen.

I - 18.8.1 Kältemischungen

0 °C Kleinstückiges Eis in Wasser, nicht Eis allein.

bis –20 °C Gemenge von 3 Gew.-Teilen stark zerkleinertem Eis mit 1 Gew.-Teil zerriebenem Natriumchlorid (Viehsalz).

bis –35 °C Gemenge von 2 Gew.-Teilen kleinstückigem, trockenem Eis mit 3 Gew.-Teilen Calciumchloridhydrat $CaCl_2 \cdot 6\,H_2O$.

bis –78 °C Man übergießt zerkleinertes festes Kohlendioxid (käufliches Trockeneis) oder Kohlendioxidschnee unter Umrühren allmählich mit Aceton oder Methanol, bis ein nicht zu steifer Brei entstanden ist.

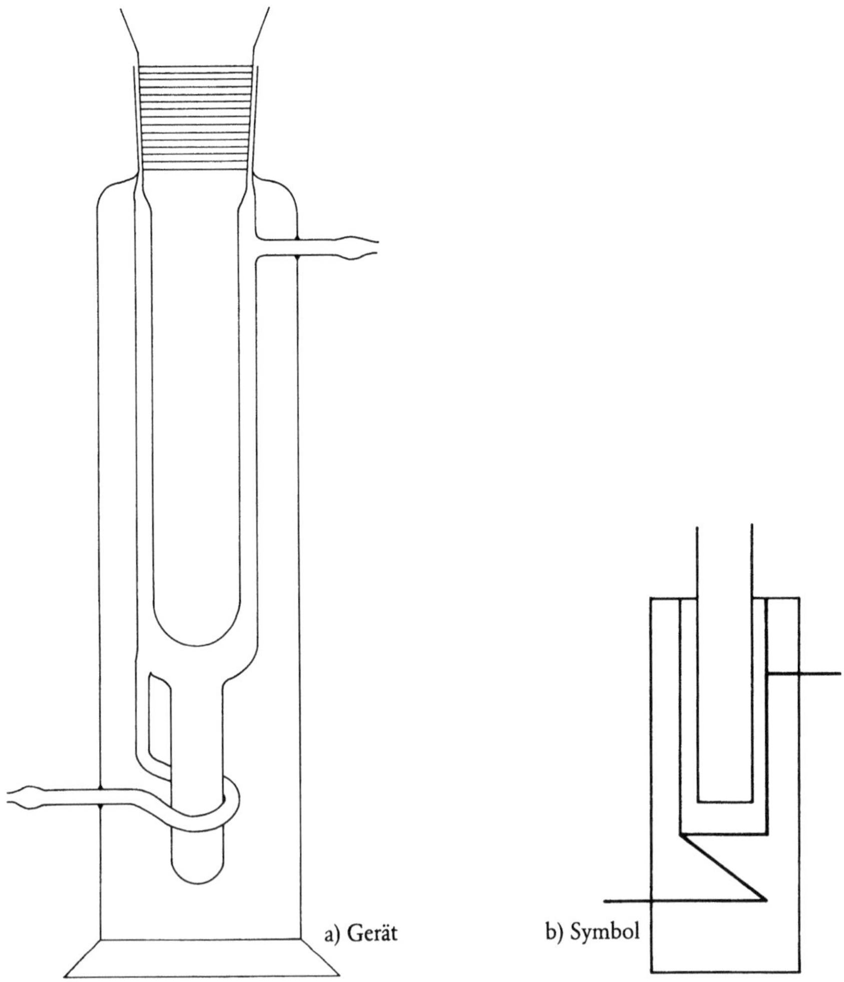

Abb. 31. Gasverflüssiger

Zur Herstellung von Kohlendioxidschnee wird eine möglichst volle und kühl gelagerte Stahlflasche mit Kohlendioxid (ohne Reduzierventil) so auf den Tisch gelegt, daß ihr Fuß etwa 20 cm höher liegt als das Kopfstück, das mit der zum Boden hin gerichteten Ventilöffnung etwas über die Tischkante hinwegragt. Die Stahlflasche ist so stabil zu lagern und festzuhalten, daß sie nicht ins Rollen oder Rutschen geraten kann. An dem Kopfventil wird ein Sack aus Baumwollflanell (etwa 20 x 30 cm) mit einer starken Schnur so festgebunden, daß die Ausströmungsöffnung des Ventils in ihn hineinragt. Nach vollem Aufdrehen des Ventils fließt ein Teil des flüssigen Kohlendioxids unter starkem Zischen aus und bildet unter teilweiser Verdampfung in dem Sack einen weißen Schnee. Von Zeit zu Zeit klopft man auf den Sack. Nach Zudrehen des Ventils wird die Stahlflasche wieder senkrecht gestellt; nach einigen Minuten ist das Ventil, das sich stark abgekühlt hat, nochmals nachzudrehen.
Im Handel sind Geräte zur Herstellung von Trockeneistabletten erhältlich[1]). Die Geräte werden anstelle des Reduzierventils auf die CO_2-Stahlflasche aufgeschraubt.

[1]) Z.B. Fa. Buse (I-17.8).

I - 18.8.2 Geräte zur Gasverflüssigung

Zur Verflüssigung von Gasen verwendet man dünnwandige Glasgefäße mit Zu- und Ableitungsrohr, sog. Kühlfallen. Besonders geeignet ist der Gasverflüssiger nach H. Rheinboldt (Abb. 31a, Symbol 31b), der es gestattet, den Kondensationsvorgang zu beobachten. Er besteht aus einem doppelwandigen Mantelgefäß A mit Ansatz B zum Auffangen des verflüssigten Gases; in das Mantelgefäß ist der Einsatz C zur Aufnahme des Kühlmittels eingeschliffen.

Das trockene Gas wird von unten zugeleitet, umstreicht in einem dünnwandigen engen Röhrchen den Sammelansatz B und trifft dann auf den Kühleinsatz auf, wo es sich verdichtet und in Tropfen in den Sammelansatz herabfällt. Der nicht verflüssigte Anteil entweicht durch das in den oberen Teil des Apparates eingeschmolzene Ableitungsrohr. Durch die Gasführung wird erreicht, daß das nachströmende Gas durch das bereits verflüssigte Gas vorgekühlt wird, so daß die Kondensation sehr rasch fortschreitet. Die Luft im Mantelgefäß verhindert Wärmeverluste und ein Beschlagen der Außenwand durch Luftfeuchtigkeit.

Der Apparat ist vor Gebrauch scharf zu trocknen. Der Schliff ist durch Einreiben mit Exsikkatorfett gut zu dichten.

I - 18.9 Knallgasprobe

Das Arbeiten mit brennbaren Gasen erfordert immer besondere Vorsicht. Der Apparatur entströmt beim Durchleiten solcher Gase zunächst ein explosives Gemisch mit Luft; es dürfen daher in der Nähe der Ausströmungsöffnung keine Flammen stehen. Besonders gefährlich sind Acetylen und Wasserstoff. Soll das Gas entzündet, in einer Apparatur erhitzt oder über erhitzte Stoffe geleitet werden, so muß zuvor die Luft vollständig aus der Apparatur verdrängt sein. Zur Prüfung auf Luftfreiheit fängt man das Gas in der pneumatischen Wanne in einem mit Wasser gefüllten Reagenzglas auf oder hält ein umgekehrtes Reagenzglas über das Ableitungsrohr der Apparatur. Man läßt das Gas eine Zeit lang einströmen, verschließt dann das Reagenzglas mit dem Daumen, nähert die nach unten gehaltene Mündung rasch einer Flamme und gibt sie frei. Ist das Gas luftfrei, so entzündet es sich (evtl. unter schwachem Verpuffen) und brennt ruhig ab. Achtung! Ist ein explosives Gasgemisch vorhanden, so erfolgt die Entzündung mit heulendem (pfeifendem) Geräusch. Die Knallgasprobe ist dann so oft zu wiederholen, bis ruhiges Abbrennen eintritt. Bei den Wiederholungen der Probe ist stets ein frisches Reagenzglas zu verwenden; das heiße Glas der vorangegangenen Probe, in dem zudem noch eine fast unsichtbare Flamme vorhanden sein kann, darf nicht über die Ausströmungsöffnung der Apparatur gestülpt werden! Man muß die Probe gewissenhaft so oft anstellen, bis man sich tatsächlich von dem ruhigen Abbrennen des Gases überzeugt hat; man darf sich, wenn man nur eine schwache Explosion beobachtet hat, nicht mit der Annahme begnügen, daß das Gas in kurzer Zeit in Ordnung sei. Es kann dies ein schwerwiegender Trugschluß sein: Die Zusammensetzung des Gasgemisches kann noch an der unteren Explosionsgrenze liegen, so daß das Gemisch erst bei weiterem Einleiten von brennbarem Gas die volle Explosionskraft erreicht. Aus demselben Grunde ist die Probe, wenn man keine Explosion, aber auch kein deutliches Abbrennen des Gases beobachtet hat, nochmals zu wiederholen. Man versäume niemals, die Knallgasprobe gewissenhaft auszuführen!

I - 19 Gase für Unterrichtsversuche

In diesem Kapitel werden kurze Hinweise auf Darstellung, Eigenschaften und Behandlung einiger Gase gegeben, soweit sie für Unterrichtsversuche in Betracht kommen.
Die Dichte der Gase ist angegeben als dimensionslose „Dichtezahl" DZ (Verhältnis der Dichte des Gases zur Dichte der Luft bei gleicher Temperatur und gleichem Druck) und als „Normdichte" d_N in $g \cdot l^{-1}$ (Masse von 1 Liter Gas bei 0 °C und 760 Torr)[1]).
Die Löslichkeit gibt an, wieviel Volumteile Gas, reduziert auf Normalbedingungen, sich in einem Volumteil Wasser von der angegebenen Temperatur lösen, wenn der Partialdruck des Gases 760 Torr beträgt (Bunsenscher Absorptionskoeffizient)[2]).
Die Explosionsgrenzen von brennbaren Gasen geben die Grenzkonzentrationen (in Vol.%) an, zwischen denen ein Gemisch des Gases mit Luft zur Explosion gebracht werden kann; sie sind auf einen Anfangszustand von 20 °C und 760 Torr bezogen[3]).

I - 19.1 Wasserstoff

Dichte:	DZ = 0,0695 $d_N = 0{,}0899\ g \cdot l^{-1}$
Löslichkeit:	0,0216 (0 °C) 0,0182 (20 °C)
Darstellung:	aus Zink (arsenfrei, granuliert oder in Stangen) und H_2SO_4 (1:4) oder Salzsäure (1:1); Geräte s. I-18.1. Knallgasprobe s. I-18.9
Stahlflasche:	roter Anstrich; das Gas ist praktisch rein und trocken
Waschen:	Wasser
Trocknen:	konz. H_2SO_4
Auffangen:	über Wasser
Aufbewahren:	soll nicht längere Zeit in einem Gasbehälter (I-18.3) aufbewahrt werden; vor jedem Gebrauch Knallgasprobe (I-18.9)
Nachweis:	Explosion im Gemisch mit Luft (Knallgas); nichtleuchtende Flamme, Reaktionsprodukt Wasser (Reagenz auf Wasser s. V)
Absorption:	schwierig
Bemerkungen:	Explosionsgrenzen 4,0–75,6

I - 19.2 Chlor

Dichte:	DZ = 2,486 $d_N = 3{,}214\ g \cdot l^{-1}$
Löslichkeit:	4,61 (0 °C) 2,30 (20 °C)
Darstellung:	Auftropfen von konz. Salzsäure auf $KMnO_4$ (Vers. III-2.1.1); 10 g $KMnO_4$ liefern mit 60 ml konz. Salzsäure etwa 4 l Chlor
Stahlflasche:	darf für Unterrichtsversuche nicht verwendet werden
Waschen:	konz. NaCl- oder konz. $KMnO_4$-Lsg.
Trocknen:	konz. H_2SO_4
Auffangen:	über konz. NaCl-Lsg. (Löslichkeit 0,36 bei 20 °C); trocken durch Luftverdrängung
Aufbewahren:	trocken in gut verschlossenen Gefäßen mit Schliffstopfen oder aufgeschliffener Glasplatte
Nachweis:	Farbe, Geruch, Bläuung von KJ-Stärkelsg. (s. V)

[1]) *D-Ans-Lax*, Taschenbuch für Chemiker und Physiker. 3. Aufl., Bd. I (S. 1–828) (Berlin 1967)
[2]) *D'Ans-Lax*, a.a.O. (S. 1–1205).
[3]) *Neumüller, O.-A.*, Römpps Chemie-Lexikon. 7. Aufl., Bd. 2 (S. 1067) (Stuttgart 1973). *Weast, R. C.* (Hrsg.), Handbook of Chemistry and Physics. 55. Aufl. (S. D 85) (Cleveland 1974/75).

Absorption:	konz. Alkalilauge (weites Einleitungsrohr)
Bemerkungen:	Vorsicht! Gift! Chlor greift die Schleimhäute heftig an. 0,06% in Luft wirken rasch tödlich; bei längerer Einwirkung treten bereits bei einer Konzentration, bei der das Gas durch den Geruch noch nicht wahrnehmbar ist, Reizungen der Schleimhäute und Atmungsorgane auf (Gegenmittel: Einatmen von Alkoholdampf). Es muß daher stets unter dem Abzug gearbeitet oder auf absolut dichtes Schließen der Apparaturen und restlose Absorption des austretenden Gases geachtet werden.

I - 19.3 Chlorwasserstoff

Dichte:	DZ = 1,2679 d_N = 1,6392 g · l^{-1}
Löslichkeit:	512 (0 °C); 443 (20 °C)
Darstellung:	Zutropfen von konz. H_2SO_4 zu festem NaCl (Vers. III-2.1.7) oder zu konz. Salzsäure
Stahlflasche:	nicht zu empfehlen
Waschen und Trocknen:	konz. H_2SO_4
Auffangen:	durch Luftverdrängung; nicht über Wasser oder wäßrigen Lösungen
Aufbewahren:	trocken, in gut verschlossenen Gefäßen
Nachweis:	Nebelbildung mit konz. NH_3-Lsg., Trübung von $AgNO_3$-Lsg.
Absorption:	Wasser, bei größeren Mengen mit Eisstückchen; das Zuleitungsrohr darf nicht eintauchen
Bemerkungen:	Vorsicht! Chlorwasserstoff reizt die Schleimhäute und Atmungsorgane. Abzug oder Absorption des austretenden Gases

I - 19.4 Sauerstoff

Dichte:	DZ = 1,1054 d_N = 1,4290 g · l^{-1}
Löslichkeit:	0,0489 (0 °C) 0,0309 (20 °C)
Darstellung:	a) Erhitzen von $KClO_3$ (Vers. III - 3.1.2 b) b) Zutropfen einer Lsg. von 35 ml 30%igem H_2O_2 in 100 ml Wasser zu einer mit H_2SO_4 angesäuerten (etwa 1:10) Lsg. von 20 g $KMnO_4$ in 350 ml Wasser.
Stahlflasche:	blauer Anstrich; Ventile dürfen nicht gefettet werden
Waschen:	Wasser
Trocknen:	konz. H_2SO_4
Auffangen:	über Wasser; trocken durch Luftverdrängung
Aufbewahren:	in Gasbehältern oder Gasmeßglocken (I-18.3) über Wasser
Nachweis:	Entflammen eines glimmenden Holzspans; Unterscheidung von N_2O: Vers. III - 4.1.8 d
Absorption:	Eine Lösung von 12 g Pyrogallol in 50 ml Wasser wird kurz vor Gebrauch mit einer Lösung von 180 g KOH in 300 ml Wasser vermischt

I - 19.5 Schwefelwasserstoff

Dichte:	DZ = 1,1883 d_N = 1,5362 g · l^{-1}
Löslichkeit:	4,67 (0 °C) 2,59 (20 °C)
Darstellung:	aus Eisen (II)-sulfid (Schwefeleisen) in Stangenform und Salzsäure (1:1), Vers III - 3.2.3; das Gas enthält stets Wasserstoff, daher Knallprobe erforderlich

Stahlflasche:	nicht zu empfehlen
Waschen:	Wasser
Trocknen:	Calciumchlorid, Kieselgel; nicht mit konz. H_2SO_4
Auffangen:	über konz. NaCl-Lsg.; trocken durch Luftverdrängung
Aufbewahren:	trocken in gut verschlossenen Gefäßen
Nachweis:	Geruch, Schwärzung von Bleiacetat-Lsg. oder -Papier
Absorption:	konz. Alkalilauge (weites Einleitungsrohr); Ammoniak-Lsg.; Aktivkohle
Bemerkungen:	Vorsicht! Gift! Die Giftigkeit von Schwefelwasserstoff wird häufig unterschätzt, sie reicht an die von Blausäure heran. Es ist daher unter dem Abzug zu arbeiten; überschüssiges Gas muß absorbiert werden. Anzeichen einer Vergiftung sind Unwohlsein, Kopfschmerzen; bei weiterer Einwirkung plötzliche Ohnmacht. Explosionsgrenzen 4,3–45,5.

I - 19.6 Schwefeldioxid

Dichte:	DZ = 2,2635 d_N = 2,9262 g · l^{-1}
Löslichkeit	79,8 (0 °C) 39,4 (20 °C)
Darstellung:	Zutropfen von konz. H_2SO_4 zu Natriumhydrogensulfit-Lsg. (40%ig), Vers. III - 3.2.8
Stahlflasche:	nicht erforderlich
Waschen und Trocknen:	konz. H_2SO_4
Auffangen:	über Paraffinöl oder durch Luftverdrängung; nicht über Wasser oder wäßrigen Lösungen
Aufbewahren:	über Paraffinöl; trocken in gut verschlossenen Gefäßen
Nachweis:	Geruch; Entfärbung einer mit verd. H_2SO_4 angesäuerten $KMnO_4$-Lsg. oder einer J_2-KJ-Lsg. (s. V); Entfärbung von Fuchsin-Lsg. (s. V); Schwärzung von $Hg_2(NO_3)_2$–Lsg.
Absorption:	Wasser mit Eisstückchen; für große Mengen Natronlauge; das Zuleitungsrohr darf nicht eintauchen
Bemerkungen:	Vorsicht! Schwefeldioxid ist ein heftiges Reizgas für die Schleimhäute und oberen Atemwege. Bereits 0,003 Vol.-% in Luft werden von empfindlichen Personen nicht ertragen. In größeren Konzentrationen erzeugt es Atemnot und Krämpfe. Es ist daher unter dem Abzug zu arbeiten und auf dichtes Schließen der Apparaturen zu achten. Unverbraucht austretendes Gas muß absorbiert werden.

I - 19.7 Stickstoff

Dichte:	DZ = 0,9673 d_N = 1,2505 g · l^{-1}
Löslichkeit:	0,0232 (0 °C) 0,0157 (20 °C)
Darstellung:	a) Zutropfen von $NaNO_2$-Lsg. (30%ig) zu einer kalt gesättigten $(NH_4)_2SO_4$-Lsg., die auf einem Wasserbad erhitzt wird (Vers. III - 4.1.3) b) Man leitet Luft aus einem Gasbehälter langsam durch eine Muenckesche Waschflasche (konz. KOH) und dann durch ein mit Kupferspänen gefülltes auf dunkle Rotglut (Reihenbrenner oder Rohrofen) erhitztes Rohr aus schwer schmelzbarem Glas. Das Gas enthält etwa 1% Edelgase (Argon)

Stahlflasche: grüner Anstrich
Waschen: bei Darstellung nach a): Gemisch aus 5 Volumteilen ges. $K_2Cr_2O_7$-Lsg. und 1 Volumteil konz. H_2SO_4
Trocknen: konz. H_2SO_4
Auffangen: über Wasser
Aufbewahren: Gasbehälter (I - 18.3) über Wasser
Nachweis: Erlöschen eines brennenden Holzspans oder einer Kerzenflamme; keine Trübung von Barytwasser (Unterschied zu CO_2)

I - 19.8 Ammoniak

Dichte: DZ = 0,5967 d_N = 0,7714 g · l^{-1}
Löslichkeit: 1176 (0 °C) 702 (20 °C)
Darstellung: a) Vorsichtiges Erwärmen von konz. NH_3-Lsg.; gleichmäßiger Gasstrom
b) Auftropfen von konz. NH_3-Lsg. auf festes NaOH oder KOH (Vers. III - 4.1.4)
Stahlflasche: nicht erforderlich
Waschen: unnötig; Füllung für Blasenzähler: konz. NH_3-Lsg. oder für trockenes Gas Paraffinöl
Trocknen: gebrannter Kalk in porösen Stücken; Natronkalk; festes NaOH oder KOH; nicht mit konz. H_2SO_4 oder $CaCl_2$
Auffangen: über Paraffinöl oder Phthalsäuredibutylester (Palatinol C, Vers. II - 1.4); trocknen durch Luftverdrängung
Aufbewahren: über Paraffinöl
Nachweis: Geruch, Nebelbildung mit HCl-Gas, Schwärzung von $Hg_2(NO_3)_2$-Lsg., angefeuchtetes p_H-Papier (alkalische Reaktion), Neßlers Reagenz (s. V, empfindlichste Reaktion)
Absorption: Wasser, bei größeren Mengen mit Eisstückchen; das Zuleitungsrohr darf nicht eintauchen
Bemerkungen: Vorsicht!
NH_3 reizt die Atemwege mit ziemlich tief gehender Wirkung; in größerer Konzentration ist es giftig.
Explosionsgrenzen 15,5–27,0.

I-19.9 Distickstoffmonoxid

Dichte: DZ = 1,5319 d_N = 1,9804 g · l^{-1}
Löslichkeit: 1,30 (0 °C) 0,624 (20 °C)
Darstellung: Erhitzen eines Gemisches von $(NH_4)_2SO_4$ und $NaNO_3$ (Vers. III - 4.1.8); vorsichtiges Erhitzen von NH_4NO_3
Stahlflasche: nicht erforderlich
Waschen: konz. Alkalilauge oder konz. NaCl-Lsg.
Trocknen: konz. H_2SO_4
Auffangen: über konz. NaCl-Lsg., evtl. auch über Wasser
Aufbewahren: über konz. NaCl-Lsg. oder konz. Na_2SO_4-Lsg. (Löslichkeit 0,146 bei 25 °C)
Nachweis: Entflammen eines schwach brennenden Holzspans. Unterscheidung von Sauerstoff: keine Reaktion mit NO (s.Vers. III - 4.1.8d); unlöslich in alkalischer Pyrogallol-Lsg. (s. I - 19.4)

I - 19.10 Stickstoffmonoxid

Dichte: DZ = 1,0368 d_N = 1,3402 g · l^{-1}

Löslichkeit: 0,073 (0 °C) 0,047 (20 °C)
Darstellung: Reaktion von Salpetersäure mit Kupfer (Vers. III - 4.1.10); Zutropfen von konz. $NaNO_2$-Lsg. zu einer salzsauren $FeSO_4$-Lsg. (Vers. II - 1.10)
Stahlflasche: nicht erforderlich
Waschen: Alkalilauge
Trocknen: P_2O_5 (Siccapent)
Auffangen: über Wasser
Nachweis: an der Luft Bildung von braunem NO_2
Absorption: konz. $FeSO_4$-Lsg.
Bemerkungen: Vorsicht! Gift!
Stickstoffmonoxid ist wie das an der Luft daraus entstehende Stickstoffdioxid stark giftig.

I - 19.11 Methan

Dichte: DZ = 0,5545 $d_N = 0{,}7168\ g \cdot l^{-1}$
Löslichkeit: 0,056 (0 °C) 0,033 (20 °C)
Darstellung: a) Zutropfen von Wasser zu Aluminiumcarbid analog Vers. IV-4.2 (Darstellung von Acetylen)
b) Erhitzen eines Gemenges von Natriumacetat und Natronkalk (Vers. IV - 1.2)
Stahlflasche: nicht erforderlich; Druckdose (I - 18.4) empfehlenswert
Waschen: konz. Alkalilauge
Trocknen: konz. H_2SO_4
Auffangen u.
Aufbewahren: über Wasser
Nachweis: verbrennt mit kaum leuchtender Flamme; Verbrennungsprodukt CO_2 (Trübung von Barytwasser)
Bemerkungen: Explosionsgrenzen 5–15

I - 19.12 Äthan

Dichte: DZ = 1,0494 $d_N = 1{,}3566\ g \cdot l^{-1}$
Löslichkeit: 0,093 (0 °C) 0,043 (20 °C)
Darstellung: Hydrolyse von Äthylmagnesiumbromid (Vers. IV - 1.6)
Stahlflasche: nicht erforderlich; Druckdose empfehlenswert (s. I - 18.4)
Waschen: konz. Alkalilauge
Trocknen: konz. Schwefelsäure
Auffangen u.
Aufbewahren: über Wasser
Nachweis: verbrennt mit leuchtender Flamme; Verbrennungsprodukt CO_2 (Trübung von Barytwasser)
Bemerkungen: Explosionsgrenzen 3–12,5

I - 19.13 Äthylen (Äthen)

Dichte: DZ = 0,9749 $D_N = 1{,}2604\ g \cdot l^{-1}$
Löslichkeit: 0,223 (0 °C) 0,119 (20 °C)
Darstellung: aus Äthanol und konz. H_2SO_4 (Vers. IV - 1.7a)
Stahlflasche: nicht erforderlich; Druckdose (I - 18.4) empfehlenswert
Waschen: konz. Alkalilauge
Trocknen: $CaCl_2$ (Trockenturm); nicht mit konz. H_2SO_4
Auffangen: über Wasser

Aufbewahren:	über konz. Na_2SO_4-Lsg.
Nachweis:	verbrennt mit leuchtender, nicht rußender Flamme; Entfärbung von Bromwasser
Bemerkungen:	Explosionsgrenzen 2,75–28,6

I - 19.14 Acetylen (Äthin)

Dichte:	DZ = 0,9086 $d_N = 1{,}1747\ g \cdot l^{-1}$
Löslichkeit:	1,75 (0 °C) 1,04 (20 °C)
Darstellung:	aus Calciumcarbid und Wasser (Vers. IV-1.10)
Stahlflasche:	von der Verwendung wird abgeraten
Waschen:	verd. Natronlauge und mit H_2SO_4 angesäuerte verd. $KMnO_4$-Lsg.
Trocknen:	$CaCl_2$ (Trockenturm); nicht mit konz. H_2SO_4
Auffangen:	kurzzeitig über konz. NaCl-Lsg. in einer Gasmeßglocke (I - 18.3, Abb. 24)
Nachweis:	verbrennt mit leuchtender, rußender Flamme; Entfärbung von Bromwasser; Kupfer(I)-chlorid-Gelatine-Lsg. (s. V)
Bemerkungen:	Explosionsgrenzen 2,5–80

I - 19.15 Kohlenmonoxid

Dichte:	DZ = 0,9669 $d_N = 1{,}2500\ g \cdot l^{-1}$
Löslichkeit:	0,0353 (0 °C) 0,0232 (20 °C)
Darstellung:	Dehydratisierung von Ameisensäure (Vers. III - 5.1.2); Vorsicht! Konz. Ameisensäure wirkt stark ätzend
Stahlflasche:	soll für Unterrichtsversuche nicht verwendet werden
Waschen:	konz. Alkalilauge
Trocknen:	konz. H_2SO_4
Auffangen:	über Wasser
Nachweis:	brennt mit charakteristischer blauer Flamme, Verbrennungsprodukt CO_2 (Trübung von Barytwasser); Schwärzung von alk. Silbernitrat-Lsg. (s. V) oder von $PdCl_2$-Lsg. (s. V)
Absorption:	$CuCl$-NH_4Cl-Lsg.[1] Vernichtung durch Verbrennen, z.B. durch Einleiten in die Luftzuführungsöffnung eines Bunsenbrenners
Bemerkungen:	Vorsicht! Gift! Kohlenmonoxid ist ein starkes Gift und vor allem deshalb gefährlich, weil es sich nicht durch Geruch bemerkbar macht. Schon geringer CO-Gehalt verursacht heftige Kopfschmerzen. Versuche mit Kohlenmonoxid sind unter dem Abzug durchzuführen, die Apparaturen sind auf dichtes Schließen zu prüfen, überschüssiges CO ist zu vernichten. Explosionsgrenzen 12,5–74,2

I - 19.16 Kohlendioxid

Dichte:	DZ = 1,5292 $d_N = 1{,}9769\ g \cdot l^{-1}$
Löslichkeit:	1,713 (0 °C) 0,878 (20 °C)
Darstellung:	Reaktion von verd. Salzsäure (1:1) mit Marmor, z.B. im Kippschen Gasentwickler
Waschen:	$NaHCO_3$-Lsg.
Trocknen:	konz. H_2SO_4

[1]) Man löst 100 g NH_4Cl in 300 ml Wasser und setzt 80 g CuCl zu.

Auffangen: über Wasser oder durch Luftverdrängung
Aufbewahren: über konz. NaCl-Lsg. oder konz. Na_2SO_4-Lsg. (Löslichkeit 0,247 bei 25 °C)
Nachweis: Erlöschen eines brennenden Holzspans oder einer Kerzenflamme; Trübung von Baryt- oder Kalkwasser (Unterscheidung von N_2)
Absorption: konz. Kalilauge

I - 20 Handhabung gefährlicher Substanzen

I - 20.1 Quecksilber

Wenn sich die Verwendung von Quecksilber nicht vermeiden läßt, müssen besondere Vorsichtsmaßregeln beachtet werden.

Quecksilberdampf, der sich durch Verdunstung des Metalls bei Raumtemperatur bildet, ist ein gefährliches, langsam wirkendes Gift. Ein Kubikmeter mit Quecksilberdampf gesättigte Luft enthält bei 20 °C 15,2 mg Quecksilber; die zulässige maximale Arbeitsplatz-Konzentration (MAK)[1]) beträgt dagegen nur 0,1 mg/m^3. Es ist daher streng darauf zu achten, daß kein Quecksilber verschüttet wird und in Ritzen von Tisch und Fußboden gelangen kann. Mit Quecksilber gefüllte Apparaturen sind stets in eine fugenlose Kunststoffschale (Quecksilberwanne) zu stellen.

Ist Quecksilber verschüttet worden, so sind die Kügelchen sofort restlos einzusammeln, am besten mit einer „Quecksilberzange" oder mit einer Pipette, die über eine Woulfesche Flasche mit einer Wasserstrahlpumpe verbunden ist. Im Handel sind auch sog. Quecksilber-Aufsammelgeräte erhältlich[2]), die aus einem Kunststoffschwamm (zum Auftupfen der Quecksilbertropfen) mit Auspreßvorrichtung bestehen. Eine andere Möglichkeit besteht darin, gepulvertes Trockeneis auf das verschüttete Quecksilber zu streuen und die erstarrten Kügelchen zusammenzufegen. Besonders wirksam sind spezielle Absorptionsmittel, z.B. Mercurosorb[3]), die in wenigen Minuten ihr eigenes Gewicht an Quecksilber aufzunehmen vermögen. Ein anderes Präparat, Mercurosorb S[3]), wandelt Quecksilber, das nicht entfernt werden kann, langsam in eine Verbindung um, die keine schädlichen Dämpfe mehr abgibt. Auch durch Bestreuen mit Jodkohle[4]) kann das Verdampfen von verschüttetem Quecksilber verhindert werden.

Quecksilber darf nie in den Ausguß geschüttet werden, da es Abflußrohre aus Blei angreift.

Reinigen von Quecksilber: Um Quecksilber von groben Verunreinigungen zu befreien, filtriert man es durch ein Papierfilter, in dessen Spitze man mit einer Stecknadel eine feine Öffnung angebracht hat. – Um unedle Metalle zu entfernen, bringt man das Quecksilber in nicht zu hoher Schicht in eine Saugflasche, die mit einem einfach durchbohrten Gummistopfen verschlossen wird; durch diesen führt man ein Glasrohr bis dicht über den Boden der Saugflasche. Man überschichtet das Quecksilber mit etwa dem fünffachem Volumen an 5%iger, mit Salpetersäure schwach angesäuerter Quecksilber(I)-nitratlösung, verbindet den Saugstutzen über ein U-Rohr mit Jodkohle (zur Absorption der Quecksilberdämpfe) mit der Wasserstrahlpumpe und saugt (im Abzug) einen kräftigen Luftstrom hindurch, der das Quecksilber in

[1]) Merkblatt zur Verhütung von Gesundheitsschädigungen durch Quecksilber und seine Verbindungen (Weinheim 1971).
[2]) Z.B. Fa. Mauer, Fa. Leybold (I - 17.8).
[3]) Fa. Roth (I - 17.8).
[4]) Man tränkt 20 g Aktivkohle mit einer Lösung von 5 g Jod in 50 ml Methanol, filtriert nach einer Stunde ab und trocknet an der Luft.

dauernder Bewegung hält. Nach einigen Stunden wird das Metall im Scheidetrichter abgetrennt, mehrere Male reichlich mit destilliertem Wasser gewaschen, mit Filtrierpapier abgetrocknet und wie oben beschrieben (evtl. mehrfach) durch ein trockenes Papierfilter filtriert. Apparaturen zur kontinuierlichen Reinigung und Trocknung von Quecksilber sind im Handel[1]) erhältlich. Weitere Reinigungsverfahren einschl. Destillation sind in der Literatur beschrieben[2]).

I - 20.2 Natrium

Natrium wird in Pulverflaschen mit Schliffstopfen unter Petroleum oder Xylol aufbewahrt, da es mit Luftsauerstoff und Feuchtigkeit reagiert. Natriumstücke werden mit Hilfe einer Pinzette oder einer Tiegelzange entnommen und in eine mit Benzol oder Petroläther gefüllte Porzellanschale gebracht. Dann werden sie mit Filtrierpapier abgetrocknet, mit einem Messer von den Krusten befreit, wenn nötig in kleinere Stücke geschnitten und mit einer Pinzette so schnell wie möglich in die Apparatur übergeführt. Das Metall darf nicht mit den Fingern angefaßt werden, da die Gefahr von Verätzungen besteht.

Die abgeschnittenen Krusten und andere Natriumreste werden vernichtet, indem man sie in kleinen Portionen in einen mit Äthanol beschickten Erlenmeyerkolben einträgt, der zur Kühlung in einer Schale mit Eiswasser steht. Um zu verhüten, daß dabei versehentlich Natrium in das Kühlwasser fällt, schiebt man über den Kolbenhals eine durchlochte Asbestpappe, die etwa 5 cm über den Rand der Schale hinausreicht.

Beim Arbeiten mit Natrium ist stets eine Schutzbrille zu tragen.

I - 20.3 Kalium

Aufbewahrung und Entnahme erfolgen wie bei Natrium. Da Kalium viel reaktionsfähiger ist, muß es mit besonderer Vorsicht gehandhabt werden. Kaliumreste werden durch Eintragen in Isopropanol (auf keinen Fall in Methanol oder Äthanol) unschädlich gemacht.

I - 20.4 Phosphor

Weißer („gelber") Phosphor wird in Schliffflaschen aus braunem Glas unter Wasser aufbewahrt. Er ist ein starkes Gift, schon 0,1 g können tödlich sein. Selbst in kompakter Form ist er bei niederer Temperatur kurz oberhalb des Schmelzpunktes (44,2 °C) selbstentzündlich. Brennender Phosphor verursacht sehr schmerzhafte, tiefgehende und schwer heilende Wunden.

Phosphor darf niemals mit den Händen angefaßt werden. Die Stangen werden mit einer Pinzette oder einer Tiegelzange aus dem Vorratsgefäß herausgeholt und sofort in eine mit Wasser gefüllte Kristallisier- oder Porzellanschale gebracht. Die Stangen werden unter Wasser mit einem Messer zerkleinert; dabei werden sie mit der Tiegelzange festgehalten. Die zerkleinerten Stücke werden mit einer Pinzette in das Reaktionsgefäß gebracht. Die Vorratsgefäße dürfen nicht längere Zeit offen stehen.

Ist für einen Versuch trockener Phosphor erforderlich, so werden die zerkleinerten Stücke schnell zwischen Filtrierpapier abgepreßt.

[1]) Z.B. Fa. Mauer, Fa. Phywe (I - 17.8)

[2]) *Jander, G.*, u. *E. Blasius*, Lehrbuch der analytischen und präparativen anorganischen Chemie. 10. Aufl. (S. 449) (Stuttgart 1973).
Lux, H., Anorganisch-Chemische Experimentierkunst. 3. Aufl. (S. 56–60) (Leipzig 1970).
Umland, F., u. *K. Adam*, Übungsbeispiele aus der anorganischen Experimentalchemie. (S. 86–89) (Stuttgart 1968).

In Brand geratener Phosphor ist durch Übergießen mit Wasser zu löschen; beim Arbeiten mit Phosphor muß daher immer ein Gefäß mit Wasser bereitstehen. Vorsicht! Wenn das Löschmittel verdunstet ist, kann sich der Phosphor wieder entzünden. Es wird daher empfohlen, brennenden Phosphor, vor allem wenn es sich um größere Mengen handelt, nicht mit Wasser, sondern durch Abdecken mit Sand zu löschen.
Phosphorbrandwunden müssen sofort und gründlich mit fließendem Wasser ausgewaschen werden. Bluten der Wunden darf nicht gestillt werden, sondern ist zu fördern, um einem tieferen Eindringen des Phosphors vorzubeugen. Auf keinen Fall darf die Wunde mit Fett oder fetthaltiger Salbe (Brandsalbe) behandelt werden, da diese die Resorption des Phosphors durch das Gewebe erleichtern würden. Nach der ersten Hilfeleistung ist unverzüglich ein Arzt oder ein Krankenhaus aufzusuchen.
Anhaftende Phosphorreste in Gefäßen können durch Behandeln mit konz. Salpetersäure beseitigt werden.

I - 20.5 Brom

Beim Umgang mit Brom ist besondere Vorsicht geboten. Man muß unter allen Umständen vermeiden, daß Brom auf die Haut gelangt (es ruft schmerzhafte, tiefe Wunden hervor) oder daß Bromdämpfe eingeatmet werden (Bronchien werden verätzt). Es muß daher stets unter dem Abzug gearbeitet werden.
Zur Entnahme und zum Abmessen kann man keine normale Pipette verwenden, da Brom wegen seines hohen Dampfdrucks vorzeitig auslaufen würde; durch die besondere Form der „Brompipette" (Abb. 32) wird dies verhindert.

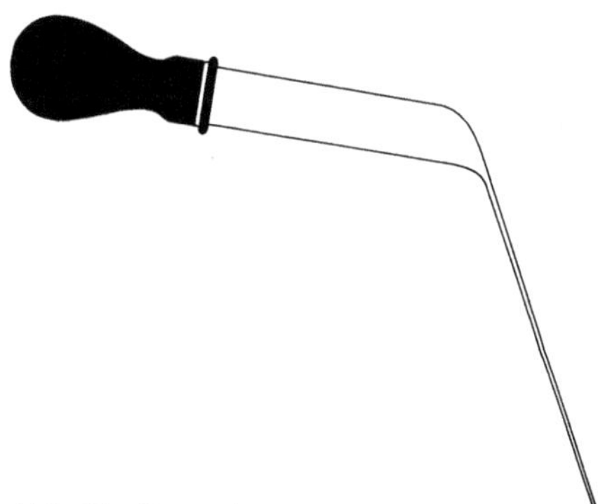

Abb. 32. Brompipette

I - 20.6 Diäthyläther

Beim Arbeiten mit Äther ist stets besondere Vorsicht geboten: Er ist sehr flüchtig (Sdp. 34,6 °C) und leicht entflammbar. Die spezifisch schweren Ätherdämpfe können sich weit ausbreiten und mehrere Meter von der Apparatur entfernt entzünden. Es dürfen daher keine Flammen in der Nähe des Experimentiertisches brennen. Ätherdämpfe (z.B. in mit Äther getrockneten Gefäßen) bilden mit Luft explosive Mischungen; die untere Explosionsgrenze liegt bereits bei 1,8 Vol.-% Ätherdampf, die obere bei 36,5 Vol.-%.
Äther kann durch Wasser, Äthanol und evtl. durch Peroxide wie H_5C_2-O-O-C_2H_5 verunreinigt sein. Äthanol wird durch Ausschütteln mit konz. $CaCl_2$-Lsg. entfernt. Peroxide sind, selbst in geringen Mengen, sehr gefährlich, da z.B. das Abdestillieren

von peroxidhaltigem Äther zu schweren Explosionen führt. Zur Prüfung schüttelt man eine Probe des Äthers mit angesäuerter KJ-Stärkelösung (s.V); bei Anwesenheit von Peroxiden färbt sich die Lösung blau. Zur Entfernung von Peroxiden gibt man zu 4 Volumteilen Äther 1 Volumteil einer schwefelsauren Eisen(II)-sulfat-Lösung[1]) und schüttelt gründlich durch. Nach Abtrennung der wäßrigen Phase im Scheidetrichter wird der Äther 24 Stunden mit festem NaOH in Plätzchenform behandelt und dann über Natrium destilliert.
Man bewahrt Äther möglichst kühl in einer braunen Flasche (evtl. mit Schraubverschluß) über Natrium auf.

I - 20.7 Schwefelkohlenstoff (Kohlendisulfid)

Schwefelkohlenstoff, ein gutes Lösungsmittel für Schwefel, Phosphor und viele andere Stoffe, ist wegen seiner Flüchtigkeit (Sdp. 46,3 °C) und vor allem wegen seiner extrem niedrigen Entzündungstemperatur von 102 °C äußerst feuergefährlich. Sein Dampf bildet in den Grenzen von 1 bis 60 Vol.-% mit Luft explosive Gemische. Besonders gefährlich ist seine leichte Entzündlichkeit durch elektrostatische Aufladung. Schwefelkohlenstoff ist stark giftig; seine Dämpfe dürfen keinesfalls eingeatmet werden. Versuche mit Schwefelkohlenstoff sind daher stets unter dem Abzug auszuführen, ferner sind alle Flammen, auch in der weiteren Umgebung, zu löschen. Schwefelkohlenstoff wird in einer braunen Schliffflasche aufbewahrt, da er sich unter Lichteinwirkung allmählich zersetzt (Gelbfärbung).

[1]) Man löst 60 g $FeSO_4 \cdot 7\,H_2O$ in 110 ml Wasser und gibt 6 ml konz. Schwefelsäure zu.

II Allgemeine Chemie

II - 1 Stöchiometrie

S. auch

II - 2 Molmassenbestimmung
II - 10.3.1 Gleichzeitige elektrolytische Abscheidung von Kupfer und Silber
II - 10.3.3 Bestimmung des Ladungsverhältnisses Cu^+/Cu^{2+}
II - 10.3.6 Elektrolyse von Wasser
II - 12.2 Titration von Aminen mit Perchlorsäure in Eisessig
IV - 1.5 Äthan durch Elektrolyse einer Natriumacetat-Lösung
IV - 1.11 Katalytische Hydrierung von Äthylen (Äthen)
IV - 2.3 Quantitative Bromierung von Acetylen (Äthin)
IV - 3.2 Quantitative Umsetzung von Äthanol mit Natrium
IV - 4.3 Quantitative Oxidation von Acetaldehyd
IV - 5.9 Bestimmung der Jodzahl von Fetten
IV - 6.5 Quantitative Bestimmung von Amino-Gruppen mit salpetriger Säure
IV - 6.6.2 Quantitative Zersetzung von Harnstoff mit Hypobromit
IV - 6.7 Titration von Aminosäuren mit Kalilauge

II - 1.1 Quantitative Wassersynthese bei Überschuß von Wasserstoff oder Sauerstoff

Versuchsanordnung: Abb. 33

Gasbürette A mit Stopfenbett und Niveaurohr (s. I - 18.5), Sperrflüssigkeit Wasser – Gummistopfen B (durch Ligatur gesichert) mit zentraler Bohrung für kapillares Hahnrohr C und 2 engen Bohrungen zur Durchführung der Glasröhrchen D_1 und D_2 mit eingeschmolzenen und zu einer Funkenstrecke umgebogenen Platindrähten E_1 und E_2; der Abstand der Elektroden an den Enden (Funkenstrecke) beträgt 3 mm – Funkeninduktor oder Hochspannungstransformator mit im Primärstromkreis eingebautem Schalter (Drucktaste, vgl. I - 14.1).

Hilfsmittel:

H_2- und O_2-Quelle (Stahlflaschen), jede über einen Blasenzähler (Wasser) mit langem Gummischlauch versehen.

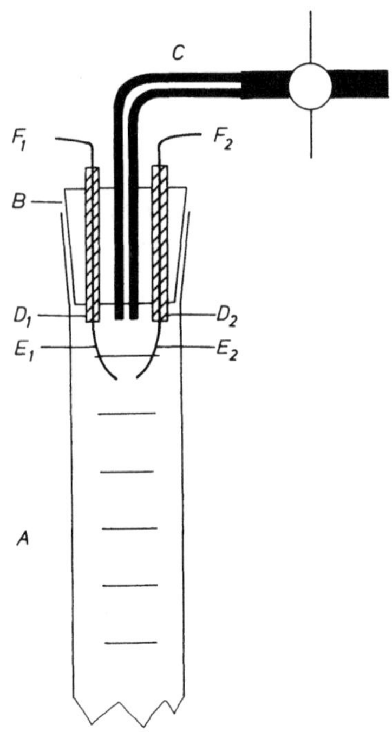

Abb. 33. Gasbürette mit Funkenstrecke

Ausführung:

Man verdrängt zunächst die Luft aus dem Blasenzähler und dem Gummischlauch (Kontrolle mit glimmendem Holzspan bzw. mit Knallgasprobe, s. I - 18.9) und stellt, bevor man den Schlauch an die Bürette anschließt, einen langsamen Gasstrom ein.

1) Überschuß an Wasserstoff: Man füllt zuerst 5 ml Sauerstoff in die Bürette, danach etwa 30 ml Wasserstoff; dann stellt man durch Senken des Niveaugefäßes in der Bü-

rette einen möglichst großen Unterdruck her und läßt einen Funken überspringen. Nach Abkühlung auf Raumtemperatur stellt man auf Niveaugleichheit ein und liest das Gasvolumen ab.
2) Überschuß an Sauerstoff: Man füllt in die Bürette zuerst 10 ml Wasserstoff und dann etwa 30 ml Sauerstoff und verfährt wie oben beschrieben.
Bei beiden Versuchen muß die Volumenabnahme gleich sein.

II - 1.2 Quantitative Wassersynthese in stöchiometrischem Volumenverhältnis[1])

Versuchsanordnung a: Abb. 34a
(Elektrisch beheiztes Eudiometerrohr)[2])
Eudiometerrohr C (50 ml, ∅ innen 16 mm, Länge etwa 25 cm) mit kapillarem Dreiwegehahn D mit zwei Schrägbohrungen, so daß durch entsprechende Drehung des Hahnes das Eudiometerrohr C entweder mit dem Zuleitungsrohr E oder mit dem Hahntrichter F verbunden werden kann – zwei Platindrähte G_1 und G_2 als Funkenstrecke in C eingeschmolzen (Abstand der Enden im Innern von C etwa 1 mm) und außen zu Ösen umgebogen – Druckschlauch H (60 cm lang) aus Gummi oder Polyäthylen verbindet das Eudiometerrohr C mit dem Niveaurohr A; er ist an den verjüngten mit Oliven versehenen Enden mittels Drahtligatur oder Schlauchschelle befestigt – Schraubenquetschhahn K am Schlauch H kurz unterhalb der Olive von C – Glaszylinder B (∅ innen etwa 50 mm) mit Heizwicklung (s.u.) – 2 Korkstopfen J und L zur Fixierung von C innerhalb von B, die nach Anbringung je einer zentralen Bohrung zur Durchführung des Eudiometerrohres halbiert werden – isolierte Stromzuleitungsdrähte M_1 und M_2, die mit den Ösen der Funkenstrecke verbunden und zwischen den Schnittflächen des Korkens L festgeklemmt sind; sie werden mit je einer Krokodilklemme an einen Funkeninduktor oder einen Hochspannungstransformator (Drucktaste bzw. Schalter im Primärstromkreis) angeschlossen – Stabthermometer N. Der gesamte Apparat wird in eine Quecksilberwanne (I - 20.1) gestellt.
Will man den Heizmantel selbst herstellen, so befeuchtet man 2 Streifen Asbestpapier (2 cm breit, Länge entsprechend dem Glaszylinder) mit Wasserglaslösung und klebt sie der Länge nach von oben nach unten einander gegenüberliegend auf die Außenwandung des Glaszylinders B. Nach dem Trocknen wird am unteren Ende des Glaszylinders eine Schelle aus Messingblech angebracht und zwischen dieser und der Glaswand das eine Ende des Heizdrahtes (Chrom-Nickel-Draht, ∅ 0,3 mm, Länge etwa 10 m, Widerstand 15,56 $\Omega \cdot m^{-1}$) fest eingeklemmt, so daß noch etwa 2 cm frei überstehen. Um die Windungen gleichmäßig verteilen zu können, bringt man vorher mit Bleistift auf den Asbeststreifen entsprechende Markierungen an. Die Heizwicklung fixiert man auf dem Zylinder, indem man mit Wasserglaslösung über die Windungen noch zwei Asbeststreifen über die bereits vorhandenen klebt. Die beiden aus den Schellen herausragenden Drahtenden der Heizwicklung werden mit Lüsterklemmen versehen.

Hilfsmittel:
Quellen für H_2 und O_2 (Stahlflaschen oder frisch gefüllte Vorratsgefäße, I - 18.3) – trockenes Quecksilber – Holzspäne – Reagenzgläser – 2 Gaseinfüllungsvorrichtungen (Abb. 34b) – Stromregulierung (Netztransformator oder Widerstand) für Heizwicklung.

[1]) Chemisches Volumengesetz (*Gay-Lussac*, 1808).
[2]) *Petzold, H.*, und *R. Scharf*, Z. physik. chem. Unterricht **45**, 17 (1932). Fertige Apparate im Handel, z.B. Fa. Kind, Fa. Maey, Fa. Mauer (s.I - 17.8).

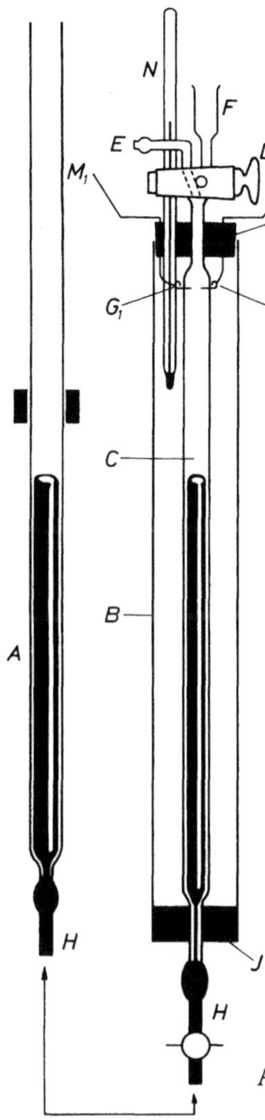

Abb. 34a. Elektrisch beheiztes Eudiometerrohr

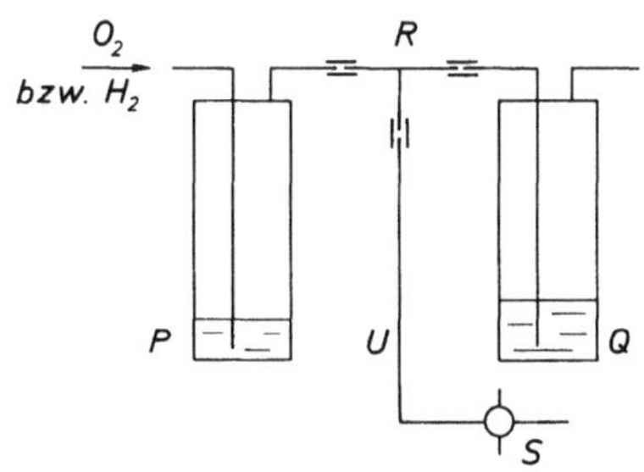

Abb. 34b. Vorrichtung zum Abfüllen von Gasen

Vorbereitung:

In das Niveaurohr A wird eine ausreichende Menge Quecksilber eingefüllt. Nachdem man durch Senken von A bei geöffnetem Hahn das Eudiometer vollständig mit Luft gefüllt hat, wird die Heizwicklung mit der regulierbaren Stromquelle verbunden. Diese wird so eingestellt, daß die Temperatur im Glaszylinder (nach schnellem Anheizen bei höherer Stromstärke) bei 120 °C bis 130 °C konstant bleibt (Schutz vor Zugluft).

Das Füllen des Eudiometerrohres aus Stahlflaschen geschieht zweckmäßig mit je einer Vorrichtung entsprechend Abb. 34b. Sie besteht aus zwei Waschflaschen P und Q (konz. H_2SO_4), die durch das T-Stück R verbunden sind. An den senkrechten Schenkel des T-Stückes wird ein Gummischlauch U (etwa 60 cm) mit einem Schraubenquetschhahn S angeschlossen. Man vertreibt die Luft zunächst aus P und U und dann bei geschlossenem Quetschhahn S aus Q.

Über den Hahn D wird die Verbindung zwischen Eudiometer und Gaseinleitungsrohr E hergestellt und durch Heben des Niveaurohres A das Eudiometerrohr mit Quecksilber gefüllt. Dabei wird das Quecksilber bis in die Kapillare von E hineingedrückt. Nun läßt man Sauerstoff durch die dafür bestimmte Hilfsapparatur (Abb. 34b) strömen, verbindet den Schlauch U mit dem Gaseinleitungsrohr E und saugt durch langsames Senken des Niveaurohres das Gas ein. Hierbei soll die Flüssigkeit in der Waschflasche Q nicht in Richtung R zurücksteigen. Man mißt genau 10 ml Sauerstoff ab, achtet dabei auf Niveaugleichheit und schließt dann den Eudiometerhahn D.

Darauf wird die für Wasserstoff bestimmte Hilfsapparatur in Betrieb gesetzt, das ausströmende Gas mit der Knallgasprobe geprüft und dann der Schlauch U an das Einleitungsrohr E angeschlossen. Man erzeugt im Eudiometerrohr durch Senken des Niveaurohres einen geringen Unterdruck, stellt über den Hahn D die Verbindung zwischen dem Einleitungsrohr E und dem Eudiometerrohr her, saugt genau 20 ml Wasserstoff ein und schließt den Hahn D.

Ausführung:

Man liest das Thermometer ab, erzeugt, damit die Explosion möglichst gefahrlos abläuft, durch Senken des Niveaurohres einen Unterdruck, bis das Quecksilber im Eudiometerrohr C bis zum unteren Kapillarrohr abgesunken ist, und schließt den Quetschhahn K. Dann wird das Gasgemisch durch Schließen des Stromkreises gezündet. Nach wenigen Minuten wird nach Öffnen von K durch Heben des Niveaurohres annähernd Niveaugleichheit hergestellt. Wenn das Gas wieder die Ausgangstemperatur angenommen hat und Volumenkonstanz erreicht ist, wird exakt auf Niveaugleichheit eingestellt; Volumen und Temperatur werden abgelesen. Temperaturgleichheit muß nur bei den beiden Volumenablesungen (vor und nach dem Zünden) vorhanden sein.

Das Endvolumen muß genau 2/3 des Anfangsvolumens betragen.

Versuchsanordnung b: Abb. 34c

(Durch Tetrachloräthylen-Dampf beheiztes Eudiometerrohr)[1])

Eudiometerrohr E mit dem Dreiwegehahn F – Heizmantelrohr D, mit dem unteren Ende von E verschmolzen – an D Abflußrohr mit Schliff (NS 19). Dieser dient zum Anschluß an einen Kugelkühler R. D besitzt unten einen Stutzen C mit Schliff (NS 14,5) zum Einsetzen des Stockthermometers B, dessen unteres Ende bis nahe an das Eudiometerrohr E reicht. Das untere Ende von E (Olive) ist durch Druckschlauch (Gummi oder Polyäthylen) mit dem Niveaurohr A verbunden. Das obere Ende von D ist mit einem Schliff (NS 70/50) versehen, der kurz unter dem Dreiwegehahn F endet; dessen beide Ausströmungsrohre stehen senkrecht auf der Zeichenebene. Die Schliffkappe G (NS 70/50) besitzt 2 kurze Tuben H_1 und H_2 zur Durchführung der Zuleitungsdrähte sowie einen Stutzen L mit einem Kugelschliff M (NS 29/15) zum Anschluß an das Siederohr des Schliffkolbens N (2000 ml). Die beiden Schliffteile werden durch eine Klammer zusammengehalten. N ruht auf einem Stativring mit Asbestdrahtnetz. Die beiden Tuben H_1 und H_2 werden durch Korkstopfen verschlossen, durch die je ein Kupferdraht (Ø 1 mm) geführt ist. Die Drähte müssen so lang und derart ausgerichtet sein, daß sie bei auf D aufgesetzter Kappe G und geeigneter Drehung derselben gleichzeitig die Platindrähte J und K der Funkenstrecke berühren. Die Drähte werden mit Krokodilklemmen an einen Funkeninduktor oder einen Hochspannungstransformator (3000 V, Schalter im Primärstromkreis) ange-

[1]) Lieferfirma Gerhardt (s. I - 17.8).

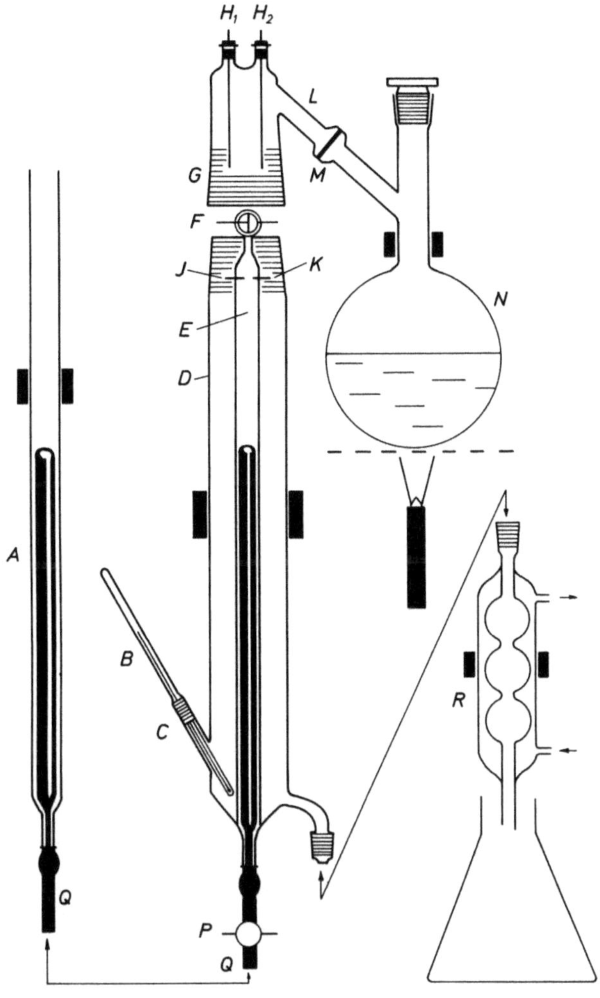

Abb. 34c. Dampfbeheiztes Eudiometerrohr

schlossen. – Fettung der Schliffe und des Hahnes mit Siliconfett – Druckschlauch (Gummi oder Polyäthylen) Q mit Schraubenquetschhahn P. Die Apparatur wird in eine Quecksilberwanne (I - 20.1) gestellt.

Hilfsmittel:
Quellen für H_2 oder O_2 (Stahlflaschen oder frisch gefüllte Vorratsgefäße, I - 18.3) – trockenes Quecksilber – Holzspäne – Reagenzgläser – 2 Gaseinfüllvorrichtungen (Abb. 34b) – Tetrachloräthylen (Sdp. 121 °C) – Erlenmeyerkolben (1000 ml) zum Auffangen des überdestillierenden Tetrachloräthylens – Bunsenbrenner – Siedesteinchen.

Ausführung:
Das Eudiometer wird durch das Niveaurohr bis zum Dreiwegehahn F mit Quecksilber gefüllt, Hahnstellung ⊕. Mit den unter Versuchsanordnung a beschriebenen

Gaseinfüllvorrichtungen füllt man dann Sauerstoff und darauf Wasserstoff im Volumenverhältnis 1:2 ein: Der Schlauch U wird mit dem linken Rohrteil des Dreiwegehahns F verbunden (Hahnstellung ⦵). Man läßt das Gas etwa 5 Minuten durchströmen, bringt den Hahn in Stellung ⦶, saugt das Gas, wie unter Versuchsanordnung a beschrieben, ein und dreht den Hahn in Stellung ⊕.
Dann wird die Schliffkappe G aufgesetzt, der Kolben N angeschlossen und mit etwa 1000 ml Tetrachloräthylen sowie Siedesteinchen beschickt. Die Flüssigkeit wird so stark erhitzt, daß der Dampf bis in den Kühler R gelangt. Wenn das Thermometer Temperaturkonstanz anzeigt, wird Niveaugleichheit eingestellt, das Volumen abgelesen, Unterdruck durch Senken des Niveaurohres erzeugt (s.unter a), der Quetschhahn P geschlossen und das Gasgemisch gezündet. Dann öffnet man den Quetschhahn P, stellt Niveaugleichheit her und liest das Volumen ab, wenn es konstant geworden ist.

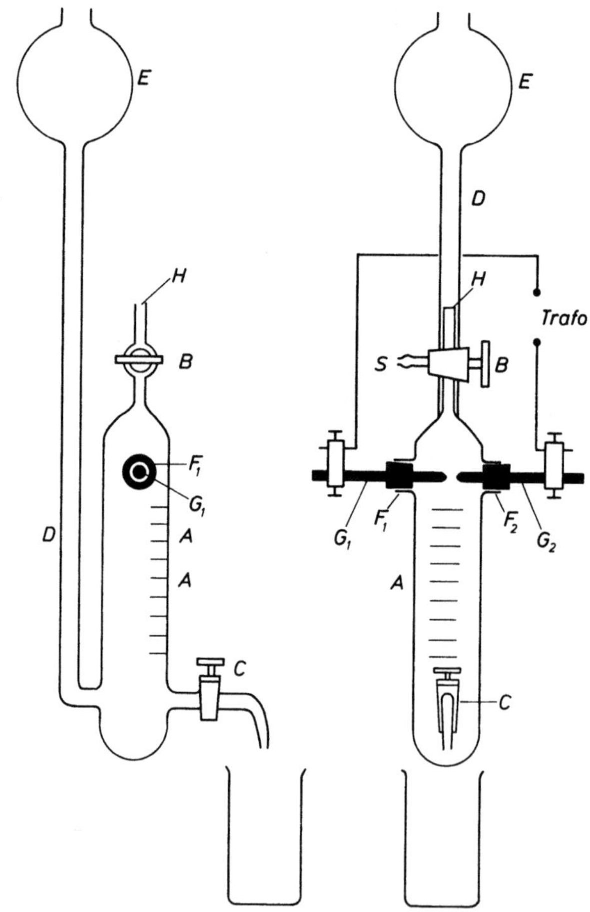

Abb. 35. Apparat zur Zersetzung von Gasen nach *Lepsius*

II - 1.3 Thermische Dissoziation von Schwefelwasserstoff

$$H_2S \rightarrow H_2 + S \qquad \Delta H = +4{,}8 \text{ kcal } (+20{,}1 \text{ kJ})$$

Versuchsanordnung a: Abb. 35
Gaszersetzungsapparat nach Lepsius[1]): Zylindrisches, kalibriertes Gefäß A (∅ 40 mm, Länge etwa 32 cm) – Kapillar-Schwanzhahn B/H/S – Ablaßhahn C – Niveaurohr D (∅ 12 mm, Länge etwa 50 cm) mit kugelförmigem Trichter E – 2 einander gegenüberliegende Tuben F_1 und F_2 – 2 zugespitzte Messingstäbe G_1 und G_2 (∅ 4 mm, Spitzen einander zugekehrt, Abstand 3 mm), mittels zentral durchbohrter Gummistopfen gasdicht in F_1 bzw. F_2 eingepaßt.
Anstelle des an A direkt ansitzenden Niveaurohres D mit Trichter E kann ein gewöhnliches Niveaugefäß verwendet werden, das mit Gummischlauch an ein unten an A gegenüber C angebrachtes Ansatzrohr angeschlossen wird.
Gasentwickler (Abb. 19a oder b, A bis C) mit angeschlossenem Gummischlauch.

Hilfsmittel:
Gesättigte NaCl-Lösung, angefärbt (Sperrflüssigkeit) – Schwefeleisen – verd. Salzsäure – Hochspannungstransformator (s. I - 14.1) – langer Gummischlauch zur Gasableitung – Reagenzgläser – Düsenrohr aus Quarz oder Metall – Bunsenbrenner.

Vorbereitung:
Man beschickt den Kolben des Gasentwicklers mit Schwefeleisen, den Tropftrichter mit Salzsäure.
Hahn B ist in Richtung A→S geöffnet. Man füllt die Sperrflüssigkeit bei E ein und läßt sie in A bis in die Hahnbohrung B hinein aufsteigen. Wenn die Flüssigkeit bei S auszutreten beginnt, wird der Schwanzhahn in Stellung S→H gedreht und der Schwefelwasserstoff-Entwickler mit Schlauchverbindung bei H angeschlossen; das Schwanzstück S wird mit einem langen Gummischlauch versehen, der in den Abzug führt. Nun läßt man den durch Zutropfen von Salzsäure zum Schwefeleisen erzeugten Schwefelwasserstoff[2]) zur Verdrängung der im Gasentwickler und in der Zuleitung eingeschlossenen Luft zunächst durch den Schlauch nach außen strömen; nach einiger Zeit prüft man am Ende des Ableitungsschlauches auf Luftfreiheit (Knallgasprobe s. I - 18.9). Man bringt dann B zur Füllung von A in die Stellung H→A, läßt aus Hahn C etwa 60 ml Flüssigkeit ablaufen und liest nach Einstellen von Niveaugleichheit in A und D das Volumen ab. Man achte darauf, daß beim Eingießen von Sperrflüssigkeit in E keine Luft nach A mitgerissen wird.

Ausführung: *Achtung! Hochspannung!*
Man schließt den Hochspannungstransformator an G_1 und G_2 an und schaltet den Strom ein: Leuchtend blaues Bogenlicht. Nach kurzer Zeit setzt sich ein feiner Schwefelbelag auf der Glaswand ab. Nach 2 bis 3 Minuten wird der Strom ausgeschaltet. Wenn die Apparatur abgekühlt ist, stellt sich das ursprüngliche Volumen wieder ein. Nach Feststellung der Volumenkonstanz wird der Wasserstoff bei H nachgewiesen (Knallgasprobe; Verbrennung an einem bei H aufgesetzten Düsenrohr).
Nach dem Versuch ist das Gefäß möglichst bald durch Ausspülen mit Wasser und Sand zu reinigen.

[1]) Lieferfirma: Kind (s. I-17.8).
[2]) Eine geringe Beimengung von Wasserstoff im Schwefelwasserstoff beeinflußt das Ergebnis nicht.

Versuchsanordnung b:
Wie Vers. II - 1.1, Abb. 33; als Sperrflüssigkeit wird jedoch gesättigte NaCl-Lösung verwendet.
Gasentwickler für Schwefelwasserstoff (s. Anordnung a).

Hilfsmittel:
Schwefeleisen – verd. Salzsäure– kurzes, rechtwinklig aufwärts gebogenes Glasrohr, nach oben hin verjüngt – Bunsenbrenner.

Ausführung:
Man füllt die Bürette mit der Sperrflüssigkeit, anschließend mit dem auf Luftfreiheit geprüften (s.Anordnung a) Schwefelwasserstoff und mißt davon genau 50 ml ab, wobei man auf Niveaugleichheit achtet. Man verbindet den Hochspannungstransformator (s.u.) oder den Funkeninduktor bei F_1 und F_2 mit den Elektroden und schaltet den Strom ein. – Nach etwa 3 Minuten wird der Strom ausgeschaltet. Man läßt abkühlen und liest dann bei Niveaugleichheit das Volumen des Schwefelwasserstoffs ab: Keine Volumenänderung. – Nun setzt man an das Hahnrohr das vorbereitete Gasableitungsrohr an, erzeugt in der Bürette durch Heben des Niveaurohres einen Überdruck, öffnet den Hahn von C und zündet das ausströmende Gas an: Fast farblose (Wasserstoff-)Flamme.

Bemerkung:
Bei Verwendung eines Hochspannungstransformators muß man mit Hilfe eines im Primärstromkreis eingebauten Schalters oder einer Taste den Funken sehr häufig unterbrechen, um ein Abschmelzen der Platindrähte zu verhindern.

II - 1.4 Quantitative Zersetzung von Ammoniak

a) Durch elektrische Funken

$$2\ NH_3 \rightarrow N_2 + 3\ H_2 \qquad \Delta H = +22{,}0\ \text{kcal}\ (+92{,}0\ \text{kJ})$$

Versuchsanordnung:
Wie Vers. II-1.3, Abb. 35 mit folgenden Abänderungen:
Kupferelektroden – Sperrflüssigkeit Phthalsäure-dibutylester (Palatinol C).
Gasentwickler (Abb. 19a oder 19b A, B, C ohne Überdruckventil D, E); an C angeschlossen ein U-Rohr, mit Natronkalk oder festem KOH gefüllt.

Hilfsmittel:
Konz. NH_3-Lsg. – KOH in Plätzchen – Düsenrohr aus Quarz oder Metall – Hochspannungstransformator.

Vorbereitung:
Man gibt Kaliumhydroxid in den Kolben des Gasentwicklers, konz. Ammoniaklösung in den Tropftrichter und setzt die Gasentwicklung in Gang. Wenn die Luft aus der Gasentwicklungsapparatur vertrieben ist, füllt man etwa 100 ml luftfreies Ammoniak in den Gaszersetzungsapparat ein (genaue Handhabung s. Vers. II - 1.3).

Ausführung: *Achtung! Hochspannung!*
Man läßt einen Teil des Gases durch den oberen Hahn entweichen und mißt (bei Niveaugleichheit in beiden Schenkeln des Apparates) etwa 50 ml Ammoniak genau ab. Darauf wird die Funkenentladung in Gang gesetzt; die Farbe des Lichtbogens ist zu-

nächst gelb, dann zunehmend leuchtend blauviolett. Wenn sich das Gasvolumen nicht mehr vergrößert, wird der Strom ausgeschaltet. Nach dem Abkühlen stellt man wieder Niveaugleichheit der Sperrflüssigkeit her und liest das Volumen ab; es muß sich verdoppelt haben. Die Versuchsdauer beträgt 2 bis 3 Minuten. Der entstandene Wasserstoff kann wie bei Vers. II - 1.3 nachgewiesen werden.

b) Katalytische Zersetzung

1) $2\ NH_3 \rightarrow N_2 + 3\ H_2$
2) $N_2 + 3\ H_2 + 3\ CuO \rightarrow N_2 + 3\ H_2O + 3\ Cu$

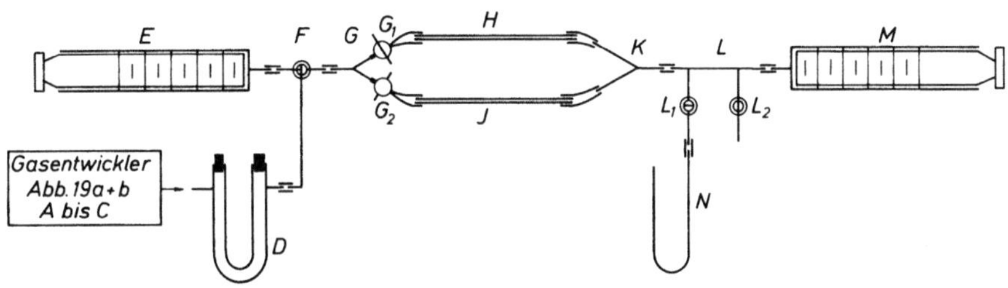

Abb. 36. Katalytische Zersetzung von Ammoniak

Versuchsanordnung: Abb. 36
Gasentwickler (Abb. 19a oder 19b, A, B, C) – U-Rohr D, mit Natronkalk oder festem KOH gefüllt – Kolbenprober E, über den kapillaren Dreiwegehahn F mit D und mit dem kapillaren Y-Stück G verbunden – Quetschhahnverbindungen G_1 und G_2 – Reaktionsrohre H und J (Ø 8 mm, Länge 15 cm) aus Quarz, kapillares Y-Stück K – Doppel-T-Stück L (Hähne L_1 und L_2) – Kolbenprober M – Manometer N (Quecksilber-Füllung) an Hahn L_1. Der Abstand zwischen H und J beträgt etwa 5 cm; H und J sind in einer Ebene angeordnet, die gegenüber der Waagerechten um etwa 45° gedreht ist (H vorn und tiefer als J).

Hilfsmittel:
Konz. NH_3-Lsg. – KOH in Plätzchen – feine Stahlwolle (entfettet) – CuO in Drahtform – Bunsenbrenner mit Schlitzaufsatz – Quarzstäbchen.

Vorbereitung:
Man füllt in das Rohr H etwa 250 mg Kupfer(II)-oxid, in das Rohr J eine 4 bis 5 cm lange, den Querschnitt des Rohres locker füllende Schicht Stahlwolle und verringert in beiden Rohren den noch freien Raum durch Einschieben von Quarzstäbchen; letzteres ist besonders im Rohr H wichtig, weil im zweiten Teil des Versuchs das Kupferoxid durch Wasserstoff reduziert wird und evtl. noch im Rohr befindliche Luft mit Wasserstoff ein explosives Knallgasgemisch bilden würde. Verwendet man keine Quarzstäbchen, so muß man die Luft in der Apparatur durch Stickstoff verdrängen. Beide Kolbenprober stehen auf null. Die Apparatur wird auf Dichtigkeit geprüft. Sie muß wegen der großen Löslichkeit von Ammoniak in Wasser ganz trokken sein; man findet sonst zu kleine Werte.
Der Kolben des Gasentwicklers wird mit Kaliumhydroxid, der Tropftrichter mit konz. Ammoniaklösung gefüllt.

Ausführung:
Man schließt den Quetschhahn G_1, verbindet den Dreiwegehahn F mit dem U-Rohr D des Gasentwicklers und füllt in den Kolbenprober E (nach Verdrängung der Luft aus der Zuführungsleitung) 40 ml (= V_A) trockenes Ammoniak unter Atmosphärendruck und Zimmertemperatur ein; der Druck wird mit dem Manometer N kontrolliert. Die Ammoniakquelle wird entfernt und das sich noch entwickelnde Ammoniak durch Absorption oder Einleiten in den Abzug unschädlich gemacht. Dann erhitzt man die Eisenwolle im Rohr J kräftig und leitet das Ammoniakgas nach Umstellen des Dreiwegehahns F auf Durchgang langsam über das Eisen in den Kolbenprober M (dabei zieht man den Kolben von M langsam heraus) und anschließend wieder zurück nach E. Dieses Hin- und Herschieben wiederholt man so lange, bis keine Volumenänderung mehr eintritt. Zum Schluß muß sich das Gas wieder im Kolben E befinden. Man kühlt das Reaktionsrohr auf Raumtemperatur ab (Übergießen mit Wasser bzw. Auflegen eines nassen Lappens), stellt Atmosphärendruck her und liest das Gasvolumen V_E ab. Jetzt schließt man den Quetschhahn G_2 und öffnet G_1, erhitzt das Kupferoxid im Rohr H kräftig, leitet das Gasgemisch von E über H nach M und wieder zurück und wiederholt diesen Vorgang, bis keine Volumenänderung mehr eintritt . Das Restvolumen V_R wird wieder im Kolbenprober E bei Zimmertemperatur und Atmosphärendruck abgelesen.
Da aus dem trockenen Gasgemisch Wasser entsteht, wird das Restvolumen infolge des Wasserdampf-Partialdruckes etwas zu groß gefunden.

Auswertung:
Bei der katalytischen Zersetzung muß sich das Volumen verdoppeln, denn unter den angegebenen Bedingungen (hohe Temperatur, geringer Druck) liegt das Ammoniak-Gleichgewicht praktisch ganz auf der Seite des Stickstoffs und Wasserstoffs. Bei der Analyse des Spaltgemisches wird der Wasserstoff (3/4 des Volumens V_E) an den Sauerstoff des Kupferoxids gebunden, das Restvolumen V_R (N_2) soll demnach 1/4 des Volumens V_E betragen und damit dem halben Volumen des eingefüllten Ammoniaks (V_A) entsprechen.
Man kann die Versuchsergebnisse formal auswerten unter der Annahme, daß Ammoniak die Formel N_xH_y hat:

1. Versuchsergebnis: $$\underset{1\ \text{Vol.}}{N_xH_y} \rightarrow \underset{2\ \text{Vol.}}{\underbrace{\frac{x}{2}N_2 + \frac{y}{2}H_2}}$$

Gefunden wird: $\frac{x}{2} + \frac{y}{2} = 2$, also ist $x + y = 4$.

2. Versuchsergebnis: $$\underset{2\ \text{Vol.}}{\frac{x}{2}N_2 + \frac{y}{2}H_2} \xrightarrow{CuO} \underset{\frac{1}{2}\ \text{Vol.}}{\frac{x}{2}N_2} + \frac{y}{2}\ H_2O_{fl}$$

Gefunden wird: $\frac{x}{2} = \frac{1}{2}$, somit ist $x = 1$.

Mit $x + y = 4$ (s.o.) ergibt dies: $y = 3$.

II - 1.5 Quantitative Synthese von Chlorwasserstoff

$$H_2 + Cl_2 \rightarrow 2\ HCl \qquad \Delta H = -44{,}1\ \text{kcal}\ (-184{,}5\ \text{kJ})$$

Versuchsanordnung: Abb. 37
Gasentwickler (Abb. 19b, A bis E; E mit konz. NaCl-Lsg. gefüllt) – Kolbenprober F –

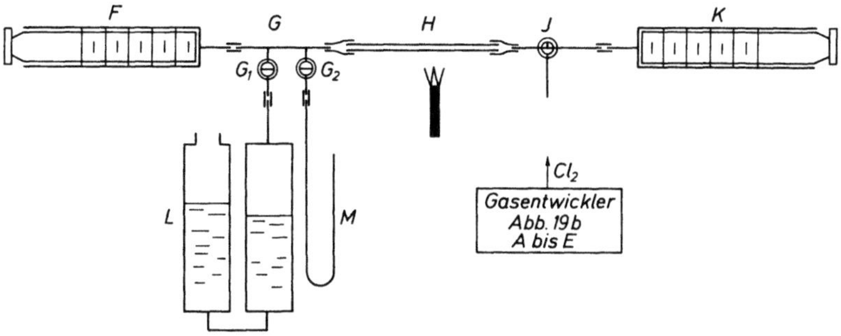

Abb. 37 Synthese von Chlorwasserstoff

Doppel-T-Stück G mit 2 Hähnen, daran angeschlossen Orsatpipette L (Wasser) und Quecksilbermanometer M – Reaktionsrohr H aus Quarzglas (∅ innen 8 mm, Länge 15 cm) – Kapillardreiwegehahn J – Kolbenprober K – Bunsenbrenner.

Hilfsmittel:
H_2-Quelle (Stahlflasche) – $KMnO_4$ – konz. Salzsäure – Platindraht (∅ 0,2 bis 0,3 mm, Länge etwa 5 bis 6 cm) – Glaswolle – Schutzscheibe – Thermometer – Tuch.

Vorbereitung:
Das Reaktionsrohr wird auf der Seite des Kolbenprobers K zu etwa 2/3 seiner Länge mit einer ziemlich dicht gepackten Schicht aus Glaswolle so ausgefüllt, daß eine Gasbewegung zwischen den Kolbenprobern noch möglich ist. Der Platindraht wird auf einen etwa 6 mm dicken Glasstab aufgewickelt, zu einer etwa 1,5 cm langen Spirale auseinandergezogen und auf der Seite des Kolbenprobers F in das Reaktionsrohr gebracht. Die Rohre werden alle Glas an Glas durch Gummischlauch verbunden. Dichtigkeitsprobe s. I-17.6.2 Die Apparatur darf nicht in direktem Sonnenlicht stehen. Der Kolben des Gasentwicklers wird mit Kaliumpermanganat, der Tropftrichter mit konz. Salzsäure beschickt.

Ausführung: *Vorsicht! Schutzscheibe!*
Die Orsatpipette L wird auf die Nullmarke eingestellt und die Raumtemperatur notiert. – Dann wird der Kolbenprober F über den Dreiwegehahn J nach mehrmaligem Ausspülen mit Wasserstoff zur Verdrängung der Luft (s. I - 17.6.3) mit 50 ml trockenem Wasserstoff gefüllt; Kolbenprober K wird analog mit dem gleichen Volumen trockenen Chlors beschickt. – Dreiwegehahn J wird nun auf Verbindung zwischen den Kolbenprobern gestellt und der Wasserstoff zu dem Chlor im Kolbenprober K hinüber gedrückt. Dann wird der Platindraht mit dem Bunsenbrenner bis zum Glühen erhitzt und das Gasgemisch langsam (!) in den Kolbenprober F gedrückt. Nach dem Abkühlen auf Anfangstemperatur wird das Gasvolumen im Prober F abgelesen und das Gas zur Absorption des entstandenen Chlorwasserstoffs in die Orsatpipette gedrückt. Dies muß man mehrmals bis zur Volumenkonstanz wiederholen. Dann wird das Restvolumen in F abgelesen.

Bemerkung:
Die Glaswolle verhindert ein Zurückschlagen der Reaktionsflamme in den Kolbenprober K. Trotzdem empfiehlt es sich, über K ein Tuch zu hängen, das bei einer eventuellen Explosion

die Splitter auffangen kann. Man kann auch einen Überschuß an Wasserstoff verwenden; dann verläuft die Reaktion weniger heftig.

Auswertung:
Bei Anwendung gleicher Volumenteile Wasserstoff und Chlor ist das Restvolumen Null; bei einem Überschuß an Wasserstoff muß das Doppelte des Chlorvolumens als Chlorwasserstoff absorbiert worden sein. Man findet meist etwas weniger, da das Restvolumen im Gegensatz zum Anfangsvolumen Wasserdampf enthält.

II - 1.6 Quantitative Oxidation von Kohlenmonoxid zu Kohlendioxid
(Formelbestimmung von Kohlenmonoxid)

$$2\,Cu + O_2 \rightarrow 2\,CuO$$
$$2\,CuO + 2\,CO \rightarrow 2\,CO_2 + 2\,Cu$$

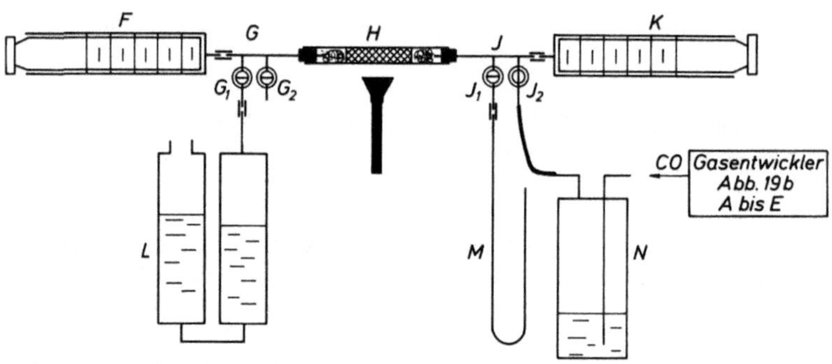

Abb. 38. Quantitative Oxidation von Kohlenmonoxid

Versuchsanordnung: Abb. 38
Gasentwickler mit Druckausgleich (Abb. 19b, A bis E und D'; E mit Wasser gefüllt) mit Wasserbad - Kolbenprober F - Doppel-T-Stück G mit zwei Hähnen G_1 und G_2 und angeschlossener Orsatpipette L - Quarzrohr H (∅ 8 mm, Länge 15 cm) - Doppel-T-Stück J mit Hähnen J_1 und J_2 und angeschlossenem U-Rohr-Manometer M (angefärbtes Wasser) - Kolbenprober K - Waschflasche N (konz. H_2SO_4) zwischen Gasentwickler und Hahn J_2.

Hilfsmittel:
H_2- und O_2-Quelle (Stahlflaschen) - Kupferdrahtnetzrolle oder CuO in Drahtform - Kalilauge (50%ig) zum Füllen der Orsatpipette - konz. Schwefelsäure - konz. Ameisensäure - Bunsenbrenner mit Schlitzaufsatz - Glaswolle - größeres Gefäß mit Wasser - Becherglas (100 oder 200 ml) - spitzwinklig gebogenes und an einem Ende zu einer Düse ausgezogenes Glasrohr - Wanne - Quarzstäbchen.

Vorbereitung:
Man gibt die Kupferdrahtnetzrolle oder das Kupferoxid in das Quarzrohr H und füllt den schädlichen Raum beiderseits mit Quarzstäbchen aus. Die Orsatpipette L füllt man mit der Kalilauge. Der Kolben A wird mit konz. Schwefelsäure, der Tropftrichter B mit Ameisensäure beschickt; das Wasserbad ist rechtzeitig anzuheizen, der

Gasentwickler wird jedoch noch nicht an die Apparatur angeschlossen. An Hahn J_2 befestigt man das spitzwinklig gebogene verengte Glasrohr. Dann reduziert man das Kupferdrahtnetz bzw. das Kupferoxid mit Wasserstoff. Dazu leitet man zunächst bei geschlossenen Hähnen G_1, J_1, J_2 über den Hahn G_2 Wasserstoff durch die Apparatur in den Kolbenprober K und drückt das Gas über den Hahn J_2 wieder heraus; analog spült man die Zuleitung zum Kolbenprober F.
Man öffnet Hahn J_2 und entzündet nach negativem Ausfall der Knallgasprobe den Wasserstoff an der verengten Spitze des gebogenen Glasrohres. Dann wird das Kupferdrahtnetz bzw. das Kupferoxid im langsamen Wasserstoffstrom erhitzt. Nach vollständiger Reduktion und Austreiben des dabei gebildeten Wasserdampfs läßt man vollständig im Wasserstoff-Strom erkalten (Übergießen des Quarzglasrohres mit Wasser), entfernt die Wasserstoffquelle und schließt alle Hähne.

Ausführung:
Man öffnet Hahn G_1 und saugt mit dem Kolbenprober F die Kalilauge in der Orsatpipette bis zur Meßmarke an, schließt G_1 und drückt die angesaugte Luft über G_2 wieder heraus. Dann spült man über G_2 und J_2 die Apparatur mit Sauerstoff durch und füllt in F genau 50 ml Sauerstoff ein. Dazu gibt man zunächst etwas mehr als 50 ml in den Kolbenprober, schließt das Ventil der Sauerstoffflasche, kontrolliert bei geschlossenem Hahn G_2 den Druck im Inneren der Apparatur durch Öffnen des Manometerhahns J_1 und drückt die überschüssige Menge über den Hahn J_2 vorsichtig heraus, wobei das Manometer zu beobachten ist. Dann werden alle Hähne geschlossen, das Kupferdrahtnetz erhitzt und der Sauerstoff langsam vom Kolbenprober F in den Kolbenprober K und wieder zurück gedrückt. Das Hin- und Herleiten wird mehrmals wiederholt, bis keine Volumenänderung mehr festzustellen ist. Der Bunsenbrenner wird entfernt und das Quarzrohr durch Übergießen mit Wasser oder Auflegen eines nassen Lappens auf Raumtemperatur abgekühlt. Das Restvolumen V_1 an Sauerstoff wird im Kolbenprober F nach Druckausgleich mit der Atmosphäre abgelesen (Kontrolle mit Manometer M). Der Restsauerstoff wird über G_2 herausgedrückt.
Jetzt wird der CO-Entwickler an Hahn J_2 angeschlossen, die Hähne J_2 und G_2 werden geöffnet, die Gasentwicklung wird durch Zutropfen der Ameisensäure zu der erwärmten konz. Schwefelsäure (s. Versuch III - 5.1.2) in Gang gesetzt. An Hahn G_2 befestigt man das gebogene Glasrohr mit der Verengung und entzündet nach negativem Ausfall der „Knallgas"-Probe das ausströmende Kohlenmonoxid. Wenn die blaue Flamme einige Zeit gebrannt hat, schließt man G_2, füllt genau 100 ml Kohlenmonoxid in den Kolbenprober K ein und stellt wie oben Druckausgleich mit der Atmosphäre her. J_2 wird geschlossen, der CO-Entwickler entfernt und in den Abzug gestellt. Dann wird wie oben unter Erwärmen des oxidierten Kupferdrahtnetzes das Kohlenmonoxid zwischen den beiden Kolbenprobern hin- und hergeleitet, bis keine Volumenänderung mehr eintritt. Nach Abkühlung auf Zimmertemperatur (s.o.) und Druckkontrolle wird das Gasvolumen V_2 im Kolbenprober K abgelesen. Es besteht aus Kohlenmonoxid und Kohlendioxid. Zur Absorption des Kohlendioxids wird das Gas von K aus in die Orsatpipette L gedrückt, wieder angesaugt, erneut hineingedrückt und so fort, bis das Volumen konstant bleibt. Das übrigbleibende Gas (CO) wird in K gesammelt, die Flüssigkeit in der Orsatpipette wieder bis zur Meßmarke angesaugt, Hahn G_1 geschlossen, der Druck kontrolliert und das Volumen V_3 in K abgelesen.

Auswertung:
V_1 = Restvolumen O_2 nach der Oxidation des Cu zu CuO

$V' = 50\text{-}V_1$ = Volumen des im CuO gebundenen O_2
V_2 = Volumen ($CO + CO_2$)
V_3 = Volumen des nicht oxidierten CO
$V'' = V_2 - V_3$ = Volumen des bei der Reduktion von CuO entstandenen CO_2.
Es muß sein: $V'' = 2 \cdot V'$.
Daraus folgen die obigen Reaktionsgleichungen und damit die Formel von CO. Man kann auch die als unbekannt angenommene Formel des Kohlenmonoxids allgemein C_xO_y schreiben. Dann ergibt sich aus den Versuchen bei bekannter Formel CO_2 wegen $V'' = 2\,V'$ nach Avogadro
$2\,C_xO_y + O_2 \rightarrow 2\,CO_2$; daraus folgt: $2x = 2$ und $2y + 2 = 4$; $x = 1$; $y = 1$.

II - 1.7 Quantitative Oxidation von Kohlenstoff zu Kohlendioxid
(Formelbestimmung von Kohlendioxid)

$$C\,(\text{Graphit}) + O_2 \rightarrow CO_2 \qquad \Delta H = -95\ \text{kcal}\ (-397{,}5\ \text{kJ})$$

Versuchsanordnung:
Wie Vers. II-1.6, Abb. 38, jedoch ohne den Gasentwickler A bis E.

Hilfsmittel:
Ausgeglühte Bogenlampenkohle in kleinen Stücken – O_2-Quelle (Stahlflasche) – 50%ige Kalilauge – Barometer – Thermometer (Raumtemperatur) – Quarzwolle – Analysenwaage oder Torsionswaage – Gefäß mit Wasser – Lappen.

Ausführung:
20 bis 30 mg Kohle werden auf mindestens 1 mg genau abgewogen, in das Quarzrohr gebracht und auf beiden Seiten mit Quarzwollebäuschen festgelegt. Die Kalilauge in der Orsatpipette wird auf die Marke eingestellt, die Luft in der Apparatur durch Sauerstoff verdrängt (s. I - 17.6.3) und 100 ml (= V_A) Sauerstoff in den Kolbenprober F unter Atmosphärendruck (Kontrolle mit Manometer) eingefüllt. Die Apparatur wird auf Dichtigkeit geprüft.
Dann wird die Stelle des Quarzrohres, an der die Kohle liegt, kräftig erhitzt und der Sauerstoff langsam zwischen den Kolbenprobern hin- und hergeleitet, bis die Kohle restlos verbrannt ist. Nach Abkühlung des Rohres (durch Übergießen mit Wasser oder Auflegen eines feuchten Lappens beschleunigt) wird das Volumen V_E abgelesen; es soll $V_E = V_A$ sein. Dann wird das entstandene Kohlendioxid durch Absorption in der Orsatpipette restlos entfernt und das Restvolumen V_R abgelesen. Man bestimmt noch die Raumtemperatur und den Luftdruck.

Auswertung:
Wie bei Vers. II-1.8 unter der Annahme, daß bei der Verbrennung von Kohlenstoff in reinem Sauerstoff ein Gas der Zusammensetzung C_xO_y entsteht. Aus der Volumenkonstanz ($V_E = V_A$) folgt $y = 2$. Analog zu Vers. II - 1.8 erhält man

$$x = \frac{22{,}4}{12{,}01} \cdot \frac{a}{V_0}$$

mit a = Einwaage an Kohlenstoff
V_0 = Volumen des verbrauchten Sauerstoffs ($V_A - V_R$), auf Normalbedingungen reduziert (I - 18.7).

II - 1.8 Quantitative Oxidation von Schwefel zu Schwefeldioxid
(Formelbestimmung von Schwefeldioxid)

$$S + O_2 \rightarrow SO_2 \qquad \Delta H = -70{,}9 \text{ kcal } (-296{,}6 \text{ kJ})$$

Versuchsanordnung:
Wie Vers. II-1.6, Abb. 38 mit folgenden Abänderungen: Der Gasentwickler A bis E entfällt. Das Quarzrohr H wird durch ein Kugelrohr aus schwer schmelzbarem Glas (∅ 8 mm, Länge 15 cm, Kugeldurchmesser 15 bis 20 mm, Kugel nicht in der Mitte des Rohres) ersetzt, das kurze Rohrstück dem Kolbenprober F zugewandt.

Hilfsmittel:
O_2-Quelle (Stahlflasche) – Kalilauge (50%ig) – kristalliner Schwefel – Barometer – Thermometer (Zimmertemperatur) – Glaswolle – Analysenwaage oder Torsionswaage.

Ausführung:
Etwa 20 bis 30 mg Schwefel werden genau gewogen (a mg) und in die Kugel des Kugelrohres gebracht. Die geraden Stücke des Kugelrohres werden mit Glaswolle ausgefüllt. Alle Hähne außer G_1 werden geschlossen; die Kalilauge in der Orsatpipette wird mit dem Kolbenprober F bis zur Meßmarke angesaugt. Dann wird Hahn G_1 geschlossen und die angesaugte Luft über G_2 herausgedrückt. Die in der Apparatur befindliche Luft wird über die Hähne J_2 und G_2 durch Sauerstoff verdrängt, wobei die Zuleitungen zu den Kolbenprobern mehrfach durchspült werden müssen. Dann füllt man genau 100 ml ($= V_A$) Sauerstoff in den Kolbenprober F, prüft die Apparatur auf Dichtigkeit und stellt innen Atmosphärendruck her (Kontrolle am Manometer). Darauf erhitzt man zunächst das lange gerade Stück des Kugelrohres, um eine spätere Sublimation des Schwefels zu verhindern, und entzündet dann durch leichtes Fächeln den Schwefel in der Kugel. Sobald dieser brennt, leitet man ganz langsam den Sauerstoff durch das Rohr und erwärmt nur noch den langen Teil des Kugelrohres. Der Schwefel in der Kugel sollte bei einmaligem Überleiten des Sauerstoffs restlos verbrannt sein. Mehrmaliges Hin- und Herleiten ist möglichst zu vermeiden. Es ist darauf zu achten, daß kein Schwefel in die Kapillarrohre des Doppel-T-Stücks hineinsublimiert.
Nach dem Abkühlen auf Raumtemperatur wird das Gas in dem Kolbenprober F gesammelt und nach Druckkontrolle das Volumen V_E abgelesen. Dann drückt man das Gasgemisch in die Orsatpipette, saugt es wieder in den Kolbenprober zurück und wiederholt dies mehrmals, bis sich das Volumen nicht mehr ändert. Darauf saugt man die Kalilauge wieder bis zur Meßmarke hoch und liest nach Druckausgleich das Restvolumen V_R des nicht verbrauchten Sauerstoffs ab.
Schließlich stellt man den Luftdruck und die Raumtemperatur fest.

Auswertung:
Das Gasvolumen bleibt bei der Verbrennung des Schwefels konstant ($V_E = V_A$); also muß nach dem Avogadroschen Gesetz ein Sauerstoffmolekül durch ein Schwefeloxidmolekül ersetzt worden sein. Schreibt man die Formel des „unbekannten" Schwefeloxids S_xO_y und ist die Formel des Sauerstoffmoleküls O_2 bekannt, so muß $y = 2$ sein; die Formel des Schwefeloxids ist also S_xO_2. Den Wert von x findet man folgendermaßen:
Der Sauerstoffverbrauch ($V_A - V_R$) in ml auf Normalbedingungen reduziert ergibt das Volumen V_0 ml O_2, das sind $\frac{V_0 \cdot 10^{-3}}{22{,}4}$ mol O_2.

Der Einwaage a mg Schwefel entsprechen $\frac{a \cdot 10^{-3}}{32{,}06}$ mol S.

Das Molverhältnis (x · S) : O_2 in S_xO_2 ist dann

$$x : 1 = \frac{a \cdot 10^{-3}}{32{,}06} : \frac{V_0 \cdot 10^{-3}}{22{,}4};$$

daraus folgt $$x = \frac{22{,}4}{32{,}06} \frac{a}{V_0}.$$

Im allgemeinen entsteht unter den angegebenen Versuchsbedingungen nur eine vernachlässigbare Menge Schwefeltrioxid.

II - 1.9 Quantitative Reduktion von Schwefeldioxid

$$SO_2 + 2\,C \rightarrow S + 2\,CO \qquad \Delta H = +18{,}1 \text{ kcal } (+\ 75{,}7 \text{ kJ})$$

Versuchsanordnung:
Wie Vers. II - 1.3, Abb. 35 (Apparat nach *Lepsius)* mit folgenden Abänderungen: Als Elektroden 2 Graphitstäbe (∅ 3 mm) in 2 exzentrisch (Exzentrizität etwa 5 mm) durchbohrten Gummistopfen, auf den äußeren Enden je ein bis zur Hälfte ausgebohrter Korkstopfen als Handgriff fest aufgesetzt – Gleichstrom- oder Wechselstromquelle 220 V – Regulierwiderstand im Stromkreis (vgl. I - 14.3) – Paraffinöl als Sperrflüssigkeit.
Schwefeldioxid-Entwickler (Vers. III - 3.2.8, Abb. 102 A_S bis D_S, angeschlossen Waschflasche mit konz. Schwefelsäure).

Hilfsmittel:
$NaHSO_3$-Lsg. (40%ig) – konz. Schwefelsäure – Holzspäne – Bunsenbrenner.

Vorbereitung:
Man setzt die Elektroden so in die hierfür vorgesehenen Tuben ein, daß die Enden in einem Abstand von 3 mm etwa 10 mm übereinander stehen, und verbindet sie mit der Stromquelle. In den Kolben des Gasentwicklers gibt man die Natriumhydrogensulfit-Lösung und läßt aus dem Tropftrichter langsam konz. Schwefelsäure zufließen (vgl. Vers. III - 3.2.8).
Nachdem die Luft aus dem Gasentwickler und der Waschflasche verdrängt ist, füllt man wie in Versuch III - 1.3 etwa 60 ml luftfreies, trockenes Schwefeldioxid in den Apparat ein.

Ausführung:
Man mißt genau 50 ml des Gases ab, bringt – nach Einschalten des elektrischen Stromes – die Kohlestäbe zur Berührung, indem man auf eine der Elektroden einen geringen Druck ausübt, und läßt sie dann vorsichtig wieder in die Ausgangsstellung zurückkehren, so daß zwischen den Elektroden ein ruhiger Lichtbogen brennt. Wenn sich das Volumen nicht weiter ausdehnt, wird der Versuch beendet und nach Abkühlung und Einstellung von Niveaugleichheit in beiden Schenkeln des Apparates das Gasvolumen abgelesen. Nach Zugabe von Sperrflüssigkeit durch den Trichter E läßt man das Gas langsam ausströmen und entzündet es: Bläuliche Flamme (CO).

Auswertung:
Das Gasvolumen muß sich verdoppeln.

II - 1.10 Quantitative Reduktion von Stickstoffmonoxid

$$2\ NO + 4\ Cu \rightarrow 2\ Cu_2O + N_2 \qquad \Delta H = -123{,}7\ kcal\ (-517{,}6\ kJ)$$

Versuchsanordnung:
Wie Vers. II - 1.6, Abb. 38, jedoch ohne Orsatpipette L.

Hilfsmittel:
CuO in Drahtform – $NaNO_2$ – $FeSO_4 \cdot 7\,H_2O$ – konz. Salzsäure – Natronlauge (etwa 50%ig) – H_2-Quelle (Stahlflasche) – Standzylinder (100 x 40 mm) – Kerze an umgebogenem Draht – kleine pneumatische Wanne mit Experimentiersockel – Becherglas (100 ml) – rechtwinklig gebogenes Gasableitungsrohr mit Schlauch zum Anschluß an die Apparatur – 2 Asbestscheiben 10 x 10 cm mit einer zentralen Bohrung (⌀ ca. 8 mm) – spitzwinklig gebogenes kurzes Glasrohr mit einseitig verengter Öffnung, dazu ein kleines Schlauchstück zur Schlauchverbindung mit Hahn J_2 – Quarzstäbchen – Lappen.

Vorbereitung:
Der Gasentwickler mit Waschflasche N wird noch nicht angeschlossen. Das Quarzrohr H wird auf einer Länge von 8 bis 10 cm mit Kupferoxid (Drahtform) gefüllt und der freie (schädliche) Raum beiderseits mit Quarzstäbchen passender Stärke und Länge ausgefüllt. Zum Schutz der Schlauchverbindungen vor Hitzeeinwirkung werden die Asbestscheiben auf das Quarzrohr geschoben. Das spitzwinklig gebogene Glasrohr wird an J_2 angesetzt und nach negativem Ausfall der Knallgasprobe der austretende Wasserstoff an der Ausströmungsöffnung entzündet. Dann wird das Kupferoxid mit Wasserstoff reduziert, wobei das Gas bei G_1 ein- und bei J_2 austritt. Nach erfolgter Reduktion läßt man im Wasserstoffstrom erkalten; durch Übergießen des Quarzrohres mit Wasser oder Auflegen eines nassen Lappens kann die Abkühlung beschleunigt werden.

Ausführung:
Die Apparatur wird auf Dichtigkeit geprüft. In den Kolben A des Gasentwicklers gibt man 50 ml einer gesättigten Eisen(II)-sulfatlösung und 50 ml konz. Salzsäure, in den Tropftrichter B 80 ml gesättigte Natriumnitritlösung und in die Waschflasche N Natronlauge (50%ig). Man läßt die Natriumnitritlösung langsam in die salzsaure Eisen(II)-sulfatlösung tropfen. Das entstehende Stickstoffmonoxid verbindet sich mit dem im Kolben und in der Waschflasche vorhandenen Luftsauerstoff zu Stickstoffdioxid. Die braunen Dämpfe leitet man solange in den Abzug (Vorsicht, nitrose Gase sind giftig!), bis in der Waschflasche keine Braunfärbung mehr zu beobachten ist. Dann verbindet man den Gasentwickler über den Hahn J_2 mit der Apparatur und verdrängt zunächst den Wasserstoff und eventuelle Luftreste durch Stickstoffmonoxid, indem man die Gase über den Hahn G_2 in den Abzug ausströmen läßt. Darauf füllt man genau 100 ml Stickstoffmonoxid in den Kolbenprober F ein und kontrolliert mit dem Manometer, ob das Gas unter Atmosphärendruck steht. Die Verbindung mit dem NO-Entwickler wird nun gelöst und das noch entstehende Stickstoffmonoxid in den Abzug geleitet.
Man erhitzt das Kupfer im Quarzrohr und leitet das Stickstoffmonoxid mit Hilfe der Kolbenprober F und K mehrere Male hin und her, bis keine Volumenänderung mehr eintritt. Nach dem Abkühlen der Apparatur drückt man das Restgas wieder in den Kolbenprober F, stellt durch kurzzeitiges Öffnen des Hahnes J_2 Druckausgleich her (Kontrolle mit dem Manometer) und liest das Volumen ab.

Das Restgas wird als Stickstoff nachgewiesen, indem man das Gasableitungsrohr mit dem Schlauch an einen freien Hahn anschließt, das Gas in dem Standzylinder in der pneumatischen Wanne auffängt und eine brennende Kerze eintaucht.

Auswertung:
Das Stickstoffvolumen muß 50 ml betragen. Daraus lassen sich die Koeffizienten der Reaktionsgleichung bestimmen.

II - 1.11 Bestimmung der Äquivalentmassen von Metallen durch Reaktion mit Chlor

Versuchsanordnung: Abb. 39
Gleichdruckgasentwickler (Abb. 19b A bis E; in E konz. NaCl-Lsg.) – an D angeschlossen Dreiwegehahn F, der einerseits (über J) mit der Apparatur, andererseits mit

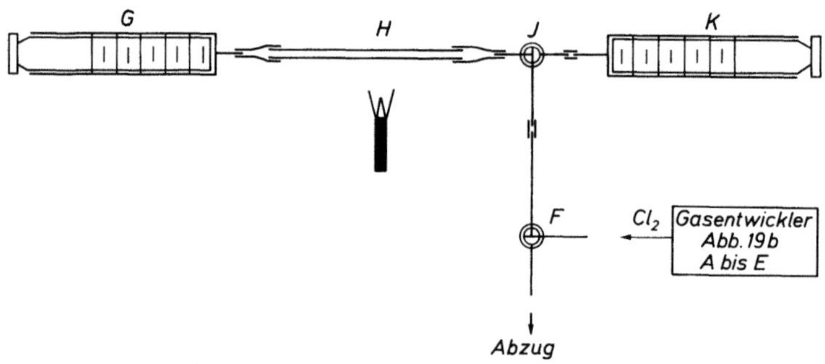

Abb. 39. Bestimmung der Äquivalentmassen von Metallen

dem Abzug verbunden ist – Kolbenprober G (100 ml) – Quarzrohr H (∅ 8 mm, Länge 15 cm) – Dreiwegehahn J – Kolbenprober K (100 ml).

Hilfsmittel:
Aluminium-Folie – Kupfer-Folie (Schablonenblech) – Eisen in Drahtform – $KMnO_4$ – konz. Salzsäure – Analysen- oder Torsionswaage – Pinzette – Barometer – Thermometer – Wanne mit Wasser – Lappen – Quarzstäbchen – Bunsenbrenner.

Ausführung:
Man wiegt 100 bis 150 mg des Metalls genau ab, bringt es mit der Pinzette in das Quarzrohr und füllt den toten Raum beiderseits mit Quarzstäbchen aus. Den Gasentwickler beschickt man mit Kaliumpermanganat und konz. Salzsäure, schließt ihn über F an die Apparatur an und prüft auf Dichtigkeit. Dann spült man die Apparatur mit Chlorgas durch, das man über J nach G bzw. K einleitet und über J und F in den Abzug drückt.
In den Kolbenprober K füllt man genau 100 ml (= V_A) Chlor ein und verbindet ihn kurz über J und F mit der Außenluft (Atmosphärendruck). Man erhitzt das Metall im Quarzrohr kräftig und leitet das Chlorgas langsam über das Metall in den Kolbenprober G und wieder zurück. Dieses Hin- und Herleiten wiederholt man so oft, bis keine Volumenänderung mehr eintritt. Dann kühlt man das Reaktionsrohr durch Übergießen mit Wasser oder Auflegen eines nassen Lappens auf Raumtemperatur

ab, bringt das restliche Chlorgas in den Kolbenprober K und liest das Volumen V_E ab. Man mißt Luftdruck und Raumtemperatur.

Auswertung:
Die Äquivalentmasse eines Elements ist diejenige Masse, die sich mit 35,45 g bzw. 11,2 Liter (bei Normalbedingungen) Chlor verbindet. Man rechnet das im Versuch verbrauchte Gasvolumen $V_A - V_E = V_t$ auf Normalvolumen V_0 (in ml) um (s. I-18.7). Betrug die Einwaage an Metall a mg, so ist die Äquivalentmasse

$$x = \frac{a}{V_0} \cdot 11{,}2 \text{ und die stöchiometrische}$$

$$\text{Wertigkeit } Z = \frac{\text{Molmasse}}{\text{Äquivalentmasse}}.$$

II - 1.12 Bestimmung der Äquivalentmassen von Kupfer und Sauerstoff

a) Reduktion von Kupferoxid durch Wasserstoff
(Indirekte Synthese des Wassers)

$$CuO + H_2 \rightarrow Cu + H_2O \qquad \Delta H = -31{,}2 \text{ kcal } (-130{,}5 \text{ kJ})$$

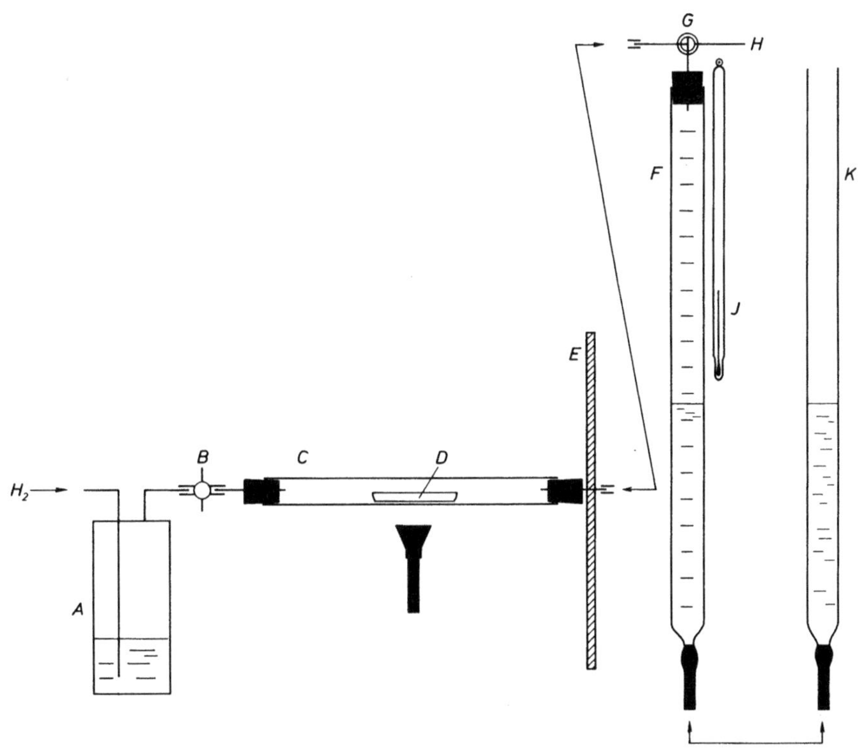

Abb. 40. Bestimmung der Äquivalentmassen von Kupfer und Sauerstoff

Versuchsanordnung: Abb. 40

*Muencke*sche Waschflasche A (Wasser) – Quetschhahn B – Rohr aus schwer schmelzbarem Glas C (∅ innen 18 mm, Länge etwa 20 cm) – Porzellanschiffchen D (5 cm lang) – geschlitzte Asbestplatte E zur Abschirmung der Wärmestrahlung des Bunsenbrenners – Gasbürette F (100 ml) mit Stopfenbett und Dreiwegehahn G/H (Sperrflüssigkeit mit Kupfersulfat angefärbtes Wasser) – Niveaurohr K – Thermometer J – Bunsenbrenner mit Schlitzaufsatz.

Anstelle der Gasbürette kann man auch einen Kolbenprober verwenden, der mit dem Dreiwegehahn G direkt an C angeschlossen wird.

Hilfsmittel:

H_2- und O_2-Quelle – CuO gepulvert p.a. – Holzspäne – Analysenwaage oder Torsionswaage – Barometer – Thermometer.

Vorbereitung:

Das Porzellanschiffchen wird (zweckmäßig am Tag vor dem Versuch) bis zur Gewichtskonstanz ausgeglüht und im Exsikkator über einem Trockenmittel aufbewahrt. In das Porzellanschiffchen D werden 0,2 bis 0,3 g CuO genau eingewogen: W_L = Masse des leeren Schiffchens, W_E = Masse von Schiffchen + Kupferoxid.

Die Bürette F wird (G in Stellung ⦶) durch Heben des Niveaurohres K mit Sperrflüssigkeit bis in den Hahnansatz gefüllt. Dann wird der Dreiwegehahn G in die Stellung ⊖ gedreht, so daß der durch C geleitete Wasserstoff bei H ins Freie strömt. Nach dem Vertreiben der Luft (Knallgasprobe, I - 18.9) wird G in Stellung ⦶ gedreht, wodurch C mit F verbunden und gegen die Außenluft abgeschlossen ist.

Ausführung:

Die Bürette F wird über A und C durch Senken des Niveaurohres K mit etwa 100 ml Wasserstoff gefüllt. Dann schließt man den Quetschhahn B, stellt in F und K Niveaugleichheit her, liest das genaue Anfangsvolumen V_A ab und notiert die Raumtemperatur, wobei das Thermometer dicht an der Bürette aufzuhängen ist. Darauf heizt man das Rohr C bei D mit dem Brenner, jedoch nur bis zur eben beginnenden Rotglut[1]); an den kälteren Teilen des Rohres C kondensiert Wasser.

Nach vollständiger Reduktion, d.h. wenn keine Volumenänderung mehr beobachtet wird, und Erkalten wird das in F verbliebene Volumen V_E abgelesen (Niveaugleichheit in F und K) und das Porzellanschiffchen mit dem Kupfer zurückgewogen: W_R. Da hierbei eine Oxidation, wenn auch nur in geringem Maße, erfolgen kann, ist die Wägung so schnell wie möglich durchzuführen.

Auswertung:

Aus den Wägungen (alle in mg) ermittelt man die Masse des verbrauchten Sauerstoffs ($m_O = W_E - W_R$) und die Masse des restlichen Kupfers ($m_{Cu} = W_R - W_L$). Aus dem Volumen des verbrauchten Wasserstoffs ($V_A - V_E$), das, ggf. unter Berücksichtigung des Wasserdampf-Partialdruckes, auf Normalbedingungen umgerechnet werden muß (s. I - 18.7), erhält man durch Multiplikation mit der Normdichte ($\approx 0{,}089\ g \cdot l^{-1}$) die Masse m_H des Wasserstoffs, die sich bei der Reduktion des CuO mit m_O mg Sauerstoff verbunden hat, und daraus die relative Äquivalentmasse m_O/m_H von Sauerstoff. Das Massenverhältnis von Kupfer zu Sauerstoff in CuO ist m_{Cu}/m_O und daraus ergibt sich die relative Äquivalentmasse des Kupfers zu

[1]) Bei zu hoher Temperatur resultiert ein stark zusammengesintertes Kupferpulver, das zu träge mit Sauerstoff reagiert. Bei zu niedriger Temperatur (< 200 °C) bildet sich hochaktives Kupfer, das sich an der Luft sofort oxidiert.

$$\frac{m_{Cu}}{m_H} = \frac{m_{Cu}}{m_O} \cdot \frac{m_O}{m_H}$$

Nach der Regel von *Dulong-Petit* hat die molare Wärmekapazität C_p, d.h. das Produkt aus Molmasse M und spezifischer Wärme c bei festen Stoffen etwa den Wert 6,2 cal · mol^{-1} · $grad^{-1}$ (vgl. Vers. II - 5.2).
c_{Cu} kann nach Vers. II - 5.2 ermittelt werden. Daraus ergibt sich (in grober Näherung[1]))

$$M_{Cu} = \frac{6{,}2}{c_{Cu}} \ g \cdot mol^{-1}.$$

Der Zahlenwert von M_{Cu}, also die relative Atommasse A_{Cu}, muß ein ganzzahliges Vielfaches der relativen Äquivalentmasse sein:

$$n \cdot \frac{m_{Cu}}{m_H} = A_{Cu}$$

Man wählt diejenige Zahl n aus, die dieser Gleichung am besten entspricht.

Bemerkung:
Aus der Masse m_O des Sauerstoffs erhält man durch Division mit der Normdichte (1,43 g · l^{-1}) das Sauerstoffvolumen V_O, das sich mit dem Wasserstoffvolumen V_H zu Wasser verbunden hat, und damit auch das Volumenverhältnis

$$V_H : V_O = 2 : 1$$

Die Formel des Wassers erhält man aus diesen Messungen nur durch zusätzliche Annahmen (z.B. Molmasse von Sauerstoff, *Avogadro*sches Gesetz oder Zweiatomigkeit der Wasserstoff- und Sauerstoffmoleküle) oder weitere Messungen (Molmasse des Wassers, Volumensynthese des Wassers).

b) Oxidation des bei der Reduktion erhaltenen Kupfers

$$2\,Cu + O_2 \rightarrow 2\,CuO \qquad \Delta H = -74{,}2 \text{ kcal } (-310{,}5 \text{ kJ})$$

Vorbereitung:
Die Waschflasche A wird gegen eine andere ebenfalls mit Wasser gefüllte ausgetauscht und die Bürette F mit neuer Sperrflüssigkeit gefüllt.

Ausführung:
Das Schiffchen mit dem bei Versuch a erhaltenen Kupfer wird in das Glasrohr gebracht, der Hahn G in die Stellung ⊖ gedreht, der Quetschhahn B geöffnet und über A und C Sauerstoff durch die Apparatur geleitet, der bei H entweicht. Läßt sich dort nachweisen, daß die Apparatur keinen Wasserstoff mehr enthält (Knallgasprobe negativ) und daß Sauerstoff ausströmt (glimmender Holzspan), wird G in die Stellung ⊕ gebracht und F mit etwa 50 ml Sauerstoff gefüllt; dann wird dessen Volumen V_A genau abgelesen. Nun wird B geschlossen und weiter wie bei Versuch a verfahren. Beim Erhitzen von C glüht bei D das Kupfer auf. Man setzt das Erhitzen so lange fort, bis sich das Gasvolumen nicht mehr ändert. Nach vollständigem Erkalten werden Restvolumen V_E, Temperatur und Barometerstand abgelesen sowie das Porzellanschiffchen zurückgewogen.

[1]) So erhält man mit dem Tabellenwert $c_{Cu} = 0{,}092$ cal · g^{-1} · $grad^{-1}$ $M_{Cu} \approx 67$ statt 63,55 g · mol^{-1}.

Auswertung:
Man reduziert das verbrauchte Sauerstoffvolumen $V_A - V_E$ auf Normalbedingungen und rechnet es auf Masse um; die Normdichte von Sauerstoff ist 1,43 g · l^{-1}. Die Gewichtszunahme des Kupfers im Porzellanschiffchen muß gleich der Masse des verbrauchten Sauerstoffs und gleich dem Gewichtsverlust bei Versuch a sein.

Bemerkung: *Vorsicht!*
Zink, Magnesium und Calcium dürfen auf keinen Fall in dieser Apparatur verbrannt werden.

II - 1.13 Sauerstoffentwicklung aus Wasserstoffperoxid und Kaliumpermanganat

$$5\,H_2O_2 + 2\,MnO_4^- + 6\,H_3O^+ \rightarrow 5\,O_2 + 2\,Mn^{2+} + 14\,H_2O$$

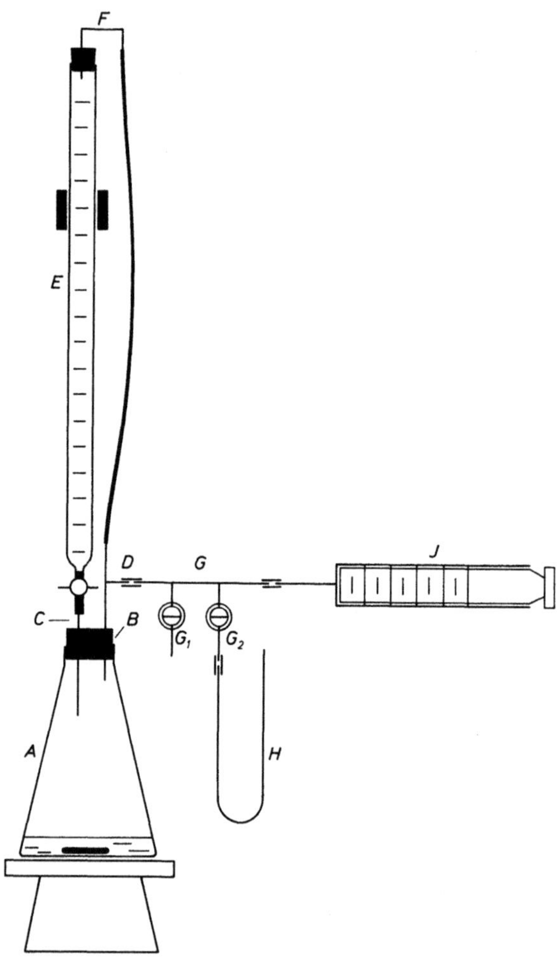

Abb. 41. Sauerstoffentwicklung aus Wasserstoffperoxid

Versuchsanordnung: Abb. 41
Erlenmeyerkolben A (250 ml) mit Rührstäbchen – zweifach durchbohrter Gummistopfen B mit kurzem Glasrohr C (unten verengte Öffnung) und T-Stück D – Bürette E (50 ml, 1/10-ml-Teilung) über einen Schlauch mit Quetschhahn an C angeschlossen – Druckausgleich zwischen A und E über ein zweifach rechtwinklig gebogenes Glasrohr F mit Gummistopfen und Schlauchverbindung nach D – kapillares Doppel-T-Stück G mit den Hähnen G_1 und G_2, angeschlossen an D – Manometer H (angefärbtes Wasser) an G_2 – Kolbenprober J (100 ml) an G – Magnetrührer mit Heizung.

Hilfsmittel:
H_2O_2-Lsg. (3%ig, frisch aus 30%igem H_2O_2 bereitet) – 0,1 N-$KMnO_4$-Lösung – Schwefelsäure, 1 : 4 verdünnt – Pipette (2 ml oder 5 ml mit 1/10-ml-Teilung) – Meßzylinder (50 ml) – Thermometer – Barometer.

Vorbereitung:
In den Erlenmeyerkolben A gibt man, mit der Pipette auf 1/10 ml genau abgemessen, 2 bis 3 ml 3%ige Wasserstoffperoxidlösung, ferner 20 ml Wasser, 20 ml Schwefelsäure (1 : 4) und das Rührstäbchen. Dann füllt man die Bürette einschließlich C mit der Kaliumpermanganat-Lösung, setzt den Gummistopfen B auf den Kolben A auf und liest den Bürettenstand ab. Den Überdruck in der Apparatur gleicht man durch kurzes Öffnen des Hahnes G_1 aus (Kontrolle mit dem Manometer). Der Kolbenprober muß dabei auf Null stehen.

Ausführung:
Man stellt den Magnetrührer und die Heizung an, heizt zunächst nur schwach und titriert die Wasserstoffperoxid-Lösung bis zur schwachen Rosafärbung. Dann heizt man etwas stärker, um den in der Flüssigkeit gelösten Sauerstoff auszutreiben, läßt auf die Anfangstemperatur (Raumtemperatur) abkühlen und liest das entstandene Sauerstoffvolumen V ab. Man notiert den Luftdruck und die Raumtemperatur.

Auswertung:
Aus der Reaktionsgleichung folgt, daß 1 ml 0,1 N-$KMnO_4$-Lösung mit 1,701 mg H_2O_2 reagiert; daraus ergibt sich die vorgelegte Menge Wasserstoffperoxid in mg und die darin enthaltene Sauerstoffmenge.
Diese muß mit der gemessenen Sauerstoffmenge übereinstimmen: Das gemessene Volumen V wird unter Berücksichtigung des Wasserdampf-Partialdruckes auf Normalbedingungen (s. I - 18.7) reduziert und mit der Dichte von Sauerstoff (1,43 g · l^{-1}) multipliziert.

Bemerkung:
Dieser Versuch kann zur Bestätigung der Formel des Wasserstoffperoxids dienen (unter der Annahme, daß der freigesetzte Sauerstoff aus dem Wasserstoffperoxid stammt).

II - 1.14 Kristallwasserbestimmung von Natriumcarbonat

$$Na_2CO_3 \cdot x\,H_2O + 2\,H_3O^+ \rightarrow CO_2 + 2\,Na^+ + (x + 3)\,H_2O$$

Versuchsanordnung:
Gleichdruckgasentwickler (Abb. 19b; A, B, C) ohne Überdruckventil, an C angeschlossen Gasbürette 250 ml mit Dreiwegehahn; die Bürette wird mit gesättigter Natriumchlorid-Lsg. gefüllt.

Hilfsmittel:
$Na_2CO_3 \cdot 10\ H_2O$ (Kristallsoda) – verd. Salzsäure – Analysen- oder Torsionswaage – Barometer – Thermometer.

Ausführung:
In den Kolben des Gasentwicklers gibt man, auf 1 mg genau abgewogen, etwa 1 g Kristallsoda, in den Tropftrichter verd. Salzsäure. Die Sperrflüssigkeit in der Bürette wird auf die Nullmarke eingestellt. Dann läßt man die Säure zufließen und senkt das Niveaurohr der Bürette so, daß in der Apparatur kein Überdruck entsteht. Nach Beendigung der Reaktion erwärmt man den Kolben etwas, um das in der Säure gelöste Kohlendioxid zu vertreiben. Nach Abkühlung liest man das Gesamtvolumen V_t des entstandenen Kohlendioxids ab. Man mißt noch den Luftdruck und die Temperatur des Gases (Raumtemperatur bzw. Temperatur der Sperrflüssigkeit).

Auswertung:
V_t = gemessenes Gasvolumen
V_0 = auf Normalbedingungen reduziertes Gasvolumen
M = Molmasse der Kristallsoda
a = Einwaage Kristallsoda
Aus der Substanzformel $Na_2CO_3 \cdot x\ H_2O$ der Kristallsoda ergibt sich für ihre Molmasse

$$M = 106{,}0 + 18x.$$

Nach der Reaktionsgleichung entsteht aus 1 mol Soda 1 mol Kohlendioxid, dessen Molvolumen bei Normalbedingungen 22,4 l beträgt. Im Versuch werden aus a g Kristallsoda V_0 ml Gas erhalten, also ist

$$M = \frac{22400 \cdot a}{V_0}$$

Aus diesen beiden Gleichungen bestimmt man x.

II - 1.15 Thermische Zersetzung von Kohlenwasserstoffen

a) Methan: $CH_4 \rightarrow C + 2\ H_2$ $\quad \Delta H = +17{,}9$ kcal (+ 74,9 kJ)
1 Vol. → 2 Vol.

b) Äthan: $C_2H_6 \rightarrow 2\ C + 3\ H_2$ $\quad \Delta H = +20{,}2$ kcal (+ 84,5 kJ)
1 Vol. → 3 Vol.

c) Äthylen (Äthen): $C_2H_4 \rightarrow 2\ C + 2\ H_2$ $\quad \Delta H = -12{,}5$ kcal (– 52,3 kJ)
1 Vol. → 2 Vol.

Versuchsanordnung:
Gaszersetzungsapparat nach *Lepsius* (Abb. 35, Vers. II-1.3a); als Elektroden werden Kupferstäbe verwendet. Man kann auch eine Apparatur nach Vers. II - 1.1, Abb. 33 verwenden; vgl. dazu jedoch Vers. II - 1.3b (Bemerkung).
Sperrflüssigkeit: Für Methan und Äthan Wasser, für Äthylen gesättigte Natriumchloridlösung, jeweils angefärbt[1]).

[1]) Z.B. mit Fuchsin S.

Hilfsmittel:
Kohlenwasserstoffe, am besten aus Druckdosen (s. I-18.4).
Darstellung: Methan s. Vers. IV-1.2
Äthan s. Vers. IV-1.6
Äthylen s. Vers. IV-1.7
Die Gase müssen rein und luftfrei sein. Hochspannungstransformator (s. I-14.1) – Reagenzgläser – Bunsenbrenner.

Ausführung: *Achtung! Hochspannung!*
Man füllt zunächst, wie bei Versuch II-1.3a beschrieben, etwa 100 bis 150 ml Gas in die Apparatur, läßt dann durch die Öffnung H einen Teil davon in ein übergestülptes Reagenzglas strömen und prüft auf Luftfreiheit (Knallgasprobe s. I - 18.8). Dann öffnet man den Hahn B/H/S und drückt, indem man in das Niveaurohr D vorsichtig Wasser nachfüllt, so viel von dem Gas heraus, daß etwa 50 ml in der Apparatur verbleiben. Man stellt auf Niveaugleichheit ein und liest das Volumen ab.
Dann schließt man den Hochspannungstransformator an G_1 und G_2 an und schaltet den Strom ein. Bei der Zersetzung von Äthan und besonders von Äthylen muß man unbedingt durch dauerndes Klopfen mit einem Glasstab an den Elektroden dafür sorgen, daß der ausgeschiedene Kohlenstoff ständig abfällt; weder zwischen den Elektroden noch zwischen einer Elektrode und der Glaswand darf sich eine Kohlebrücke ausbilden. Wenn sich nach einer Versuchsdauer von 2 bis 3 Minuten das Gasvolumen nicht weiter vergrößert, schaltet man den Strom ab.
Nachdem sich die Apparatur abgekühlt hat, stellt man durch Ablassen von Sperrflüssigkeit Niveaugleichheit her und liest das Volumen ab.

II - 1.16 Quantitative Analyse organischer Verbindungen

II - 1.16.1 Bestimmung von Kohlenstoff nach Schöniger[1])

Versuchsanordnung:[2]) Abb. 42 *Abzug!*
Weithalserlenmeyerkolben A (1000 ml) – Gummistopfen B, durch den zwei Kupferdrähte C in glühendem Zustand hindurchgeführt worden sind – Schraubklemmen D (Lüsterklemmen) – Spirale aus 0,5 mm dickem Chrom-Nickel-Draht mit einem Durchmesser von 1 cm und einer Länge von 2 cm.

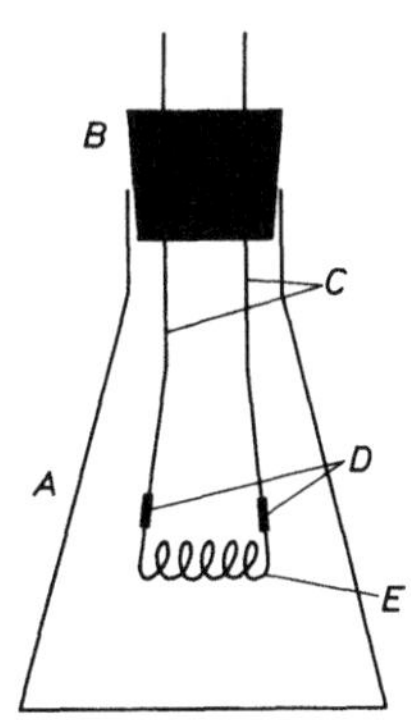

Abb. 42. Bestimmung des Kohlenstoffgehalts nach Schöniger

Hilfsmittel:
O_2-Quelle – Maleinsäure (oder Fumarsäure) – 0,05 M-Bariumhydroxidlösung – 0,1 N-Salzsäure – Aluminiumfolie (Haushaltsfolie) – 0,1%ige alkoholische Phenolphthalein-Lösung (Indikator) – Bürette (50 ml) – Pipette (100 ml) – regelbares Stromversorgungsgerät – Waage (Empfindlichkeit 1 mg) – Krokodilklemmen.

Ausführung: *Abzug!*
Man wiegt 30 bis 50 mg Maleinsäure auf der Aluminiumfolie genau ab, wickelt sie locker darin ein und schiebt die eingepackte Substanz in die Heizspirale.

[1]) Vgl. *Schmidt, H. J.*, Chem. Exp. Didakt. **1**, 135 (1975).
[2]) Ein komplettes Gerät mit Zündeinrichtung wird von der Fa. Heraeus (s. I - 17.8) geliefert.

Dann pipettiert man genau 100 ml der Bariumhydroxidlösung in den Kolben, füllt ihn durch Luftverdrängung mit Sauerstoff und setzt den Stopfen mit der Heizspirale fest auf.
Darauf schließt man im Abzug die Kupferdrähte an eine Wechselspannung von 12 bis 15 V an und schaltet bei herabgelassener Scheibe den Strom ein (Schutzbrille). Der Draht muß aufglühen.
Wenn die Substanz brennt, wird der Strom ausgeschaltet, da sonst der Draht leicht durchschmilzt. Ist die Verbrennung beendet, wird der Kolben während einer Zeit von 5 Minuten mehrmals kräftig geschüttelt: Weißer Niederschlag ($BaCO_3$). Danach wird der Kolben geöffnet.
Man spült den Einsatz mit Stopfen sowie die Kolbenwände mit destilliertem Wasser gründlich ab, gibt 5 bis 10 Tropfen Phenolphthalein-Lösung hinzu und titriert die rotgefärbte Lösung mit der 0,1 N-Salzsäure bis zum Umschlag nach farblos.

Auswertung:
Einwaage Maleinsäure: a mg
Verbrauch an 0,1 N-Salzsäure: V ml
Reaktionsgleichungen:
Absorption: $Ba(OH)_2 + CO_2 \rightarrow BaCO_3 + H_2O$
Titration: $Ba(OH)_2 + 2\ HCl \rightarrow BaCl_2 + 2\ H_2O$
1 ml 0,1 N-HCl entspricht 1 ml 0,05 M-$Ba(OH)_2$-Lösung. Werden zur Titration V ml 0,1 N-Salzsäure benötigt, so sind (100 – V) ml der Barytlösung zur Absorption des bei der Verbrennung entstandenen Kohlendioxids verbraucht worden. Da 1 ml der Barytlösung $0{,}05 \cdot 10^{-3}$ mol CO_2 absorbiert und 1 mol CO_2 12,011 g Kohlenstoff enthält, sind in den a mg Maleinsäure $(100 - V) \cdot 0{,}05 \cdot 12{,}011$ mg Kohlenstoff enthalten; dem entsprechen

$$\frac{(100 - V) \cdot 0{,}05 \cdot 12{,}011}{a} \cdot 100 \text{ Prozent C.}$$

II - 1.16.2 Bestimmung von Kohlenstoff und Wasserstoff

Versuchsanordnung[1]): Abb. 43
Dreiwegehahn A – 2 Drechselsche Waschflaschen B und B' (konz. Schwefelsäure) – 2 Dreiwegehähne C und D – Gaseinleitungsrohr E mit Schliff – Quarzrohr F mit Scheidewand G, in die eine Kapillare H eingesetzt ist – Verbrennungsschiffchen[2]) J – Gaseinleitungsrohr K für Sauerstoff – Heizmantel aus Quarzglas L (Siliconöl) – Thermometer M (bis 150 °C) – Siliconstopfen N mit Glasrohr – Absorptionsgefäß für Wasser P (Magnesiumperchlorat) – Absorptionsgefäß für Kohlendioxid Q (Natronasbest) – 2 Asbestdrahtnetze R und S – 2 Bunsenbrenner mit Schlitzaufsatz T und U und ein Bunsenbrenner V.

Hilfsmittel:
Feste Substanzen: Glucose, Fructose, Benzoesäure, Maleinsäure – Analysenwaage – N_2-Quelle – O_2-Quelle.

[1]) Die Apparatur nach *W. Radmacher* und *A. Hoverath* ist durch die Fa. Feddeler (s. I - 17.8) zu beziehen.
[2]) Für leicht flüchtige flüssige Substanzen verwendet man ein Wägerohr aus Quarzglas.

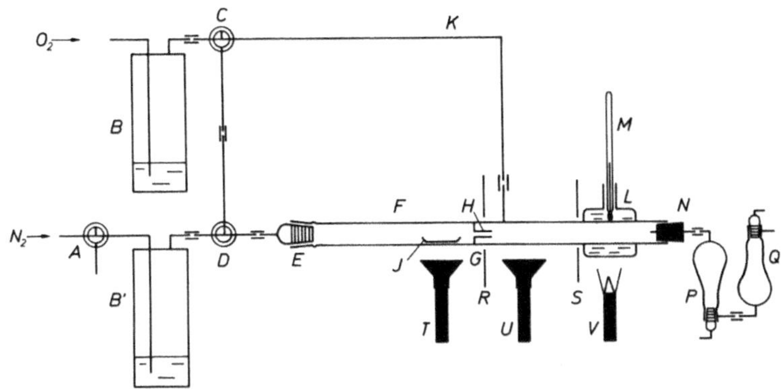

Abb. 43. Bestimmung von Kohlenstoff und Wasserstoff

Vorbereitung:
Das Quarzrohr und das Verbrennungsschiffchen werden im Stickstoffstrom ausgeglüht. Hat das Verbrennungsschiffchen Gewichtskonstanz erreicht, wiegt man etwa 300 mg (= a mg) der festen Substanz genau ein und schiebt es von E aus in das Quarzrohr F ein und bis auf etwa 1 cm an die Trennwand G heran. Dann werden die beiden Absorptionsgefäße P und Q gewogen. Das Siliconöl im Heizmantel wird auf 120 bis 130 °C erwärmt und während des Versuches auf dieser Temperatur gehalten.

Ausführung:
Man stellt den Dreiwegehahn C auf Verbindung von B mit K (Stellung ⊖) und leitet einen lebhaften Sauerstoffstrom von 200 bis 250 ml pro Min. über das Einleitungsrohr K in den (rechten) Verbrennungsraum des Quarzrohres F. Über die Dreiwegehähne A und D (in Stellung ⊖) leitet man einen langsamen Stickstoffstrom von etwa 25 ml pro Min. in den linken Teil von F. Dann erhitzt man mit dem Bunsenbrenner U die Kapillare H bis zur Rotglut und erwärmt darauf das Schiffchen J mit der Probe, von links beginnend, so, daß am Ende der Kapillare eine kleine Flamme entsteht. Droht diese Flamme zu groß zu werden, verringert man die Erwärmung des Schiffchens und erhöht die Sauerstoffzufuhr. Wenn die flüchtigen Bestandteile der Probe verbrannt sind, leitet man den Stickstoffstrom über A (in Stellung ⊖) nach außen ab und führt den Sauerstoffstrom über C (in Stellung ⊖) und D in den linken Teil von F. Darauf werden die festen Bestandteile der Probe verbrannt. Sind keine Spuren der Substanz mehr zu erkennen, wird noch etwa 5 Minuten mit Sauerstoff gespült. Dann werden die Brenner abgestellt und nach etwa 20 Minuten die Absorptionsgefäße gewogen.

Auswertung:
Die Gewichtszunahme des Absorptionsgefäßes P liefert die bei der Verbrennung der Probe entstandene Wassermenge, die Gewichtszunahme von Q die Kohlendioxidmenge. Daraus berechnet man die in a mg der Probe enthaltene Masse an Wasserstoff und Kohlenstoff absolut und prozentual.

II - 1.16.3 Bestimmung von Chlor nach Schöniger

Versuchsaufbau:
*Erlenmeyer*kolben (1000 ml) mit Gummistopfen – Eisenlöffel („Phosphorlöffel"), dessen Stiel nach Erhitzen in der Bunsenflamme durch den Gummistopfen hindurchgeschoben wurde.

Hilfsmittel:
Probe von Polyvinylchlorid (PVC) – O_2-Quelle – $NaHCO_3$ – 5%ige K_2CrO_4-Lösung – 0,1 N-$AgNO_3$ – Filterpapier – Schere.

Vorbereitung:
Aus dem Filterpapier wird ein quadratisches Stück mit anhängendem Zündstreifen nach Abb. 44 ausgeschnitten. Eine genau gewogene PVC-Probe von 50 bis 100 mg

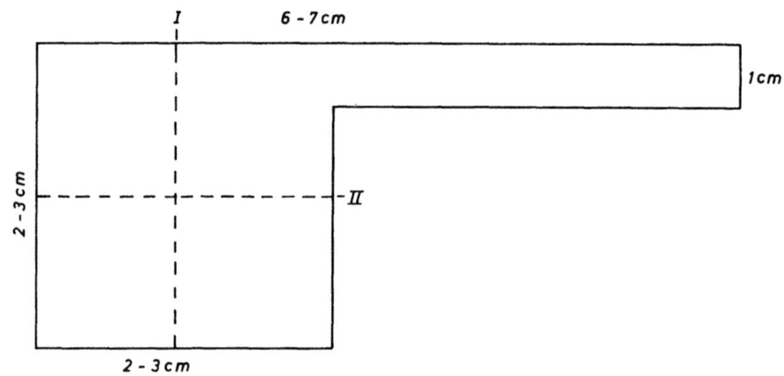

Abb. 44. Papierstreifen für die Verbrennung nach Schöniger

wird in dieses Papier eingepackt, indem man es zuerst um die gestrichelte Linie I und dann um II faltet. Das Päckchen wird mit etwas Klebstoff (z.B. UHU) an den Löffel angeklebt.

Ausführung: *Schutzbrille!*
In den *Erlenmeyer*kolben wird eine 1 bis 2 cm hohe Schicht Wasser eingefüllt; die Luft wird durch Sauerstoff verdrängt. Dann wird der Kolben mit einer Hand abgedeckt. Mit der anderen Hand entzündet man den Zündstreifen des Filterpapiers an einem Brenner, führt den Eisenlöffel in den Kolben ein und drückt den Stopfen fest auf (Vorsicht! Die Verbrennung ist sehr heftig). Nach dem Ende der Verbrennung wird der Kolben so lange gut geschüttelt, bis er auf Raumtemperatur abgekühlt ist. Dann öffnet man ihn und spült Einsatz und Kolbenwände mit destilliertem Wasser ab. Man gibt zur Neutralisation der Salzsäure eine Spatelspitze Natriumhydrogencarbonat hinzu, versetzt mit 5 bis 10 Tropfen der Kaliumchromatlösung als Indikator und titriert die Chloridionen mit der 0,1 N-$AgNO_3$-Lösung.

Auswertung:
1 ml 0,1 N-$AgNO_3$-Lösung entsprechen 3,545 mg Cl.

Bemerkung:
Diese Methode kann auch zur Bestimmung des Brom- oder Jodgehaltes einer organischen Verbindung angewandt werden.
Nach Versuch II - 1.16.1 kann man den Kohlenstoffgehalt von PVC ermitteln und so das Verhältnis der Anzahl der Kohlenstoff- und Chloratome (1 : 2) bestimmen. Nach Versuch II - 1.16.2 erhält man auch noch das Atomverhältnis Kohlenstoff zu Wasserstoff.

II - 2 Molmassenbestimmung[1])

S. auch
II - 1.11 Bestimmung der Äquivalentmassen von Metallen durch Reaktion mit Chlor
II - 1.12 Bestimmung der Äquivalentmassen von Kupfer und Sauerstoff
IV - 1.1 Alkane aus Alkylhalogeniden

II - 2.1 Bestimmung der Molmasse von Gasen durch Wägung

(Molmasse von Methylnitrit)

$$NO_2^- + CH_3OH + H_3O^+ \rightarrow ONOCH_3 + 2\ H_2O$$

Versuchsanordnung: Abb. 45
*Erlenmeyer*kolben A (200 ml) mit doppelt durchbohrtem Gummistopfen und Tropftrichter C; das Auslaufrohr steht in einem kleinen Präparateglas B als Rückstausicherung – rechtwinklig gebogenes Ableitungsrohr mit Anschluß über Dreiwegehahn D an Kolbenprober F (100 ml) – Zweihahn-Gaswägekugel E (etwa 150 ml).

Hilfsmittel:
$NaNO_2$ – verd. Salzsäure – Methanol – Analysenwaage – Barometer – Thermometer – Wasserstrahlpumpe.

Vorbereitung:
In den *Erlenmeyer*kolben gibt man etwa 20 g $NaNO_2$ und soviel Wasser, daß bei Zusatz von etwa 20 ml Methanol gerade kein Niederschlag entsteht, verschließt den Kolben und füllt in den Tropftrichter verd. Salzsäure. Die Gaswägekugel, die noch nicht an den Dreiwegehahn angeschlossen ist, wird mit der Wasserstrahlpumpe leicht evakuiert und genau gewogen (m_A).

Ausführung:
Man dreht den Dreiwegehahn D in Stellung ⊖ und läßt langsam Salzsäure in den *Erlenmeyer*kolben tropfen. Wenn die Luft aus dem Kolben verdrängt ist, verbindet man ihn über den Dreiwegehahn mit dem Kolbenprober und läßt etwas über 100 ml Gas einströmen.
Man wartet zum Temperaturausgleich etwa 3 bis 5 Minuten und mißt dann genau 100 ml Gas ab, wobei man bei entsprechender Stellung des Dreiwegehahns die zuviel eingefüllte Menge nach außen drückt; das Gas im Kolbenprober steht dann unter

[1]) In Übereinstimmung mit dem SI-System und der IUPAC-Konvention von 1969 (Pure Appl. Chem. **21**, 7 (1970)) wird hier eine Molmasse (besser wäre „molare Masse") als Masse eines Mols (≙ N_L) Teilchen verstanden.

Die „relative Atommasse" $= \dfrac{\text{Masse eines Atoms}}{\text{1 atomare Masseneinheit u}}$ (bzw. „relative Molekülmasse") wurde früher als „Atomgewicht" (bzw. „Molekulargewicht") bezeichnet.

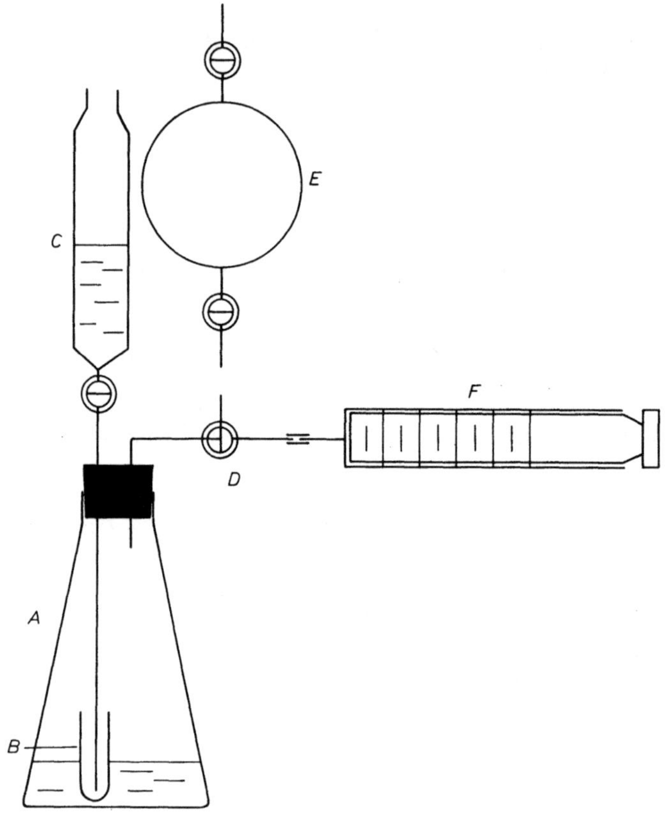

Abb. 45. Molmassenbestimmung durch Wägung

Atmosphärendruck. Darauf schließt man die Zweihahnkugel an den Dreiwegehahn D an, stellt diesen auf Verbindung mit dem Kolbenprober und öffnet den Hahn der Gaswägekugel. Dabei hält man den Kolben des Kolbenprobers fest, damit er nicht wegen des Unterdrucks in der Kugel zu heftig angesaugt und u.U. beschädigt wird. Nach Einfüllen von 100 ml Gas in die Gaswägekugel wird deren Hahn verschlossen und die Kugel gewogen (m_E). Man bestimmt noch den Luftdruck und die Raumtemperatur.

Auswertung:
Das Molvolumen eines (idealen) Gases beträgt unter Normalbedingungen 22,413 l · mol^{-1}. Ist V_0 (in ml) das auf Normalbedingungen (s. I - 18.7) umgerechnete Volumen des eingefüllten Gases (100 ml) und $m = m_E - m_A$ seine Masse, so erhält man die Molmasse M nach

$$M = \frac{m}{V_0} \cdot 22413.$$

Bemerkung:
Nach dieser Methode können die Molmassen der meisten Gase bestimmt werden.

II - 2.2 Bestimmung der Molmasse von Gasen aus der Ausströmungszeit[1])

Versuchsanordnung: Abb. 46
Kolbenprober A (50 ml bzw. 100 ml) mit Dreiwegehahn B; ein Weg von B ist mit einer angeschmolzenen oder angeklebten dünnen Metallplatte C (Platin oder Silber) versehen, die eine enge Bohrung besitzt (Düse[2]). Der Kolbenprober muß so locker in einer Stativklammer hängen, daß der Kolben ohne Reibung in der Hülse gleitet; dieser muß durch eine oberhalb angebrachte Stativklammer gegen Herausschleudern geschützt werden.
Der Dreiwegehahn B kann auch mit einer Schlauchverbindung am Kolbenprober befestigt werden, ebenso ein Glasrohrstück mit der Düse C am Dreiwegehahn.

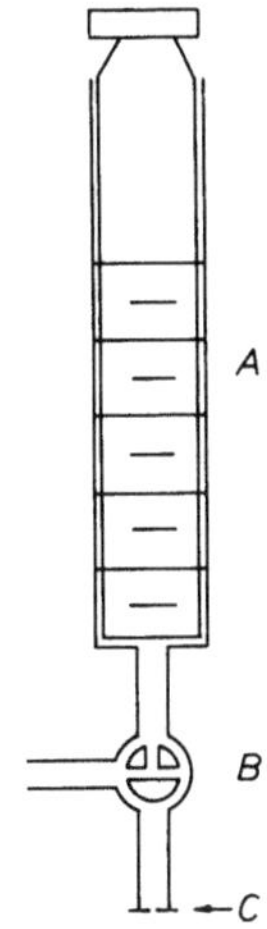

Abb. 46. Molmassenbestimmung nach der Ausströmungsmethode

Hilfsmittel:
Verschiedene Gase (Sauerstoff, Stickstoff, Wasserstoff, Kohlendioxid, Argon u.a.) in Vorratsbehältern, am besten Stahlflasche bzw. Druckdosen, s. I - 18.4 – Stoppuhr (1/10 sec).

Ausführung:
Man füllt über den freien Weg des Dreiwegehahns das Gas (z.B. Sauerstoff) in den Kolbenprober ein, so daß er mehr als 50 ml bzw. 100 ml enthält, und schließt den Dreiwegehahn durch Schrägstellen (Sperrstellung). Dann entfernt man den Einleitungsschlauch und stellt den Dreiwegehahn auf Verbindung Kolbenprober–Düse. Man mißt mit der Stoppuhr die Zeit, die 40 ml (bzw. 90 ml) des Gases zum Ausströmen brauchen. Dabei sind nicht die Ruhestellungen des Kolbens als Anfangs- und Endpunkt zu benutzen, weil diese schlechter zu stoppen sind als der Durchgang der Marke durch entsprechende Teilstriche der Meßskala. Man wiederholt die Messung mehrmals. Entsprechend verfährt man mit den anderen Gasen.

Auswertung:
Bei gleichen äußeren Bedingungen (Temperatur und Druck) verhalten sich die Quadrate der Ausströmungszeiten t_i zweier Gase wie ihre Dichten bzw. Molmassen$_i$[3]):

$$\frac{M_1}{M_2} = \frac{t_1^2}{t_2^2}$$

Kennt man die Molmasse M_1 eines der beiden Gase (z.B. für Sauerstoff $M_1 = 32$), so erhält man aus den gemessenen Zeiten t_1 und t_2 die Molmasse M_2 des anderen Gases.

[1]) *R.W. Bunsen* 1857.
[2]) Geräte im Laborhandel erhältlich, fertige Düsen aus verschiedenen Metallen bei Fa. Kind (I - 17.8).
Man kann eine Düse selbst herstellen, indem man ein Stückchen Zinn- oder Aluminiumfolie über eine Austrittsöffnung des Dreiwegehahns klebt und mit einer dünnen Nadel durchsticht.
[3]) Vgl. Lehrbücher der physikalischen Chemie (Ausströmungsgesetz nach Bunsen).

II - 2.3 Bestimmung der Molmasse durch Gefrierpunktserniedrigung

a) Lösungsmittel bei Zimmertemperatur fest.

Versuchsanordnung: Abb. 47
Schmelzpunktsbestimmungsgerät mit Thermometer (bis 200 °C, Teilung in 1/1 °C) – Silikonöl als Heizflüssigkeit – Bunsenbrenner, evtl. elektrische Heizung mit Stromversorgungsgerät.

Hilfsmittel:
Lösungsmittel: Campher, Harnstoff – lösliche Stoffe: Naphthalin, Benzoesäure – Analysen-oder Torsionswaage – Schmelzpunktsröhrchen – Reibschale.

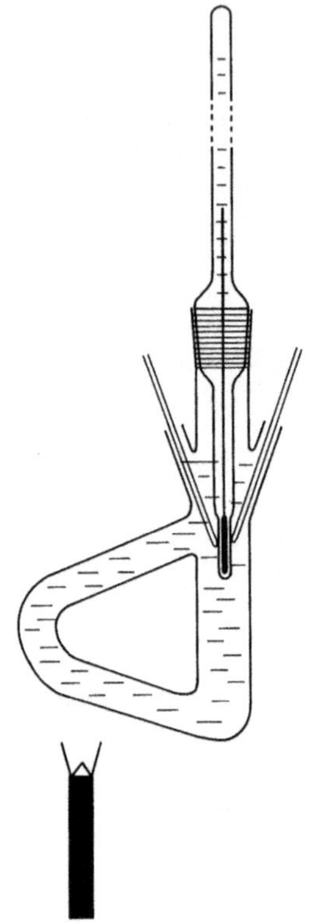

Abb. 47
Gerät zur Bestimmung des Schmelzpunktes

Ausführung:
Man wiegt a g Substanz und b g Lösungsmittel (Verhältnis a : b etwa 1 : 10 bis 1 : 20) genau ab, verreibt beide zu einem fein gepulverten homogenen Gemisch und füllt dieses in ein Schmelzpunktsröhrchen. Dazu taucht man das Röhrchen mit dem offenen Ende in das Substanzgemisch und stößt es mit dem geschlossenen Ende vorsichtig auf den Labortisch auf, bis die Substanz auf den Boden des Röhrchens fällt. Wenn notwendig wiederholt man diese Prozedur, bis das Röhrchen zu etwa einem Drittel gefüllt ist. Ebenso füllt man ein Röhrchen mit dem reinen Lösungsmittel. Beide Röhrchen führt man in das Schmelzpunktsbestimmungsgerät so ein, daß ihre geschlossenen Enden die Kuppe des Thermometers berühren. Dann heizt man langsam auf (Temperaturänderung etwa 2 °C pro Minute) und beobachtet sowohl die Schmelzpunkte beim Aufheizen als auch die Gefrierpunkte (Erstarrungspunkte) beim Abkühlen. Als Schmelzpunkt gilt die Temperatur, bei der die letzten kristallinen Teilchen in die flüssige Phase übergegangen sind. Beim Abkühlen der Schmelze entspricht die Temperatur des ersten Erscheinens von Kriställchen (Trübung der Schmelze) dem Gefrierpunkt. Meist erfolgt Unterkühlung, so daß der Gefrierpunkt etwas niedriger liegt als der Schmelzpunkt.

b) Lösungsmittel bei Zimmertemperatur flüssig

Versuchsanordnung:
Ein weites Reagenzglas (30 x 200 mm) dient als Gefriergefäß; es wird mittels eines Gummi- oder Styroporringes in ein hohes Becherglas eingepaßt, das in einer Kältemischung steht. In dem Gefriergefäß befindet sich ein Thermometer (0 bis 50 °C, 1/10 °C) und als Rührer ein starker Metalldraht, der unten eine rechtwinklig umgebogene kreisförmige Schlaufe besitzt.

Hilfsmittel:
Benzol – Benzoesäure oder Naphthalin – Kältemischung Eis–Kochsalz (s. I - 18.8.1) – Analysen- oder Torsionswaage.

Ausführung:
In das Gefriergefäß füllt man eine genau abgewogene Menge (b Gramm) Benzol und stellt wie bei Vers. a unter stetigem Rühren (etwa eine Auf- und Abbewegung des Rührers pro Sekunde) den Gefrierpunkt fest. Nach dem Auftauen löst man a g Benzoesäure oder Naphthalin und bestimmt den Gefrierpunkt der Lösung. Zur exakten Messung nimmt man die Temperatur-Zeit-Kurve auf, aus der man den Gefrierpunkt (Haltepunkt) ermittelt.
Jede Messung wird mehrfach wiederholt.

Auswertung:
Nach dem Raoultschen Gesetz ist die Gefrierpunktserniedrigung Δt einer Lösung, bezogen auf das reine Lösungsmittel, proportional der molaren Konzentration des gelösten Stoffes in 1000 g Lösungsmittel:

$$\Delta t = E_k \cdot \frac{a}{M} \cdot \frac{1000}{b}$$

Hierin bedeuten:
a = Masse des gelösten Stoffes
b = Masse des Lösungsmittels
M = Molmasse des gelösten Stoffes
E_k = kryoskopische Konstante des Lösungsmittels

	Schmelzpunkt (°C)	E_k (grad · mol^{-1})
Campher	179,5	40
Harnstoff	132,7	21,5
Benzol	5,48	5,12

Bemerkung:
Für genauere Messungen, vor allem bei Lösungsmitteln mit kleiner kryoskopischer Konstante (z.B. Wasser), verwendet man besser ein *Beckmann*-Thermometer (I - 16.1).

II - 2.4 Bestimmung der Molmasse durch Siedepunktserhöhung

Versuchsanordnung: Abb. 48
Apparat nach Beckmann: Siedegefäß A mit 3 Tuben, NS 19-Beckmannthermometer B – Rückflußkühler C – Einwurfrohr D mit Stopfen – Trockenrohr E – Glaszylinder F als Luftmantel auf Asbestdrahtnetz.

Hilfsmittel:
Glucose und Fructose (am besten in Form von Tabletten mit einem Gewicht von 0,2 bis 0,3 g) – hochwirksame Siedesteine – Analysen- oder Torsionswaage – Wägegläschen – Asbestpapier oder Asbestschnur.

Vorbereitung:
Man stellt das Beckmannthermometer (I - 16.1) auf den Siedebereich des Wassers ein; der Siedepunkt des Wassers muß dabei am unteren Ende der Skala C, Abb. 9 liegen. Das Siedegefäß umwickelt man mit Asbestpapier oder Asbestschnur so, daß zum Glaszylinder E noch ein Luftspalt von 0,5 bis 1 cm bleibt.

Ausführung:
In das Siedegefäß gibt man 20 bis 25 ml (b g, genau abgewogen) Wasser und eine Schicht Siedesteinchen. Dann erwärmt man das Wasser mit kleiner Flamme langsam zum Sieden und notiert die am *Beckmann*thermometer abgelesene Temperatur. Ist

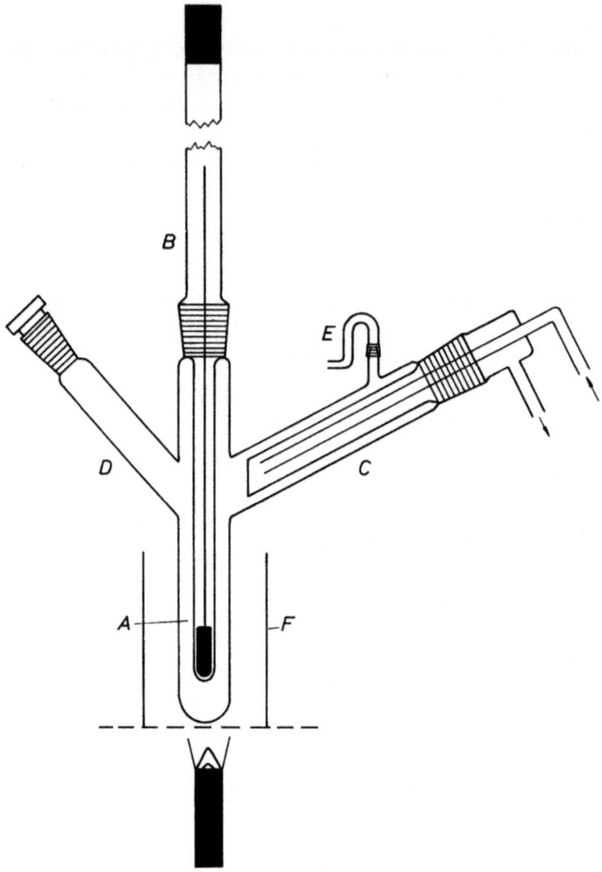

Abb. 48. Gerät zur Bestimmung des Siedepunktes

diese konstant[1]), wirft man durch das Rohr D schnell eine genau abgewogene (a g) Substanztablette (Glucose oder Fructose) in das Wasser und liest die Temperatur ab, wenn die Lösung siedet. Darauf gibt man erneut eine entsprechende Menge Substanz hinzu, bestimmt wieder die Temperatur und wiederholt diesen Vorgang mehrmals.

Bemerkung:
Hat man die Substanz nicht in Tablettenform vorliegen, kann man in ein Wägegläschen mit Schütt-Tubus eine Substanzportion von etwa 5 g in Pulverform einwiegen, dann eine bestimmte Menge in das Siedegefäß einschütten und durch Rückwaage die eingefüllte Menge feststellen. Dabei darf natürlich nichts am Einfüllrohr hängenbleiben.

Auswertung:
Man trägt die Siedepunktserhöhung Δt in Abhängigkeit von der gelösten Substanz-

[1]) Andernfalls notiert man die Temperatur in Abhängigkeit von der Zeit und bildet den Mittelwert.

menge a in ein Koordinatensystem ein und legt durch die Meßpunkte die „beste Gerade" (graphische Mittelwertsbildung). Aus dem Raoultschen Gesetz für die Siedepunktserhöhung

$$\Delta t = E_e \cdot \frac{a}{M} \cdot \frac{1000}{b}$$

erhält man die Molmasse M der gelösten Substanz; die ebullioskopische Konstante E_e hat für Wasser den Wert 0,517 grad · mol^{-1}.

Bemerkung:
Analog kann man die Molmasse von Schwefel bestimmen; man darf dazu nur reinen, kristallinen Schwefel verwenden. Als Lösungsmittel dient Schwefelkohlenstoff (Kohlendisulfid) p.a. (Sdp. 46,2 °C; $E_e = 2{,}29$ grad · mol^{-1}). Wegen seiner leichten Entzündlichkeit und der Giftigkeit ist besondere Vorsicht geboten (s. I - 20.7).

II - 3 Bestimmung der Loschmidtschen Konstante

Für diesen Versuch sind längerkettige, in Wasser unlösliche polare organische Substanzen, z.B. Fettsäuren, geeignet, deren Schmelzpunkt nicht zu hoch liegt. Sie müssen in einer leicht verdunstenden, mit Wasser nicht mischbaren Flüssigkeit löslich sein. Die folgende Tabelle enthält einige Beispiele:

	Summenformel	rel. Molmasse M_S	Dichte d_S	Smp. °C
Palmitinsäure	$C_{15}H_{31}COOH$	256,43	0,853 (62 °C)	62,5
Stearinsäure	$C_{17}H_{35}COOH$	284,47	0,838 (80 °C)	69,3
Ölsäure	$C_{17}H_{33}COOH$	282,45	0,900 (14 °C)	14

Versuchsanordnung:
Eine Bürette (10 ml, in 1/100 ml geteilt) wird an einem Stativ so befestigt, daß ihre Spitze sich etwa 10 cm über der Mitte einer flachen, kreisförmigen, mit Teflon beschichteten Kuchenform (∅ etwa 30 cm) befindet.

Hilfsmittel:
Benzin (Siedebereich 40 bis 60 °C, Dichte etwa 0,65 g · cm^{-3}) – Bärlappsporen („Bärlappsamen") – Analysenwaage – Meßkolben (25 ml) – Bechergläser (100 ml) – Filterpapier – Maßstab mit Millimeterteilung.

Vorbereitung:
Man stellt eine Lösung der Fettsäure (s.o.) in Benzin im Volumverhältnis 1 : 1000 bis 1 : 2000 her, indem man etwa 20 mg Substanz so genau wie möglich abwiegt, in den Meßkolben bringt und mit dem Lösungsmittel auf 25 ml auffüllt.

Ausführung:
Die Kuchenform wird mit destilliertem Wasser fast ganz gefüllt und die Wasseroberfläche hauchdünn mit Bärlappsporen bestreut.
Dann läßt man aus der Bürette einen Tropfen der Lösung auf die Mitte der Wasseroberfläche fallen, indem man zunächst bei untergehaltenem Becherglas oder Filter-

papier eine langsame Tropfenfolge einstellt und das Becherglas bzw. Filterpapier wegzieht, wenn ein Tropfen fällt. Man beobachtet die Ausbreitung des Tropfens auf der Wasseroberfläche und mißt, wenn die Fläche konstant bleibt, den Durchmesser an verschiedenen Stellen. Darauf läßt man auf dieselbe Stelle einen zweiten, dritten usw. Tropfen fallen und mißt entsprechend die Durchmesser der sich jeweils bildenden Flächen.

Diese Messungen werden zum Zwecke der Mittelwertsbildung mehrere Male mit jeweils frischem Wasser wiederholt. Schließlich bestimmt man die Anzahl der Tropfen, die bei der benutzten Bürette in 1 ml Lösung enthalten sind.

Auswertung:

1) Aus der Einwaage a der Substanz S und ihrer Dichte d_S (in der Nähe des Schmelzpunktes) ergibt sich das gelöste Volumen $V_S = \frac{a}{d_S}$; ist V_L das Volumen der Lösung (25 ml), dann erhält 1 ml Lösung $\frac{V_S}{V_L}$ ml der gelösten Substanz.

Kommen auf 1 ml Lösung z Tropfen, so sind in einem Tropfen

$$V_1 = \frac{V_S}{V_L \cdot z} \text{ ml Substanz gelöst.}$$

2) Dieses Volumen V_1 wird mit dem ersten Tropfen auf der Wasseroberfläche zu einer monomolekularen kreisförmigen Schicht vom Durchmesser D_1 gespreitet. Ist die Dicke dieser Schicht s_0 so gilt

$$V_1 = \pi \cdot \left(\frac{D_1}{2}\right)^2 \cdot s_0 \text{ oder}$$

$$s_0 = V_1 \cdot \frac{4}{\pi \cdot D_1^2}$$

Man trägt die bei 1, 2,... n Tropfen gemessenen Kreisdurchmesser D_1, D_2,... D_n in Abhängigkeit von der Tropfenzahl n in einem doppelt-logarithmischen Koordinatensystem (Maßeinheit 10 cm) auf. Ergibt sich hierbei eine Gerade mit der Steigung 1/2, so ist dies ein Beweis dafür, daß die gespreitete Substanzschicht monomolekular ist[1]).

3) Nimmt man an, daß die polaren Molekeln der Substanz S auf der Wasseroberfläche senkrecht stehen, so ist die Dicke s_0 der monomolekularen Schicht gleich der Länge der Molekel. Macht man zusätzlich noch die Annahme, daß diese Molekel zylindrisch ist mit einem Querschnittsdurchmesser $2r_0$, so ist ihr Volumen $v_0 = \pi \cdot r_0^2 \cdot s_0$. Das ungefähre Verhältnis von Länge zu Durchmesser $s_0 : 2\,r_0 = \sigma_0$ läßt sich aus dem Kalottenmodell der Substanz durch Ausmessen bestimmen.

[1]) Aus $V_n = n \cdot V_1$ folgt unter der Voraussetzung, daß die Schicht monomolekular ist,

$$\frac{\pi}{4} D_n^2 \cdot s_0 = n \cdot \frac{\pi}{4} D_1^2 \cdot s_0 \text{ oder}$$
$$D_n^2 = n \cdot D_1^2$$
$$\lg D_n = \frac{1}{2} \lg n + \lg D_1$$

Damit ist

$$v_0 = \frac{\pi}{4} \cdot \frac{s_0^3}{\sigma_0^2}$$

4) Das Molvolumen der gelösten Substanz ist einerseits gleich dem Quotienten aus ihrer Molmasse M_S und ihrer Dichte d_S, andererseits gleich dem Produkt aus dem Volumen v_0 einer Molekel und der Anzahl N_L der Molekeln in einem Mol (*Loschmidt*sche Zahl)

$$\frac{M_S}{d_S} = N_L \cdot V_0$$

Daraus folgt

$$N_L = \frac{1}{v_0} \cdot \frac{M_S}{d_S}$$

M_S und d_S sind Konstanten der Substanz (s. Tab. 2).

II - 4 Diffusion und Osmose

II - 4.1 Diffusion von Wasserstoff durch eine Tonzelle

Versuchsanordnung: Abb. 49
Weithalserlenmeyerkolben A (500 bis 1000 ml), zu 2/3 mit angefärbtem Wasser gefüllt und mit einem zweifach durchbohrten Gummistopfen verschlossen – das Glasrohr B mündet über einen einfach durchbohrten Stopfen in einer unglasierten Tonzelle C, über die ein Becherglas D gestülpt ist – das Glasrohr E reicht bis fast zum Boden von A und ist am oberen Ende zu einer Spitze ausgezogen.

Hilfsmittel:
H_2-Quelle – Wanne zum Auffangen von Wasser.

Ausführung:
Man leitet einen Wasserstoffstrom seitlich in das Becherglas. Das nach kurzer Zeit aus dem Rohr E austretende Wasser fängt man in der Wanne auf oder stellt den Apparat so auf dem Experimentiertisch auf, daß es in ein Abflußbecken spritzt.
Der Versuch kann auch in der Weise durchgeführt werden, daß man zunächst das Becherglas durch Luftverdrängung mit Wasserstoff füllt und dann über die Tonzelle stülpt.

Auswertung:
Zu Beginn des Versuchs diffundieren pro Zeiteinheit entsprechend dem Partialdruckgefälle mehr Wasserstoffmoleküle in die Tonzelle hinein als heraus. Dadurch entsteht im Innern ein Überdruck, der so lange anhält, bis die Partialdrucke innen und außen gleich sind.
Nimmt der Partialdruck des Wasserstoffs außerhalb der Tonzelle ab, z.B. durch Diffusion (langsam) oder durch Wegnahme des Becherglases (schnell), entsteht im Inneren der Tonzelle ein Unterdruck dadurch, daß jetzt pro Zeiteinheit mehr Wasserstoffmoleküle heraus- als hineindiffundieren; infolgedessen tritt Luft durch das Rohr E in den Kolben A ein.

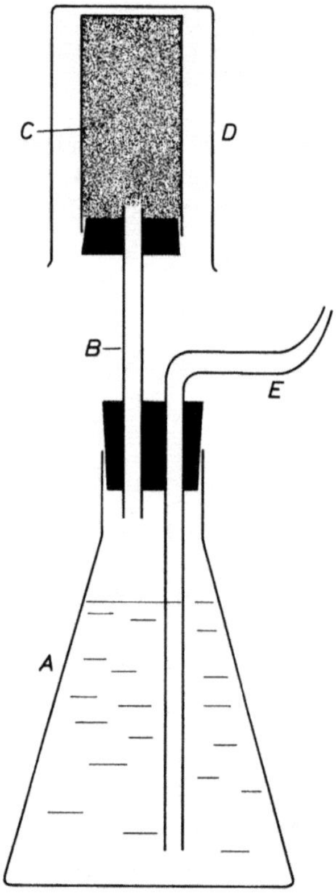

Abb. 49. Diffusion von Wasserstoff

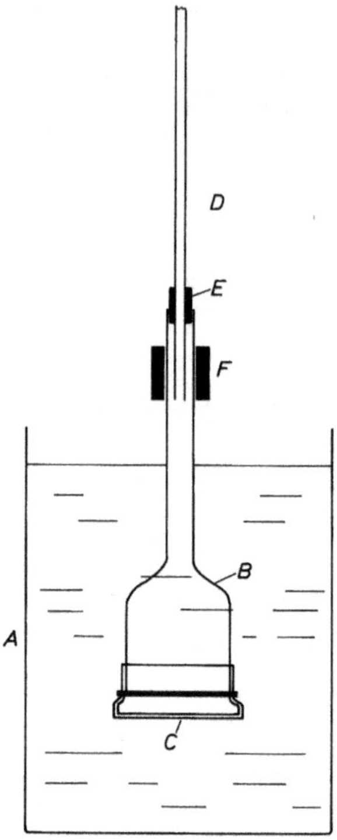

Abb. 50. Osmotische Zelle

II - 4.2 Nachweis des osmotischen Druckes

Versuchsanordnung a: Abb. 50[1])
Becherglas A (400 ml) – Filtriervorstoß B mit breitem Rand[2]) – Membrane C, käufliche Cellophanfolie für Einmachgläser[3]) – Steigrohr D (Ø außen 4 mm, Länge etwa 50 cm), mit passendem Schlauchstück E in den Stiel von B eingesetzt – Klammer F zur Halterung von B – Gummiring.
Die Cellophanfolie wird in Wasser gut eingeweicht, dann straff über die Öffnung von B gespannt und mit dem überstehenden Rand an der Außenwand von B fest angedrückt. Durch Überziehen eines straff sitzenden Gummiringes wird die Folie fixiert.

Hilfsmittel:
1,5 M Lösung von Rohrzucker und 1,5 M NaCl-Lsg., beide mit Methylenblau o.ä. angefärbt – Gummiringe oder Klebestreifen.

[1]) *W. Pfeffer* (1845–1920).
[2]) Man verwende nur Vorstöße mit verbreitertem planem Rand, die eine genügend große Auflagefläche gewährleisten.
[3]) Die dünne Cellophanfolie, die als Verpackungsmaterial verwendet wird, ist ungeeignet.

Ausführung:
Man füllt das Becherglas mit Wasser, senkt die Zelle vor dem Aufsetzen des Steigrohres in das Wasser ein und füllt sie vollkommen mit der Zuckerlösung. Dann wird das Steigrohr so eingesetzt, daß in der Zelle keine Luftblase verbleibt.
Die Membran baucht sich nach unten aus, nach kurzer Zeit beginnt die Flüssigkeit im Rohr D zu steigen. Am besten setzt man den Versuch kurz vor der Unterrichtsstunde an und markiert zu Beginn der Stunde den Stand der Flüssigkeitssäule mit einem Gummiring oder einem Klebestreifen.
Um den Zusammenhang zwischen osmotischem Druck und Teilchenzahl zu erläutern, werden 2 gleiche Zellen vorbereitet, von denen die eine mit einer 1,5 M Natriumchloridlösung, die andere mit einer 1,5 M Zuckerlösung gefüllt wird.

Versuchsanordnung b: Abb. 51[1])
Zwei knieförmig gebogene Glasrohre C und E haben am breiten Ende (Ø 2 cm) einen plangeschliffenen Flansch, am anderen Ende einen Ansatz B bzw. F (Ø 8 mm).

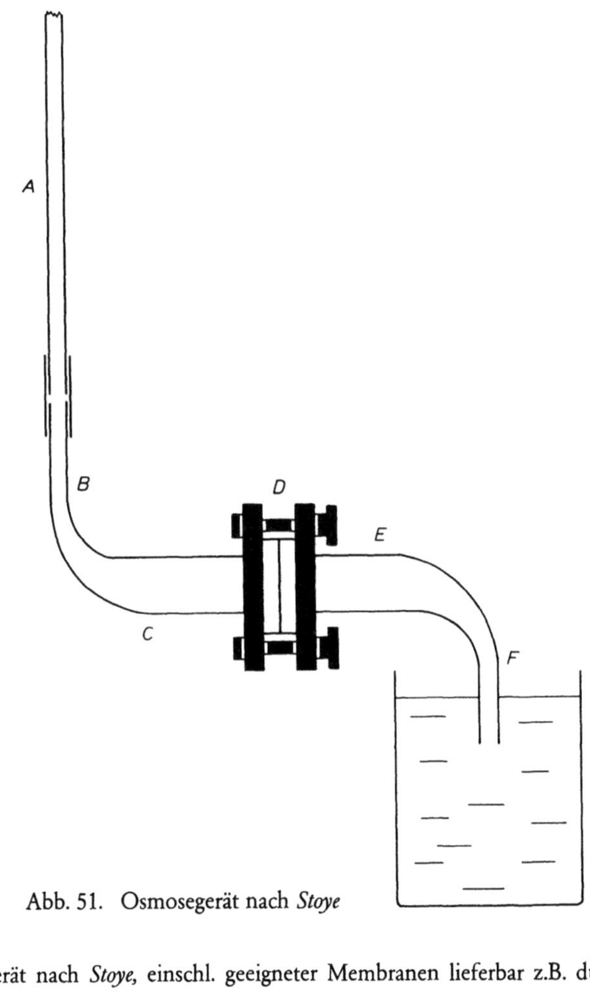

Abb. 51. Osmosegerät nach *Stoye*

[1]) Osmosegerät nach *Stoye*, einschl. geeigneter Membranen lieferbar z.B. durch Fa. Kind (I - 17.8).

Zwischen die plangeschliffenen Enden wird eine semipermeable Membran (Cellophan zum Verschluß von Einmachgläsern) gelegt, zusammen mit zwei beiderseits aufliegenden Gummiringen. Die beiden Apparateteile werden bei D durch zwei miteinander verschraubbare Kunststoffringe zusammengepreßt. Auf das Ende von C ist ein etwa 70 cm langes Kapillarrohr (∅ innen 2 mm) mittels eines Schlauchstücks aufgesetzt.

Hilfsmittel:
Rohrzucker, evtl. auch Glucose, Harnstoff; Salze wie Natriumchlorid, Kupfersulfat u.ä. - Meßstab mit Millimetereinteilung - Uhr - 2 Vollpipetten (25 und 50 ml) - Bechergläser - Meßkolben (100 ml) - Papierstreifen oder Gummiringe.

Vorbereitung:
Man stellt Lösungen mit den Konzentrationen 0,125 M und 0,25 M her.
Zuerst wird der Apparateteil E mittels einer Pipette mit Wasser gefüllt, das Rohrende mit einem Finger verschlossen und in ein Becherglas mit Wasser getaucht. Man spannt den Apparat in eine Stativklammer und füllt den anderen Apparateteil mit der Lösung. Dann setzt man das Kapillarrohr auf. Dabei dürfen keine Luftblasen in den Apparat gelangen.

Ausführung:
Man markiert den Flüssigkeitsstand im Kapillarrohr mit einer Papiermarke oder einem Gummiring. In Abständen von zunächst 15, später 30 Minuten liest man den Anstieg der Flüssigkeitssäule im Steigrohr ab und trägt die Werte in eine Tabelle ein.

Auswertung:
Die Messung des osmotischen Drucks erfolgt nicht statisch, weil die Einstellung des Gleichgewichts einige Tage dauert. Mit ziemlicher Genauigkeit kann man jedoch (vor allem zu Beginn eines jeden Ansatzes) die Geschwindigkeit des Anstiegs der Flüssigkeitssäule im Steigrohr dem osmotischen Druck der Lösung proportional setzen. Diese Methode ist nur bei Vergleichsmessungen sinnvoll, da sie keine Absolutwerte des osmotischen Drucks liefert. Dabei ist aber zu beachten, daß man bei gleichzeitiger Messung mit verschiedenen Geräten gleichwertige Membranen benutzen muß.

II - 5 Kalorimetrie

II - 5.1 Bestimmung der Wärmekapazität eines Kalorimeters[1])

Versuchsanordnung:[2])
Kalorimeter: Dewargefäß oder Thermosflasche von etwa 1/2 l Inhalt, dazu ein Deckel mit Bohrungen zur Durchführung eines Thermometers und eines Rührers.

[1]) Die Wärmekapazität, früher auch „Wasserwert" genannt, wird hier für das Kalorimeter einschließlich Thermometer und Rührer, aber ohne Wasser bestimmt.
In der Literatur wird manchmal der Inhalt des Kalorimeters (Wasser oder andere Lösungsmittel) in die Wärmekapazität einbezogen.

[2]) Einige für Unterrichtsversuche sehr geeignete kleine und einfach zu handhabende kalorimetrische Geräte zur Messung von Reaktions-, Lösungs- und Verbrennungswärmen wurden von U. Müller, Rheindorfer Str. 3, 521 Troisdorf-Müllekoven entwickelt.

Unter Umständen können auch zwei ineinandergestellte Bechergläser, deren Zwischenraum mit Schaumstoff ausgefüllt ist, als Kalorimeter dienen.

Hilfsmittel:
2 Thermometer bis 50 °C, geteilt in 1/10 °C[1]) – Präzisionswaage – warmes Wasser.

Ausführung:
Das Kalorimeter wird leer einschließlich Deckel, Thermometer und Rührer gewogen; dann werden a g (je nach Größe des Gefäßes 50 bis 100 ml) Wasser von etwa 30 °C eingewogen[2]).
Man bestimmt die Anfangstemperatur t_1 im Kalorimeter, gibt sofort b g Wasser (ebenfalls 50 bis 100 ml) von Raumtemperatur t_2 (20 bis 25 °C) hinzu und mißt die Mischungstemperatur t_m. Den genauen Wert b der zugegebenen Wassermenge ermittelt man durch eine Endwägung. Die Wassertemperaturen müssen unmittelbar vor dem Zusammengießen abgelesen werden. Beim Zugießen von warmem Wasser in kaltes würden durch Abkühlung an der Luft unkontrollierbare Fehler entstehen; daher ist die oben angegebene Reihenfolge einzuhalten.

Auswertung:
Die von dem warmen Wasser und dem warmen Kalorimeter (an das kalte Wasser) abgegebene Wärmemenge muß gleich der (von dem kalten Wasser) aufgenommenen Wärmemenge sein. Bedeutet W die Wärmekapazität des Kalorimeters und c_w die spezifische Wärme des Wassers, so ist

$$\begin{array}{lcl}(a \cdot c_w + W) \cdot (t_1 - t_m) & = & b \cdot c_w (t_m - t_2) \\ \text{abgegebene Wärme} & = & \text{aufgenommene Wärme}\end{array}$$

Die spezifische Wärme c_w des Wassers beträgt bei 15 °C $1\,\text{cal} \cdot g^{-1} \cdot \text{grad}^{-1}$; sie kann innerhalb des Temperaturintervalls $t_1 - t_2$ als konstant angesehen werden. Aus der obigen Gleichung kann W ermittelt werden.

Kalorimetrische Messungen
Bei allen kalorimetrischen Messungen treten unvermeidliche Wärmeverluste (z.B. durch Abstrahlung, Konvektion usw.) auf; diese kann man folgendermaßen erfassen:
Man trägt den zeitlichen Verlauf der Temperaturänderungen im Kalorimeter vor, während und nach dem Mischen (bzw. dem Lösungsvorgang oder der Reaktion usw.) graphisch auf. Dabei erhält man eine Kurve nach Abb. 52. Gibt man z.B. warmes Wasser in das Kalorimeter, so nimmt das kältere Gefäß einen Teil der Wärme des Wassers auf; die Wassertemperatur fällt also. Aber auch nach Einstellung des thermischen Gleichgewichts nimmt die Wassertemperatur – je nach Qualität des Kalorimeters mehr oder weniger – langsam ab. Beim Zugießen des kalten Wassers sinkt sie stark ab und verändert sich dann nur noch geringfügig, je nach der Temperaturdifferenz gegenüber der Umgebung. Extrapoliert man die (meist) geraden Stücke der Kurve und zieht eine Senkrechte so, daß die schraffierten Flächenstücke gleich groß

[1]) Für genauere Messungen sind Thermometer mit 1/100 °C-Teilung im Handel; diese haben jedoch nur einen Meßbereich von jeweils 6 Grad, z.B. von 18 °C bis 24 °C.

[2]) Wegen der großen spezifischen Wärme des Wassers sind Volumenmessungen nicht genau genug; die Wägungen sollten auf mindestens 0,5 g genau sein.

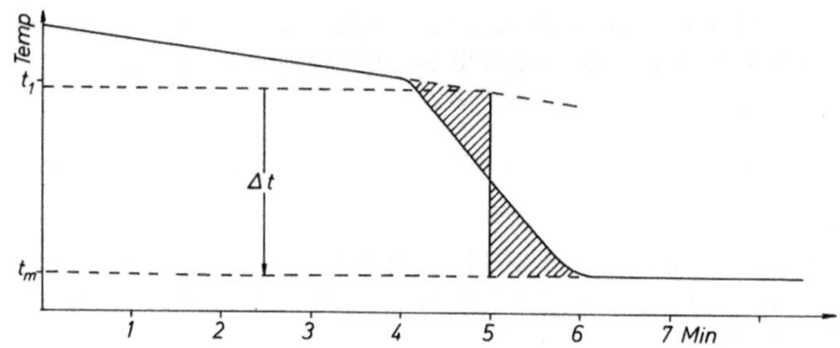

Abb. 52. Graphische Auswertung kalorimetrischer Messungen

sind, dann gibt die von den verlängerten Geraden auf der Senkrechten abgeschnittene Strecke die Temperaturänderung $\Delta t = t_1 - t_m$ an[1]).
Bei Vorgängen im Kalorimeter, die Wärme liefern, verläuft die Temperatur-Zeit-Kurve umgekehrt.

Bemerkung:
Die Wärmekapazität W kann auch mit elektrischer Heizung bestimmt werden[2]). Dabei ist zu beachten, daß beim Einschalten des Heizstromes gleichzeitig die Stoppuhr in Gang gesetzt werden muß; Stromstärke und Spannung sind während des Heizens durch Nachregulieren am Stromversorgungsgerät konstant zu halten.
Ist U die an den Enden des Heizwiderstandes anliegende Spannung, I die Stärke des Stromes, der z Sekunden lang fließt, und Δt die Temperaturerhöhung des Kalorimeters, in dem sich a g Wasser befinden, so ist

$$(W + a \cdot c_w) \cdot \Delta t = 0{,}239 \cdot U \cdot I \cdot z \text{ (in cal)}.$$

II - 5.2 Bestimmung der spezifischen Wärme von Metallen

Versuchsanordnung:
Kalorimeter mit Thermometer bis 50 °C (1/10 °C), s. Vers. II - 5.1.

Hilfsmittel:
Thermometer bis 100 °C (1/2 °C) – Becherglas (400 bis 600 ml) – Dreifuß mit Asbestdrahtnetz – verschiedene Metallstücke, z.B. Eisen, Kupfer, Aluminium o.a. (zylinder- oder quaderförmig, Durchmesser etwa 2 cm, Länge etwa 5 cm) mit Aufhängevorrichtung und Faden (Perlon) – Präzisionswaage.

Ausführung:
Die Wärmekapazität des Kalorimeters wird bestimmt (vgl. Vers. II - 5.1).
Die Metallstücke werden gewogen, in das Becherglas mit siedendem Wasser gelegt und auf die Temperatur t_2 erwärmt. Dann wird ein Metallstück schnell (anhängende Wassertropfen abschütteln) in das Kalorimeter gebracht, in dem sich a g Wasser der Temperatur t_1 befinden, und unter Umrühren die Endtemperatur t festgestellt.

[1]) Beweis s. z.B. *Försterling, H. D.,* und *H. Kuhn,* Physikalische Chemie in Experimenten. (S. 41–43) (Weinheim 1971).
[2]) Entsprechende Kalorimeter sind im Handel (z.B. Fa. Leybold, s. I - 17.8) erhältlich.

Auswertung:
a = Masse des Wassers im Kalorimeter
b = Masse des Metallstücks
c = spezifische Wärme des Metalls
c_w= spezifische Wärme des Wassers (1 cal · g^{-1} · $grad^{-1}$)
W = Wärmekapazität des Kalorimeters
Die vom Metall abgegebene Wärmemenge ist gleich der vom Kalorimetersystem (Gefäß + Wasser) aufgenommenen:

$$b \cdot c\,(t_2 - t) = (a \cdot c_W + W)\,(t - t_1)$$

Hieraus ermittelt man c.
Nach einer Regel von *Dulong* und *Petit*[1]) beträgt das Produkt aus Molmasse M und spezifischer Wärme c bei festen Stoffen ungefähr 6,2 cal · mol^{-1} · $grad^{-1}$. Damit kann man einen angenäherten Wert für M erhalten (vgl. Versuch-II - 1.12).

II - 5.3 Bestimmung von molaren Lösungsenthalpien

a) Lösungsenthalpien von Salzen

Versuchsanordnung:
Kalorimeter mit Thermometer bis 50 °C (1/10 °C), s. Versuch II - 5.1.

Hilfsmittel:
KNO_3 - NH_4Cl - NH_4NO_3 - $Na_2CO_3 \cdot 10\,H_2O$ - $CaCl_2 \cdot 6\,H_2O$ oder andere Salze[2]) - Präzisionswaage.

Vorbereitung:
Die zu lösenden Salze müssen die gleiche Temperatur haben wie das Wasser, das in das Kalorimeter eingewogen wird (s.u.).

Ausführung:
Zuerst wird die Wärmekapazität des Kalorimeters bestimmt (s. Vers. II - 5.1). In das Kalorimeter wiegt man a g (150 bis 200 ml) Wasser genau ein, mißt die Temperatur und löst dann b g (etwa 5 g, genaue Einwaage) Substanz unter Umrühren. Die Temperaturänderung Δt im Kalorimeter wird durch Aufnahme der Temperatur-Zeit-Kurve ermittelt (s. Vers. II - 5.1).

Auswertung:
a = Masse des Wassers im Kalorimeter
W = Wärmekapazität des Kalorimeters
b = Masse der gelösten Substanz
c_L = spezifische Wärme der Lösung
L = molare Lösungsenthalpie

[1]) Die drei Schwingungsfreiheitsgrade eines Metalls tragen je R cal · mol^{-1} · $grad^{-1}$ zur Atomwärme bei; diese sollte daher theoretisch 3 R ≈ 6 cal · mol^{-1} · $grad^{-1}$ betragen (s. Lehrbücher der physikalischen Chemie).
[2]) Es können auch wasserlösliche organische Verbindungen wie Harnstoff, Zucker u.a. verwendet werden.

Der beim Lösen im Kalorimeter gemessene Wärmeumsatz ist

$$Q = -[(a+b) \cdot c_L + W] \cdot \Delta t^{1)}$$

Für c_L kann bei den oben angegebenen Werten 0,98 cal · g^{-1} eingesetzt werden. Die Umrechnung von Q in die molare Lösungsenthalpie L erfolgt nach

$$L = Q \cdot \frac{M}{b}$$

Die Lösungsenthalpie ist außerhalb des Gebietes des idealen Verhaltens konzentrations- und temperaturabhängig; man muß daher die Messungen mit verdünnten Lösungen und bei nur geringer Temperaturänderung durchführen und erhält dann die sog. „integrale Lösungsenthalpie" (näheres s. Lehrbücher der physikalischen Chemie).

b) Lösungsenthalpie von Naphthalin in Benzol

Versuchsanordnung:
Kalorimeter mit elektrischer Heizung[2]) und Thermometer bis 50 °C (1/10 °C), besser 18 bis 24 °C (1/100 °C) – Magnetrührer und Rührstäbchen – Voltmeter (Vielfachmeßinstrument bis 3 V) parallel zum Heizwiderstand – Amperemeter (Vielfachmeßinstrument).

Vorbereitung:
s. Versuch a.

Hilfsmittel:
Benzol – Naphthalin – Präzisionswaage – Stoppuhr – Stromversorgungsgerät.

Ausführung:
In das Kalorimeter wiegt man a g (etwa 150 ml) Benzol genau ein und bestimmt nach der Methode der elektrischen Heizung (s. Vers. II-5.1 Bemerkung) die Wärmekapazität W des Kalorimeters; dabei wird für c_W die spezifische Wärme des Benzols (0,416 cal · g^{-1} · $grad^{-1}$) eingesetzt.
Dann gibt man b g Naphthalin in das Benzol und ermittelt durch Aufnahme der Temperatur-Zeit-Kurve (s. Vers. II-5.1) die Temperaturänderung Δt im Kalorimeter. Anschließend wird nach der Methode der elektrischen Heizung (s. Vers II-5.1 Bemerkung) die spezifische Wärme c_L der Lösung von Naphthalin in Benzol bestimmt:

$$[(a+b)\, c_L + W]\, \Delta t = 0{,}239 \cdot U \cdot I \cdot z$$

Die Temperaturerhöhung soll dabei etwa 2 bis 3 °C betragen.

Auswertung:
Die molare Lösungsenthalpie wird wie in Versuch a berechnet.
Die Lösung von Naphthalin in Benzol ist eine (fast) ideale Lösung. Das bedeutet, daß die Lösungsenthalpie des Naphthalins (fast) gleich seiner Schmelzenthalpie[3]) ist.

[1]) Für exotherme Reaktionen ist Δt positiv und Q negativ.
[2]) Z.B. Fa Leybold (s. I-17.8).
[3]) Die molare Schmelzenthalpie von Naphthalin beträgt 4,55 kcal · mol^{-1}.

II - 5.4 Bestimmung einer Hydratbildungsenthalpie

$$CuSO_4 \cdot H_2O + 4\,H_2O \rightarrow CuSO_4 \cdot 5\,H_2O$$

Versuchsanordnung:
Kalorimeter mit Thermometer bis 50 °C (1/10 °C), s. Vers. II - 5.1.

Hilfsmittel:
$CuSO_4 \cdot 5\,H_2O$, fein gepulvert – Präzisionswaage.

Vorbereitung:
Gepulvertes $CuSO_4 \cdot 5\,H_2O$ wird einen Tag lang im Trockenschrank bei etwa 120 °C getrocknet und dadurch bis zum Monohydrat $CuSO_4 \cdot H_2O$ entwässert.

Ausführung:
Die Wärmekapazität des Kalorimeters wird bestimmt (s. Vers. II-5.1). In das Kalorimeter werden a g (etwa 100 bis 200 ml) Wasser genau eingewogen und die Temperatur gemessen. Man löst b g (etwa 15 g) des Kupfersulfat-Monohydrates (genaue Einwaage) und ermittelt die Temperaturdifferenz Δt durch Aufnahme der Temperatur-Zeit-Kurve (s. Abb. 52). Analog verfährt man mit Kupfersulfat-Pentahydrat.

Auswertung:
Man bildet die Differenz der molaren Lösungsenthalpien von Mono- und Pentahydrat.

II - 5.5 Bestimmung von Neutralisationsenthalpien

$$H_3O^+ + OH^- \rightarrow 2\,H_2O \qquad \Delta t = -13{,}75 \text{ kcal } (-57{,}53 \text{ kJ})$$

Versuchsanordnung:
Kalorimeter mit Thermometer bis 50 °C (1/10 °C), s. Vers. II - 5.1.

Hilfsmittel:
1 N-Lösungen von NaOH, KOH, Salzsäure, Schwefelsäure, Salpetersäure – 2 Vollpipetten (50 ml).

Vorbereitung:
Die Normallösungen müssen alle die gleiche Temperatur (Raumtemperatur) haben.

Ausführung:
Die Wärmekapazität W des Kalorimeters wird wie bei Vers. II-5.1 bestimmt.
In das Kalorimeter füllt man mit einer Pipette 50 ml 1 N-NaOH ein und bestimmt unter Rühren die Temperatur. Dann gibt man möglichst schnell 50 ml 1 N-HCl mit einer Pipette dazu, rührt und ermittelt mit Hilfe einer Temperatur-Zeit-Kurve (Abb. 52) die Temperaturänderung Δt. Analog verfährt man mit anderen Kombinationen von starken Laugen und Säuren.

Auswertung:
Für die spezifische Wärme der entstandenen Salzlösung kann man den Wert $c_L = 0{,}98$ cal $\cdot$ $g^{-1} \cdot grad^{-1}$ und für die Dichte den Wert $d = 1{,}04$ g $\cdot$ cm^{-3} einsetzen.
Da 1/20 Mol Lauge bzw. Säure miteinander reagiert haben, ist

$$\Delta H = -20 \cdot (100 \cdot d \cdot c_L + W)\,\Delta t$$

II - 5.6 Reaktionsenthalpie bei der Bildung eines Niederschlags

$$Mg^{2+} + CO_3^{2-} \rightarrow MgCO_3$$

Versuchsanordnung:
Kalorimeter (s. II - 5.1) mit Thermometer bis 50°C (1/10°C) – 2 Vollpipetten (100 ml).

Hilfsmittel:
1 M-$MgCl_2$ – 1 M-Na_2CO_3 – 2 Thermometer bis 50 °C (1/10 °C) - 2 Vollpipetten (100 ml).

Vorbereitung:
Die beiden Lösungen müssen gleiche Temperatur (Raumtemperatur) haben.

Ausführung:
Die Wärmekapazität W des Kalorimeters wird bestimmt (Vers. II - 5.1.). Dann gibt man 100 ml Magnesiumchloridlösung in das Kalorimeter, mißt in Abständen von einer Minute und unter häufigem Rühren die Temperatur und gibt nach etwa 5 Min. schnell 100 ml Natriumcarbonatlösung, deren Temperatur man kontrolliert hat, hinzu. Die Temperaturänderung Δt ermittelt man aus der Temperatur-Zeit-Kurve (Abb. 52).

Auswertung:
Bei Verwendung der o.a. 1 M-Lösungen reagieren je 1/10 Mol Magnesium- bzw. Carbonationen miteinander. Die entstehende Lösung, die außer dem ausgefällten und in geringem Maße gelösten Magnesiumcarbonat noch je 2/10 Mol Natrium- und Chloridionen enthält, hat eine spezifische Wärme c_L von ungefähr 0,95 cal · g^{-1} · $grad^{-1}$ und eine Dichte d von etwa 1,05 g · cm^{-3}.
Ein Teil der Reaktionsenthalpie wird von dem ausgefällten Magnesiumcarbonat (1/10 Mol, Molmasse M_S) aufgenommen. Dessen spezifische Wärme c_S hat angenähert den Wert 0,2 cal · g^{-1} · $grad^{-1}$. Die auf einen Formelumsatz bezogene Reaktionsenthalpie ΔH erhält man nach:

$$\Delta H = -10 \cdot (200 \cdot d \cdot c_L + W + 0{,}1 \cdot M_S \cdot c_S)\, \Delta t$$

Die Fällung der Erdalkalicarbonate ist, mit Ausnahme von Bariumcarbonat, endotherm, die Reaktionsenthalpie ΔH ist also positiv. Da die Reaktion von selbst abläuft (ΔG negativ), muß die Änderung ΔS der Gesamtentropie positiv sein. Der Ordnungszustand des Systems nimmt also nicht zu, wie es zunächst den Anschein hat (Kristallbildung), sondern ab, weil die stark geordnete Hydrathülle der Ionen bei der Fällung abgebaut, das vorher gebundene Hydratwasser also frei wird und dadurch die Unordnung insgesamt wächst.

II - 6 Chemisches Gleichgewicht

II - 6.1 Heterogenes Gleichgewicht: Thermische Zersetzung von Carbonaten

$$CaCO_3 \rightleftharpoons CaO + CO_2 \qquad \Delta H = +42{,}5 \text{ kcal } (+177{,}8 \text{ kJ})$$
$$SrCO_3 \rightleftharpoons SrO + CO_2 \qquad \Delta H = +56{,}0 \text{ kcal } (+234{,}3 \text{ kJ})$$

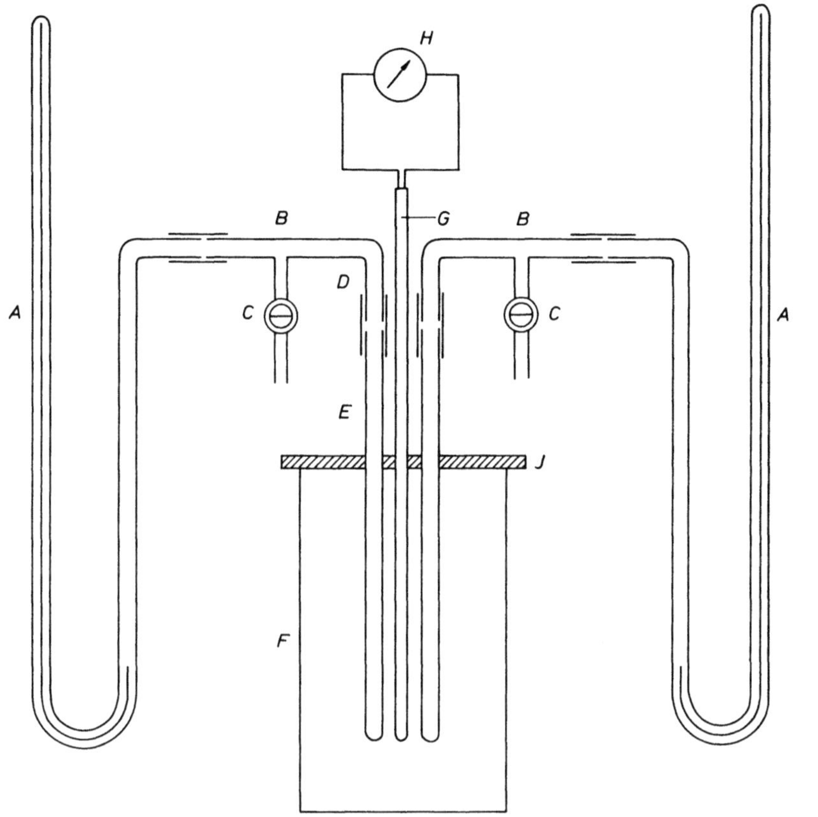

Abb. 53. Apparatur zur Messung des Gleichgewichtsdruckes bei heterogenen Gleichgewichten

Versuchsanordnung: Abb. 53
Zwei gleiche Einheiten bestehend aus:
Vakuummanometer A (Schenkel-Längen etwa 70 und 50 cm), mit nur soviel Quecksilber gefüllt, daß es im kurzen Schenkel etwa 2 cm hoch steht - T-Stück B mit Hahn C, einseitig bei D nach unten gebogen (2 cm) - Reaktionsrohr E aus Quarzglas (∅ außen 8 mm, Länge 20 cm) einseitig zugeschmolzen - die Glasteile sind alle Glas an Glas durch Druckschlauchstücke verbunden - elektrischer Tiegelofen F mit geschlitztem Deckel J (Asbestpappe) - Thermoelement G (NiCr-Ni, s. I - 16.2) - Temperaturmeßgerät H (Millivoltmeter). Die Manometer montiert man zweckmäßig auf je ein mit Millimeterpapier beklebtes Brett mit Fuß, um die Niveaudifferenz an der Quecksilbersäule genau ablesen zu können.

Hilfsmittel:
Marmor[1]) - $SrCO_3$ - Vakuumpumpe (Ölpumpe) mit Druckschlauch (Länge 50 cm) - Asbestschnur.

[1]) Gefälltes $CaCO_3$ ist ungeeignet, da es trotz Trocknens bei 110 °C noch nennenswerte Mengen Wasser enthält. Dies trifft für $SrCO_3$ nicht zu.

Vorbereitung:
Der Marmor wird fein gepulvert, das Strontiumcarbonat bei 150 bis 200 °C getrocknet. Marmor und Strontiumcarbonat füllt man getrennt in je ein Reaktionsrohr etwa 2 cm hoch. Die beiden Reaktionsrohre werden zusammen mit dem Thermoelement-Schutzrohr möglichst fest mit Asbestschnur umwickelt, so daß letzteres keiner besonderen Halterung mehr bedarf, und in den Ofen eingesetzt. Dieser wird dann mit dem Deckel verschlossen.

Ausführung:
Man evakuiert bei gleichzeitigem Anheizen über die Hähne C nacheinander die beiden Apparaturen. Dann bringt man die Ofentemperatur schnell auf etwa 850 °C und hält sie nun möglichst konstant. Nach etwa 20 Min. stellen sich die Gleichgewichtsdrucke in beiden Apparaturen ein. Der CO_2-Druck über Calciumcarbonat ist beträchtlich größer als der über Strontiumcarbonat. Man erniedrigt den CO_2-Druck über Calciumcarbonat durch Absaugen um etwa 10 bis 20 Torr und zeigt, daß sich der Druck nach 15 bis 20 Minuten in gleicher Höhe wieder einstellt. Man liest an den beiden Manometern jeweils die Differenz der Quecksilbersäulen in den beiden Schenkeln in Millimetern ab und erhält so die CO_2-Drucke p_1 (für $CaCO_3$) und p_2 (für $SrCO_3$) in Torr.

Auswertung:
Aus p_1 bzw. p_2 ergeben sich unmittelbar die freien Standardenthalpien $\Delta G°$ der Reaktionen $MCO_3 \rightleftharpoons MO + CO_2$ (M = Ca bzw. Sr):

$$\Delta G° = -RT \ln K_p$$
$$K_p = p_i$$
$$\Delta G° = -RT \ln p_i$$

$R = 1{,}9872\ \text{cal} \cdot \text{grad}^{-1} \cdot \text{mol}^{-1} = 8{,}3143\ \text{J} \cdot \text{grad}^{-1} \cdot \text{mol}^{-1}$; für p_i ist dann der Zahlenwert einzusetzen, der sich ergibt, wenn man den Druck in der Einheit atm angibt[1]). 1 atm = 760 Torr = 1,013 bar; ln x = 2,303 lg x.

II - 6.2 Heterogenes Gleichgewicht: Thermische Zersetzung eines Amminkomplexes

$$Cd(NH_3)_2Cl_2 \rightleftharpoons Cd(NH_3)Cl_2 + NH_3$$

Versuchsanordnung:
Wie Vers. II - 6.1, Abb. 53, mit folgenden Abänderungen: Eine der beiden Einheiten entfällt – statt des Reaktionsrohrs E ein ebensolanges Rohr, unten mit einer kugelförmigen Erweiterung (∅ etwa 2 cm) – anstatt des elektrischen Tiegelofens ein Ölbad: Becherglas (1000 ml, Paraffinöl) mit Magnetrührer und Rührstäbchen – zusätzlich: ein Kontaktthermometer (0 bis 250 °C, am Reaktionsgefäß befestigt) mit Relais – Tauchsieder (1000 Watt) und Thermometer (bis 300 °C) für das Ölbad – Ölpumpe.

Hilfsmittel:
Darstellung von Diammincadmiumchlorid Cd $(NH_3)_2Cl_2$: Etwa 10 g Cadmiumchlorid werden in 100 ml konz. Ammoniak gelöst. Die klare Lösung wird in einer Porzellanschale bei Raumtemperatur eingedunstet (Abzug).

[1]) Der Logarithmus darf nur von reinen Zahlen (unbenannten Größen) gebildet werden; vgl. *Jost, W.*, und *J. Troe*, Kurzes Lehrbuch der physikalischen Chemie. (S. 436) (Darmstadt 1973).

Das nach etwa 6 Tagen auskristallisierte Diammin wird abgenutscht, auf hartem Filtrierpapier abgepreßt und in einer Schale im Vakuumexsikkator (Silicagel als Trockenmittel) getrocknet. Es ist zweckmäßig, das Reaktionsprodukt nach einem Tag fein zu pulverisieren und nochmals 2 Tage im Vakuumexsikkator zu belassen.

Vorbereitung:
Man füllt etwa 4 g des Diammins in die Kugel des Reaktionsrohres E, verbindet E mit dem Manometer A und evakuiert vorsichtig (um ein Verstäuben der Substanz zu verhüten). Nun betätigt man den Rührer und heizt das Ölbad auf etwa 190 °C auf. Nach der Einstellung eines konstanten Druckes evakuiert man erneut bis auf etwa 5 Torr und läßt erkalten (Hahn C geschlossen), sofern der eigentliche Versuch erst später durchgeführt werden soll. Durch diese Vorbereitung werden bereits Keime des Monammins $Cd(NH_3)Cl_2$ gebildet, wodurch die Einstellung des Gleichgewichtsdruckes beim eigentlichen Versuch beschleunigt wird.

Ausführung:
Die Apparatur wird evakuiert und Hahn C geschlossen. Dann wird der Rührer betätigt und das Heizbad auf 150 bis 160 °C gebracht. Nach 10 Minuten liest man erstmals und bei konstanter Temperatur weiterhin alle Minuten den Druck am Manometer ab, bis er konstant bleibt: p_1. Dann erhöht man die Temperatur zweimal um je 10 bis 15 °C und notiert die sich einstellenden Gleichgewichtsdrucke p_2, p_3. Zum Schluß erniedrigt man durch Absaugen den Druck um etwa 15 Torr und zeigt, daß er wieder bis zum Gleichgewichtsdruck ansteigt.

Auswertung:
1) Bestimmung der freien Standardenthalpie ΔG° aus dem Gleichgewichtsdruck p_{NH_3} bei der zugehörigen Temperatur T; p wird in atm angegeben. (s. Vers. II - 6.1, Auswertung):

$$\Delta G^\circ = -RT \ln p_{NH_3}$$

2) Bestimmung der Enthalpie ΔH aus den NH_3-Drucken p_1 und p_2 bei den Temperaturen T_1 und T_2:
Aus der *van't Hoff*schen Gleichung

$$\frac{d \ln K_p}{dT} = \frac{\Delta H}{RT^2}$$

$$\text{und } K_p = p_{NH_3}$$

ergibt sich

$$\frac{d \ln p}{dT} = \frac{\Delta H}{RT^2}$$

Daraus erhält man durch Integration zwischen den Temperaturen T_1 und T_2 $(T_2 > T_1)$

$$\ln \frac{p_2}{p_1} = -\frac{\Delta H}{R}\left(\frac{1}{T_2} - \frac{1}{T_1}\right)$$

Graphische Auswertung: Die Werte von $\ln p_i$ gegen $1/T_i$ $(i = 1, 2, 3)$ aufgetragen ergeben eine Gerade; ihre Steigung ist $-\Delta H/R$.

II - 6.3 Boudouard-Gleichgewicht

$$CO_2 + C \rightleftharpoons 2\,CO$$

a) Gleichgewicht bei einer bestimmten Temperatur

Versuchsanordnung:
Wie Abb. 37 (Vers. II-1.5) mit folgenden Änderungen: Gasentwickler mit Wasserbad (Abb. 19a oder 19b, A bis E und D'; E mit Wasser gefüllt) für CO – Orsatpipette L gefüllt mit Kalilauge (50%ig) – Schutzscheiben aus Asbestpappe an beiden Enden des Quarzrohres H – Dachreiter aus Asbestpappe über H – Manometer M entfällt, statt dessen wird ein kurzes U-förmig gebogenes Glasrohr für die Knallgasprobe an G_2 angeschlossen.

Hilfsmittel:
CO_2-Quelle – H_2-Quelle – Katalysator (Raseneisenerz[1])) – Elektrodenkohle – Quarzwolle – Daniellscher Hahn zum Anschluß an G_2 – Waschflasche (konz. H_2SO_4) – kleine Wanne und Lappen – Bunsenbrenner mit Schlitzaufsatz – Ameisensäure – konz. Schwefelsäure.

Vorbereitung:
Man füllt in das Quarzrohr grob zerkleinerte Stücke von Raseneisenerz (kein Pulver) gemischt mit einigen 3 bis 5 mm langen Stücken der Elektrodenkohle, legt sie auf beiden Seiten mit Quarzwolle fest und verdrängt die Luft mit Wasserstoff über J und G_2, wobei man eine Waschflasche mit konz. Schwefelsäure als Blasenzähler vorschaltet. Nach negativem Ausfall der Knallgasprobe erhitzt man den Katalysator kräftig unter langsamem Überleiten von Wasserstoff, bis die Reduktion beendet ist und kein Wasser mehr gebildet wird. Man läßt im Wasserstoffstrom erkalten.
Der Kolben A des Gasentwicklers wird mit konz. Schwefelsäure, der Tropftrichter C mit Ameisensäure beschickt. Das Wasserbad unter A ist rechtzeitig vor Versuchsbeginn anzuheizen (vgl. Vers. III - 5.1.2).

Ausführung:
Zuerst stellt man die Kalilauge in der Absorptionspipette auf die Meßmarke ein (s. I - 18.6.). Darauf verdrängt man die Gase in der Apparatur über J und G_2 durch Kohlenmonoxid. Das überschüssige Gas wird in einem anstelle des U-Röhrchens an G_2 angeschlossenen Daniellschen Hahn verbrannt. In den Kolbenprober F füllt man bei geschlossenem Hahn G_2 genau $V_0 = 100$ ml Kohlenmonoxid ein, stellt Druckausgleich mit der Atmosphäre her, verbindet über den Dreiwegehahn J den Kolbenprober K mit dem Reaktionsrohr H und erhitzt den Katalysator in H bei aufgesetztem Asbestdach kräftig. Dann leitet man das Kohlenmonoxid mit den beiden Kolbenprobern mehrere Male über den Katalysator. Wenn das Gasvolumen sich nicht mehr ändert, unterbricht man das Erhitzen, kühlt das Quarzrohr H ab (durch Übergießen mit Wasser oder Auflegen eines nassen Lappens bei untergestellter Wanne) und liest das Volumen V_1 am Kolbenprober F ab. Anschließend drückt man das Gas bei geschlossenem Hahn mehrmals in die Absorptionspipette L und liest nach Erreichen der Volumenkonstanz das Restvolumen V_2 ab. Zum Schluß stellt man beide Kolbenprober auf Null.
Man wiederholt nun den Versuch mit Kohlendioxid, wobei man allerdings nur $V_0 =$ 50 ml dieses Gases in den Kolbenprober F einfüllt. Nach Abschluß aller Messungen

[1]) Bezugsquelle Fa. Krantz (s. I - 17.8).

drückt man das Restgas über G_2 in eine brennende Gasflamme (Daniellscher Hahn), um an der Blaufärbung der Flamme das entstandene Kohlenmonoxid nachzuweisen.
Die Lage des *Boudouard*-Gleichgewichts hängt stark von der Temperatur ab, deswegen muß darauf geachtet werden, daß die Temperatur bei Hin- und Rückreaktion gleich ist.

Auswertung:

	Hinreaktion	Rückreaktion
	$2\,CO \rightarrow CO_2 + C$	$CO_2 + C \rightarrow 2\,CO$
V_0	Ausgangsvolumen CO	Ausgangsvolumen CO_2
V_1	Volumen ($CO + CO_2$) nach der Reaktion	
V_2	Partialvolumen CO im Gleichgewicht	
$V_1 - V_2$	Partialvolumen CO_2 im Gleichgewicht	
$V_0 - (V_1 - V_2)$	Bei der Reaktion verbrauchtes Volumen CO_2	
	1 Vol. CO liefert 1/2 Vol. CO_2	1 Vol. CO_2 liefert 2 Vol. CO
Volumbeziehung (zur Kontrolle)	$V_1 - V_2 = \frac{V_2}{2}$	$V_2 = 2 \cdot [V_0 - (V_1 - V_2)]$

Die Gleichgewichtskonstante erhält man aus den Partialvolumina $V_{CO} = V_2$ und $V_{CO_2} = V_1 - V_2$ (s. Auswertung Vers. b).

b) Temperaturabhängigkeit des Gleichgewichts
Die quantitative Messung des Gleichgewichts in Abhängigkeit von der Temperatur ist mit einfachen Hilfsmitteln schwierig durchzuführen. Man braucht einen Rohrofen, dessen Temperatur konstant gehalten und mit einem Thermoelement gemessen werden kann (s. I - 16.2).
Zweckmäßig ist ein elektrischer Ofen (s. I - 15.2), dessen Heizstrom über das Thermoelement gesteuert wird. Das Hin- und Herleiten des Gases über den Katalysator kann mit hinreichender Genauigkeit durch ein sehr langsames Überleiten in einer Richtung ersetzt werden.

Versuchsanordnung:
Wie Abb. 37 mit folgenden Änderungen:
Kolbenprober K und Bunsenbrenner fallen weg – Reaktionsrohr H passend in einen Rohrofen (s.o.) – Schlauchverbindung vom Dreiwegehahn J über ein T-Stück zu G_2, freies Ende des T-Stücks mit Schlauch an einen Daniellschen Hahn angeschlossen.

Ausführung:
Die Vorbereitung des Katalysators und die Einstellung der Orsatpipette erfolgen wie bei Vers. a. Nach Anschluß der CO- bzw. CO_2-Quelle bei J unter Zwischenschaltung einer Waschflasche mit konz. Schwefelsäure als Blasenzähler leitet man einen langsamen Gasstrom (5–10 ml pro Minute) durch das erhitzte Reaktionsrohr und über G_2 in eine brennende Gasflamme (s. bei a). Nach etwa 10 Minuten läßt man bei geschlossenem Hahn G_2 genau $V_1 = 100$ ml Gasgemisch in den Kolbenprober F einströmen (Druckausgleich über G_2). Dann leitet man über den Dreiwegehahn J den Gasstrom ab in den Daniellschen Hahn, drückt das im Kolbenprober befindliche Gasgemisch bei geschlossenem Hahn G_2 mehrmals in die Absorptionspipette und liest das Restvolumen V_2 ab. Das Restgas wird im Daniellschen Hahn (über G_2) verbrannt. Jede

Messung wird dreimal wiederholt. Man führt die Messungen bei Temperaturen von 600 °C bis 1000 °C (evtl. bis 1200 °C) für je 100 Grad Unterschied durch, und zwar jeweils für CO bzw. CO_2 als Ausgangsgas.
Die Messung von V_2 muß bei ein und derselben Temperatur immer den gleichen Wert ergeben.

Auswertung:
Aus der Gasanalyse ergeben sich die Partialvolumina

$$V_{CO_2} = V_1 - V_2 \quad \text{und} \quad V_{CO} = V_2.$$

Daraus kann man die Gleichgewichtskonstante

$$K_p = \frac{p_{CO}^2}{p_{CO_2}}$$

berechnen, wobei die Partialdrucke p_i den Partialvolumina V_i proportional sind:

$$p_i = \frac{p}{V} \cdot V_i \quad \text{mit} \quad p = 1 \text{ atm und } V = V_1.$$

Aus V_{CO} und V_{CO_2} wird damit jeweils K_p in Abhängigkeit von T berechnet.
Die Reaktionsenthalpie ΔH kann man nach

$$\ln K_p = -\frac{\Delta H}{R}\left(\frac{1}{T_2} - \frac{1}{T_1}\right)^{1)}$$

bzw.

$$\lg K_p = -\frac{\Delta H}{4{,}573} \cdot \frac{1}{T} + \text{konst}$$

aus der Steigung der Geraden erhalten, die sich ergibt, wenn man lg K_p in Abhängigkeit von 1/T graphisch aufträgt.

II - 6.4 Estergleichgewicht

(Bildung und Verseifung von Essigsäureäthylester)

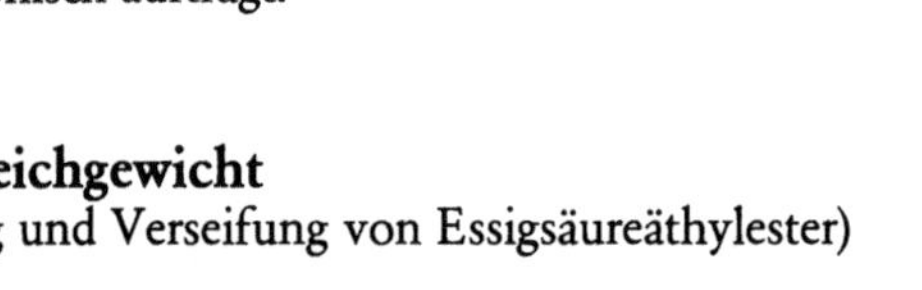

Der zeitliche Ablauf der Reaktion wird verfolgt, indem zu verschiedenen Zeiten je eine Probe des Reaktionsgemischs entnommen und durch Titration der noch oder schon vorhandene Gehalt an Essigsäure festgestellt wird.

Versuchsanordnung: Abb. 54
Dreihalsschliffkolben A (500 ml, NS 29, zweimal NS 14,5) – Rückflußkugelkühler B – Stockthermometer C (NS 14,5,0 bis 100 °C) bis fast zum Boden des Kolbens rei-

[1]) S. Auswertung zu Vers. II - 6.2.

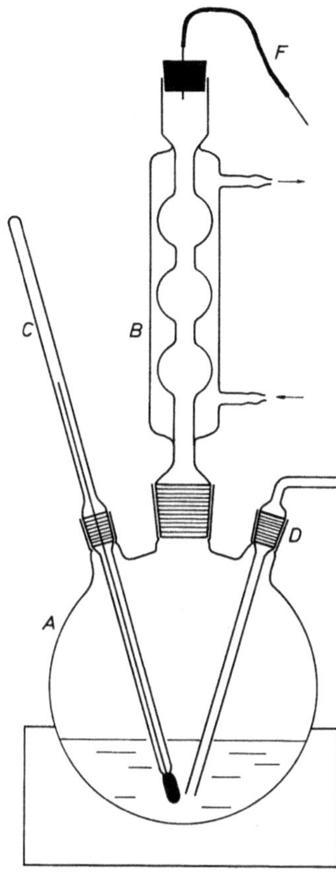

Abb. 54. Estergleichgewicht

chend – Probeentnahmerohr E mit Schliff D (NS 14,5) – auf dem Rückflußkühler aufgesetzt ein einfach durchbohrter Gummistopfen mit Glasrohr, angeschlossen Gummischlauch F mit Mundstück (kurzes Glasrohr) – Wasserbad G.

Hilfsmittel:
Äthanol absol. – Eisessig – konz. Schwefelsäure p.a. – 1 N-NaOH – Phenolphthalein – 2 Meßzylinder (10 ml) – 2 Vollpipetten (5 ml) – Meßpipette (0,5 ml, in 0,01 ml geteilt) – 3 Bechergläser (100 ml) - Bürette (25 ml) – Meßkolben (100 ml) – Uhr (Stoppuhr).

Ausführung:
a) Esterbildung
In den Kolben gibt man 1 mol Eisessig (57 ml) und 1,5 mol abs. Äthanol[1]) (88 ml), setzt Rückflußkühler und Thermometer ein und verschließt den Tubus D mit einem Stopfen. Dann setzt man die Wasserkühlung in Gang und heizt das Wasserbad an. Hat das Gemisch im Kolben eine Temperatur von 75 °C erreicht, gibt man durch den Tubus D mit der Meßpipette genau 0,3 ml konz. Schwefelsäure zu, setzt das Entnahmerohr E ein und bringt die Uhr in Gang.
Dann entnimmt man sofort dem Gefäß eine Probe der Mischung (etwa 8–10 ml),

indem man unter das Entnahmerohr E den 10-ml-Meßzylinder hält und in den Schlauch F hineinbläst. Die Probe wird unter der Wasserleitung abgekühlt, dann werden genau 5 ml in ein Becherglas pipettiert und mit Wasser versetzt. Mit 1 N-NaOH und Phenolphthalein als Indikator wird der Säuregehalt der Probe titriert. In Abständen von zunächst 10 Minuten werden weitere 4 Messungen durchgeführt und dann noch 3 Messungen in Abständen von 20 Minuten. Während dieser Zeit hält man die Temperatur auf 75 °C.

b) Verseifung:
1 mol Essigsäureäthylester (98 ml), 1 mol Wasser (18 ml) und 0,5 mol Äthanol[2]) (29 ml) werden in den Dreihalskolben gegeben und auf 75 °C erhitzt; dann werden mit der Meßpipette durch den Tubus D 0,6 ml konz. Schwefelsäure zugesetzt. Die Messungen werden genau wie bei Vers. a durchgeführt.

Auswertung:
Bei der Auswertung ist von dem bei den Titrationen verbrauchten Volumen der 1 N-NaOH der auf die zugesetzte Schwefelsäure entfallende Anteil abzuziehen. Die so korrigierten Volumina Natronlauge trägt man in Abhängigkeit von der Zeit sowohl für die Esterbildung als auch für die Verseifung in ein und demselben Koordinatensystem auf. Hieraus ermittelt man graphisch die Gleichgewichtskonzentration C_s der Essigsäure. Die gefundenen Endwerte für die Essigsäurekonzentration stimmen für Esterbildung und Verseifung annähernd überein. Man muß die eingesetzten Mengen und die Gleichgewichtskonzentrationen in mol · l^{-1} umrechnen.
Berechnung der Gleichgewichtskonstante:

Anfangskonz. der Essigsäure	C_S^0
Essigsäurekonz. im Gleichgewicht	C_S
Abnahme der Essigsäurekonz.	$\Delta C_S = C_S^0 - C_S$
Anfangskonz. des Äthanols	C_A^0
Äthanolkonz. im Gleichgewicht	$C_A = C_A^0 - \Delta C_S$
Esterkonz. im Gleichgewicht	$C_E = \Delta C_S$
H_2O-Konz. im Gleichgewicht	$C_W = \Delta C_S$

Hieraus berechnet man die Gleichgewichtskonstante[3])

$$K = \frac{C_E \cdot C_W}{C_A \cdot C_S}$$

Bei Raumtemperatur dauert die Einstellung des Gleichgewichts erheblich länger. Um dies zu überprüfen, gibt man die nach obigen Angaben hergestellten Gemische für Veresterung und Verseifung in je einen einfach tubulierten Standkolben (500 ml, NS 29) und verschließt ihn mit einem Schliffstopfen. Zu Anfang und dann alle 2 Tage entnimmt man dem Kolben eine 5-ml-Probe und titriert wie oben.
Interessant ist ein Vergleichsversuch ohne Zusatz von Schwefelsäure.

[1]) Der Überschuß an Äthanol ist erforderlich, um das Reaktionsgemisch homogen zu halten; der Ester löst sich kaum in Wasser, dagegen in Äthanol. Man kann die Homogenität der Lösung auch durch Zusatz von Aceton erreichen; dann werden in dem Kolben gemischt:
58 ml (≈ 1 mol) abs. Äthanol   57 ml (≈ 1 mol) Eisessig
70 ml (≈ 1 mol) Aceton und   0,3 ml konz. Schwefelsäure.

[2]) Um eine homogene Lösung zu erhalten.

[3]) Streng genommen müßten statt der Konzentrationen die Aktivitäten eingesetzt werden.

II - 6.5 Verschiebung eines Estergleichgewichts durch azeotrope Destillation

(Darstellung von Essigsäurebutylester)

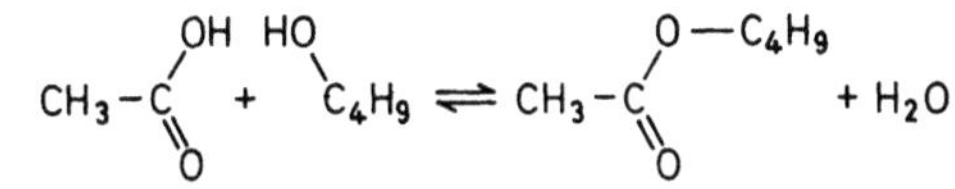

Das Gleichgewicht wird verschoben, indem das bei der Reaktion entstehende Wasser durch azeotrope Destillation mit Butanol (Sdp. 117 °C) ständig ausgeschieden wird.

Versuchsanordnung: Abb. 55
Rundkolben A (500 ml, NS 29) - Destillieraufsatz B mit eingeschliffenem Thermometer C (bis 150 °C, NS 14,5) - Destillierrohr D mit angeschmolzener graduierter Vorlage E (Wasserabscheider) - Kugelkühler F (NS 29) - Pilzheizhaube oder Bunsenbrenner.

Hilfsmittel:
Eisessig - n-Butanol - konz. Schwefelsäure - 10%ige Natriumcarbonatlösung - Meßzylinder 100 ml und 20 ml - Meßpipette (1 ml) - Scheidetrichter- evtl. Destillationsapparatur und Siedepunktbestimmungsapparatur - Stoppuhr.

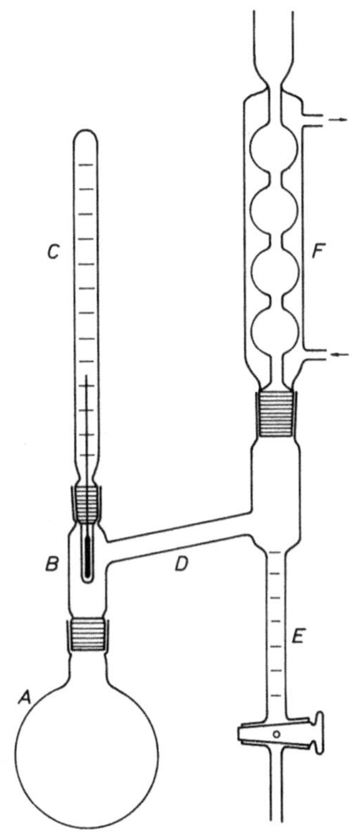

Abb. 55. Azeotrope Destillation

Ausführung:
In dem Rundkolben werden gemischt: 1,25 mol Eisessig (71,5 ml), 1,25 mol n-Butanol (114,5 ml), 0,5 ml konz. Schwefelsäure. Das Reaktionsgemisch wird auf etwa 90 bis 95 °C erhitzt. Das aufsteigende Dampfgemisch kondensiert im Kühler, fließt in die graduierte Vorlage und trennt sich hier in Wasser und die überstehende organische Phase (Butanol). Das Wasser muß in der Vorlage ein bis zwei cm unter dem Überlaufrand stehen, damit das Butanol in den Kolben zurückfließen kann. Dementsprechend läßt man von Zeit zu Zeit Wasser in den untergestellten Meßzylinder ab. Nach 40 bis 50 Minuten ist die Reaktion beendet.

Auswertung:
Man berechnet die „Ausbeute" an Wasser (es müssen 1,25 mol sein) und stellt durch Auswiegen die Menge Ester fest, die entstanden ist. Dieser „Rohester" ist u.a. noch durch die zugesetzte Schwefelsäure verunreinigt. Die Reinigung kann durch mehrmaliges Ausschütteln (im Scheidetrichter) mit je 100 ml Wasser erfolgen. Eventuell kann der Ester durch Destillation völlig gereinigt werden; Kontrolle durch Siedepunktsbestimmung.

	Molmasse	Siedepunkt	Dichte (20 °C)
n-Butanol	74,12	117 °C	0,810 g · cm^{-3}
Essigsäure	60,05	118 °C	1,049 g · cm^{-3}
Essigsäurebutylester	116,14	126 °C	0,882 g · cm^{-3}

II - 7 Reaktionskinetik

S. auch
IV - 6.6.3 Zersetzung von Harnstoff durch Urease

II - 7.1 Zersetzung von Ameisensäure

$$HCOOH \xrightarrow{\text{konz. } H_2SO_4} CO + H_2O$$

Versuchsanordnung:
Rund- oder Stehkolben (100 ml) mit einfach durchbohrtem Stopfen und Gasableitungsrohr, Gummischlauchverbindung zu einer Gasbürette (250 ml) mit Dreiwegehahn und Niveaugefäß (vgl. I - 18.5), Sperrflüssigkeit Wasser. Der Kolben steht bis zum Stopfen in einem Wasserbad (großes Becherglas).

Hilfsmittel:
Konz. Ameisensäure – konz. Schwefelsäure – Pipetten (1 ml und 20 ml) – Peleusball – Stoppuhr – Thermometer (bis 50 °C) – Barometer.

Ausführung:
Man stellt die Sperrflüssigkeit in der Bürette auf die Nullmarke ein und schließt den Dreiwegehahn; dann gibt man in den Rundkolben 20 ml konz. Schwefelsäure, fügt schnell 1 ml konz. Ameisensäure hinzu, verschließt den Kolben und stellt mit dem Dreiwegehahn die Verbindung Kolben–Bürette her. Nach kurzem Schütteln des Kolbens befestigt man ihn im Wasserbad. Man liest anfangs jede Minute und etwa von der 12. Minute an jede zweite Minute das Gasvolumen ab. Ist die Kapazität der Bürette erreicht, läßt man das angesammelte Gas bei entsprechender Stellung des Dreiwegehahns durch Heben des Niveaugefäßes in den Abzug oder in eine brennende Gasflamme ausströmen und stellt die Sperrflüssigkeit wieder auf den Nullpunkt ein. Dieser Vorgang muß zwischen zwei Messungen schnell erfolgen, damit im Kolben kein zu hoher Überdruck entsteht.
Hört die Gasentwicklung auf, nimmt man den Kolben aus dem Wasserbad heraus und erwärmt ihn solange, bis keine weiteren Gasblasen mehr entstehen. Dann kühlt man den Kolben ab, befestigt ihn wieder im Wasserbad und liest nach Temperaturausgleich das Volumen ab; damit erhält man das Gesamtvolumen V_0.
Man mißt schließlich noch die Temperatur des Wasserbades, die Raumtemperatur und den Luftdruck.

Auswertung:
Die Ordnung der Reaktion ergibt sich aus der Abhängigkeit der Reaktionsgeschwindigkeit von der Konzentration eines Reaktionspartners. Es liegt nahe, hierfür nicht die Ameisensäure selbst, sondern das aus ihr entstehende Kohlenmonoxid zu wählen.
Ist V_0 das Gesamtvolumen Kohlenmonoxid, das sich aus der vorgelegten Menge

Ameisensäure maximal entwickeln kann[1]), und sind zur Zeit t V_t ml Kohlenmonoxid entstanden, so können sich noch $V = V_0 - V_t$ ml Kohlenmonoxid entwickeln. V ist dann proportional der jeweils noch vorhandenen Menge Ameisensäure, die wiederum in die Geschwindigkeitsgleichung eingeht: Z.B. Reaktion 1. Ordnung: $-\frac{dn}{dt} = k_1 \cdot n$ (n = Molzahl HCOOH) bzw. integriert: $\ln \frac{n_0}{n} = k_1 \cdot t$ oder $\ln \frac{V_0}{V} = k_1 \cdot t$. Man trägt daher $\lg \frac{V_0}{V}$ als Funktion der Zeit t auf; erhält man eine Gerade, so liegt eine Reaktion der 1. Ordnung vor: $\lg \frac{V_0}{V} = \frac{k_1}{2{,}303} \cdot t$. Die Steigung liefert die Geschwindigkeitskonstante k_1.

Reaktionsordnung und Geschwindigkeitskonstante können auch aus der Halbwertszeit $\tau_{1/2}$ ermittelt werden, d.h. aus der Zeit, in der die Konzentration der Ameisensäure oder das dazu proportionale Kohlenmonoxid-Volumen V auf die Hälfte gesunken ist. Diese Halbwertszeit bestimmt man aus einer Kurve $V = f(t)$; bei Reaktionen erster Ordnung ist sie konstant:

$$\tau_{1/2} = \frac{\ln 2}{k_1} = \frac{0{,}693}{k_1}$$

und unabhängig von der gewählten Gesamtmenge Ameisensäure (n_0) bzw. dem Gesamtvolumen Kohlenmonoxid (V_0)[2]).
Zur Ermittlung der Aktivierungsenergie E_A entsprechend der *Arrhenius*'schen Gleichung

$$k = A \cdot e^{-\frac{E_A}{RT}} \text{ bzw. } \ln k = k_0 - \frac{E_A}{RT} \text{ oder } \lg k = k'_0 - \frac{E_A}{2{,}303 \cdot R} \cdot \frac{1}{T}$$

bestimmt man die Geschwindigkeitskonstanten in Abhängigkeit von der Temperatur (zwischen 10 und 50 °C). Hierbei wendet man am besten die Methode der Einwaage (s.u.) an, weil man dann zu Reaktionsbeginn ein geschlossenes System hat. Man trägt die dekadischen Logarithmen der Geschwindigkeitskonstanten in Abhängigkeit von 1/T auf und bestimmt aus der Steigung

$$-\frac{E_A}{4{,}573} \text{ der „Arrhenius-Geraden" die Aktivierungsenergie.}$$

[1]) V_0 ergibt sich entweder aus der Messung (s. o.) oder durch Berechnung: 1 ml HCOOH entspricht a g; darin sind $n = \frac{a}{M}$ mol enthalten (M = Molmasse der Ameisensäure); aus n mol HCOOH entstehen n mol CO; diese nehmen, von der Raumtemperatur t °C und dem Druck p_t (= Luftdruck – Wasserdampfdruck bei t °C) in Torr auf Normalbedingungen umgerechnet, das Volumen (in ml)

$$V_0 = n \cdot 22400 \cdot \frac{760}{p_t} \cdot \frac{(273 + t)}{273}$$

ein.

[2]) Bei Reaktionen, die nicht von erster Ordnung sind, hängt die Halbwertszeit von der Anfangskonzentration ab. Um die Konstanz der Halbwertszeit festzustellen, geht man von verschiedenen Mengen Ameisensäure aus.

Bemerkung:
Das Reaktionsgefäß darf während der Reaktion nicht mehr geschüttelt werden, weil diese dadurch in unkontrollierbarer Weise beschleunigt wird. Aus diesem Grunde verläuft die Reaktion im Anfang nach einem anderen Zeitgesetz; dies macht sich dadurch bemerkbar, daß die Gerade nicht durch den Nullpunkt geht. Aus der Nullpunktsverschiebung kann man die Zeitverschiebung ermitteln und die Auswertung dann auf diesen Zeitnullpunkt beziehen.
Für genaue Messungen empfiehlt es sich, die Konzentration der verwendeten Ameisensäure zu ermitteln und die entsprechende Menge Säure in den Reaktionskolben genau einzuwiegen (etwa 1 g). Man setzt dann nach dem Einwiegen einen Gleichdruck-Tropftrichter (s. Abb. 12 oder 13) auf den Kolben und läßt nun die konz. Schwefelsäure zu der Ameisensäure zufließen. Das Schütteln ist jetzt nicht notwendig. Man verfährt dann weiter wie oben beschrieben und vernachlässigt auch bei dieser Methode die in den ersten Minuten der Reaktion erhaltenen Meßwerte.

II - 7.2 Entfärbung von Kristallviolett[1])

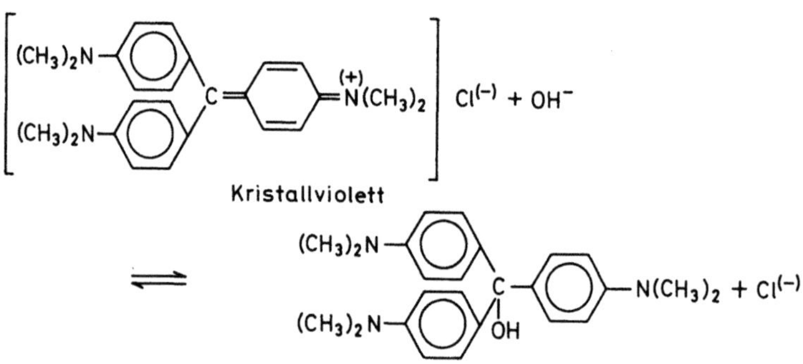

Versuchsanordnung:
Photometer, z.B. Dr. Lange Labor-Photometer mit Rundküvetten (10 ml) und Filter 560 nm.

Hilfsmittel:
$5 \cdot 10^{-5}$-molare wäßrige Kristallviolettlösung (0,02 g in 100 ml Lösung) – 1 N-NaOH – 2 Pipetten (5 ml) – Stoppuhr – Thermometer (bis 50 °C) – regelbares Wasserbad.

Ausführung:
Man regelt am Photometer gemäß der Bedienungsanleitung zunächst den Zeigerausschlag für vollständige Abdunkelung ein. Dann gibt man in eine Küvette 10 ml dest. Wasser, bringt sie in den Strahlengang und stellt die Extinktion null ein. Nach dieser Einstellung vertauscht man die Küvette mit einer neuen, in der sich 5 ml Kristallviolettlösung befinden, gibt rasch 5 ml 1 N-NaOH hinzu und liest vom Moment der Vermischung an alle 10 sec die Extinktionswerte ab.
Die Temperaturabhängigkeit der Reaktionsgeschwindigkeit bestimmt man folgendermaßen: Man stellt 3 bis 6 Küvetten mit je 5 ml Kristallviolettlösung und ebensoviele mit je 5 ml 1 N-NaOH in ein Wasserbad von konstanter Temperatur, kontrolliert die Temperatur in einer Farbstoffküvette und bringt diese nach Erreichen der Temperaturkonstanz mitsamt dem Thermometer in den Strahlengang des Photome-

[1]) Dr. Lange Lehrprogramm, Berlin 37, Hermannstr. 14–18.

ters. Man befestigt das Thermometer so, daß es den Strahlengang nicht beeinflußt. Dann gibt man die 5 ml Natronlauge aus einer temperierten Küvette hinzu und mißt wie oben alle 10 sec die Extinktionswerte. Nach beendeter Messung kontrolliert man nochmals die Temperatur und nimmt für die Auswertung den Mittelwert von Anfangs- und Endtemperatur. Diese Messungen führt man im Temperaturbereich von 10 bis 40 °C für Temperaturintervalle von 5 bis 10 °C durch. Es empfiehlt sich, jede Meßreihe dreimal zu wiederholen.

Bemerkung:
Man kann die Reagenzien auch in anderen Volumenverhältnissen (etwa 8 : 2 oder 6 : 4 usw.) vermischen, nur muß die Natronlauge immer in großem Überschuß zugesetzt werden.

Auswertung:
Bei Verwendung von monochromatischem Licht und gleichbleibender Schichtdicke d ist die Extinktion E einer Lösung direkt proportional der Konzentration c des gelösten Stoffes: $E = A \cdot c$. Die Konstante $A \ (= \varepsilon \cdot d)$[1]) ermittelt man aus der gemessenen Extinktion zur Zeit Null dividiert durch die Konzentration der Küvetten-Lösung; letztere errechnet man aus dem Mischungsverhältnis und der vorgegebenen Molarität.
Zur Bestimmung der Reaktionsordnung trägt man in Abhängigkeit von der Zeit auf
a) die Konzentration,
b) den Logarithmus der Konzentration.
Nur bei b) ergibt sich eine Gerade, die Reaktion ist also von 1. Ordnung. Zur Bestimmung der Geschwindigkeitskonstante k und der Aktivierungsenergie siehe Vers. II - 7.1.
Da bei dieser Reaktion die Natronlauge immer in großem Überschuß angewandt wurde, erhält man die Reaktionsordnung nur in Bezug auf die Kristallviolettkomponente.

II - 7.3 Inversion von Saccharose (Rohrzucker)

$$H_2O + C_{12}H_{22}O_{11} \xrightarrow{H_3O^+} C_6H_{12}O_6 + C_6H_{12}O_6$$

$$\text{Wasser} + \text{Saccharose} \longrightarrow \text{Glucose} + \text{Fructose}$$

$$[\alpha]_D^{20}: +66{,}37^\circ \qquad +52{,}5^\circ \qquad -92^\circ$$

Versuchsanordnung:
Polarimeter mit Küvette von 20 cm Länge.

Hilfsmittel:
1 M wäßrige Rohrzuckerlösung (34,2 g Rohrzucker werden in 50 ml Wasser gelöst, die Lösung wird auf 100 ml aufgefüllt; sie muß einige Tage alt sein) - 2 N-Salzsäure - 2 Pipetten (25 ml) - 2 Bechergläser (100 ml) - Stoppuhr - Thermometer (0 bis 100 °C) - Wasserbad.

Vorbereitung:
Man bestimmt nach der Bedienungsanleitung für das Polarimeter die Nullstellung des Gerätes bei eingelegter leerer Küvette.

[1]) ε ist der Extinktionskoeffizient.

Ausführung:
In ein Becherglas pipettiert man je 25 ml der Zuckerlösung und der 2 N-Salzsäure, setzt die Stoppuhr in Gang, füllt das Gemisch blasenfrei in die Küvette und führt die erste Messung des Drehwinkels α (= α_0) nach der Bedienungsanleitung durch. Alle diese Manipulationen müssen schnell, aber sehr sorgfältig erfolgen. Man bestimmt weiter alle 5 Minuten den Drehwinkel α, insgesamt etwa 35 bis 40 Min. lang, mißt die Temperatur der Lösung und trägt die Werte in eine Tabelle ein.
Während dieser Messungen erhitzt man das zurückbehaltene restliche Reaktionsgemisch 15 bis 20 Min. lang im Wasserbad auf 50 bis 60 °C, kühlt es auf die Meßtemperatur ab, füllt es nach Abschluß der Meßreihe in die Küvette, nachdem man diese damit ausgespült hat, und mißt den Enddrehwinkel α_E. Schließlich bestimmt man noch den Drehwinkel α_Z der 1 M-Rohrzuckerlösung.

Auswertung:
1) Folgt die Reaktion einem Zeitgesetz 1. Ordnung in bezug auf die Saccharose, so ist

$$-\frac{dc}{dt} = k \cdot c$$

durch Integration ergibt sich

$$\ln\frac{c_0}{c} = k \cdot (t - t_0) \quad \text{bzw.} \quad \lg\frac{c_0}{c} = \frac{k}{2{,}303} \cdot (t - t_0).$$

2) Der Drehwinkel α des polarisierten Lichts ist proportional der Konzentration c der optisch aktiven Substanz in g/100 ml Lösung:[1])

$$\alpha = K \cdot c$$

3) Bedeutet c_0 (= $c_Z/2$) die Konzentration des Rohrzuckers in der Lösung (Zuckerlösung + Salzsäure) zu Beginn der Inversionsreaktion und c die zur Zeit t noch vorhandene Konzentration an Saccharose, so ist $c_0 - c$ die Konzentration an Invertzucker (Glucose + Fructose). Der Drehwinkel setzt sich dann zur Zeit t aus den Beiträgen der Saccharose ($K_S \cdot c$) und des Invertzuckers ($K_I \cdot (c_0 - c)$) zusammen:

$$\alpha = K_S \cdot c + K_I \cdot (c_0 - c).$$

[1]) Der Proportionalitätsfaktor K ergibt sich aus
der Länge l des Lichtweges, d.h. der Länge der
Küvette in Dezimeter und
dem „spezifischen Drehwinkel“ $[\alpha]_D^{20}$, der nach
Vereinbarung auf die Temperatur 20 °C,
die Natrium-D-Linie (589 nm),
die Weglänge l = 1 dm und
die Konzentration 1 g · ml^{-1}
bezogen wird:

$$K = \frac{[\alpha]_D^{20}}{100} \cdot l$$

Mit $[\alpha]_D^{20} = 66{,}37°$ für Saccharose erhält man $K_S = 0{,}6637 \cdot l$ und kann damit aus $\alpha_Z = K_S \cdot c_Z$ die Konzentration der durch Einwaage hergestellten Rohrzuckerlösung kontrollieren.

Hieraus ergibt sich für den Anfangsdrehwinkel ($c = c_0$)

$$\alpha_0 = K_S \cdot c_0$$

und für den Endrehwinkel ($c \rightarrow 0$)

$$\alpha_E = K_I \cdot c_0$$

Aus diesen Gleichungen erhält man durch Umformen

$$\frac{\alpha_0 - \alpha_E}{\alpha - \alpha_E} = \frac{c_0}{c} \equiv Q$$

4) Nach 1) ist damit

$$\lg \frac{\alpha_0 - \alpha_E}{\alpha - \alpha_E} = \frac{k}{2{,}303} \cdot (t - t_0)$$

Man trägt also den Logarithmus des aus den Meßwerten α, α_0[1]) und α_E zu berechnenden Quotienten Q gegen ($t - t_0$) auf und ermittelt aus der Steigung der Geraden die Reaktionsgeschwindigkeits-Konstante k.
Zur Bestätigung des Geschwindigkeitsgesetzes 1. Ordnung genügt es, $\lg (\alpha - \alpha_E)$ in Abhängigkeit von der Zeit graphisch aufzutragen.

II - 8 Adsorption

II - 8.1 Adsorption von Gasen durch Aktivkohle

Versuchsanordnung:
Thermoskop (s. Abb. 10) – Blasenzähler (Glyzerin) – Waschflasche (Kalkwasser).

Hilfsmittel:
Gekörnte Aktivkohle – CO_2-Quelle – Glasrohre – Glaswolle.

Vorbereitung:
Man schließt das Mantelgefäß des Reaktionsgefäßes mit einem Gummischlauch an das Manometer an. Das Reaktionsgefäß wird durch einen zweifach durchbohrten Gummistopfen verschlossen; durch diesen reicht ein rechtwinklig gebogenes Einleitungsrohr bis auf den Boden des Gefäßes; ein ebenfalls rechtwinklig gebogenes Ableitungsrohr beginnt kurz unterhalb des Stopfens und wird mit der Waschflasche verbunden; dann wird die CO_2-Quelle über den Blasenzähler an das Einleitungsrohr angeschlossen. Auf den Boden des Einsatzgefäßes bringt man einen lockeren Glaswollebausch und füllt darüber ausgeglühte und im Exsikkator abgekühlte gekörnte Aktivkohle.

Ausführung:
Man stellt das Manometer auf Niveaugleichheit ein und leitet einen mäßigen Kohlendioxid-Strom durch die Apparatur. Die Wassersäule im Manometer wird be-

[1]) α_0 kann auch aus $\alpha_0 = K_S \cdot c_0$ berechnet werden.

trächtlich emporgedrückt (Adsorptionswärme) und es dauert geraume Zeit, bis sich das in der Waschflasche befindliche Kalkwasser trübt.
Der Versuch kann ebenso mit Schwefeldioxid oder mit Ammoniak ausgeführt werden; dabei wird die Waschflasche fortgelassen.

Bemerkung:
Die Aktivkohle ist nach kräftigem Ausglühen wieder verwendbar.

II - 8.2 Selektive Adsorption von Stickstoffdioxid[1])

$$N_2O_3 \rightleftharpoons NO_2 + NO \qquad \Delta H = +9{,}6 \text{ kcal } (+ 40{,}2 \text{ kJ})$$

Versuchsanordnung: Abb. 56
Glasrohr A (⌀ innen 18 mm, Länge 25 cm) waagerecht in ein Stativ gespannt, beider-

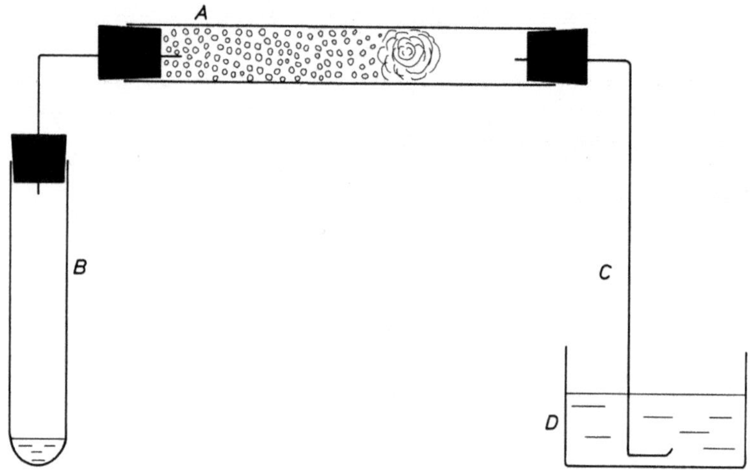

Abb. 56. Adsorption von Stickstoffdioxid

seits mit einfach durchbohrten Gummistopfen verschlossen – Reagenzglas B mit eingesetztem rechtwinklig gebogenem Gasableitungsrohr – Gasableitungsrohr C – pneumatische Wanne D (Wasser).

Hilfsmittel:
N_2O_3 verflüssigt (s. Vers. III - 4.1.11) – Silicagel[2]) – Glaswolle – 2 große Reagenzgläser (⌀ 30 mm).

Vorbereitung:
Man füllt in die vordere Hälfte von Rohr A Silicagel; die Schicht wird mit einem Glaswollebausch fixiert. Dann wird das Reagenzglas B vor und das Gasableitungsrohr C hinter der Silicagelschicht an A direkt angeschlossen. Alle Stopfen müssen tadellos schließen.

[1]) Wahrscheinlich wird das nach
$2\,NO_2 \rightleftharpoons N_2O_4$
ebenfalls vorhandene Distickstofftetroxid adsorbiert.

[2]) Vgl. I - 12.4 Anm.

Ausführung: *Vorsicht! Abzug!*
NO, NO_2 und N_2O_3 sind stark giftig (vgl. I - 19.10)!
Man gibt einige Milliliter verflüssigtes Distickstofftrioxid in das Reagenzglas B, schließt dieses wieder an A an und läßt die Flüssigkeit verdampfen. Nach Vertreiben der Luft aus dem Reaktionsrohr (das Gas hinter dem Silicagel ist nach anfänglicher Braunfärbung wieder farblos) wird das aus C entweichende Gas in der pneumatischen Wanne über Wasser in einem großen Reagenzglas aufgefangen: Farbloses Stickstoffmonoxid. Nach dem Füllen verschließt man es und setzt dann schnell ein anderes, gleichgroßes leeres Reagenzglas so darauf, daß die Öffnungen genau zusammenpassen. Der Inhalt beider Gläser zeigt bald die braune Farbe des Stickstoffdioxids.

II - 8.3 Adsorption von Wasserdampf durch Kieselgel

Versuchsanordnung:
Am Ableitungsrohr einer Waschflasche ist ein Glasrohr (∅ 8 mm, Länge 15 bis 20 cm) angeschlossen, das mit einer Wasserstrahlpumpe verbunden ist.

Hilfsmittel:
Silicagel (Blaugel)[1]), bei 120 bis 130 °C im Trockenschrank getrocknet – Glaswolle – Becherglas (600 ml, niedrige Form) – Präzisionswaage – warmes Wasser –Thermometer (bis 50 °C).

Vorbereitung:
Die Waschflasche wird zu 1/3 mit Wasser von 25 bis 30 °C gefüllt und in das Becherglas, das Wasser von gleicher Temperatur enthält, gestellt. Dann wird das Glasrohr mit zwei Glaswollebäuschen zunächst leer und darauf mit einer Füllung von 2 bis 3 g Silicagel, zwischen den Glaswollebäuschen fixiert, genau gewogen.

Ausführung:
Mit der Wasserstrahlpumpe saugt man einen mit Wasserdampf angereicherten Luftstrom so lange durch das mit Silicagel gefüllte Rohr, bis die Farbe des Blaugels vollständig nach rosa umgeschlagen ist. Eine Kondensation des Wasserdampfes in Form von Wassertropfen an der Rohrwandung muß vermieden werden. Dann stellt man die Gewichtszunahme des Glasrohres fest.

Auswertung:
Aus den Wägungen berechnet man die adsorbierte Wassermenge pro 100 g Silicagel.

II - 8.4 Adsorption flüchtiger Lösungsmittel durch Aktivkohle

a) Adsorption von Benzol

Versuchsanordnung: Abb. 57
Woulfesche Flasche A – Zuleitungsrohr B – graduierter Tropftrichter C und Ableitungsrohr D – Y-Stück E, mit D und über das kurze Ableitungsrohr F nebst Stopfen G mit dem Glasrohr H (∅ 18 mm, Länge 20 cm) sowie über den Quetschhahn K mit dem Glasrohr L (∅ 18 mm, Länge 20 cm) verbunden – kurze Quarz- oder Messingröhrchen M und N. Anstelle der Woulfeschen Flasche kann auch ein Dreihalsschliffkolben (250 ml, NS 19) mit entsprechenden Schliffeinsätzen verwendet werden.

[1]) Vgl. I - 12,4 Anm.

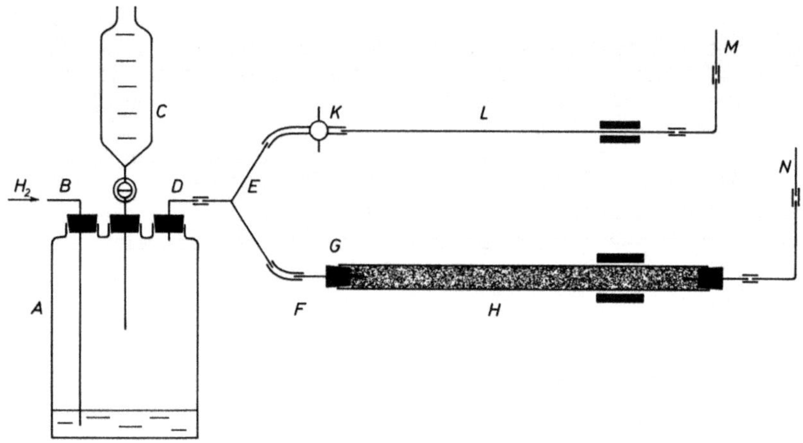

Abb. 57. Adsorption flüchtiger Lösungsmittel

Hilfsmittel:
Gekörnte Aktivkohle, im bedeckten Eisentiegel frisch ausgeglüht, im Exsikkator erkaltet – Benzol – H_2-Quelle – Reagenzgläser – Glaswolle – 2 kleine Porzellanschalen – Präzisionswaage – Wägeschiffchen.

Vorbereitung:
In ein Ende des Rohres H wird ein Glaswollebausch geschoben; das Rohr wird zusammen mit einem zweiten Glaswollebausch gewogen. Dann beschickt man es mit einer 10 bis 15 cm langen und den ganzen Querschnitt ausfüllenden Schicht Aktivkohle, schiebt den zweiten Glaswollebausch nach und wiegt erneut. Damit erhält man die Masse der eingefüllten Aktivkohle. Darauf wird das Rohr H in die Apparatur eingebaut.
In den Tropftrichter C füllt man Benzol, die H_2-Quelle schließt man an die Woulfesche Flasche A an.

Ausführung:
Man leitet einen lebhaften Wasserstoffstrom durch H und L, bis die Luft vollkommen verdrängt ist (Knallgasprobe s. I - 18.9). Darauf wird der Wasserstoff bei M und N entzündet und der Gasstrom so eingestellt, daß aus M und N etwa 3 cm hohe Flammen herausbrennen. Jetzt läßt man einen Teil (etwa 20 ml) des Benzols in die Flasche A laufen. Vorsicht, es darf hierbei keine Luft in die Apparatur gelangen! Aus M brennt sofort eine stark leuchtende und rußende Flamme heraus, während die Flamme bei N nichtleuchtend bleibt. Man hält eine Porzellanschale in die leuchtende Flamme und zeigt die Rußabscheidung. Nun wird der Quetschhahn K geschlossen; damit strömt das Gas allein durch das Rohr H. Nach einiger Zeit beginnt die Flamme bei N zu leuchten: die Aktivkohle ist mit Benzol gesättigt. Darauf wird der Wasserstoffstrom abgestellt und das Rohr H von der Apparatur getrennt und (ohne Stopfen) gewogen.

Auswertung:
Die Gewichtszunahme des Rohres H ist gleich der adsorbierten Benzolmenge. Diese dividiert durch die Masse der eingefüllten Aktivkohle ergibt die pro Gramm Aktivkohle adsorbierte Benzolmenge.

Bemerkung:
Der Versuch kann auch mit Benzin oder einem anderen leicht flüchtigen, mit Wasser nicht mischbaren Lösungsmittel durchgeführt werden.

b) Wiedergewinnung des Benzols
Versuchsanordnung Abb. 58
Rundkolben A (500 ml, Wasser, Siedesteinchen) mit Steigrohr B (50 cm) - T-Stück C mit Quetschhahn - waagerechter Schenkel von C durch das kurze, leicht gebogene

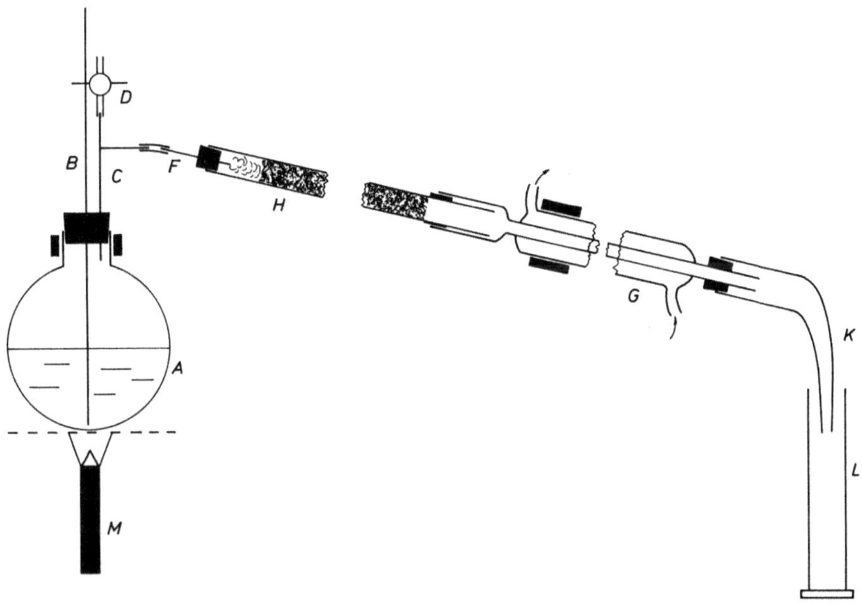

Abb. 58. Wiedergewinnung adsorbierter Lösungsmittel

Verbindungsrohr F mit dem Rohr H von Vers. a verbunden - H wird an den kurzen Liebigkühler G mit Vorstoß K angeschlossen (Abdichtung mit Gummiring) - Meßzylinder L (50 ml) - Bunsenbrenner M.

Hilfsmittel:
Jod - kleiner Scheidetrichter.

Ausführung:
Man erhitzt das Wasser im Kolben A bei geöffnetem Quetschhahn D zum Sieden und stellt das Kühlwasser an. Tritt bei D Dampf aus, wird der Quetschhahn geschlossen und ein lebhafter Dampfstrom durch das Rohr H geleitet. Das in L aufgefangene Kondensat bildet zwei Schichten. Wenn sich die obere (Benzol) nicht mehr vergrößert, wird der Dampfstrom unterbrochen. Man liest das Volumen der Benzolschicht (ml) ab, gibt den Inhalt des Meßzylinders zusammen mit einigen Körnchen Jod in einen kleinen Scheidetrichter und schüttelt um: Die Benzolschicht färbt sich violettrot.

Auswertung:
Aus dem Volumen V (in ml) des wiedergewonnenen Benzols, dem Gewicht G (in g) des adsorbierten Benzols (s. Vers. a) und der Dichte des Benzols 0,885 g · cm^{-3} berechnet man die Ausbeute A in % nach

$$A = \frac{V \cdot 0{,}885}{G} \cdot 100.$$

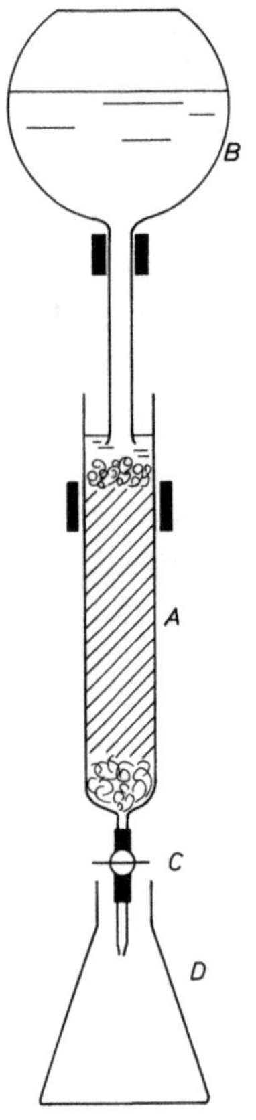

Abb. 59 Adsorption gelöster Farbstoffe

II - 8.5 Adsorption gelöster Farbstoffe durch Aktivkohle

Versuchsanordnung: Abb. 59
Glasrohr A (∅ innen 20 bis 30 mm, Länge etwa 40 cm), am unteren Ende verjüngt, daran über ein Gummischlauchstück mit Quetschhahn C ein kurzes Ablaufrohr mit verengter Mündung angeschlossen – Kolben B mit langem engem Hals, z.B. Meßkolben (500 ml) – weithalsiger Erlenmeyerkolben D (500 ml).

Hilfsmittel:
Gekörnte Aktivkohle – Glaswolle – Rotwein oder verd. Lösungen von Kongorot bzw. Methylenblau.

Ausführung:
In das Glasrohr A wird über der Abflußöffnung Glaswolle 2 cm hoch locker gestopft, darüber wird Aktivkohle bis etwa 5 cm unter den Glasrohrrand eingefüllt, obenauf kommt wieder ein Glaswollebausch. Der Quetschhahn C ist vorerst geschlossen. Den Kolben B füllt man mit der zu entfärbenden Lösung randvoll, schiebt ihn mit dem Hals in die Öffnung des waagerecht gehaltenen Glasrohrs A und senkt dieses langsam, so daß die Lösung in das Rohr A fließt. Ist dieses soweit gefüllt, daß der Flüssigkeitsspiegel im Rohr etwas über der Kolbenmündung steht, wird der Kolben mit einer Stativklammer in der richtigen Höhe gehalten.
Man öffnet den Quetschhahn so weit, daß die Lösung vollkommen entfärbt tropfenweise in den Erlenmeyerkolben ausfließt. Der Versuch bedarf keiner weiteren Wartung.
Vereinfacht kann man auch die Farbstofflösung in einem Erlenmeyerkolben mit Aktivkohle eine Zeitlang schütteln und dann filtrieren.

II - 8.6 Entfärbung von Rohzuckerlösung durch Aktivkohle

Versuchsanordnung:
Filtriernutsche aus Porzellan mit passendem Rundfilter – Saugflasche, mit Druckschlauch an die Wasserstrahlpumpe angeschlossen.

Hilfsmittel:
Rohzuckerlösung: 50 g brauner Kandiszucker oder brauner Rohzucker gelöst in 300 ml Wasser – gepulverte Aktivkohle – Wasserbad – Erlenmeyerkolben (500 ml) für die Zuckerlösung – Erlenmeyerkolben (200 ml) für die Aktivkohle – Spatel.

Vorbereitung:
Die Zuckerlösung ist rechtzeitig auf das siedende Wasserbad zu setzen. Sie soll während des Versuchs auf etwa 60 °C erwärmt sein.
Man setzt die Nutsche auf die Saugflasche, legt das trockene Rundfilter in die Nutsche, gießt etwas Wasser darauf und drückt unter schwachem Saugen das Filter an den Nutschenboden. Es muß glatt und fest anliegen.

Ausführung:
Man bringt einige Spatelspitzen voll Aktivkohle in die erwärmte Zuckerlösung und schüttelt kräftig durch. Dann bereitet man im *Erlenmeyer*kolben eine Suspension der Aktivkohle in 100 ml Wasser und filtriert sie durch das Filter, so daß sich dieses mit einer Kohleschicht belegt. Darauf wird die Melasselösung durch das präparierte Filter filtriert, wobei man nur schwach mit der Pumpe saugt: Farbloses oder nahezu entfärbtes Filtrat.

II - 9 Chromatographie und Ionenaustausch

II - 9.1 Säulenchromatographie

Versuchsanordnung: Abb. 60
Glasrohr A (∅ innen 8 mm, Länge 25 cm) mit aufgesetztem Trichter B (z.B. eine durchgeschnittene leere Titrisol-Ampulle) – Saugflasche C mit einfach durchbohrtem Gummistopfen D.

Hilfsmittel:
Aluminiumoxid (neutral zur Chromatographie) – Glaswolle – Glasstab – Becherglas.

Vorbereitung:
Man schiebt einen Glaswollebausch bis zum unteren Ende des Glasrohres A durch und füllt unter wiederholtem leichtem Aufstoßen des Rohres auf eine Holzunterlage Aluminiumoxid ein. Die etwa 20 cm lange Füllung muß überall gleichmäßig fest sein und darf keine Hohlräume enthalten. Über das untere Ende des Rohres wird der Gummistopfen D geschoben.

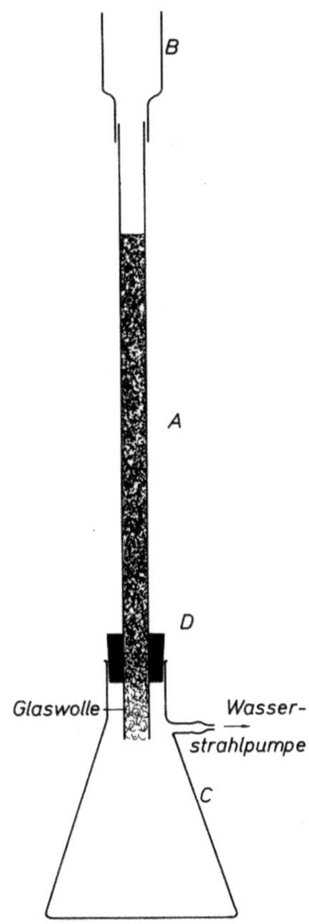

Abb. 60. Säulenchromatographie

a) Trennung anorganischer Kationen

Hilfsmittel:
$NH_4Fe(SO_4)_2 \cdot 12\ H_2O$ – $CuSO_4 \cdot 5\ H_2O$ – $CoSO_4 \times 7\ H_2O$ – $K_4Fe(CN)_6$-Lsg. (0,5%ig).

Ausführung:
Je etwa 100 mg der Sulfate werden gemeinsam in 5 ml Wasser gelöst. Dann wird das Adsorptionsrohr auf die Saugflasche gesetzt und die Säule gut durchfeuchtet, indem man unter schwachem Saugen Wasser mit einer Spritzflasche gegen die Trichterwand spritzt; die Aluminiumoxid-Füllung darf dabei nicht aufgewirbelt werden. Man sorgt durch entsprechend dosierte

Zugaben von Wasser, daß keine Luft in die Säule gesaugt wird. Über der Füllung muß immer eine 2 bis 3 mm hohe Wasserschicht stehen. Auf die Säule wird nunmehr, ohne zu saugen, die Lösung der Sulfate in kleinen Anteilen am Glasstab entlang aufgegossen.
Ist die Lösung eingesickert, entwickelt man das Chromatogramm durch Waschen mit Wasser (Fließmittel) unter schwachem Absaugen. Bald erkennt man an der Säule von oben nach unten eine braune (Fe^{3+}), eine blaue (Cu^{2+}) und eine rosa (Co^{2+}) Zone, die sich bei weiterem Entwickeln immer weiter nach unter auseinander ziehen. Es gelingt auf diese Weise, Co^{2+} vollständig auszuwaschen.
Nach dem Waschen gibt man die $K_4Fe(CN)_6$-Lösung mehrere Male auf die Säule. Infolge Bildung unlöslicher Hexacyanoferrate färbt sich die oberste Zone (Fe^{3+}) blau, die darauf folgende Zone (Cu^{2+}) braun; die Zone des Co^{2+}, falls es noch nicht vollkommen ausgewaschen ist, färbt sich grau.

b) Trennung organischer Farbstoffe

Hilfsmittel:
Methylenblau – Methylrot – Lösungsmittel: Gemisch Cyclohexan/Diäthyläther im Volumverhältnis 1 : 1 –Äthanol (96%ig) – verd. Salzsäure

Ausführung:
Man löst einige Milligramm Methylenblau und Methylrot gemeinsam in etwa 5 ml Cyclohexan-Äthergemisch. Die frisch gefüllte Adsorptionssäule wird zunächst mit dem Lösungsmittel gut durchfeuchtet. Dann gibt man auf die Säule die Lösung des Farbstoffgemisches. Eine Trennung der Farbstoffe ist jetzt noch kaum zu erkennen. Sie erfolgt deutlich erst beim Nachwaschen mit 96%igem Äthanol (Fließmittel) unter leichtem Saugen. Hierbei wandert das Methylenblau nach unten und läßt sich vollständig auswaschen. Das Methylrot in der oberen Zone liegt in der gelben Neutralfarbe vor. Spült man mit verdünnter Salzsäure nach, färbt sich die Zone rot.

II - 9.2 Papierchromatographie[1])

II - 9.2.1 Rundfiltermethode

(Trennung der Farbstoffkomponenten einer Tinte)

Hilfsmittel:
Pelikantinte schwarz 4001 – Butanol – Eisessig – Wasser – Chromatographiepapier Whatmann Nr. 1 oder Schleicher und Schüll 2043 b mittlere Qualität – 2 gleichgroße Petrischalen (∅ 10 bis 15 cm) – Kapillarpipette (0,1 ml) oder entsprechend ausgezogenes Glasrohr oder Blutpipette – Meßzylinder (100 ml) – Schere – Lineal – Bleistift.

Vorbereitung:
Man schneidet aus dem Chromatographiepapier ein quadratisches Stück, dessen Seitenlänge etwa 2 cm größer ist als der Durchmesser der Petrischale. Als Fließmittel bereitet man ein Gemisch Butanol : Eisessig : Wasser im Volumverhältnis 5 : 1 : 2. Die Gesamtmenge soll ausreichen, die Petrischale etwa 0,5 bis 1 cm hoch zu füllen.

[1]) S. auch *Daecke, H.*, Chromatographie. Laborbücher Chemie, 1. Aufl. der neubearbeiteten Fassung (vorher Schriftenreihe zur Chemie), (Frankfurt/M).

Ausführung: Abb. 61
Man markiert mit dünnen Bleistiftstrichen die Mitte des quadratischen Papiers und trägt darauf mit der Pipette einen Tropfen der Tinte auf (Startpunkt P). Nach dem

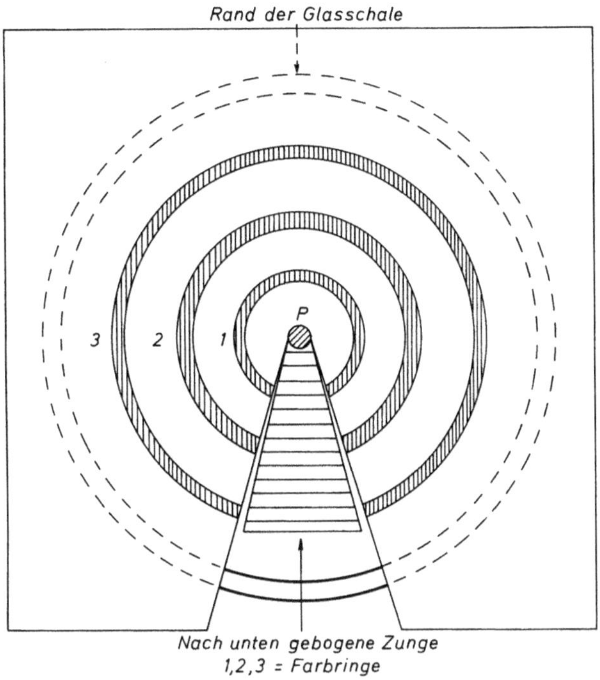

Abb. 61. Rundfiltermethode

Trocknen schneidet man einen schmalen keilförmigen Streifen bis zur Mitte des aufgetragenen Flecks, knickt diesen Streifen senkrecht nach unten um und kürzt die so entstandene „Zunge" so, daß sie – beim Auflegen des Papiers auf den Rand der Petrischale – in das Fließmittel hineinragt. Dann deckt man mit der zweiten Petrischale das Chromatogramm ab.

Auswertung:
Nach genügend langer Laufzeit (4 bis 5 Stunden) beobachtet man 6 Ringe in den Farben (von der Mitte nach außen) blau, hellrosa, gelbgrün, rosa, dunkelblau, grün. Durch Ausmessen der Radien der Fließmittelfront r_L und der Farbringe r_s kann man die R_f-Werte bestimmen: $R_f = \frac{r_s}{r_L}$.

Bemerkung:
Die Farbringe sind nicht genau kreisförmig, weil die Fließgeschwindigkeit im Papier in der Richtung, in der es beim Herstellungsprozeß gewalzt worden ist, verschieden ist von der dazu senkrechten Richtung.

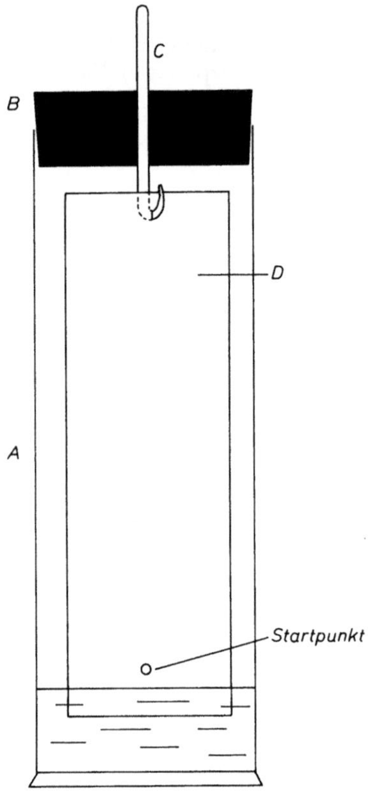

Abb. 62. Streifenmethode

II - 9.2.2 Streifenmethode

(Trennung von Aminosäuren)

Versuchsanordnung: Abb. 62
Standzylinder A (250 x 50 mm) mit Korkstopfen B - Glashaken C zum Aufhängen des Chromatographiepapierstreifens D.

Hilfsmittel:
n-Butanol - Eisessig - Aminosäuren (0,1%ige Lösungen): Valin, Arginin, Glutaminsäure - Ninhydrin-Lsg. (0,1 g in 100 ml Äthanol) mit Sprühvorrichtung oder Ninhydrin-Sprühdose - mittelgroße, rohe Kartoffel - Chromatographiepapier Schleicher und Schüll 2043 b - Kapillarpipette - Meßzylinder 100 ml - Kartoffelreibe oder Mixer - Trockenschrank oder Fön - Schere - Lineal - Bleistift - Trichter mit Filter auf Erlenmeyerkolben.

Vorbereitung:
Man zerreibt eine geschälte Kartoffel oder zerkleinert sie im Mixer und filtriert den Saft. Aus dem Chromatographiepapier schneidet man einen Streifen, der etwa 1 cm schmaler als der Durchmesser des Standzylinders ist und dessen Länge der Höhe des Zylinders (s. Abb. 62) angepaßt wird. Etwa 1,5 cm von der Schmalseite entfernt zieht man einen Bleistiftstrich und markiert die Mitte und im Abstand von 1,5 cm davon links und rechts Punkte, die man mit Zahlen oder Buchstaben bezeichnet. Man stellt das Fließmittelgemisch Butanol : Eisessig : Wasser im Volumverhältnis 4 : 1 : 1 her, füllt damit das Chromatographiegefäß 1 cm hoch und verschließt es sofort mit dem Korkstopfen.

Ausführung:
Auf die Marke in der Mitte des Papierstreifens trägt man mit der Pipette einen Tropfen des Kartoffelsaftes auf und wiederholt die Auftragung mehrmals nach jeweiligem Trocknen. Auf die Marken links und rechts davon bringt man je einen Tropfen der wäßrigen Aminosäurelösungen. Nach dem Trocknen hängt man den Streifen so in das Gefäß, daß sein unteres Ende in das Fließmittel eintaucht. Ist die Fließmittelfront 10 bis 15 cm hoch gestiegen, trocknet man das Chromatogramm im Trockenschrank (evtl. auch mit einem Fön), besprüht es dann unter dem Abzug mit Ninhydrinlösung und trocknet es wiederum. Die Aminosäuren werden als violette Flecken sichtbar.

Auswertung:
Durch Vergleich mit den mitgewanderten Aminosäuren kann man die im Kartoffelsaft enthaltenen Aminosäuren identifizieren. Unter Umständen muß man mehrere Chromatogramme mit jeweils verschiedenen Vergleichssubstanzen anfertigen.

II - 9.2.3 Zylindermethode

(Trennung der Farbstoffkomponenten eines Universalindikators)

Versuchsanordnung:
Zylinderförmiger Chromatographietank (z.B. Einmachglas 1 oder 1,5 l hohe Form) mit Deckel.

Hilfsmittel:
Universalindikator (z.B. Merck, Schering, Riedel de Haen) – Lösungen von Phenolphthalein (0,1% in Äthanol), Methylorange (0,1% in Wasser), Methylrot (0,02% in Äthanol), Bromthymolblau (0,04% in Äthanol), Thymolblau (0,04% in Äthanol) – n-Butanol – Äthanol (96%, rein) – konz. NH_3-Lösung – konz. Salzsäure – Chromatographiepapier Whatman Nr. 1 oder Schleicher und Schüll 2043 b mittlere Qualität – kleiner Scheidetrichter – 6 Kapillarpipetten – Fön – Schere – Lineal mit Maßstab – Kunststoffklammern oder Nähnadel mit weißem Garn.

Vorbereitung:
Man schneidet ein rechteckiges Stück des Chromatographiepapiers so aus, daß der aus ihm (ohne Überlappung) geformte Zylinder in den Tank hineinpaßt (z.B. 25 x 14 cm bei einem 1,5-l-Einmachglas). In dem Scheidetrichter schüttelt man ein Gemisch von 40 Vol.-% n-Butanol, 10 Vol.-% Äthanol und 50 Vol.-% Wasser, läßt absitzen und trennt die untere Schicht ab. Sie wird als Fließmittel verwendet und in den Chromatographietank gegeben, so daß der Boden etwa 0,5 bis 1 cm hoch bedeckt ist.

Ausführung:
Auf dem Chromatographiepapier zieht man im Abstand von 1 bis 1,5 cm von der unteren Standlinie einen Bleistiftstrich und bringt auf diesem, 5 cm vom linken Rand beginnend, im Abstand von je 2 cm sechs Marken an. Auf die erste Marke trägt man mit einer Kapillarpipette einen Tropfen Phenolphthaleinlösung auf, läßt ihn eintrocknen oder trocknet mit dem Fön und setzt auf die gleiche Stelle einen zweiten Tropfen auf. Entsprechend verfährt man von links nach rechts weiterschreitend mit den Lösungen von Methylorange, Universalindikator, Methylrot, Bromthylmolblau und Thymolblau, wobei man jeweils eine saubere Kapillarpipette verwendet.
Nach dem Trocknen rollt man das Papier zu einem Zylinder zusammen, wobei die Kanten sich weder überlappen noch berühren dürfen, und hält es mit (speziellen) Kunststoffklammern oder mit einigen lockeren Nähstichen zusammen. Dann stellt man den Zylinder in den Chromatographietank und verschließt diesen mit dem Deckel. Wenn das Fließmittel 10 bis 12 cm hoch gestiegen ist (in etwa 4 bis 5 Stunden), nimmt man den Papierzylinder heraus, markiert mit Bleistift die Fließmittelfront, rollt den Zylinder auseinander und trocknet das Chromatogramm.

Auswertung:
In Richtung Fließmittelfront zur Startlinie sind zwei gelbe und zwei rote Flecken zu sehen. Hält man das Chromatogramm in Ammoniakgas (über der geöffneten Flasche mit Ammoniaklösung), so werden die gelben Flecke blau, die roten gelb und in der Mitte erscheint ein weiterer roter Fleck. Setzt man analog das Chromatogramm dem Salzsäure-Dampf aus, so schlagen die Farben der Flecke wieder um (von oben nach unten): Von blau über gelb nach rot, von blau nach gelb, von gelb nach rot; der rote Fleck verschwindet wieder.

Bemerkung:
Die Zylindermethode kann man auch so durchführen, daß man den Papierzylinder in eine mit dem Fließmittel gefüllte Petrischale stellt und eine passende Glasglocke darüber stülpt.

II - 9.3 Dünnschichtchromatographie

a) Trennung von Farbstoffgemischen

Versuchsanordnung:[1]

Chromatographietank (evtl. Marmeladenglas mit Schraubdeckel oder Einmachglas 1 l hohe Form) mit Deckel.

Hilfsmittel:

Testfarbstoffgemisch 1: Buttergelb, Sudanrot G, Indophenol (Merck Nr. 9353, Macherey, Nagel u. Co.) – Testfarbstoffgemisch 2 : 7 Anthrachinonfarbstoffe gelöst in Chloroform (Macherey, Nagel u. Co.) – Vergleichssubstanzen: Sudanrot G, Blau 1 (Macherey, Nagel u. Co) – Dünnschichtfolie: Polygram SIL G/UV 254 von Macherey, Nagel u. Co., Al-oxid F 254 Typ E von Merck, Silicagel F 1500 LS 254 von Merck, Kieselgel F 254 von Merck – Benzol – Cyclohexan – Kapillarpipette (Glaskapillare) – Lineal mit abgeschrägter Kante – Meßzylinder (100 ml) – Fön.

Vorbereitung:

Für das Farbstoffgemisch 1 wählt man die DC-Folien Polygram SIL G/UV 254 oder Al-oxid F 254 Typ E oder Silicagel F 1500 LS 254 und als Fließmittel Benzol.
Für das Farbstoffgemisch 2 wählt man die DC-Folie Polygram SIL G/UV 254 oder die DC-Platte Kieselgel F 254 und als Fließmittel ein Gemisch Benzol–Cyclohexan im Volumenverhältnis 2 : 1.
Man füllt das Fließmittel 10 bis 15 Minuten vor Beginn des Versuchs in den Chromatographietank ein, so daß der Boden etwa 0,5 cm hoch bedeckt ist.

Ausführung:

Man legt das Lineal (Startlinie) mit der abgeschrägten Kante nach unten etwa 1 bis 1,5 cm vom Rand entfernt auf die Schicht der Platte bzw. Folie und trägt mit der Kapillarpipette in je 1 cm Abstand das Testfarbstoffgemisch und die Vergleichssubstanzen auf. Nach dem Trocknen stellt man die Platten in den vorbereiteten Tank. Dabei darf das Fließmittel die Startlinie nicht berühren. Nach etwa 10 Minuten nimmt man die Platte aus dem Tank heraus, läßt sie an der Luft trocknen (10 Minuten) oder trocknet sie mit dem Fön und stellt sie nochmals in den Tank. Dadurch erreicht man eine bessere Trennung der Farbstoffe, insbesondere der blau-grünen beim Testfarbstoffgemisch 2. Diese Trennung dauert etwa 10 bis 15 Minuten.

b) Trennung der Blattfarbstoffe[2]

Versuchsanordnung:

Chromatographietank (evtl. Einmachglas 1 l hohe Form) mit Deckel.

Hilfsmittel:

Petroläther (Siedebereich 40 bis 60 °C) – Essigsäureäthylester – Diäthylamin – Aceton – Calciumcarbonat (gepulvert) – Dünnschichtfolie Schleicher und Schüll F 1500/LS 254 Kieselgel

[1]) Im Handel sind komplette Geräte- und Chemikaliensätze zur Dünnschichtchromatographie erhältlich, z.B. TLC-Mikro-Set von Macherey u. Nagel (s. I - 17. 8).

[2]) *Dudel, H.,* Zur Chromatographie von Blattfarbstoffen. Math. naturwiss. Unterricht **26,** 295 (1973).

(säurestabil) auf Kunststoffolie – Kapillarpipette – Meßzylinder (100 ml) – Schere – Bleistift – Reibschale – Seesand.

Vorbereitung:
Etwa 3 g grüne Blätter werden gewaschen, im Trockenschrank getrocknet, mit Seesand und einer Spatelspitze Calciumcarbonat in der Reibschale zerrieben und mit Aceton dreimal ausgelaugt. Die gesammelten Lösungen werden filtriert, das Filtrat wird im Vakuum (Wasserstrahlpumpe) auf 10 ml eingeengt.
Man bereitet ein Fließmittelgemisch von Petroläther : Essigsäureäthylester : Diäthylamin im Volumverhältnis 58 : 30 : 12 und füllt es in das Chromatographiegefäß 0,5 bis 1 cm hoch ein.

Ausführung:
Man schneidet die Dünnschichtfolie passend zum Chromatographietank, markiert mit Bleistift in etwa 1,5 cm Entfernung vom Rand die Startlinie, trägt mit der Kapillarpipette einen Tropfen des Blattfarbstoffextraktes auf die Startlinie auf und trocknet ihn. Man wiederholt dieses Auftragen mehrmals, bis ein intensiv grüner Farbpunkt entstanden ist. Dann stellt man die Platte in den vorbereiteten Tank. Dabei darf das Fließmittel den aufgetragenen Farbpunkt nicht berühren.
Nach 5 bis 7 Minuten ist die Trennung vollständig. Man erkennt (von unten nach oben): 2 oder 3 Xanthophylle (gelb), Chlorophyll b (gelbgrün), Chlorophyll a (blaugrün), meist 2 Phäophytine (grau und olivgrün: Zersetzungsprodukte des Chlorophylls durch schwach saures Milieu), Carotin.

c) Trennung der Hydrolyseprodukte von Rohrzucker[1])

Versuchsanordnung:
Chromatographietank mit Deckel

Hilfsmittel:
Rohrzucker – Glucose – Fructose – 0,1 N-Salzsäure – 70%iges Äthanol – Ameisensäure p.a. – Äthylmethylketon p.a. – tert–Butanol p.a. – Diphenylamin p.a. – DC-Karte (Cellulose) CE 10 x 20 cm „Riedel" – 5 Mikropipetten – 3 Pipetten 5 ml – Meßzylinder 50 ml – Waage – Trockenschrank – Fön – Reagenzgläser – Becherglas 250 ml – Zerstäuber – weicher Bleistift – Lineal (Meßstab) – Thermometer bis 100 °C.

Vorbereitung:
Man löst 1 g Rohrzucker in 25 ml dest. Wasser. Aus dieser Lösung bereitet man drei Testlösungen indem man:

1) 5 ml der Lösung mit 5 ml Wasser verdünnt;
2) kurz vor dem Auftragen auf die DC-Platte 5 ml der Lösung mit 5 ml 0,1 N-Salzsäure versetzt;
3) 5 ml der Lösung mit 5 ml 0,1 N-Salzsäure versetzt und 20 bis 30 Minuten lang im Wasserbad (Becherglas) auf etwa 70 °C erwärmt.
   Als Vergleichslösungen bereitet man
4) eine 1%ige Lösung von Fructose in 70%igem Äthanol und

[1]) Nach der Druckschrift: Dünnschichtchromatographie auf DC-Karten „Riedel" der Firma Riedel-de Haen AG., Seelze-Hannover.

5) eine 1%ige Lösung von Glucose in 70%igem Äthanol.
Als Fließmittel stellt man ein Gemisch von Ameisensäure/Äthylmethylketon/tert--Butanol/Wasser im Volumenverhältnis 15 : 30 : 40 : 15 her und gibt es in etwa 0,5 cm hoher Schicht in den Chromatographietank.
Als Sprühreagenz verwendet man eine Lösung von 4 g Diphenylamin, 4 ml Anilin und 40 ml 85%iger Phosphorsäure in 200 ml Aceton (in einer Sprühvorrichtung).

Ausführung:
Man zieht auf der Schmalseite der DC-Platte in etwa 1 cm Abstand vom Rand einen dünnen Bleistiftstrich und markiert darauf in gleichen Abständen fünf Punkte. Auf diese Punkte trägt man mit Mikropipetten je 1 µl der oben angegebenen Test- und Vergleichslösungen auf und trocknet die Platte mit dem Fön oder an der Luft. Dann stellt man die Platte in den vorbereiteten Chromatographietank. Wenn die Fließmittelfront etwa 10 bis 12 cm gestiegen ist (Dauer etwa 80 Minuten), nimmt man die Platte heraus und trocknet sie im Trockenschrank etwa 10 Minuten bei 100 °C. Darauf chromatographiert man erneut, bis die Fließmittelfront wieder die frühere Höhe erreicht hat (Dauer etwa 70 Minuten). Man trocknet die Platte und besprüht sie dann mit dem oben angegebenen Sprühreagenz. Darauf wird sie nur kurz im Trokkenschrank erwärmt, bis die Flecken sichtbar geworden sind.

Auswertung:
Durch Vergleich der Flecken erkennt man den verschiedenen Hydrolysegrad der Lösungen 1, 2 und 3.

d) Trennung von Aminosäuren (zweidimensional)

Versuchsanordnung:
Großer rechteckiger Chromatographietank mit Deckel.

Hilfsmittel:
Mittelgroße, rohe Kartoffel – Äthanol (96%) – Methanol – Chloroform – 17%ige Ammoniaklösung – Phenol – Valin – Arginin – Leucin – Threonin – Asparaginsäure – Lysin – Glutaminsäure – Ninhydrinlösung (0,1 g Ninhydrin in 100 ml Äthanol) mit Sprühvorrichtung oder Ninhydrin-Sprühdose – Dünnschichtplatten Kieselgel (z.B. DC-Karten SI 20 x 20 Riedel de Haen) – 4 Kapillarpipetten – Reagenzgläser – Kartoffelreibe oder Mixer – Lineal mit Maßstab – weicher Bleistift – Trichter mit Filter auf Erlenmeyerkolben – Filtrierpapier.

Vorbereitung: Abb. 63
Auf der DC-Karte zieht man etwa 1,5 cm vom linken und vom unteren Rand entfernt je einen dünnen Bleistiftstrich; dabei darf die Kieselgelschicht nicht beschädigt werden. Der Schnittpunkt beider Linien ist der Startpunkt S. Etwa 1 cm vom rechten bzw. oberen Rand angefangen bringt man auf diesen Linien im Abstand von je 2 cm jeweils 3 Marken V_1, V_2, V_3, an.
Die Kartoffel wird gerieben, der Brei mit etwa 10 bis 15 ml Äthanol versetzt und filtriert. Das Filtrat wird für die Trennung verwendet.
Dann stellt man folgende Vergleichslösungen her, indem man jeweils etwa 10 mg der angegebenen Aminosäuren in insgesamt 10 ml Wasser löst:

V_1: Valin, Arginin
V_2: Leucin, Threonin, Asparaginsäure
V_3: Glutaminsäure, Lysin

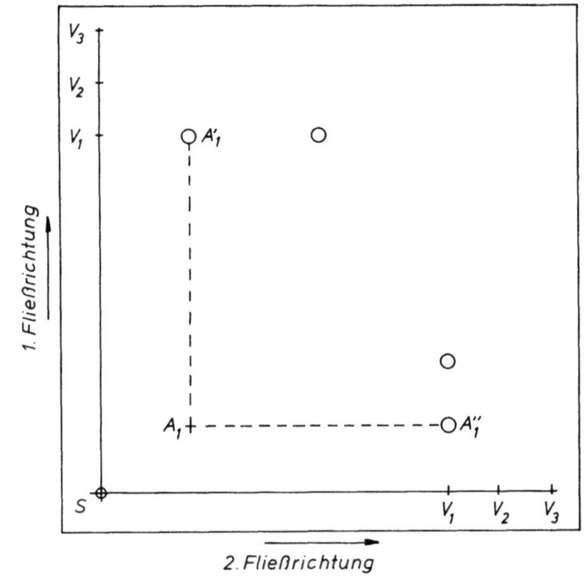

Abb. 63. Zweidimensionale Dünnschichtchromatographie

Als Fließmittel bereitet man folgende Gemische:

1. Fließmittel: Methanol, Chloroform, 17%ige Ammoniaklösung im Volumenverhältnis 1 : 1 : 1
2. Fließmittel: Phenol, Wasser im Massenverhältnis 3 : 1 (= Volumenverhältnis 2,8 : 1)

Das erste Fließmittel wird 10 bis 20 Minuten vor Beginn des Versuchs in den Chromatographietank gegeben, so daß der Boden 0,5 bis 1 cm hoch bedeckt ist.

Ausführung:
Auf den Startpunkt S trägt man mit einer Kapillarpipette einen Tropfen des Kartoffelextraktes auf, trocknet ihn, trägt einen weiteren Tropfen auf und wiederholt dies nochmals. Entsprechend bringt man auf die Marken V_1, V_2, V_3 je zwei Tropfen der oben angegebenen Vergleichslösungen auf. Dann stellt man die Platte so in den Tank, daß der Startpunkt S von der Schichtseite aus gesehen unten links liegt (1. Fließrichtung). Nach etwa 2 Stunden bzw. wenn das Fließmittel 8 bis 10 cm hoch gestiegen ist (es darf die Marke V_1 nicht erreichen), nimmt man die Platte heraus und trocknet sie etwa 10 Minuten im Trockenschrank bei 100 °C. Das Fließmittel wird aus dem Tank entfernt, dieser mit saugfähigem Papier ausgewischt und dann das 2. Fließmittel eingefüllt. Darauf wird die Platte um 90 °C gegen die erste Lage gedreht so in den Tank gestellt, daß der Startpunkt S unten rechts liegt. Ist die Fließmittelfront (nach 4 bis 5 Stunden) wieder 8 bis 10 cm gestiegen (sie darf ebenfalls V_1 nicht erreichen), holt man die Platte aus dem Tank und trocknet sie im Trockenschrank bei 110 °C. Dann besprüht man sie mit der Ninhydrinlösung und trocknet erneut bei 110 °C, bis die violetten Flecken sichtbar sind.

Auswertung:
Zur Identifizierung der im Kartoffelelextrakt enthaltenen Aminosäuren zieht man durch die Mitte entsprechender Flecken (s. Abb. 63) A'_1 bzw. A''_1 der Vergleichssubstanzen Parallelen zu den Startlinien; diese schneiden sich in einem Fleck A_1 des Chromatogramms. In den Vergleichssubstanzgemischen ordnen sich die Aminosäuren, von der Fließmittelfront aus, in der oben angegebenen Reihenfolge an.

II - 9.4 Ionenaustauscher
(Enthärtung von Wasser)

Versuchsanordnung:
In zweifacher Ausführung: Austauschersäule (notfalls Quetschhahnbürette 50 ml) mit darüber befestigtem Tropftrichter (100 ml).

Hilfsmittel:
Stark saurer Kationenaustauscher, z.B. Merck I (4765), Lewatit S 1080[1]) oder Lewatit S 100[2]) – stark basischer Anionenaustauscher, z.B. Merck III (4767), Lewatit M 5020[1]) oder Lewatit M 600[2]) – Salzsäure (5%ig) – Natronlauge (3%ig) – Wasser genügender Härte; ist die Härte des zur Verfügung stehenden Leitungswassers zu gering, so löst man in 1 Liter Wasser etwa 0,5 g $MgSO_4 \cdot 7\,H_2O$ sowie 0,5 g NaCl und unter Einleiten von CO_2 2 g gefälltes $CaCO_3$ auf; – pH-Indikatorpapier – $BaCl_2$-Lsg. – verd. Salpetersäure – $AgNO_3$-Lsg. – $Ba(OH)_2$-Lsg. – Meßzylinder (500 ml) – 3 Bechergläser (250 ml) – 5 Reagenzgläser – Glaswolle.

Vorbereitung:
Den Ionenaustauscher bedeckt man in einem Becherglas mit viel dest. Wasser und läßt ihn darin 24 Stunden quellen. Man spült ihn danach in eine Austauschersäule, in die man vorher, wenn sie nicht schon mit einer Glasfritte versehen ist, einen kleinen Glaswollepropfen bis zur verjüngten Stelle einschiebt. Der Austauscher soll die Säule bis etwa 10 cm unter den oberen Rand füllen.
Man fixiert den Austauscher durch einen zweiten, von oben eingeführten Glaswollebausch.Der Austauscher muß vollständig mit Wasser bedeckt sein und darf keine Luftblasen enthalten.
Zu dem Kationenaustauscher läßt man aus einem Tropftrichter 5%ige Salzsäure zutropfen (2 Tropfen pro Sek.); in gleichem Maße läßt man aus der Säule Flüssigkeit abfließen, bis diese sauer reagiert.
Nun beläßt man den Austauscher 30 Minuten unter der Salzsäure, läßt dann die Säure abfließen (2 Tropfen pro Sek.) und gibt so lange dest. Wasser auf die Säule, bis die abfließende Flüssigkeit den pH-Wert 6 hat.
Den Anionenaustauscher behandelt man analog, verwendet jedoch anstatt der Salzsäure 3%ige Natronlauge. Die Austauscher bewahrt man stets mit Wasser bedeckt auf.

Ausführung:
300 ml des zu enthärtenden Wassers gibt man in den Tropftrichter und läßt das Wasser in die Säule mit dem Kationenaustauscher eintropfen (2 bis 3 Tropfen pro Sekunde). In gleichem Maße läßt man Flüssigkeit aus der Säule in den Meßzylinder ausfließen. Die ersten 50 ml der auslaufenden Flüssigkeit verwirft man, dann werden 200 ml für die folgenden Versuche aufgefangen:

[1]) Bezugsquelle Fa. Merck (I - 17.8).
[2]) Bezugsquelle Fa. Bayer (I - 17.8).

Je 50 ml des ursprünglichen (I) und des durch den Kationenaustauscher geflossenen Wassers (II) werden in je einem Becherglas gekocht: (I) trübt sich, (II) bleibt klar. Probe (II) verteilt man auf 2 Reagenzgläser.
Das eine wird mit Salzsäure angesäuert und mit Bariumchlorid-Lösung versetzt, das andere mit Salpetersäure angesäuert und Silbernitrat-Lösung zugefügt: Niederschläge ($BaSO_4$ bzw. AgCl). Man läßt nunmehr die restlichen 150 ml des von Kationen befreiten Wassers durch die Anionenaustauscher-Säule fließen. Die ersten 50 ml der auslaufenden Flüssigkeit werden wiederum verworfen. Weitere 50 ml werden dann auf SO_4^{2-}, CO_3^{2-} (mit Barytwasser) und Cl^- geprüft: Alle Nachweisreaktionen müssen negativ verlaufen.

II - 10 Elektrochemie

II - 10.1 Ionenleitung

S.auch

II-12.1	Reaktionen in flüssigem Ammoniak
III-2.2.1a	Leitfähigkeit von Bromwasserstoffsäure
III-2.3.1a	Leitfähigkeit von Jodwasserstoffsäure
III-3.2.8a	Leitfähigkeit von flüssigem Schwefeldioxid und von schwefliger Säure
III-4.1.4e	Leitfähigkeit von Ammoniak- und Ammoniumcarbonat-Lösung
III-4.1.12b	Leitfähigkeit von Distickstofftrioxid
III-4.3.2a	Leitfähigkeit von Antimon
IV-3.4a	Leitfähigkeit von Äthylnitrit
IV-5.2.b	Leitfähigkeit von Essigsäure

II - 10.1.1 Elektrolyte und Nichtelektrolyte

a) Organische Lösungsmittel und wäßrige Lösungen

Versuchsanordnung:
Der Leitfähigkeitsprüfer (s. I - 17.7) wird wie in Abb. 18b mit einer variablen Wechselspannungsquelle (Stromversorgungsgerät), einem Amperemeter mit verschiedenen Meßbereichen und einer Glühlampe oder Glimmlampe verbunden.

Hilfsmittel:
Äthanol (Methanol) – Äther – Chloroform – Benzol – Zucker – Harnstoff – NaCl – K_2SO_4 – $NaNO_3$ – $HgCl_2$ – verd. und konz. Schwefelsäure – verd. Salpetersäure – verd. und konz. Essigsäure – verd. NH_3-Lsg. – HCl-Entwickler: Gasentwickler (s. Abb. 19a oder 19b, A bis C, ohne D, E); der Kolben wird mit NaCl, der Tropftrichter mit konz. Schwefelsäure beschickt. – Reagenzgläser – Bechergläser (50 und 100 ml) – 2 Waschflaschen.

Ausführung:
Man schaltet den Strom ein und zeigt zunächst durch Kurzschließen der beiden Elektroden des Leitfähigkeitsprüfers mit einem Metalldraht oder einer Krokodilklemme, daß die Lampe hell leuchtet.
Dann füllt man in Reagenzgläser einige Milliliter der Flüssigkeiten bzw. der wäßrigen Lösungen fester Reagenzien und prüft die Leitfähigkeit. Zwischen den einzelnen Versuchen sind die Elektroden gut mit dest. Wasser abzuspritzen. Bei den Nichtleitern zeigt man, daß auch beim Anlegen einer höheren Spannung kein Strom fließt;

dabei wird gegebenenfalls das Amperemeter auf höhere Empfindlichkeit geschaltet. Man stellt ferner Lösungen von Chlorwasserstoff in Benzol und in dest. Wasser her; dazu schließt man an den Chlorwasserstoffentwickler eine Waschflasche mit konz. Schwefelsäure an, leitet dann das Gas durch eine Waschflasche mit Benzol und führt es weiter mit einem Gaseinleitungsrohr bis dicht über die Oberfläche des in einem Becherglas befindlichen Wassers. Nach einiger Zeit (3 bis 5 Min.) unterbricht man die Chlorwasserstoff-Entwicklung und prüft die benzolische und die wäßrige Lösung auf Leitfähigkeit.

b) Leitfähigkeit und Ionenkonzentration

Hilfsmittel:
Eisessig – dest. Wasser – Becherglas (600 ml, hohe Form) – Meßzylinder (50 ml) – Leitfähigkeitsprüfer (s. I - 17.7).

Ausführung:
Man füllt 20 ml Eisessig in das Becherglas und prüft die Leitfähigkeit. Dann gibt man unter Rühren mit dem Leitfähigkeitsprüfer zuerst wenig, dann immer mehr dest. Wasser zu, bis nach zunächst zunehmendem und dann längere Zeit konstant bleibendem Leuchten der Lampe schließlich die Leuchtintensität wieder schwächer wird bzw. die Stromstärke abnimmt.

Auswertung:
Mit zunehmender Verdünnung wächst zunächst infolge fortschreitender Dissoziation die Konzentration der Ionen in der Lösung, nimmt dann aber wieder ab.

c) Leitfähigkeit von Salzschmelzen

Versuchsanordnung:
Ein Porzellantiegel wird in einem Tondreieck auf einen Dreifuß oder Stativring gestellt. Zwei im Abstand von etwa 1 cm durch einen Korkstopfen gesteckte Stricknadeln werden als Leitfähigkeitsprüfer (vgl. I - 17.7) so an einem Stativ befestigt, daß sie bis fast auf den Boden des Tiegels reichen. Die Stricknadeln werden mit Krokodilklemmen in einen Wechselstromkreis (Stromversorgungsgerät) in Reihe mit einem Amperemeter oder einer Glüh- bzw. Glimmlampe geschaltet (s. Abb. 18b).

Hilfsmittel:
Verschiedene niedrig schmelzende Salze (in Klammern Schmelzpunkte in °C), z.B. $NaNO_3$ (308), KNO_3 (339), NaOH (318), KOH (360) – weitere Tiegel – Bunsenbrenner.

Ausführung:
Man füllt in den Tiegel so viel Salz ein, daß nach dem Schmelzen die Stricknadeln in die Schmelze eintauchen. Man schaltet den Strom ein und zeigt, daß das feste Salz nicht leitet. Dann stellt man den angezündeten Bunsenbrenner unter den Tiegel. Nach kurzer Zeit fließt ein Strom: Das Amperemeter schlägt aus, die Glühlampe (Glimmlampe) leuchtet auf.

d) Erweichendes und schmelzendes Glas als Elektrolyt

Versuchsanordnung: Abb. 64
In zwei Isolierklemmen A und B sind je eine Stricknadel (oder ein entsprechender Ei-

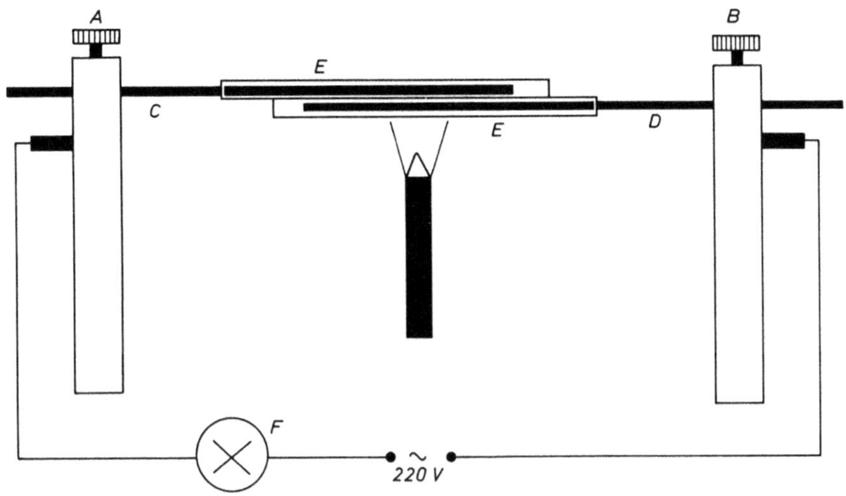

Abb. 64. Leitfähigkeit von Glas

sendraht) C und D eingespannt. Über das freie Ende eines jeden Drahtes ist ein Glasrohrstück (AR-Glas) derart geschoben, daß der Draht nicht herausragt. Die Klemmen sind über eine Glühlampe F (60 oder 100 Watt) mit der Netzspannung 220 V verbunden und werden so angeordnet, daß die leicht schmelzenden Glasrohre sich über eine längere Strecke (etwa 10 cm) berühren.

Hilfsmittel:
Teclubrenner – Asbestpappe.

Ausführung:
Zunächst zeigt man, daß der Stromkreis durch die Glasrohre (Nichtleiter) unterbrochen ist, indem man die Stricknadeln mittels eines Kupferdrahtes kurzschließt: Die Lampe leuchtet. Dann legt man die Asbestpappe zum Schutze des Experimentiertisches unter die Glasrohre und erhitzt diese kräftig mit dem Teclubrenner. Wenn das Glas erweicht, beginnt die Lampe zu leuchten. Man kann dann i.a. den Brenner wegnehmen, die Lampe leuchtet weiter, das Glas schmilzt und tropft evtl. herunter. Man unterbricht den Stromkreis und zeigt nach dem Erkalten des Glases, daß kein direkter Kontakt zwischen den Eisendrähten vorhanden ist.

II - 10.1.2 Ionenwanderung im elektrischen Feld

Versuchsanordnung: Abb. 65[1])
U-Rohr A mit fest angesetztem Niveaugefäß B und Absperrhahn C – 2 Platinelektroden, Tellerelektroden (Abb. 65a) oder umgebogene Blechstreifen (Abb. 65b), die den Querschnitt des Rohres möglichst ausfüllen und mit Gummistopfen in die Schenkel des U-Rohres eingesetzt sind; die Gummistopfen sind eingekerbt, damit entstehende Gase entweichen können – Stromkreis mit regelbarer Gleichstromquelle (bis 50 V) und Milliamperemeter (bis 10 mA).

[1]) Apparat nach Nernst, im Laborgerätehandel erhältlich.

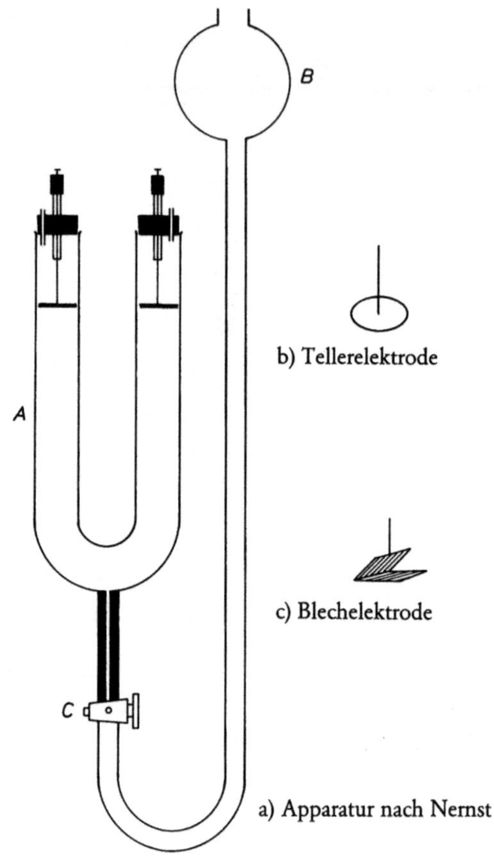

Abb. 65. Messung der Ionenwanderung

Hilfsmittel:
KNO_3-Lsg. (etwa 0,05%ig) – $KMnO_4$-Lsg. (etwa 0,05%ig oder 0,02 N), mit Harnstoff (5 g auf 50 ml Lsg.) versetzt – dünner Draht 30 cm lang – Klebestreifen.

Ausführung:
Man füllt das U-Rohr von oben zur Hälfte mit der Kaliumnitrat-Lösung und läßt sie durch vorsichtiges Öffnen des Hahnes C bis an die Hahnbohrung einfließen. Dann setzt man die Elektroden ein, verbindet sie mit dem Stromkreis und gibt in das Niveaugefäß die Kaliumpermanganat-Lösung, wobei man evtl. durch Stochern mit dem dünnen Draht in dem engen Ansatzrohr für luftblasenfreies Eindringen bis zum Absperrhahn C sorgt. Nun wird der Hahn C so vorsichtig geöffnet, daß die Kaliumpermanganat-Lösung ganz langsam und ohne Wirbelbildung in das U-Rohr einströmt und daß eine scharfe Trennfläche zwischen der Kaliumnitrat- und der Kaliumpermanganat-Lösung erhalten bleibt. Ist letztere bis zum gerade ansteigenden Teil des U-Rohres eingedrungen und tauchen die Platinelektroden in die Kaliumnitrat-Lösung ein, wird der Hahn C geschlossen; die Grenzflächen zwischen den beiden Lösungen werden durch einen Klebestreifen auf dem U-Rohr markiert. Dann

schaltet man die Stromquelle ein und reguliert die Stromstärke auf 5 bis 6 mA. Nach 10 bis 15 Minuten ist eine deutliche Wanderung der Trennflächen in Richtung auf die Anode festzustellen.

II - 10.1.3 Konduktometrische Titration (Leitfähigkeitstitration)

Versuchsanordnung:
Ein Becherglas (250 ml) mit Rührstäbchen steht auf einem Magnetrührer. 2 Platinelektroden (am besten platinierte, s. Vers. II - 10.2.2), deren Zuleitungsdrähte in Glasrohre eingeschmolzen oder eingekittet sind (s. Vers. II - 10.2.3), werden mit diesen Rohren in den Bohrungen eines doppelt durchbohrten Gummistopfens gehaltert[1]); ihr Abstand muß während des Versuchs konstant bleiben. Die Elektroden sind über ein Wechselstrom-Milliamperemeter an eine Wechselstromquelle (20 V) angeschlossen[2]).

Hilfsmittel:
1 N- und 2 N-NaOH - 0,1 N-Lösungen von Salzsäure, Essigsäure, Oxalsäure - 1 N-Schwefelsäure - kalt gesättigte Bariumhydroxidlösung - 3 Pipetten (100 ml) - 1 Pipette (10 ml) - 2 Büretten (250 ml) - 4 zusätzliche Bechergläser (250 ml).

Ausführung:
a) Titration von Salzsäure bzw. Essigsäure mit Natronlauge
Man gibt in ein Becherglas 100 ml 0,1 N-Salzsäure bzw. 0,1 N-Essigsäure, taucht die Elektroden so tief ein, daß sie ganz von der Flüssigkeit bedeckt sind, verbindet sie mit der Stromquelle und setzt den Rührer in Gang. Man läßt aus der Bürette insgesamt 12 ml 1 N-Natronlauge in Portionen von je 0,5 ml zufließen und liest nach jeder Zugabe die Stromstärke ab.

b) Titration eines Gemisches von Salzsäure und Essigsäure
Man gibt in ein Becherglas je 100 ml 0,1 N-Salzsäure und 0,1 N-Essigsäure und verfährt weiter wie bei a), wobei man jedoch insgesamt 25 ml 1 N-Natronlauge in Portionen von je 1 ml zufließen läßt.

c) Titration von Oxalsäure mit Natronlauge
Man gibt in ein Becherglas 200 ml 0,1 N-Oxalsäure und verfährt weiter wie bei a), wobei man jedoch insgesamt 12 ml 2 N-Natronlauge in Portionen von je 0,5 ml zufließen läßt.

d) Titration einer Bariumhydroxidlösung mit Schwefelsäure
Man gibt in ein Becherglas 10 ml gesättigte Bariumhydroxidlösung, fügt 100 ml Wasser hinzu und verfährt weiter wie bei a), wobei man jedoch insgesamt 8 ml 1 N-H_2SO_4 in Portionen von je 0,5 ml zufließen läßt.
Analog kann man eine gesättigte Calciumhydroxidlösung (Kalkwasser) mit 0,1 N-Salzsäure titrieren.

[1]) Statt dessen kann man auch eine handelsübliche Eintauch-Meßzelle für konduktometrische Messungen verwenden.

[2]) Für genaue Messungen verwendet man besser eine Brückenschaltung, vgl. *Jander, G., K. F. Jahr* und *H. Knoll*, Maßanalyse. Sammlung Göschen, 13. Aufl. (Berlin, New York 1973).

Auswertung:
Man trägt die Meßwerte in ein rechtwinkliges Koordinatensystem (Millimeterpapier) ein (Abszisse: Volumen der zugesetzten Maßlösung in ml, Ordinate: Stromstärke in mA) und legt durch die Punkte angenähert Geraden. Der Schnittpunkt des absteigenden und des ansteigenden Geradenstückes ergibt das Neutralisationsäquivalent. Bei den Versuchen b und c erhält man je zwei Schnittpunkte:

II - 10.2 Elektrodenpotentiale

II - 10.2.1 Elektrochemische Spannungsreihe (qualitativ)

a) Nachweis der Reaktionswärme

$$Cu^{2+} + Fe \rightarrow Fe^{2+} + Cu \qquad \Delta H = -36{,}6 \text{ kcal } (-153{,}1 \text{ kJ})$$

Versuchsanordnung:
Thermoskop (s. Abb. I - 17.1); das Reaktionsgefäß (A und C) wird zum Schutz gegen Zugluft in ein großes Becherglas gestellt.

Hilfsmittel:
$CuSO_4$-Lsg. (10%ig) – Eisennägel – verd. Salzsäure – rauch. Salpetersäure oder H_2O_2 (3%ig) – konz. NH_3-Lsg. – KSCN-Lsg. – Trichter mit Faltenfilter – großes Reagenzglas – Bunsenbrenner – Becherglas (250 ml).

Vorbereitung:
Das Reaktionsgefäß des Thermoskops wird mit 50 ml der Kupfersulfatlösung gefüllt. Kurz vor dem Versuch behandelt man etwa 10 g blanke Eisennägel mit verd. Salzsäure bis zur lebhaften Wasserstoffentwicklung, wäscht sie mit dest. Wasser und bewahrt sie bis zur Ausführung des Versuchs in einem Becherglas unter ausgekochtem dest. Wasser auf.

Ausführung:
Man stellt im Manometer Niveaugleichheit in beiden Schenkeln ein und bringt die Eisennägel in die Kupfersulfatlösung: Abscheidung von rotem Kupfer; die Reaktion ist deutlich exotherm. Wenn die Farbe der Kupfersulfat-Lösung verschwunden ist, versetzt man einen Teil der filtrierten Lösung mit einigen Tropfen rauchender Salpetersäure oder Wasserstoffperoxid, erwärmt bis etwa 80 °C und gibt Kaliumthiocyanat hinzu: Kräftige Rotfärbung.

b) Einordnung einiger Metalle[1])

Hilfsmittel:
1) Magnesiumband – $ZnSO_4$-Lsg. (2 N) – verd. Schwefelsäure – konz. Natronlauge – Becherglas (100 ml) – großes Reagenzglas – Messer.
2) Zink gekörnt (granuliert) – $SnCl_2$ – verd. Salzsäure – Becherglas (100 ml).
3) Zinn gekörnt (granuliert) – $PbCl_2$ – konz. Salzsäure – 2 Bechergläser (100 ml) – Asbestdrahtnetz – Bunsenbrenner.

[1]) Vgl. *Dehn. E.*, Einfache Versuche zur allgemeinen und physikalischen Chemie. Sammlung Göschen (S. 217) (Berlin 1962).

4) Streifen Bleiblech - $Cu(NO_3)_2 \cdot 6\ H_2O$ - $K_2Cr_2O_7$-Lsg. - Becherglas (100 ml) - großes Reagenzglas.
5) Kupferblech (Streifen) - $AgNO_3$-Lsg. (1 N) - verd. Salpetersäure - verd. NH_3-Lsg. - 2 Bechergläser (100 ml) - großes Reagenzglas.

Ausführung:
1) Magnesium/Zink
In das Becherglas gibt man etwa 40 ml Zinksulfat-Lösung und säuert mit 3 bis 4 ml verd. Schwefelsäure an. Dann schabt man einen Streifen Magnesiumband mit dem Messer blank und bringt ihn in die Lösung. Das Magnesium löst sich langsam, am Boden des Becherglases setzt sich ein grauer Niederschlag (Zink) ab. Nach 15 Min. dekantiert man einen Teil der Lösung in ein großes Reagenzglas ab und setzt langsam konz. Natronlauge zu: Der anfangs auftretende Niederschlag ($Zn(OH)_2$) löst sich bei weiterer Zugabe von Lauge, während $Mg(OH)_2$ gallertartig zurückbleibt und sich langsam absetzt.

2) Zink/Zinn
Man gibt in das Becherglas 30 ml Wasser, 10 ml verd. Salzsäure und 6 bis 8 Zinkgranalien. Wenn sich lebhaft Wasserstoff entwickelt, gibt man vorsichtig soviel festes $SnCl_2$ zu, daß etwas davon als Bodenkörper zurückbleibt.
Die Wasserstoffentwicklung am Zink hört auf. Nach kurzer Zeit beobachtet man die Abscheidung von Zinn und zwar sowohl in Form langer, silbrigglänzender Kristalle als auch als Schwamm.

3) Zinn/Blei
Man erhitzt im Becherglas eine Mischung von 30 ml Wasser und 10 ml verd. Salzsäure zum Sieden und gibt soviel (3 bis 4 Spatelspitzen) Blei(II)-chlorid zu, daß sich ein Bodenkörper bildet. Im zweiten Becherglas behandelt man 6 bis 8 Zinngranalien mit konz. Salzsäure, bis sich lebhaft Wasserstoff entwickelt. Dann gibt man die Granalien in die Bleichlorid-Lösung, die man weiter am Sieden hält.
Nach einigen Minuten beobachtet man die Abscheidung von Blei in Blättchenform auf den Zinngranalien.

4) Blei/Kupfer
Man schabt einen Streifen Bleiblech mit dem Messer blank und bringt ihn im Becherglas in eine Lösung von 2 g Kupfernitrat in 40 ml Wasser. Es bildet sich sofort ein schwärzlicher Überzug, an einigen Stellen erkennt man auch die charakteristische Farbe des Kupfers. Nach 10 Min. gibt man einige Milliliter der Lösung in ein Reagenzglas und fällt das in Lösung gegangene Blei mit Kaliumdichromat-Lösung.

5) Kupfer/Silber
Man entfernt in einem Becherglas mit verd. Salpetersäure die Oxidschicht von einem Streifen Kupferblech, spült ihn ab und bringt ihn im zweiten Becherglas in eine Silbernitrat-Lösung. Aus dem sich sofort bildenden schwarzen Überzug wachsen allmählich metallisch glänzende Silberkristalle.
Nach etwa 20 Min. hat sich die Lösung blaugrün gefärbt; man gießt etwas davon in das Reagenzglas und weist mit etwas Ammoniaklösung Kupfer nach (dunkelblaue Farbe).

II - 10.2.2 Messung von Elektrodenpotentialen

Versuchsanordnung: Abb. 66
2 Bechergläser A und B (250 ml) – Platinelektrode C 5 x 10 mm, platiniert (s.u.) – Glas-

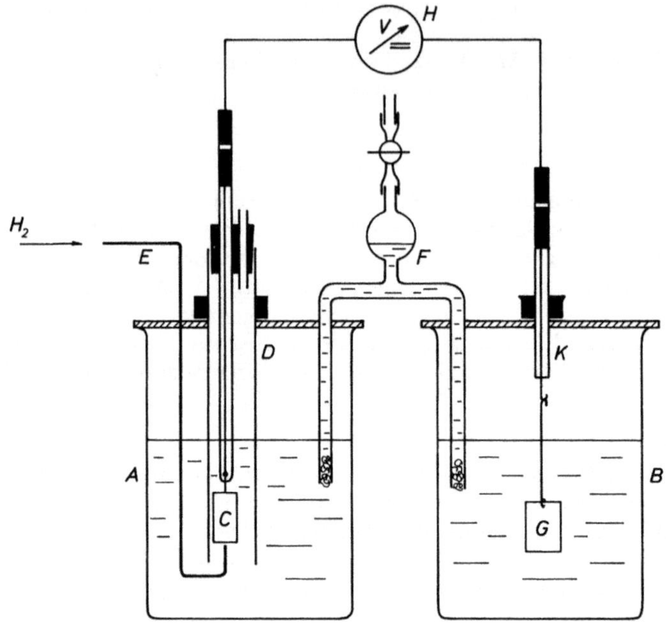

Abb. 66. Messung von Elektrodenpotentialen

rohr D (∅ 18 mm mit doppelt durchbohrtem Stopfen, zur Aufnahme der Platinelektrode und eines Gasableitungsrohres) – Gaseinleitungsrohr E – Elektrolytbrücke F – Metallelektrode G – hochohmiges Gleichstrom-Millivoltmeter H.
Elektrode C und Glasrohr D können durch eine handelsübliche Wasserstoffelektrode ersetzt werden.

Hilfsmittel:
Je 150 ml 1-molare Lösungen von $AgNO_3$, $CuSO_4 \cdot 5\ H_2O$, $FeSO_4 \cdot 7\ H_2O$ (frisch herzustellen), $ZnSO_4 \cdot 7\ H_2O$ – 2 N-Schwefelsäure – Platinchlorwasserstoffsäure – NH_4NO_3-Lsg. (etwa 10%ig) – H_2-Quelle – Becherglas (100 ml) – 4 zusätzliche Bechergläser (250 ml) – Metallblechelektroden: Ag, Cu, Fe, Zn (etwa 20 x 30 mm) – feines Schmirgelpapier – Watte – regelbare Gleichstromquelle – Gleichstrom-Milliamperemeter.

Vorbereitung:
Platinieren der Platinelektrode: Die gut gereinigte (s. I - 7) Platinelektrode (Kathode) wird zusammen mit einer zweiten Platinelektrode (Anode) in ein Becherglas (100 ml) mit einer Lösung von 0,5 g Platinchlorwasserstoffsäure in 50 ml Wasser eingetaucht. Die beiden Elektroden werden unter Zwischenschaltung eines Gleichstrom-Milliamperemeters mit einer Stromquelle (2 bis 3 Volt) verbunden. Man elektrolysiert anfangs mit einer Stromdichte von 5 mA/cm^2 und steigert sie nach einer halben Stunde auf 20 mA/cm^2. Nach etwa 15 Min. wird die mit einem wie Ruß aussehenden Platinüberzug versehene Elektrode mehrmals in jeweils frisches dest. Wasser getaucht und so vom anhaftenden Elektrolyten befreit. Bis zur Ausführung des Versuchs ist sie in einem Reagenzglas mit dest. Wasser aufzubewahren.
Normalwasserstoffelektrode: Die platinierte Elektrode C wird in das Rohr D einge-

setzt; die Elektrode darf nicht aus dem unteren Ende von D herausragen. Das mit 2N-H_2SO_4[1]) gefüllte Becherglas A wird mit einem Deckel abgedeckt, der Löcher für D und die Elektrolytbrücke F sowie einen seitlichen Schlitz für die Wasserstoffzuleitung E hat. D und E werden durch den Deckel in das Becherglas A eingesetzt und mittels eines Gummiringes bzw. Stopfens in der richtigen Höhe fixiert. Metallelektroden: Die gereinigten und evtl. abgeschmirgelten Metallbleche aus Ag, Cu, Fe oder Zn sind oben mit einem feinen Loch zu versehen; durch dieses wird ein dünner Platindraht gezogen, dessen Enden man verdrillt und zu einer Öse umbiegt. Das Becherglas B erhält einen Deckel wie Becherglas A mit 2 Löchern, das eine (seitliche) für die Elektrolytbrücke, das andere (zentrale) für ein mit Stopfen versehenes Kapillarrohr K (etwa 5 cm lang). Durch dieses wird ein blanker Kupferdraht geführt, der unten zu einem Haken gebogen und am oberen Ende mittels einer Buchse fixiert wird. Der Haken dient zum Aufhängen der Metallelektroden.
Elektrolytbrücke: Die Enden werden mit Wattepfropfen verschlossen. Dann wird die Brücke durch vorsichtiges Aufsaugen mit der Ammoniumnitratlösung gefüllt.

Ausführung:
Nach dem Füllen des Becherglases B mit dem passenden Elektrolyten und nach Einsetzen der Metallelektrode wird diese mit der Normalwasserstoffelektrode über das Millivoltmeter, dessen Zeiger möglichst in die Mitte der Skala gestellt wurde, verbunden. Die beiden Halbelemente werden nun mittels der Elektrolytbrücke F zu einer galvanischen Kette geschlossen. Dann läßt man einen mäßigen Wasserstoffstrom gegen die Platinelektrode perlen. Man wählt den Meßbereich des Millivoltmeters so aus, daß ein deutlicher Zeigerausschlag beobachtet werden kann. Zur Festlegung der Spannungsreihe vergleicht man Größe und Richtung der Zeigerausschläge des Millivoltmeters bei den verschiedenen Elektroden. Will man die Potentialdifferenzen genau messen, so verwendet man im allgemeinen die Poggendorfsche Kompensationsmethode[2]).

II - 10.2.3 Konzentrationsabhängigkeit der EMK

a) Silberelektroden
(Elektroden I. Art)
Ag ‖ Ag^+ (c_1) – Ag^+ (c_2) ‖ Ag

Versuchsanordnung: Abb. 67
Doppel-U-Rohr A_1 A_2 A_3 mit 2 eingeschmolzenen Glasfrittenplatten B und C und einem Abflußhahn D am Schenkel A_1 – 2 gleiche Silberelektroden E und F (s.u.) – Gummistopfen für A_3 – hochohmiges Millivoltmeter G.

Hilfsmittel:
1 N-NH_4NO_3 – 0,1 N-, 0,01 N-, 0,001 N-, 0,0001 N-$AgNO_3$ – halbkonz. Salpetersäure – Becherglas (100 ml) – großes Reagenzglas – Krokodilklemmen.

Vorbereitung:
An den Silberblechen (etwa 5 x 50 mm, 0,2 mm dick) wird je ein Silberdraht (∅ 1 mm,

[1]) Nach Definition muß die Aktivität der H_3O^+-Ionen $a_{H_3O^+} = 1$ sein. Diese Bedingung ist in 2 N-H_2SO_4 oder 1,19 N-HCl mit ausreichender Genauigkeit erfüllt.
[2]) Vgl. *Jander, G., K. F. Jahr* und *H. Knoll*, Maßanalyse. Sammlung Göschen, 13. Aufl. (Berlin – New York 1973).

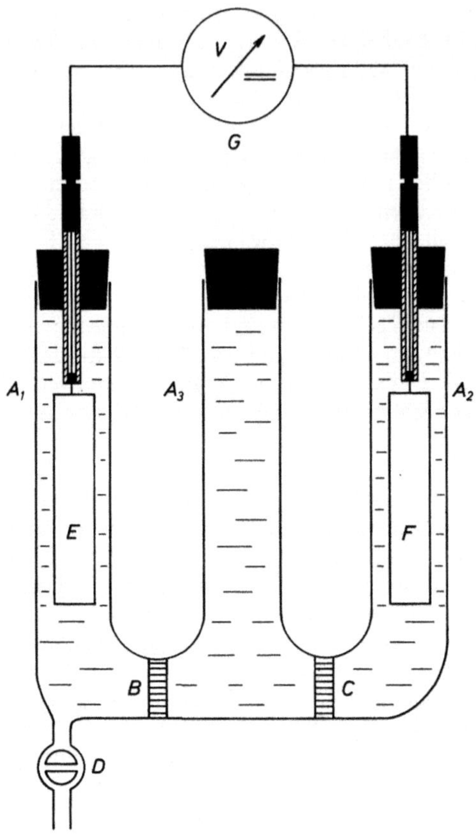

Abb. 67. Doppel- U- Rohr für Potentialmessungen

Länge etwa 4 cm) befestigt. Dann schiebt man über den Draht ein Kapillarrohr (Ø 6 mm außen, 2 mm innen, Länge etwa 5 cm), das seinerseits in einem auf die Stopfenbetten der U-Rohrschenkel passenden Gummistopfen steckt, und verkittet das Kapillarrohr beiderseits mit Picein oder einem geeigneten Kleber. Vor Gebrauch taucht man die Elektroden kurz in halbkonz. Salpetersäure, spült mit dest. Wasser ab und bewahrt die Elektroden bis zur Verwendung in einem mit 0,1 N-$AgNO_3$ gefüllten Reagenzglas auf; die Elektroden müssen sich zum Ausgleich eines evtl. vorhandenen Potentialunterschieds berühren.

Ausführung:
Man füllt den mittleren U-Rohrschenkel A_3 mit der Ammoniumnitrat-Lösung, die Schenkel A_1 und A_2 mit 0,1 N-$AgNO_3$ und zwar jeweils bis zum Stopfenbett. Dieses Einfüllen muß schnell geschehen, damit die Ammoniumnitrat-Lösung nicht durch die Fritten in A_1 und A_2 hineinfließt. Dann setzt man den Gummistopfen (A_3) und die Elektroden ein und verbindet letztere mit dem Millivoltmeter: Kein Ausschlag des Zeigers. Jetzt nimmt man die Elektrode E heraus und bringt sie sofort in dest. Wasser. Dann läßt man die Lösung aus A_1 ab, spült schnell mit dest. Wasser und füllt sofort 0,01 N-$AgNO_3$ nach. Die Elektrode E wird eingesetzt und angeschlossen; der Ausschlag des Millivoltmeters wird abgelesen.

Die Lösung in A_1 wird nun weiter wie beschrieben gegen 0,001 N- und 0,0001 N-$AgNO_3$ ausgetauscht.

Auswertung:
Die Ausschläge des Millivoltmeters werden in Abhängigkeit vom Logarithmus des Quotienten der Konzentrationen in A_2 und A_1 in ein Koordinatensystem aufgetragen. Es muß sich eine Gerade ergeben, die der Gleichung

$$E = \frac{0{,}059}{n} \cdot \lg \frac{c_2}{c_1} \; (n = 1) \text{ entspricht.}$$

b) Silber-Silberchloridelektroden
(Elektroden II. Art)
Ag – AgCl ‖ KCl (c_1) – KCl (c_2) ‖ AgCl – Ag

Versuchsanordnung:
Wie Versuch a, Abb. 67
Anstelle der blanken Silber-Elektroden werden jetzt mit einer Silberchlorid-Schicht bedeckte Silberbleche, statt der Silbernitrat-Lösungen Kaliumchlorid-Lösungen verwendet. Zwischenelektrolyt ist auch hier 1 N-NH_4NO_3.

Hilfsmittel:
1 N-NH_4NO_3 – 1 N-, 0,1 N-, 0,01 N-, 0,001 N-, 0,0001 N-KCl – großes Reagenzglas – Krokodilklemmen – Gleichstromquelle – zusätzliche Silberblechelektrode – Becherglas (250 ml).

Vorbereitung:
Die Silberelektroden werden im Becherglas als Anoden in 1 N-KCl gegen das Silberblech als Kathode mit einer Gleichstromquelle (2 Volt) verbunden. Bei der Elektrolyse überzieht sich die Anode mit einer Silberchloridschicht.

Ausführung:
Analog Versuch a. In den Rohrschenkel A_3 füllt man als Zwischenelektrolyt 1 N-NH_4NO_3, in A_1 und A_2 je 0,1 N-KCl. Dann setzt man die Silberchlorid-Elektroden ein und verbindet sie mit dem Millivoltmeter: Kein Ausschlag. Anschließend wird die KCl-Konz. analog Vers. a in A_1 variiert und der jeweilige Ausschlag des Millivoltmeters abgelesen.

Auswertung:
Analog Versuch a: c_1 und c_2 sind hier die Konzentrationen der Cl^--Ionen.

II - 10.2.4 Konzentrationsabhängigkeit des Redoxpotentials Fe^{3+} / Fe^{2+}

Versuchsanordnung: Abb. 68
U-Rohr A_1 A_2 mit Glasfritte B – 2 Platinblech- oder -netzelektroden C, D mit angeschweißten Platindrähten – hochohmiges Gleichstrom-Voltmeter E (3 V).

Hilfsmittel:
$NH_4Fe(SO_4)_2 \cdot 12\,H_2O$ – $(NH_4)_2Fe(SO_4)_2 \cdot 6\,H_2O$ – 1 N-Schwefelsäure – 2 Bechergläser (600 ml) – 2 Meßkolben (1000 ml) – 2 Meßpipetten (10 ml).

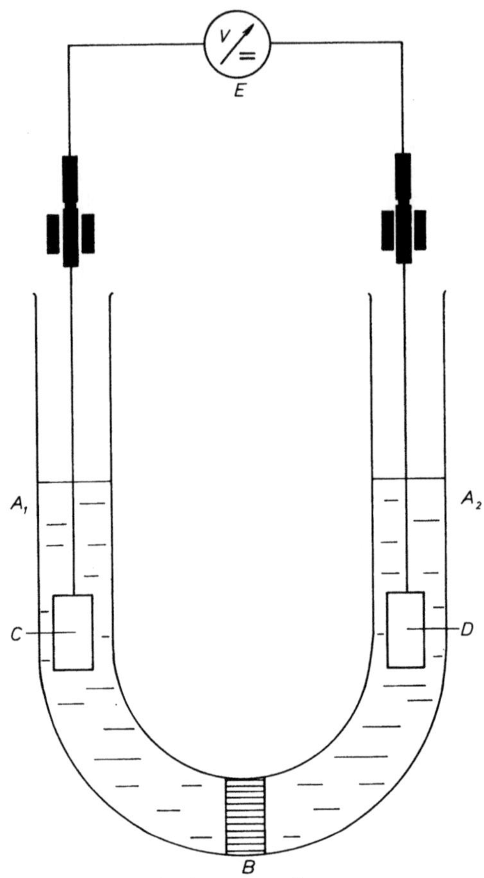

Abb. 68. U-Rohr für Potentialmessungen

Vorbereitung:
Man wiegt 48,221 g $NH_4Fe(SO_4)_2 \cdot 12\,H_2O$ (0,1 mol) und 39,216 g $(NH_4)_2Fe(SO_4)_2 \cdot 6\,H_2O$ (0,1 mol) genau ab.

Ausführung:
Man löst die angegebenen Mengen der Salze in jeweils 500 ml 1 N-Schwefelsäure; bei der Fe(III)-Verbindung muß man dabei evtl. etwas erhitzen. Die (erkalteten) Lösungen werden in den beiden Meßkolben auf jeweils 1000 ml aufgefüllt. Dann pipettiert man aus jedem Kolben 9,9 ml Lösung ab und füllt sie in den jeweils anderen Meßkolben. Die molaren Konzentrationen der Salze verhalten sich dann wie 100 : 1.
Die Lösungen dürfen erst kurz vor der Messung hergestellt werden.
Man füllt die beiden Lösungen gleichzeitig in die Schenkel A_1 bzw. A_2 des U-Rohres ein, bis die Elektroden vollständig umspült sind; die Füllhöhe muß in beiden Schenkeln gleich sein. Dann wird die Spannung gemessen.

Auswertung:
Aus der *Nernst*schen Gleichung erhält man mit $[Fe^{3+}] : [Fe^{2+}] = 100 : 1$ bzw. $1 : 100$ als theoretischen Wert

$$E = 0{,}059\,(\lg 100 - \lg 0{,}01) = 0{,}236\ \text{V}.$$

II - 10.2.5 Bestimmung des Löslichkeitsproduktes von Silberchlorid

Versuchsanordnung: Abb. 69
2 Bechergläser A und B (100 ml, hohe Form) – Elektrolytbrücke C mit Ansaugrohr, Schlauchansatz, Quetschhahn und Mundstück – 2 Silberelektroden D und E (in Blech-, Stab- oder Drahtform) verbunden mit einem hochohmigen Millivoltmeter

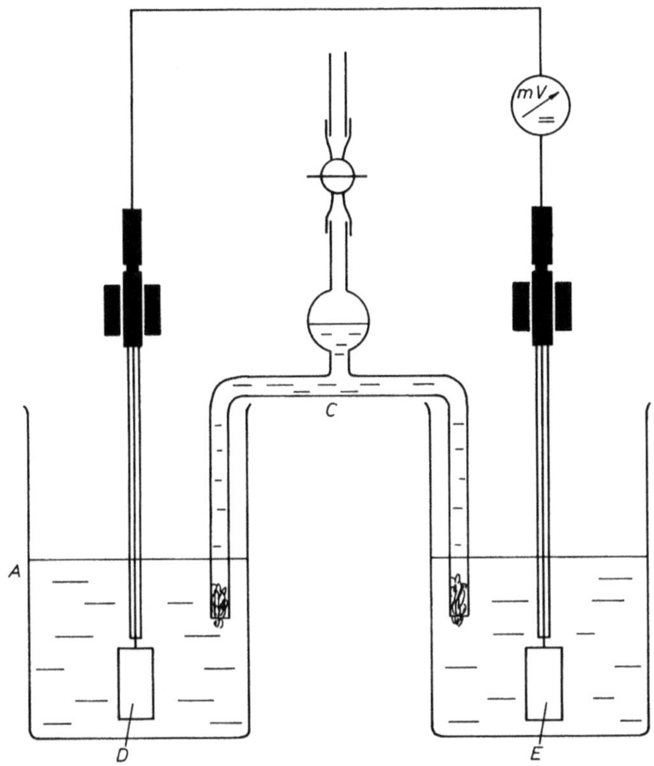

Abb. 69. Bestimmungen des Löslichkeitsproduktes durch Potentialmessung

(Meßbereich 300 bis 500 mV). Die Bechergläser stehen in einem Wasserbad von Raumtemperatur. Anstelle der Bechergläser mit Elektrolytbrücke kann man auch das Doppel-U-Rohr nach Abb. 67 verwenden.

Hilfsmittel:
0,001 N-$AgNO_3$ – 0,001 N-KCl – 0,1 N-NH_4NO_3 als Brückenelektrolyt – Pipetten (10, 20, 50 ml) – Becherglas (250 ml) – Watte – Thermometer (bis 50 °C).

Vorbereitung:
Die Silberelektroden werden wie bei Vers. II - 10.2.3a gereinigt und aufbewahrt. Die Elektrolytlösungen stellt man in verschlossenen Gefäßen rechtzeitig in das Wasserbad von Raumtemperatur.

Ausführung:
In das Becherglas A gibt man 50 ml 0,001 N-$AgNO_3$, in B 20 ml 0,001 N-$AgNO_3$ und 30 ml 0,001 N-KCl und taucht die Elektroden in die Lösungen ein. Dann füllt man die Elektrolytbrücke mit der Ammoniumnitrat-Lösung (s. Vers. II - 10.2.2) und hängt sie in die Bechergläser ein. Man mißt die Potentialdifferenz E zwischen den Elektroden, wobei man innerhalb von fünf Minuten mehrfach kontrolliert, ob der Ausschlag des Millivoltmeters konstant bleibt. Schließlich stellt man noch die Temperatur der beiden Lösungen fest.

Auswertung:
Die zur Berechnung des Löslichkeitsproduktes $L = [Ag^+] \cdot [Cl^-]$ erforderliche Konzentration $[Ag^+]$ erhält man aus der Gleichung

$$E = 0{,}059 \lg \frac{c_1}{[Ag^+]},$$

wenn man darin für c_1 die Ag^+-Ionenkonzentration der Ausgangslösung (Becherglas A) und für E die gemessene Potentialdifferenz einsetzt.
Die Konzentration $[Cl^-]$ in der Lösung (Becherglas B) ergibt sich aus der zugesetzten Menge KCl abzüglich der zur Ausfällung der Ag^+-Ionen als AgCl verbrauchten Menge[1]). Bei der Berechnung von $[Cl^-]$ muß das Volumen der Lösung nach der Mischung (hier 50 ml) beachtet werden.
Das Löslichkeitsprodukt von Silberchlorid ist stark temperaturabhängig.

II - 10.2.6 Bestimmung des Ionenproduktes von Wasser

Versuchsanordnung:
Zwei Bechergläser (150 ml, hohe Form), von denen das eine mit 0,1 N-Salzsäure und das andere mit 0,1 N-Natronlauge zu je 2/3 gefüllt ist, sind mit einer Elektrolytbrücke (vgl. Vers. II - 10.2.2) verbunden. In jedes Becherglas taucht eine Wasserstoffelektrode (vgl. Vers. II - 10.2.2) ein. Die Wasserstoffzufuhr zu den beiden Elektroden erfolgt von der Wasserstoffquelle aus über eine Y-Verzweigung mittels Gummischläuchen. Die beiden Elektroden sind an ein hochohmiges, empfindliches Millivoltmeter (z.B. ein Digitalvoltmeter) angeschlossen.
Die Bechergläser stehen in einem Thermostaten, z.B. in einer großen Wanne mit Wasser.
Anstelle der Bechergläser mit Elektrolytbrücke kann man auch ein Doppel-U-Rohr mit Ablaufhahn (vgl. Abb. 67) verwenden.

Hilfsmittel:
0,1 N- und 0,01 N-Lösungen von HCl und NaOH – 0,1 N-NH_4NO_3 als Brückenelektrolyt – H_2-Quelle – Thermometer (0 bis 50 °C) – Watte.

Ausführung:
Man setzt die mit 0,1 N-NH_4NO_3 gefüllte Elektrolytbrücke ein und stellt eine Temperatur von 25 °C ein, die man während des Versuchs konstant hält. Dann leitet man einen langsamen Wasserstoffstrom gegen die Elektroden und mißt die Klemmenspannung, sobald diese konstant bleibt. Diese Messung wiederholt man für verschiedene Kombinationen der Konzentrationen von Salzsäure und Natronlauge.

[1]) Hierbei kann die geringe Restmenge der nicht gefällten Ag^+-Ionen vernachlässigt werden.

Auswertung:
Ist c_1 die H_3O^+-Konzentration der HCl-Lösung, c_2 die H_3O^+-Konzentration der NaOH-Lösung, so ist die EMK (Gleichgewichtsspannung) der Konzentrationskette nach Nernst (bei 25 °C):

$$E = 0{,}059 \lg \frac{c_1}{c_2}$$ [1])

c_1 ist gleich der Ausgangskonzentration der Salzsäure, c_2 ergibt sich aus der Ausgangskonzentration c_{NaOH} der Natronlauge und dem Ionenprodukt des Wassers

$$K_W = [H_3O^+] \cdot [OH^-]$$

zu

$$c_2 = \frac{K_W}{[OH^-]} = \frac{K_W}{c_{NaOH}}$$

Daraus folgt:

$$E = 0{,}059 \lg \frac{c_{HCL} \cdot c_{NaOH}}{K_W}$$

Aus der Messung von E ergibt sich damit das Ionenprodukt K_W.

II - 10.2.7 Elektrochemische Spannungsquellen[2])

a) Daniell-Element[3])

$$Cu^{2+} + Zn \rightarrow Cu + Zn^{2+};\ \Delta H = -49{,}1 \text{ kcal } (-205{,}2 \text{ kJ})$$

Versuchsanordnung:
Wie Vers. II - 10.2.4, Abb. 68 mit folgenden Abänderungen: Statt der Platinelektroden eine Kupferblechelektrode C und eine Zinkblechelektrode D, je etwa 20 x 50 mm, an Platindrähten (s.u.).

Hilfsmittel:
Gesättigte $CuSO_4$-Lsg. – 1 N-$ZnSO_4$ – Methanol – Äther – verd. Salpetersäure – Analysenwaage – 2 Bechergläser (100 ml) – Bunsenbrenner.

Vorbereitung:
Das Herrichten der Elektroden, insbesondere das Befestigen (nicht Anlöten) der Platindrähte an den Blechen sowie das Haltern und Aufhängen der Elektroden erfolgt wie in Versuch II - 10.3.1 beschrieben. Die abgeschmirgelten Elektroden werden

[1]) Eigentlich müßten die Aktivitätskoeffizienten f_1, f_2 berücksichtigt werden:

$$E = 0{,}059 \lg \frac{c_1 \cdot f_1}{c_2 \cdot f_2}.$$

[2]) S. auch
Hamann, C. H., W. Vielstich u. *M. Vogel,* Direkterzeugung elektrischer aus chemischer Energie (Brennstoffzellen). Chem. uns. Zeit **1,** 62 (1967).
Hamann, C. H., E. Schwarzer u. *M. Vogel,* Die Zink-Luft-Batterie. Chem. uns. Zeit **6,** 128 (1972).

[3]) Erfunden 1836 von *J. F. Daniell* (1790–1845).

durch kurzes Eintauchen in verd. Salpetersäure, Abspülen mit dest. Wasser, Methanol und Äther gesäubert, dann hoch über der Flamme eines Bunsenbrenners getrocknet und im Exsikkator aufbewahrt. Vor Versuchsbeginn werden die Elektroden gewogen.

Ausführung:
Die Kupfersulfat-Lösung wird in Schenkel A_1, die Zinksulfat-Lösung niveaugleich in Schenkel A_2 eingefüllt. Die Elektroden werden in ihre Lösungen eingehängt. Dann mißt man die zwischen ihnen bestehende Klemmenspannung, indem man die Kupferelektrode mit der Plusklemme, das Zinkblech mit der Minusklemme des Voltmeters verbindet. Nun entfernt man das Voltmeter und schließt die Elektroden kurz. Nach etwa 20 Min. nimmt man die Elektroden aus dem U-Rohr heraus, bringt sie sofort in die mit dest. Wasser gefüllten Bechergläser, spült sie nacheinander mit dest. Wasser, Methanol und Äther ab, trocknet (s. oben) und wägt sie.

Auswertung:
Die Gewichtszunahme der Kupfer-Elektrode muß sich zur Gewichtsabnahme der Zink-Elektrode verhalten wie die Äquivalentmasse des Kupfers zu der des Zinks. Aus der Standard-EMK E° ($= e^\circ_{Cu} - e^\circ_{Zn}$) der Zelle läßt sich die freie Standardenthalpie ΔG° der Reaktion berechnen:

$$\Delta G^\circ = -n_e \cdot F \cdot E^\circ$$

wobei n_e die pro Formelumsatz ausgetauschte Zahl der Elektronen und F die Faradaykonstante bedeuten. Die EMK-Messung muß unter Standardbedingungen (25 °C) durchgeführt werden; die Konzentrationen der beiden Elektrolytlösungen müssen bei dieser Messung gleich sein.

b) Bleiakkumulator[1])

$$\text{Kathode:}\quad PbSO_4 + 2\,e^- \underset{\text{Entladung}}{\overset{\text{Ladung}}{\rightleftharpoons}} Pb + SO_4^{2-}$$

$$\text{Anode:}\quad PbSO_4 + 6\,H_2O \underset{\text{Entladung}}{\overset{\text{Ladung}}{\rightleftharpoons}} Pbo_2 + SO_4^{2-} + 4\,H_3O^+ + 2\,e^-$$

Versuchsanordnung:
Becherglas (400 ml) – 2 Bleibleche als Elektroden (etwa 60 x 40 mm) – 2 Anschlußdrähte mit Krokodilklemmen – hochohmiges Gleichstromvoltmeter – regelbare Gleichstromquelle.

Hilfsmittel:
25%ige Schwefelsäure – Glühlämpchen einer Taschenlampe (2 V) in Schraubsockel.

Vorbereitung:
Die beiden Blechelektroden werden über den Rand des Becherglases eingehängt und mittels Krokodilklemmen mit den zur Stromquelle führenden Drähten verbunden. Zur Messung der „Klemmenspannung“ wird das Voltmeter zwischen die beiden Elektroden geschaltet. Man füllt das Becherglas mit der Schwefelsäure.

[1]) Erfunden 1868 von *F. Wöhler* (1800–1882).

Ausführung:
Nach Anschluß an die Stromquelle (Ladespannung etwa 2,3 V) wird die Elektrolyse so lange in Gang gehalten, bis die anodische Bildung von Blei(IV)-oxid (brauner Überzug) deutlich sichtbar geworden ist. Nach Ausschalten des Stromes zeigt das Voltmeter eine Spannnung an. Man ersetzt die Stromquelle durch das Glühlämpchen: Aufleuchten, das bald schwächer wird (Spannungsabfall).

II - 10.2.8 Potentiometrische Titration

Versuchsanordnung a:
In einem Becherglas (100 ml) mit Rührstäbchen, das auf einem Magnetrührer steht, befindet sich die zu titrierende Säure. In diese taucht eine pH-empfindliche Einstabmeßkette (Glaselektrode[1]) ein, die an ein pH-Meter angeschlosssen ist. Eine Bürette (25 ml) ist so an einem Stativ befestigt, daß ihre Auslaufspitze sich über dem Becherglas befindet.

Hilfsmittel:
1 N-NaOH; 1 N-Salzsäure; 1 N-Essigsäure; 1 N-Phosphorsäure – 4 Bechergläser (100 ml) – 3 Vollpipetten (10 ml).

Vorbereitung:
Man füllt die Bürette mit 1 N-NaOH. Dann gibt man in die Bechergläser: 1) 10 ml 1 N-Salzsäure; 2) 10 ml 1 N-Essigsäure; 3) ein Gemisch von je 10 ml 1 N-Salzsäure und 1 N-Essigsäure; 4) 10 ml 1 N-Phosphorsäure. Man verdünnt jeweils mit etwa 50 ml Wasser.

Ausführung:
Man stellt den Magnetrührer an, liest den pH-Wert ab, läßt dann 1 ml Lauge zufließen, liest wieder den pH-Wert ab und wiederholt diesen Vorgang so oft, bis insgesamt 15 ml (bei Versuch 3 25 ml) Natronlauge verbraucht sind. In der Nähe des Äquivalenzpunktes, erkennbar an größer werdenden Änderungen des pH-Wertes, gibt man die Lauge in Portionen von je 0,5 ml zu.

Auswertung:
Man trägt die erhaltenen Meßwerte in ein rechtwinkliges Koordinatensystem (Millimeterpapier) ein (Abszisse: Volumen der zugesetzten Natronlauge in ml, Ordinate: pH-Wert) und verbindet sie durch eine Kurve (Titrationskurve); der Wendepunkt der Kurve ist der Äquivalenzpunkt. Bei den Versuchen 3 und 4 ergeben sich zwei Wendepunkte, deren Abszissenwerte sich wie 1 : 2 verhalten müssen. Der dritte Äquivalenzpunkt der Phosphorsäure ist mit dieser Methode nicht zu bestimmen.

Bemerkung:
Steht kein pH-Meter mit Glaselektrode zur Verfügung, so kann man (z.B. bei Schülerübungen) die pH-Werte der Lösung nach jedem Laugenzusatz angenähert mit Universalindikatorpapier (z.B. von Merck, Lyphan oder Macherey und Nagel) bestimmen, indem man mit einem Glasstab jeweils einen Tropfen auf das Papier gibt und die Farbe mit der Eichskala vergleicht. Um durch die häufige Entnahme von Proben keine zu großen Konzentrationsänderungen und damit Fehler der Messung hervorzurufen, muß man mit größeren Lösungsmengen arbeiten; z.B. werden 100 ml 0,1 N-HCl usw. mit 100 ml Wasser verdünnt und mit 1 N-NaOH titriert.

[1]) *Jander, G., K. F. Jahr* u. *H. Knoll*, Maßanalyse. Sammlung Göschen, 13. Aufl. (Berlin–New York 1973).

Versuchsanordnung b:
Das für die jeweils zu titrierende Lösung bestimmte Becherglas (250 ml) mit Rührstäbchen steht auf einem Magnetrührer; seitlich neben ihm ist eine Bürette (25 ml) an einem Stativ so befestigt, daß ihre Auslaufspitze in das Becherglas hineinragt. Ein zweites, gleich großes Becherglas steht in gleicher Höhe dicht neben dem ersten auf einem Untersatz (z.B. „Laborboy"). Es wird mit 100 ml 2 N-H_2SO_4 gefüllt. In beide Bechergläser wird je eine Wasserstoffelektrode (vgl. Vers. II - 10.2.2 und Abb. 66) eingesetzt. Die Wasserstoffzufuhr zu beiden Elektroden wird von einer Wasserstoff-Quelle aus über ein Y-Stück und einen Schraubquetschhahn in jeder Zuleitung auf gleiche Stärke (Blasenzahl) geregelt. Die beiden Elektroden werden an ein hochohmiges Millivoltmeter (Meßbereich bis 700 mV) angeschlossen. Die Lösungen in den beiden Bechergläsern werden über eine Elektrolytbrücke (s. Vers. II - 10.2.2, Abb. 66) verbunden.

Hilfsmittel:
Wie bei a; zusätzlich: 1 N-NH_4NO_3-Lsg. als Brückenelektrolyt.

Vorbereitung:
Wie bei a, jedoch werden die abgemessenen Säuren jeweils auf 100 ml verdünnt.

Ausführung:
Wie bei a, wobei jeweils die Potentialdifferenz in mV abgelesen wird.

Auswertung:
Wie bei a; die Potentialdifferenz zwischen den beiden Elektroden ist nach der Nernstschen Gleichung für Konzentrationsketten dem Logarithmus der H_3O^+-Ionenkonzentration und damit dem pH-Wert proportional. Es muß sich also eine ganz analoge Titrationskurve ergeben.

II - 10.3 Elektrolytische Vorgänge

S. auch

III - 2.1.3	Chloralkali-Elektrolyse
III - 2.1.11	Kaliumchlorat durch Elektrolyse einer Kaliumchloridlösung
III - 2.1.12	Kaliumperchlorat durch anodische Oxidation einer Kaliumchloratlösung
III - 3.2.14	Kaliumperoxodisulfat durch anodische Oxidation
III - 4.1.7	Stickstofftrichlorid durch Elektrolyse einer Ammoniumchloridlösung
III - 9.4.2	Anodische Oxidation von Mangan zu Permanganat
IV - 1.5	Äthan durch Elektrolyse einer Natriumacetatlösung
IV - 2.6	Jodoform durch Elektrolyse
IV - 6.2	Anilin durch kathodische Reduktion von Nitrobenzol

II - 10.3.1 Gleichzeitige elektrolytische Abscheidung von Kupfer und Silber
(*Faraday*sche Gesetze)

Versuchsanordnung: Abb. 70a
2 Bechergläser A und B (250 ml, niedrige Form) auf je einem Magnetrührer C und D mit Rührstäbchen – 2 Kupferblechelektroden E und F (s.u.) – 2 Silberblechelektroden G und H (s.u.) – regulierbare Gleichstromquelle – Milliamperemeter – 4 Stativklammern zur Halterung der Elektroden – 4 Krokodilklemmen.

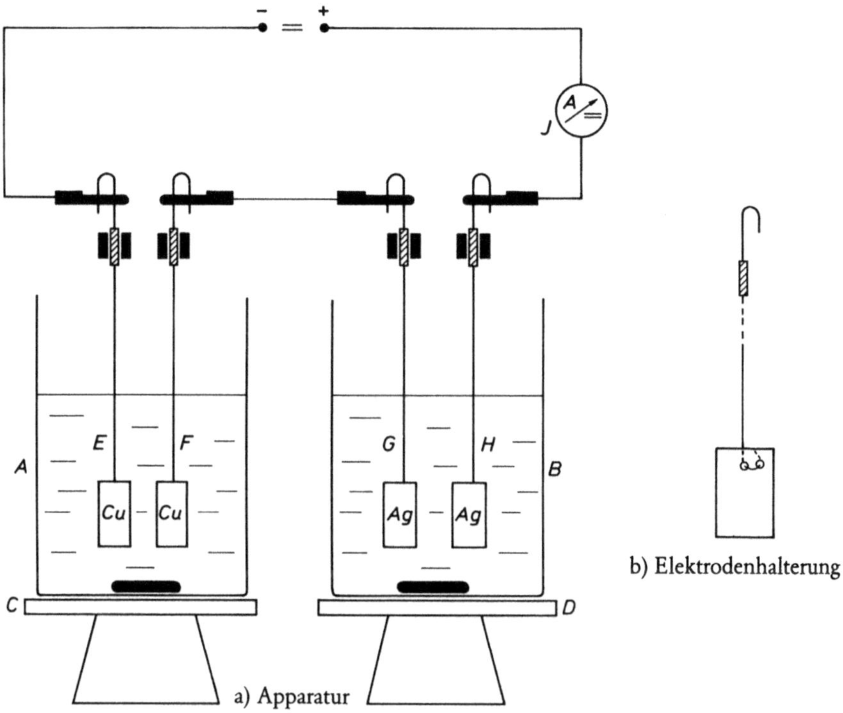

Abb. 70. Elektrolytische Abscheidung von Kupfer und Silber

Hilfsmittel:
Elektrolytlösungen:
1) 25 g $CuSO_4 \cdot 5\ H_2O$ werden in 180 ml Wasser gelöst; die Lösung wird mit 10 ml konz. Schwefelsäure und 10 ml Äthanol[1]) versetzt.
2) 5 g $AgNO_3$ werden in 150 ml Wasser gelöst; dann gibt man 50 ml HBF_4 (50%ig) zu.
Halbkonz. HNO_3 - Äthanol - Äther - Bunsenbrenner - Kupfer- und Silberblech (Schablonenblech) - Kupfer- und Silberdraht (∅ 0,8 bis 1 mm) - Hammer - verschiedenfarbiges Isolierband (Tesaband) zum Kennzeichnen der Elektroden - Schilder zum Etikettieren - Stoppuhr - 7 Bechergläser (100 ml), davon 4 mit dest. Wasser - Torsions- oder Analysenwaage (Empfindlichkeit 1 mg).

Vorbereitung:
Aus dünnem Kupfer- und Silberblech („Schablonenblech") werden je zwei etwa 20 x 30 mm große Rechtecke geschnitten und an 10 bis 12 cm langen Kupfer- bzw. Silberdrähten von ungefähr 0,8 bis 1 mm Durchmesser befestigt (nicht angelötet) (vgl. Abb. 70b): In das Blechstück werden an der Schmalseite 5 mm vom Rand entfernt zwei Löcher gestanzt, eines in der Mitte, das andere im Abstand von etwa 5 mm daneben;

[1]) Durch den Zusatz von Äthanol werden die „aktiven Stellen" der Metallelektroden blockiert, wodurch verhindert wird, daß das Kristallwachstum in bestimmter Richtung bevorzugt wird. Vgl. *Kortüm, G.*, Lehrbuch der Elektrochemie. 5. Aufl. (S. 503) (Weinheim 1972).

dann wird der Draht von einer Seite durch das mittlere Loch ein-, durch das andere Loch herausgeführt und einige Millimeter nach oben umgebogen. Ein kurzer Hammerschlag auf diese Schlaufe gibt dem Draht genügenden Halt. Um den Draht wikkelt man 3 bis 5 cm vom freien Ende entfernt einige Lagen Isolierband von jeweils verschiedener Farbe (Tesaband) zum Einspannen der Elektrode in eine Stativklammer und biegt das obere Ende zum Aufhängen beim Wägen hakenförmig um. Die Elektroden werden zur Reinigung einige Sekunden in halbkonz. Salpetersäure getaucht, dann der Reihe nach mit Wasser, Äthanol und Äther abgespült, durch Schwenken in der Luft oder hoch über einer Bunsenflamme getrocknet und im Exsikkator aufbewahrt.

Bemerkung:
Es ist empfehlenswert, in einem Vorversuch zunächst alle Elektroden (auch die Anoden) zu verkupfern bzw. zu versilbern, damit man bei der Messung saubere und glatte Oberflächen hat und gut haftende Abscheidungen erhält. Außerdem ergeben sich für die anodische Auflösung so bessere Werte.

Ausführung:
Die Elektroden werden genau gewogen und vollständig in die Elektrolytlösungen eingetaucht; ihre Polungen werden durch die vorbereiteten Schilder gekennzeichnet. Die Magnetrührer werden in Betrieb gesetzt. Nach dem Einschalten der Stromquelle und der Stoppuhr wird die Stromstärke auf 50 bis 100 mA eingestellt und während der Elektrolyse konstant gehalten. Nach 20 Minuten wird der Strom unterbrochen; die Elektroden werden in die Bechergläser mit dest. Wasser gestellt, nacheinander mit Alkohol und Äther abgespült, getrocknet und gewogen.

Auswertung:
Die Gewichtszunahme der jeweiligen Kathode Δm_K sollte gleich der Gewichtsabnahme der zugehörigen Anode Δm_A sein[1]). Die abgeschiedenen Mengen Silber und Kupfer stehen zueinander im Verhältnis der entsprechenden Äquivalentmassen 107,87 : 31,77 = 3,39 : 1.
Die von 1 A · sec (Amperesekunde) abgeschiedenen Massen betragen (Literaturwerte):

für Cu 0,329 mg · A^{-1} · sec^{-1}
für Ag 1,118 mg · A^{-1} · sec^{-1}

Bei Kenntnis der Molmassen und der Ionenladungen kann man daraus die *Faraday*-Konstante berechnen.

II - 10.3.2 Bestimmung der Faradaykonstante durch Elektrolyse einer Kaliumjodidlösung[2])

Versuchsanordnung:
Wie Vers. II - 10.2.5, Abb. 69 mit folgenden Abänderungen: Die beiden Elektroden sind an eine regelbare Gleichstromquelle angeschlossen. In den Stromkreis ist ein Milliamperemeter (bis 100 mA) geschaltet.

[1]) Es ist meist nicht genau $\Delta m_K = -\Delta m_A$, weil bei der anodischen Auflösung des Metalls Verunreinigungen anfallen, die nicht abgeschieden werden. Auch können Nebenreaktionen ablaufen, z.B. $Cu^{2+} + Cu \rightarrow 2\ Cu^+$; vgl. *Kortüm, G.*, Lehrbuch der Elektrochemie. 5. Aufl. (S. 512) (Weinheim 1972).

[2]) *Engesser, H.*, Praxis der Chemie **2**, 356 (1953); s. auch *Dehn, E.*, Einfache Versuche zur allgemeinen und physikalischen Chemie. Sammlung Göschen (S. 193) (Berlin 1962).

Hilfsmittel:
KJ - NH_4NO_3-Lsg. (etwa 10%ig) - 0,1 N-$Na_2S_2O_3$ - 0,1 N-Salzsäure - Stärkelösung (s.V) - Indikator für Neutralisation (z.B. Methylrot) - Stoppuhr - Becherglas (250 ml) - 2 Büretten (25 ml) - Pinzette.

Ausführung:
In die Bechergläser A und B gibt man je 50 ml frisch bereitete 10%ige Kaliumjodid-Lösung. Die Elektrolytbrücke wird durch Aufsaugen mit der Ammoniumnitrat-Lösung gefüllt und vorsichtig in die Bechergläser gestellt. Die Spannung an den Elektroden wird während der ganzen Elektrolyse so geregelt, daß ein genau konstanter Strom (zwischen 50 und 60 mA) fließt. Die Elektrolyse wird nach 15 bis 20 Minuten unterbrochen. Dann wird die Elektrolytbrücke vorsichtig hochgehoben und durch Öffnen des Quetschhahns die Ammoniumnitrat-Lösung abgelassen; die Wattepropfen werden durch Ausblasen bzw. mit einer Pinzette in die zugehörigen Bechergläser gebracht und die Schenkel der Elektrolytbrücke sorgfältig von innen und außen in die Bechergläser hinein abgespült, ebenso die Elektroden.
Das im Anodenraum abgeschiedene Jod wird nach Stärkezusatz mit 0,1 N-$Na_2S_2O_3$-Lösung titriert, die im Kathodenraum entstandenen OH^--Ionen mit 0,1 N-Salzsäure. Bei den Titrationen bleiben die Wattebäusche in der Lösung.

Auswertung:
Die *Faraday*konstante F ist definitionsgemäß diejenige Elektrizitätsmenge (in A · sec), die 1 mol (Grammion) eines einwertigen Ions abscheidet. Von x A · sec werden also abgeschieden $n = \frac{x}{F}$ mol Ionen. 1 ml der 0,1 normalen Lösungen entspricht 10^{-4} mol der zu titrierenden Ionen; sind V_A bzw. V_K die bei den Titrationen der anodischen bzw. kathodischen Abscheidungen verbrauchten Volumina der Maßlösungen in ml, so gilt jeweils:

$$n_A = V_A \cdot 10^{-4} = \frac{x}{F_A} \text{ bzw. } n_K = V_K \cdot 10^{-4} = \frac{x}{F_K}$$

$$\text{oder } F_A = \frac{x}{V_A} \cdot 10^4 \text{ bzw. } F_K = \frac{x}{V_K} \cdot 10^4.$$

II - 10.3.3 Bestimmung des Ladungsverhältnisses Cu^+/Cu^{2+}

Anodenvorgang:
a) In alkal. NaCl-Lsg.: $2\ Cu + 2\ OH^- \rightarrow Cu_2O + H_2O + 2\ e^-$
b) In neutraler $CuSO_4$-Lsg.: $Cu \rightarrow Cu^{2+} + 2\ e^-$

Versuchsanordnung: Abb. 71
2 Bechergläser (150 ml): A (mit alkal. NaCl-Lsg.), B (mit $CuSO_4$-Lsg.), mit je einem Magnetrührer (unter A mit Heizplatte) mit Rührstäbchen - 4 Kupferblechstreifen (1 x 10 cm, Dicke etwa 0,5 bis 1 mm) als Elektroden, mit Krokodilklemmen angeschlossen und hintereinandergeschaltet - Milliamperemeter (bis 500 mA) - regelbare Gleichstromquelle.

Hilfsmittel:
Elektrolytlösungen: A) Man löst 11,7 g NaCl in 100 ml Wasser und gibt 1 Plätzchen NaOH zu.
B) Lösung von 12,5 g $CuSO_4 \cdot 5\ H_2O$ in 100 ml Wasser.
Salpetersäure (20%ig) - Methanol - Äther - Stoppuhr - Thermometer (bis 100 °C) - Analysenwaage - Bunsenbrenner.

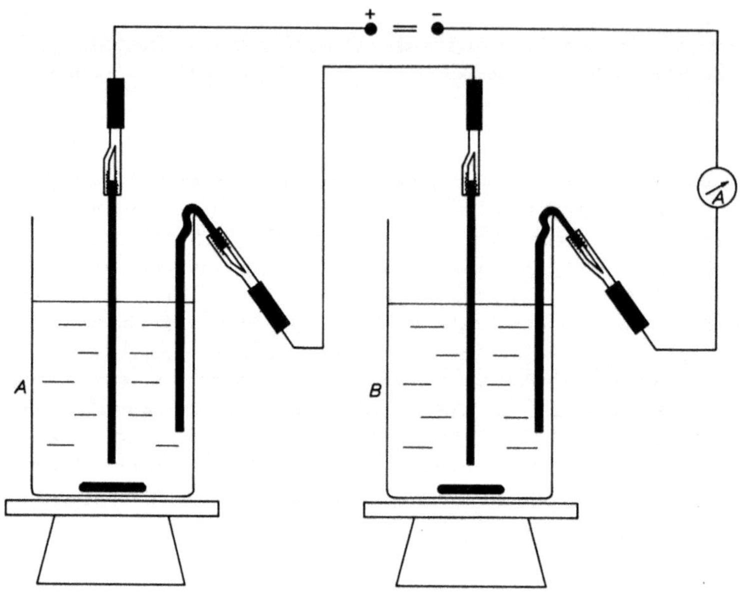

Abb. 71. Bestimmung des Ladungsverhältnisses Cu^{+}/Cu^{2+}

Vorbereitung:
Die Kupferblechelektroden werden auf eine Länge von etwa 5 cm durch kurzes Eintauchen in die Salpetersäure gesäubert, nach Abspülen mit dest. Wasser, Methanol und Äther getrocknet und genau gewogen. Die Anoden werden in den Elektrolytlösungen hängend fixiert, die Kathoden durch Umbiegen des Bleches um den Becherglasrand gehalten.

Ausführung:
Man erwärmt die Natriumchlorid-Lösung auf 65 bis 80 °C. Dann schaltet man die Stromquelle und gleichzeitig die Stoppuhr ein und reguliert die Stromstärke auf genau 200 mA. Während der Elektrolyse wird gerührt. Nach 15 bis 20 Minuten wird die Stromzufuhr unterbrochen. Die Anode aus A wird mit dest. Wasser abgespült und mit Filtrierpapier zur Entfernung von anhaftendem Kupfer(I)-oxid abgewischt, dann erneut mit dest. Wasser abgespült, nacheinander in Methanol und Äther getaucht und hoch über einer Gasflamme getrocknet. Die Anode aus B wird lediglich mit dest. Wasser, Methanol und Äther abgespült und getrocknet. Beide Elektroden werden gewogen.
Man wiederholt den Versuch und variiert dabei die Stromstärke (zwischen 200 und 500 mA) und die Elektrolysedauer (je nach Stromstärke zwischen 10 und 30 Minuten).

Auswertung:
Die von der gleichen Elektrizitätsmenge in A und B in die Ionenform übergeführten Kupfer-Mengen (Massen) stehen in umgekehrtem Verhältnis zu den entsprechenden Ionenladungen.

II - 10.3.4 Zersetzungsspannung einer Kupfersulfatlösung

Kathode: $2\,Cu^{2+} + 4\,e^- \rightarrow 2\,Cu$

Anode: $2\,H_2O \rightarrow 4\,H^+ + O_2 + 4\,e^-$ [1]

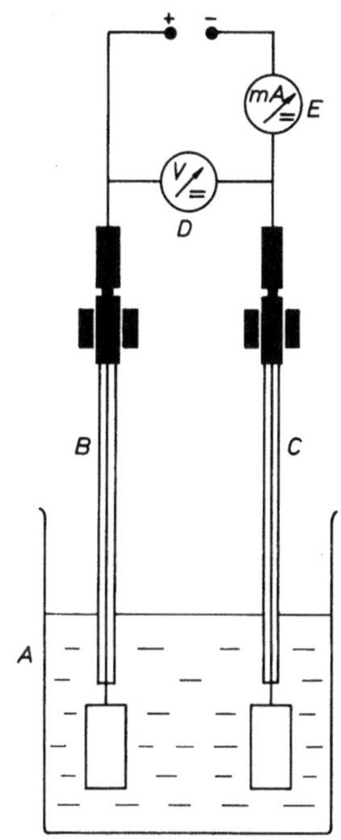

Abb. 72. Zersetzungsspannung einer Kupfersulfat-Lösung

Versuchsanordnung: Abb. 72
Becherglas A (250 ml, niedrige Form) – 2 Platinelektroden B und C mit Buchsen – hochohmiges Voltmeter D, Nullstellung möglichst in der Mitte der Skala – Milliamperemeter E – regelbare Gleichstromquelle. Der negative Pol der Stromquelle wird mit C verbunden.

Hilfsmittel:
Kalt gesättigte $CuSO_4$-Lösung.

Vorbereitung:
Nach Einfüllen der Kupfersulfatlösung in A wird die Empfindlichkeit des Amperemeters E so eingestellt, daß vor Erreichen der Zersetzungsspannung (etwa 1,46 V) der Zeiger von E bei einer Spannungssteigerung von jeweils 0,1 V um eben sichtbare Beträge weiterrückt.

Ausführung:
Man schaltet die Gleichstromquelle ein, regelt die Spannung zunächst auf null und erhöht sie dann stufenweise um 0,1 V bis auf etwa 2 V, wobei man jeweils Strom und Spannung abliest.
Hat die Spannung einen bestimmten Betrag erreicht, so setzt ein starker Anstieg[2]) der Stromstärke ein; gleichzeitig ist an der Anode B eine schwache Gasentwicklung zu beobachten.

Auswertung:
Man trägt die Stromstärke als Funktion der Spannung in ein Koordinatensystem ein. Die erhaltene Kurve weist einen deutlichen Knick auf. Der steil ansteigende Kurvenast wird bis zur Abszisse verlängert; der Schnittpunkt ergibt die Zersetzungsspannung.

II - 10.3.5 Schmelzflußelektrolyse von Lithiumchlorid[3])

Versuchsanordnung: Abb. 73
Tonpfeife A in schräg aufwärts gerichteter Lage mit Klammer am Stativ befestigt – Graphitstab-Anode B (∅ 5 mm, Länge 15 cm) leicht verschiebbar in der Durchbohrung von Korkstopfen C – Eisenstab-Kathode D (Stricknadel), wird durch den Pfeifenstiel hindurch bis an die Wand des Pfeifenkopfes geführt – 2 Klemmenschrau-

[1]) Vgl. Vers. II - 10.3.6 Anm.

[2]) Zur Erklärung des bereits unterhalb der Zersetzungsspannung fließenden „Rest- oder Diffusions-Stromes" vgl. *Hamann, C. R.*, und *W. Vielstich*, Elektrochemie I (Weinheim 1975)

[3]) *R. W. Bunsen* 1855.

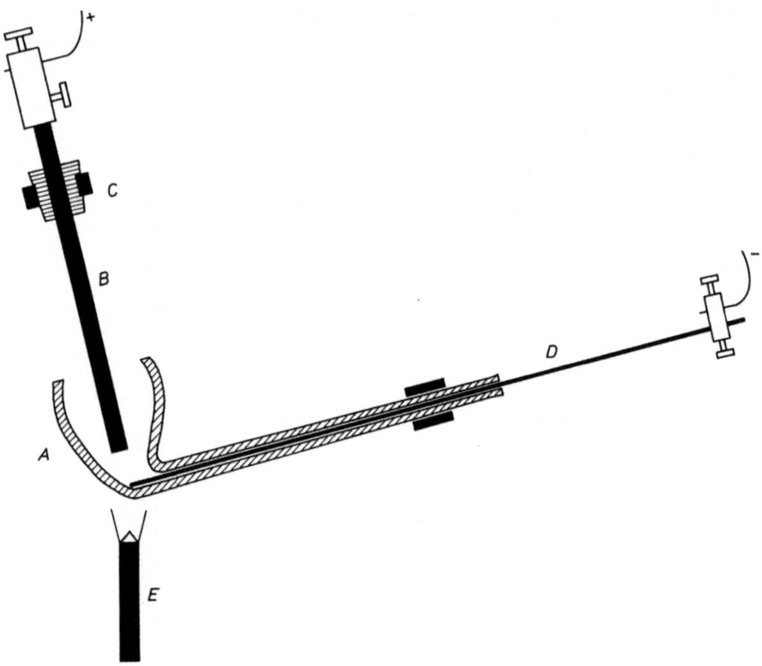

Abb. 73. Schmelzflußelektrolyse von Lithiumchlorid

ben für den Stromanschluß der Elektroden – Gleichstromquelle 20 V – Bunsenbrenner E.

Hilfsmittel:
LiCl – KCl – Kaliumjodid-Stärkelösung (s. V) – Phenolphthaleinlösung – Filtrierpapierstreifen – Hammer – Metallspatel – Pinzette – Becherglas (400 ml) – Glastrichter, gerade in das Becherglas passend.

Vorbereitung:
Elektrolyt: Je 25 g LiCl und KCl werden bei 110 °C im Trockenschrank sorgfältig getrocknet, dann fein gepulvert und innig gemischt (Smp. des Gemisches etwa 450 °C). Das Gemisch wird bis zum Gebrauch in geschlossener Flasche aufbewahrt.

Ausführung:
Man füllt den Pfeifenkopf mit dem Salzgemisch und schmilzt es durch kräftiges Erhitzen. Dann senkt man die Anode durch Verschieben in die Schmelze, ohne die Kathode zu berühren, und schließt den Stromkreis. Man elektrolysiert mit etwa 6 A und erhitzt soweit, daß die Schmelze gerade flüssig bleibt. Zum Nachweis des anodisch entwickelten Chlors hält man über den Pfeifenkopf einen mit Kaliumjodid-Stärkelösung befeuchteten Filtrierpapierstreifen: Blaufärbung.
Nach etwa 10 Minuten Versuchsdauer wird der Strom abgeschaltet und die Anode durch Hochziehen aus der Schmelze entfernt. Nach dem Erkalten wird der Pfeifenkopf mit dem Hammer zerschlagen und das Lithium (Smp. 180 °C), das sich im unte-

ren Teil des Pfeifenkopfes, meist an der Kathode, in Form kleiner grauer Kügelchen vorfindet, mit der Pinzette herausgesucht.
In das Becherglas mit Wasser gibt man einige Tropfen Phenolphthaleinlösung, wirft das Lithium (Dichte 0,534 g · cm^{-3}) hinein, stülpt den Trichter darüber und setzt auf das Trichterrohr ein Reagenzglas auf. Lithium reagiert unter Rotfärbung der Lösung und Gasentwicklung. Wenn die Reaktion beendet ist, wird der Wasserstoff mit der Knallgasprobe (I - 18.9) nachgewiesen.

II - 10.3.6 Elektrolyse von Wasser

Kathode: $4\ H_3O^+ + 4\ e^- \rightarrow 2\ H_2 + 4\ H_2O$
Anode: $6\ H_2O \rightarrow O_2 + 4\ H_3O^+ + 4\ e^-$[1])

Versuchsanordnung a: Abb. 74
Wasserzersetzungsapparat nach *Hofmann*[2]) mit beweglichem Niveaugefäß[3]) C.
Die Platinelektroden sind in die beiden unten offenen Schenkel A und B mit Gummistopfen eingesetzt.
Auf das Hahnrohr des Kathodenraumes A wird ein zu einer Spitze ausgezogenes Glasrohr aufgesetzt, das locker mit Glaswolle ausgefüllt wird.

Hilfsmittel:
Schwefelsäure im Volumenverhältnis 1 : 10 verdünnt - regelbare Gleichstromquelle - Holzspäne - Bunsenbrenner - Filtrierpapier - Reagenzgläser.

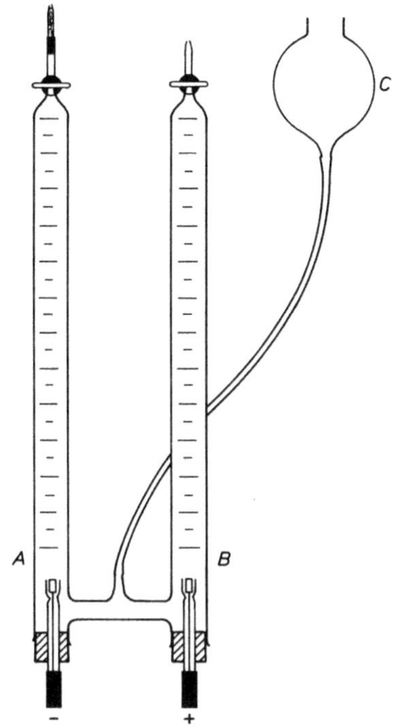

Abb. 74. Wasserzersetzungsapparat nach *Hofmann*

Vorbereitung:
Der Apparat wird bei geöffneten Hähnen durch das Niveaugefäß bis dicht an die Hahnbohrungen mit der Schwefelsäure gefüllt. Eine Stunde vor Beginn des eigentlichen Versuchs schließt man die Stromquelle an und elektrolysiert bei geöffneten Hähnen mit etwa 0,5 A, damit sich die Flüssigkeit mit den Gasen sättigen kann.

Ausführung:
Man schließt die beiden Hähne gleichzeitig. Wenn etwa 25 ml Sauerstoff bzw. 50 ml Wasserstoff entstanden sind, unterbricht man die Elektrolyse und stellt das Volumenverhältnis $O_2 : H_2$ fest. Nun öffnet man langsam den Hahn des Anodenraumes und bringt einen darübergehaltenen glimmenden Holzspan zum Entflammen. Darauf wird der Hahn des Kathodenraumes ein wenig geöffnet und der ausströmende

[1]) Eine Entladung von SO_4^{2-} findet unter diesen Bedingungen nicht statt; in neutraler oder saurer Lösung ist auch die Entladung von OH^- zu vernachlässigen. Vielmehr ist die o.a. Spaltung von H_2O-Molekülen an der Oberfläche der Platinelektroden anzunehmen.
[2]) *A. W. v. Hofmann* 1869 (mit fest angesetztem Niveaugefäß).
[3]) Die häufig verwendeten Geräte mit fest angesetztem Niveaurohr gestatten keine Ablesung verschiedener Gasvolumina unter gleichem Druck.

Wasserstoff an der Spitze des Röhrchens entzündet. Um die fast farblose Flamme besser sichtbar zu machen, entzündet man daran ein Stück Papier.

Bemerkung:
Statt Schwefelsäure kann man als Elektrolyt auch eine 15%ige reine Natronlauge verwenden.

Kathode: $4\ H_2O + 4\ e^- \rightarrow 2\ H_2 + 4\ OH^-$
Anode: $4\ OH^- \rightarrow O_2 + 2\ H_2O + 4\ e^-$

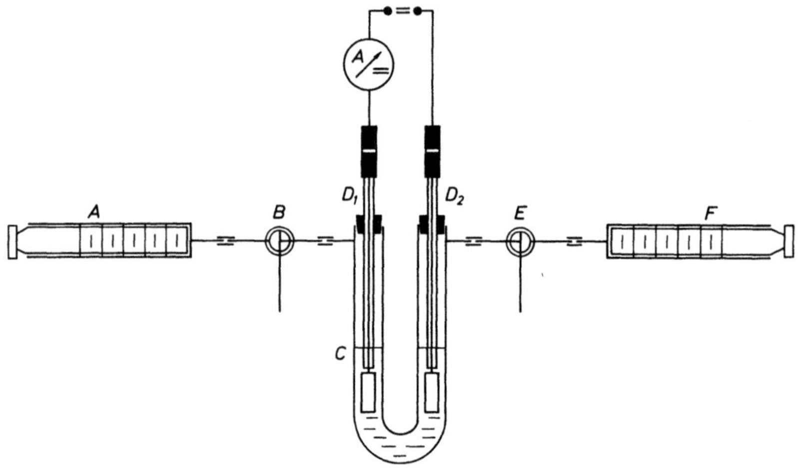

Abb. 75. Elektrolyse von Wasser

Versuchsanordnung b: Abb. 75
Kolbenprober A – Dreiwegehahn B – U-Rohr C mit Stopfenbetten und seitlichen Gasableitungsrohren – Platinelektroden D_1 und D_2 mit Buchsen – Dreiwegehahn E – Kolbenprober F – regelbare Gleichstromquelle – Amperemeter G (bis 1 A).

Hilfsmittel:
1 N-Schwefelsäure – 1 N-NaOH – Neutralisationsindikator (z.B. Methylrot) – Pipette (10 ml) – Bürette (25 ml) – 2 Bechergläser (100 ml) – Stoppuhr – Barometer – Thermometer.

Ausführung:
In das U-Rohr füllt man 1 N-Schwefelsäure, bis die Platinelektroden ganz eintauchen. Dann stellt man beide Kolbenprober auf Null und öffnet beide Dreiwegehähne nach außen. Man schließt den Stromkreis, reguliert die Stromstärke auf 0,5 A ein und hält diese während des ganzen Versuches konstant. Nach etwa 2 Minuten verbindet man das Elektrolysegefäß durch entsprechende Drehung der Dreiwegehähne möglichst gleichzeitig mit den Kolbenprobern und setzt die Stoppuhr in Gang. Etwa 20 Minuten lang liest man in Abständen von 2 Minuten die jeweils entstandenen Gasvolumen in den Kolbenprobern ab, wobei man bei jeder Ablesung durch leichtes Drehen der Kolben Niveaugleichheit der Flüssigkeit in den beiden Schenkeln des U-Rohres herstellt. Ist die Kapazität eines Kolbenprobers erreicht und soll die Elektrolyse fortgesetzt werden, so drückt man das angesammelte Gas zwischen zwei Messungen über den Dreiwegehahn rasch nach außen; dabei darf der Strom nicht unterbrochen werden.

Nach Beendigung der Elektrolyse weist man die entstandenen Gase als Wasserstoff und Sauerstoff bei B und E in üblicher Weise nach. Man mißt noch die Raumtemperatur und den Luftdruck.

Auswertung:
Man trägt die gemessenen Gasvolumina in Abhängigkeit von der Elektrizitätsmenge Q (= Stromstärke x Zeit, in A · sec) in ein Koordinatensystem ein und kontrolliert die Gültigkeit des 1. *Faraday*schen Gesetzes (lineare Abhängigkeit). Aus der Beziehung $F = N_L \cdot e$ (F = Faraday-Konstante, e = Ladung eines Elektrons) folgt, daß zur Abscheidung von einem Molvolumen eines Gases die Elektrizitätsmenge n · F gebraucht wird. Für Wasserstoff ist n = 2, für Sauerstoff n = 4. Man kann daher aus den auf Normalbedingungen umgerechneten Volumenwerten (V_0) und der zugehörigen Elektrizitätsmenge Q wahlweise die Faradaykonstante F oder das Molvolumen V_M erhalten:

$$\frac{V_0}{V_M} \cdot n \cdot F = Q$$

Um die Rolle der Schwefelsäure bei der Wasserelektrolyse zu klären, rührt man nach Beendigung der Elektrolyse mit der Pipette den Elektrolyten im U-Rohr um, pipettiert 10 ml des Elektrolyten in ein Becherglas und stellt durch Titration mit 1 N-NaOH fest, daß sich die Säurekonzentration nicht geändert hat.

Bemerkung:
Ganz analog kann man die Elektrolyse mit 1 N-KOH durchführen.

II - 10.3.7 Elektrolyse einer Zinksulfatlösung

Kathode: $2\,Zn^{2+} + 4\,e^- \rightarrow 2\,Zn$
Anode: $6\,H_2O \rightarrow O_2 + 4\,H_3O^+ + 4\,e^-$

Versuchsanordnung:
Becherglas (250 ml, hohe Form) – Aluminiumblechstreifen (4 cm breit, 12 cm lang) – Graphitstab (∅ etwa 5 mm, Länge 12 cm) – 2 Krokodilklemmen – regelbare Gleichstromquelle – Amperemeter.

Vorbereitung:
Elektrolyt: $ZnSO_4$-Lsg. (10%ig) – Elektroden: Das Aluminiumblech (Kathode) wird oben um den Rand des Becherglases herumgebogen, so daß es bis fast auf den Boden herunterhängt. Der Graphitstab (Anode) wird der Kathode gegenüber so befestigt, daß er eingetaucht ebenfalls bis fast zum Boden reicht. An den Enden der Elektroden werden Krokodilklemmen oder Buchsen zum Stromanschluß angebracht.

Ausführung:
Man füllt das Becherglas mit der Zinksulfatlösung und setzt die Elektrolyse in Gang; die Stromstärke soll 1 bis 1,5 A betragen. Das Zink scheidet sich sofort auf der ganzen der Anode zugekehrten Fläche des Aluminiumbleches in glänzenden Kristallen ab, die in dendritisch verzweigter Form in den Elektrolyten hineinwachsen und nicht abfallen, solange Strom durch die Lösung hindurchgeht. Achtung! Der Strom ist zu unterbrechen, ehe die Zinkbäumchen die Anode erreichen. Nach Unterbrechung des Stromes fallen die Kristalle ab und lösen sich in der sauer gewordenen Lösung unter Wasserstoff-Entwicklung auf.

Bemerkung:
Wasserstoff wird wegen seiner Überspannung an der Aluminium- bzw. Zinkkathode nicht abgeschieden.

II - 10.3.8. Kathodische Reduktion von Sauerstoff zu Wasserstoffperoxid

$$2\,H_2O + O_2 + 2\,e^- \rightarrow 2\,H_2O_2{}^{1)}$$

Versuchsanordnung: Abb. 76
Elektrolysegefäß A mit eingeschmolzener Glasfritte – Gaseinleitungsrohr B – Platinstiftelektrode C (Abb. Pt) oder isolierter Kupferdraht (Abb. Cu), dessen Isolierung

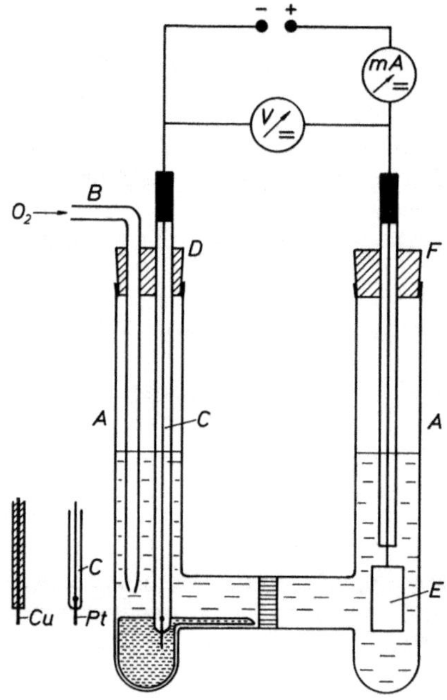

Abb. 76. Kathodische Reduktion von Sauerstoff

unten auf etwa 1 cm entfernt wurde, als Stromzuleitung zur Hg-Elektrode – doppelt durchbohrter Gummistopfen D mit seitlicher Einkerbung zur Gasableitung – Platinblechelektrode E, möglichst groß; Mindestgröße 10 x 20 mm – Stopfen F mit einer Bohrung zur Durchführung des Elektrodenstiels; dieser wird oberhalb des Stopfens mit einer Krokodilklemme gehaltert – regelbare Gleichstromquelle – Milliamperemeter – Voltmeter.

Hilfsmittel:
Quecksilber – Schwefelsäure (etwa 1 N) – O_2-Quelle – Titanylschwefelsäure (s. V) – Quecksilberwanne.

[1]) Das O_2-Molekül wird nicht durch kathodisch entwickelten Wasserstoff reduziert.

Ausführung:
Man gibt in den Kathodenraum so viel reines Quecksilber, daß es gerade das Diaphragma berührt, und füllt die beiden Schenkel des Elektrolysegefäßes bis etwa zur Hälfte mit der Schwefelsäure. Die Elektrode C wird so tief eingesetzt, daß der Platinstift bzw. der blanke Kupferdraht vollkommen von Quecksilber bedeckt ist. Nun wird die Anode E in das Elektrolysegefäß eingeführt, ein mäßiger Sauerstoffstrom bei B durch die Kathodenflüssigkeit geleitet und die Verbindung von C und E mit der Stromquelle hergestellt. Man legt eine Spannung von etwa 1,5 Volt an und erhöht sie langsam, bis an der Quecksilberoberfläche Gasbläschen (H_2) entstehen. Dann wird die Spannung vorsichtig so weit herabgesetzt, daß diese Gasentwicklung gerade aufhört. Bei der gewählten Versuchsanordnung beträgt die Stromstärke dann etwa 5 mA. Nach 15 Minuten setzt man der Kathodenflüssigkeit etwas Titanylschwefelsäure zu: Deutliche Gelbfärbung zeigt die Anwesenheit von Wasserstoffperoxid an.

Bemerkung:
Das für die Reduktion des Sauerstoffs zu Wasserstoffperoxid an einer Quecksilber-Kathode notwendige Kathodenpotential, gemessen gegen die Normalwasserstoffelektrode, beträgt –0,262 V. Ist das Kathodenpotential so negativ (–0,8 V), daß H_3O^+-Ionen entladen werden, erfolgt Reduktion zu H_2O.

II - 10.3.9 Elektrolytische Trennung von Kupfer und Nickel

Versuchsanordnung:
Becherglas (150 ml, hohe Form) mit Rührstäbchen auf heizbarem Magnetrührer – Kupferblechelektrode (5 cm hoch, 6 cm breit) aus Schablonenblech – Graphitstabanode (∅ 5 bis 10 mm) – Stativ mit Klammer zur Halterung der Anode – 2 Krokodilklemmen – regelbare Gleichstromquelle (bis 5 V) – Voltmeter.

Hilfsmittel:
$CuSO_4 \cdot 5\,H_2O$ – $NiSO_4 \cdot 6\,H_2O$ – verd. Schwefelsäure – verd. Salpetersäure – konz. NH_3-Lsg. – Methanol – Äther – H_2S-Wasser – Diacetyldioxim-Lsg. (s. V) – 2 Bechergläser (150 ml, hohe Form) – Pipette (1 ml) – Analysenwaage – Meßzylinder (100 ml) – Reagenzgläser.

Vorbereitung:
Die Kupferblechkathode wird zylindrisch rundgebogen, passend in das Elektrolysiergefäß, die Ecken werden etwas umgeknickt, um zu verhindern, daß die Elektrodenfläche an der Wand des Becherglases anliegt. Die Elektrode wird dann einige Minuten in verd. Salpetersäure getaucht, nacheinander mit dest. Wasser, Methanol und Äther abgespült und nach dem Verdunsten des Äthers im Exsikkator aufbewahrt.

Ausführung:
a) Qualitative Trennung
Man wiegt je 0,05 bis 0,1 g $CuSO_4 \cdot 5\,H_2O$ und $NiSO_4 \cdot 6\,H_2O$ ab, gibt die Substanzen in das Elektrolysegefäß und löst sie in etwa 100 ml Wasser von 80 °C unter Zusatz von 5 ml verd. Schwefelsäure auf. Dann stellt man die Kupferkathode in das Becherglas und befestigt die Graphitanode so, daß sie möglichst tief (bis auf etwa 1 cm Abstand vom Gefäßboden) in die Elektrolytlösung eintaucht. Man verbindet die Elektroden mittels der Krododilklemmen mit der Stromquelle, setzt den Rührer und die Heizung in Gang, rührt kräftig und elektrolysiert bei 2,5 bis 2,6 V und 70 bis 80 °C. Unter diesen Versuchsbedingungen scheidet sich an der Kathode außer Kup-

fer auch Wasserstoff ab, ersteres nicht als glänzender hellroter Beschlag, sondern rauh und violettstichig braun. Nach 25 bis 30 Minuten ist die Abscheidung des Kupfers vollständig. Man prüft auf Cu^{2+} durch Zugabe von H_2S-Wasser zu einer abpipettierten Probe. Ist die Reaktion negativ, werden etwa 30 ml konz. Ammoniaklösung zugesetzt; man elektrolysiert bei etwa 3,3 V weiter, bis eine abpipettierte Elektrolytprobe auf Zusatz von Diacetyldioxim-Lösung keinen roten Niederschlag bzw. keine rote Färbung gibt. Die Kathode hat sich mit einem grauen Beschlag von Nickel überzogen.

b) Quantitative Trennung
Die Kupferelektrode wird genau gewogen; dann führt man den Versuch wie bei a) durch, elektrolysiert jedoch bei nur 2,1 V. Das Kupfer scheidet sich dabei als hellrote glänzende Schicht ab. Nach etwa 45 Min. entnimmt man einen Tropfen des Elektrolyten und prüft mit H_2S-Wasser auf Cu^{2+}. Bei negativer Reaktion zieht man die Kupferkathode aus dem Elektrolyten heraus, wobei man sie gleichzeitig mit dest. Wasser abspritzt. Dann wird sie mit Methanol und mit Äther abgespült, getrocknet und gewogen.
Man gibt zu dem Elektrolyten etwa 30 ml konz. Ammoniaklösung und elektrolysiert mit der Kupferelektrode bei 3,3 V, bis die Reaktion auf Ni^{2+} (s.o.) in einem entnommenen Tropfen negativ ist. Dann wird die Kathode wie oben beschrieben abgespült, getrocknet und gewogen.

Bemerkung:
Statt der Lösung der Sulfate kann man auch eine Kupfer-Nickel-Legierung analysieren[1]) (Nikkelmünzen, z.B. 50 Dpf-Stück[2]); Konstantan, Nickelin, Monel).
Dazu wiegt man ein Stück Legierung von etwa 0,7 g genau ab, übergießt es in einem Becherglas (400 ml) mit 10 ml Wasser und löst es langsam durch Zusatz von konz. Salpetersäure (etwa 8 bis 10 ml). Man dampft ein, zuletzt auf dem Wasserbad, und löst den Rückstand in verd. Schwefelsäure. Dann wird wie bei Vers. b elektrolysiert.

II - 11 Kolloidchemie

II - 11.1 Silbersol durch elektrische Zerstäubung

Versuchsanordnung:
2 Silberdrähte (∅ 1 mm, Länge etwa 8 cm) in je einem passenden Kapillarrohr (Länge 6,5 cm), unten 5 mm, oben 10 mm herausragend und dort mit je einer Krokodilklemme versehen – 2 Stative mit Klammern.

Hilfsmittel:
CO_2-freies dest. Wasser – Eis – Kristallisierschale (300 ml) – große Porzellanschale – Gleichstromquelle (etwa 110 V) – Regulierwiderstand (etwa 10 Ohm) – Glastrichter – Rundfilter.

Ausführung:
Die Kristallisierschale wird mit dem CO_2-freien dest. Wasser gefüllt, in die Porzellanschale gestellt und zur Kühlung mit Eisstückchen umgeben. Nachdem man die

[1]) *Biltz, H.*, und *W. Biltz*, Ausführung quantitativer Analysen. 9. Aufl. (S. 238, 241) (Stuttgart 1965).
[2]) *Krug, D.*, Metallische Münzwerkstoffe. Chem. uns. Zeit 7, 65 (1973).

Elektroden unter Zwischenschaltung des Regulierwiderstandes mit der Gleichstromquelle verbunden hat, taucht man die eine Elektrode 1 bis 2 cm tief schräg in die Schale ein. Darauf führt man die andere Elektrode an die erste heran, bis sich die Spitzen der beiden Silberdrähte unter einem Winkel von etwa 90 °C berühren. Dann zieht man sie vorsichtig auseinander, bis der kleine Lichtbogen eine Länge von etwa 2 mm erreicht hat. Die Stromstärke wird auf 4 bis 6 A eingestellt. Die Flüssigkeit muß gut gekühlt und öfters durchgerührt werden. Das dunkelrotbraune bis tiefviolette Sol wird durch Filtrieren von gröberen Partikeln befreit und in einer sauberen Flasche mit Schliffstopfen aufbewahrt. Es ist i.a. um so haltbarer, je niedriger die Stromstärke im Verhältnis zur Drahtdicke gewählt wurde. Verwendet man dünneren Draht als angegeben, so muß auch die Stromstärke entsprechend verringert werden.

II - 11.2 Silbersol durch Reduktion von Silbernitrat

Hilfsmittel:
$AgNO_3$-Lsg. (0,001%ig) - frische Tannin-Lsg. (1%ig) - Na_2CO_3-Lsg. (1%ig) - Gummi arabicum-Lsg. (1%ig) - Meßzylinder (100 ml) - Becherglas (250 ml).

Ausführung:
Zu 100 ml Silbernitrat-Lösung gibt man je einen Tropfen Tannin-, Natriumcarbonat- und Gummi arabicum-Lösung (Schutzkolloid) und erwärmt auf 60 bis 70 °C. Es entsteht ein gelbbraunes bis rotbraunes Sol.

II - 11.3 Eisen(III)-hydroxid-Sol

Hilfsmittel:
$FeCl_3$-Lsg. (30%ig) - $(NH_4)_2SO_4$-Lsg. und NaCl-Lsg., jeweils 4 Spatelspitzen auf 10 ml Wasser - Meßzylinder (100 ml) - Becherglas (150 ml) - große Reagenzgläser.

Ausführung:
Zu 75 ml siedendem dest. Wasser gibt man 1 ml der Eisen(III)-chlorid-Lösung: Es bildet sich ein dunkelrotes Sol.
Bei Elektrolytzugabe erfolgt Koagulation:
Zu 10 ml des Sols gibt man 2 bis 3 Tropfen der Ammoniumsulfat-Lösung; die Farbe schlägt nach rotbraun um, Eisen(III)-hydroxid fällt aus.
Die Koagulation gelingt auch mit Natriumchlorid, doch ist dazu eine wesentlich größere Menge (etwa 9 bis 10 ml Natriumchlorid-Lösung auf 10 ml Sol) erforderlich.

II - 11.4 Antimon(III)-sulfid-Sol

Hilfsmittel:
Kaliumantimonotartrat-Lsg. (1%ig)[1]) - Gummi arabicum-Lsg. (1%ig) - H_2S-Wasser - Meßzylinder (100 ml) - 2 Bechergläser (150 ml).

Ausführung:
20 ml Kaliumantimonotartrat-Lösung, 20 ml Gummi arabicum-Lösung und 40 ml H_2S-Wasser werden zusammengegeben:
Es bildet sich ein orangerotes Sol.
Gibt man gleiche Mengen dieses (negativ geladenen) Antimonsulfid-Sols und des

[1]) Kaliumantimon(III)-oxidtartrat, Brechweinstein

(positiv geladenen) Eisenhydroxid-Sols (Vers. II - 11.3) zusammen, so werden beide entladen und koagulieren: Braunroter Niederschlag.

II - 11.5 Elektrophorese

Versuchsanordnung:
Wie Vers. II - 10.1.2, Abb. 65: U-Rohr A mit fest angesetztem Niveaugefäß B und Absperrhahn C – 2 Platin-Elektroden, Tellerform (Abb. 65a) oder umgebogene Blechstreifen (Abb. 65b), mit Zuleitungsdrähten – regelbare Gleichspannungsquelle (bis 100 V).

Hilfsmittel:
Eisenhydroxid-Sol (Vers. II - 11.3) und Antimonsulfid-Sol (Vers. II - 11.4), jeweils mit Harnstoff (etwa 5 g auf 50 ml) versetzt.

Ausführung:
Das U-Rohr A wird bei geschlossenem Hahn C soweit mit dest. Wasser gefüllt, daß die Flüssigkeit den geraden Teil der Schenkel erreicht. Dann läßt man es durch vorsichtiges Öffnen des Hahnes C bis an die Hahnbohrung einfließen. Man setzt die Elektroden ein, verbindet sie mit dem Stromkreis und füllt das Niveaugefäß B luftblasenfrei (s. Vers. II - 10.1.2) mit dem Eisenhydroxid-Sol. Das Wasser im U-Rohr wird dann durch vorsichtiges Öffnen des Hahnes C mit dem Sol unterschichtet. Dabei soll sich eine scharfe Grenzfläche Sol–Wasser bilden, die in jedem Schenkel gleichweit (etwa 2 cm) unterhalb des waagerechten Teils der Elektroden steht. Man markiert die Grenzflächen sowie Kathode und Anode und legt eine Gleichspannung von 100 V an.
Meist beobachtet man an den Elektroden eine leichte Gasentwicklung, die aber nicht weiter stört, solange die dadurch erzeugte Konvektion nicht zu einer Verwirbelung der Grenzflächen führt; notfalls muß die Spannung etwas zurückgenommen werden.
Nach etwa einer Stunde hat sich das (positiv geladene) Eisenhydroxid-Sol soweit auf die Kathode zu bewegt, daß die beiden Grenzflächen in der Höhe um etwa 1 cm differieren.
Man wiederholt den Versuch mit dem (negativ geladenen) Antimonsulfid-Sol. Nach etwa 3 Stunden hat das Sol die Anode erreicht; die kathodische Grenzfläche ist entsprechend abgesunken.

II - 11.6 Kieselsäure-Sol und -Gel

Hilfsmittel:
Wasserglas-Lösung (Natronwasserglas) – verd. Salzsäure – konz. Salzsäure – konz. Kalilauge – konz. NH_3-Lösung – stark verd. Methylenblau-Lösung – 4 Kelchgläser – Becherglas (400 ml) – Glasstäbe – 3 große Reagenzgläser – 2 Trichter mit Faltenfilter auf Erlenmeyerkolben – Tonteller – Uhrglas – Wasserbad – Porzellantiegel – Tondreieck – Dreifuß – Teclubrenner.

Ausführung:
a) Man füllt ein Kelchglas etwa zur Hälfte mit verd. Salzsäure und gibt unter Umrühren Wasserglaslösung dazu: Kolloide Lösung (Kieselsäure-Sol).
b) Man füllt eine Probe des Sols in ein Reagenzglas ab und gibt konz. Ammoniaklösung dazu: Koagulation.

c) Man füllt ein Kelchglas zu etwa einem Viertel mit Wasserglaslösung und verdünnt mit ungefähr dem gleichen Volumen Wasser. Dann setzt man unter Umrühren langsam verd. Salzsäure zu, bis der Inhalt des Kelchglases fest geworden ist: Kieselsäure-Gel. Man bringt das Gel in das Becherglas, zerkleinert es mit einem Glasstab und wäscht es durch mehrmaliges Aufschlämmen mit Wasser und Abdekantieren aus. Den Bodenkörper preßt man auf einem Tonteller ab. Er wird möglichst sofort zu den folgenden Versuchen verwendet:

d) Einen Teil erwärmt man in einem Reagenzglas mit konz. Kalilauge: Bildung eines Sols (Peptisierung). Nach dem Erkalten verdünnt man mit Wasser und säuert mit konz. Salzsäure an: Ausfällung eines Gels (Koagulation) wird nur dann beobachtet, wenn das Sol genügend konzentriert war. Andernfalls gibt man konz. Ammoniaklösung zu: Sofortige Koagulation.

e) Man übergießt in einem Kelchglas etwas von dem Kieselsäuregel (Vers. c) mit konz. Salzsäure und läßt einige Zeit stehen. Dann filtriert man ab und dampft das Filtrat auf einem Uhrglas (auf dem Wasserbad) ein: Praktisch kein Rückstand.

f) Man schüttelt in einem großen Reagenzglas etwas von dem Kieselsäuregel (Vers. c) mit einer Methylenblaulösung kräftig durch, wäscht mehrmals durch Aufschlämmen mit Wasser und Abdekantieren aus, bis die überstehende Lösung farblos ist: Blaufärbung des Gels durch adsorbierten Farbstoff.

g) Eine Probe des Kieselsäuregels erhitzt man in einem Porzellantiegel zunächst vorsichtig, bis das Wasser weitgehend abgegeben ist, und glüht dann längere Zeit kräftig. Mit diesem geglühten Siliciumdioxid fallen die Versuche d und f negativ aus. Falls ein Teil des Siliciumdioxids noch als Gel vorliegt, wird dieses bei Versuch f blau gefärbt, während der kristalline Anteil farblos bleibt.

II - 12 Wasserähnliche Lösungsmittel[1])

II - 12.1 Reaktionen in flüssigem Ammoniak[2])

Versuchsanordnung: Abb. 77

Gasentwickler (Abb. 19a oder 19b, A bis E; E mit Glycerin oder Paraffinöl gefüllt) – Drechselsche Waschflasche F (Paraffinöl) – U-Rohr G (KOH in Plätzchenform) – Schlauchverbindung mit Schraubenquetschhahn H – Einleitungsrohr J, dessen langer Schenkel leicht verschiebbar in einem kurzen Glasrohr K (∅ außen etwa 10 mm) mit übergezogenem Schlauchstück bis fast zum Boden eines großen Saugrohres L (∅ 30 mm) geführt wird – in einer zweiten Bohrung des Gummistopfens M steckt ein kurzes Stück Glasrohr N (∅ mindestens 10 mm), das mit einem kleinen Gummistopfen verschlossen ist; es dient zum Einfüllen von Substanzen und zum Einführen des Leitfähigkeitsprüfers (s. u.) – Kapillarrohr P (∅ innen 2 mm); das durch den Schlauchstutzen in das Saugrohr L hineinragende Ende ist etwas verjüngt und umgebogen, das andere Ende wird bis fast zum Boden eines zweiten großen Saugrohres Q (∅ 30 mm) geführt – kurzes Stück Glasrohr R analog N (s. o.) – Ableitungsrohr S – Pipette T (25 ml), die durch einen Gummistopfen bis fast zum Boden eines kleinen Saugrohres U (enthält 5 ml Quecksilber und dient als Überdruckventil) geführt wird – Gummischlauch zum Abzug.

2 Dewargefäße zum Kühlen der Saugrohre L und Q – Leitfähigkeitsprüfer (s. I - 17.7);

[1]) Vgl. *Jander, J.*, und *Ch. Laffrenz*, Wasserähnliche Lösungsmittel. Chemische Taschenbücher (Weinheim 1968).

[2]) *Schmitz-DuMont, O.*, Chem. uns. Zeit **1**, 94 (1967).

die Schutzrohre mit den Elektroden müssen im Querschnitt so bemessen sein, daß sie durch die Glasrohre N bzw. R in die Saugrohre eingeführt werden können.

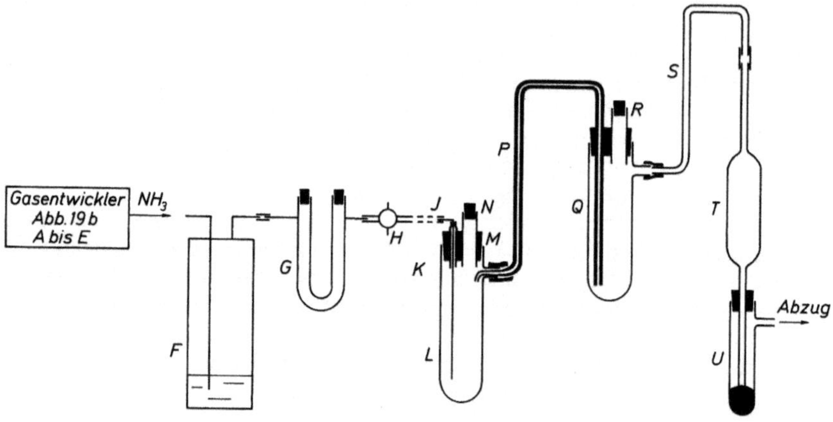

Abb. 77. Reaktionen in flüssigem Ammoniak

Hilfsmittel:
Konz. NH_3-Lsg. – KOH in Plätzchen oder CaO in Stücken – Kalium – NH_4Cl – Neutralrot – $FeCl_3$ – Petroläther – Methanol – zerkleinertes Trockeneis oder Kohlendioxid-Schnee (s. I - 18.8.1) – Plastiklöffel – Messer – Pinzette – Filtrierpapier – Porzellanschale – 2 Erlenmeyerkolben (100 ml) – Trichter mit Filter – Porzellantiegel – Tondreieck – Bunsenbrenner.

Vorbereitung:
Man löst eine Spatelspitze Eisen(III)-chlorid in einem kleinen Erlenmeyerkolben in Wasser auf, fällt mit Ammoniaklösung Eisen(III)-hydroxid und filtriert es ab. Den Niederschlag bringt man in einen Tiegel und glüht ihn schwach zu Eisen(III)-oxid. Etwa 1 g Ammoniumchlorid wird bei 100 °C im Trockenschrank getrocknet und im Exsikkator aufbewahrt.
Der Kolben A des Gasentwicklers wird mit etwa 150 g Kaliumhydroxid oder Calciumoxid beschickt, der Tropftrichter B mit konz. Ammoniaklösung.
Schutzbrille! Kurz vor Versuchsbeginn entnimmt man mit der Pinzette ein Stückchen Kalium dem Vorratsgefäß und trocknet es rasch mit Filterpapier ab. Dann entfernt man vorsichtig (Kalium entzündet sich sehr leicht!) mit dem Messer die Krusten und schneidet ein etwa 0,1 bis 0,2 g schweres Stück zurecht, das durch das Glasrohr R passen muß. Das Kaliumstück bringt man sofort in eine Porzellanschale mit Petroläther. Achtung! Bei der Handhabung von Kalium muß man stets damit rechnen, daß es sich entzündet; es ist daher ratsam, ein Gefäß mit trockenem Sand und eine Schaufel bereitzustellen.
Vorratsflaschen mit entzündlichen Flüssigkeiten dürfen nicht in der Nähe stehen. Die Dewargefäße füllt man mit Kältemischung (Trockeneis und Methanol).

Ausführung:
Man läßt konz. Ammoniaklösung zu Kaliumhydroxid oder Calciumoxid tropfen und leitet das entstehende Ammoniakgas zunächst ohne Kühlung durch die Appara-

tur, bis die Luft verdrängt ist. Man gibt etwa 0,5 g getrocknetes Ammoniumchlorid durch das Rohr N in das Saugrohr L. Dann taucht man, ohne den Ammoniakstrom zu unterbrechen, zunächst das Saugrohr L und danach Q in die Dewargefäße mit der Kältemischung; dabei darf keinesfalls Luft über das Ventil U in die Apparatur zurückgesaugt werden. Man kondensiert zunächst etwa 3 cm hoch Ammoniak im Gefäß L; das Ammoniumchlorid geht in Lösung.
Dann entfernt man die Kühlung unter L, während Q weiter gekühlt wird. Hat sich in Q etwa 5 cm hoch Ammoniak kondensiert, prüft man zunächst mit dem Leitfähigkeitsprüfer die Flüssigkeit in Q (keine Leitfähigkeit), dann die in L (Ammoniumchlorid ist in Ionenform gelöst). Darauf trocknet man das vorbereitete Stückchen Kalium mit Filterpapier ab und wirft es mit der Pinzette durch R in das flüssige Ammoniak in Q. Man weist mit dem Leitfähigkeitsprüfer nach, daß die entstandene blaue Lösung den Strom gut leitet[1]).
Man entfernt die Kühlung unter Q und läßt das Ammoniak über U verdampfen; Kalium kristallisiert unverändert aus. Es wird dann durch Kühlung von Q in dem aufkondensierenden Ammoniak wieder gelöst.
In diese Lösung bringt man durch das Rohr R einige Milligramm von dem vorbereiteten Eisen(III)-oxid (als Katalysator). Dann entfernt man die Kühlung unter Q. Bald entwickelt sich Wasserstoff, die blaue Farbe der Lösung hellt sich auf. Schließlich entsteht eine fast farblose Flüssigkeit, die den elektrischen Strom leitet (Prüfung):

$$2\,K + 2\,NH_3 \rightarrow 2\,K^+ + 2\,NH_2^- + H_2$$

(analog $$2\,K + 2\,H_2O \rightarrow 2\,K^+ + 2\,OH^- + H_2)$$

In die Lösungen in den Gefäßen L und Q gibt man je einige Körnchen Neutralrot: Die gelbe Farbe in der Ammoniumchloridlöung (in L) zeigt saure Reaktion an, hervorgerufen durch NH_4^+-Ionen (analog H_3O^+ im Aquosystem); die blaue Farbe in der Kaliumamidlösung (in Q) wird durch NH_2^--Ionen hervorgerufen, die (analog den OH^--Ionen im Aquosystem) alkalische Reaktion bewirken.
Man zieht dann das Einleitungsrohr J hoch, bis die Rohrmündung in L etwa 10 cm über der Flüssigkeitsoberfläche steht. Der Ammoniakstrom wird unterbrochen, der Quetschhahn H geschlossen. Man entfernt die Kühlung unter Q und reguliert die Kühlung von L vorsichtig so ein, daß die durch den Indikator blau gefärbte Kaliumamidlösung in Q langsam in das Kapillarrohr P hochsteigt und aus dem verjüngten Ende nicht zu schnell in das Gefäß L eintropft. Man kann die Tropfgeschwindigkeit, falls erforderlich, durch Anwärmen von Q mit der Hand beschleunigen. Die einfallenden blauen Tropfen werden in der Ammoniumchloridlösung entfärbt:

$$NH_2^- + NH_4^+ \rightarrow 2\,NH_3$$

(analog $$OH^- + H_3O^+ \rightarrow 2\,H_2O)$$

Werden die Tropfen nicht mehr entfärbt, ist der Äquivalenzpunkt überschritten. Während des Eintropfens beobachtet man, daß sich die Lösung trübt: Kaliumchlorid, das in flüssigem Ammoniak schwer löslich ist, scheidet sich ab

$$K^+ + NH_2^- + NH_4^+ + Cl^- \rightarrow 2\,NH_3 + KCl$$

[1]) Farbe und Leitfähigkeit sind im wesentlichen auf solvatisierte Elektronen zurückzuführen; vgl. *Schindewolf, U.*, Chem. uns. Zeit **4**, 37 (1970).

Nach Beendigung der Versuche entfernt man die Kühlgefäße und läßt das Ammoniak in den Abzug abdampfen.

II - 12.2 Titration von Aminen mit Perchlorsäure in Eisessig

$$CH_3COOH + HClO_4 \rightleftharpoons CH_3COOH_2^+ + ClO_4^-$$

$$R\text{-}NH_2 + HClO_4 \rightleftharpoons R\text{-}NH_3^+ + ClO_4^-$$

Hilfsmittel:
Essigsäureanhydrid – konz. Perchlorsäure (60 oder 70%ig) – Eisessig p.a. – Natriumcarbonat p.a. – α-Naphtholbenzein (0,1%ige Lösung in Benzol) – α-Naphthylamin oder andere Amine – Eis – Büretten (10 ml und 25 ml) – 2 Erlenmeyerkolben (200 ml) – Becherglas als Kühlbad – Meßkolben (1000 ml und 100 ml) – Waage – Wägegläschen – Magnetrührer – Thermometer (bis 50 °C).

Vorbereitung:
a) Herstellung einer 0,1 N-Perchlorsäurelösung in Eisessig[1]
Zu Essigsäureanhydrid gibt man in einem *Erlenmeyer*kolben unter Eiskühlung und gutem Rühren soviel von der Perchlorsäure, daß sich das darin enthaltene Wasser mit dem Anhydrid quantitativ zu Essigsäure umsetzt und in der Lösung 0,1 ml Perchlorsäure enthalten ist. Dazu muß man zusammengeben: 16,7 g 60%ige Perchlorsäure und 24,56 g Anhydrid.
Nach dem Abkühlen wird die Lösung im Meßkolben mit reinem Eisessig auf 1000 ml aufgefüllt. In dieser Lösung dürfen weder Essigsäureanhydrid noch Wasser im Überschuß vorhanden sein. Die Prüfung darauf nimmt man folgendermaßen vor: Zu 10 ml Lösung gibt man unter Rühren und Messung der Temperatur aus der 10 ml-Bürette einen Tropfen Wasser. Tritt Temperaturerhöhung ein, gibt man weiter tropfenweise Wasser hinzu, bis die Temperatur nicht mehr ansteigt. Aus der hierbei verbrauchten Wassermenge berechnet man die Menge Wasser, die der gesamten Lösung zugesetzt werden muß. Erfolgt beim Zusatz des ersten Wassertropfens keine Temperaturerhöhung, so setzt man tropfenweise Essigsäureanhydrid zu und verfährt genau so wie oben.

b) Einstellung des Titers
Man löst 0,530 g ($0{,}5 \cdot 10^{-2}$ mol) Natriumcarbonat p.a., das bei 300 °C im Trockenschrank getrocknet wurde, in wenig Eisessig und füllt im Meßkolben mit Eisessig auf 100 ml auf. Mit dieser 0,1 N-Lösung titriert man die hergestellte Perchlorsäurelösung unter Zusatz einiger Tropfen der α-Naphtholbenzein-Lösung als Indikator: Farbumschlag von gelb nach grün.
Die Perchlorsäurelösung wird dann mit reinem Eisessig auf genau 0,1 N eingestellt.[2]

Ausführung:
Man löst in einem kleinen *Erlenmeyer*kolben a g (0,1 bis 0,2 g, genau eingewogen) Amin der Molmasse M in etwa 10 ml wasserfreiem Eisessig und titriert nach Zugabe einiger Tropfen Indikatorlösung mit der Perchlorsäure auf den Farbumschlag von gelb nach grün.

[1]) s. Organikum, Organisch-Chemisches Grundpraktikum, 15. Aufl. (S. 802) (Berlin 1976).
[2]) Im Handel sind fertig eingestellte 0,1 N-$HClO_4$-Lösungen in Eisessig erhältlich.

Auswertung:
Ein Mol Amin reagiert mit einem Mol Perchlorsäure. Sind bei der Titration b ml 0,1 N-Perchlorsäurelösung (entsprechend $b \cdot 10^{-4}$ mol) verbraucht worden, so lagen $\frac{a}{M} = b \cdot 10^{-4}$ mol Amin vor.

Aus dieser Beziehung kann man
a) entweder unter der Voraussetzung, daß das Amin vollkommen rein und trocken war, die Molmasse M bestimmen
b) oder bei unreinen Substanzen den Reinheitsgrad ermitteln, wenn M bekannt ist.

III - Anorganische Chemie

III - 1 Wasserstoff

S. auch

I - 19.1	Wasserstoff
II - 1.1	Quantitative Wassersynthese bei Überschuß von Wasserstoff oder Sauerstoff
II - 1.2	Quantitative Wassersynthese in stöchiometrischem Volumenverhältnis
II - 1.5	Quantitative Synthese von Chlorwasserstoff
II - 1.12a	Bestimmung der Äquivalentmassen von Kupfer und Sauerstoff, Reduktion von Kupferoxid durch Wasserstoff
II - 4.1	Diffusion von Wasserstoff durch eine Tonzelle
II -10.3.6	Elektrolyse von Wasser
III - 2.1.1f	Wasserstoffflamme brennt in Chlor
III - 2.1.6	Chlorwasserstoff aus den Elementen
III - 2.2.1	Bromwasserstoff aus den Elementen
III - 2.3.1	Synthese und thermische Dissoziation von Jodwasserstoff
III - 3.1.6	Wasserstoffperoxid als primäres Verbrennungsprodukt von Wasserstoff
III - 3.2.2	Synthese und thermische Dissoziation von Schwefelwasserstoff
III - 4.1.3	Bildung und Zersetzung von Ammoniak
III - 7.2.1	Calciumhydrid aus Calcium und Wasserstoff
III - 8.1.1	Lithiumhydrid aus Lithium und Wasserstoff
III - 9.5.2	Reduktion von Eisen(III)-oxid durch Wasserstoff
IV - 1.11	Katalytische Hydrierung von Äthylen (Äthen)
IV - 5.8	Katalytische Hydrierung eines ungesättigten Fettes

III - 1.1 Wasserstoff aus Wasserdampf und Eisen[1])
Eigenschaften von Wasserstoff

$$4\ H_2O + 3\ Fe \rightarrow Fe_3O_4 + 4\ H_2{}^{2)} \qquad \Delta H = -36{,}1\ \text{kcal}\ (-151{,}0\ \text{kJ})$$

Versuchsanordnung a: Abb. 78
Knieförmig gebogenes Eisenrohr A (Ø innen 18 mm), Schenkellänge senkrecht 15 cm, waagerecht 30 cm – Tropftrichter B mit Tropfenzähler (s. Abb. 11), in A mit Gummi- oder Korkstopfen eingesetzt – Gasableitungsrohr C, mit Asbeststopfen (s. I - 8.3; notfalls Gummistopfen) in A eingesetzt – pneumatische Wanne D (Wasser) – Experimentiersockel E – Bunsenbrenner F mit Schlitzaufsatz.

Hilfsmittel:
Eisenpulver (Ferrum reductum) – 6 Standzylinder mit plangeschliffenem, eingefettetem Rand – Glasplatten zum Verschließen – 2 pneumatische Wannen (Wasser) – Glaswolle.

Vorbereitung:
In den vorderen Teil des waagerechten Schenkels von Rohr A füllt man vom Knie an etwa 25 g Eisenpulver, das zwischen 2 lockeren Glaswollebäuschen fixiert wird. Bis zur Ausführung des Versuchs wird das Rohr beiderseits mit Gummistopfen verschlossen.

[1]) *A. L. Lavoisier* und *Meusnier de La Place* 1784.
[2]) Bei hohen Temperaturen entsteht FeO, das unterhalb 560 °C zerfällt: $4\ FeO \rightarrow Fe + Fe_3O_4$.

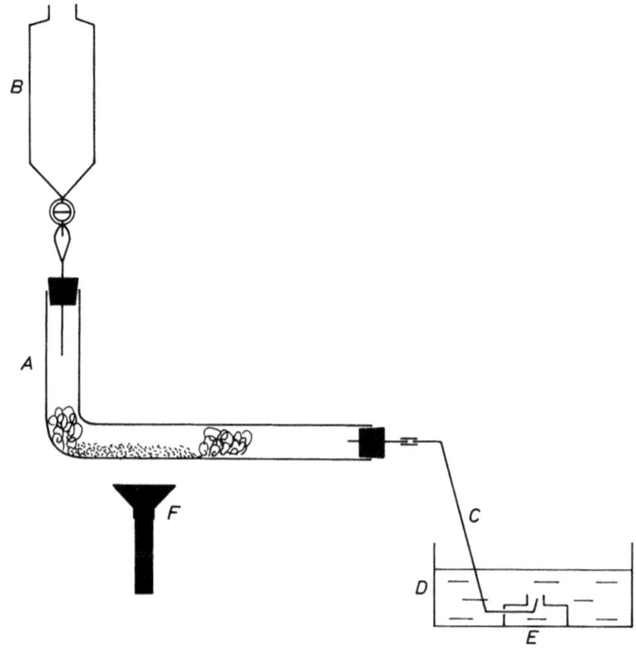

Abb. 78. Wasserstoff aus Wasserdampf und Eisen (Eisenrohr)

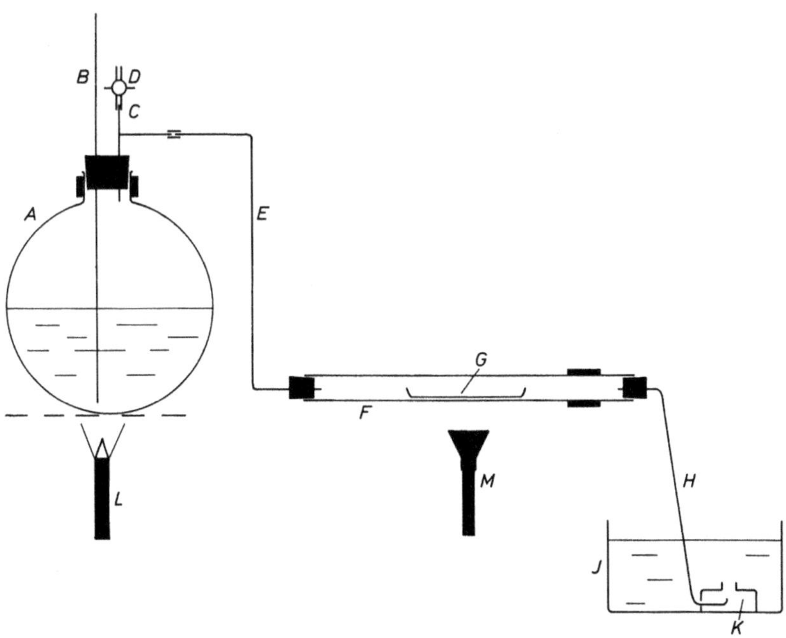

Abb. 79. Wasserstoff aus Wasserdampf und Eisen (Quarzrohr)

Ausführung:
Man heizt das Eisenrohr an der in Abb. 78 angegebenen Stelle an; dabei wird auf etwa 400 °C, also nicht bis zum Glühen erhitzt. Dann läßt man aus dem Tropftrichter langsam Wasser zutropfen und fängt den entwickelten Wasserstoff in der pneumatischen Wanne in 5 Standzylindern auf; man verschließt jeden Zylinder unter Wasser mit einer Glasplatte und stellt ihn, mit der Mündung unter Wasser, in die zweite Wanne.

Beendigung:
Man stellt den Brenner ab, entfernt das Gasableitungsrohr mitsamt dem Stopfen aus dem Eisenrohr und schließt dann den Tropftrichter.

Versuchsanordnung b: Abb. 79
Wasserdampfentwickler (A bis E):
Kurzhalsiger Rundkolben A (500 ml) mit Wasser und Siedesteinchen zur Dampferzeugung – Sicherheits-Steigrohr B – T-Stück C mit Quetschhahn D und angeschlossenem Dampfableitungsrohr E – B und C mit zweifach durchbohrtem Gummistopfen in A eingesetzt.
Quarzrohr F (∅ innen 18 mm, Länge 30 cm), an dessen Enden mit je einem Gummistopfen die Rohre E und H eingesetzt sind – großes Porzellanschiffchen G mit Eisenpulver – pneumatische Wanne J (Wasser) – Experimentiersockel K – 2 Bunsenbrenner L und M (M mit Schlitzaufsatz).

Hilfsmittel:
Wie bei Vers. a.

Ausführung:
Zunächst wird das Wasser in A bei geöffnetem Quetschhahn D zum Sieden gebracht. Erst wenn die Luft aus A durch Wasserdampf vertrieben ist, erhitzt man das Quarzrohr F zunächst im vorderen Teil, darauf in der Zone mit dem Schiffchen, und schließt dann den Quetschhahn D. Weitere Ausführung wie bei a).
Zur Beendigung des Versuches stellt man zunächst den Brenner M ab, öffnet den Quetschhahn D und unterbricht die Wasserdampferzeugung, wenn das Quarzrohr etwas abgekühlt ist.

Eigenschaften von Wasserstoff

Hilfsmittel:
a) Standzyinder mit Wasserstoff gefüllt und mit Glasplatte verschlossen – Stricknadel – Bunsenbrenner.
b) Standzylinder wie bei a) mit großer Klammer an einem Stativ – Kerze auf Stricknadel aufgespießt.
c) 2 Standzylinder wie bei a) – Stativ mit Klammer bzw. passendem Ring zum Aufhängen eines Standzylinders – Stricknadel.
d) 1 Standzylinder wie bei a), 1 Standzylinder leer.

Ausführung:
a) Brennbarkeit
Man stellt den Zylinder mit aufwärts gerichteter Mündung auf den Tisch, zieht die Glasplatte rasch weg und senkt sofort eine glühende Stricknadel einige Zentimeter tief ein. Das Gas entzündet sich an der Nadel und brennt mit kaum leuchtender Flamme ab.

b) Unterhält die Verbrennung nicht
In den mit Wasserstoff gefüllten Zylinder, der mit nach unten gerichteter Mündung an einem Stativ befestigt ist, führt man bis etwa zur Mitte die auf eine Stricknadel gespießte brennende Kerze ein. Der Wasserstoff entzündet sich und brennt mit kaum sichtbarer Flamme unten aus dem Zylinder heraus, die Kerze erlischt; beim langsamen Herausziehen aus dem Zylinder entzündet sich die Kerze an der Mündung wieder, beim nochmaligen Eintauchen erlischt die Flamme erneut usw.

c) Leichter als Luft
Man hängt einen mit Wasserstoff gefüllten Zylinder mit nach unten gerichteter Mündung an ein Stativ und stellt gleichzeitig einen zweiten ebenfalls mit Wasserstoff gefüllten Zylinder mit der Mündung nach oben offen auf den Tisch. Nach 1 bis 2 Minuten bringt man an den Rand des stehenden Zylinders eine glühende Stricknadel oder eine Flamme: Kein Entzünden des Wasserstoffs. Die gleiche Probe mit dem hängenden Zylinder: Entzünden unter schwachem Verpuffen.

d) Umfüllen von Wasserstoff
In der einen Hand hält man den leeren Zylinder senkrecht, die Öffnung nach unten gerichtet. Mit der anderen Hand – Handrücken dem Körper zugewendet – faßt man den mit Wasserstoff gefüllten Zylinder, Mündung zunächst nach unten gerichtet, schwenkt ihn dann waagerecht, so daß der obere Rand seiner Öffnung den Rand des anderen Zylinders berührt und schwenkt ihn langsam weiter nach unten, so daß das leichtere Gas in den oberen Zylinder aufsteigen kann. Dann nähert man die Mündung des oberen Zylinders einer Flamme: Entzünden und Verpuffen des umgefüllten Wasserstoffs.

III - 1.2 Wasserstoff aus Wasserdampf und Magnesium

$$Mg + H_2O \rightarrow MgO + H_2 \qquad \Delta H = -86{,}0 \text{ kcal } (-359{,}8 \text{ kJ})$$

Versuchsanordnung: Abb. 80
Wasserdampfentwickler (Vers. III - 1.1b, Ab. 79 A bis E) – Kugelrohr aus schwer schmelzbarem Glas F (∅ innen 18 mm, Länge vor der Kugel etwa 15 cm) mit zwei einfach durchbohrten Gummistopfen – Gasableitungsrohr G – pneumatische Wanne H (Wasser) mit Experimentiersockel J – Standzylinder K (200 x 40 mm) – 2 Bunsenbrenner M und N.

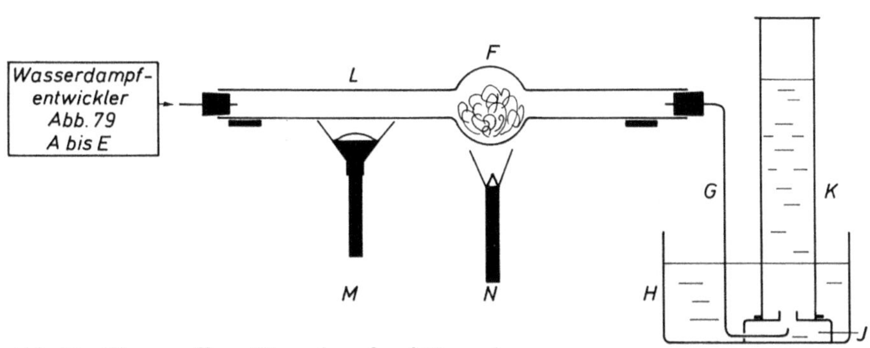

Abb. 80. Wasserstoff aus Wasserdampf und Magnesium

Hilfsmittel:
Magnesiumband – Holzspäne – dünne Asbestschnur.

Vorbereitung:
In die Kugel des Rohres bringt man ein Knäuel Magnesiumband. Zum Schutz gegen Hitzeeinwirkung schiebt man vor die Stopfen je einen lockeren Knäuel aus Asbestschnur. Der Wasserdampfentwickler wird angeheizt.

Ausführung:
Man erwärmt das Kugelrohr bei L mit dem Brenner M auf etwa 100 °C und leitet dann einen kräftigen Wasserdampfstrom hindurch. Ist die eingeschlossene Luft vertrieben (Kondensationsgeräusch beim Eintritt des Dampfes in das Wasser der Wanne H), stellt man über die Mündung des Gasableitungsrohres G den Standzylinder K. Dann erhitzt man das Rohr F etwa 10 cm vor der Kugel bei L mit starker Flamme des Brenners M und die Kugel mit dem Brenner N. Wenn das Magnesium aufglüht, entfernt man sofort diesen Brenner; das Magnesium verbrennt im Wasserdampf ohne weitere Wärmezufuhr zu weißem Magnesiumoxid bzw. -hydroxid. Der entweichende Wasserstoff wird in dem Zylinder K aufgefangen und durch Entzünden mit einem brennenden Holzspan nachgewiesen.
Zur Beendigung des Versuches wird die Gaszufuhr der beiden Brenner abgestellt und der Quetschhahn am Dampfentwickler geöffnet.

III - 1.3 Wasser als Verbrennungsprodukt von Wasserstoff

$$2\,H_2 + O_2 \rightarrow 2\,H_2O_{fl} \qquad \Delta H = -136{,}6 \text{ kcal } (-571{,}5 \text{ kJ})$$

Versuchsanordnung: Abb. 81
Der Stiel eines Trichters A aus Duranglas (Ø 8 cm, Stiel 15 cm lang) ist am umgebogenen Ende mit einem Asbeststopfen oder einer Asbestpapierrolle B in ein schräg eingespanntes Reagenzglas C mit seitlichem Ansatz D eingesetzt. Der Ansatz D ist mit

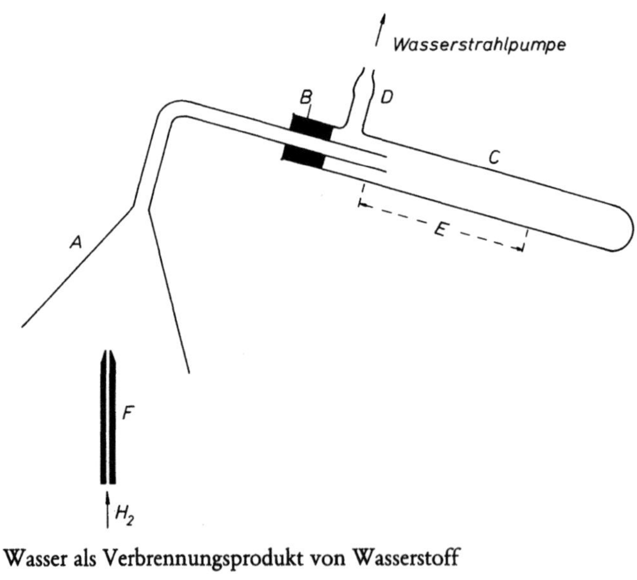

Abb. 81. Wasser als Verbrennungsprodukt von Wasserstoff

der Wasserstrahlpumpe verbunden. Das Reagenzglas wird im Bereich E mit aufgelegtem nassem Papier gekühlt. Unter dem Trichter ist eine Metall- oder Quarzglasdüse F befestigt, die über einen langen Schlauch und eine Waschflasche (konz. Schwefelsäure) an eine Wasserstoffquelle angeschlossen ist.

Hilfsmittel:
$CuSO_4$ wasserfrei (s. V) – Schale mit kaltem Wasser.

Ausführung:
Nach negativem Ausfall der Knallgasprobe (s. I - 18.9) bei F wird der Wasserstoff entzündet und die Wasserstrahlpumpe angestellt. Man reguliert die Wasserstoffflamme auf 2 bis 3 cm Höhe. Von Zeit zu Zeit begießt man das bei E aufgelegte Papier mit kaltem Wasser. Wenn sich eine ausreichende Menge Wasser in C angesammelt hat, stellt man Wasserstrahlpumpe und Wasserstoffstrom ab und nimmt die Apparatur auseinander. In das Wasser trägt man etwas wasserfreies Kupfersulfat ein: Blaufärbung.

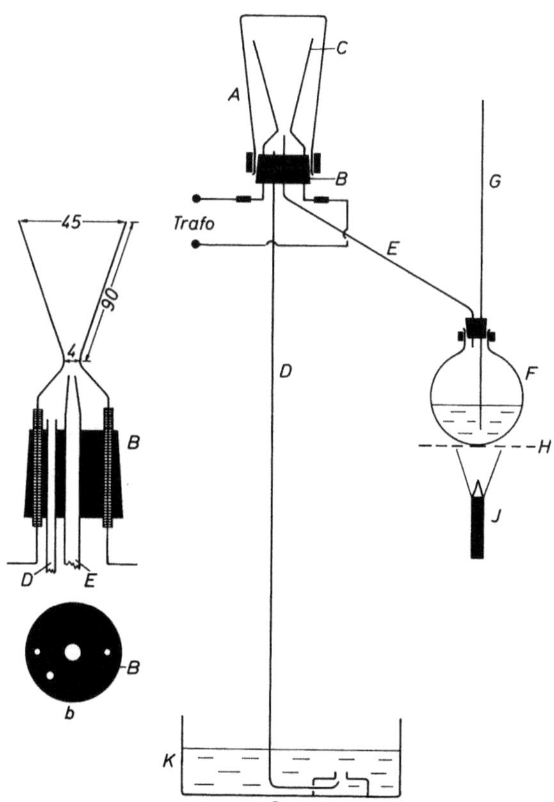

Abb. 82. Thermische Dissoziation von Wasserdampf

III - 1.4 Thermische Dissoziation von Wasserdampf

$$2\,H_2O \rightarrow 2\,H_2 + O_2 \qquad \Delta H = +115{,}6\ \text{kcal}\ (+483{,}7\ \text{kJ})$$

Versuchsanordnung:[1] Abb. 82
Weithals-*Erlenmeyer*kolben A (300 ml) mit vierfach durchbohrtem Gummistopfen B (Abb. 82b) – Elektroden C aus Kupferdraht (∅ 3 mm, s. Abb. 82b, Maße in mm) – Gasableitungsrohr D, darf nicht in A hineinragen – Glasrohr E, oben zu einer Spitze (∅ 2 mm) ausgezogen – Weithals-Rundkolben F (500 ml, mit etwa 300 ml Wasser, Siedesteine) mit doppelt durchbohrtem Gummistopfen und Steigrohr G – Asbestdrahtnetz H – Bunsenbrenner J – pneumatische Wanne K (Wasser) mit Experimentiersockel.
Die Elektroden werden in Glasröhren (∅ 6 mm, Länge 4 cm) mit einem Zweikomponenten-Kleber (z.B. Uhu-plus) eingekittet. Die Mittelpunkte der 3 Bohrungen von Stopfen B, durch welche die beiden zur Halterung der Elektroden dienenden Glasröhrchen sowie das Dampfrohr E hindurchgeführt werden, müssen auf einer Geraden liegen.
Wesentlich ist, daß die Spitze von E genau in die Mitte der Stelle des kleinsten Elektrodenabstandes zeigt.

Hilfsmittel:
Hochspannungstransformator (5000 bis 6000 Volt, s. I - 14.1) – zusätzlicher Bunsenbrenner – Reagenzgläser.

Ausführung: *Vorsicht! Hochspannung!*
Man verbindet die Elektroden mit dem Transformator und erhitzt das Wasser im Kolben F zum lebhaften Sieden.
Erst wenn in der pneumatischen Wanne keine Luftblasen mehr aufsteigen, wird der Strom eingeschaltet. Man reguliert nun das Sieden des Wassers so, daß ein gleichmäßiger Dampfstrom in den Erlenmeyerkolben eintritt und den Lichtbogen zwischen den Elektroden nach oben zu einem Band auseinanderzieht. Es ist unbedingt darauf zu achten, daß das Sieden des Wassers während des Versuches nicht aussetzt. Geschieht es doch, so muß der Transformator sofort abgeschaltet werden. Nach Zünden des Lichtbogens beobachtet man, daß in der pneumatischen Wanne bald Gasblasen aufsteigen. Das Gas wird in einem Reagenzglas aufgefangen (für 20 ml sind etwa 2 Minuten erforderlich) und als Knallgas identifiziert (Knallgasprobe s. I - 18.9).

III - 2 Siebente Hauptgruppe

S. auch
III - 5.2.2 Siliciumtetrafluorid und Hexafluorokieselsäure

III - 2.1 Chlor

S. auch
I - 19.2 Chlor
I - 19.3 Chlorwasserstoff
II - 1.5 Quantitative Synthese von Chlorwasserstoff
II - 1.11 Bestimmung der Äquivalentmassen von Metallen durch Reaktion mit Chlor
III - 3.1.2 Sauerstoff aus Kaliumchlorat

[1]) Die Apparatur ist bei Fa. Kind (s. I - 17.8) erhältlich.

III - 3.2.7 Dischwefeldichlorid aus Schwefel und Chlor
III - 3.2.10 Sulfurylchlorid aus Schwefeldioxid und Chlor
III - 4.2.7 Phosphortrichlorid aus Phosphor und Chlor
III - 6.1.1 Aluminiumchlorid aus Aluminium und Chlor
III - 9.3.1 Chrom(III)-chlorid aus Chrom(III)-oxid und Tetrachlorkohlenstoff
III - 9.3.2 Chrom(II)-chlorid durch Reduktion von Chrom(III)-chlorid
III - 9.5.4 Eisen(II)-chlorid aus Eisen und Chlorwasserstoff
IV - 2.1 Chlorierung von Methan
IV - 2.2 Dichloräthan aus Äthylen (Äthen) und Chlor
IV - 2.5 Monochloräthan (Äthylchlorid) aus Äthanol und Salzsäure

III - 2.1.1 Chlor aus Salzsäure und Kaliumpermanganat

Eigenschaften von Chlor

$$2\ KMnO_4 + 16\ HCl \rightarrow 5\ Cl_2 + 2\ KCl + 2\ MnCl_2 + 8\ H_2O$$

Versuchsanordnung: Abb. 83 *Abzug!*

Gasentwickler Abb. 19a, A bis C – 2 Drechselsche Waschflaschen: D (wenig Wasser mit Indigolsg., s. V, kräftig gefärbt), E (sehr verdünnte KJ-Lsg.) – Gelenkstück F und

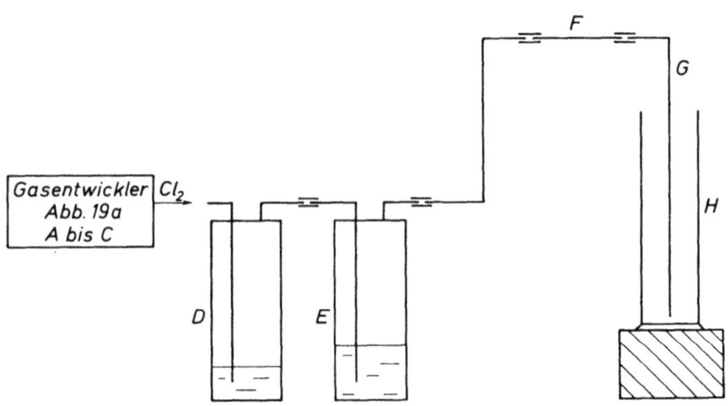

Abb. 83. Chlor aus Salzsäure und Kaliumpermanganat

Gaszuleitungsrohr G zum Füllen der Standzylinder H, die so hoch gestellt werden müssen (Hebebühne oder Holzklötze), daß das Gaszuleitungsrohr G bis auf deren Boden reicht und daß sie nach Fortnahme der Unterlage bequem ausgewechselt werden können. Bei allen Rohrverbindungen muß Glas an Glas stoßen.

Hilfsmittel:

Konz. Salzsäure – $KMnO_4$ – 8 Standzylinder (200 x 40 mm) mit eingefettetem Rand und Verschlußplatten.

Vorbereitung:

In den Kolben A gibt man etwa 20 g Kaliumpermanganat; den Tropftrichter B füllt man mit konz. Salzsäure.

Ausführung: *Abzug!*
Man läßt Salzsäure so zu dem Permanganat tropfen, daß ein regelmäßiger Chlorstrom erzeugt wird. Nach kurzer Zeit ist die Indigolösung in Waschflasche D entfärbt und die Lösung in E durch ausgeschiedenes Jod braun gefärbt.
Wenn das langsam eingeleitete gelbgrüne Gas bis an den oberen Rand des Zylinders gestiegen ist, wird dieser sofort mit der Glasplatte verschlossen und bis zum Gebrauch unter dem Abzug aufbewahrt. Entsprechend füllt man unmittelbar hintereinander die anderen Zylinder.

Beendigung:
Man füllt den Kolben A durch den Tropftrichter mit Wasser, nimmt die Apparatur im Abzug auseinander und wartet, bis das Chlor entwichen ist. Man hüte sich vor dem Einatmen von Chlor.

Eigenschaften von Chlor

Hilfsmittel:
a) Standzylinder mit Chlor – einige farbige Blumen (Stiefmütterchen, Veilchen, Rosen, Tulpen) – flacher Korken (Ø größer als die Öffnung der Zylinder), durch den ein dicker Eisendraht gezogen und am unteren Ende zu einem angespitzten Haken umgebogen wird – Streifen von gefärbtem Baumwollstoff (im Vorversuch mit Chlorwasser prüfen, ob sie rasch entfärbt werden) – Schere.
b) Standzylinder mit Chlor – konz. Schwefelsäure – Streifen von gefärbtem Baumwollstoff.
c) Standzylinder mit Chlor – Antimonpulver – Metallspatel.
d) Standzylinder mit Chlor – unechtes Blattgold – Eisendraht.
e) Standzylinder mit Chlor – Eisenwolle – Antimonpulver – Eisendraht – evtl. Kupfer-, Zink- oder Magnesiumwolle.
f) Standzylinder mit Chlor – H_2-Quelle – konz. NH_3-Lösung. – pH-Indikatorpapier – Glasstab – langes Glasrohr, am oberen Ende rechtwinklig umgebogen, daran langer Gummischlauch; am unteren Ende U-förmig umgebogen und zu einer Spitze (etwa 1 mm weit) verjüngt.
g) Standzylinder mit Chlor – Glasrohr wie bei f) – pH-Indikatorpapier.
h) Standzylinder mit Chlor – echtes Terpentinöl – Filtrierpapier – Filtrierpapierstreifen – Glasstab – Indikatorpapier – Porzellanschale.

Ausführung:
Nach Ausführung eines jeden Versuches wird der betreffende Zylinder offen in den Abzug gestellt und verbleibt dort, bis alles Chlor entwichen ist.

a) Bleichende Wirkung
Man wirft in den Zylinder einige angefeuchtete Blumen und Blätter und hängt angefeuchtete farbige Baumwollappen an dem vorbereiteten Eisenhaken ein: Nach kurzer Zeit vollständige Entfärbung; Blattgrün ist besonders empfindlich.
Die bleichende Wirkung von feuchtem Chlor beruht auf der Bildung der stark oxidierend wirkenden hypochlorigen Säure:

$$Cl_2 + 2\,H_2O \rightarrow HClO + Cl^- + H_3O^+$$

b) Trockenes Chlor bleicht nicht
In den Zylinder gießt man zunächst etwas konz. Schwefelsäure, schwenkt um und hängt dann trockene gefärbte Baumwollstreifen ein: Kein Bleichen, da keine hypochlorige Säure gebildet wird.

c) Reaktion mit Antimon
Abzug! In den Zylinder streut man etwas Antimonpulver, das man auf einem Metallspatel schwach angewärmt hat: Feuerregen, dichte Nebel. Antimonchloriddampf ist giftig! Die Glasplatte wird erst wieder aufgesetzt, wenn die Reaktion beendet ist.

d) Reaktion mit unechtem Blattgold
Man hängt in den Zylinder einen lockeren Bausch von unechtem Blattgold (Messing), der an einem Eisenhaken befestigt ist, ein: Reaktion unter Aufglühen. Echtes Blattgold reagiert analog.

e) Reaktion mit Eisenwolle
In den Zylinder hängt man einen lockeren Bausch von Eisenwolle ein, dessen unteres Ende man vorher in Antimonpulver eingetaucht hat: Reaktion unter Feuererscheinung, dichter brauner Rauch ($FeCl_3$). Der Versuch kann ebenso mit Kupfer-, Zink- oder Magnesiumwolle durchgeführt werden.

f) Wasserstoffflamme brennt in Chlor
Aus dem vorbereiteten Rohr läßt man eine Wasserstoffflamme von etwa 2 cm Länge herausbrennen und senkt sie langsam tief in den mit Chlor gefüllten Zylinder ein: Fahle Flamme, langsames Verschwinden der Chlorfarbe, Entweichen von Nebel. Man taucht in den Zylinder einen angefeuchteten pH-Indikatorpapierstreifen und einen mit konz. Ammoniaklösung befeuchteten Glasstab ein.

g) Leuchtgasflamme brennt in Chlor
Man läßt aus dem Rohr eine 3 bis 4 cm lange Gasflamme (Leuchtgas, Erdgas, Propan, Butan) herausbrennen und senkt sie bis zum Boden des Zylinders ein: Flamme wird kleiner, färbt sich rot, Abscheidung von Ruß. Ehe die Flamme erlischt, wird sie aus dem Zylinder herausgezogen. In den Zylinder taucht man einen angefeuchteten pH-Indikatorpapierstreifen ein.

h) Terpentinöl entzündet sich in Chlor

$$C_{10}H_{16} + 8\ Cl_2 \rightarrow 16\ HCl + 10\ C$$

Einen Filtrierpapierstreifen tränkt man mit echtem, nicht verharztem Terpentinöl, preßt ihn zwischen Filtrierpapier ab und hängt ihn an einem Glasstab sofort in den mit Chlor gefüllten Zylinder: Nach einigen Augenblicken Entflammung und Bildung einer dichten Rußwolke. Man taucht einen angefeuchteten Streifen pH-Indikatorpapier in den Zylinder ein.

III - 2.1.2 Chlor aus Salzsäure und Mangan(IV)-oxid

$$MnO_2 + 4\ HCl \rightarrow MnCl_2 + 2\ H_2O + Cl_2$$

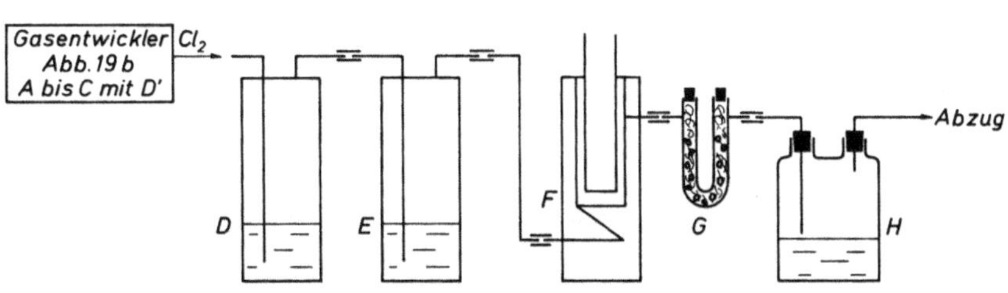

Abb. 84. Chlor aus Salzsäure und Mangan(IV)- oxid

Versuchsanordnung: Abb. 84
Gasentwickler Abb. 19b, A bis C mit Ableitungsrohr D' – *Drechsel*sche Waschflaschen D (konz. $KMnO_4$-Lsg.) und E (konz. H_2SO_4) – Gasverflüssiger F (s. Abb. 31) – U-Rohr G ($CaCl_2$) – Woulfesche Flasche H (Natronlauge 20%ig) – Ableitung zum Abzug. Bei allen Rohrverbindungen muß Glas an Glas stoßen.

Hilfsmittel:
MnO_2 (natürlicher Braunstein ist ungeeignet) – 100 ml konz. Salzsäure, mit 50 ml Wasser verdünnt – zerkleinertes Trockeneis oder CO_2-Schnee (s. I-18.8.1) – Methanol – Plastiklöffel – große Porzellanschale – Leitfähigkeitsprüfer (s. Abb. 18) – dicker Draht aus Eisen oder Stahl – weißer Hintergrund – Bunsenbrenner.

Vorbereitung:
Man beschickt den Kolben A mit etwa 50 g Mangan(IV)-oxid und den Tropftrichter mit der Salzsäure. Dann bereitet man in einer Porzellanschale ein breiiges Kältegemisch aus Kohlendioxid-Schnee (Trockeneis) und Methanol (s. I - 18.8.1) und füllt dieses vorsichtig in den Kühleinsatz des Gasverflüssigers F.

Ausführung:
Man gibt durch den Tropftrichter das Salzsäure-Wasser-Gemisch zum Mangan(IV)-oxid und erwärmt vorsichtig mit kleiner Flamme, bis die Chlorentwicklung einsetzt. Zunächst beobachtet man eine intensive Braunfärbung der Flüssigkeit ($MnCl_4$ bzw. $[MnCl_6]^{2-}$); dann entwickelt sich ein gelbgrünes Gas (Cl_2), das bald als gelbe Flüssigkeit (Sdp –34,1 °C) in das Sammelgefäß des Gasverflüssigers herabtropft. Wenn sich eine ausreichende Menge Chlor angesammelt hat, wird die Heizung des Kolbens abgestellt und die Chlorentwicklung durch Eingießen von kaltem Wasser in den Kolben A abgebrochen. Man lüftet kurz den Kühleinsatz und taucht zunächst die Elektroden des Leitfähigkeitsprüfers ein: Nichtleiter.
Darauf hält man den Eisendraht vorsichtig in das flüssige Chlor: Keine Reaktion. Dies ist von Bedeutung für das Aufbewahren von flüssigem Chlor in Stahlflaschen.

Beendigung: *Vorsicht!*
Beim Auseinandernehmen der Apparatur hüte man sich vor dem Einatmen von Chlor.
Der Kolben A wird durch Ausschwenken mit etwas Natriumhydrogensulfitlösung gereinigt.
Der Gasverflüssiger wird in einen gut ziehenden Abzug oder ins Freie gestellt, bis das Chlor verdampft ist.

Bemerkung:
Man kann das aus dem Gasverflüssiger abdampfende Chlor durch ein möglichst weites Rohr in einen *Erlenmeyer*kolben mit 50 ml Wasser einleiten, der von außen durch Eiswasser gekühlt wird; man erhält blaßgelbe Kristalle des Chlorhydrats ($8\ Cl_2 \cdot 46\ H_2O$).

III - 2.1.3 Chloralkali-Elektrolyse

a) Amalgamverfahren[1]*):*
Anode: $Cl^- \rightarrow \frac{1}{2}\ Cl_2 + e^-$
Kathode: $Na^+ + x\ Hg + e^- \rightarrow NaHg_x$

[1]) Zur Theorie vgl. *Habitz, P.*, Math. Naturwiss. Unterricht **19**, 313 (1966).
Eine Diapositiv-Reihe „Die Chlorgewinnung durch Elektrolyse nach dem Amalgamverfahren" (mit Text) ist beim Fonds der Chemischen Industrie, 6 Frankfurt a. M., Karlstr. 21 erhältlich.

Versuchsanordnung: Abb. 85
Zylindrischer Tropftrichter A (100 oder 250 ml) mit dreifach durchbohrtem Gummistopfen B – Graphitstabelektrode C – isolierter Kupferdraht D (Ø 2 mm), unten auf

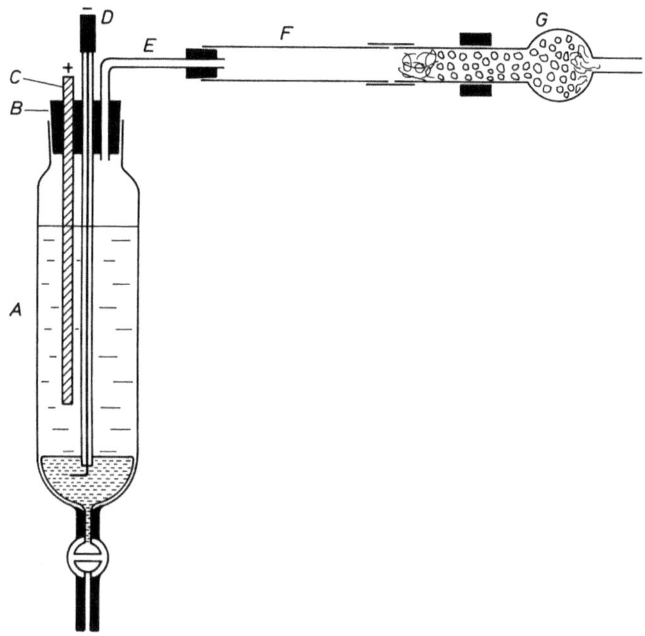

Abb. 85. Chloralkali-Elektrolyse (Amalgamverfahren)

1,5 cm Länge blank und rechtwinklig umgebogen – Gasableitungsrohr E, angeschlossen Glasrohr F (Ø 15 mm, Länge 10 cm) mit Trockenrohr G (Aktivkohle zur Adsorption von Chlor) – die Rohre sollen Glas an Glas aneinanderstoßen.

Hilfsmittel:
Gesättigte NaCl-Lösung – Quecksilber – KJ-Stärkepapier (s. V) – Phenolphthaleinlösung – Lackmuspapier – Erlenmeyerkolben (100 ml) mit einfach durchbohrtem Gummistopfen und geradem Ableitungsrohr – Graphitstab – Graphitstückchen – regelbare Gleichstromquelle – Krokodilklemmen.

Vorbereitung:
Man gibt in den Tropftrichter A so viel Quecksilber, daß es etwa 1 cm über dem Hahnrohransatz steht, und füllt danach A mit der Natriumchlorid-Lösung. Dann wird der Stopfen B eingesetzt. Man verschiebt die Elektroden so, daß die Graphitanode etwa 1 cm über dem Quecksilberspiegel endet und die Isolation des Kupferdrahtes noch 2 bis 3 mm in das Quecksilber hineinreicht. In das Glasrohr F wird je ein Streifen feuchtes Lackmus- und Kaliumjodidstärkepapier eingelegt.

Ausführung:
Man verbindet die Anode C mit dem Pluspol, die Kathode D mit dem Minuspol und regelt die Stromstärke so, daß eine deutliche Gasentwicklung an der Anode zu beob-

achten ist. Nach 2 bis 3 Minuten färbt sich das Kaliumjodid-Stärkepapier blau (Cl_2-Nachweis) und etwas später bleicht das Lackmuspapier aus. Nach etwa 15 Minuten wird die Elektrolyse unterbrochen. Man füllt den *Erlenmeyer*kolben zur Hälfte mit Wasser, gibt einige Tropfen Phenolphthalein-Lösung zu und läßt das Quecksilber durch Öffnen des Hahns einfließen. Es zeigt sich zunächst eine leichte und beim Einlaufen der oberen Quecksilberschicht eine starke Rotfärbung sowie eine schwache Gasentwicklung:

$$2\ NaHg_x + 2\ H_2O \rightarrow 2\ Na^+ + 2\ OH^- + H_2 + 2x\ Hg$$

Die Zersetzung des Natriumamalgams läßt sich beschleunigen, indem man einen Graphitstab in das im Erlenmeyerkolben befindliche Amalgam taucht: Lebhafte Gasentwicklung am Graphitstab (Lokalelement).

Beendigung:
Nach Aufhören der Gasentwicklung säuert man die über dem Quecksilber stehende Flüssigkeit mit verdünnter Salpetersäure schwach an, trennt das Quecksilber ab und reinigt es (s. I - 20.1).

b) Glocken- und Diaphragmaverfahren:
Anode: $2\ Cl^- \rightarrow Cl_2 + 2\ e^-$
Kathode: $2\ H_2O + 2\ e^- \rightarrow H_2 + 2\ OH^-$

Versuchsanordnung: Abb. 86
Glockenverfahren: Becherglas A (600 ml) – Trichter B mit spiralig gewundenem Eisendraht (Kathode) – Graphitstab C (⌀ 5 mm) als Anode.

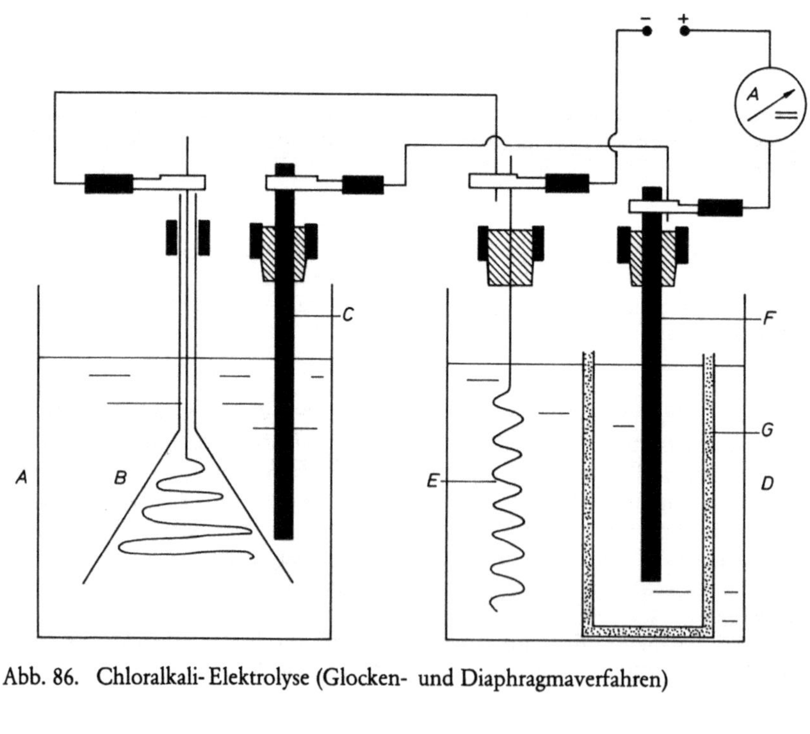

Abb. 86. Chloralkali-Elektrolyse (Glocken- und Diaphragmaverfahren)

Diaphragmaverfahren: Becherglas D (600 ml) – zickzackförmig gebogener Eisendraht E (Kathode) – der Graphitstab F (Anode) ragt in eine poröse Tonzelle G (∅ 30 mm, Höhe 100 mm) als Anodenraum. Die Elektroden werden in Korkstopfen fixiert, die durch Stativklammern gehalten werden.

Hilfsmittel:
Konz. NaCl-Lösung – KJ-Stärkelösung (s. V) – Phenolphthaleinlösung – Pipette mit Peleusball – 2 Kelchgläser – Glasstab – regelbare Gleichstromquelle (bis 10 V).

Vorbereitung:
Man schaltet die beiden Zellen parallel zueinander und füllt die Bechergläser sowie den Anodenraum G mit der Natriumchloridlösung. Zu der Lösung in A und in den Kathodenraum von D gibt man einige Tropfen Phenolphthaleinlösung.

Ausführung:
Man schaltet den elektrischen Strom ein und reguliert die Spannung so ein, daß an den Kathoden deutlich Gas entwickelt wird. Im Becherglas A bilden sich innerhalb des Trichters rote Schlieren, die langsam abwärts sinken. Im Becherglas B tritt im Kathodenraum Rotfärbung auf. Zum Nachweis des gebildeten Chlors pipettiert man Proben der Lösung in A (in der Nähe der Anode C) und in der Tonzelle G ab, gibt sie in Kelchgläser und fügt Kaliumjodid-Stärkelösung zu: Blaufärbung.

III - 2.1.4 Chlor durch Oxidation von Chlorwasserstoff
(*Deacon*-Prozeß[1])

$$4\,HCl + O_2 \rightarrow 2\,H_2O + 2\,Cl_2 \qquad \Delta H = -27{,}3\ \text{kcal}\ (-114{,}2\ \text{kJ})$$

Versuchsanordnung: Abb. 87
Woulfesche Flasche A (500 ml) oder *Erlenmeyer*kolben (500 ml) mit doppelt durchbohrtem Gummistopfen mit Einleitungsrohr B – rechtwinkliges Ableitungsrohr C –

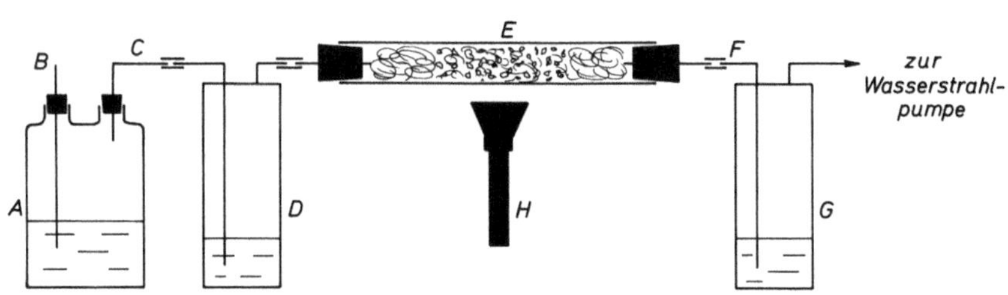

Abb. 87. Deacon-Prozeß

*Muencke*sche Waschflasche D (konz. H_2SO_4) – Reaktionsrohr E aus schwerschmelzbarem Glas oder Quarz (∅ innen 18 mm, Länge etwa 20 cm) – rechtwinkliges Gasableitungsrohr F – Waschflasche G mit Schlauchverbindung zur Wasserstrahlpumpe – Bunsenbrenner H mit Schlitzaufsatz.

[1]) *H. Deacon* 1868.

Hilfsmittel:
Katalysator (s. u.) – konz. (rauchende) Salzsäure – konz. KBr-Lösung – KJ-Lösung – $CuCl_2$ – Indigolösung (s. V) – Bimssteinstücke (Siedesteinchen) – 2 zusätzliche Waschflaschen – Glaswolle – Porzellanschale – Wasserbad – Porzellantiegel – Tiegelzange – Luftbad: Asbestdrahtnetz mit aufgelegtem Tondreieck, dessen Drahtenden nach unten gebogen sind, so daß der eingesetzte Tiegel das mit einem Bunsenbrenner erhitzte Drahtnetz eben nicht berührt.

Vorbereitung:
Darstellung des Katalysators: In einer Porzellanschale bringt man in eine heiße konz. Lösung von Kupfer(II)-chlorid etwa 20 erbsengroße Bimssteinstücke, dampft die Lösung auf dem Wasserbad langsam etwas ein, nimmt dann die einzelnen Bimssteinstücke mit einer Tiegelzange heraus und bringt sie in einen Porzellantiegel. Diesen erhitzt man vorsichtig auf dem Luftbad, bis die Bimssteinstücke vollkommen trokken geworden sind und eine dunkelbraune Farbe angenommen haben. Ein außerordentlich wirksamer Katalysator wird erhalten, wenn man als Träger Silicagel verwendet. Der Katalysator wird noch warm in das Reaktionsrohr eingefüllt und beiderseits von Glaswollebäuschen eingeschlossen. In die Waschflasche G füllt man konz. Kaliumbromid-Lösung.

Ausführung:
Man füllt die *Woulf*esche Flasche A (bzw. den *Erlenmeyer*kolben) soweit mit konz. Salzsäure, daß das Einleitungsrohr B in die Flüssigkeit eintaucht, und setzt die Wasserstrahlpumpe in Tätigkeit. Dann erhitzt man E mäßig (auf etwa 400 °C; der Katalysator darf nicht ins Glühen kommen). Bald erfolgt eine Abscheidung von Brom in G. Nun wechselt man G gegen eine Waschflasche mit Kaliumjodid-Lösung aus (Jod-Abscheidung) und dann gegen eine dritte Waschflasche mit Indigo-Lösung (Entfärbung).

Beendigung:
Man läßt die Apparatur im langsamen Luftstrom erkalten. Der Katalysator kann mehrmals benutzt werden; er wird in einer verschlossenen Flasche aufbewahrt.

III - 2.1.5 Reduktion von Chlor durch Wasserdampf
(Umkehrung des Deaconprozesses)

$$2\,Cl_2 + 2\,H_2O \rightarrow 4\,HCl + O_2 \qquad \Delta H = +27{,}3\text{ kcal } (+114{,}2\text{ KJ})$$

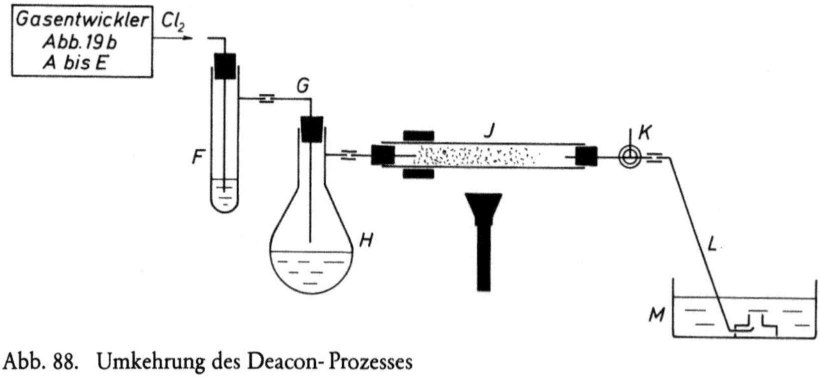

Abb. 88. Umkehrung des Deacon-Prozesses

Versuchsanordnung: Abb. 88
Gasentwickler Abb. 19b, A bis E (E mit konz. NaCl-Lösung gefüllt) – Reagenzglas mit Schlauchansatz (Saugrohr) F (Wasser) als Blasenzähler – Einleitungsrohr G – Weithals-Birnenkolben H (250 ml) mit Schlauchstutzen[1]) – Reaktionsrohr J aus schwerschmelzbarem Glas oder Quarz (Ø innen 18 mm, Länge etwa 20 cm) mit Katalysator ($CuCl_2$ auf Bimsstein, s. Vers. III - 2.1.4) – Dreiwegehahn K – Gasableitungsrohr L – pneumatische Wanne M (Wasser) – Bunsenbrenner.

Hilfsmittel:
$KMnO_4$ – konz. Salzsäure – konz. NH_3-Lösung – zweiter Bunsenbrenner – 2 große Reagenzgläser – Glasstab – Holzspäne.

Vorbereitung:
Man gibt in den Kolben A Kaliumpermanganat, in den Tropftrichter B konz. Salzsäure und in den Kolben H Wasser. Das Zuleitungsrohr G darf nur bis an die Wasseroberfläche heranreichen.

Ausführung:
Das Reaktionsrohr wird kräftig angeheizt. Dann läßt man aus dem Tropftrichter Salzsäure zum Kaliumpermanganat zutropfen und leitet einen mäßigen Chlorstrom durch die Apparatur. Ist sie mit Chlor gefüllt, erhitzt man das Wasser im Kolben H mit leuchtender Flamme bis nahe zum Sieden (Dreiwegehahn K in Stellung ⦶). Schon nach kurzer Zeit entweichen Chlorwasserstoff-Nebel. Mit Hilfe eines mit Ammoniak-Lösung befeuchteten Glasstabes weist man den gebildeten Chlorwasserstoff bei K nach. Dann bringt man K in Stellung ⊕, fängt das entweichende Gas in einem großen Reagenzglas durch Wasserverdrängung auf und identifiziert es mittels eines glimmenden Holzspanes als Sauerstoff.

Beendigung:
Man unterbricht das Zutropfen der Salzsäure, bringt K in Stellung ⊖ und stellt darauf die Heizung ab.

III - 2.1.6 Chlorwasserstoff aus den Elementen
(Chlorknallgas – Photochemische Reaktion)

$$H_2 + Cl_2 \rightarrow 2\,HCl \qquad \Delta H = -44{,}1\ \text{kcal}\ (-184{,}5\ \text{kJ})$$

a) Zündung durch Flamme

Hilfsmittel:
Gasentwickler Abb. 19b, A bis C, mit Ableitungsrohr zur pneumatischen Wanne – H_2-Quelle – konz. NH_3-Lösung – konz. Salzsäure – $KMnO_4$ – Glasstab – 2 möglichst dickwandige Standzylinder (100 x 40 mm, nicht größer) außen mit schwarzem Papier überzogen, mit eingefettetem Rand und Deckplatte – pneumatische Wanne (Wasser) – Bunsenbrenner.

Vorbereitung:
Man gibt etwa 10 g $KMnO_4$ in den Kolben A des Gasentwicklers und füllt den Tropftrichter mit konz. Salzsäure.

[1]) Z.B. Fa. Mauer (I - 17.8). Man kann auch ein großes Reagenzglas mit seitlichem Schlauchansatz verwenden.

Ausführung: *Achtung! Direkte Sonnenbestrahlung ist auszuschließen! Schutzbrille!*
Man füllt in der pneumatischen Wanne den einen Zylinder mit Wasserstoff, den anderen mit Chlor, verschließt beide unter Wasser mit den Glasplatten und stellt die Zylinder auf den Experimentiertisch. Dann setzt man den mit Wasserstoff gefüllten Zylinder umgekehrt auf den mit Chlor gefüllten und entfernt die Deckplatten, so daß die beiden Zylinder mit ihren Schliffrändern dicht verbunden sind. Man kippt nunmehr zur Durchmischung das System mehrmals um 180°, trennt dann die Zylinder und bringt sofort mit der Flamme des Bunsenbrenners das Gasgemisch in beiden Zylindern zur Explosion. Über die Öffnung eines Zylinders hält man einen mit konz. Ammoniaklösung befeuchteten Glasstab.

b) Zündung durch Licht

Hilfsmittel:
Gasentwickler wie bei Versuch a – H_2-Quelle – Gummistopfen – pneumatische Wanne (Wasser) – Schutzbrille – Reagenzgläser – würfel- oder quaderförmiger Kasten aus Holz, der auf einer Seite offen ist und auf einer angrenzenden Seite eine größere Öffnung besitzt, die wechselweise mit Glasscheiben verschlossen werden kann (vgl. auch Bemerkung) – farblose, rote und blaue Glasscheiben, passend zum Holzkasten – 3 Photo-Blitzlampen[1]) – Blitzgerät.

Vorbereitung:
Wie bei Versuch a.

Ausführung: *Schutzbrille!*
Direkte Sonnenbestrahlung und helles Tageslicht sind auszuschließen!
Man füllt in der pneumatischen Wanne zwei Reagenzgläser jedes zur Hälfte mit Chlor und zur Hälfte mit Wasserstoff und verschließt sie unter Wasser mit Gummistopfen. Das erste Reagenzglas bringt man auf den Experimentiertisch, mit dem Stopfen auf der Tischplatte stehend, stülpt den Kasten mit der offenen Seite darüber und setzt die farblose Glasscheibe ein. Das zweite Reagenzglas wird im Dunkeln aufbewahrt.
Dicht vor der Glasscheibe wird eine Blitzlampe gezündet: Explosion.
Dann tauscht man die farblose Glasscheibe gegen die rote aus, setzt das zweite der Reagenzgläser unter den Kasten und zündet eine Blitzlampe: Keine Explosion. Anschließend wechselt man die rote Glasscheibe gegen die blaue aus. Bei Zündung der Blitzlampe erfolgt eine Explosion.

Bemerkung:
Statt des Holzkastens kann man auch 3 Pulverflaschen verwenden; eine wird mit rotem, die zweite mit blauem durchsichtigem Lack angestrichen. Die Größe der Flaschen ist so zu bemessen, daß sie sich über die aufrecht stehenden Reagenzgläser (s.o.) stülpen lassen.

III - 2.1.7 Chlorwasserstoff aus Natriumchlorid und Schwefelsäure
Eigenschaften von Chlorwasserstoff

$$NaCl + H_2SO_4 \rightarrow NaHSO_4 + HCl$$

Versuchsanordnung:
Gasentwickler Abb. 19b, A bis C – *Muencke*sche Waschflasche (konz. H_2SO_4); am Ausgang der Waschflasche ist ein etwa 50 cm langer Gummischlauch befestigt, dessen freies Ende mit einem rechtwinklig gebogenem Einleitungsrohr wie Abb. 83, G versehen ist (langer Schenkel etwas länger als die Höhe der Standzylinder, s. u.).

[1]) Glaskolbenblitze, kein Elektronenblitzgerät.

Hilfsmittel:
NaCl – konz. Schwefelsäure – 2 trockene Standzylinder (200 x 40 mm) mit eingefettetem Rand und Verschlußplatten, davon eine gelocht – Langhalsrundkolben (500 bis 1000 ml) für Springbrunnenversuch (Abb. 89a) mit zweifach durchbohrtem Gummistopfen; durch eine Bohrung führt ein zu einer Spitze ausgezogenes Glasrohr bis fast zum Boden des Kolbens; das Glasrohr wird mit einem kleinen Gummistopfen verschlossen. In der zweiten Bohrung steckt ein rechtwinklig gebogenes Gasableitungsrohr, das mit Gummischlauchstück und Quetschhahn versehen ist.

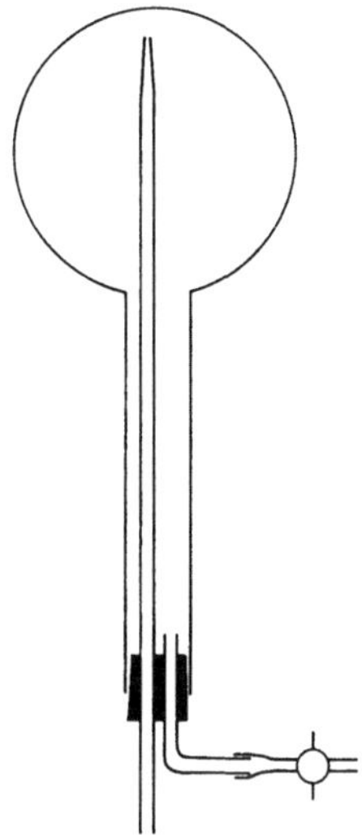

Abb. 89a. Kolben für Springbrunnenversuch

Vorbereitung:
Der Rundkolben A wird mit etwa 50 g NaCl beschickt, der Tropftrichter B mit konz. Schwefelsäure.

Ausführung:
Man läßt die konz. Schwefelsäure langsam zum Natriumchlorid zutropfen. Sobald am Ende der Apparatur weiße Nebel auftreten, führt man das Einleitungsrohr durch die gelochte Deckplatte in einen Standzylinder bis auf dessen Boden und füllt ihn durch Luftverdrängung mit Chlorwasserstoff. Wenn sich am Rande des Loches weiße Nebel zeigen, wird das Einleitungsrohr herausgezogen und der Standzylinder durch eine Glasplatte verschlossen; in gleicher Weise wird der zweite Zylinder gefüllt. Anschließend leitet man in den Rundkolben (Quetschahn am kurzen Glasrohr geöffnet) durch das bis zum Boden reichende Rohr solange Chlorwasserstoff, bis an der Mündung des kurzen Rohres deutliche Nebel auftreten; dann schließt man den Quetschhahn und setzt den Stopfen auf das lange Glasrohr.

Eigenschaften von Chlorwasserstoff

Hilfsmittel:

a) Standzylinder mit HCl – Kerze an umgebogenem Draht.

b) 1 Standzylinder mit HCl – 1 Standzylinder leer – Kerze wie bei a).

c) Langhalsrundkolben mit HCl gefüllt (s. o.) – pneumatische Wanne mit Wasser, das mit einem pH-Indikator angefärbt ist.

d) Gasentwickler für Chlorwasserstoff (s. o.) mit Waschflasche (konz. H_2SO_4) und Gummischlauch – Indikator, z.B. Methylrot – Thermoskop mit Reaktionsgefäß und Manometer (s. Abb. 10) – rechtwinklig gebogenes Einleitungsrohr wie Abb. 83, G (langer Schenkel 15 cm) – kurzes rechtwinkliges Ableitungsrohr – doppelt durchbohrter Gummistopfen, passend auf das Reaktionsgefäß des Thermoskops.

e) Apparatur nach Abb. 89b: Vierfach tubulierte Experimentierkugel A – an den seitlichen Tuben angeschlossen Waschflasche B (konz. NH_3-Lsg.) und Waschflasche C (konz. Salzsäure) – im oberen Tubus Stockthermometer (bis 100 °C), dessen Kugel genau in Höhe der beiden Einleitungsrohre E und F steht – vom unteren Tubus Ableitungsrohr G zu einer Wasserstrahlpumpe.

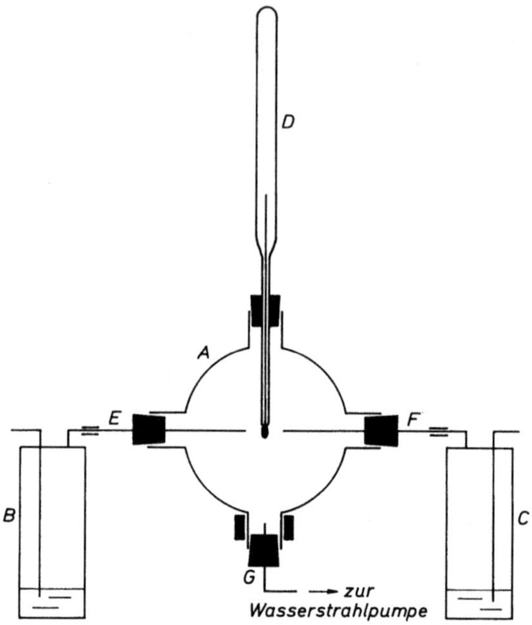

Abb. 89b. Ammoniumchlorid aus Ammoniak und Chlorwasserstoff

Ausführung:
a) Allgemeine Eigenschaften
Man öffnet die Verschlußplatte des Zylinders: Nebelbildung. Man nähert der Mündung des Zylinders eine Gasflamme: Nicht brennbar. Man senkt eine brennende Kerze in den Zylinder ein: Die Flamme erlischt.

b) Schwerer als Luft
Man senkt eine brennende Kerze in den mit Chlorwasserstoff gefüllten Zylinder ein: Sie erlischt. Dann senkt man die brennende Kerze kurz in den lufthaltigen Zylinder ein: Sie erlischt nicht. Darauf gießt man den Chlorwasserstoff durch langsames Umkehren des Zylinders in den lufthaltigen Zylinder um und senkt die brennende Kerze in diesen ein: Die Kerze erlischt.

c) Löslichkeit in Wasser (Springbrunnenversuch)
Man legt den mit Chlorwasserstoff gefüllten Kolben zunächst schräg in die pneumatische Wanne, damit die Berührungsfläche des Wassers mit dem im Einleitungsrohr befindlichen Gas möglichst groß wird. Dann entfernt man den kleinen Stopfen. Wenn das Wasser im Rohr anfängt zu steigen, richtet man den Kolben senkrecht auf. Nach Austritt des ersten Tropfens aus der Spitze des Glasrohres schießt das Wasser springbrunnenartig in den Kolben.

d) Nachweis der Lösungswärme
Das Reaktionsgefäß des Thermoskops wird zu 2/3 mit Wasser (durch Indikator angefärbt) gefüllt. Dann verschließt man es mit dem Gummistopfen, durch dessen Bohrungen das Einleitungsrohr bzw. das Ableitungsrohr geführt sind. Das Einleitungsrohr soll etwa 2 mm über dem Wasserspiegel enden.

Nach Einstellung von Niveaugleichheit im Manometer wird die Waschflasche des Chlorwasserstoff-Entwicklers über einen Gummischlauch an das Einleitungsrohr des Reaktionsgefäßes angeschlossen. Beim Einleiten von Chlorwasserstoff schlägt der Indikator im Reaktionsgefäß um; es sinken Schlieren nach unten, der Druck im Manometer steigt an.

e) Reaktion mit Ammoniak
Man saugt mit der Wasserstrahlpumpe Luft durch die Waschflaschen: NH_4Cl-Rauch, Erwärmung um 20 bis 30 °C. Vgl. Vers. III -4.1.4c.

III - 2.1.8 Kaliumhypochlorit aus Kaliumcarbonatlösung und Chlor
Eigenschaften von Hypochlorit

S. auch Bemerkung zu Versuch III - 2.1.11 (Natriumhypochlorit durch Elektrolyse einer Natriumchloridlösung).

$$Cl_2 + 2\ CO_3^{2-} + H_2O \rightarrow ClO^- + Cl^- + 2\ HCO_3^-$$

Versuchsanordnung: *Abzug!*
Wie Vers. III - 2.1.7 mit folgenden Abänderungen:
Die Waschflasche wird mit Wasser beschickt; statt des Gummischlauchs wird ein Schlauch aus PVC, Polyäthylen o.ä. verwendet.

Hilfsmittel:
$KMnO_4$ – konz. Salzsäure – K_2CO_3 – Erlenmeyerkolben (200 ml) – Kristallisierschale mit Eis als Kühlbad für den Kolben – Magnetrührer mit Rührstäbchen – Thermometer (0 bis 50 °C) – zerkleinertes Eis.

Vorbereitung:
Der Kolben des Gasentwicklers wird mit Kaliumpermanganat beschickt, der Tropftrichter mit konz. Salzsäure. Im Erlenmeyerkolben löst man 20 g Kaliumcarbonat in etwa 100 ml Wasser und stellt ihn in die Schale mit Eis.

Ausführung: *Abzug!*
Man prüft, ob die Kaliumcarbonatlösung auf 0 °C abgekühlt ist, und bringt dann den *Erlenmeyer*kolben mit dem Kühlbad auf den Magnetrührer. Unter kräftigem Rühren und weiterer Kühlung leitet man langsam Chlor ein (2 bis 3 Blasen pro Sekunde). Wenn nach etwa 40 Min. die erste schwache Gelbfärbung auftritt, wird das Einleiten unterbrochen. Die Lösung kann, wenn sie nicht gleich verbraucht wird, in einer möglichst vollständig gefüllten braunen Glasflasche mit Schliffstopfen einige Zeit aufbewahrt werden.

Eigenschaften von Hypochlorit

Hilfsmittel:
Indigolösung (s. V) – KJ-Lsg. – blaues Lackmuspapier – verd. Salzsäure – 4 Kelchgläser.

Ausführung:
Für die folgenden Versuche verwendet man Kelchgläser.

a) Oxidierende Wirkung
Man gibt eine Probe der Hypochlorit-Lösung zu verd. Indigolösung (Oxidation zu Isatin) bzw. zu Kaliumjodid-Lösung (Oxidation zu Jod).

b) Bleichende Wirkung
Man taucht einen Streifen blaues Lackmuspapier tief in die Hypochlorit-Lösung ein: Langsame Entfärbung, da die Lösung stark alkalisch ist. Beim Anhauchen des Streifens: Schnellere Entfärbung (Wirkung des ausgeatmeten CO_2)

$$CO_2 + H_2O + ClO^- \rightarrow HCO_3^- + HClO.$$

c) Reaktion mit Salzsäure
Man säuert eine Probe der Hypochlorit-Lösung mit Salzsäure stark an: Cl_2-Entwicklung.

Bemerkung:
Durch Einleiten von Chlor in eisgekühlte verd. Natronlauge kann man eine Natriumhypochlorit-Lösung herstellen.

III - 2.1.9 Chlorkalk aus Calciumhydroxid und Chlor
Eigenschaften von Chlorkalk

$$Ca(OH)_2 + Cl_2 \rightarrow CaCl(OCl) + H_2O$$

Versuchsanordnung:
Wie Vers. III - 2.1.4, Abb. 87 mit folgenden Abänderungen: Statt der *Woulf*eschen Flasche A bis C ein Gasentwickler Abb. 19a, A bis C. Der Brenner H entfällt; von der Waschflasche G führt man einen Schlauch zum Abzug.

Hilfsmittel:
Pulvriger gelöschter Kalk ($Ca(OH)_2$) – konz. Salzsäure – $KMnO_4$ – langer Glasstab – Porzellanschale – Glaswolle.

Vorbereitung:
In den Kolben A des Gasentwicklers gibt man Kaliumpermanganat, in den Tropftrichter B konz. Salzsäure. In das Rohr E füllt man den trockenen gelöschten Kalk und sorgt durch leichtes Klopfen am Rohr dafür, daß über der Füllung ein Kanal frei bleibt. Von beiden Enden her wird dann je ein Glaswollebausch in das Rohr geschoben.

Ausführung:
Man schickt durch das Rohr einen kräftigen Chlorstrom, den man nach Vertreibung der Luft so reguliert, daß durch die Waschflasche G kein Chlor perlt. Ist die Umsetzung beendet, was sich durch reichlicheren Gasdurchgang durch die Waschflasche G anzeigt, so wird der Chlorstrom abgestellt, das Rohr E aus der Apparatur entfernt und das Reaktionsprodukt in eine Porzellanschale gebracht.

Eigenschaften von Chlorkalk
Hilfsmittel:
a) Schwerschmelzbares Reagenzglas mit Halter – Teclubrenner – Holzspäne.
b) Standzylinder (200 x 40 mm) mit Glasplatte – konz. Salzsäure – weißer Hintergrund.
c) Standzylinder gefüllt mit Kohlendioxid, durch eine Glasplatte verschlossen – Kaliumjodidstärkelösung (s. V) – Filtrierpapierstreifen.

d) Wasserstoffperoxid 3%ig – großes Reagenzglas.
e) Verd. Schwefelsäure – 3 Streifen blaues Lackmuspapier – 2 Kelchgläser – Uhrglas.

Ausführung:
a) Thermische Spaltung:

$$2\ CaCl(OCl) \rightarrow 2\ CaCl_2 + O_2$$

Einen kleinen Teil des Reaktionsproduktes erhitzt man nach vorsichtigem Anwärmen in dem Reagenzglas bis zum Glühen und prüft mit einem glimmenden Holzspan auf Sauerstoff. Das Reagenzglas ist waagerecht oder etwas abwärts geneigt zu halten, damit kein Wasser zurückfließen kann.

b) Reaktion mit Salzsäure

$$CaCl(OCl) + 2\ H_3O^+ \rightarrow Cl_2 + Ca^{2+} + 3\ H_2O$$

Einen Teil des Reaktionsproduktes übergießt man in dem Standzylinder mit Salzsäure und bedeckt den Zylinder mit der Glasplatte: Entwicklung von Chlor, zu erkennen an der gelblichen Farbe und am Geruch.

c) Reaktion mit Kohlendioxid

$$CaCl(OCl) + CO_2 \rightarrow CaCO_3 + Cl_2$$

Man wirft etwas Chlorkalk in den mit Kohlendioxid gefüllten Standzylinder: Bildung von Chlor (weißer Hintergrund). Man taucht in den Zylinder einen mit Kaliumjodidstärkelösung befeuchteten Filtrierpapierstreifen: Blaufärbung.

d) Reaktion mit Wasserstoffperoxid

$$CaCl(OCl) + H_2O_2 \rightarrow Ca^{2+} + 2\ Cl^- + H_2O + O_2$$

Man übergießt etwas Chlorkalk mit Wasserstoffperoxid und prüft das stürmisch entwickelte Gas mit einem glimmenden Holzspan auf Sauerstoff.

e) Bleichende Wirkung
Man taucht in Chlorkalklösung zwei Streifen blaues Lackmuspapier tief ein: In der Lösung ereignet sich nichts. Den einen Streifen läßt man auf einem Uhrglas an der Luft liegen: Allmähliche Entfärbung.
Den anderen Streifen haucht man an: Schnellere Entfärbung (Wirkung des ausgeatmeten CO_2).
Man taucht in ein Kelchglas mit Chlorkalklösung einen Lackmuspapierstreifen ein und säuert die Lösung mit verd. Schwefelsäure an: Sofortige Entfärbung (nur die freie hypochlorige Säure wirkt bleichend).

III - 2.1.10 Katalytische Zersetzung von Chlorkalk

$$2\ CaCl(OCl) \rightarrow 2\ CaCl_2 + O_2$$

Versuchsanordnung:
Der Kolben A eines Gasentwicklers (Abb. 19a oder 19b, A bis C) steht in einer Porzellanschale auf einem Stativring mit aufgelegtem Asbestdrahtnetz; am Gasableitungsrohr ist ein längerer Gummischlauch (50 cm) mit Einleitungsrohr (Abb. 23, A) befestigt, das in eine pneumatische Wanne (Wasser) mit Experimentiersockel führt.

Hilfsmittel:
Frischer Chlorkalk – $Co(NO_3)_2$ – heißes Wasser – Thermometer (bis 100 °C) – Standzylinder (100 x 40 mm) mit plangeschliffenem Rand und Glasplatte – Holzspäne – Filtriergestell – Trichter mit Faltenfilter – Bunsenbrenner – Reibschale mit Pistill.

Vorbereitung:
Man verreibt möglichst frischen Chlorkalk in der Reibschale mit warmem Wasser (30 °C), dekantiert nach der Sedimentation und filtriert die Lösung durch zwei ineinander gesteckte Faltenfilter. 150 ml der klaren Lösung füllt man in den Kolben des Gasentwicklers, 5 ml Kobalt(II)-nitratlösung (5%ig) in den Tropftrichter.

Ausführung:
Man füllt die Porzellanschale mit heißem Wasser, das man durch eine kleine Flamme auf 70 °C hält; das Gaseinleitungsrohr wird in die pneumatische Wanne eingetaucht: Nach Entweichen der sich ausdehnenden Luft keine Gasentwicklung. Darauf läßt man etwas Kobaltnitratlösung zutropfen: Es setzt sofort eine lebhafte Gasentwicklung ein. Das Gas wird in dem Standzylinder aufgefangen und durch Entflammen eines glimmenden Holzspanes als Sauerstoff identifiziert.

III - 2.1.11 Kaliumchlorat durch Elektrolyse einer Kaliumchloridlösung
Eigenschaften von Chlorat

Anode: $6\ Cl^- \rightarrow 3\ Cl_2 + 6\ e^-$

$$3\ Cl_2 + 6\ OH^- \xrightarrow{70\ °C} ClO_3^- + 5\ Cl^- + 3\ H_2O$$

Kathode: $6\ H_2O + 6\ e^- \rightarrow 3\ H_2 + 6\ OH^-$

Versuchsanordnung:
In ein Becherglas (250 ml) tauchen ein spiralig gewundener Eisendraht (∅ 2 mm, Länge etwa 15 cm) als Kathode und ein Graphitstab (∅ 2 mm, Länge etwa 15 cm) als Anode ein. Jede Elektrode wird zur Halterung durch einen Korkstopfen geführt, der an einem Stativ befestigt wird.

Hilfsmittel:
KCl – K_2CO_3 – konz. Salzsäure – KJ-Stärkepapier (s. V) – kleine Nutsche auf Saugflasche – großes Reagenzglas – Thermometer (bis 100 °C) – Wanne mit kaltem Wasser – Eiswasser – Dreifuß mit Asbestdrahtnetz – Bunsenbrenner – regelbare Gleichstromquelle – Amperemeter – 2 Krododilklemmen.

Vorbereitung:
In dem Becherglas löst man 45 g KCl und 1 g K_2CO_3 in etwa 100 ml Wasser von 60 °C auf und stellt es auf das Asbestdrahtnetz. Dann werden die Elektroden mit Krokodilklemmen über das Amperemeter an die Gleichstromquelle angeschlossen.

Ausführung:
Man elektrolysiert bei 3 bis 3,5 A und hält die Temperatur des Elektrolyten auf 60 bis 70 °C. Nach 15 bis 20 Minuten wird die Elektrolyse unterbrochen und der Elektrolyt durch Eintauchen des Elektrolysiergefäßes in Wasser gekühlt: Reichliche Kristallabscheidung, die hauptsächlich aus Kaliumchlorat besteht. Man saugt die Kristalle in der Nutsche ab, wäscht mit etwas Eiswasser und übergießt das Reaktionsprodukt in einem Reagenzglas mit konz. Salzsäure: Chlorentwicklung, Nachweis mit Kaliumjodid-Stärkepapier.

Bemerkung:
Man kann mit der gleichen Apparatur auch eine Natriumhypochlorit-Lösung durch Elektrolyse herstellen:

$$Cl_2 + 2\ OH^- \xrightarrow{0\ °C} ClO^- + H_2O$$

Dazu füllt man das Becherglas zu 3/4 mit einer eisgekühlten 10%igen Natriumchlorid-Lösung und elektrolysiert etwa 5 Minuten mit 2 A, wobei der Elektrolyt wiederholt umgerührt wird. Das entstandene Hyplochlorit weist man wie bei Versuch III - 2.1.8a nach.

Eigenschaften von Chlorat

Hilfsmittel:
Verd. $KClO_3$-Lösung (für a bis d) – gepulvertes $KClO_3$[1]) (für e bis g).
a) Indigolsg. (s. V) – verd. Schwefelsäure – 2 Kelchgläser – 2 Glasstäbe.
b) KJ-Lsg. – verd. Schwefelsäure – 2 Kelchgläser – 2 Glasstäbe.
c) Diphenylamin-Schwefelsäure (s. V) – Kelchglas – Glasstab.
d) Verd. Schwefelsäure – Aluminium-Pulver – $AgNO_3$-Lsg. – Kelchglas – Glasstab – Trichter mit Faltenfilter auf Erlenmeyerkolben – 2 große Reagenzgläser.
e) Schwefelpulver – mittelgroße Porzellanreibschale mit rauher Innenfläche – Pistill befestigt in einer Stativklammer; auf peinliche Sauberkeit von Reibschale und Pistill ist zu achten.
f) Weißer Phosphor (Vorsicht, s. I - 20.4) – konz. Schwefelsäure – Porzellanschale – Messer – Pinzette – Pipette (5 ml) – Kelchglas – größere Glasschale.
g) Fein gepulverter Zucker – konz. Schwefelsäure – Glanzpapier – Federfahne – Ziegelstein oder Tonplatte – Glasstab.

Ausführung:
a) Verhalten gegen Indigo
In 2 Kelchgläser gibt man verd. Kaliumchloratlösung und einige Tropfen Indigolösung; man versetzt eine der beiden Lösungen mit verd. Schwefelsäure: Nur diese wird gebleicht.

b) Verhalten gegen Kaliumjodid
In 2 Kelchgläser mit Kaliumchloratlösung gibt man etwas Kaliumjodid-Lösung und in das eine zusätzlich verd. Schwefelsäure: Nur in diesem Kelchglas wird langsam Jod ausgeschieden.

c) Verhalten gegen Diphenylamin
Zu Kaliumchlorat-Lösung gibt man im Kelchglas etwas Diphenylamin-Schwefelsäure: Blaufärbung.

d) Reduktion von Chlorat durch Alumium in saurer Lösung

$$ClO_3^- + 2\ Al + 6\ H_3O^+ \rightarrow Cl^- + 2\ Al^{3+} + 9\ H_2O$$

Man überzeugt sich zunächst, daß die verwendete Kaliumchlorat-Lösung nach Zusatz einiger Tropfen verd. Schwefelsäure mit Silbernitrat-Lösung keinen Niederschlag gibt. Dann säuert man in einem Kelchglas Kaliumchloratlösung mit verd. Schwefelsäure an und trägt in kleinen Anteilen Aluminiumpulver in die Lösung ein. Darauf wird filtriert und ein Teil des Filtrats mit Silbernitrat-Lösung versetzt: Farbloser käsiger Niederschlag (AgCl).

[1]) Das bei der Elektrolyse gebildete Kaliumchlorat soll hier nicht verwendet werden.

e) Reaktion mit Schwefel *Schutzbrille!*
In einer Reibschale verreibt man eine kleine Spatelspitze Kaliumchlorat so, daß es gut verteilt an der rauhen Wand hängen bleibt. Darauf verstreut man sehr wenig Schwefelpulver (keine Schwefelblume) in der Reibschale und verreibt es mit dem Chlorat unter gelindem Druck, indem man das Pistill am Ende der daran befestigten Klammer anfaßt: Schwache aufeinanderfolgende Explosionen. Achtung! Es dürfen unter keinen Umständen größere Substanzmengen verwendet werden.

f) Reaktion mit Phosphor *Schutzbrille!*
Man schneidet in der Porzellanschale unter Wasser ein etwa erbsengroßes Stück weißen Phosphor zurecht und gibt es im Kelchglas zu einer Lösung von 10 g Kaliumchlorat in 100 ml Wasser. Dann läßt man mit Hilfe einer Pipette, die der Gefäßwand anliegt und nahe bis an die Flüssigkeit herunterreicht, vorsichtig 5 ml konz. Schwefelsäure zufließen, so daß die wäßrige Lösung unterschichtet ist: Das bei der Reaktion $3\ ClO_3^- + 2\ H_3O^+ \rightleftharpoons 2\ ClO_2 + ClO_4^- + H_2O$
in geringen Mengen entstehende Chlordioxid oxidiert den Phosphor unter Verbrennungserscheinung.

g) Reaktion mit Zucker *Abzug!*
Zwei gleichgroße Häufchen Kaliumchlorat und Zucker vermengt man auf einem Bogen Papier mit einer Federfahne innig miteinander. Dann schüttet man das Gemenge unmittelbar von dem Papierbogen auf einen Ziegelstein und zwar so, daß eine mäanderförmige Hügelkette entsteht. Von einem Glasstab läßt man auf den Anfang der Kette einen Tropfen konz. Schwefelsäure herabfallen: Sofortige Entzündung; die Reaktion pflanzt sich mit hellvioletter Flamme durch die ganze Kette fort.
Aus Kaliumchlorat und konz. Schwefelsäure bildet sich Chlordioxid, das heftig mit allen oxidierbaren Stoffen, hier mit Zucker, reagiert.

III - 2.1.12 Kaliumperchlorat durch anodische Oxidation einer Kaliumchloratlösung

Eigenschaften von Perchlorat

Anode: $ClO_3^- + 3\ H_2O \rightarrow ClO_4^- + 2\ H_3O^+ + 2\ e^-$
Kathode: $2\ H_3O^+ + 2\ e^- \rightarrow 2\ H_2O + H_2$

Versuchsanordnung: Abb. 90
Becherglas A (250 ml, niedrige Form) als Elektrolysiergefäß – Glasrohr B (⌀ innen 10 mm) – Eisenstab-Kathode C (Stricknadel), mittels Korkstopfen (mit Einkerbung) in B eingesetzt – Platinblech-Anode D (etwa 20 x 10 mm) – Thermometer E (bis 100 °C) – Becherglas F (600 ml niedrige Form, Kühlbad für A) – 2 Krokodilklemmen.

Hilfsmittel:
$KClO_3$ krist. – verd. Schwefelsäure – konz. Salzsäure – zerkleinertes Eis – Trichter mit Faltenfilter auf Erlenmeyerkolben (200 ml) – 2 große Reagenzgläser – regelbare Gleichstromquelle – Amperemeter.

Vorbereitung:
Man stellt als Elektrolyt eine bei 7 bis 10 °C gesättigte Kaliumchlorat-Lösung her und setzt etwa 5 Tropfen verd. Schwefelsäure auf 100 ml Lösung zu. Die Elektroden werden an den Enden mit Krokodilklemmen für den Stromanschluß versehen und in das Elektrolysiergefäß A eingesetzt.

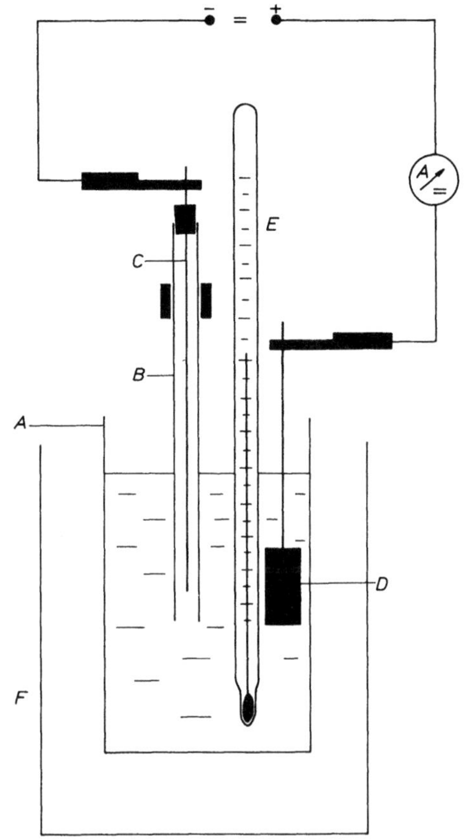

Abb. 90. Kaliumperchlorat durch anodische Oxidation

Ausführung:
Man füllt den Elektrolyten in das Becherglas A ein und elektrolysiert mit einer anodischen Stromdichte von etwa 0,2 A · cm^{-2}. Die Temperatur des Elektrolyten soll 10 °C betragen, evtl. ist das Becherglas A von außen mit Eiswasser zu kühlen.
An der Kathode entwickelt sich Wasserstoff, an der Anode ozonreicher Sauerstoff. Von der Anode fällt nach einiger Zeit ein feiner Kristallregen herab.
Wenn sich eine ausreichende Kristallmenge angesammelt hat, wird die Elektrolyse unterbrochen und der Inhalt des Becherglases A durch ein Faltenfilter filtriert. Nach dem Waschen des Reaktionsproduktes auf dem Filter mit Eiswasser werden die Kaliumperchloratkristalle in ein Reagenzglas gebracht und mit konz. Salzsäure übergossen: Keine beachtenswerte Chlorentwicklung. Gegenversuch mit dem Ausgangsmaterial: Chlorentwicklung.

Eigenschaften von Perchlorat

Hilfsmittel:
a) $KClO_4$ oder $NaClO_4$ - Indigolösung (s. V) - verd. Schwefelsäure - $KClO_3$ - 2 Kelchgläser - 2 Glasstäbe.
b) $NaClO_4$ - $FeSO_4 \cdot 7\,H_2O$ - verd. Natronlauge - konz. Salpetersäure - $AgNO_3$-Lösung - Becherglas (100 ml) - Reagenzglas - Trichter mit Faltenfilter auf Erlenmeyerkolben - Dreifuß mit Asbestdrahtnetz - Bunsenbrenner - pH-Indikatorpapier.

Ausführung:

a) Verhalten gegen Indigo[1]

In einem Kelchglas übergießt man etwas Perchlorat mit Wasser, gibt einige Tropfen Indigolösung zu und säuert mit verd. Schwefelsäure an: Keine Reaktion.
In einem zweiten Kelchglas macht man den Gegenversuch mit Kaliumchlorat: Entfärbung.

b) Reduktion zu Chlorid[2]

Man versetzt im Becherglas eine verd. Natriumperchlorat-Lösung mit einigen Millilitern einer 5%igen Eisen(II)-sulfat-Lösung, die man im Reagenzglas frisch bereitet hat. Dann gibt man tropfenweise verd. Natronlauge zu, bis die Flüssigkeit schwach alkalisch (pH 8) reagiert. Man prüft dies mit Indikatorpapier. Es darf keinesfalls soviel Natronlauge zugesetzt werden, daß das Eisen(II)-hydroxid vollständig ausgefällt wird. Man erhitzt einige Zeit zum Sieden, filtriert ab und säuert mit konz. Salpetersäure an. Auf Zusatz von Silbernitratlösung erhält man einen weißen Niederschlag (AgCl).

III - 2.2 Brom

S. auch

I - 20.5	Brom
IV - 2.3	Quantitative Bromierung von Acetylen (Äthin)
IV - 2.4	Bromierung von Toluol

III - 2.2.1 Bromwasserstoff aus den Elementen
Eigenschaften von Bromwasserstoffsäure

$$H_2 + Br_2 \rightarrow 2\ HBr \qquad \Delta H = -24{,}8\ \text{kcal}\ (-103{,}8\ \text{kJ})$$

Versuchsanordnung: Abb. 91

Drechselsche Waschflasche A (konz. H_2SO_4) - Rundkolben B (100 ml) mit eingeschliffenem Waschflascheneinsatz, Einleitungsrohr verkürzt - Becherglas C (400 ml, niedrige Form) als Wasserbad für B, auf Untersatz - Reaktionsrohr D aus schwerschmelzbarem Glas (∅ innen 18 mm, Länge 25 cm) -U-Rohr E (Aktivkohle) - Dreiwegehahn F - Muenckesche Waschflasche G (leer), umgekehrt geschaltet - Reagenzglas J mit seitlichem Schlauchansatz, zu einem Drittel mit dest. Wasser gefüllt;

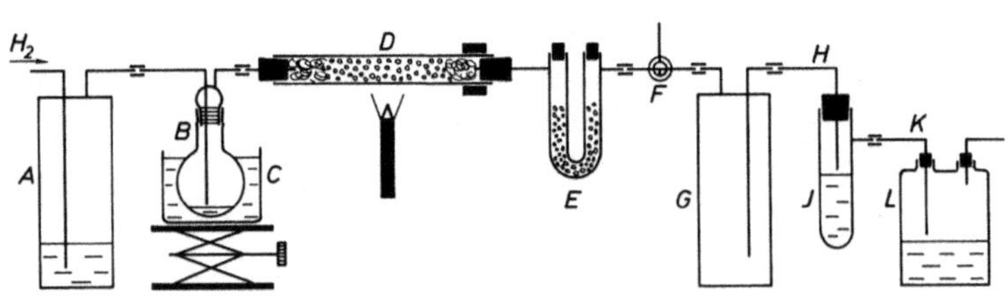

Abb. 91. Bromwasserstoff aus den Elementen

[1]) Mit dieser Reaktion kann das hergestellte Kaliumperchlorat darauf geprüft werden, ob es chloratfrei ist.

[2]) Durch die üblichen Reduktionsmittel wie schwefelige Säure, Zinn(II)-chlorid, Zink und Salzsäure usw. wird Perchlorat nicht reduziert.

das Einleitungsrohr H endet wie das an J anschließende Einleitungsrohr K kurz oberhalb des Wasserspiegels – zweifach tubulierte Woulfesche Flasche L (zur Hälfte mit Wasser gefüllt) zur Absorption von HBr – Bunsenbrenner.

Hilfsmittel:
H_2-Quelle – konz. NH_3-Lösung – Brom – Kapillartrichter oder Brompipette zum Einfüllen von Brom (I - 20.5) – gekörnte Aktivkohle als Katalysator – Reagenzgläser – Eiswasser – warmes Wasser – kleines Becherglas – Glasstab – pH-Indikatorpapier – Glaswolle.

Vorbereitung:
In das Reaktionsrohr D bringt man gekörnte Aktivkohle, die zwischen zwei eingeschobenen Glaswollebäuschen fixiert wird. In den Rundkolben B füllt man unter dem Abzug etwas Brom ein. Das Becherglas C wird kurz vor Ausführung des Versuchs mit Eiswasser gefüllt.

Ausführung:
Man leitet einen lebhaften Wasserstoffstrom durch die Apparatur. Nach negativem Ausfall der Knallgasprobe bei F (F in Stellung ⦶) mäßigt man den Wasserstoffstrom und beginnt mit dem Erhitzen des Katalysators (F in Stellung ⊖). Das Eiswasser in C wird durch warmes Wasser ersetzt. Das Gasgemisch ist vor dem Katalysator tiefrotbraun, hinter dem Katalysator vollkommen farblos. Man erhitzt den Katalysator bis zum Glühen und entfernt die Flamme; die Aktivkohle glüht eine Zeitlang ohne Wärmezufuhr weiter: Exotherme Reaktion. Darauf wird der Brenner wieder unter den Katalysator gestellt, dieser aber nicht bis zum Glühen erhitzt. Nun wird Hahn F in Stellung ⦶ gebracht: An der Ausströmungsöffnung bilden sich starke Nebel. Man hält einen mit konz. Ammoniaklösung befeuchteten Glasstab über die Ausströmungsöffnung: Weißer Rauch (NH_4Br). Mit einem angefeuchteten Indikatorpapier weist man die saure Reaktion nach.
Danach wird (F in Stellung ⊖) der Versuch fortgesetzt, bis sich in J eine genügend konzentrierte Bromwasserstoff-Lösung gebildet hat.

Beendigung:
Man kühlt den Rundkolben B mit Eiswasser, entfernt den Brenner und läßt das Reaktionsrohr im schwachen Wasserstoffstrom erkalten.

Eigenschaften von Bromwasserstoffsäure

Hilfsmittel:
Bromwasserstoff-Lösung aus J.
a) Leitfähigkeitsprüfer (s. Abb. 18), pH-Indikatorpapier.
b) Zinkpulver – 2 große Reagenzgläser – Eisenfeilspäne.
c) Chlorwasser – Chloroform – großes Reagenzglas.
d) $AgNO_3$-Lsg. – NH_3-Lsg. – großes Reagenzglas.

Ausführung:
a) Elektrische Leitfähigkeit, saure Reaktion
In die Bromwasserstoff-Lösung taucht man die Elektroden des Leitfähigkeitsprüfers ein. Man prüft die Reaktion der Lösung gegen pH-Indikatorpapier.

b) Reaktion mit Metallen
In zwei Reagenzgläsern gibt man zu der Bromwasserstoffsäure etwas Eisenfeilspäne bzw. Zinkpulver. Der entweichende Wasserstoff wird durch die Knallgasreaktion nachgewiesen.

c) Oxidation durch Chlor
Man versetzt die Lösung tropfenweise mit Chlorwasser, gibt etwas Chloroform hinzu und schüttelt kräftig durch: Ausscheidung von Brom.

d) Reaktion mit Silbernitrat
Zur Bromwasserstoffsäure gibt man Silbernitratlösung, darauf unter Umschütteln konz. Ammoniaklösung: Der Silberbromid-Niederschlag löst sich auf.

III - 2.2.2 Bromwasserstoff aus Phosphor, Brom und Wasser
Eigenschaften von Bromwasserstoff

$$2\ P + 3\ Br_2 \rightarrow 2\ PBr_3$$
$$PBr_3 + 3\ H_2O \rightarrow H_3PO_3 + 3\ HBr$$

Versuchsanordnung: Abb. 92
Kjeldahl- oder Rundkolben A (250 ml, möglichst mit Stopfenbett) mit doppelt durchbohrtem Gummistopfen – Ableitungsrohr B – Tropftrichter C mit langem, zu

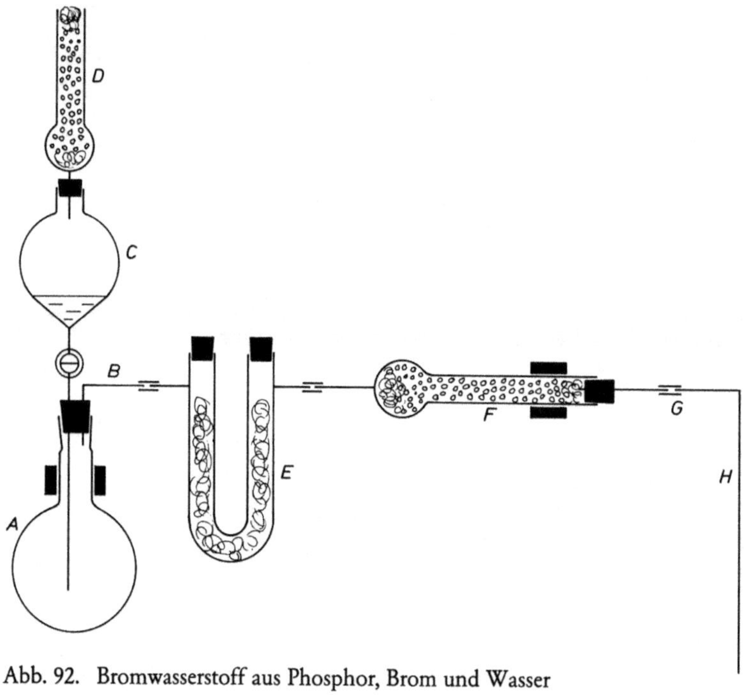

Abb. 92. Bromwasserstoff aus Phosphor, Brom und Wasser

einer Spitze ausgezogenem Ablaufrohr – Trockenrohr D (Aktivkohle) auf C – U-Rohr E (s.u.) – Trockenrohr F (Silicagel) – flexible PVC-Schlauchverbindung G – rechtwinkliges Gaseinleitungsrohr H mit langem Schenkel.
Bei allen Rohrverbindungen außer bei G muß Glas an Glas stoßen.

Hilfsmittel:
Brom – roter Phosphor – gesättigte KBr-Lsg. – Glaswolle – Glasschale – Glasstab – zerstoßenes Eis – 3 Standzylinder (200 x 40 mm) mit plangeschliffenem, eingefettetem Rand und Verschlußplatten, davon eine mit Loch – Langhalsrundkolben (500 ml) für Springbrunnenversuch wie bei Vers. III - 2.1.7, Abb. 89a.

Vorbereitung:
Das U-Rohr E füllt man mit zwischen Glaswolle verteiltem, schwach befeuchtetem rotem Phosphor. Dann gibt man in den Kolben A 5 g roten Phosphor, anschließend 15 ml gesättigte KBr-Lösung und verrührt das Gemenge zu einem steifen Brei. Der Kolben wird in eine Schale mit Eiswasser gestellt. Zuletzt füllt man in den Tropftrichter 10 ml Brom. Das Trockenrohr D wird nach dem Einfüllen sofort wieder aufgesetzt.

Ausführung:
Man entfernt die Eiskühlung des Kolbens und läßt in ganz langsamer regelmäßiger Tropfenfolge[1]) Brom zutropfen. Sobald aus dem Gasableitungsrohr ein stark nebelbildendes Gas entweicht, füllt man nacheinander die drei Zylinder durch Luftverdrängung mit Bromwasserstoff, wobei man das Zuleitungsrohr G durch die gelochte Deckplatte bis auf den Boden einsenkt. Die Füllung des Rundkolbens für den Springbrunnenversuch ist bei Vers. III - 2.1.7 beschrieben. Nach der Füllung werden die Gefäße sofort fest verschlossen, der Tropftrichter wird mit verdünnter Natronlauge gespült.

Eigenschaften von Bromwasserstoff

Hilfsmittel:
a) Standzylinder (gefüllt mit HBr) – NH_3-Lsg. – Bunsenbrenner – Kerze an umgebogenem Draht.
b) 2 Standzylinder, der eine mit HBr gefüllt, der andere leer ohne Verschlußplatte.
c) Langhalsrundkolben mit HBr gefüllt – pneumatische Wanne mit Wasser, das mit einem pH-Indikator angefärbt ist.
d) Standzylinder mit HBr gefüllt – kleiner Gasentwickler (Abb. 19a, A bis C) an einem Stativ befestigt, mit langem Schlauch und einem rechtwinklig gebogenen Rohr wie Abb. 83, G, das bis zum Boden des Zylinders reichen muß – $KMnO_4$ – konz. Salzsäure.

Ausführung: *Abzug!*

a) Allgemeine Eigenschaften
Farbloses Gas. Man öffnet die Verschlußplatte des Zylinders: Nebel, besonders beim Darüberblasen. Man hält einen mit konz. Ammoniaklösung befeuchteten Glasstab über die Mündung des Zylinders: Dichter Rauch. Man nähert der Zylinderöffnung eine Gasflamme: Nicht brennbar. Man senkt eine brennende Kerze in den Zylinder ein: Die Kerzenflamme erlischt.

b) Dichte
Man gießt das Gas aus einem der gefüllten Zylinder langsam in einen leeren Standzylinder ein und prüft mit Ammoniak und einer brennenden Kerze wie bei a). Dichtezahl von HBr: 2,82 (Luft: 1).

[1]) Die ersten Tropfen reagieren unter Feuerscheinung.

c) Löslichkeit in Wasser (Springbrunnenversuch)
Wie bei Vers. III - 2.1.7c legt man den mit Bromwasserstoff gefüllten Kolben zunächst schräg in die pneumatische Wanne und entfernt den kleinen Stopfen. Wenn das Wasser im Rohr hochsteigt, richtet man den Kolben senkrecht auf: Springbrunnen.

d) Oxidation durch Chlor
Man leitet in den mit HBr gefüllten Zylinder aus dem vorbereiteten Gasentwickler (Zutropfen von konz. Salzsäure zu etwas Kaliumpermanganat) Chlor ein: Rotbraune Dämpfe.

$$2\,HBr + Cl_2 \rightarrow 2\,HCl + Br_2$$

III - 2.2.3 Bromwasserstoff aus Brom und Kohlenwasserstoffen

$$C_xH_y + nBr_2 \rightarrow C_xH_{y-n}Br_n + n\,HBr$$

Versuchsanordnung: *Abzug!*
Wie Versuch III - 2.2.2, Abb. 92 mit folgenden Abänderungen: Unter dem Kolben A Asbestdrahtnetz und Bunsenbrenner. – An das Ableitungsrohr B wird mit einem durchbohrten Gummistopfen ein mit Glasperlen gefülltes Saugrohr so angeschlossen, daß B fast bis zum Boden des Saugrohres reicht; dieses steht in einem Becherglas (400 ml, niedrige Form) und ist über das Ansatzrohr mit dem U-Rohr E (Aktivkohle) verbunden.

Hilfsmittel:
Brom – Tetrahydronaphthalin (Tetralin) – Eiswasser – zerstoßenes Eis – Porzellanschale – Standzylinder (mit Verschlußplatten) und Langhalsrundkolben wie bei Vers. III - 2.2.2.

Vorbereitung:
Man füllt in den Kolben A etwa 50 ml Tetralin und achtet darauf, daß die Mündung des Ablaufrohres von C bis auf etwa 1 cm an die Oberfläche der Flüssigkeit heranreicht. In das Saugrohr gibt man 3 ml Tetralin und füllt dann 15 ml Brom in den Tropftrichter C (Vorsicht!). Nach dem Füllen wird das Trockenrohr D sofort wieder aufgesetzt.

Ausführung: *Abzug!*
In das Becherglas wird Eiswasser und zerstoßenes Eis gefüllt. Dann erhitzt man den Kolben A bis zum Sieden des Tetralins (Sdp. 205 °C), stellt die Flamme klein und läßt in langsamer gleichmäßiger Tropfenfolge Brom zutropfen. Auf diese Weise erhält man einen regelmäßigen Bromwasserstoffstrom.
Da Bromwasserstoff von Aktivkohle ziemlich stark adsorbiert wird, dauert es einige Zeit, bis genügend Gas bei H austritt, was an der starken Nebelbildung zu erkennen ist. Man füllt dann wie bei Versuch III - 2.2.2 die Standzylinder und den Kolben und führt damit die dort angegebenen Versuche durch.

III - 2.3. Jod

S. auch
IV - 2.6 Jodoform durch Elektrolyse
IV - 5.9 Bestimmung der Jodzahl von Fetten

III - 2.3.1 Synthese und thermische Dissoziation von Jodwasserstoff
Eigenschaften von Jodwasserstoffsäure

$$J_{2(g)} + H_2 \rightleftharpoons 2\,HJ \qquad \Delta H = -2{,}3\ \text{kcal}\ (-9{,}6\ \text{kJ})$$

Versuchsanordnung: Abb. 93
H_2-Quelle – Drechselsche Waschflasche A (konz. H_2SO_4) – Kugelrohr B (∅ innen 18 mm, Kugel ∅ 45 mm, Länge vor der Kugel 5 cm, hinter der Kugel 8 cm) – U-Rohr C

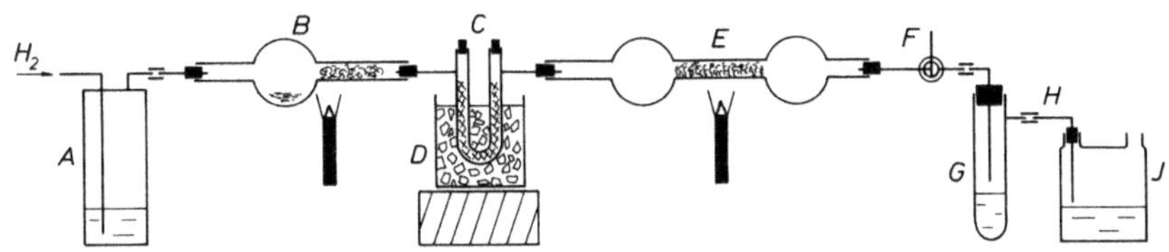

Abb. 93. Synthese und thermische Dissoziation von Jodwasserstoff

im Becherglas D (Eiswasser) – Doppelkugelrohr E (∅ und Kugel wie B, Abstand zwischen den Kugeln 5 cm) – Dreiwegehahn F – Saugrohr G – Winkelrohr H – *Woulf*esche Flasche J (zu 1/3 mit Wasser gefüllt) – 2 Bunsenbrenner.

Hilfsmittel:
H_2-Quelle – Jod – Platinasbest (s. V) – P_2O_5 – konz. NH_3-Lsg. – Stärkelsg. (s. V) – zusätzlicher Bunsenbrenner mit langem Schlauch – Reagenzgläser – Glasstab – Becherglas (200 ml) – kleine Porzellanschale – Filtrierpapier – Holzspäne – Glaswolle – weißer Hintergrund.

Vorbereitung:
Die Kugel von B wird mit etwa 10 g Jod und der rechte Rohrteil von B mit Platinasbest beschickt. Im U-Rohr C befindet sich auf Glaswolle verteilt Phosphorpentoxid. C wird im Eiswasser gekühlt. In den mittleren Teil des Doppelkugelrohres wird ein Bausch Platinasbest, den ganzen Rohrquerschnitt ausfüllend, eingebracht. Saugrohr G füllt man zu 1/3 mit dest. Wasser; das Zuleitungsrohr darf aber nicht in die Flüssigkeit eintauchen.

Ausführung:
1) Synthese: Man leitet einige Zeit Wasserstoff durch die Apparatur. Ist das bei F (Stellung ⊕) entweichende Gas luftfrei (Knallgasprobe negativ, s. I - 18.9), wird das Doppelkugelrohr E im Wasserstoffstrom durch Abfächeln mit der schwach entleuchteten Flamme eines Bunsenbrenners scharf getrocknet. Nun wird Hahn F in Stellung ⊖ gedreht und der Katalysator in B schwach (auf etwa 200 °C, keinesfalls bis zum Glühen) im mäßigen Wasserstoffstrom erhitzt. Durch die Wärmestrahlung des Brenners füllt sich die Kugel mit violettem Joddampf. Sollte nicht genügend Joddampf entstehen, so hilft man von Zeit zu Zeit durch vorsichtiges Befächeln der Kugel mit schwach entleuchteter Flamme nach.
Man beobachtet jetzt folgende Erscheinungen:

1. Violettes Gas in der Kugel von B; der Gasraum im Doppelkugelrohr E bleibt farblos.
2. Von der Oberfläche des Wassers sinken Schlieren im Saugrohr G herab.
   Nach einigen Minuten bringt man Hahn F in Stellung ⊕.
3. Aus der Öffnung bei F entweichen weiße Nebel.
   Man hält einen mit konz. Ammoniak-Lösung befeuchteten Glasstab über die Ausströmungsöffnung bei F: Starke Rauchentwicklung.

2) Thermische Dissoziation: Man bringt F in Stellung ⊕ und erhitzt den Platinasbest im Doppelkugelrohr E kräftig. Hat sich in der rechten Kugel von E ein dunkler Anflug von Jodkriställchen gebildet, so erwärmt man sie mit dem Brenner: Violette Dämpfe in dieser Kugel, während der Gasraum in der linken Kugel vor dem Platinkatalysator farblos bleibt.

Beendigung:
Man unterbricht das Erhitzen, entfernt das Saugrohr G und läßt im mäßigen Wasserstoffstrom erkalten.

Eigenschaften von Jodwasserstoffsäure

Hilfsmittel:
a) Leitfähigkeitsprüfer (s. I - 17.7) – pH-Indikatorpapier.
b) Eisenspäne – Zinkpulver – 2 große Reagenzgläser.
c) Bromwasser – Reagenzglas.
d) $AgNO_3$-Lsg. – konz. NH_3-Lsg. – Natriumthiosulfat – Reagenzgläser.
e) Jod – großes Reagenzglas.

Ausführung:
a) Elektrische Leitfähigkeit, saure Reaktion
In die in Saugrohr G befindliche Lösung taucht man kurz die Elektroden des Leitfähigkeitsprüfers ein. Dann prüft man die Lösung mit pH-Indikatorpapier.

b) Reaktion mit Metallen
In die Reagenzgläser gibt man je einige Milliliter der Lösung aus G und etwas Zinkpulver bzw. Eisenspäne; der entweichende Wasserstoff wird entzündet (Verpuffung).

c) Oxidation durch Brom
Man gibt zu einem Teil der Lösung einige Tropfen Bromwasser: Ausscheidung von Jod.

d) Reaktion mit Silbernitrat
Zu der Lösung gibt man im Reagenzglas einige Tropfen Silbernitrat-Lsg. und nach der Ausfällung von Silberjodid konz. Ammoniaklösung: Keine Auflösung (Unterschied zu AgBr). Bei Zugabe von Natriumthiosulfat geht Silberjodid unter Komplexbildung in Lösung.

e) Reaktion mit Jod
In ein großes Reagenzglas gibt man einige Körnchen Jod und etwas Wasser. Beim Durchschütteln tritt nur eine schwache Gelbfärbung auf (geringe Löslichkeit). Dann gibt man einige Milliliter Jodwasserstoffsäure zu: Braunfärung ($J_2 + J^- \rightarrow J_3^-$).

III - 2.3.2 Jodwasserstoff aus Phosphor, Jod und Wasser
Eigenschaften von Jodwasserstoff

$$2\,P + 3\,J_2 \rightarrow 2\,PJ_3$$

$$PJ_3 + 3\,H_2O \rightarrow H_3PO_3 + 3\,HJ$$

Versuchsanordnung: *Abzug!*

Gasentwickler Abb. 19b, A bis C, jedoch ohne Druckausgleich; der Kolben A (250 ml) wird so befestigt, daß er mit einem Bunsenbrenner fächelnd erwärmt werden kann. Die Verwendung von Schliffgeräten wird dringend empfohlen. – An C Glas an Glas mit PVC-Schlauch angeschlossen U-Rohr mit Schliffstopfen; es wird mit Glasperlen o.ä. gefüllt, die vorher in einem steifen Brei aus rotem Phosphor und Wasser gewälzt wurden. – PVC-Verbindung zu einem etwa 20 cm langen geraden Glasrohr[1]) –PVC-Verbindung zu einem rechtwinklig gebogenen Einleitungsrohr mit langem Schenkel zum Füllen der Zylinder.

Hilfsmittel:

Jod – roter Phosphor – Reibschale – 6 Standzylinder (200 x 40 mm) mit plangeschliffenem, eingefettetem Rand und passenden Glasplatten zum Verschließen – zusätzlich eine gelochte Verschlußplatte – Langhalsrundkolben (500 ml) für Springbrunnen-Versuch wie bei Vers. III - 2.1.7, Abb. 89a.

Vorbereitung:

In den Kolben bringt man 30 g Jod (fein gepulvert) und 4 g roten Phosphor; der Tropftrichter wird mit Wasser gefüllt.

Ausführung: *Abzug!*

Die Mischung in Kolben A wird mit fächelnder Flamme erwärmt, bis sich erste Joddämpfe zeigen. Dann tropft man sehr vorsichtig Wasser zu (etwa 2 Tropfen pro Min.); die Reaktion, zu erkennen an der Nebelbildung, muß sofort einsetzen, andernfalls ist stärker zu erwärmen, bevor man weiter Wasser zutropft. Wenn die Zugabe von Wasser zu schnell erfolgt, kann die Reaktion explosionsartig verlaufen. Sobald aus dem Gasableitungsrohr ein nebelbildendes Gas entweicht, werden 6 Standzylinder und der Mischzylinder nacheinander durch Luftverdrängung mit Jodwasserstoff gefüllt, indem man das Einleitungsrohr durch die gelochte Verschlußplatte bis auf den Boden des Zylinders einsenkt. Die gefüllten Zylinder werden sofort durch Glasplatten verschlossen.

Anschließend leitet man in den Kolben für den Springbrunnenversuch durch das bis zum Boden reichende Rohr (bei geöffnetem Quetschhahn am kurzen Glasrohr) so lange Jodwasserstoff, bis an der Mündung des kurzen Rohres deutliche Nebel auftreten; dann schließt man den Quetschhahn und setzt den kleinen Stopfen auf das Glasrohr.

Anschließend leitet man in den Kolben für den Springbrunnenversuch durch das bis zum Boden reichende Rohr (bei geöffnetem Quetschhahn am kurzen Glasrohr) so lange Jodwasserstoff, bis an der Mündung des kurzen Rohres deutliche Nebel auftreten; dann schließt man den Quetschhahn und setzt den kleinen Stopfen auf das Glasrohr.

Eigenschaften von Jodwasserstoff

Hilfsmittel:

a) Standzylinder gefüllt mit HJ – Bunsenbrenner – Kerze an umgebogenem Draht – Glasstab – konz. NH_3-Lsg.
b) Standzylinder wie bei a), Standzylinder leer.
c) Kolben mit HJ gefüllt – pneumatische Wanne mit Wasser, das mit einem pH-Indikator angefärbt ist.

[1]) Gelenkstück, damit man das Einleitungsrohr besser aus den Zylindern herausziehen kann.

d) Zylinder wie bei a) – Glasstab – Teclubrenner – weißer Hintergrund.
e) Zylinder wie bei a) – kleiner Gasentwickler (Abb. I - 18.3), mit langem Schlauch und rechtwinklig gebogenem Glasrohr wie Abb. 83, G, langer Schenkel etwa 30 cm, muß bis zum Boden des Zylinders reichen – $KMnO_4$ – konz. Salzsäure – kleiner Trichter.
f) Zylinder wie bei a) – Brom – Glasstab.
g) Zylinder wie bei a) – rauchende Salpetersäure – Reagenzglas, befestigt in einer Reagenzglasklammer mit möglichst langem Stiel (evtl. verlängert) – Handtuch.

Ausführung:

a) Allgemeine Eigenschaften

Man öffnet die Verschlußplatte des Zylinders: Nebel. Man hält einen mit konz. Ammoniaklösung befeuchteten Glasstab über die Mündung des Zylinders: Dichter Rauch. Man nähert der Zylinderöffnung eine Gasflamme: Nicht brennbar. Man senkt eine brennende Kerze am Draht in den Zylinder: Die Kerze erlischt.

b) Dichte

Man gießt den Jodwasserstoff langsam aus dem gefüllten in den leeren Zylinder um und prüft mit konz. Ammoniaklösung und mit einer brennenden Kerze wie bei Versuch a.
Dichtezahl von HJ: 4,4 (Luft: 1).

c) Löslichkeit in Wasser (Springbrunnenversuch)

Man legt den mit Jodwasserstoff gefüllten Kolben zunächst schräg in die pneumatische Wanne, damit die Berührungsfläche mit dem Gas im Einleitungsrohr möglichst groß wird. Dann entfernt man den kleinen Stopfen. Wenn das Wasser im Rohr anfängt zu steigen, richtet man den Kolben senkrecht auf: Springbrunnen.

d) Thermische Dissoziation

Man taucht in den Zylinder einen bis zum Glühen erhitzten Glasstab ein: Violette Dämpfe (weißer Hintergrund).

e) Oxidation durch Chlor *Abzug!*

$$2\,HJ + Cl_2 \rightarrow 2\,HCl + J_2$$

Man leitet in den mit Jodwasserstoff gefüllten Zylinder aus dem vorbereiteten Chlorentwickler (Zutropfen von konz. Salzsäure zu etwas Kaliumpermanganat) langsam Chlor ein: Violette Dämpfe (weißer Hintergrund). Nach reichlichem Zuleiten von Chlor können gelbe Kristalle von JCl_3 an der Zylinderwand auftreten.

f) Oxidation durch Brom

$$2\,HJ + Br_2 \rightarrow 2\,HBr + J_2$$

Man bringt mit einem Glasstab einen Tropfen Brom in den mit Jodwasserstoff gefüllten Zylinder: Verschwinden der braunen Bromdämpfe, Auftreten violetter Dämpfe (weißer Hintergrund).

g) Oxidation durch Salpetersäure *Vorsicht! Schutzbrille! Abzug!*

Man gießt aus dem vorbereiteten Reagenzglas (s.o.) etwa 10 ml heiße rauchende Salpetersäure in einer Portion in den Zylinder und tritt rasch beiseite: Verpuffung, aus der Öffnung des Zylinders schlägt eine Flamme heraus, aus der eine violette Dampfwolke aufsteigt; an der Wand des Zylinders Abscheidung von Jod. Man hüte sich vor etwa herausspritzender Salpetersäure.

III - 3 Sechste Hauptgruppe

III - 3.1 Sauerstoff

S. auch

I - 19.4	Sauerstoff
II - 1.1	Quantitative Wassersynthese bei Überschuß von Wasserstoff oder Sauerstoff
II - 1.2	Quantitative Wassersynthese in stöchiometrischem Volumenverhältnis
II - 1.12	Bestimmung der Äquivalentmassen von Kupfer und Sauerstoff
II - 1.13	Sauerstoffentwicklung aus Wasserstoffperoxid und Kaliumpermanganat
II - 10.3.6	Elektrolyse von Wasser
II - 10.3.8	Kathodische Reduktion von Sauerstoff zu Wasserstoffperoxid
III - 1.3	Wasser als Verbrennungsprodukt von Wasserstoff
III - 1.4	Thermische Dissoziation von Wasserdampf
III - 4.1.8d	Unterscheidung von Distickstoffoxid und Sauerstoff
III - 4.2.8	Phosphorpentoxid
III - 5.1.1	Kohlenmonoxid und Kohlendioxid als Verbrennungsprodukte von Kohlenstoff
III - 8.2.1	Natriumperoxid aus Natrium und Sauerstoff

III - 3.1.1 Sauerstoff durch thermische Zersetzung von Quecksilberoxid[1])

$$2\,HgO \rightarrow 2\,Hg + O_2{}^{2)} \qquad \Delta H = +43{,}4\ \text{kcal}\ (+181{,}6\ \text{kJ})$$

Versuchsanordnung: Abb. 94
Rohr A aus schwerschmelzbarem Glas mit Gummistopfen und Gasableitungsrohr B – pneumatische Wanne C (Wasser) mit Experimentiersockel D – Standzylinder E (200 x 40 mm) – Bunsenbrenner F.

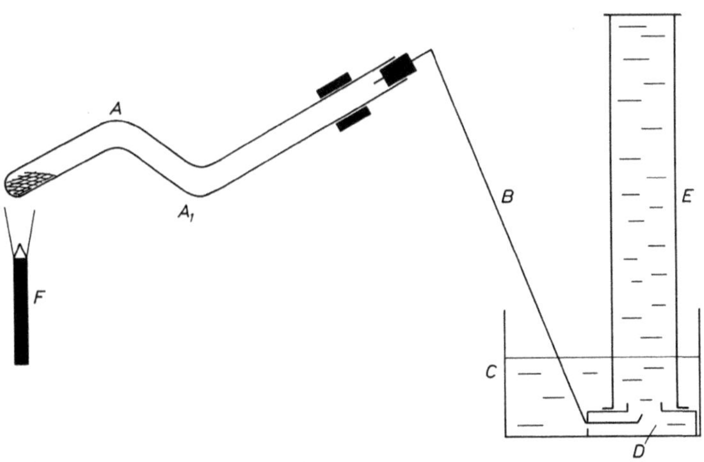

Abb. 94. Sauerstoff aus Quecksilberoxid

[1]) *Carl Wilhelm Scheele* 1772 u. *Josef Priestley* 1774. Eine der Entdeckungsreaktionen des Sauerstoffs.

[2]) Über die Umkehr-Reaktion als Unterrichtsversuch vgl. *Malewski, B.,* Math. naturwiss. Unterricht 7, 70 (1954/55).

Hilfsmittel:
Rotes HgO (bei 100 °C getrocknet) – $Ba(OH)_2$-Lsg. – Filtrierpapier – Holzspäne – Glasplatte zum Verschließen des Standzylinders.

Vorbereitung:
Das Rohr A wird mit einer Stativklammer so befestigt, daß das Ableitungsrohr in die pneumatische Wanne eintaucht und das Quecksilber, das sich bei der Reaktion im Sattelstück A_1 ansammelt, nicht in die heiße Reaktionszone zurückfließen kann. In das Rohrende von A wird sorgfältig Quecksilberoxid bis zur angegebenen Höhe (s. Abb.) eingefüllt. An den Wänden hängengebliebene Substanz entfernt man mit einem Fidibus aus zusammengedrehtem Filtrierpapier.
Vorsicht, Quecksilberoxid ist giftig.

Ausführung:
Mit leuchtender Flamme fächelt man den unteren Teil des Rohres ab und stellt dann den Brenner mit entleuchteter Flamme unter das Quecksilberoxid, das beim Erhitzen dunkel wird (Thermochromie). Wenn eine regelmäßige Gasentwicklung eingesetzt hat und aus A und B die Luft verdrängt ist, füllt man den Zylinder E mit dem Gas, verschließt ihn mit der Glasplatte und nimmt ihn aus der Wanne heraus. Das Erhitzen des Rohres wird so lange fortgesetzt, bis sich eine gut sichtbare Menge Quecksilber im Sattelstück A_1 angesammelt hat.
Nachweis des Sauerstoffs:
a) Man taucht einen glimmenden Holzspan in den Zylinder: Helles Aufflammen.
b) Man senkt den glimmenden Span bis auf den Boden des Zylinders (Aufflammen, Verbrennen), zieht ihn dann schnell heraus, verschließt den Zylinder mit der Glasplatte und weist das entstandene Kohlendioxid durch Eingießen von etwas Bariumhydroxid-Lösung nach: Trübung ($BaCO_3$).

Zur Beendigung des Versuches wird zuerst das Gasableitungsrohr aus der Wanne herausgenommen und dann der Brenner entfernt. Erst nach dem Erkalten wird das Rohr geöffnet. Das Quecksilber wird in einer verschlossenen Flasche gesammelt (s. I - 20.1).

III - 3.1.2 Sauerstoff aus Kaliumchlorat
Eigenschaften von Sauerstoff

a) Katalysatorwirkung von Mangan(IV)-oxid

I. $2\ KClO_3 \xrightarrow{400\ °C} KClO_4 + KCl + O_2$

II. $2\ KClO_3 \xrightarrow[MnO_2]{150\ °C} 2\ KCl + 3\ O_2$

III. $4\ MnO_2 \rightarrow 2\ Mn_2O_3 + O_2$

Versuchsanordnung: Abb. 95
Die Abbildung stellt die Seitenansicht einer von drei gleichen, nebeneinander gestellten Einheiten dar. Drei gleiche Standzylinder A (150 x 30 mm) nebeneinander in gemeinsamer pneumatischer Wanne B mit Wasser – drei Experimentiersockel C – drei schwer schmelzbare Reagenzgläser E I, E II, E III mit einfach durchbohrtem Gummistopfen, in drei Stative eingespannt – drei Gaseinleitungsrohre D – drei gleiche Bunsenbrenner F.

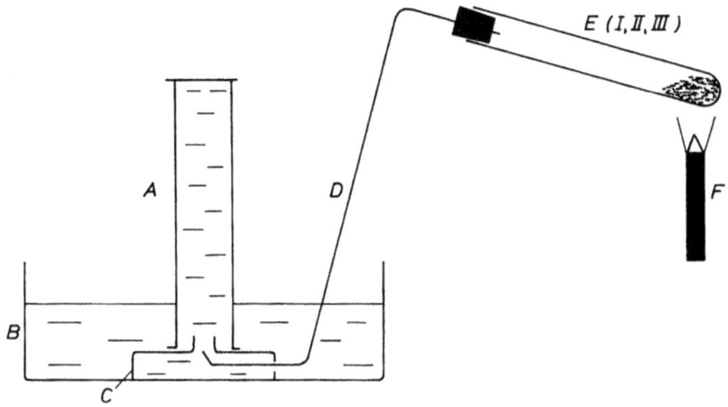

Abb. 95. Sauerstoff aus Kaliumchlorat

Hilfsmittel:
$KClO_3$ p.a. – MnO_2 p.a. (bei 100 °C getrocknet)[1]) – $AgNO_3$-Lsg. – verd. Salpetersäure – konz. Salzsäure – heißes Wasser – 3 Verschlußplatten für die Zylinder – 4 große Reagenzgläser – Trichter mit Faltenfilter auf Erlenmeyerkolben – Holzspäne.

Vorbereitung:
Die drei Reagenzgläser, die vollkommen rein sein müssen, werden beschickt:
E I mit etwa 1 g $KClO_3$;
E II mit einem innigen Gemenge von etwa 0,5 g $KClO_3$ und etwa 0,5 g MnO_2 p.a.; die beiden Verbindungen werden jede für sich in der Reibschale gepulvert und anschließend sorgfältig mit einem Glasstab vermischt;
E III mit etwa 1 g MnO_2 p.a.

Ausführung:
Man entzündet die Bunsenbrenner und stellt Gas- und Luftzufuhr so ein, daß sie gleichgroße und gleichstarke Flammen liefern; diese sollen nicht hoch und nur schwach entleuchtet sein. Darauf werden die Brenner gleichzeitig so unter die Reagenzgläser geschoben, daß die Substanzen von ihrem oberen Ende her erhitzt werden. Nach kurzer Zeit beginnt die Gasentwicklung aus dem Gemenge von Kaliumchlorat und Mangan(IV)-oxid; sie ist beendet, ehe in den beiden anderen Reagenzgläsern eine Gasentwicklung eingesetzt hat. Nun wird vorsichtig weiter erhitzt, wobei man die Flamme der beiden anderen Brenner etwas vergrößert und die Luftzufuhr verstärkt. Nach einiger Zeit schmilzt das Kaliumchlorat in E I unter Sauerstoffentwicklung, dann scheidet sich eine feste Phase ($KClO_4$) ab. Das Mangan(IV)-oxid in E III muß bis zum Glühen des Reagenzglases erhitzt werden, ehe eine Gasentwicklung einsetzt.
Vor Entfernen der Brenner werden die Gasableitungsrohre aus den Reagenzgläsern herausgenommen.
Die aufgefangenen Gase werden mit einem glimmenden Holzspan als Sauerstoff identifiziert.
Nach völligem Erkalten der Reagenzgläser behandelt man den Inhalt von E II mit heißem Wasser, bringt die Aufschlämmung auf ein Faltenfilter, wäscht mehrmals mit heißem Wasser aus, überführt den Filterrückstand mit einem Spatel in ein Rea-

[1]) Das Mangan(IV)-oxid muß frei von organischen Substanzen sein. Zur Prüfung erhitzt man eine Spatelspitze im Reagenzglas; dabei dürfen keine Funken auftreten.

genzglas, übergießt mit konz. Salzsäure und erwärmt gelinde: Gelbgrünes Gas (Cl_2) als Beweis für das Vorhandensein von unverändertem Mangan(IV)-oxid. Das mit verd. Salpetersäure angesäuerte Filtrat versetzt man mit etwas Silbernitrat-Lösung: Weißer Niederschlag (AgCl). Vergleichsversuch mit reinem Kaliumchlorat (kein Niederschlag).

b) Darstellung größerer Mengen Sauerstoff

Versuchsanordnung: Abb. 96
Schliffkolben A (250 ml, NS 29) - Destillierrohr B mit Schliff - gebogenes Glasrohr C - Woulfesche Flasche D (250 ml)[1]) - Stopfen E - Gasableitungsrohr F mit längerem Gummischlauch und gebogenem Einleitungsrohr G - Bunsenbrenner H.

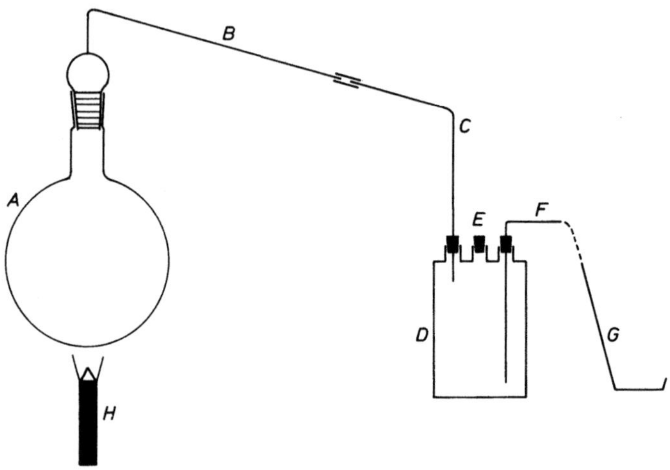

Abb. 96. Darstellung größerer Mengen Sauerstoff aus Kaliumchlorat

Hilfsmittel:
$KClO_3$ p.a. - MnO_2 p.a.[2]) - pneumatische Wanne (Wasser) mit Experimentiersockel - Einfülltrichter für Pulver - 5 Standzylinder (200 x 60 mm) mit Verschlußplatten - Vorratsgefäß für Gase nach Abb. 25a oder b.

Vorbereitung:
Etwa 50 g Kaliumchlorat und 5 g Mangan(IV)-oxid (beide für sich gepulvert) werden innig gemischt und in den Kolben A mittels des Pulvertrichters eingefüllt. Die Mischung liefert etwa 14 l Sauerstoff.

Ausführung:
Man erwärmt den Kolben mit leuchtender Flamme unter dauernder Bewegung des Brenners. Sobald die Gasentwicklung einsetzt, stellt man den Brenner mit schwach

[1]) Die *Woulf*esche Flasche dient als Sicherheitsflasche, um ein Zurücksteigen von Sperrflüssigkeit aus der pneumatischen Wanne nach A zu verhindern.
[2]) S. Anmerkung zu Versuch a.

entleuchteter Flamme unter den Kolben und reguliert die Gaszufuhr so, daß ein nicht zu heftiger Sauerstoffstrom entsteht. Nach Verdrängung der Luft aus der Apparatur werden die Standzylinder und evtl. der Vorratsbehälter mit Sauerstoff gefüllt.

Beendigung:
Zuerst wird der Stopfen E entfernt, dann die Gasflamme gelöscht.

Eigenschaften von Sauerstoff

Hilfsmittel:
5 Standzylinder mit Sauerstoff gefüllt und mit Glasplatten verschlossen – Bunsenbrenner.
a) Kleine Kerze an umgebogenem Draht – Kalkwasser.
b) Längliches Stückchen Holzkohle (z.B. Zeichenkohle) an einem Eisendraht – Tiegelzange – Kalkwasser.
c) Eisenlöffel an langem Stiel – Schwefelpulver – pH-Indikator.
d) Stahldraht oder Uhrfeder – Feuerschwamm[1]) – Korkstopfen auf Standzylinder passend.
e) Zinkstaub – Eisenlöffel wie bei c) – Feuerschwamm.

Ausführung:
a) Verbrennung einer Kerze.
In einen der Zylinder senkt man die an der Luft entzündete Kerze ein und vergleicht deren Flamme in Luft und Sauerstoff. Nach dem Herausziehen der Kerze gießt man etwas Kalkwasser in den Zylinder und schwenkt um: Weißer Niederschlag ($CaCO_3$).

b) Verbrennung von Holzkohle
In einen der Standzylinder gibt man etwa 1/2 cm hoch Wasser; dann taucht man die in einer Bunsenflamme bis zum Glühen erhitzte Kohle ein. Nach Entfernen der Kohle aus dem Zylinder wird etwas Kalkwasser eingegossen und umgeschüttelt: Weißer Niederschlag ($CaCO_3$).

c) Verbrennung von Schwefel
In einen der Standzylinder senkt man einen Eisenlöffel mit Schwefel ein, den man in einer Bunsenflamme bis zum Schmelzen und zur Entzündung erhitzt hat. Nach Entfernen des Löffels gibt man in den Zylinder pH-Indikator: Saure Reaktion (H_2SO_3).

d) Verbrennung von Eisen
Ein zu einer Spirale gewickelter Eisen- oder Stahldraht (oder eine Uhrfeder) wird an einem Ende mit einem Stückchen Feuerschwamm versehen und mit dem anderen Ende in einen Korken, der etwas größer als die Zylinderöffnung ist, gesteckt. Die Drahtspirale soll etwa bis zur Hälfte des Zylinders reichen.
Der Feuerschwamm wird entzündet, worauf man den Draht schnell in den mit Sauerstoff gefüllten Zylinder senkt: Verbrennung zu Fe_2O_3.

e) Verbrennung von Zink
Wie Versuch c: In den Eisenlöffel gibt man Zinkstaub, darauf legt man ein kleines Stückchen glimmenden Feuerschwamm; dann taucht man den Löffel in den mit Sauerstoff gefüllten Zylinder: Verbrennung zu weißem ZnO.

[1]) Erhältlich in Zeichenmaterial führenden Geschäften.

III - 3.1.3 Sauerstoff aus Bariumperoxid

$$2\ BaO + O_2 \rightleftharpoons 2\ BaO_2 \qquad \Delta H = -34{,}2\ kcal\ (-143{,}1\ kJ)$$

Versuchsanordnung: Abb. 97
2 *Muencke*sche Waschflaschen A (konz. H_2SO_4) und D (konz. H_2SO_4 mit $K_2Cr_2O_7$ angefärbt, zur Hälfte gefüllt) — großer Rohrofen B, mit Diatomitsteinen abgedeckt (s. Abb. 8) – Porzellanrohr C (∅ innen 18 mm, Länge etwa 50 cm); A und D sind mit einfach durchbohrtem Gummistopfen an C angeschlossen.

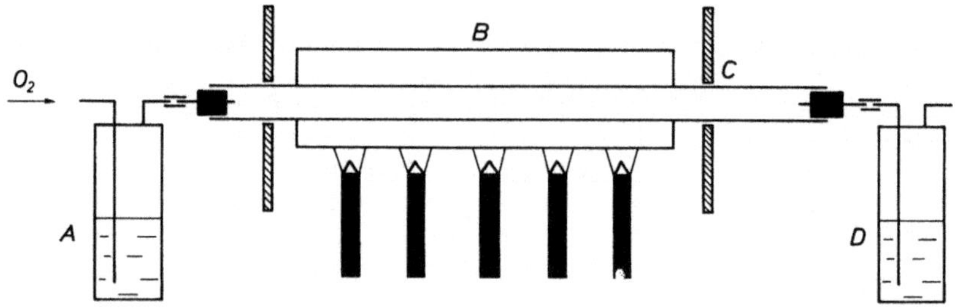

Abb. 97. Sauerstoff aus Bariumperoxid

Hilfsmittel:
BaO_2 – O_2-Stahlflasche – Asbestwolle (ausgeglüht) – Asbestpapier – 2 durchlochte Asbestplatten – Holzspäne.

Vorbereitung:
In das Rohr C werden auf einer Unterlage von Asbestpapier 25 g Bariumperoxid so eingefüllt, daß darüber ein weiter Kanal frei bleibt; von beiden Seiten her werden Asbestwollebäusche in das Rohr eingebracht. Man legt das Rohr so in den Ofen, daß das rechte Ende doppelt so weit aus dem Ofen herausragt wie das linke. Auf beide Rohrenden wird je eine durchlochte Asbestplatte aufgeschoben und die Sauerstoff-Stahlflasche an A angeschlossen.

Ausführung:
Man leitet Sauerstoff durch die Apparatur, heizt gleichzeitig das Porzellanrohr an und bringt es schnell auf hohe Temperatur. Die Sauerstoffzufuhr wird dann vollkommen abgestellt. Nach kurzer Zeit beobachtet man den Durchgang eines Gasstromes durch die Waschflasche D, der immer lebhafter wird. Man identifiziert das Gas als Sauerstoff, indem man einen glimmenden Holzspan vor die Ausströmungsöffnung hält. Nachdem man das Rohr einige Zeit auf heller Rotglut (etwa 800 °C) gehalten hat, hört der Gasdurchgang auf. Nun läßt man rasch abkühlen, indem man die Brenner auf klein und leuchtend stellt und die Decksteine des Ofens abnimmt. Dabei wird die Schwefelsäure der endständigen Waschflasche emporgesaugt. Man muß einen ziemlich kräftigen Sauerstoffstrom über A einleiten, um die Schwefelsäure auf normales Niveau zurückzudrängen, ohne daß Gasblasen aus der Waschflasche D entweichen. Wenn das Rohr nicht mehr glüht, wird nach Auflegen der Decksteine langsam auf dunkle Rotglut (500 bis 600 °C) erhitzt. Man beobachtet, wie trotz der Erwärmung ein lebhaft eingeleiteter Sauerstoffstrom verbraucht wird. Es ist stets auf

genügende Sauerstoffzufuhr zu achten; diese ist so zu regulieren, daß das Niveau der Schwefelsäure im Innen- und Außenraum der Waschflasche D gleiche Höhe hat. Nach einiger Zeit wird das Rohr wieder auf helle Rotglut erhitzt und die Sauerstoffzufuhr vollkommen abgestellt. Nun geht wieder ein lebhafter Sauerstoffstrom durch die endständige Waschflasche hindurch, der ebenfalls mit einem glimmenden Holzspan nachgewiesen wird.
Der Versuch kann beliebig oft wiederholt werden. Soll er beendet werden, so trennt man die Waschflasche D vom Porzellanrohr und läßt langsam erkalten.

III - 3.1.4 Ozon aus Sauerstoff durch elektrische Funken

Versuchsanordnung:
Gasmeßrohr (Eudiometerrohr, 50 ml) mit eingeschmolzenen Platindrähten – Glasschale (etwa 150 ml) – Funkeninduktor[1]).

Hilfsmittel:
O_2-Quelle, daran angeschlossen längerer Gummischlauch mit gebogenem Einleitungsrohr – KJ-Stärkelösung (s. V), mit Wasser 1 : 100 verdünnt.

Ausführung:
Man füllt das Eudiometerrohr mit der Kaliumjodidstärkelösung und taucht es in die mit der gleichen Lösung gefüllte Glasschale. In das Rohr werden 5 ml Sauerstoff eingefüllt und die Ösen der Platindrähte mit einem Funkeninduktor verbunden. Man läßt zwischen den Platindrähten kräftige Funken überspringen, bis sich die Kaliumjodidstärkelösung deutlich blau gefärbt hat.

Bemerkung:
Der Versuch kann auch in der Apparatur nach Vers. II - 1.3, Abb. 35: Kupferelektroden – Transformator – Sperrflüssigkeit Wasser mit Kaliumjodidstärkelösung ausgeführt werden. Es kann auch die Apparatur Vers. III - 4.1.9 Abb. 111 verwendet werden: Man leitet bei D Sauerstoff ein und weist das Ozon in der Waschflasche G mit Kaliumjodidstärkelösung nach; die Wasserstrahlpumpe entfällt. Vor dem Einschalten des Stromes muß die gesamte Luft durch Sauerstoff verdrängt werden, da sich andernfalls Stickstoffoxide bilden.

III - 3.1.5 Ozon aus Sauerstoff durch stille elektrische Entladung[2])
Eigenschaften von Ozon

$$3\,O_2 \rightarrow 2\,O_3 \qquad \Delta H = +68{,}2 \text{ kcal } (+285{,}3 \text{ kJ})$$

Versuchsanordnung: Abb. 98
Waschflasche A (konz. H_2SO_4) – rechtwinkliges Zuleitungsrohr B – Ozonisator C (s.u.) – Aufhängevorrichtung D und F, Glasstäbe (Ø 8 mm, Länge etwa 25 cm) am Ende zu Haken gebogen (Abb. 98b), in je einer Stativklammer fixiert – Hochspannungstransformator E – Gasableitungsrohr G, in weitem Bogen nach abwärts gerichtet; es darf die Metallfolie des Ozonisators nicht berühren (etwa 2 cm Abstand) – Standzylinder H (200 x 40 mm).
Bei der Herstellung der Rohrverbindungen B–C und C–G (Glas an Glas) ist ausschließlich PVC-Schlauch (kein Gummischlauch) zu verwenden.

[1]) Es darf kein Transformator verwendet werden.
[2]) *W. v. Siemens* 1857.

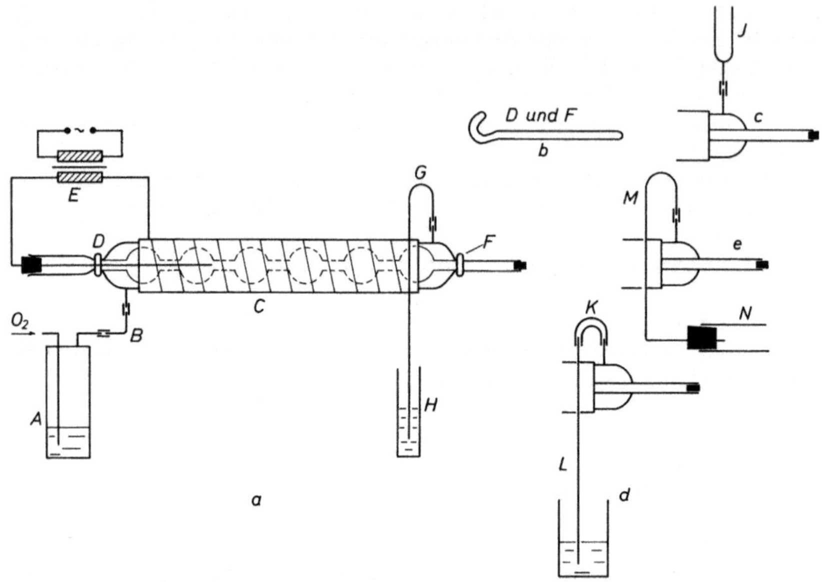

Abb. 98. Ozon durch elektrische Entladung (Ozonisator)

Das Gasableitungsrohr G kann durch einen PVC-Schlauch mit kurzem Glasrohr ersetzt werden.

Austausch-Vorrichtungen für das Ableitungsrohr G:

Abb. 98c: Kleiner Vorstoß J;

Abb. 98d: Dünner Gummischlauch K mit Glasrohr L (Ø 8 mm, 25 cm lang), dazu kleines Becherglas;

Abb. 98e: Doppelt gebogenes Glasrohr M, mit dem weiten Bogen auf C aufzusetzen; am rechtwinklig gebogenen Rohrende ist mit einem Korkstopfen ein Glasrohr N (Ø innen 18 mm, Länge etwa 15 cm) angesetzt, das durch eine Klammer gehalten wird. Das Rohr M kann durch einen PVC-Schlauch mit kurzem Glasrohr ersetzt werden. Vier solcher Glasrohre N sind vorzubereiten: I bleibt leer, II wird mit einer etwa 10 cm langen Schicht von MnO_2 (locker zwischen Glaswolle), III analog mit PbO_2 und IV mit Aktivkohle beschickt.

Anfertigung des Ozonisators[1]*):*

Das Innenrohr eines möglichst langen Kugelkühlers wird am engen Ende mit einem Gummistopfen fest verschlossen. Dann wird es bei senkrecht gestelltem Kühler bis obenhin mit Wasser gefüllt, dem einige Milliliter verd. Schwefelsäure zugesetzt sind. Das erweiterte Ende des Innenrohres wird durch einen Gummistopfen verschlossen; durch diesen geht ein dicker Kupferdraht hindurch, der bis etwa in die zweite Kugel des Innenrohres reicht. Beim Einsetzen soll sich möglichst keine Luftblase bilden. Um die Außenseite des Kühlermantels wird zwischen den beiden Rohransätzen ein Stück Aluminiumfolie herumgelegt, das durch einige Windungen von blankem Kupferdraht befestigt wird. Das Ende dieses Drahtes und des in das Innenrohr eingeführten Kupferdrahtes werden mit Klemmschrauben versehen.

[1])Im Handel erhältlich, z.B. Fa. Kind (s. I - 17.8).

Hilfsmittel:
O_2-Quelle (Stahlflasche) - Hochspannungstransformator, etwa 6000 Volt (s. I - 14.1).
a) KJ-Lsg. 5%ig - Stärkelsg. (s. V) - Chloroform - 2 große Reagenzgläser - Bunsenbrenner.
b) Indigolsg. (s. V) - Kelchglas.
c) Lackmuslsg. - Kelchglas.
d) Silberblechstreifen, gut abgerieben - Schmirgelpapier - Tiegelzange - Bunsenbrenner.
e) Bleiacetatlsg. - verd. Natronlauge - Filtrierpapierstreifen - Becherglas (100 ml).
f) $MnSO_4$-Lsg. 2%ig - schweflige Säure - Holzspäne - weißes Schreibpapier.
g) Bleiacetatlsg. - frisches H_2S-Wasser - Filtrierpapierstreifen.
i) KJ-Stärkelsg. (s. V) - Filtrierpapierstreifen - Bunsenbrenner.
k) KJ-Stärkelsg. (s. V) - Filtrierpapierstreifen.

Ausführung: *Achtung! Hochspannung!*
Vor jeder Operation, bei der man an der Apparatur zu tun hat, ist der Strom auszuschalten!
Man schließt die Sauerstoff-Quelle über Waschflasche A an die Apparatur an.

a) Oxidation von Kaliumjodidlösung

$$2\,J^- + O_3 + H_2O \rightarrow J_2 + 2\,OH^- + O_2$$

In den Standzylinder H füllt man verd. Kaliumjodidlösung und leitet Sauerstoff durch die Apparatur: Keine Reaktion. Nach Einschalten des Stromes: Braunfärbung der Kaliumjodidlösung. Man versetzt eine Probe der Lösung im Reagenzglas mit Stärkelösung: Blaufärbung. Zu einer zweiten Probe der braunen Jodlösung gibt man etwas Chloroform und schüttelt kräftig durch: Violettfärbung der Chloroformschicht.
Zuletzt leitet man in die braune Jodlösung im Zylinder (evtl. etwas Wasser nachfüllen) längere Zeit Ozon ein: Entfärbung infolge Bildung von Jodat.

b) Oxidation von Indigo
Man verdünnt im Kelchglas Indigolösung mit dem zehnfachen Volumen Wasser und leitet Ozon ein: Entfärbung (schwache Gelbfärbung).

c) Bleichen von Lackmus
Im Kelchglas wird in eine Lackmuslösung Ozon eingeleitet: Entfärbung.

Nach Abschalten des Stromes wird für die Versuche d bis g anstelle des Ableitungsrohres G der kleine Vorstoß J (Abb. 98c) auf den Ozonisator aufgesetzt.

d) Oxidation von Silber
Man faßt das gereinigte Silberblech mit einer Tiegelzange, erwärmt es schwach und hält es bei arbeitendem Ozonisator in den Vorstoß: Anlauffarben, nach wenigen Sekunden braunschwarz (AgO). Man hält das Blech in die Flamme eines Bunsenbrenners: Die Silberfarbe kehrt zurück.

e) Oxidation von Blei(II)-hydroxid
In einem kleinen Becherglas gibt man zu Bleiacetatlösung verd. Natronlauge, bis gerade Fällung eingetreten ist, und imprägniert einen Filtrierpapierstreifen mit dem Blei(II)-hydroxid. Man bringt den Streifen in den Vorstoß und läßt Ozon hindurchströmen: Braunfärbung.

$$Pb(OH)_2 + O_3 \rightarrow PbO_2 + H_2O + O_2$$

f) Oxidation einer Mangan(II)-sulfatlösung
Mit einem mit 2%iger Mangan(II)-sulfat-Lsg. befeuchteten Holzstäbchen schreibt man auf ein Blatt Papier und hält das Papier nach dem Trocknen der Schrift über den Vorstoß: Die Schrift erscheint in dunkler Farbe. Man halte das Papier über eine Flasche mit schwefliger Säure: Die Schrift verschwindet; sie wird durch Ozon wieder hervorgerufen.

g) Oxidation von Bleisulfid zu Bleisulfat

$$PbS + 4\ O_3 \rightarrow PbSO_4 + 4\ O_2$$

Man tränkt einen Filtrierpapierstreifen mit Bleiacetatlösung, hält ihn bis zur Schwärzung über eine Flasche mit Schwefelwasserstoffwasser und taucht ihn dann in den Vorstoß ein: Die schwarze Farbe verschwindet, sie wird durch Schwefelwasserstoff wieder hervorgerufen.

h) Zerstörung von Gummi
Nach Ausschalten des Stromes wird der Vorstoß J entfernt und der vorbereitete Gummischlauch K nach Abb. 98d mit dem Ozonisator verbunden. In das Becherglas füllt man Wasser, dem man etwas Kaliumjodidstärkelösung zusetzt. Das Glasrohr soll frei in der Flüssigkeit hängen. Man schaltet den Strom ein und leitet ozonhaltigen Sauerstoff durch die Apparatur: Das Gas perlt durch die Flüssigkeit im Becherglas hindurch (Blaufärbung). Nach 1 bis 2 Minuten hört der Gasdurchgang plötzlich auf. Man schaltet den Strom aus und nimmt den Gummischlauch ab: Er ist teilweise zerstört.

Für die Versuche i und k wird die vorbereitete Apparatur nach Abb. 98e an den Ozonisator angeschlossen.

i) Zersetzung von Ozon bei höherer Temperatur
An das Ende des Rohres M setzt man das Glasrohr N an. Man leitet Ozon durch die Apparatur und hält vor das Rohrende einen mit Kaliumjodidstärkelösung getränkten Filtrierpapierstreifen: Blaufärbung. Nun wird die Mitte des Rohres N mit der Gasflamme erhitzt und wieder ein Kaliumjodidstärkepapier vor das Rohrende gehalten: die Blaufärbung bleibt aus. Man entfernt die Flamme: Nach kurzer Zeit Blaufärbung.

k) Katalytische Zersetzung von Ozon
Man setzt das mit Mangan(IV)-oxid beschickte Rohr N II an, leitet das ozonisierte Gas hindurch und prüft am Rohrende mit Kaliumjodidstärkepapier: Keine Blaufärbung. Man wiederholt den Versuch in derselben Weise mit dem mit Blei(IV)-oxid (N III) und dem mit Aktivkohle beschickten Rohr (N IV): Keine Blaufärbung von Kaliumjodidstärkepapier.

III - 3.1.6 Wasserstoffperoxid als primäres Verbrennungsprodukt von Wasserstoff

$$H_2 + O_2 \rightarrow H_2O_2 \qquad \Delta H = -44{,}9\ \text{kcal}\ (-187{,}9\ \text{kJ})$$

Hilfsmittel:
H_2-Quelle (Stahlflasche) – O_2-Stahlflasche – Schweißbrenner mit kleiner Düse (Daniellscher Hahn) – größere Porzellanschale mit Eisstückchen (Eiswürfel) – Titanylschwefelsäure (s. V) – Wasserstoffperoxid (3%ig) – 2 Kelchgläser.

Ausführung:
Man stellt zunächst nur die Wasserstoffzufuhr an, entzündet den Wasserstoff an der Düse des Schweißbrenners und stellt eine möglichst große Flamme ein. Dann führt man Sauerstoff zu, bis die Flamme stark rauschend ist. Man läßt die Flamme auf das Eis in der Porzellanschale aufbrennen, wobei man den Schweißbrenner dicht an der Oberfläche des Eises langsam hin und her bewegt. Das Schmelzwasser gießt man in ein Kelchglas und gibt etwas Titanylschwefelsäure hinzu: Gelbfärbung. Kontrollreaktion mit stark verd. Wasserstoffperoxid. Die Blindprobe mit dem normalen Schmelzwasser des Eises verläuft negativ.

III - 3.1.7 Wasserstoffperoxid aus Bariumperoxid und Schwefelsäure
Eigenschaften von Wasserstoffperoxid

$$BaO_2 + 2\,H_3O^+ + SO_4^{2-} \rightarrow BaSO_4 + H_2O_2 + 2\,H_2O$$

Hilfsmittel:
Bariumperoxid - 20%ige Schwefelsäure - Becherglas (400 ml) - große Schale mit Eis - zerkleinertes Eis - Glasstab - Trichter mit 2 ineinandergesteckten Faltenfiltern auf Erlenmeyerkolben (300 ml) - pH-Indikatorpapier.

Vorbereitung:
Man gibt etwa 100 ml 20%ige Schwefelsäure in das Becherglas, das in die mit Eis gefüllte Schale gestellt wird.

Ausführung:
Man gibt in die gut gekühlte Schwefelsäure einige Eisstücke und trägt unter Umrühren langsam Bariumperoxid ein. Dabei sorgt man dafür, daß sich in der Lösung immer Eisstückchen befinden. Es wird solange Bariumperoxid eingetragen, bis die Flüssigkeit nur noch schwach sauer reagiert. Dann läßt man das entstandene Bariumsulfat absitzen und filtriert durch das Faltenfilter. Das Filtrat („Reaktionsprodukt") wird zu einigen der nachfolgenden Versuche verwendet.

Eigenschaften von Wasserstoffperoxid

I) Zersetzung

$$2\,H_2O_2 \rightarrow 2\,H_2O + O_2 \qquad \Delta H = -46{,}9\ \text{kcal}\ (-196{,}2\ \text{kJ})$$

Hilfsmittel:
a) Reaktionsprodukt - konz. Natronlauge - Holzspan - großes Reagenzglas.
b) 30%iges H_2O_2 (Perhydrol) - konz. KJ-Lsg. - Kelchglas - Holzspan.
c) 30%iges H_2O_2 - gekörnte Aktivkohle - Holzspan - Thermoskop (Abb. I - 17.1).
d) 30%iges H_2O_2 - MnO_2 - Holzspan - Thermoskop (Abb. I - 17. 1).
e) 30%iges H_2O_2 - Tierblut (kühl aufbewahren) oder 5%ige Hefeaufschlämmung (Bäckerhefe) - KCN-Lsg. - H_2S-Wasser - Holzspäne - 3 Kelchgläser - Glasstäbe.

Ausführung:
a) Zersetzung in alkalischer Lösung
Etwa 5 ml des Reaktionsproduktes versetzt man in dem Reagenzglas mit konz. Natronlauge und erwärmt schwach: Gasentwicklung, Entflammen eines glimmenden Holzspanes.

b) Katalytische Zersetzung durch Kaliumjodid[1])
Man gibt in ein Kelchglas etwa 5 ml 30%iges Wasserstoffperoxid und dazu 1 ml konz. Kaliumjodidlösung: Nach kurzer Zeit heftiges Aufschäumen, Entflammen eines glimmenden Holzspanes.

c) Katalytische Zersetzung durch Kohle
In das Einsatzgefäß des Thermoskops gibt man etwa 7 ml dest. Wasser und 7 ml 30%iges Wasserstoffperoxid. Nach Einstellen des Manometers wirft man in die Lösung ein Körnchen Aktivkohle: Lebhafte Gasentwicklung, exotherme Reaktion, Entflammen eines glimmenden Holzspanes.

d) Katalytische Zersetzung durch Mangan(IV)-oxid
Ausführung wie bei c) mit einer Spatelspitze Mangan(IV)-oxid statt der Aktivkohle.

e) Katalytische Zersetzung durch Fermente (Katalasen)
In 3 Kelchgläser füllt man etwa 2 cm hoch Blut und gibt in das erste Glas 3%iges Wasserstoffperoxid: Starkes Aufschäumen, Entflammen eines glimmenden Holzspans. In die anderen Kelchgläser gibt man zu dem Blut unter Umrühren einige Tropfen Kaliumcyanidlösung bzw. Schwefelwasserstoffwasser. Nach Zusatz von Wasserstoffperoxid keine Gasentwicklung, „Vergiftung" der Katalasen. Der Versuch kann auch mit einer Hefeaufschlämmung anstatt mit Blut ausgeführt werden.

II) Oxidierende Wirkung

$$H_2O_2 + 2\,H_3O^+ + 2\,e^- \rightarrow 4\,H_2O$$

Hilfsmittel:
f) Reaktionsprodukt – KJ-Lsg. –verd. Essigsäure – Kelchglas.
g) Reaktionsprodukt – Eisenpulver – konz. Salzsäure – Becherglas (150 ml) – großes Reagenzglas.
h) 30%iges H_2O_2 – 3%iges H_2O_2 – verd. Natronlauge – Na_2CO_3-Lsg. 2%ig – Bündel schwarzer Haare – Kelchglas – Becherglas.
i) 30%iges H_2O_2 – Meßzylinder (50 ml) – 20 ml 10%ige Kaliumcarbonatlsg., 10 ml 40%ige Formaldehyd-Lsg. und 10 ml 10%ige Pyrogallollsg., je in verschlossenem großem Reagenzglas, stehen in einem großen Becherglas in Wasser von 70 °C (Thermometer) – großes Kelchglas in einer Glasschale stehend – Glasstab – Bunsenbrenner.
j) Luminol (3-Amino-phthalsäure-hydrazid)[2]) – Na_2CO_3-Lsg. (gesättigt) – 30%ige H_2O_2-Lösung – Hämin – Becherglas 600 ml – 2 Meßzylinder 10 ml – Rührstab (oder Magnetrührer).
k) 3%iges H_2O_2 – Bleiacetatlsg. – Schwefelwasserstoffwasser – großes Reagenzglas – Kelchglas – Glasstab.

Ausführung:
f) Oxidation von Jodidionen
Zu mit Essigsäure angesäuerter Kaliumjodidlösung gibt man in einem Kelchglas etwas von dem Reaktionsprodukt: Braunfärbung.

[1]) Beispiel für eine homogene Katalyse. Die Aktivierungsenergie der Zerfallsreaktion beträgt 18,0 kcal · mol^{-1}. Sie wird durch Kaliumjodid auf 13,5 kcal · mol^{-1}, durch Katalase (s. Vers. e) auf 5,5 kcal · mol^{-1} herabgesetzt.
[2]) Lieferfirma Roth (s. I - 17.8).

g) Oxidation von Eisen(II)-Ionen
Man löst in einem Becherglas Eisenpulver in konz. Salzsäure auf, gießt die grünliche Flüssigkeit vom etwa noch ungelösten Metall ab in ein großes Reagenzglas und gibt einige Tropfen vom dargestellten Wasserstoffperoxid hinzu: Intensive Gelbfärbung.

h) Bleichen von Haaren
Man entfettet ein Bündel schwarzer Haare, indem man sie in einem Becherglas kurz in 2%ige Natriumcarbonatlösung einlegt. Dann spült man sie ab und taucht sie in einem Kelchglas in 3%iges Wasserstoffperoxid, dem man einige Milliliter 30%iges und einige Milliliter verd. Natronlauge zugesetzt hat, zu zwei Drittel ein. Wenn das Bleichen bis zu rotblond vorgeschritten ist, zieht man das Haarbüschel so weit heraus, daß nur noch ein Drittel in der Lösung bleibt. Wenn dieser Teil bis zu flachsblond gebleicht ist, werden die Haare unter der Wasserleitung abgespült: Man hat dann drei Farbtöne nebeneinander.

i) Gleichzeitige Oxidation von Formaldehyd und Pyrogallol (Chemilumineszenz) *Raum verdunkeln!*
In einem Kelchglas mischt man 50 ml 30%iges Wasserstoffperoxid mit 20 ml heißer (70 °C) 10%iger Kaliumcarbonatlösung, gießt dann gleichzeitig und möglichst plötzlich die auf 70 °C erwärmten Pyrogallol- und Formaldehydlösungen hinzu und rührt sofort schnell um: Die Lösung wird glühend rot, unter lebhafter Gasentwicklung bildet sich ein rosenrot leuchtender Schaum. Reaktionsprodukte: Ameisensäure, Kohlenmonoxid und Kohlendioxid. Das Kelchglas wird anschließend unter den Abzug gestellt.

j) Oxidation von Luminol (Chemilumineszenz) *Raum verdunkeln!*
1 g Luminol wird in 400 ml Wasser und 10 ml kaltgesättigter Natriumcarbonat-Lösung gelöst. Dann werden unter Rühren 6 ml 30%ige Wasserstoffperoxid-Lösung und eine Spur Hämin (oder Blut) als Katalysator hinzugegeben: Starke, violette Lumineszenz, die lange (mindestens 5 Minuten) anhält, aber nur im völlig verdunkelten Raum sichtbar ist.
Für einen großen Raum (Hörsaal) nimmt man zweckmäßig die drei- bis fünffachen Mengen.

k) Oxidation von Bleisulfid zu Bleisulfat
In einem Reagenzglas versetzt man Bleiacetatlösung mit Schwefelwasserstoffwasser bis zur vollständigen Ausfällung des Bleisulfids; nach dem Absetzen gießt man die Lösung ab und reinigt den Niederschlag durch mehrmaliges Dekantieren mit Wasser. Dann bringt man das Bleisulfid mit Wasser in ein Kelchglas, wirbelt es auf und gibt 3%iges Wasserstoffperoxid hinzu: Nach einiger Zeit Farbumschlag nach weiß[1]).

III) Reduzierende Wirkung

$$H_2O_2 + 2\,H_2O \rightarrow O_2 + 2\,H_3O^+ + 2\,e^-$$

Hilfsmittel:
l) 3%iges H_2O_2 – PbO_2 – Eisessig – K_2CrO_4-Lsg. – Erlenmeyerkolben (100 ml) – Holzspäne – Reagenzglas.
m) Reaktionsprodukt – $KMnO_4$-Lsg. – Kelchglas – Holzspan.
n) Reaktionsprodukt – Chlorkalk – Holzspan – Kelchglas.

[1]) Diese Reaktion ist von Bedeutung für das Aufhellen alter Ölgemälde.

Ausführung:

l) Reduktion von Blei(IV)-oxid

In einem kleinen Erlenmeyerkolben gibt man zu einer Spatelspitze Blei(IV)-oxid etwa 3 ml Eisessig (keine Auflösung) und versetzt nach und nach mit 3%igem Wasserstoffperoxid: Aufschäumen (man prüft das Gas mit einem glimmenden Holzspan) und Auflösung. Man versetzt in einem Reagenzglas einige Milliliter der Lösung mit Kaliumchromatlösung: Gelber Niederschlag ($PbCrO_4$).

m) Reduktion von Permanganat

In einem Kelchglas säuert man Kaliumpermanganatlösung mit verd. Schwefelsäure an und versetzt mit dem hergestellten Wasserstoffperoxid: Entfärbung unter Gasentwicklung, Entflammen eines glimmenden Holzspanes.

n) Reduktion von Hypochlorit

In einem Kelchglas gibt man zu etwas Chlorkalk zunächst wenig Wasser, darauf einige Milliliter von dem dargestellten Wasserstoffperoxid: Gasentwicklung, Entflammen eines glimmenden Holzspanes.

IV) Salzbildung

o) $$Ba^{2+} + 2\,OH^- + H_2O_2 + 6\,H_2O \rightarrow BaO_2 \cdot 8\,H_2O$$

Hilfsmittel:

30%iges Wasserstoffperoxid – gesättigte klare $Ba(OH)_2$-Lsg. – Kelchglas.

Ausführung:

Zu der gesättigten Bariumhydroxidlösung in dem Kelchglas gibt man tropfenweise 30%iges Wasserstoffperoxid: Weißer, aus glänzenden Schüppchen bestehender Niederschlag von Bariumperoxid-oktahydrat.

V) Nachweisreaktionen

Hilfsmittel:

p) Reaktionsprodukt – $K_2Cr_2O_7$-Lsg. 1%ig – verd. Schwefelsäure – Äther – Eiswasser – großes Reagenzglas.

q) Titanylschwefelsäure (s. V) – großes Reagenzglas – großes Becherglas mit Wasser – Glasstab.

Ausführung:

p) Reaktion mit Dichromat

Die verd. Lösung von Kaliumdichromat wird im Reagenzglas mit verd. Schwefelsäure angesäuert, mit Äther überschichtet und gut mit Eiswasser gekühlt. Dann läßt man eine Probe des Reaktionsproduktes an der Wand des schräg gehaltenen Reagenzglases einlaufen. An der Phasengrenze Äther–wäßrige Lösung bildet sich ein tiefblauer Ring. Nach kräftigem Durchschütteln wird die blaue Verbindung (Diperoxochrom-(VI)-oxid-ätherat, $(C_2H_5)_2O \cdot Cr(O_2)_2O$) vom Äther aufgenommen, die wäßrige Phase wird farblos.

q) Reaktion mit Titanylschwefelsäure

$$[Ti(OH)_2(SO_4)_2]^{2-} + H_2O_2 \rightarrow [Ti(O_2)(SO_4)_2]^{2-} + 2\,H_2O.$$

Bei pH <1 bildet sich wahrscheinlich $[Ti(O_2)(OH)(H_2O)_x]^+$.

In einem Reagenzglas gibt man zu einigen Millilitern des Reaktionsproduktes einige Tropfen Titanylschwefelsäure: Orangegelbe Färbung. Man verdünnt mit Wasser: Auch in sehr großer Verdünnung gelbe Färbung.

III - 3.2 Schwefel

S. auch

I - 19.5	Schwefelwasserstoff
I - 19.6	Schwefeldioxid
I - 20.7	Schwefelkohlenstoff
II - 1.3	Thermische Dissoziation von Schwefelwasserstoff
II - 1.8	Quantitative Oxidation von Schwefel zu Schwefeldioxid
II - 1.9	Quantitative Reduktion von Schwefeldioxid
III - 7.3.1	Bariumsulfid aus Bariumsulfat und Kohlenstoff
III - 9.1.2	Kupfer(I)-sulfid aus Kupfer und Schwefeldampf
III - 9.2.1	Oxidation von Zinksulfid (Zinkblende)
IV - 7.2	Thioplast aus Dichloräthan und Natriumpolysulfid

III - 3.2.1 Polymorphie von Schwefel

a) Monokliner Schwefel aus der Schmelze

Hilfsmittel:
Gepulverter krist. Schwefel – Porzellantiegel in Tondreieck auf Dreifuß – Bunsenbrenner – dicker Glasstab – Tiegelzange – Porzellanschale.

Ausführung:
Man füllt den Tiegel zu etwa 2/3 mit dem gepulverten Schwefel und erhitzt ihn vorsichtig zum Schmelzen. Bei Beginn des Schmelzens rührt man mit dem Glasstab um. Ist der Schwefel vollkommen geschmolzen, entfernt man den Bunsenbrenner und läßt abkühlen. Die Kristallisation beginnt an der Oberfläche der Schmelze. Hat sich hier eine dicke Kruste gebildet, wird sie mit dem Glasstab durchstoßen, worauf man die noch vorhandene Schmelze in eine Porzellanschale abgießt. Der Tiegel ist mit langen gelben durchsichtigen Kristallnadeln angefüllt, die sich mit der Zeit infolge spontaner Umwandlung in die rhombische Modifikation trüben.

b) Rhombischer Schwefel aus monoklinem durch Umkristallisieren

Hilfsmittel:
Monokliner Schwefel aus Vers. a – Schwefelkohlenstoff – Erlenmeyerkolben (50 ml) – Kristallisierschale – Filtrierpapier.

Ausführung: *Abzug!*
Vorsicht! Schwefelkohlenstoff ist stark giftig und leicht entflammbar (s. I - 20.7); es dürfen keine Flammen in der Nähe sein. Ein Teil der bei Versuch a erhaltenen Kristallnadeln wird in den Erlenmeyerkolben gebracht und durch Zugabe von möglichst wenig Schwefelkohlenstoff aufgelöst. Die Lösung gibt man in eine Kristallisierschale, bedeckt sie mit einer Filtrierpapierscheibe und läßt das Lösungsmittel verdunsten: Bildung rhombischer Kristalle.

c) Plastischer Schwefel aus der Schmelze

Hilfsmittel:
Gepulverter krist. Schwefel – Schwefelkohlenstoff – großes Reagenzglas mit Klammer – Becherglas (1000 ml), zu 2/3 mit Wasser gefüllt – Tiegelzange – Filtrierpapier – 2 Erlenmeyerkolben (100 ml) – Glasstäbe.

Ausführung:
Man füllt das Reagenzglas etwa zur Hälfte mit Schwefel und erhitzt zunächst vorsichtig, bis aller Schwefel in eine gelbe leicht bewegliche Schmelze übergegangen ist. Dann erhitzt man stark mit voller Flamme des Brenners und beobachtet die Änderung der Farbe und Viskosität der Schmelze: Bei 160 °C beginnende Braunfärbung, bei 200 °C dunkelbraun, zähflüssig, dann zunächst langsame, dann schnellere Abnahme der Viskosität. Wenn die Schmelze bei etwa 400 °C wieder genügend dünnflüssig geworden ist, gießt man sie in dünnem Strahl in das Becherglas mit Wasser. Man wartet einige Minuten, damit sich das Produkt etwas abkühlen kann, und nimmt dann mit der Tiegelzange das Knäuel von Schwefelfäden heraus. Man preßt es zur Entfernung des anhaftenden Wassers auf Filtrierpapier ab und prüft seine plastischen, gummiähnlichen Eigenschaften.
Verhalten des plastischen Schwefels gegenüber Schwefelkohlenstoff: Nachdem man alle Flammen auf dem Experimentiertisch gelöscht hat, wird ein Teil des plastischen Schwefels in den *Erlenmeyer*kolben gebracht und mit Schwefelkohlenstoff übergossen: Keine merkliche Auflösung.
Spontane Umwandlung des plastischen Schwefels in kristallinen: Den zurückbehaltenen Teil des plastischen Schwefels knetet man von Zeit zu Zeit mit der Hand durch. Man beobachtet nach einigen Stunden oder Tagen zunehmende Erhärtung und Übergang der braunen Farbe in die gelbe des rhombischen Schwefels; dieser ist dann in Schwefelkohlenstoff löslich.

III - 3.2.2 Synthese und thermische Dissoziation von Schwefelwasserstoff

$$S + H_2 \rightarrow H_2S \qquad \Delta H = -4{,}9\ \text{kcal}\ (-20{,}5\ \text{kJ})^{1)}$$

Versuchsanordnung: Abb. 99
Drechselsche Waschflasche A (konz. H_2SO_4) – Kugelrohr B (ø innen 18 mm, Länge 20 cm, Kugel ø 3 cm) – T-Stück C mit den Quetschhähnen D und E – an E ange-

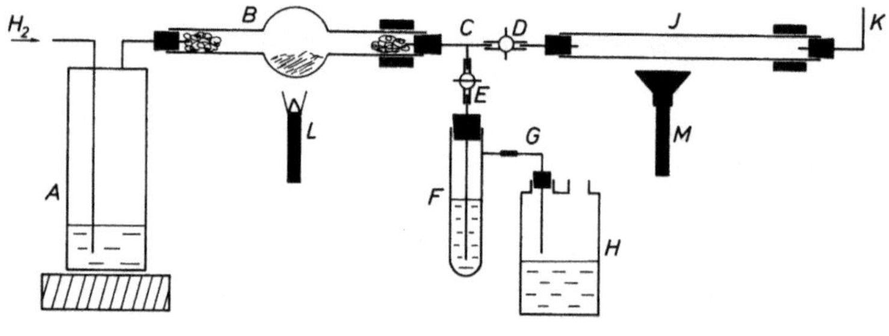

Abb. 99. Synthese und thermische Dissoziation von Schwefelwasserstoff

schlossen Reagenzglas F mit Schlauchansatz – Ableitungsrohr G zur Woulfeschen Flasche H (konz. NaOH) – an D angeschlossen Rohr aus Supremaxglas J (ø innen 18 mm, Länge 25 cm) – am Rohrende ein rechtwinklig aufwärts gebogenes Gasableitungsröhrchen K, zur Spitze ausgezogen – 2 Bunsenbrenner L und M (mit Schlitzaufsatz).

[1]) Reaktionsenthalpie aus Schwefeldampf: –19,6 kcal (–82,0 kJ).

Hilfsmittel:
Krist. Schwefel – H_2-Quelle – Kaliumantimonotartrat[1]) – verd. Salzsäure – konz. Natronlauge – Reagenzgläser – Glaswolle.

Vorbereitung:
Man bringt in die Kugel des Kugelrohres etwa 2 g krist. Schwefel und schiebt auf beiden Seiten lockere Glaswollebäusche in das Rohr ein. In das Rohr J stopft man vor die Mündung des Ableitungsrohres K einen Glaswollebausch. In das Reagenzglas F mit Schlauchansatz wird Kaliumantimonotartratlösung (5%ig, mit verd. Salzsäure angesäuert, Reagenz auf H_2S) gefüllt, in die *Woulf*esche Flasche H konz. Natronlauge (zur Absorption des überschüssigen Schwefelwasserstoffs). Zuletzt wird die Wasserstoff-Quelle an die Apparatur bei A angeschlossen.

Ausführung:
Der Schraubenquetschhahn D wird geöffnet, Hahn E geschlossen. Dann leitet man einen lebhaften Wasserstoffstrom durch die Apparatur, fängt das entweichende Gas in einem über das Rohr K gestülpten Reagenzglas auf und prüft auf Abwesenheit von Luft. Nach negativem Ausfall der Knallgasprobe (s. I-18.9) wird die Geschwindigkeit des Wasserstoffstroms verringert und der Schwefel mit kleiner Flamme bis zum Schmelzen erhitzt. Man öffnet den Quetschhahn E und schließt den Hahn D: Orangeroter Niederschlag (Sb_2S_3) in F. Dann wird Hahn D wieder geöffnet und Hahn E geschlossen. Nach erneuter Knallgasprobe wird das entweichende Gas bei K entzündet: Bläuliche Flamme. Darauf erhitzt man das Rohr J im ersten Drittel mit Brenner M möglichst hoch. Die Flamme wird etwas blasser, im Rohr setzt sich nach dem Ende zu feinteiliger gelber Schwefel ab.

Beendigung:
Man läßt die Apparatur im langsamen Wasserstoffstrom vollkommen erkalten.

III - 3.2.3 Schwefelwasserstoff aus Schwefeleisen[2]) und Salzsäure[3])

Eigenschaften von Schwefelwasserstoff

$$FeS + 2\,H_3O^+ \rightarrow Fe^{2+} + H_2S + 2\,H_2O$$

Versuchsanordnung: *Abzug!*
Gasentwickler Abb. 19b, A bis E, E mit Wasser gefüllt – Drechselsche Waschflasche (Wasser) – längerer Gummischlauch mit rechtwinkligem Einleitungsrohr, dessen längerer Schenkel etwa 30 cm lang und am Ende verjüngt ist.

Hilfsmittel:
Schwefeleisen in Stäbchen oder in kleinen Stücken – verd. Salzsäure – Bleiacetatlsg. – Reagenzgläser – Bunsenbrenner – 5 Standzylinder (40 x 200 mm) mit plangeschliffenem Rand und passenden Abdeckplatten – gelochte Abdeckplatte – Filtrierpapier.

Vorbereitung:
Man bringt in den Kolben A einige Brocken (etwa 20 g) Schwefeleisen. Der Tropftrichter B wird mit Salzsäure gefüllt.

[1]) Kalium-aqua-tartrato-stibiat(III) $K[C_4H_2O_6Sb(OH_2)] \cdot 1/2\ H_2O$; Kalium-antimon(III)-oxid-tartrat, Brechweinstein.
[2]) Mit überschüssigem Eisen verunreinigtes Eisen(II)-sulfid.
[3]) *Carl Wilhelm Scheele* um 1774.

Ausführung: *Abzug!*
Man läßt durch den Tropftrichter Salzsäure zulaufen, bis eine gleichmäßige Gasentwicklung einsetzt. Das entweichende Gas wird am Ende der Apparatur auf Abwesenheit von Luft geprüft. Nach negativem Ausfall der Knallgasprobe (s. I - 18.9) werden die Standzylinder durch Luftverdrängung mit Schwefelwasserstoff gefüllt: Man bedeckt den betreffenden Zylinder mit der durchlochten Glasplatte und führt das Einleitungsrohr hindurch bis auf den Boden des Zylinders. Dann leitet man so lange Schwefelwasserstoff ein, bis sich dieser in unmittelbarer Nähe des Loches mit angefeuchtetem Bleiacetatpapier nachweisen läßt. Der gefüllte Zylinder wird mit der gefetteten Abdeckplatte verschlossen.
Nach Füllung der fünf Standzylinder wird das Einleitungsrohr aufrecht in eine Stativklammer gespannt und das Gas entzündet.

Eigenschaften von Schwefelwasserstoff

Hilfsmittel:
a) pH-Indikatorpapier – kleines Becherglas.
b) Standzylinder mit H_2S – kleine Porzellanschale – flache Glasschale mit Wasser.
c) Blei(IV)-oxid, in einem Schälchen im Trockenschrank bei 110 °C gut getrocknet, im Exsikkator über Silicagel aufbewahrt.
d) Standzylinder mit H_2S – rote rauchende Salpetersäure – Reagenzglas, in der Mitte von einer Stativklammer mit langem Stiel gehalten.
e) Standzylinder mit H_2S – Bromwasser – Reagenzglas.
f) Standzylinder mit H_2S – verd. $KMnO_4$-Lsg. – verd. Schwefelsäure.

Ausführung:
a) Brennbarkeit

$$2\,H_2S + 3\,O_2 \rightarrow 2\,H_2O + 2\,SO_2 \qquad \Delta H = -268{,}8\ \text{kcal}\ (-1124{,}7\ \text{kJ})$$

Das Gas wird an der Spitze des Einleitungsrohres entzündet: Es brennt mit bläulicher Flamme. Man hält ein kleines Becherglas über die Flamme: Wassertröpfchen. Man drückt an die Wand des mit Wasser ausgespülten Becherglases einen angefeuchteten pH-Papierstreifen und hält das Becherglas über die Flamme: Saure Reaktion.

b) Unvollständige Verbrennung

$$2\,H_2S + O_2 \rightarrow 2\,H_2O + 2\,S \qquad \Delta H = -127{,}0\ \text{kcal}\ (-531{,}4\ \text{kJ})$$

Man hält eine kalte Porzellanschale an die aus dem Einleitungsrohr brennende Schwefelwasserstoff-Flamme, die man langsam bewegt: Beschlag von gelbem Schwefel. Man richtet die Spitze der Schwefelwasserstoff-Flamme gegen die Oberfläche von kaltem Wasser und schreibt auf dem Wasserspiegel, indem man die Flamme langsam über die Oberfläche führt.
Man entzündet den Schwefelwasserstoff an der Mündung des Zylinders: Die Flamme kriecht bis zum Boden hinab, die Wände bedecken sich mit Schwefel.

c) Entzündung durch Blei(IV)-oxid
Man läßt den ausströmenden Schwefelwasserstoff auf die Oberfläche des zusammengehäuften (nicht flach ausgebreiteten) Blei(IV)-oxids auftreffen: Dieses glüht auf, das Gas entzündet sich.

d) Oxidation durch Salpetersäure *Schutzbrille! Abzug!*
Einige Milliliter rauchende Salpetersäure werden in dem Reagenzglas schwach angewärmt (es muß sich noch gut mit der Hand anfassen lassen) und in den mit Schwefel-

wasserstoff gefüllten Zylinder gegossen: Schwache Explosion, Entzündung, Abscheidung von Schwefel. Vorsicht vor herausspritzender Salpetersäure!

e) Oxidation durch Bromwasser
In den Standzylinder gießt man aus einem Reagenzglas etwa 10 ml Bromwasser und schüttelt kräftig um: Verschwinden der Bromfarbe, milchige Trübung.

f) Oxidation durch Kaliumpermanganat
In den Standzylinder gießt man etwa 10 ml der mit Schwefelsäure angesäuerten Kaliumpermanganat-Lösung und schüttelt kräftig um: Entfärbung, Trübung durch ausgeschiedenen Schwefel.

III - 3.2.4 Schwefelwasserstoff aus Schwefel und Kohlenwasserstoffen

$$C_nH_{2n+2} + (n+1)\,S \rightarrow (n+1)\,H_2S + n\,C$$

Versuchsanordnung: *Abzug!*
Rundkolben (50 ml) mit durchbohrtem Gummistopfen und rechtwinklig gebogenem kurzschenkligem Gasableitungsrohr - längerer Gummischlauch - Glasrohr nach Abb. 23, A - pneumatische Wanne mit Experimentiersockel - Bunsenbrenner.

Hilfsmittel:
Paraffinschnitzel - Schwefelblumen - Bleiacetatlösung - Filtrierpapierstreifen. Weitere Hilfsmittel wie bei Vers. III - 3.2.3.

Ausführung: *Abzug!*
In den Kolben gibt man ein Gemenge von je 5 g Paraffinschnitzel und Schwefelblume und setzt den Gummistopfen auf. Dann erhitzt man den Kolben mit kleiner Flamme; zunächst schmilzt das Paraffin, dann der Schwefel, der sich am Boden des Kolbens ansammelt. Allmählich lösen sich von der Oberfläche des Schwefels Gasblasen ab, es entsteht ein regelmäßiger Gasstrom. Man hält über die Öffnung des Glasrohres einen mit Bleiacetatlösung befeuchteten Filtrierpapierstreifen: Schwarzfärbung (PbS). Mit dem ausströmenden Schwefelwasserstoff können die bei Versuch III - 3.2.3 angegebenen Versuche ausgeführt werden.

III - 3.2.5 Katalytische Oxidation von Schwefelwasserstoff[1])

$$2\,H_2S + O_2 \rightarrow H_2O + 2\,S$$
$$2\,H_2S + 3\,O_2 \rightarrow 2\,H_2O + 2\,SO_2$$

Versuchsanordnung: Abb. 100
Gasentwickler Abb. 19b, A bis E, E mit Wasser gefüllt - 2 *Drechsel*sche Waschflaschen F (Glycerin) und G (konz. H_2SO_4) - dreifach tubulierte *Woulf*esche Flasche H (500 ml, locker mit Glaswolle gefüllt) - Reaktionsrohr J (⌀ 18 mm, Länge 50 cm) - dreifach tubulierte *Woulf*esche Flasche K (500 ml, mit sehr verd. Fuchsinlösung gefüllt) - Einleitungsrohr L, endet kurz oberhalb der Flüssigkeit in M - zweifach tubulierte Woulfesche Flasche M (20%ige Natronlauge) mit Rührstab N - Bunsenbrenner mit Schlitzaufsatz.
Die Waschflasche G wird über einen Gummischlauch mit einem Gasbehälter (etwa 5 l Inhalt, s. Abb. 25) für Luft verbunden.

[1]) Technisches Verfahren zur Entschwefelung von Kokereigasen.

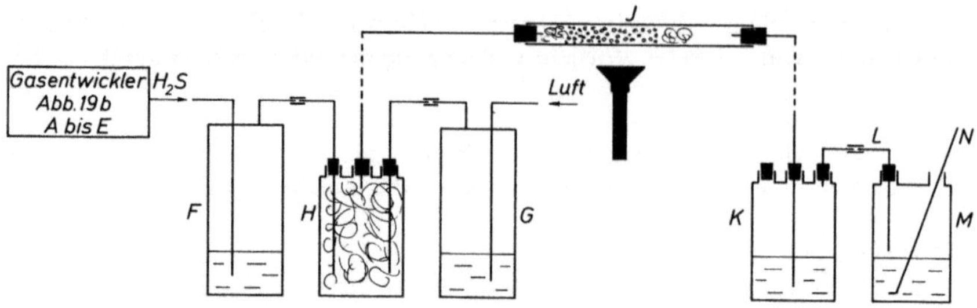

Abb. 100. Katalytische Oxidation von Schwefelwasserstoff

Hilfsmittel:
Schwefeleisen – verd. Salzsäure – Aktivkohle (Katalysator) – Glaswolle – Eisentiegel mit Dekkel – Glasstab – Tondreieck und Dreifuß – Bunsenbrenner.

Vorbereitung:
Man glüht die Aktivkohle im bedeckten Eisentiegel aus und läßt sie im Exsikkator erkalten. Das Reaktionsrohr J wird im linken Drittel mit dieser Aktivkohle gefüllt, die man beiderseits durch Glaswollebäusche festlegt.
In den Kolben A des Gasentwicklers gibt man einige Stücke (Stangen) Schwefeleisen, in den Tropftrichter verd. Salzsäure.

Ausführung:
Man leitet einen langsamen Schwefelwasserstoffstrom durch die Apparatur und erhitzt die Aktivkohle bis zum gelinden Glühen. Dann leitet man aus dem Vorratsbehälter einen etwa dreimal so schnellen Luftstrom ein. In dem freien Rohrteil hinter der Kohle scheidet sich gelber Schwefel ab; zugleich beobachtet man die Kondensation von Wassertröpfchen. Man reguliert nun die Geschwindigkeit der Gase so, daß die Kohle heller aufglüht, entfernt sofort den Brenner und zeigt, daß die Kohle ohne äußere Wärmezufuhr im lebhaften Glühen verbleibt (stark exotherme Reaktion). Nachdem die Bildung von Schwefel deutlich beobachtet worden ist, läßt man etwa die zehnfache Luftmenge einströmen; hierbei glüht der Katalysator hell auf und die Fuchsinlösung in K wird durch das jetzt entstehende Schwefeldioxid entfärbt.

Beendigung:
Man stellt die Schwefelwasserstoff-Zufuhr ab und leitet so lange einen langsamen Luftstrom durch die Apparatur, bis sich das Reaktionsrohr abgekühlt hat.

Bemerkung:
Achtung! Der Versuch darf keinesfalls mit Sauerstoff an Stelle von Luft ausgeführt werden! Anstatt Luft aus einem Vorratsbehälter einzuleiten, kann man auch in den offenen Tubus von M (der Rührstab entfällt) einen Stopfen mit Ableitungsrohr einsetzen, das man mit einer Wasserstrahlpumpe verbindet, um Luft durch die Apparatur zu saugen. Die Schwefelwasserstoff-Zufuhr muß dann mit einem Quetschhahn zwischen F und H geregelt werden.

III - 3.2.6 Natriumsulfid aus Natriumsulfat und Kohlenstoff

$$Na_2SO_4 + 2\,C \rightarrow Na_2S + 2\,CO_2$$

Versuchsanordnung:
Tiegelglühofen (s. Abb. 7) mit hessischem Tontiegel (oder großem Porzellantiegel) und Teclubrenner.

Hilfsmittel:
Na_2SO_4 wasserfrei – Holzkohlepulver – Kaliumantimonotartrat – Schwefelwasserstoffwasser – verd. Salzsäure – Bleiacetatlösung – pH-Indikatorpapier – Filtrierpapier in Streifen – Reibschale – Tiegelzange – 2 Trichter mit Faltenfilter auf Erlenmeyerkolben (200 ml) – Glasstab – 2 Kelchgläser – großes Reagenzglas – Uhrglas.

Vorbereitung:
18 g wasserfreies Natriumsulfat und 3 g Holzkohlepulver werden in der Reibschale zusammen fein verrieben. Von dem Gemenge gibt man so viel in den Tiegel, daß er zu etwa zwei Drittel gefüllt ist. Ein Teil des Gemenges wird zurückbehalten.
In einem Reagenzglas säuert man eine Kaliumantimonotartrat-Lösung mit verd. Salzsäure an, fällt mit Schwefelwasserstoffwasser Antimon(III)-sulfid, filtriert es ab, wäscht es aus und trocknet es auf einem Uhrglas.

Ausführung:
Das Gemenge wird etwa 10 Minuten stark erhitzt. Nach dem Erkalten behandelt man den Tiegelinhalt mit etwa 30 ml Wasser, filtriert in einen *Erlenmeyer*kolben und prüft die Lösung mit pH-Indikatorpapier: Alkalische Reaktion ($S^{2-} + H_2O \rightarrow HS^- + OH^-$).
Etwa 1/3 der Lösung gibt man in ein Kelchglas, versetzt mit konz. Salzsäure und prüft das entweichende Gas mit Bleiacetatpapier (Schwarzfärbung).
Zum Vergleich gibt man den zurückbehaltenen Rest des Ausgangsgemenges in ein Kelchglas, behandelt ihn mit Wasser und prüft den pH-Wert: Keine alkalische Reaktion. Auf Zusatz von Salzsäure keine H_2S-Entwicklung.
Den Rest versetzt man unter Umschwenken mit dem gefällten Antimon(III)-sulfid: Auflösung zu einer farblosen Flüssigkeit ($Sb_2S_3 + 3\ S^{2-} \rightarrow 2\ SbS_3^{3-}$). Diese Lösung wird mit verd. Salzsäure angesäuert: Ausfällung von Sb_2S_3, H_2S-Entwicklung.

III - 3.2.7 Dischwefeldichlorid aus Schwefel und Chlor

Eigenschaften von Dischwefeldichlorid

$$2\ S + Cl_2 \rightarrow S_2Sl_2 \qquad \Delta H = -14{,}2\ \text{kcal}\ (-59{,}4\ \text{kJ})$$

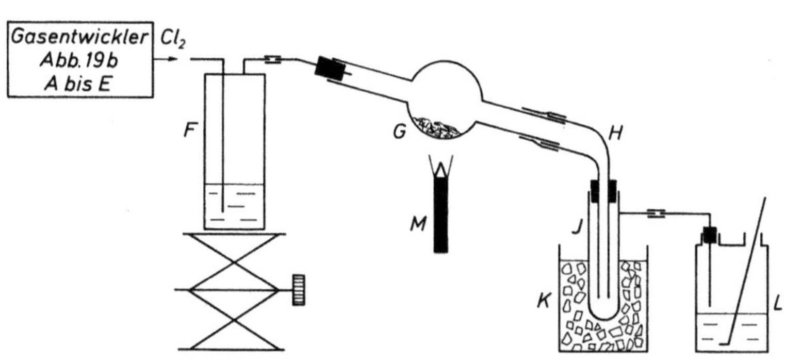

Abb. 101. Dischwefeldichlorid

Versuchsanordnung: Abb. 101 *Abzug!*
Gasentwickler Abb. A 19b, A bis E, E mit konz. NaCl-Lösung gefüllt – Waschflasche F (konz. H_2SO_4) – Kugelrohr G aus schwerschmelzbarem Glas (∅ 18 mm, Kugel-∅ etwa 35 mm) – Vorstoß H, mit G durch übergezogenen Gummischlauch verbunden – Reagenzglas mit Schlauchansatz (Saugrohr) J – Becherglas K (zerstoßenes Eis in Wasser) – Woulfesche Flasche L (500 ml, 50 ml konz. Natronlauge) mit Rührstab – Bunsenbrenner M.

Hilfsmittel:
Schwefelblumen – $KMnO_4$ – konz. Salzsäure.

Vorbereitung:
Durch das kurze Rohrteil von G füllt man Schwefelblumen in die Kugel. In den Kolben A des Gasentwicklers gibt man etwa 10 g Kaliumpermanganat, in den Tropftrichter B konz. Salzsäure.

Ausführung: *Abzug!*
Man läßt Salzsäure zum Kaliumpermanganat zutropfen. Wenn die Luft aus der Apparatur verdrängt ist, erhitzt man die Kugel des Rohres vorsichtig bis etwas über den Schmelzpunkt des Schwefels. Nach kurzer Zeit sammelt sich in J eine mehr oder weniger dunkelrotgelbe Flüssigkeit[1]) von widerlichem Geruch an. Die Natronlauge in L wird öfters umgerührt. Die Reaktion ist zu unterbrechen, bevor der Schwefel vollständig verbraucht ist.

Beendigung: *Achtung!*
Reste von Dischwefeldichlorid dürfen nicht in ein Becken des Arbeitsraumes, sondern müssen in den Ausguß des Abzugs gegossen werden.

Eigenschaften von Dischwefeldichlorid

Hilfsmittel:
Reaktionsprodukt (Dischwefeldichlorid).
a) Konz. NH_3-Lsg. – stark verd. Fuchsinlsg. – großes Reagenzglas mit Glasperlen und etwa 20 ml Wasser – 2 Glasstäbe – pH-Indikatorpapier.
b) Krist. Schwefel gepulvert – Reagenzgläser.

Ausführung:
a) Hydrolyse
Dischwefeldichlorid bildet an der Luft Nebel: Hydrolyse durch Luftfeuchtigkeit, dabei entsteht Chlorwasserstoff.
Man bringt einen Teil des Reaktionsproduktes (etwa 2 ml) in das vorbereitete große Reagenzglas: Das Dischwefeldichlorid (Dichte 1,69 g · cm^{-3}) sinkt unter. Man rührt mit dem Glasstab kräftig um: Erwärmung, gelblichweiße Trübung durch ausgeschiedenen Schwefel.
Man hält über die Mündung des Reagenzglases einen mit konz. Ammoniaklösung befeuchteten Glasstab: NH_4Cl-Rauch. Nach beendeter Hydrolyse prüft man die Reaktion der Lösung mit pH-Papier und fügt dann stark verdünnte Fuchsinlösung hinzu: Entfärbung (Bildung von farbloser fuchsinschwefliger Säure).

[1]) Reines S_2Cl_2 ist goldgelb, die Rotfärbung rührt von beigemengtem SCl_2 her.

Die Hydrolyse

$$2\ S_2Cl_2 + 2\ H_2O \rightarrow 4\ HCl + SO_2 + 3\ S \text{ (Bruttogleichung[1])}$$

verläuft in der Kälte langsam.
Zur Beschleunigung kann das Wasser im Reagenzglas vorher auf etwa 50 °C erwärmt werden.

b) Löslichkeit von Schwefel
In den Rest des Reaktionsproduktes trägt man in einem Reagenzglas unter Schütteln gepulverten Schwefel (keine Schwefelblumen) ein: Auflösung; bei 20 °C lösen sich 22 g Schwefel in 100 g reinem Dischwefeldichlorid.

III - 3.2.8 Schwefeldioxid aus Natriumhydrogensulfit und Schwefelsäure

Eigenschaften von flüssigem und gasförmigem Schwefeldioxid

$$HSO_3^- + H_3O^+ \xrightarrow{\text{konz. } H_2SO_4} SO_2 + 2\ H_2O$$

Versuchsanordnung: Abb. 102
Schwefeldioxid-Entwickler: Stehkolben oder *Erlenmeyer*kolben A_S (1000 ml) mit doppelt durchbohrtem Gummistopfen – Tropftrichter B_S, das Ablaufrohr reicht fast

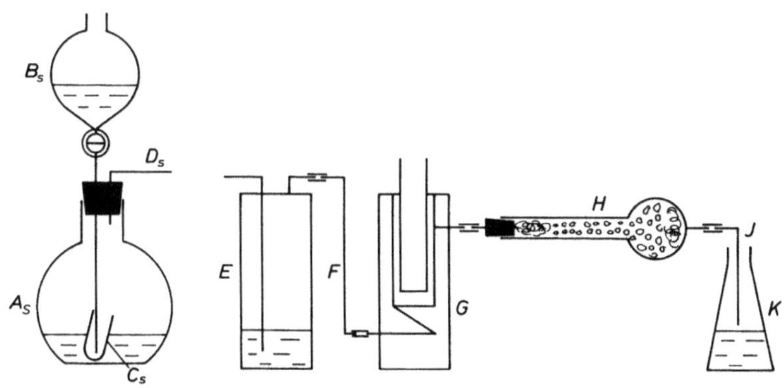

a) Schwefeldioxidentwickler b) Verflüssigung
Abb. 102. Schwefeldioxid aus Natriumhydrogensulfit

bis zum Boden des Präparategläschens C_S – Ableitungsrohr D_S – Muenckesche Waschflasche E (konz. H_2SO_4) – Anschlußrohr F zum Gasverflüssiger G mit angeschlossenem Trockenrohr H (Bimssteinbrocken oder Siedesteinchen, getränkt mit konz. H_2SO_4) – Ableitungsrohr J – *Erlenmeyer*kolben K (500 ml), zur Hälfte mit dest. Wasser gefüllt; J reicht bis dicht über die Wasseroberfläche.

[1]) Die Hydrolyse verläuft tatsächlich komplizierter, vgl. *Stamm, H.*, u. *M. Goehring*, Ber. Dtsch. Chem. Ges. **76**, 737 (1943).

Hilfsmittel:
Konz. Schwefelsäure – 250 ml Natriumhydrogensulfitlsg. (40%ig) – NaCl – zerkleinertes Eis – Porzellanschale – Plastiklöffel – 5 Standzylinder (40 x 200 mm) mit plangeschliffenem gefettetem Rand – 6 passende Verschlußplatten, eine davon mit Loch – längerer Gummischlauch (zum Anschluß an F) mit rechtwinklig gebogenem Einleitungsrohr wie Abb. 83, G, dessen längerer Schenkel bis zum Boden der Standzylinder reicht.

Vorbereitung:
Man bereitet eine Kältemischung aus Eis und Natriumchlorid (3 : 1) und füllt sie in den Kühleinsatz des Gasverflüssigers. In den Kolben A_S gibt man die Hydrogensulfitlösung, in den Tropftrichter B_S die konz. Schwefelsäure.

Ausführung:
Man läßt die Schwefelsäure aus B_S so langsam zu der Hydrogensulfitlösung fließen, daß ein gleichmäßiger Gasstrom entsteht. Bereits nach kurzer Zeit tropft das verflüssigte Schwefeldioxid (Sdp. –10,0 °C) in den Sammelansatz des Gasverflüssigers herab: Farblose, leichtbewegliche Flüssigkeit. Wenn sich genügend flüssiges Schwefeldioxid gebildet hat, wird die Gasentwicklung unterbrochen.
Dann schließt man an F statt des Gasverflüssigers G den langen Gummischlauch mit Einleitungsrohr an und setzt die Schwefeldioxid-Entwicklung wieder in Gang.
Man füllt die fünf Standzylinder durch Luftverdrängung mit Schwefeldioxid, indem man das Gas langsam durch die Verschlußplatte mit Loch bis auf den Boden der Zylinder einleitet und an ihrer Öffnung mit einem brennenden Holzspan prüft, ob die Luft verdrängt ist. Die gefüllten Zyinder werden durch Glasplatten verschlossen.

I) Eigenschaften von flüssigem Schwefeldioxid

Hilfsmittel:
a) Leitfähigkeitsprüfer (s. Abb. 18).
b) Magnesiumband.
c) KBr fein gepulvert – Äthanol – Äther – 2 Reagenzgläser – Watte.

Ausführung:
a) Elektrische Leitfähigkeit
Nach Entfernen des Kühleinsatzes senkt man die Elektroden des Leitfähigkeitsprüfers kurz in die Flüssigkeit ein: Nichtleiter. Zum Vergleich prüft man die in dem vorgelegten Erlenmeyerkolben K entstandene wäßrige Lösung von Schwefeldioxid: Sie leitet den Strom.

b) Verhalten gegen Metalle
Man taucht ein Magnesiumband in das flüssige Schwefeldioxid ein: Keine sichtbare Reaktion. Zum Vergleich wirft man das Magnesiumband in die wäßrige Lösung des Schwefeldioxids: Wasserstoffentwicklung.

c) Lösungsmittel für Salze
Man trägt etwas feingepulvertes Kaliumbromid in das flüssige Schwefeldioxid ein: Auflösung. Man prüft die Leitfähigkeit dieser Lösung mit dem Leitfähigkeitsprüfer; die Elektroden müssen vorher gut abgetrocknet werden, evtl. durch Eintauchen in Äthanol und Äther: Flüssiges Schwefeldioxid ist ein ionisierendes Lösungsmittel.

II) Eigenschaften von gasförmigem Schwefeldioxid

Hilfsmittel:

d) Thermoskop (Abb. 10); das Einsatzgefäß wird etwa zur Hälfte mit dest. Wasser gefüllt und mit einem zweifach durchbohrten Gummistopfen sowie mit rechtwinklig gebogenem Gas-Einleitungs- und Ableitungsrohr versehen. Ersteres muß sich mit einem langen Schenkel bis zum Boden des Einsatzgefäßes hineinschieben lassen - Verbindungsschlauch vom Gasableitungsrohr zur Wasserstrahlpumpe.

e) Standzylinder mit SO_2 - pneumatische Wanne.

f) Standzylinder mit SO_2 - Kerze an umgebogenem Draht - Bunsenbrenner.

g) 2 Standzylinder mit SO_2 - rote Rose oder Nelke mit Blättern - Äthanol 96%ig - verd. Schwefelsäure — blaues Lackmuspapier - Indigolsg. (s. V) - Fuchsinlsg. - 2 Leinwandlappen - Filtrierpapierstreifen - 2 Kelchgläser.

h) H_2-Quelle - Standzylinder mit SO_2 - Standzylinder (200 x 40 mm) für Wasserstoff - Verschlußplatte - pneumatische Wanne - Bunsenbrenner.

Ausführung:

d) Lösungswärme

Man schließt das Einleitungsrohr des Thermoskop-Einsatzgefäßes an den Gummischlauch der Apparatur an, stellt das Manometer auf Niveaugleichheit ein und leitet Schwefeldioxid über das Wasser des Reaktionsgefäßes: Erwärmung. Wenn das Wasser mit Schwefeldioxid gesättigt ist, wird das Ableitungsrohr des Thermoskopeinsatzes durch einen Schlauch mit der Wasserstrahlpumpe verbunden, das Zuleitungsrohr bis fast zum Boden des Gefäßes hineingeschoben und ein Luftstrom durch die Lösung hindurchgesaugt: Abkühlung.

e) Löslichkeit in Wasser

Man lüftet die Verschlußplatte eines mit Schwefeldioxid gefüllten Standzylinders ein wenig, spritzt einige Milliliter Wasser hinein und verschließt ihn sofort wieder. Dann schwenkt man den Standzylinder einige Male hin und her, taucht ihn umgekehrt in die pneumatische Wanne und zieht die Verschlußplatte weg: Das Wasser schießt in den Zylinder, bis er nahezu damit gefüllt ist.

f) Nicht brennbar, unterhält die Verbrennung nicht, schwerer als Luft

Man hält über die Mündung des Zylinders die Flamme eines Bunsenbrenners: Keine Entzündung. Man senkt die brennende Kerze in den Zylinder ein: Die Flamme erlischt. Man läßt den Zylinder 2 bis 3 Minuten offen stehen und taucht wieder eine brennende Kerze ein: Die Flamme erlischt.

g) Bleichende Wirkung.

Man bringt in einen der Zylinder eine rote Rose oder rote Nelke, die man kurze Zeit in Alkohol eingetaucht hat: Die Blüten werden entfärbt.

In den anderen Zylinder bringt man einen angefeuchteten Streifen von blauem Lackmuspapier, sowie einen mit Indigolösung und einen mit Fuchsinlösung getränkten und ausgedrückten Leinwandstreifen. Man läßt die entfärbten Streifen an der Luft hängen: Die Farbe kommt allmählich wieder.

h) Reduktion durch Wasserstoff

$$2\,H_2 + SO_2 \rightarrow 2\,H_2O + S$$

Man füllt den leeren Standzylinder in der pneumatischen Wanne mit Wasserstoff, setzt diesen Zylinder auf den mit Schwefeldioxid gefüllten, zieht die beiden Verschlußplatten seitlich heraus und kehrt die Zylinder zur Durchmischung mehrmals um. Dann wird das Gasgemisch in jedem Zylinder einzeln entzündet: Die Flamme brennt langsam in das Gemisch hinein, wobei sich gelblich-weißer Schwefel und feine Wassertröpfchen an der Zylinderwand absetzen.

III - 3.2.9 Reduktion von Schwefeldioxid durch Magnesium

$$SO_2 + 2\,Mg \rightarrow 2\,MgO + S \qquad \Delta H = -216{,}7\ kcal\ (-906{,}7\ kJ)$$
$$SO_2 + 3\,Mg \rightarrow 2\,MgO + MgS \qquad \Delta H = -300{,}6\ kcal\ (-1257{,}7\ kJ)$$

Versuchsanordnung:
Schwefeldioxid-Entwickler (Vers. III - 3.2.8, Abb. 102, A_S bis D_S) – *Muencke*sche Waschflasche (konz. H_2SO_4) – direkt angeschlossen Reaktionsrohr aus schwerschmelzbarem Glas (∅ innen 18 mm, Länge etwa 25 cm) – rechtwinklig gebogenes Gasableitungsrohr wie Abb. 83, G, dessen langer Schenkel in einen Erlenmeyerkolben (zur Hälfte mit 20%iger Natronlauge gefüllt) bis dicht über die Flüssigkeitsoberfläche hineinragt.

Hilfsmittel:
Konz. Schwefelsäure – Natriumhydrogensulfitlsg. (40%ig) – Magnesiumpulver – Bleiacetatlsg. – Asbestpapier – Uhrglas – Glasstab – Filtrierpapierstreifen.

Vorbereitung:
Den Kolben A_S des Schwefeldioxid-Entwicklers beschickt man mit Natriumhydrogensulfit-Lösung, den Tropftrichter B_S mit konz. Schwefelsäure. Ein Häufchen Magnesiumpulver wird auf einer Unterlage von Asbestpapier vor die Mitte des Reaktionsrohres geschoben.

Ausführung:
Man leitet einen gleichmäßigen Strom von Schwefeldioxid durch die Apparatur und erhitzt das Magnesiumpulver, bis dieses hell aufglüht; dann wird die Flamme entfernt. Die Reaktion schreitet ohne äußere Wärmezufuhr lebhaft fort. In dem kälteren Teil des Rohres scheidet sich Schwefel ab. Nach beendeter Reaktion wird das Reaktionsprodukt auf ein Uhrglas gebracht; man gibt einige Tropfen Wasser hinzu und prüft mit einem darübergehaltenen, mit Bleiacetatlösung befeuchteten Filtrierpapierstreifen auf Schwefelwasserstoff:

$$MgS + 2\,H_2O \rightarrow H_2S + Mg(OH)_2$$

III - 3.2.10 Sulfurylchlorid aus Schwefeldioxid und Chlor
Eigenschaften von Sulfurylchlorid

$$SO_2 + Cl_2 \rightarrow SO_2Cl_2 \qquad \Delta H = -23{,}3\ kcal\ (-97{,}5\ kJ)$$

Versuchsanordnung: Abb. 103
Gasentwickler Abb. 19b, A bis E, E mit konz. NaCl-Lsg. gefüllt – Waschflasche F (konz. H_2SO_4).
Schwefeldioxid-Entwickler, Vers. III - 3.2.8, Abb 102, A_S bis D_S – Waschflasche G (konz. H_2SO_4).
An F und G angeschlossen T-Stück H – Kugelkühler J – Reagenzglas mit Schlauchansatz (Saugrohr) K – Einleitungsrohr L zur Woulfeschen Flasche M (10%ige Natronlauge; das Rohr L darf nicht eintauchen).

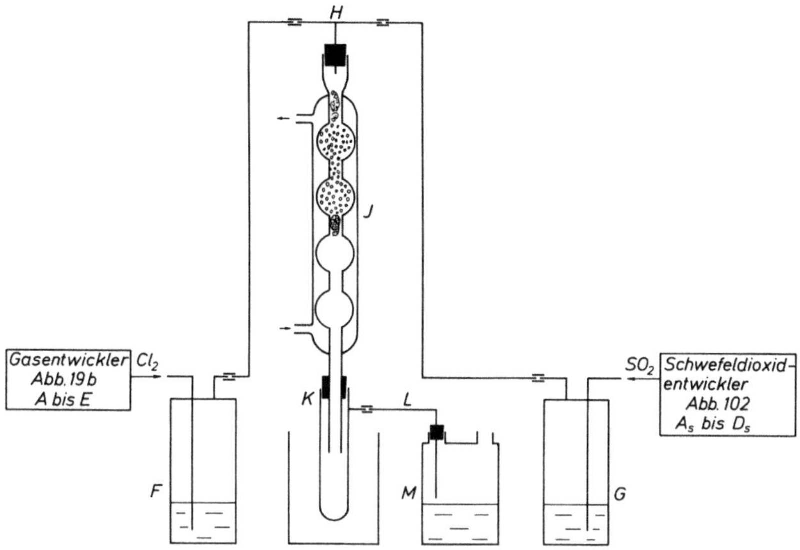

Abb. 103. Sulfurylchlorid aus Schwefeldioxid und Chlor

Hilfsmittel:
$KMnO_4$ – Natriumhydrogensulfit-Lsg. (40%ig) – konz. Salzsäure – konz. Schwefelsäure – konz. NH_3-Lsg. – $AgNO_3$-Lsg. – $BaCl_2$-Lsg. – Aktivkohle – Becherglas mit Eiswasser – Filtrierpapierstreifen – Thermoskop (Abb. 10), das Einsatzgefäß zur Hälfte mit Wasser gefüllt – pH-Indikatorpapier – 3 Kelchgläser – Glasstäbe – evtl. Becherglas (100 ml) mit Glasperlen – Eisentiegel mit Deckel – Tondreieck auf Dreifuß – Bunsenbrenner – Glaswolle.

Vorbereitung:
Die Aktivkohle wird im bedeckten Eisentiegel kräftig ausgeglüht, dann zum Erkalten in einen Exsikkator gestellt und dort aufbewahrt. Kurz vor Versuchsbeginn füllt man den Kugelkühler etwa zur Hälfte mit dieser Aktivkohle zwischen zwei Glaswollebäuschen.
Der Kolben A des Gasentwicklers wird mit Kaliumpermanganat beschickt, der Tropftrichter B mit konz. Salzsäure. In den Kolben A_S des Schwefeldioxidentwicklers gibt man 40%ige Natriumhydrogensulfit-Lösung, in den Tropftrichter B_S konz. Schwefelsäure.

Ausführung:
Man leitet das Kühlwasser schnell durch den Kühler und läßt etwa gleichstarke und ziemlich lebhafte Ströme von Schwefeldioxid und Chlor in die Apparatur eintreten. Wenn nach einigen Minuten die ersten Tropfen in das Saugrohr herabfallen, wird es durch Eintauchen in Eiswasser (Becherglas) gekühlt. Nach etwa 10 Minuten haben sich ungefähr 5 ml einer gelblichen, leichtbeweglichen Flüssigkeit angesammelt.

Eigenschaften von Sulfurylchlorid
Reines Sulfurylchlorid ist farblos; es nimmt infolge einer allmählichen Zersetzung in Schwefeldioxid und Chlor eine gelbliche Farbe an. – Erstickender Geruch.

Hydrolyse
An der Luft bildet sich Chlorwasserstoff-Nebel. Man hält in den Nebel einen mit konz. Ammoniaklösung befeuchteten Filtrierpapierstreifen: Starker NH_4Cl-Rauch. Man gießt einige Milliliter des Reaktionsproduktes in das mit Wasser beschickte Gefäß des Thermoskops, in das man zuvor pH-Papier hineingehängt hat, und rührt mit einem Glasstab kräftig um: Das Sulfurylchlorid (Dichte 1,66 g · cm^{-3}) sinkt unter; die Lösung, die sich unter Erwärmen bildet, reagiert sauer. Vorsicht! Unter Umständen tritt erst nach längerer Zeit plötzlich stürmische Reaktion ein.
Da die Hydrolyse langsam einsetzt, kann man (unter Verzicht auf den Nachweis der Reaktionswärme) zur Beschleunigung 25 ml warmes Wasser (50 °C) in ein kleines Becherglas geben, in das man etwa 1 cm hoch Glasperlen eingefüllt hat; man gibt etwa 2 ml Sulfurylchlorid hinzu und rührt kräftig um: Schnelle Hydrolyse.
Man verteilt die Reaktionslösung auf zwei Kelchgläser verdünnt mit Wasser und gibt zu der einen Lösung etwas Silbernitratlösung (weißer Niederschlag, AgCl), zur anderen Bariumchloridlösung (weiße Fällung, $BaSO_4$).

III - 3.2.11 Katalytische Oxidation von Schwefeldioxid zu Schwefeltrioxid[1])
(Kontaktverfahren)

$$2\ SO_2 + O_2 \rightleftharpoons 2\ SO_3\ (g) \qquad \Delta H = -47{,}3\ \text{kcal}\ (-197{,}9\ \text{kJ})$$

Versuchsanordnung: Abb. 104
Schwefeldioxid-Entwickler Vers. III - 3.2.8, Abb. 102, A_S bis D_S – dreifach tubulierte Woulfesche Flasche E (konz. H_2SO_4) mit Einleitungsrohr F und Steigrohr G, daran

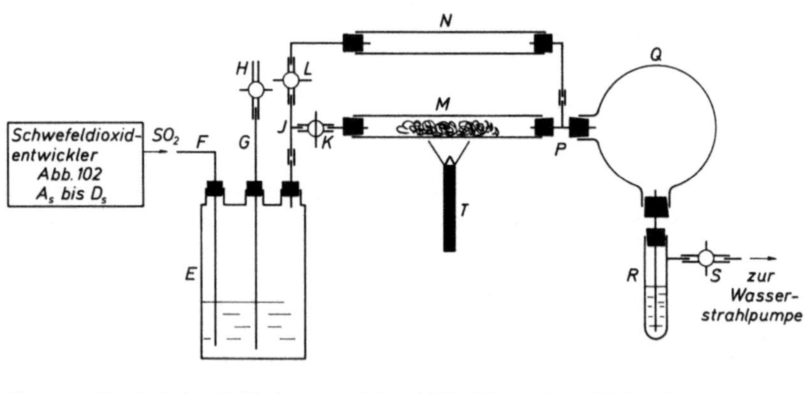

Abb. 104. Katalytische Oxidation von Schwefeldioxid zu Schwefeltrioxid

Quetschhahnverschluß H – T-Stück J mit zwei Quetschhähnen K und L – Reaktionsrohr M (∅ innen 18 mm, Länge 20 cm), angeschlossen an Hahn K und T-Stück P – ein gleiches Rohr N parallel zu Rohr M und auf gleicher horizontaler Ebene angeordnet, angeschlossen an Hahn L und T-Stück P – zweifach tubulierte Kugel Q – Reagenzglas mit Schlauchansatz (Saugrohr) R über Quetschhahn S mit der Wasserstrahlpumpe verbunden – Bunsenbrenner T.

[1]) Zur Geschichte des Schwefelsäurekontaktprozesses: *Mittasch, A.*, u. *E. Theis*, Von *Davy* und *Döbereiner* bis *Deacon* (S. 167/75). (Berlin 1932).

Hilfsmittel:
Natriumhydrogensulfitlsg. (40%ig) – konz. Schwefelsäure – $BaCl_2$-Lsg.– verd. Salzsäure – Platinasbest (Katalysator, s. V).

Vorbereitung:
Das Reaktionsrohr M wird auf einer Länge von 5 cm so mit Platinasbest locker gefüllt, daß der ganze Rohrquerschnitt ausgefüllt ist. Das Rohr N bleibt leer. In das Saugrohr R füllt man Bariumchlorid-Lösung und etwa 1 ml verd. Salzsäure.

Ausführung:
Man leitet einen mäßigen Schwefeldioxidstrom durch das leere Rohr N (Quetschhahn K geschlossen, L geöffnet) und saugt einen etwa gleich starken Luftstrom durch die Apparatur (Regulierung durch die Quetschhähne H und S): Keine sichtbare Reaktion, auch nicht beim Erhitzen des Rohres N auf etwa 400 °C; keine Nebelbildung in Q, kein Niederschlag im Saugrohr R. – Man wiederholt den Versuch, jedoch nun unter Einschaltung von Rohr M (Quetschhahn L geschlossen, K geöffnet): Beim Erwärmen von M beobachtet man in der Kugel Q dichte Nebel (SO_3) und im Saugrohr R Bildung eines Niederschlags ($BaSO_4$); die Schwefeltrioxid-Nebel lösen sich nur schwach in der Bariumchlorid-Lösung. Nun erhöht man die Strömungsgeschwindigkeit der Gase so, daß etwa dreimal soviel Luft zugeleitet wird als Schwefeldioxid. Beim Abkühlen des Katalysators nimmt die Nebelbildung zu, nach vollständigem Erkalten des Katalysators hört sie auf, da in der Kälte kein Schwefeltrioxid gebildet wird.

Bemerkung:
Als Katalysator kann auch V_2O_5 (techn. Katalysator) – zwischen Glaswolle fein verteilt – verwendet werden.

III - 3.2.12 Schwefelsäure nach dem Bleikammerverfahren
Eigenschaften von Schwefelsäure

Brutto-Reaktionsgleichungen[1]):

$$SO_2 + NO_2 + H_2O \rightarrow H_2SO_4 + NO$$
$$2\,NO + O_2 \rightarrow 2\,NO_2$$

Versuchsanordnung: Abb. 105
Schwerschmelzbares Glasrohr A (∅ innen 18 mm, Länge 25 cm) mit einfach durchbohrtem Gummistopfen im rechten Rohrende – Porzellanschiffchen B – Drechselsche Waschflasche C (konz. HNO_3), Glas an Glas mit dem Einleitungsrohr der Woulfeschen Flasche D (dreifach tubuliert) verbunden – Hahn E im mittleren Tubus von D – Waschflasche F (konz. H_2SO_4) – Wasserstrahlpumpe im Abzug.
An den Hahn E angeschlossen Wasserdampfentwickler wie Vers. II - 8.4b, Abb. 58: Rundkolben (500 ml), Steigrohr (50 cm) und T-Stück mit Quetschhahn.

Hilfsmittel:
Krist. Schwefel – konz. Salpetersäure – verd. Salzsäure – $BaCl_2$-Lsg. – Kelchglas – großes Reagenzglas – Bunsenbrenner.

[1]) Zu dem komplizierten Reaktionsmechanismus vgl. *Seel, F.*, Angew. Chem. **68**, 281 (1956).

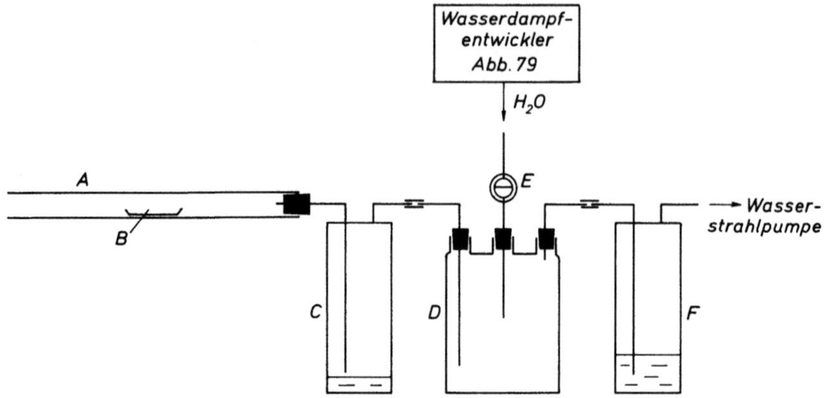

Abb. 105. Schwefelsäure nach dem Bleikammerverfahren

Vorbereitung:
In das Schiffchen B gibt man etwa 5 g grob gepulverten Schwefel. Die Waschflasche C füllt man mit nur so viel konz. Salpetersäure, daß das Einleitungsrohr nicht in die Flüssigkeit eintaucht.

Der Wasserdampfentwickler wird rechtzeitg angeheizt; der Quetschhahn am T-Stück ist geöffnet, Hahn E geschlossen.

Ausführung:
Mit der Wasserstrahlpumpe wird ein lebhafter Luftstrom durch die Apparatur gesaugt. Der Schwefel im Schiffchen wird außerhalb des Rohres A mit der Flamme eines Bunsenbrenners entzündet; dann schiebt man das Schiffchen in die Mitte des Rohres.
Das bei der Verbrennung entstehende Schwefeldioxid reagiert zum Teil mit der Salpetersäure in Waschflasche C zu Schwefelsäure und Stickstoffmonoxid, zum Teil gelangt es mit dem aus Stickstoffmonoxid und Luftsauerstoff entstandenen Stickstoffdioxid nach D. An den Wandungen der Woulfeschen Flasche setzen sich eisblumenartige, farblose Kristalle von Nitrosylhydrogensulfat $(NO)HSO_4$ (Bleikammerkristalle) ab.
Nun öffnet man Hahn E und schließt den Quetschhahn am T-Stück des Wasserdampfentwicklers. Der jetzt in D einströmende Wasserdampf setzt sich mit dem Nitrosylhydrogensulfat um:

$$4(NO)HSO_4 + 4\ H_2O + O_2 \rightarrow 4\ H_2SO_4 + 4\ NO_2 + 2\ H_2O$$

Das unter der Einwirkung von Luftsauerstoff entstehende Stickstoffdioxid wird in der Waschflasche F von konz. Schwefelsäure gebunden. Man läßt die Reaktion, die jetzt ohne intermediäre Bildung von Nitrosylhydrogensulfat vonstatten geht, einige Zeit weiterlaufen. Dann stellt man die Wasserstrahlpumpe ab und spült den Inhalt der *Woulf*eschen Flasche mit etwas Wasser in ein Kelchglas. Auf Zugabe von Bariumchlorid-Lösung bildet sich ein weißer Niederschlag ($BaSO_4$), der in verd. Salzsäure unlöslich ist.
In ein großes Reagenzglas gibt man Wasser und gießt vorsichtig etwas von der konz. Schwefelsäure aus der Waschflasche F dazu: Braunes Gas (NO_2 bzw. NO aus Nitrosylhydrogensulfat).

Eigenschaften von Schwefelsäure

Hilfsmittel:
a) Thermoskop (Abb. 10) – konz. Schwefelsäure – Glasstab.
b) Thermoskop (Abb. 10) – konz. Schwefelsäure – Eisstückchen – Glasstab.
c) Kleine Apparatur: Waschflasche (Wasser) – direkt angeschlossen Glasrohr (Ø innen 18 mm, Länge etwa 10 cm) mit zwei einfach durchbohrten Gummistopfen – angeschlossen Waschflasche (konz. Schwefelsäure) – zweites Glasrohr gleicher Größe – Gummischlauch zu einer Wasserstrahlpumpe. – Kobalt(II)-chloridpapier (s. V) in Streifen, im Exsikkator über konz. Schwefelsäure aufbewahrt.
d) Konz. Zuckerlösung: 50 g Rohrzucker werden in 50 ml Wasser gelöst – konz. Schwefelsäure – Becherglas (400 ml hohe Form) – große Kristallisierschale – Meßzylinder.
e) Zwei Streifen Eisenblech, sorgfältig durch Abschmirgeln gereinigt – 2 Kelchgläser – verd. und konz. Schwefelsäure.
f) Steh- oder Rundkolben (250 ml) mit einfach durchbohrtem Gummistopfen und rechtwinklig gebogenem Gasableitungsrohr – angeschlossen *Muencke*sche Waschflasche mit soviel Jod-Kaliumjodid-Lsg. (s. V), daß die Austrittsöffnungen gerade unter der Oberfläche liegen – Kupferspäne – konz. Schwefelsäure – Asbestdrahtnetz – Bunsenbrenner.
g) Konz. Schwefelsäure – Porzellantiegel – Dreifuß mit Tondreieck – Bunsenbrenner.

Ausführung:
a) Mischungsenthalpie mit Wasser
Das Einsatzgefäß des Thermoskops wird zu 3/4 mit Wasser gefüllt. Dann gießt man langsam unter Umrühren konz. Schwefelsäure hinein: Starke Erwärmung.

b) Mischungsenthalpie mit Eis
Man stellt das Mantelgefäß des Thermoskops in ein großes Becherglas und füllt dieses sowie das Einsatzgefäß mit trockenen Eisstückchen. Dann wartet man, bis sich die Temperaturen ausgeglichen haben, bis also der Manometerstand konstant bleibt. Wenn jetzt in das Einsatzgefäß langsam unter Umrühren konz. Schwefelsäure gegossen wird, kühlt sich die Mischung stark ab: Die positive Schmelzenthalpie des Eises überwiegt die negative Lösungsenthalpie der Schwefelsäure.

c) Wasserentziehende Wirkung
Man bringt in die beiden Glasrohre je einen Streifen des blauen Kobalt(II)-chlorid-Papiers und saugt Luft durch die Apparatur: Das Papier vor der Waschflasche mit konz. Schwefelsäure (feuchter Luftstrom) wird rot, das andere (getrocknete Luft) bleibt blau. Dann bringt man das rote Papier in das Rohr hinter der Waschflasche mit konz. Schwefelsäure und saugt weiter Luft durch: Das Papier wird nach einiger Zeit blau.

d) Verkohlung von Zucker
Man stellt das Becherglas in die Kristallisierschale, gibt die Zuckerlösung hinein und gießt dann aus dem Meßzylinder 100 ml konz. Schwefelsäure zügig, aber nicht zu schnell hinzu: Schwarze, sich aufblähende Masse.

e) Reaktion mit Eisen
Man bringt die beiden Eisenblechstreifen in zwei Kelchgläser und gibt zum einen verd. Schwefelsäure (lebhafte Gasentwicklung), zum anderen konz. Schwefelsäure (keine Reaktion, Passivierung).

f) Reaktion mit Kupfer
Man läßt zu den Kupferspänen im Kolben konz. Schwefelsäure zufließen, setzt den Stopfen auf und erhitzt vorsichtig, bis Gasentwicklung einsetzt: Entfärbung der Jodlösung durch SO_2.

$$Cu + 2\ H_2SO_4 \rightarrow CuSO_4 + 2\ H_2O + SO_2$$

g) Thermische Zersetzung *Abzug!*
Man gibt in den Tiegel, der im Tondreieck auf dem Dreifuß steht, etwa 2 ml konz. Schwefelsäure und erhitzt: SO_3-Nebel.

III - 3.2.13 Reduktion von Schwefelsäure durch Kohlenstoff

$$2\ H_2SO_4 + C \rightarrow CO_2 + 2\ H_2O + 2\ SO_2$$

Versuchsanordnung:
Ein *Erlenmeyer*kolben (100 ml) auf Dreifuß mit Asbestdrahtnetz wird mit einem einfach durchbohrten Gummistopfen mit rechtwinklig gebogenem kurzschenkligem Gasableitungsrohr verschlossen. Dieses wird über ein Glasrohr nach Abb. 19a, D' mit drei hintereinander geschalteten Waschflaschen (I, II, III) verbunden.

Hilfsmittel:
Konz. Schwefelsäure – verd. Schwefelsäure – grob gepulverte Aktivkohle – $KMnO_4$-Lsg. – $Ba(OH)_2$-Lsg. – Fuchsinlösung – Glasstab.

Vorbereitung:
In den *Erlenmeyer*kolben werden 25 ml konz. Schwefelsäure eingefüllt. Die Waschflaschen werden mit folgenden Lösungen beschickt:
I: Kräftig gefärbte Fuchsinlösung.
II: Verd. Kaliumpermanganat-Lösung, mit dem zwanzigfachen Volumen Wasser verdünnt und mit verd. Schwefelsäure angesäuert.
III: Barytwasser.

Ausführung:
Man schüttet die Aktivkohle unter Umrühren mit dem Glasstab in die Schwefelsäure und erhitzt nach Aufsetzen des Gummistopfens den Kolben gelinde. Es entwickelt sich ein kontinuierlicher Gasstrom, der die Lösungen in den Waschflaschen I (Bildung von fuchsinschwefliger Säure) und II (Reduktion von MnO_4^-) schnell entfärbt; in III entsteht ein weißer Niederschlag von $BaCO_3$.

Beendigung:
Zuerst wird die Verbindung des Ableitungsrohres mit den Waschflaschen getrennt, dann erst darf die Flamme entfernt werden.

III - 3.2.14 Kaliumperoxodisulfat durch anodische Oxidation
Eigenschaften von Peroxodisulfat

Versuchsanordnung: Abb. 106
Becherglas A (400 ml, hohe Form) als Elektrolysiergefäß in weitem Becherglas (600 ml) als Kühlbad – Glasrohr B (⌀ 35 mm, Länge 15 cm) als Anodenraum – Anode: Platinstiftelektrode C – Kathode: Streifen aus Bleiblech D (1 cm breit) in 1 1/2 Windungen um Rohr B gewickelt, das obere Ende um den Rand von A gebogen, mit Kroko-

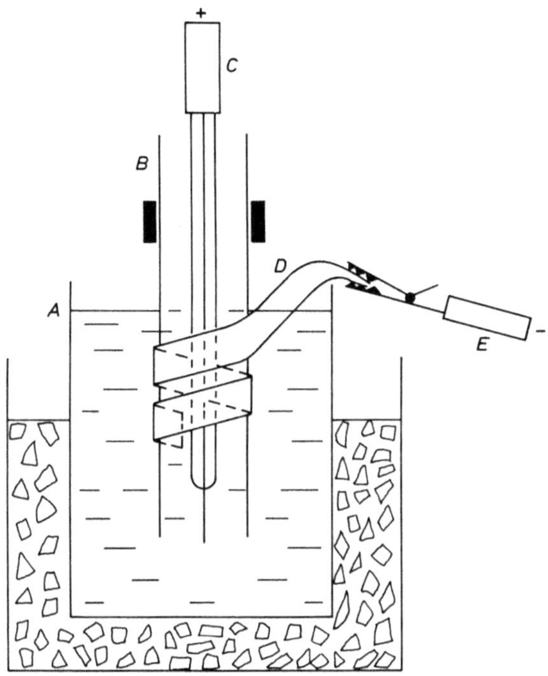

Abb. 106. Kaliumperoxodisulfat durch anodische Oxidation

dilklemme E - regelbare Gleichstromquelle - Amperemeter - Thermometer (bis 50 °C) in A (Kathodenraum).

Hilfsmittel:
Elektrolyt: Kaliumhydrogensulfat-Lsg., bei 10 °C gesättigt - zerstoßenes Eis - Äthanol - Äther - kleine Nutsche mit Filter und Saugflasche - Filtrierpapier.

Vorbereitung:
Man befestigt B und C so, daß die Anode C nach dem Einsetzen etwa 1 mm aus dem Anodenraum B nach unten heraus ragt. Man berechnet die Anodenoberfläche als diejenige eines Zylinders aus Länge und Durchmesser des Platinstiftes. Die Windungen des Kathodenblechs um B müssen vom Elektrolyten ganz bedeckt sein, dürfen aber keinesfalls bis zum unteren Rand von B reichen.

Ausführung:
Man füllt den Elektrolyten in das Elektrolysiergefäß A und Eiswasser in das Kühlbad. Dann setzt man die Elektrolyse in Gang; die Stromdichte an der Anode soll etwa $1\ A \cdot cm^{-2}$ betragen. Die Temperatur des Elektrolyten darf 10 °C nicht übersteigen. Bereits nach wenigen Minuten scheidet sich im Anodenraum das schwer lösliche[1]) Kaliumperoxodisulfat ab. Nach etwa 10 Minuten unterbricht man die Elektrolyse, saugt die Kristalle ab, wäscht sie mit Äthanol und Äther und preßt sie zwischen Filtrierpapier ab.

[1]) Löslichkeit 0,47 g in 100 ml Wasser bei 20 °

Eigenschaften von Peroxodisulfat

Hilfsmittel:
Reaktionsprodukt – reines Kaliumperoxodisulfat – Reagenzgläser – Kelchgläser – Bunsenbrenner.
a) Titanylschwefelsäure (s. V).
b) KJ-Lsg. – verd. Schwefelsäure – konz. Schwefelsäure – Eis – kleine Reibschale.
c) Verd. Natronlauge – $MnSO_4$-Lsg.
d) Konz. Salpetersäure – verd. $AgNO_3$-Lsg. (etwa 0,1 N) – $MnSO_4$-Lsg.
e) $BaCl_2$-Lsg.

Ausführung:
a) Verhalten gegen Titanylschwefelsäure
Man löst in einem Reagenzglas einige Kristalle des Reaktionsproduktes in kaltem Wasser und fügt einige Tropfen Titanylschwefelsäure hinzu: Keine Gelbfärbung (Unterschied zu H_2O_2). Eine weitere Probe des Peroxodisulfats erhitzt man mit Wasser und läßt einige Minuten sieden; Titanylschwefelsäure erzeugt jetzt eine Gelbfärbung:

$$S_2O_8^{2-} + 4\ H_2O \rightarrow H_2O_2 + 2\ SO_4^{2-} + 2\ H_3O^+$$

b) Verhalten gegen Kaliumjodid
Eine Probe des Peroxodisulfats wird in kaltem Wasser gelöst, mit verd. Schwefelsäure angesäuert und mit Kaliumjodidlösung versetzt: Langsame Jodausscheidung

$$S_2O_8^{2-} + 2\ J^- \rightarrow 2\ SO_4^{2-} + J_2$$

Eine weitere Probe (etwa 0,1 g) verreibt man in einer kleinen Reibschale innig mit etwa 1 ml konz. Schwefelsäure. Nach 10 Minuten gießt man das Reaktionsgemisch auf etwas fein zerstoßenes Eis, verdünnt mit einigen Millilitern Wasser und fügt diese Lösung zu der Kaliumjodidlösung: Sofortige Jodausscheidung, da sich durch Hydrolyse Peroxomonoschwefelsäure (Carosche Säure) gebildet hat:

$$S_2O_8^{2-} + 3\ H_2O \rightarrow SO_5^{2-} + SO_4^{2-} + 2\ H_3O^+$$

c) Oxidation von Mn(II) zu Mn(VI)
In einem Reagenzglas gibt man zu einer mit verd. Natronlauge versetzten Mangan(II)-sulfat-Lösung einige Kristalle des Peroxidsulfats und erwärmt: Grüne Lösung (MnO_4^{2-}).

d) Oxidation von Mn(II) zu Mn(VII)
Etwa 10 ml verd. Mangan(II)-sulfat-Lösung werden mit konz. Salpetersäure stark angesäuert und mit etwa 0,5 ml der verd. Silbernitratlösung und etwa 5 ml einer kalt gesättigten Kaliumperoxodisulfat-Lösung versetzt. Dann erhitzt man zum Sieden: Violette Lösung (MnO_4^-). Bei höherer Konzentration an Mn^{2+} kann außerdem Mangan(IV)-oxid ausfallen.

e) Reaktion mit Bariumionen
Einige Kristalle Kaliumperoxodisulfat löst man in kaltem Wasser und fügt Bariumchlorid-Lösung hinzu: Evtl. geringe Trübung (Verunreinigung durch K_2SO_4), von der abfiltriert wird. Das klare Filtrat wird zum Sieden erhitzt: Niederschlag ($BaSO_4$), da durch Hydrolyse Sulfat entstanden ist.

III - 4 Fünfte Hauptgruppe

III - 4.1 Stickstoff

S. auch

I - 19.7	Stickstoff
I - 19.8	Ammoniak
I - 19.9	Distickstoffmonoxid
I - 19.10	Stickstoffmonoxid
II - 1.4	Quantitative Zersetzung von Ammoniak
II - 1.10	Quantitative Reduktion von Stickstoffmonoxid
II - 6.2	Heterogenes Gleichgewicht: Thermische Zersetzung eines Amminkomplexes
II - 8.2	Selektive Adsorption von Stickstoffdioxid
II - 12.1	Reaktionen in flüssigem Ammoniak
III - 7.1.1	Magnesiumnitrid aus Magnesium und Ammoniak
III - 7.1.2	Magnesiumnitrid aus Magnesium und Luftstickstoff
III - 7.2.6	Calciumcyanamid („Kalkstickstoff") aus Calciumcarbid und Stickstoff
III - 8.1.2	Lithiumnitrid aus den Elementen
III - 8.2.2	Natriumamid aus Natrium und Ammoniak
IV -3.4	Salpetrigsäure-äthylester (Äthylnitrit)
IV -3.5	Cellulosenitrat („Nitrocellulose") aus Cellulose und Salpetersäure
IV - 4.1a	Reaktion von Formaldehyd mit Ammoniak
IV - 6	Organische Stickstoffverbindungen

III - 4.1.1 Stickstoff aus Luft durch Bindung des Sauerstoffs an Kupfer

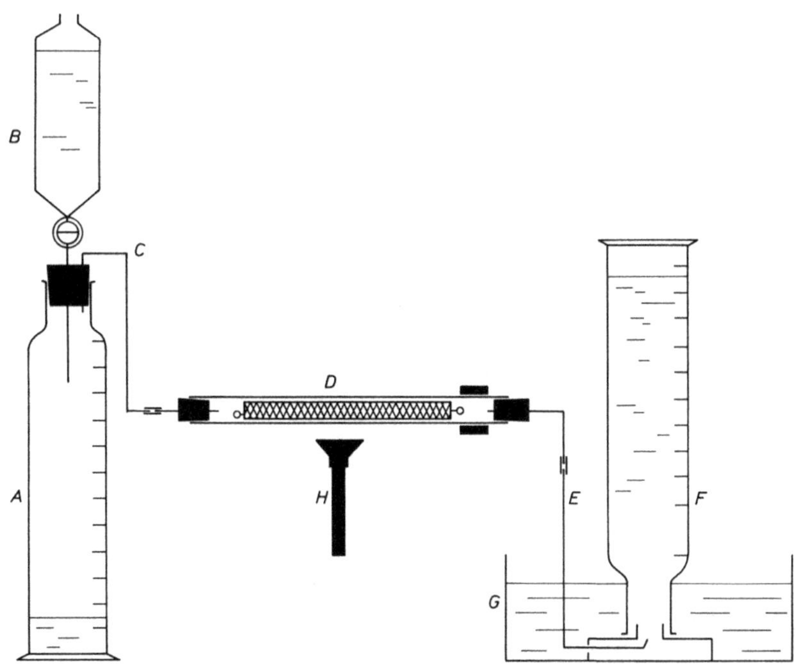

Abb. 107. Stickstoff aus Luft

Versuchsanordnung a: Abb. 107
Zwei graduierte, gleichgroße Mischzylinder A und F (500 ml) – großer Tropftrichter B (250 ml), mit Gummistopfen auf A aufgesetzt – Ableitungsrohr C, unmittelbar unterhalb des Stopfens in A beginnend – Reaktionsrohr D aus schwerschmelzbarem Glas (⌀ 18 mm, Länge 20 cm), beiderseits Gummistopfen, mit frisch reduzierter (s. u.) Kupferdrahtnetzrolle (Länge 12 bis 15 cm) – Einleitungsrohr E –pneumatische Wanne G (angefärbtes Wasser) mit Experimentiersockel – Bunsenbrenner H.

Hilfsmittel:
Schwerschmelzbares Reagenzglas oder Bombenrohr mit Gummistopfen und Glashahn (s. u.) – Methanol – Glaswolle – Stopfen zum Verschließen des Mischzylinders F – Kerze auf umgebogenem Draht – lange Holzspäne – Becherglas (600 ml) – Bunsenbrenner.

Vorbereitung:
Reduktion der Kupferdrahtnetzrolle: Ein schwer schmelzbares Reagenzglas oder Bombenrohr, das 5 cm länger sein muß als die zu reduzierende Rolle, wird durch einen durchbohrten Gummistopfen mit Glashahn verschlossen. Auf den Boden des Rohres bringt man einen Glaswollebausch, den man mit 1 ml Methanol tränkt. Die Kupferdrahtnetzrolle wird bis zur hellen Rotglut erhitzt; dann läßt man sie in das Rohr hineinfallen, setzt den Gummistopfen auf und evakuiert sofort mit der Wasserstrahlpumpe. Das Rohr wird mit einer Gasflamme erhitzt, bis keine Flüssigkeitströpfchen mehr darin zu sehen sind. Dann schließt man den Hahn, läßt erkalten und bewahrt die Kupferdrahtnetzrolle in dem verschlossenen Rohr auf.[1])
Kurz vor Aufführung des Versuchs wird die frisch reduzierte Kupferdrahtnetzrolle in das Reaktionsrohr D eingeschoben, Zylinder F wird vollständig mit Wasser gefüllt und mit der Mündung nach unten in das Wasser der pneumatischen Wanne G gestellt. Zylinder A bleibt vorerst leer, doch wird angefärbtes Wasser zum Eingießen und Nachfüllen im Becherglas bereitgestellt.

Ausführung:
Man füllt den Tropftrichter mit Wasser und erhitzt die Kupferdrahtnetzrolle auf Rotglut. Wenn in der pneumatischen Wanne keine Gasblasen mehr aufsteigen, bringt man den Zylinder F über die Öffnung des Gasableitungsrohres. Darauf läßt man in den Zylinder A Wasser mit solcher Geschwindigkeit einlaufen, daß die Verdrängung von 500 ml Luft 10 bis 15 Min. erfordert. Man muß rechtzeitig in den Tropftrichter Wasser nachfüllen. Wenn genau 500 ml Wasser zugelaufen sind, wird der Hahn des Tropftrichters geschlossen.
Es sind vier Fünftel des übergeleiteten Luftvolumens aufgefangen worden. Das Kupfer hat sich zum Teil geschwärzt (CuO). Man verschließt den Zylinder F unter Wasser mit seinem Stopfen, hebt ihn aus der Wanne heraus, öffnet ihn und senkt schnell eine brennende Kerze ein: Die Kerze erlischt.

Beendigung:
Vor dem Entfernen des Brenners ist das Gasableitungsrohr E aus der pneumatischen Wanne herauszunehmen.

[1]) Man kann die Kupferdrahtnetzrolle auch reduzieren, indem man sie in das Reaktionsrohr D bringt, Wasserstoff durchleitet und nach negativem Ausfall der Knallgasprobe das Rohr erhitzt. Nach der Reduktion läßt man das Rohr erkalten und verdrängt den Wasserstoff durch Luft.

Versuchsanordnung b:
Der Versuch wird nach Abb. 37 aufgebaut mit folgenden Änderungen: Die Absorptionspipette L und der Gasentwickler entfallen. Am Dreiwegehahn J wird ein Gasableitungsrohr nach Abb. 23, A angeschlossen. Dieses führt unter einen kleinen Standzylinder (100 x 40 mm), der in einer mit Wasser gefüllten pneumatischen Wanne auf einem Experimentiersockel steht. In das Quarzrohr H wird eine frisch reduzierte Kupferdrahtnetzrolle (vgl. Vers. a) geschoben; der auf beiden Seiten vorhandene freie Raum wird mit Quarzstäbchen ausgefüllt.

Hilfsmittel:
Holzspäne – Glasplatte zum Verschließen des Standzylinders – Lappen – Gefäß mit Wasser.

Ausführung:
Über den Hahn G_1 füllt man in den Kolbenprober F genau 100 ml Luft ein und stellt unter Kontrolle mit dem Manometer den Druck der eingefüllten Luft auf den äußeren Luftdruck ein. Der Dreiwegehahn J wird auf Verbindung von H nach K gestellt, die Hähne G_1 und G_2 werden geschlossen. Dann erhitzt man die Kupferdrahtnetzrolle kräftig und drückt die Luft langsam von F nach K und wieder zurück. Dieses Hin- und Herleiten wiederholt man so oft, bis das Gasvolumen konstant bleibt. Zum Schluß muß das Gas im Kolbenprober F sein. Darauf kühlt man das Quarzrohr mit Hilfe eines nassen Lappens auf Raumtemperatur ab, stellt unter Kontrolle mit dem Manometer den Druck des Gases wieder auf den äußeren Luftdruck ein und liest das Volumen ab. Zum Nachweis des „Restgases" als Stickstoff stellt man den Dreiwegehahn J auf Verbindung zum Gasableitungsrohr und drückt das Gas in den Standzylinder. Dann verschließt man diesen unter Wasser mit der Glasplatte, stellt ihn auf den Experimentiertisch und führt einen brennenden Holzspan ein: Er erlischt.

Bemerkung:
Der aus Luft gewonnene „Stickstoff" enthält noch etwa 1% Edelgase, vorwiegend Argon. Reinen Stickstoff erhält man nach dem in Versuch III - 4.1.3 angegebenen Verfahren aus Ammoniumsulfat- und Natriumnitrit-Lösung.

III - 4.1.2 Stickstoff aus Luft durch Bindung des Sauerstoffs an Phosphor[1])

Versuchsanordnung:
Eine hohe, oben mit weitem Tubus versehene Glasglocke (Rauminhalt etwa 2 Liter) hängt an einer Stativklammer in einer geräumigen, tiefen, zu 3/4 mit Wasser gefüllten Glaswanne. Unter der Glocke schwimmt auf der Wasseroberfläche ein flacher Korkstopfen (Korkscheibe), auf dem ein kleiner Porzellantiegel steht. Der Tubus der Glocke ist mit einem Gummistopfen verschlossen.

Hilfsmittel:
Weißer Phosphor (vgl. I - 20.4) – Methylrot – verd. NH_3-Lösung – Meßzylinder (500 ml) – Klebestreifen (zur Markierung) – langer Glasstab – Holzspäne – Bunsenbrenner – Porzellanschale.

Vorbereitung:
Die Glasglocke wird durch Ausmessen mit Wasser in sechs gleiche Raumteile eingeteilt, die man durch Aufkleben schmaler Streifen deutlich sichtbar markiert. Die Wanne muß so tief sein, daß man die Glocke bis zur zweiten Marke einsenken kann,

[1]) Von *A. L. Lavoisier* 1776 quantitativ ausgeführt.

ohne daß sie den Boden berührt. Das Wasser der Wanne wird durch Methylrot und etwas Ammoniaklösung gelb gefärbt.
In der Porzellanschale schneidet man unter Wasser (Schutzbrille) einige kleine Stückchen von farblosem Phosphor zurecht.

Ausführung:
Man hebt die Glocke aus der Wanne heraus und gibt in den Porzellantiegel einige kleine Phosphorstückchen, die man durch schnelles Abpressen zwischen Filtrierpapier gut getrocknet hat (Vorsicht! Vgl. I - 20.4). Darauf wird die Glocke bei offenem Tubus so über den Schwimmer gestülpt, daß sie bis zu der untersten Marke in das Wasser eintaucht. Man entzündet den Phosphor, indem man ihn mit dem in der Bunsenflamme erhitzten Ende eines Glasstabes berührt, den man von oben durch den Tubus der Glocke einführt. Nach Entzünden des Phosphors muß der Stopfen sofort fest in den Tubus eingesetzt werden.
Zunächst sinkt das Niveau des Wassers im Innern der Glocke etwas – dabei darf keine Luft nach außen durch das Wasser entweichen –, bald aber beginnt es zu steigen und bleibt auf einer bestimmten Höhe stehen. Das Sperrwasser färbt sich rot (Bildung von Phosphorsäure). Nach Erlöschen des Phosphors läßt man die Glocke zunächst abkühlen und senkt sie dann so weit in das Wasser ein, bis dessen Niveau inner- und außerhalb der Glocke gleich ist. Das Wasser reicht bis zur zweiten Marke: Ein Fünftel des Gasvolumens ist verschwunden. Man senkt einen lebhaft brennenden Holzspan in die Glocke ein: Er erlischt.

Beendigung:
Reste von Phosphor in dem Porzellantiegel werden durch Erhitzen des Tiegels unter dem Abzug vernichtet.

III - 4.1.3 Bildung und Zersetzung von Ammoniak

(Ammoniak-Synthese[1])

$$N_2 + 3\,H_2 \rightleftharpoons 2\,NH_3 \qquad \Delta H = -22{,}0\ \text{kcal}\ (-92{,}0\ \text{kJ})$$

Versuchsanordnung: Abb. 108
Gasentwickler I, Abb. 19b, A bis E und D' (E mit Wasser gefüllt), auf einem Wasserbad F – Waschflasche G (konz. H_2SO_4) – Y-Stück H – an H über Waschflasche J (konz. H_2SO_4) angeschlossen H_2-Quelle – Reaktionsrohr L (schwerschmelzbares Glas, ∅ 18 mm, Länge 20 cm), durch das T-Stück M mit Quetschhahn N und Gasab-

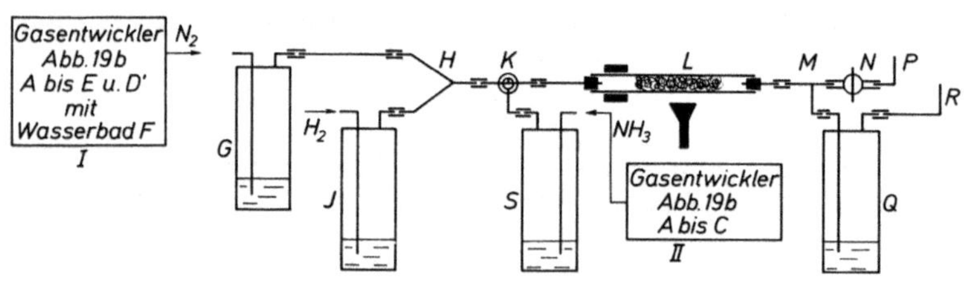

Abb. 108. Bildung und Zersetzung von Ammoniak

[1]) Theoretische Grundlagen: *Fritz Haber* (1904–1908), technisches Verfahren: *Carl Bosch* und *Alwin Mittasch*.

leitungsrohr P (oben verjüngt) sowie mit Waschflasche Q verbunden – Gasableitungsrohr R (wie P) – Bunsenbrenner mit Schlitzaufsatz – Asbestdachreiter zum Aufsetzen auf Rohr L. An K angeschlossen Gasentwickler II, Abb. 19b, A bis C, mit Blasenzähler S (Paraffinöl).

Hilfsmittel:
Kalt gesättigte $(NH_4)_2SO_4$-Lsg. – $NaNO_2$-Lsg. (30%ig) – KOH fest oder CaO in Stücken – konz. NH_3-Lsg. – Katalysator: Cereisen (Zündsteine für Feuerzeug) – Glaswolle – Diamantmörser – Achatreibschale – Phenolphthalein- Lsg. – Reagenzgläser.

Vorbereitung:
Etwa 5 Zündsteine werden im „Diamantmörser" zertrümmert und in der Achatreibschale zu feinem Pulver zerrieben. Dieses wird auf Glaswolle verteilt in das Reaktionsrohr eingebracht.
Dann leitet man durch die Apparatur (K in Stellung ⊖, Quetschhahn N geschlossen) einen lebhaften Wasserstoff-Strom. Nach Verdrängung der Luft (Knallgasprobe bei R, s. I - 18.9) wird das Rohr bei aufgesetztem Asbest-Dachreiter auf dunkle Rotglut erhitzt und der Katalysator etwa 10 Min. ausgeglüht. Man läßt im Wasserstoff-Strom erkalten[1]). In den Kolben A von Gasentwickler I (N_2) wird die gesättigte Ammoniumsulfat-Lösung eingefüllt, in den Tropftrichter B die Natriumnitrit-Lösung. Die Waschflasche Q wird mit Wasser beschickt, dem einige Tropfen Phenolphthaleinlösung zugesetzt sind. Das Wasserbad ist rechtzeitg anzuheizen.
In den Kolben A von Gasentwickler II (NH_3) gibt man festes Kaliumhydroxid oder Calciumoxid in Stücken, in den Tropftrichter B konz. Ammoniak-Lösung.

Ausführung:
Durch Zutropfen der Natriumnitrit-Lösung zur Ammoniumsulfat-Lösung wird Stickstoff entwickelt. Über J und H wird Wasserstoff zugeleitet. Nach Vertreiben der Luft (Knallgasprobe bei R) wird die Strömungsgeschwindigkeit der Gase so eingestellt, daß in den Waschflaschen G und J das Verhältnis der Gasblasen von Stickstoff und Wasserstoff etwa 1 : 3 ist. In der Kälte erfolgt keine Reaktion, die Flüssigkeit in Q bleibt farblos. – Nun wird der Katalysator nach vorsichtigem Anwärmen erhitzt: Nach kurzer Zeit färbt sich die Phenolphthalein-Lösung in Q rot. Wenn das gebildete Ammoniak nachgewiesen ist, stellt man die Wasserstoffzufuhr ab, unterbricht das Erhitzen des Katalysators und leitet Stickstoff durch die Apparatur, bis der Wasserstoff verdrängt ist (Kontrolle bei R).
Darauf wird die Stickstoffentwicklung unterbrochen, Hahn N geöffnet und K in Stellung ⊕ gebracht.
Wenn sich der Katalysator abgekühlt hat, leitet man einen Ammoniak-Strom über S durch die Apparatur. Das bei P austretende Gas ist nicht brennbar.
Dann wird das Asbestdach auf das Reaktionsrohr L aufgesetzt und der Katalysator möglichst hoch erhitzt. Nach kurzer Zeit läßt sich das bei P ausströmende Gas anzünden.

Beendigung:
Die Flamme des Bunsenbrenners wird gelöscht und der Ammoniak-Strom abgestellt.

[1]) Cereisen enthält meist geringe Mengen Cernitrid, das beim Erhitzen mit Wasserstoff unter Bildung von Ammoniak reagiert und deshalb vorher durch Ausglühen im Wasserstoff-Strom zu Cer reduziert werden muß.

III - 4.1.4 Ammoniak aus Ammoniaklösung und Kaliumhydroxid
Eigenschaften von Ammoniak und Ammoniumsalzen

Versuchsanordnung: *Abzug!*
Gasentwickler (Abb. 19a, A bis C) – Waschflasche (Paraffinöl) als Blasenzähler – rechtwinklig nach oben gebogenes Gasableitungsrohr; der nach oben zeigende Schenkel ist etwa 20 cm lang – Standzylinder (200 x 40 mm), mit der Öffnung nach unten an ein Stativ angeklammert; das Gasableitungsrohr reicht bis an den Zylinderboden – Verschlußplatte zum Standzylinder – gelochte Glasplatte.

Hilfsmittel:
Konz. NH_3-Lsg. – KOH in Plätzchenform – konz. Salzsäure – Glasstab – 5 weitere Standzylinder mit Verschlußplatten – Langhalsrundkolben für Springbrunnenversuch wie Vers. III - 2.1.7, Abb. 89a – kleiner Gummistopfen.
Thermoskop (Abb. 10) mit doppelt durchbohrtem Gummistopfen für das Reaktionsgefäß; durch die eine Bohrung wird der lange Schenkel eines rechtwinklig gebogenen Gaseinleitungsrohres geführt, der so lang sein muß, daß er bis zum Boden des Einsatzgefäßes heruntergeschoben werden kann. In der anderen Bohrung steckt ein rechtwinklig gebogenes kurzes Gasableitungsrohr mit Gummischlauch zum Abzug bzw. zu einer Wasserstrahlpumpe.

Vorbereitung:
Man beschickt den Kolben des Gasentwicklers mit Kaliumhydroxid, den Tropftrichter mit konz. Ammoniaklösung und füllt das Reaktionsgefäß des Thermoskops etwa zur Hälfte mit Wasser; das Einleitungsrohr wird soweit hochgezogen, daß es etwa 2 cm über der Wasseroberfläche endet.

Ausführung: *Abzug!*
Man läßt die Ammoniaklösung auf das Kaliumhydroxid auftropfen; wenn der Ammoniakstrom die Austrittsöffnung des Gasableitungsrohres erreicht hat – man erkennt dies daran, daß ein mit konz. Salzsäure befeuchteter Glasstab Nebel bildet –, füllt man die Standzylinder durch Luftverdrängung mit Ammoniak, indem man das Gas von unten her in die umgekehrt aufgehängten Zylinder leitet. Man verschließt sie dann mit Glasplatten. Anschließend wird der Langhalsrundkolben für den Springbrunnenversuch gefüllt, indem man ihn umgekehrt aufhängt und das Gas von unten durch das lange Glasrohr einleitet. Wenn am kurzen Gasableitungsrohr Ammoniak austritt (Rauchbildung mit konz. Salzsäure), wird der Quetschhahn verschlossen und der kleine Gummistopfen auf die Öffnung des langen Glasrohres gesetzt.
Dann schließt man statt des Gasableitungsrohres das Einleitungsrohr des Thermoskopes an und leitet einen Ammoniakstrom auf die Wasseroberfläche im Reaktionsgefäß: Absorption des Ammoniaks, starke Temperaturerhöhung, Vergrößerung des Flüssigkeitsvolumens.
Wenn die Lösung an Ammoniak nahezu gesättigt ist – man muß zwischendurch öfter umrühren –, nimmt man das Einsatzgefäß aus dem Mantelgefäß heraus und kühlt es samt Inhalt mit Wasser auf Raumtemperatur ab. Dann setzt man das Einsatzgefäß wieder ein, schließt das Manometer an, schiebt das Gaseinleitungsrohr bis fast zum Boden des Reaktionsgefäßes herunter und verbindet das andere im Gummistopfen steckende Glasrohr mit einer Wasserstrahlpumpe. Dann saugt man einen lebhaften Luftstrom durch die Lösung: Starke Abkühlung.

Eigenschaften von Ammoniak und Ammoniumsalzen

Hilfsmittel:

a) Standzylinder mit NH_3 – Kerze an geradem Draht.
b) 2 Standzylinder mit NH_3 – Kerze an umgebogenem Draht.
c) Standzylinder mit NH_3 – Gasentwickler Abb. 19a, A bis C; an C angeschlossen rechtwinklig gebogenes Gaseinleitungsrohr, dessen langer Schenkel bis zum Boden eines Standzylinders (200 x 40 mm) reicht – durchbohrte Glasplatte und Verschlußplatte zum Zylinder – NaCl – konz. Schwefelsäure.
d) Langhalsrundkolben für Springbrunnenversuch (Abb. 89a), mit NH_3 gefüllt – pneumatische Wanne mit Wasser, das mit Methylrot (oder mit einem anderen pH-Indikator) und zwei Tropfen Salzsäure versetzt wird.
e) Verd. NH_3-Lsg. – Becherglas (250 ml hohe Form) – CO_2-Quelle mit Gummischlauch und Glasrohr – Leitfähigkeitsprüfer (Abb. 18).
f) NH_4Cl – Thermoskop (Abb. 10); das Einsatzgefäß ist mit 3 ml Wasser gefüllt – Glasstab.
g) NH_4Cl – großes Reagenzglas – Glaswolle – Glasstab – pH-Indikatorpapier – Bunsenbrenner.
h) NH_4Cl – $Ca(OH)_2$ – großes Reagenzglas – pH-Indikatorpapier – Bunsenbrenner.

Ausführung:

a) Brennbarkeit

Man hält den mit Ammoniak gefüllten Zylinder mit der Mündung nach unten und taucht langsam eine brennende Kerze ein: In unmittelbarer Nähe der Kerze wird beim Eintauchen das Ammoniakgas entzündet, die Flamme erlischt aber wieder. Ammoniak brennt an der Luft nur, wenn dauernd Wärme zugeführt wird.

b) Leichter als Luft

Man hängt den einen der beiden mit Ammoniak gefüllten Zylinder mit der Mündung nach unten in einen Stativring oder in eine große Klammer; den anderen stellt man mit der Mündung nach oben auf den Tisch und entfernt gleichzeitig die Verschlußplatten von beiden. Nach etwa zwei Minuten taucht man die brennende Kerze in den aufrecht stehenden Zylinder: Sie brennt weiter. Dann taucht man sie in den hängenden Zylinder: Sie erlischt.

c) Reaktion mit Chlorwasserstoff

Man erzeugt durch Zutropfen von konz. Schwefelsäure zu Natriumchlorid Chlorwasserstoff (vgl. Vers. III-2.1.7) und füllt damit den Standzylinder durch Luftverdrängung. Man verschließt diesen Zylinder und setzt den mit Ammoniak gefüllten darauf. Dann zieht man die Verschlußplatten heraus und dreht die beiden Zylinder, ohne sie voneinander zu trennen, um: Erwärmung, Unterdruck, weißes Ammoniumchlorid setzt sich an den Wandungen ab. Vgl. Vers. III - 2.1.7e.

d) Löslichkeit in Wasser (Springbrunnenversuch)

Man taucht den Kolben zunächst schräg in die pneumatische Wanne und entfernt den kleinen Stopfen. Wenn das Wasser im Glasrohr zu steigen beginnt, stellt man den Kolben senkrecht: Springbrunnen.

e) Leitfähigkeit

Man füllt etwas von der in Vers. d erhaltenen Lösung (oder verd. Ammoniaklösung) in das Becherglas und taucht den Leitfähigkeitsprüfer ein: Schwaches Aufleuchten. Anschließend leitet man Kohlendioxid in die Lösung: Helles Aufleuchten; durch die Reaktion

$$2\,NH_3 + CO_2 + H_2O \rightarrow CO_3^{2-} + 2\,NH_4^+$$

sind jetzt wesentlich mehr Ionen vorhanden.

f) Lösungsenthalpie von Ammoniumchlorid
Man bringt etwas Ammoniumchlorid (evtl. aus Vers. c) in das Einsatzgefäß des Thermoskops: Abkühlung, positive Lösungsenthalpie.

g) Thermische Dissoziation von Ammoniumchlorid
Man bringt 2 g Ammoniumchlorid in das Reagenzglas, spannt dieses in waagrechter Lage ein und legt etwa 5 cm von der Substanz entfernt einen angefeuchteten Streifen pH-Indikatorpapier (I) hinein, den man an die Wandung andrückt. Dann schiebt man einen etwa 2 cm langen Pfropfen von Glaswolle bis an das Indikatorpapier heran und bringt in den vorderen Teil des Reagenzglases einen weiteren angefeuchteten Streifen Indikatorpapier (II). Das Ammoniumchlorid wird mit der Spitze der entleuchteten Flamme eines Bunsenbrenners schwach erhitzt: Verdampfung, Sublimation; das Indikatorpapier I zeigt saure, II basische Reaktion (Ammoniak diffundiert schneller als Chlorwasserstoff).

$$NH_4Cl \rightarrow HCl + NH_3$$

h) Reaktion von Ammoniumchlorid mit Calciumhydroxid
Man bringt in das Reagenzglas ein Gemisch aus Ammoniumchlorid und Calciumhydroxid, das man in der Reibschale hergestellt hat. Dann erhitzt man das Reagenzglas und hält einen angefeuchteten Streifen pH-Indikatorpapier in die Öffnung: Basische Reaktion, Geruch nach Ammoniak.

$$2\ NH_4Cl + Ca(OH)_2 \rightarrow CaCl_2 + 2\ NH_3 + 2\ H_2O$$

Bemerkung:
Die bei Vers. h beschriebene Reaktion kann zur Erzeugung größerer Mengen Ammoniakgas verwendet werden. Man verreibt dazu in der Reibschale 25 g Ammoniumchlorid und 40 g Calciumhydroxid und füllt das Gemisch in den Kolben der Apparatur nach Vers. III - 3.1.2b, Abb. 96 (A bis C). Der Kolben wird vorsichtig erhitzt und das entwickelte Gas bei C aufgefangen.

III - 4.1.5 Katalytische Oxidation von Ammoniak zu Stickstoffoxiden („Ammoniakverbrennung"[1])

$$4\ NH_3 + 5\ O_2 \rightarrow 4\ NO + 6\ H_2O\ (g) \qquad \Delta H = -216{,}4\ kcal\ (-905{,}4\ kJ)$$
$$4\ NO + 2\ O_2 \rightarrow 4\ NO_2 \qquad \Delta H = -54{,}6\ kcal\ (-228{,}4\ kJ)$$
$$4\ NO_2 + 2\ H_2O \rightarrow 2\ HNO_3 + 2\ HNO_2$$

Versuchsanordnung: Abb. 109
2 Drechselsche Waschflaschen A (konz. NH_3-Lösung) und B (konz. H_2SO_4) mit Quetschhähnen C und D – Y-Stück E – Reaktionsrohr F (schwerschmelzbar, ∅ innen 18 mm, Länge 20 cm) – zweifach tubulierte Experimentierkugel G – Saugflasche H (500 ml), an eine Wasserstrahlpumpe angeschlossen – Bunsenbrenner mit Schlitzaufsatz.

Hilfsmittel:
Konz. Schwefelsäure – Kaliumjodidstärkelsg. (s. V) – Diphenylamin-Schwefelsäure (s. V) – konz. $FeSO_4$-Lsg. – Harnstoff – Platinasbest (s. V) – 2 Kelchgläser – großes Reagenzglas – weißer Hintergrund.

[1]) Technisches Verfahren von *Wilhelm Ostwald*. – *Mittasch, A.*, Salpetersäure aus Ammoniak. Geschichtliche Entwicklung der Ammoniak-Oxidation bis 1920. (Weinheim 1953).

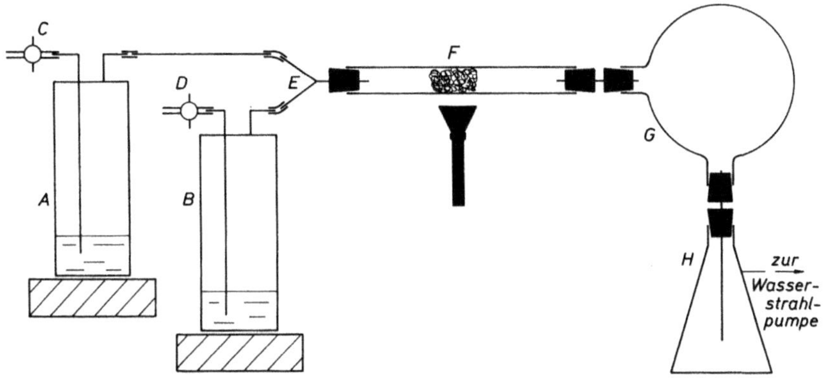

Abb. 109. Katalytische Oxidation von Ammoniak

Vorbereitung:
In das Rohr F wird eine 5 cm lange Schicht von Platinasbest eingebracht; der Katalysator muß den ganzen Rohrquerschnitt ausfüllen.

Ausführung:
Der Katalysator wird an der zum Y-Stück E hin gelegenen Seite kräftig erhitzt. Dann wird die Wasserstrahlpumpe in Betrieb gesetzt.
Man regelt mit den beiden Quetschhähnen C und D die Gaszufuhr so, daß durch die Waschflasche A (NH_3-Lösung) etwa 5 Blasen pro Sekunde, durch B (konz. H_2SO_4) dagegen etwa 12 bis 15 Blasen pro Sekunde hindurchgehen. Die Kugel füllt sich mit intensiv braunem Stickstoffdioxid (weißer Hintergrund), das sich mit dem gebildeten Wasserdampf zu Salpetersäure und salpetriger Säure vereinigt.
Wenn sich in H eine genügende Menge Kondensat gebildet hat, wird die Wasserstrahlpumpe abgestellt. Der Inhalt der Saugflasche wird auf zwei Kelchgläser und das Reagenzglas verteilt und mit Wasser verdünnt. Zu der einen Probe gibt man Kaliumjodidstärkelösung (Oxidation zu Jod durch salpetrige Säure), zu der zweiten einige Tropfen Diphenylamin-Schwefelsäure (Blaufärbung durch salpetrige Säure und Salpetersäure). Salpetersäure wird im Reagenzglas wie bei Vers. III - 4.1.13b mit der Ringprobe nachgewiesen, nachdem die salpetrige Säure wie dort angegeben mit Harnstoff entfernt wurde.

III - 4.1.6 Oxidation von Ammoniak durch Chrom(VI)-oxid

$$2\,CrO_3 + 2\,NH_3 \rightarrow Cr_2O_3 + 3\,H_2O + N_2 \qquad \Delta H = -173{,}5\ \text{kcal}\ (-725{,}9\ \text{kJ})$$

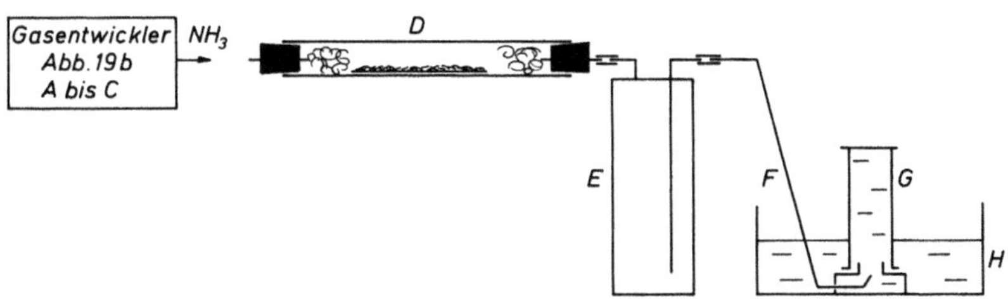

Abb. 110. Oxidation von Ammoniak durch Chrom(VI)-oxid

Versuchsanordnung: Abb. 110
Gasentwickler (Abb. 19b, A bis C) – Glasrohr D (∅ 18 mm, Länge 20 cm) – Waschflasche E, umgekehrt geschaltet – das Gaseinleitungsrohr F führt unter einen Standzylinder G in einer pneumatischen Wanne H (Wasser).

Hilfsmittel:
Konz. NH_3-Lsg. – KOH in Plätzchen – CrO_3 (in verschlossener Flasche aufbewahrt) – Asbestpapier – Glaswolle – Standzylinder (100 x 40 mm) mit Verschlußplatten – Holzspan – Kerze an umgebogenem Draht – Bunsenbrenner.

Vorbereitung:
In den Kolben A des Gasentwicklers gibt man Kaliumhydroxid, in den Tropftrichter B konz. Ammoniaklösung. In das Glasrohr D schiebt man auf einer Unterlage aus Asbestpapier eine etwa 8 cm lange Schicht von Chrom(VI)-oxid und legt sie mit Glaswollebäuschen fest. Der Standzylinder wird mit Wasser gefüllt umgekehrt in die pneumatische Wanne gestellt.

Ausführung:
Man läßt die Ammoniaklösung in schneller Folge zum Kaliumhydroxid zutropfen. Ist die Luft aus der Apparatur verdrängt (das aus F austretende Gas muß vollständig vom Wasser absorbiert werden), stellt man den Standzylinder über die Austrittsöffnung und erwärmt das Glasrohr D an der Stelle der Chrom(VI)-oxid-Füllung mit schwacher Flamme. Die Reaktion setzt lebhaft ein, wobei das Chrom(VI)-oxid aufglüht, Gase und Nebel entstehen und grünes Chrom(III)-oxid gebildet wird. Man füllt den Standzylinder mit dem Gas, verschließt ihn unter Wasser mit der Glasplatte, stellt ihn aufrecht auf den Tisch und identifziert das Gas durch Einführen einer brennenden Kerze als Stickstoff. Danach entfernt man das Gaseinleitungsrohr aus der pneumatischen Wanne.

III - 4.1.7 Stickstofftrichlorid durch Elektrolyse einer Ammoniumchloridlösung

Anode: $NH_4^+ + 3\ Cl^- \rightarrow NCl_3 + 4\ H^+ + 6\ e^-$
Nebenreaktion: $NCl_3 + NH_4^+ \rightarrow N_2 + 4\ H^+ + 3\ Cl^-$

Versuchsanordnung:
Becherglas (400 ml, hohe Form) – 2 Elektroden aus Platinblech – hakenförmig gebogenes Glasrohr (kurzer Schenkel etwa 3 cm lang), durch längeren Schlauch über eine Waschflasche (Wasser) an eine CO_2-Quelle angeschlossen – Gleichstromquelle (10 V).

Hilfsmittel:
Elektrolyt: 250 ml einer bei 30 °C gesättigten[1]) NH_4Cl-Lösung (in verschlossenem Erlenmeyerkolben aufzubewahren) – frisches Terpentinöl – Thermometer (bis 50 °C).

Vorbereitung:
Die zwei Platinelektroden werden so befestigt, daß sie sich im Abstand von etwa 4 cm im unteren Drittel des Becherglases befinden. Dann wird das Becherglas mit dem auf

[1]) Gesättigt, um das Aufsteigen von Stickstofftrichlorid an die Oberfläche zu erleichtern. Durch die sich bildenden Gasbläschen (N_2) werden die spez. schwereren Stickstofftrichlorid-Tröpfchen (Dichte 1,653 g · cm^{-3}) emporgetragen.

30 °C erwärmten Elektrolyten zu etwa zwei Drittel gefüllt. Auf die Flüssigkeitsoberfläche bringt man eine dünne, höchstens 2 mm dicke Terpentinölschicht und hängt dann das Glasrohr über den Rand in das Becherglas ein; es darf nicht in den Elektrolyten eintauchen.

Ausführung:
Man leitet einen langsamen Kohlendioxid-Strom auf die Flüssigkeitsoberfläche. Dann setzt man die Elektrolyse in Gang: An der Anode bilden sich kleine Tröpfchen von Stickstofftrichlorid, die bei Berührung mit dem Terpentinöl mit leichtem Knall unter Feuererscheinung explodieren. – Man hält den Versuch nur kurze Zeit in Gang.

Beendigung:
Das Becherglas wird mit Wasser aufgefüllt und erst nach einigen Stunden entleert. Etwa an der Anode hängengebliebene Stickstofftrichlorid-Tröpfchen zersetzen sich langsam.

III - 4.1.8 Distickstoffmonoxid aus Ammoniumsulfat und Natriumnitrat

Eigenschaften von Distickstoffmonoxid

$$(NH_4)_2SO_4 + 2\ NaNO_3 \rightarrow Na_2SO_4 + 4\ H_2O + 2\ N_2O$$

Versuchsanordnung:
Wie Vers. III - 3.1.2b, Abb. 96 mit folgenden Abänderungen: An C wird statt der Woulfeschen Flasche D ein Reagenzglas mit Schlauchansatz (Saugrohr) angeschlossen, daran mit langem Schlauch das Ableitungsrohr G.

Hilfsmittel:
$(NH_4)_2SO_4$ – $NaNO_3$ – $CuSO_4$ wasserfrei (s. V) – zerkleinertes Eis – Pulvertrichter – 5 Standzylinder (200 x 40 mm, Ränder eingefettet) mit Verschlußplatten – 2 Kolbenprober (100 ml) mit Hahn – pneumatische Wanne (gesättigte NaCl-Lsg.) mit Experimentiersockel:

Vorbereitung:
Man füllt 13 g Ammoniumsulfat und 16 g Natriumnitrat in den Kolben A und vermengt die grobgepulverten Salze durch Umschütteln.

Ausführung: *Schutzscheibe! Schutzbrille!*
Man heizt den Kolben A vorsichtig[1]) an und erhitzt, bis eine regelmäßige Gasentwicklung einsetzt (etwa bei 250 °C); danach wird mit kleiner Flamme weiter erhitzt. Man füllt drei Zylinder (für die Versuche a bis c) vollständig und einen vierten Zylinder zu 2/3 mit Distickstoffoxid; der letztere verbleibt bis zur Ausführung des Versuchs d in der pneumatischen Wanne. In die beiden Kolbenprober füllt man für Versuch e etwas mehr als 50 ml Distickstoffoxid ein.
Bei Beendigung des Versuches ist vor Löschen der Flamme das Gaseinleitungsrohr aus der Wanne zu nehmen. Im Saugrohr hat sich Wasser kondensiert; man trägt etwas wasserfreies Kupfersulfat ein: Blaufärbung.

Eigenschaften von Distickstoffmonoxid

Hilfsmittel:
a) Standzylinder mit N_2O – Holzspäne – Bunsenbrenner.
b) Standzylinder mit N_2O – Eisenlöffel mit langem Stiel (Verbrennungslöffel) – krist. Schwefel – Bunsenbrenner.

[1]) NH_4NO_3 ist ein Sprengstoff!

c) Phosphor in kleinen Stücken in einer Glasschale unter Wasser – Filtrierpapier – Eisenlöffel mit langem Stiel (Verbrennungslöffel) – Pinzette – Glasstab – Bunsenbrenner.
d) O_2-Quelle – zwei Standzylinder, einer davon zu 2/3 mit N_2O gefüllt in pneumatischer Wanne – Salpetersäure (30 ml konz. Salpetersäure und 40 ml Wasser) – Gasentwickler (Abb. 19a, A bis C); Kolben A (100 ml) beschickt mit einigen Kupferspänen, Tropftrichter B mit der Salpetersäure; an C angeschlossen Gaseinleitungsrohr (Abb. 23, A), das in die pneumatische Wanne mündet – weißer Hintergrund.
e) 2 Kolbenprober mit N_2O – ausgekochtes Wasser – Äthanol – 2 Bechergläser (100 ml, niedrige Form) – Thermometer (bis 50 °C) – Meßzylinder (50 ml).

Ausführung:
a) Nicht brennbar, unterhält die Verbrennung
Man hält eine Gasflamme über den Zylinder: nicht brennbar. Man taucht einen schwach brennenden Holzspan in den Zylinder ein: Aufflammen, lebhafte Verbrennung.

b) Verbrennen von Schwefel
Man bringt Schwefel, der in einem Eisenlöffel bis zur Entflammung erhitzt wurde, in den mit Distickstoffoxid gefüllten Zylinder: Verbrennung mit rötlicher Flamme.

c) Verbrennen von Phosphor *Vorsicht! (vgl. I - 20.4)*
In einen Eisenlöffel bringt man mit einer Pinzette einige kleine Stückchen Phosphor, die man zwischen Filtrierpapier gut abgetrocknet hat. Man zieht die Verschlußplatte des Zylinders fort, berührt den Phosphor über der Mündung des Zylinders mit einem in der Gasflamme erwärmten Glasstab und senkt den Löffel sofort in den Zylinder ein: Verbrennung mit strahlendem Licht.

d) Unterscheidung von Distickstoffoxid und Sauerstoff
Man füllt den zweiten Zylinder in der pneumatischen Wanne zu 2/3 mit Sauerstoff. Dann läßt man Salpetersäure der angegebenen Konzentration aus dem Tropftrichter langsam zu den Kupferspänen zutropfen (s. Vers. III - 4.1.10). Wenn die anfangs auftretenden braunen Gase verschwunden sind, läßt man in die beiden Zylinder mit Distickstoffoxid bzw. Sauerstoff durch das Sperrwasser etwas Stickstoffmonoxid zutreten. In dem mit Sauerstoff gefüllten Zylinder: Auftreten brauner Gase; in dem mit Distickstoffmonoxid gefüllten Zylinder: Keine Veränderung.

e) Löslichkeit in Wasser und in Äthanol
Man füllt die Bechergläser je etwa zur Hälfte mit Wasser bzw. mit Äthanol und bringt beide Flüssigkeiten auf 20 °C. Dann drückt man aus den beiden Kolbenprobern soviel Distickstoffoxid heraus, daß sie noch genau 50 ml Gas von Atmosphärendruck enthalten. In den einen Kolbenprober saugt man rasch 30 ml ausgekochtes Wasser, in den anderen 30 ml Äthanol und schließt jeweils sofort den Hahn. Dann bewegt man durch leichtes Schwenken das Lösungsmittel im Kolbenprober. Wenn sich das Volumen des Gases nicht mehr ändert. wird abgelesen. Anschließend drückt man die im Kolbenprober enthaltene Flüssigkeit vollständig in einen Meßzylinder und bestimmt so ihr Volumen. Bei der Berechnung der Löslichkeit ist der Partialdruck des Lösungsmittels zu berücksichtigen.

III - 4.1.9 Synthese von Stickstoffoxiden aus Luft

$$N_2 + O_2 \rightarrow 2\,NO \qquad \Delta H = +43{,}1 \text{ kcal } (+180{,}3 \text{ kJ})$$
$$2\,NO + O_2 \rightarrow 2\,NO_2 \qquad \Delta H = -27{,}3 \text{ kcal } (-114{,}2 \text{ kJ})$$

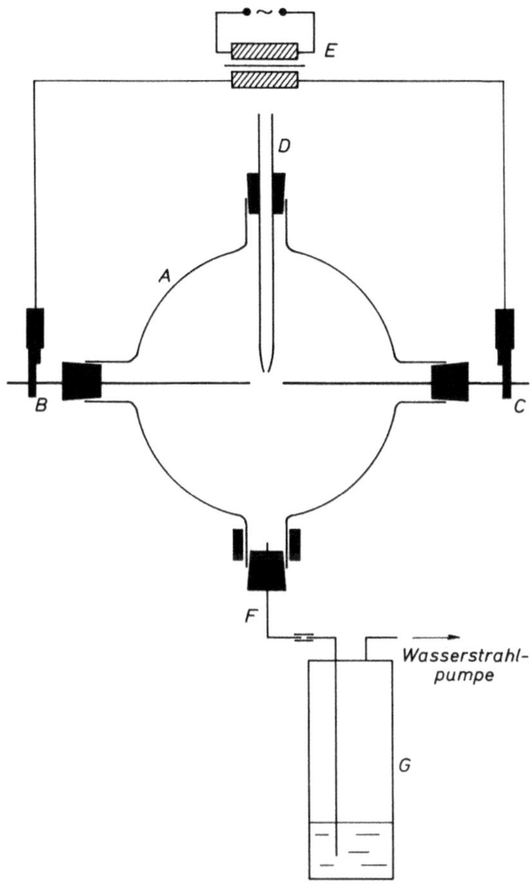

Abb. 111. Synthese von Stickstoffoxiden aus Luft

Versuchsanordnung: Abb. 111
Vierfach tubulierte Experimentierkugel A, in einen mit Asbestschnur umwickelten Stativring eingehängt – 2 Elektroden (Stricknadeln) B und C, mit Stopfen in die beiden horizontalen Tuben von A eingesetzt[1]); an den Enden Krokodilklemmen zum Anschluß an den Hochspannungstransformator E – Luftzuführungsrohr D; die Mündung ist auf 1 mm lichte Weite verengt, sie muß unmittelbar an die Mitte der Funkenstrecke heranreichen – das Gasableitungsrohr F darf nicht zu weit in A hineinragen – die Waschflasche G ist mit einer Wasserstrahlpumpe verbunden.

Hilfsmittel:
Kaliumjodidstärkelösung (s. V) – stark verd. $KMnO_4$-Lsg. – verd. Schwefelsäure – Harnstoff – $FeSO_4$-Lsg. (frisch hergestellt) – 2 Kelchgläser – Reagenzgläser – weißer Hintergrund.

[1]) Im Handel sind fertige Elektroden erhältlich, die mit Anschlußbuchsen versehen sind; sie gleiten in einem durch die Bohrung eines Gummistopfens hindurchgesteckten Metallrohr und können mittels Klemmschrauben in jeder Lage festgehalten werden.

Vorbereitung:
Die Elektroden werden einander so weit genähert und so justiert, daß beim Einschalten des Stromes eine möglichst große Funkenstrecke zwischen B und C übergeht, die auch nicht abreißt, wenn ein Luftstrom dagegen bläst. Zum Anschluß an den Hochspannungstransformator (s. I - 14.1) müssen gut isolierte Drähte verwendet werden.

Ausführung:
Man schaltet den elektrischen Strom ein und setzt die Wasserstrahlpumpe in Gang. Über D wird Luft in die Kugel gesaugt und gegen die Funkenstrecke geblasen. Nach kurzer Zeit füllt sich die Kugel mit braunem Stickstoffdioxid. Zum Nachweis der entstandenen salpetrigen Säure wird eine Probe der Lösung aus Waschflasche G in einem Kelchglas mit etwas Kaliumjodidstärkelösung versetzt: Blaufärbung. Eine andere Probe versetzt man mit stark verd. Kaliumpermanganat-Lösung: Entfärbung. In ein Reagenzglas gibt man zur Lösung aus G etwas Harnstoff und etwa 1 ml verd. Schwefelsäure und erhitzt, bis eine entnommene Probe keine Reaktion auf salpetrige Säure (s. o.) mehr zeigt. Nach dem Abkühlen setzt man etwas frisch hergestellte $FeSO_4$-Lösung zu und unterschichtet vorsichtig mit konz. Schwefelsäure: Violetter Ring, Nachweis von Salpetersäure (s. Vers. III - 4.1.13b).

III - 4.1.10 Stickstoffmonoxid aus Salpetersäure und Kupfer
Eigenschaften von Stickstoffmonoxid

$$3\ Cu + 2\ NO_3^- + 8\ H_3O^+ \rightarrow 2\ NO + 3\ Cu^{2+} + 12\ H_2O$$

Vorsicht!
Stickstoffoxide sind sehr giftig (Ausnahme N_2O). Man hüte sich vor dem Einatmen!

Versuchsanordnung: Abzug!
Gasentwickler Abb. 19b, A bis C. Daran mit Gummischlauch angeschlossen ein Gasableitungsrohr nach Abb. 23, A, das in einer pneumatischen Wanne unter einem Experimentiersockel mündet.

Hilfsmittel:
Kupferspäne – Salpetersäure (30 ml konz. Salpetersäure und 40 ml Wasser) – 6 Standzylinder (200 x 40 mm) mit Verschlußplatte – Standzylinder (250 x 60 mm) mit Verschlußplatte.

Ausführung: *Abzug!*
Man füllt etwa 20 g Kupferspäne in den Kolben und läßt aus dem Tropftrichter Salpetersäure der o. a. Konzentration zufließen. Wenn das anfangs auftretende braune Stickstoffdioxid verschwunden ist und die aus dem Gasableitungsrohr austretenden Gase an der Luft sofort braun werden, füllt man fünf von den kleineren und den großen Standzylinder unter Wasser mit Stickstoffmonoxid und verschließt sie mit Glasplatten.

Eigenschaften von Stickstoffmonoxid

Hilfsmittel:
a) Standzylinder mit NO gefüllt und mit Glasplatte verschlossen – Bunsenbrenner – Holzspäne.
b) Standzylinder wie bei a) – krist. Schwefel – Eisenlöffel mit langem Stiel (Verbrennungslöffel) – Bunsenbrenner.

c) Standzylinder wie bei a) – weißer Phosphor in kleinen Stückchen unter Wasser in einer Glasschale – Pinzette – Filtrierpapier – Glasstab – Eisenlöffel mit langem Stiel.
d) Standzylinder wie bei a) – Schwefelkohlenstoff – Reagenzglas – Becherglas mit heißem Wasser – Holzspäne.
e) Standzylinder wie bei a) – leerer gleichgroßer Standzylinder.
f) Standzylinder (250 x 60 mm) mit NO gefüllt und mit Glasplatte verschlossen – O_2-Quelle – Diphenylamin-Schwefelsäure (s. V) – Reagenzglas – pneumatische Wanne (Wasser).
g) Frisch bereitete gesättigte $FeSO_4$-Lsg. (100 ml) – Erlenmeyerkolben (300 ml) – rechtwinklig gebogenes Gaseinleitungsrohr wie Abb. 83, G, das bis zum Boden des Kolbens reicht und an den Gummischlauch des NO-Entwicklers angeschlossen werden kann – Bunsenbrenner – weißer Hintergrund.

Ausführung: *Abzug!*

a) Nicht brennbar; unterhält die Verbrennung nicht

Man zieht die Verschlußplatte rasch fort und hält eine Gasflamme über die Mündung des Zylinders: Nicht brennbar. Man senkt einen brennenden Holzspan in den Zylinder ein: Die Flamme erlischt sofort.

b) Erlöschen von brennendem Schwefel

Man erhitzt in dem Eisenlöffel Schwefel bis zur Entflammung und taucht ihn in den Zylinder ein: Erlöschen.

c) Reaktion mit Phosphor *Vorsicht! (S. I - 20.4)*

Einige Stückchen weißer Phosphor werden durch Abpressen zwischen Filtrierpapier gut getrocknet und in den Eisenlöffel gebracht. Man entzündet den Phosphor über der Mündung mit einem Glasstab, dessen Ende in der Gasflamme erwärmt wurde, und senkt den Löffel sofort in den Zylinder ein: Verbrennung mit strahlendem Licht.

d) Verbrennen eines Gemisches aus Stickstoffmonoxid und Schwefelkohlenstoffdampf

Achtung! Schwefelkohlenstoff darf niemals über offener Flamme erhitzt werden (s. I - 20.7). Beim Erwärmen des Schwefelkohlenstoffs im Wasserbad sind sämtliche Brenner abzudrehen.
Man gießt in den mit Stickstoffmonoxid gefüllten Zylinder etwa 2 bis 3 ml Schwefelkohlenstoff, der in einem Reagenzglas durch Eintauchen in ein Becherglas mit heißem Wasser zum Sieden erhitzt wurde, verschließt den Zylinder sofort mit der Glasplatte und schwenkt kräftig um. Man stellt den Zylinder auf den Tisch, zieht die Verschlußplatte weg und entzündet das Gemisch sofort durch einen brennenden Holzspan: Harmloses Verpuffen, mit blendend bläulich-weißem Licht brennt eine Flamme langsam in den Zylinder hinein. Der Zylinder ist sofort unter den Abzug zu stellen.

e) Verhalten gegen Luftsauerstoff

Auf die Verschlußplatte des mit Stickstoffmonoxid gefüllten Zylinders setzt man einen leeren Zylinder und zieht die Glasplatte fort: Das farblose Gas wird braunrot.

f) Reaktion mit Sauerstoff und Wasser

In den mit Stickstoffmonoxid gefüllten, in der pneumatischen Wanne mit der Mündung unter Wasser stehenden großen Zylinder läßt man durch das Sperrwasser hindurch langsam etwas Sauerstoff eintreten: Braunfärbung (NO_2, Reaktion I); das Wasser steigt langsam empor, die Gasphase wird farblos (Reaktion II). Läßt man jetzt wieder etwas Sauerstoff zutreten, wiederholt sich der Vorgang. Man kann dies fortsetzen, bis der Zylinder fast ganz gefüllt ist.

$$\text{I) } 2\,NO + O_2 \rightarrow 2\,NO_2$$
$$\text{II) } 2\,NO_2 + H_2O \rightarrow HNO_3 + HNO_2$$

Die Lösung im Zylinder wird mit Diphenylamin-Schwefelsäure geprüft (Blaufärbung).

g) Absorption durch Eisen(II)-sulfatlösung *Abzug!*
Man füllt die Eisen(II)-sulfatlösung in den Erlenmeyerkolben und leitet einen mäßigen Strom von Stickstoffmonoxid bis zur Sättigung ein: Die grüne Lösung färbt sich braunschwarz ($[Fe(H_2O)_5NO]^{2+}$).
Dann wird etwas von der Lösung in das Reagenzglas abgefüllt und mit kleiner Flamme erwärmt; das ausgetriebene Gas (NO) bildet an der Luft braunes Stickstoffdioxid (weißer Hintergrund).

III - 4.1.11 Distickstofftrioxid aus Salpetersäure und Arsen(III)-oxid
Eigenschaften von Distickstofftrioxid

$$2\,HNO_3 + As_2O_3 + 2\,H_2O \rightarrow 2\,H_3AsO_4 + N_2O_3$$

Versuchsanordnung: *Abzug!*
Wie Vers. III - 2.1.3, Abb. 84 mit folgenden Abänderungen: Die Waschflasche D wird locker mit Glaswolle gefüllt; die Waschflasche E wird durch ein U-Rohr (P_2O_5 auf Glaswolle oder Siccapent) ersetzt. Das U-Rohr G wird mit Calciumchlorid beschickt, die Woulfesche Flasche H (500 ml) wird zur Hälfte mit 25%iger Natronlauge gefüllt.

Hilfsmittel:
As_2O_3 (glasig) – Salpetersäure (70 ml konz. HNO_3 + 30 ml H_2O) – NaCl – zerkleinertes Eis – Plastiklöffel – Reibschale mit Pistill – Tuch zum Schutze der Hand.

Vorbereitung: *Vorsicht! Abzug!*
Glasiges Arsen(III)-oxid wird im Abzug, dessen Schutzscheibe man möglichst weit heruntergezogen hat, in einer Reibschale auf Haselnußgröße zerkleinert. Man umwickelt zuvor die Hand mit einem Tuch. Das zerkleinerte Arsen(III)-oxid füllt man in den Kolben A und die Salpetersäure in den Tropftrichter. Der Gasverflüssiger muß vor Ausführung des Versuches sorgfältig getrocknet werden.

Ausführung:
Man füllt den Kühleinsatz des Gasverflüssigers mit einem Eis-Kochsalz-Gemisch (s. I - 18.8) und läßt die Salpetersäure zu dem Arsen(III)-oxid zufließen, bis dieses gerade mit Flüssigkeit bedeckt ist. Den Kolben erhitzt man vorsichtig mit kleiner Flamme, bis die Gasentwicklung einsetzt; dann genügt eine kleine leuchtende Flamme, um die Reaktion in Gang zu halten. Es entwickeln sich tiefbraune Gase; im Gasverflüssiger kondensiert eine blaugrüne Flüssigkeit. Wenn sich eine genügende Menge flüssiges Distickstofftrioxid angesammelt hat, wird das Erhitzen des Kolbens eingestellt und die Gasentwicklung durch Zugabe von Wasser in den Kolben beendet.

Eigenschaften von Distickstofftrioxid

Hilfsmittel:
Reaktionsprodukt (Distickstofftrioxid).
a) Eiswasser - Reagenzglas - Pipette.
b) Verd. Natronlauge - verd. $KMnO_4$-Lsg. - verd. Schwefelsäure - Reagenzglas - Pipette.
c) O_2-Quelle, über eine Waschflasche (konz. H_2SO_4) und einen langen Gummischlauch mit einem rechtwinklig gebogenen Glasrohr wie Abb. 83, G verbunden, dessen langer Schenkel (zu einer Spitze ausgezogen) bis zum Boden des Gasverflüssigers reichen muß - Reagenzgläser - Eiswasser - ausgezogenes Glasrohr (Pipette).

Ausführung:
a) Reaktion mit Wasser
In ein Reagenzglas mit einem Gemisch aus Eiswasser und Eisstückchen gibt man einige Tropfen des verflüssigten Distickstofftrioxids: Blaue Lösung, deren Farbe unter Entweichen braun werdender Gase rasch verschwindet

$$3\ N_2O_3 + H_2O \rightarrow 2\ HNO_3 + 4\ NO \qquad (2\ NO + O_2 \rightarrow 2\ NO_2).$$

b) Reaktion mit Natronlauge
Einige Tropfen des verflüssigten Distickstofftrioxids bringt man in ein Reagenzglas mit verd. Natronlauge: Farblose Lösung

$$N_2O_3 + 2\ OH^- \rightarrow 2\ NO_2^- + H_2O$$

Man gießt diese Lösung in stark angesäuerte verd. Kaliumpermanganat-Lösung: Entfärbung.

c) Reaktion mit Sauerstoff
In das flüssige Distickstofftrioxid leitet man einen ganz langsamen, trockenen Sauerstoffstrom ein: Farbumschlag nach gelbbraun

$$2\ N_2O_3 + O_2 \rightarrow 2\ N_2O_4 \text{ (durch gelöstes } NO_2 \text{ gefärbt).}$$

III - 4.1.12 Stickstoffdioxid (Distickstofftetroxid) durch thermische Zersetzung von Bleinitrat[1])

Eigenschaften von Stickstoffdioxid und Distickstofftetroxid

$$2\ Pb(NO_3)_2 \rightarrow 2\ PbO + 4\ NO_2 + O_2$$
$$2\ NO_2 \rightleftharpoons N_2O_4$$

Versuchsanordnung Abb. 112 *Abzug!*
Schliffkolben A (250 ml, NS 29) mit eingeschliffenem Übergangsstopfen B mit Rohransatz - Eisenschale C, mit Asbestpapier ausgekleidet, im Stativring - Ableitungsrohr D zum Gasverflüssiger E (Abb. 31) - Trockenrohr F ($CaCl_2$) - Gasableitungsrohr G - pneumatische Wanne H (Wasser) - Experimentiersockel J - Standzylinder K (200 x 40 mm) - Bunsenbrenner.
Bei allen Rohrverbindungen muß Glas auf Glas stoßen.

Hilfsmittel:
$Pb(NO_3)_2$, im Exsikkator über Silicagel getrocknet - sirupöse Phosphorsäure - reiner ausgeglühter Quarzsand - NaCl - zerkleinertes Eis - Porzellanschale - Pulvertrichter - Plastiklöffel - Holzspäne - Glasstab.

[1]) *J. L. Gay-Lussac* 1816.

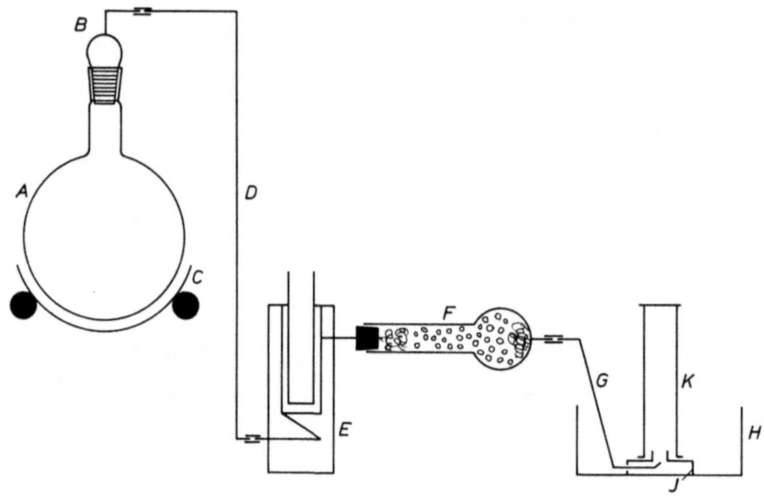

Abb. 112. Stickstoffdioxid aus Bleinitrat

Vorbereitung: *Vorsicht! Abzug!*
Man hüte sich vor dem Einatmen der Stickstoffoxide.
Man erhitzt unter dem Abzug in einer Porzellan- oder Eisenschale 50 g gepulvertes $Pb(NO_3)_2$ unter Umrühren mit einem Glasstab langsam, bis gerade die Entwicklung brauner Dämpfe beginnt, und läßt dann im Exsikkator erkalten. Das getrocknete $Pb(NO_3)_2$ wird mit etwa der gleichen Menge ausgeglühten Quarzsandes vermischt und das Gemenge mittels des Pulvertrichters in den Kolben A eingefüllt. Der Schliff von A wird mit sirupöser Phosphorsäure geschmiert (s. I - 5.3). In das Kühlgefäß von E füllt man eine Kältemischung aus Eis und Kochsalz (3 : 1).

Ausführung: *Abzug!*
Der Kolben A wird langsam angeheizt. Die Beschickung bläht sich auf, Kolben und Gasverflüssiger füllen sich mit einem rotbraunen Gas (NO_2). Nun wird der mit Wasser gefüllte Zylinder K auf den Experimentiersockel gebracht, das aus Rohr G entweichende farblose Gas wie üblich aufgefangen und mit einem glimmenden Holzspan als Sauerstoff nachgewiesen. Im Gasverflüssiger kondensieren sich gelbe Flüssigkeitstropfen: N_2O_4 (durch gelöstes NO_2 gelb gefärbt).
Die Reaktion ist beendet, wenn in der pneumatischen Wanne keine Gasblasen mehr aufsteigen. Achtung! Man trennt dann sofort das Glasrohr G vom Trockenrohr F, ehe man den Bunsenbrenner abstellt. Im Kolben A hinterbleibt ein gelber Rückstand (PbO). - Der Schliff ist nach Beendigung des Versuchs sofort mit Wasser abzuspülen.

Eigenschaften von Stickstoffdioxid und Distickstofftetroxid

Hilfsmittel:
a) KJ-Stärkelsg. (s. V) – Filtrierpapierstreifen.
b) Leitfähigkeitsprüfer (Abb. 18) – pH-Indikatorpapier – Eis.

Ausführung: *Abzug!*

a) Reaktion mit Kaliumjodid

Man entfernt den Kühleinsatz aus dem Gasverflüssiger und bringt einen mit Kaliumjodid-Stärkelösung befeuchteten Filtrierpapierstreifen in den Gasraum des Verflüssigers: Blaufärbung.

$$2\,NO_2 + 2\,J^- \rightarrow 2\,NO_2^- + J_2$$

b) Elektrische Leitfähigkeit, Verhalten gegen Wasser

Man senkt die Elektroden des Leitfähigkeitsprüfers kurz in die Flüssigkeit: Nichtleiter. Nun wirft man ein kleines Stückchen Eis hinein: Die Flüssigkeit färbt sich zunächst blaugrün (N_2O_3), dann grün, schließlich gelb, zugleich entweicht NO, das sich mit dem Luftsauerstoff zu braunem NO_2 umsetzt.

Man spritzt noch etwas Wasser in den Gasverflüssiger und prüft erneut auf Leitfähigkeit: Elektrischer Leiter. Man prüft mit pH-Indikatorpapier: Saure Reaktion.

$$3\,N_2O_4 + 6\,H_2O \rightarrow 4\,H_3O^+ + 4\,NO_3^- + 2\,NO.$$

III - 4.1.13 Salpetersäure aus Kaliumnitrat und Schwefelsäure

Eigenschaften von Salpetersäure

$$KNO_3 + H_2SO_4 \rightarrow KHSO_4 + HNO_3$$

Versuchsanordnung: Abb. 113

Schliffkolben A (100 ml, NS 29) – Destillierbrücke B mit Schliffen – Kugelkühler C mit Schliff – Erlenmeyerkolben D (100 ml, weithalsig) als Vorlage – Bunsenbrenner.

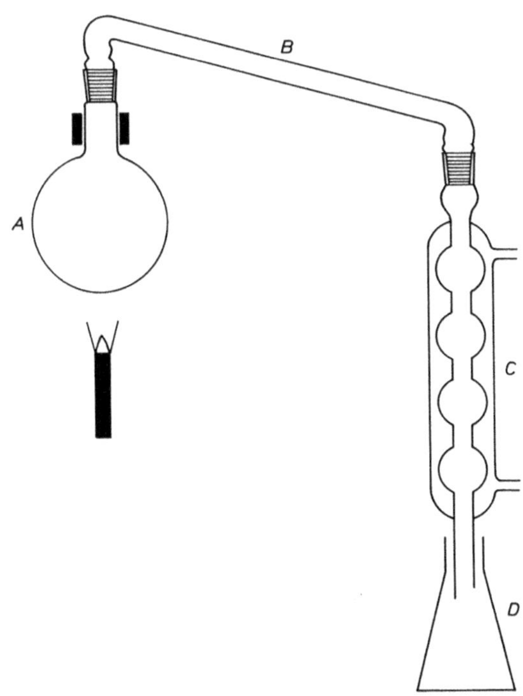

Abb. 113. Salpetersäure aus Kaliumnitrat und Schwefelsäure

Hilfsmittel:
KNO_3 – konz. Schwefelsäure – Pulvertrichter – Filtrierpapierstreifen – doppelt durchbohrter Stopfen, passend zum Erlenmeyerkolben D; in den Bohrungen Einleitungsrohr, das bis zum Boden des Kolbens reicht, und rechtwinklig gebogenes kurzschenkliges Ableitungsrohr mit Schlauchverbindung zu einer Wasserstrahlpumpe.

Vorbereitung:
Man füllt in den Kolben A 30 ml konz. Schwefelsäure und trägt mittels des Pulvertrichters 30 g fein gepulvertes Kaliumnitrat in Anteilen langsam unter Umschwenken ein. Den Kolben stellt man etwa eine Stunde in kaltes Wasser. Der Schliff von B wird mit konz. Schwefelsäure geschmiert.

Ausführung:
Nach Anstellen des Kühlwassers erhitzt man den Kolben A vorsichtig mit kleiner Flamme. Die überdestillierende wasserfreie Salpetersäure (Sdp. 84,1 °C) sammelt sich in D als schwach gelbliche Flüssigkeit an. Die Destillation ist zu unterbrechen, sobald in A braune Dämpfe auftreten. Um die gewonnene Salpetersäure von den gelösten Stickstoffoxiden (hauptsächlich NO_2) zu befreien, setzt man den doppelt durchbohrten Gummistopfen mit den Glasrohren auf den Erlenmeyerkolben und saugt so lange Luft durch die Salpetersäure, bis sie farblos geworden ist. Man erhält so fast wasserfreie, sog. „rauchende" Salpetersäure.

Beendigung: *Abzug!*
Den Inhalt des Schliffkolbens gießt man noch warm langsam unter Umrühren in viel Wasser. Vorsicht, rauchende Salpetersäure greift die Haut stark an.

Eigenschaften von Salpetersäure

Hilfsmittel:
a) Indigolsg. (s. V) – Kelchglas – Glasstab.
b) Frisch bereitete konz. $FeSO_4$-Lsg. – konz. Schwefelsäure – Reagenzglas.
c) Diphenylamin-Schwefelsäure (s. V) – Reagenzglas.
d) Konz. Harnstofflsg. – pH-Indikatorpapier – kleiner Trichter mit Faltenfilter auf Erlenmeyerkolben (200 ml).
e) Eisenfeilspäne – Zinnfolie – Zinkblech – Kupferblech – Blattsilber – Blattgold – konz. Salzsäure – 6 Reagenzgläser.
f) Feine weiße Vogelfeder – Wollfäden – Baumwollfäden – konz. Salpetersäure – Natronlauge – Kelchglas.
g) Rote rauchende Salpetersäure – Holzkohle – großes Reagenzglas – Stativklammer – Erlenmeyerkolben (300 ml, weithalsig) zu 1/3 mit Sand gefüllt – Tiegelzange – Bunsenbrenner – Schutzbrille.
h) Verd. Salpetersäure – Zinkstaub – Natronlauge (40%ig) – Fehlingsche Lösung (s. V) – Hydroxylammoniumchlorid – zerkleinertes Eis – Becherglas (250 ml) – 2 normale und 2 große Reagenzgläser – Trichter mit Faltenfilter auf Erlenmeyerkolben.
i) KJ-Lsg. – Zink gekörnt – 2 große Reagenzgläser.
j) Zinkstaub – konz. Natronlauge – pH-Indikatorpapier – Glaswolle – großes Reagenzglas.

Ausführung:

a) Oxidation von Indigo
In einem Kelchglas gibt man zu destilliertem Wasser etwas Indigolösung und setzt unter Umrühren einige Tropfen der dargestellten Salpetersäure zu: Entfärbung, schwach gelbliche Lösung (Bildung von Isatin).

b) Reaktion mit Eisen(II)-sulfat
In ein Reagenzglas gibt man 5 ml konz. Eisen(II)-sulfat-Lösung, dazu einige Tropfen der Salpetersäure und unterschichtet mit konz. Schwefelsäure: Schwarzbrauner Ring an der Phasengrenze ($[Fe(H_2O)_5NO]^{2+}$)

c) Reaktion mit Diphenylamin
In ein Kelchglas gibt man eine erkaltete Mischung von 20 ml Diphenylamin-Schwefelsäure und 20 ml Wasser und rührt mit dem Glasstab, der mit dem Reaktionsprodukt befeuchtet wurde, um: Blaufärbung.

d) Harnstoffnitrat
Man gibt in das Kelchglas konz. Harnstofflösung und dazu tropfenweise von der dargestellten Salpetersäure: Kristalliner Niederschlag ($[H_2N\text{-}CO\text{-}NH_3]NO_3$).

e) Reaktion mit Metallen
Man gibt zu den Metallen in Reagenzgläsern konz. Salpetersäure: Mit Zink, Zinn, Kupfer und Silber erfolgt heftige Reaktion unter Entwicklung brauner Gase (NO_2, NO); Eisen reagiert erst nach Verdünnen und Erwärmen. Die Reaktion mit Zinn liefert einen weißen, in Wasser unlöslichen Niederschlag ($SnO_2 \cdot x\, H_2O$).
Gold reagiert nicht mit Salpetersäure (Scheidewasser zur Trennung von Silber und Gold). Man gibt zu konz. Salpetersäure etwa das dreifache Volumen konz. Salzsäure (Königswasser); diese Mischung löst Gold zu $[AuCl_4]^-$.

f) Reaktion mit Eiweißkörpern (Xanthoproteinreaktion)
Man taucht in ein Kelchglas mit konz. Salpetersäure eine Vogelfeder sowie Woll- und Baumwollfäden. Feder und Wolle werden intensiv gelb (Eiweißkörper), Baumwolle jedoch nicht. Beim Abspülen mit Wasser verschwindet die Gelbfärbung nicht, beim Eintauchen in Natronlauge geht sie in Orangerot über.

g) Verbrennung von Kohle in rauchender Salpetersäure *Abzug! Schutzbrille!*
Das große Reagenzglas, am oberen Rand mit einer Stativklammer gehalten, wird in den *Erlenmeyer*kolben gestellt. Man gibt etwa 5 ml rauchende Salpetersäure in das Reagenzglas und darauf mittels Tiegelzange ein erbsengroßes Stück Holzkohle, das vorher in der Flamme eines Bunsenbrenners zum Glühen gebracht und durch kräftiges Blasen angefacht wurde (Vorsicht! Hand nicht über das Reagenzglas bringen): Lebhaftes Verbrennen der Kohle, Entwicklung brauner Stickstoffoxide

$$4\ HNO_3 \rightarrow 4\ NO_2 + 2\ H_2O + O_2$$

h) Reduktion von Salpetersäure zu Hydroxylamin

$$7\ H_3O^+ + NO_3^- + 3\ Zn \rightarrow NH_2OH + 3\ Zn^{2+} + 9\ H_2O$$

Das Becherglas füllt man zu etwa 1/3 mit Eisstückchen und gibt 5 ml Wasser und etwa ein halbes Reagenzglas Zinkstaub hinzu. Hierzu fügt man unter dauerndem Umschwenken langsam ein halbes Reagenzglas verd. Salpetersäure. Nach 2 bis 3 Minuten wird durch ein Faltenfilter filtriert. Das Filtrat wird mit Natronlauge versetzt, bis das ausfallende Zinkhydroxid wieder in Lösung gegangen ist. Zu einem Teil dieser Lösung gibt man *Fehling*sche Lösung und erwärmt: Ausfällung von Kupfer(I)-oxid, reduzierende Wirkung des Hydroxylamins

$$2\ H_2NOH \rightarrow 2\ H_3O^+ + N_2 + 2\ e^-.$$

Vergleichsversuch mit Hydroxylammoniumchlorid.

i) Reduktion von Salpetersäure zu salpetriger Säure:

Man stellt zwei große Reagenzgläser nebeneinander und gibt in beide verd. Salpetersäure und etwas verd. Kaliumjodid-Lösung: Keine Jodabscheidung. Das eine Reagenzglas versetzt man mit einigen Zinkkörnchen: Braunfärbung (Oxidation des Jodids durch die entstandene salpetrige Säure).

j) Reduktion von Salpetersäure zu Ammoniak

$$NO_3^- + 4\ Zn + 3\ OH^- + 6\ H_2O \rightarrow NH_3 + 4\ [Zn(OH)_3]^-$$

In das Reagenzglas, das senkrecht in ein Stativ eingespannt ist, gibt man einige Milliliter verd. Salpetersäure, macht mit konz. Natronlauge stark alkalisch und fügt eine Spatelspitze Zinkstaub hinzu. Ein lockerer Glaswollbausch wird in das obere Drittel des Reagenzglases geschoben. Über dessen Öffnung legt man einen Streifen angefeuchtetes pH-Indikatorpapier und erhitzt zum Sieden: Alkalisches Reaktion; Nachweis von Ammoniak.

III - 4.1.14 Kaliumnitrit aus Kaliumnitrat

Eigenschaften von Nitrit und salpetriger Säure

$$2\ KNO_3 \rightarrow 2\ KNO_2 + O_2$$

Versuchsanordnung: Abb. 95 (Vers. III - 3.1.2a)
Standzylinder A (150 x 30 mm) – pneumatische Wanne B (Wasser) mit Experimentiersockel C – Ableitungsrohr D – schwer schmelzbares Reagenzglas E, am Stativ leicht schräg geneigt befestigt, mit durchbohrtem Gummistopfen – Teclubrenner.

Hilfsmittel:
KNO_3 (gepulvert) – Kupferdrahtnetz (10 x 7 cm) – blanker Kupferdraht – Holzspan – *Erlenmeyer*kolben (100 ml).

Ausführung:
Man umwickelt das Reagenzglas E mit dem Kupferdrahtnetz (Kupferdraht zur Befestigung) und füllt es zur Hälfte mit gepulvertem Kaliumnitrat; dann wird es kräftig erhitzt. Das Salz schmilzt bei 339°C; danach setzt eine Gasentwicklung ein. Das Gas wird in dem Standzylinder (pneumatische Wanne) aufgefangen und mit einem glimmenden Holzspan als Sauerstoff identifziert. Man erhitzt bis zur Beendigung der Gasentwicklung, entfernt dann sofort den Stopfen aus dem Reagenzglas, läßt erkalten und löst das Reaktionsprodukt im *Erlenmeyer*kolben in möglichst wenig heißem Wasser.

Eigenschaften von Nitrit und salpetriger Säure

Hilfsmittel:
Reaktionsprodukt (Kaliumnitrit-Lösung).
a) Verd. Schwefelsäure – KNO_3-Lsg. – große Reagenzgläser.
b) Verd. Schwefelsäure – KJ-Lösung – granuliertes Zink – KNO_3 – 2 Kelchgläser.
c) $KMnO_4$-Lösung – verd. Schwefelsäure – 2 Kelchgläser mit Glasstäben.
d) Konz. Hydroxylammoniumchlorid-Lsg. – großes Reagenzglas – Holzspan.

Ausführung:
a) Verhalten gegen Schwefelsäure
Zu einigen Millilitern der erhaltenen Nitrit-Lösung gibt man verd. Schwefelsäure: Braunes Gasgemisch (NO und NO_2). Vergleichsversuch mit Kaliumnitrat-Lösung: Keine Reaktion.

b) Oxidierende Wirkung

$$2\,NO_2^- + 2\,J^- + 4\,H_3O^+ \rightarrow 2\,NO + J_2 + 6\,H_2O$$

Man versetzt eine mit verd. Schwefelsäure angesäuerte Kaliumjodid-Lösung mit einigen Tropfen der erhaltenen Nitrit-Lösung: Braunfärbung (J_2). Gegenversuch mit Kaliumnitrat-Lösung: Keine Jodausscheidung; nach Zugabe von etwas Zink: Ausscheidung von Jod.

c) Reduzierende Wirkung
Verd. Kaliumpermanganat-Lösung versetzt man mit verd. Schwefelsäure und gibt tropfenweise von der Lösung des Reaktionsproduktes hinzu: Entfärbung. Gegenversuch mit Kaliumnitrat-Lösung: Keine Reaktion.

d) Reaktion mit Hydroxylammonium-Ion

$$[HONH_3]^+ + NO_2^- \rightarrow 2\,H_2O + N_2O$$

In ein großes Reagenzglas gibt man 2 bis 3 ml der Lösung des Reaktionsproduktes und setzt tropfenweise 1 bis 2 ml konz. Hydroxylammoniumchlorid-Lösung zu: Erwärmung und Gasentwicklung unter lebhaftem Aufschäumen. Man hält in das Reagenzglas einen glimmenden oder schwach brennenden Holzspan: Er flammt auf (Nachweis von N_2O).

III - 4.2 Phosphor

S. auch

I - 20.4	Phosphor
III - 2.2.2	Bromwasserstoff aus Phosphor, Brom, Wasser
III - 2.3.2	Jodwasserstoff aus Phosphor, Jod und Wasser
III - 4.1.2	Stickstoff aus Luft durch Bindung des Sauerstoffs an Phosphor

III - 4.2.1 Darstellung von Phosphor
Eigenschaften von Phosphor

$$Ca_3(PO_4)_2 + 3\,SiO_2 + 5\,C \rightarrow 3\,CaSiO_3 + 5\,CO + 2\,P$$

Versuchsanordnung[1]*:* Abb. 114 *Abzug!*
*Muencke*sche Waschflasche A (konz. H_2SO_4) – Verbindungsrohr B – zweifach tubulierter Kolben C (1000 ml) auf einem Stativring (mit Asbestschnur umwickelt); in den Tuben (lichte Weite 40 mm) je ein Gummistopfen D und L mit einer zentralen weiten und einer seitlichen engen Bohrung – Graphitstabelektrode E[2] (∅ 8 mm), unten zugespitzt, am oberen Ende ein bis zur Mitte angebohrter Korken H als Handgriff – Glasrohr F (∅ innen 9 mm, Länge 10 cm) in der zentralen Bohrung von D als Führungsrohr für Elektrode E; durch einen überzogenen Gummibalgen oder Gummischlauch G sind F und E federnd verbunden – Lasche J aus Kupferblech, mit Schraube und Mutter an E festgeklemmt, zugleich Befestigung des Stromzuleitungsdrahtes – Graphitelektrode K (∅ 12 mm, Länge etwa 15 cm) unmittelbar durch die

[1]) Die Apparatur kann von der Fa. Kind (s. I - 17.8) bezogen werden.
[2]) Man verwendet Graphitstabelektroden mit besonders geringem elektrischem Widerstand; unter der Bezeichnung „EK 47" zu beziehen bei Fa. Ringsdorff (I - 17.8).

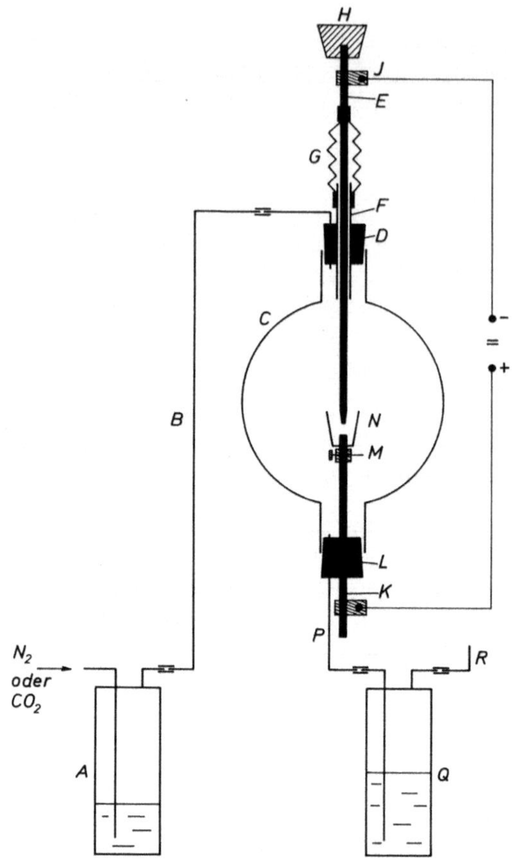

Abb. 114. Darstellung von Phosphor

zentrale Bohrung des Gummistopfens L hindurchgeführt, das obere (stumpfe) Ende etwa 3 cm von der Kolbenmitte entfernt – eiserne Muffe M (3/8 Zoll), mit Feststellschraube am Kopf von K befestigt, als Träger für das „Kakteentöpfchen" N (oberer Ø etwa 35 mm)[1]) mit erweitertem Bodenloch zum Durchführen der Elektrode K – Gasableitungsrohr P (endet unmittelbar über dem Stopfen L) – Drechselsche Waschflasche Q (zur Hälfte mit Wasser gefüllt) – Gasableitungsrohr R.
Stromversorgung für den Lichtbogen: Am besten geeignet ist gut geglätteter Gleichstrom 5 bis 10 A, 30 bis 50 V. Wechselstrom oder stark welliger Gleichstrom sind weniger brauchbar, da der Lichtbogen dann häufig abreißt. Als Stromquelle kann eines der üblichen Stromversorgungsgeräte (bei ungenügender Leistung mehrere hintereinander geschaltet) verwendet werden, an das man als Drossel die Primärspule (300 Windungen, mit etwa 5 A belastbar) mit dem Eisenkern eines Experimentiertransformators[2]) anschließt. Gut brauchbar ist auch ein Stromversorgungsgerät für Kohlebogenlampen[3]), das z.B. eine Gleichspannung von 50 V bei 5 A liefert.

[1]) Statt dessen kann auch ein kleiner Graphittiegel (Lieferfirma Phywe, s. I - 17.8) verwendet werden; die Muffe M entfällt dann.
[2]) Z.B. Fa. Leybold, Fa. Phywe (I - 17.8).
[3]) Z.B. Fa. Leybold (A 17.8).

Es können auch drei hintereinandergeschaltete Autobatterien (12 V) verwendet werden.
Die Stromzuleitungsdrähte für den Anschluß der Elektroden müssen ausreichend dick sein. Die Elektrode K wird mit dem positiven Pol verbunden.

Hilfsmittel:
N_2- oder CO_2-Quelle[1]) – $Ca_3(PO_4)_2$ – feiner Quarzsand – Holzkohle oder Aktivkohle – Reibschale – Drahtnetz, Maschenweite etwa 0,1 mm – Tiegel mit Deckel – Tondreieck – Dreifuß – Bunsenbrenner.

Vorbereitung:
Die Elektroden E und K werden so eingestellt, daß die Spitze der oberen (E) vom stumpfen Ende der unteren (K) etwa 5 mm entfernt ist und E durch leichten Druck auf H mit K zur Berührung gebracht werden kann. K soll nur wenig (etwa 3 bis 5 mm) in den Topf N hineinragen. Bereitung des Reaktionsgemenges: 6 g $Ca_3(PO_4)_2$ werden mit 4 g feinem Quarzsand und 3 g Holzkohle in einer Reibschale auf etwa Sandkorngröße verrieben und durch Sieben mit einem feinmaschigen Drahtnetz (Maschenweite 0,1 mm) vom Staub befreit. Man erhitzt das Gemenge kräftig im bedeckten Tiegel und läßt im Exsikkator über Silicagel erkalten. Kurz vor Ausführung des Versuches nimmt man die Apparateteile K, L, M und N aus dem Kolben heraus und füllt das Gemenge in den Blumentopf N; dabei drückt man es an der Wandung fest an und sorgt dafür, daß in der Mitte der Füllung ein kegelförmiger, bis zum Kopf der Elektrode K reichender Raum frei bleibt. Dann werden die Apparateteile wieder in den Kolben eingesetzt.

Ausführung: *Abzug!*
Beim Versuch wird der Raum abgedunkelt. Man schließt die Stickstoff- oder Kohlendioxid-Quelle an die Waschflasche A an und leitet einen kräftigen Gasstrom durch die Apparatur. Wenn die Luft aus der Apparatur verdrängt ist, erzeugt man durch Druck auf die obere Elektrode den Lichtbogen: dann regelt man die Stromstärke auf 5 bis 10 A ein.
Der Phosphordampf verdichtet sich größtenteils im Wasser der Waschflasche Q, während an der Mündung des Ableitungsröhrchens R eine „kalte Phosphorflamme" zu beobachten ist[2]). Von Zeit zu Zeit sorgt man durch eine kreisende Bewegung der oberen Elektrode dafür, daß frische Substanz in den Lichtbogen fällt; der Erfolg des Versuches ist wesentlich davon abhängig. Um die Bildung von rotem Phosphor zu begünstigen, ist es ratsam, nach einiger Zeit die Geschwindigkeit des Gasstromes weiter zu mäßigen, damit der Phosphordampf nicht zu schnell aus dem Kolben entfernt wird.
Nach einer Versuchsdauer von etwa 5 bis 10 Minuten wird der Lichtbogen unterbrochen: Die Innenwand des Kolbens ist mit einer Schicht von rotem Phosphor überzogen, in kühleren Teilen des Kolbens findet sich daneben auch weißer Phosphor. Die „kalte Phosphorflamme" ist noch lange zu beobachten. Wenn sich der Blumentopf etwas abgekühlt hat, löst man die Verbindung des Kolbens mit der Waschflasche Q, ohne den Gasstrom abzustellen. In Q finden sich Kügelchen von weißem Phosphor (s. u.).

[1]) Am besten Stahlflaschen. Beide Gase sind als Schutzgas geeignet.
[2]) Man muß darauf achten, daß sich diese Öffnung nicht zusetzt.

Beendigung:
Man muß die Apparatur im Gasstrom vollkommen erkalten lassen, ehe sie geöffnet werden darf. Nach Entfernung der Elektroden leuchtet der Kolben im Dunkeln hell auf. Vor dem Reinigen läßt man ihn einige Zeit in feuchter Luft (im Freien oder unter dem Abzug) liegen. Die Reinigung erfolgt mit konz. Salpetersäure oder durch Ausschütteln mit Wasser und feinem Sand.

Eigenschaften von Phosphor

Hilfsmittel:
Porzellanschale - Pinzette - Filter - 2 Reagenzgläser.
a) CS_2 - Filtrierpapier - Asbestpappe.
b) $CuSO_4$-Lsg. - Reagenzglas.

Ausführung:
Die Phosphorkügelchen in der Waschflasche Q werden auf einem Filter gesammelt und sofort mit der Pinzette auf zwei Reagenzgläser verteilt.

a) Löslichkeit und Selbstentzündung
In das eine Reagenzglas gibt man etwa 1 ml Schwefelkohlenstoff (Vorsicht, s. I - 20.7) und gießt die Lösung auf ein Stück Filtrierpapier, das man auf Asbestpappe legt. Nach dem Verdunsten des Lösungsmittels erfolgt Selbstentzündung.

b) Reduktionswirkung
In das andere Reagenzglas gibt man einige Milliliter Kupfersulfat-Lösung. Nach kurzer Zeit ist der Phosphor mit einem dunklen, meist kupferroten Beschlag (Cu_3P) überzogen; das Produkt ist nicht mehr selbstentzündlich.

Bemerkung:
Statt des doppelt tubulierten Kolbens C kann man als Reaktionsraum auch ein etwa 5 cm weites Rohr aus Supremaxglas verwenden. Zur Aufnahme des Reaktionsgemisches läßt sich statt des Blumentöpfchens auch eine Graphitstabelektrode von 20 mm Ø verwenden, die am oberen Ende eine kraterförmige Aushöhlung von etwa 15 mm Tiefe besitzt. Als Gegenelektrode verwendet man dann einen Graphitstab von 5 mm Durchmesser.
Für eine etwas einfachere Versuchsanordnung verwendet man eine vierfach tubulierte Experimentierkugel („Scheidsche Kugel", 1000 ml); die Tuben oben und unten werden zur Einführung der Elektroden verwendet, die Gaszu- und -ableitung erfolgt über die seitlichen Tuben. Das Reaktionsgemisch (man braucht hier eine größere Menge) wird direkt in die Kugel geschüttet; evtl. kann man auch zunächst trockenen Sand in die Kugel einbringen und das Reaktionsgemisch in eine trichterförmige Vertiefung (die untere Elektrode muß aus dem Sand herausragen) dieses Sandbettes geben.

III - 4.2.2 Phosphornachweis nach Mitscherlich

Versuchsanordnung:
Rundkolben (250 ml, NS 29) mit aufgesetztem Kugelkühler - Asbestdrahtnetz - Bunsenbrenner.

Hilfsmittel:
Weißer Phosphor (unter Wasser aufbewahrt) - Kupfersulfat - Siedesteinchen - Messer - Tiegelzange - Pinzette - Asbestpappe (25 x 25 cm).

Vorbereitung:
In den Kolben gibt man etwa 100 ml dest. Wasser, Siedesteinchen und einige Stückchen weißen Phosphor. Zur Abblendung der Gasflamme wird die Asbestpappe vor den Brenner gestellt.

Ausführung: *Raum verdunkeln!*
Man stellt einen kräftigen Kühlwasserstrom an und erhitzt das Wasser im Kolben zum lebhaften Sieden: Grünes Leuchten auf der Wasseroberfläche, das langsam hochsteigt, zum Kühler wandert und in der untersten Kugel stehen bleibt. Der Leuchteffekt ist hier lange Zeit gut zu beobachten; er tritt immer dort auf, wo der Wasserdampf gerade kondensiert.

Beendigung:
Man stellt Gas und Kühlwasser ab und gibt nach dem Abkühlen etwas Kupfersulfat in den Kolben; die Phosphorkügelchen überziehen sich mit einer roten Schicht (Cu_3P) und können nach etwa 15 Minuten gefahrlos durch eine Glasfrittennutsche (G3) abfiltriert und durch Auftropfen von konz. Salpetersäure im Abzug unschädlich gemacht werden. Auch der Kühler ist auf diese Weise zu reinigen.

Bemerkung:
Anstelle des Kugelkühlers kann man auch ein 1 m langes Glasrohr mit einem Gummistopfen auf den Rundkolben setzen. Bei dieser Anordnung wandert die Leuchtzone in dem Rohr schnell hoch. Das Sieden ist zu unterbrechen, bevor sie das Ende des Rohres erreicht.

III - 4.2.3 Umwandlung von rotem in weißen Phosphor

Versuchsanordnung: Abb. 115
Muenckesche Waschflasche A (konz. H_2SO_4) – Reaktionsrohr B aus schwer schmelzbarem Glas (∅ 18 mm) mit kugelförmiger Erweiterung (∅ 35 mm, etwa 10 cm

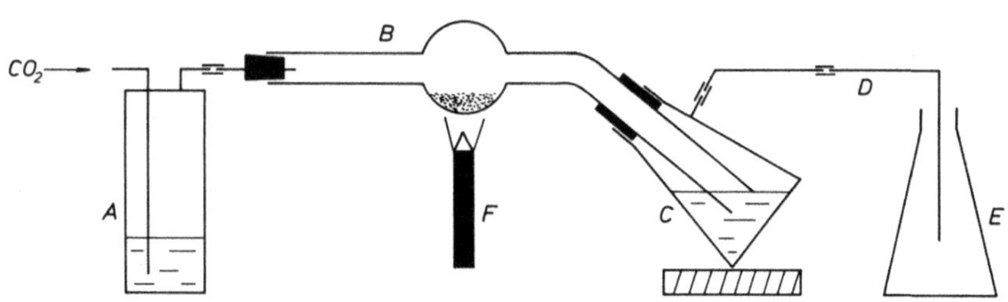

Abb. 115. Umwandlung von rotem in weißen Phosphor

vom linken Ende entfernt); der rechte Teil des Rohres ist abgebogen – Saugflasche C – Gasableitungsrohr D – Erlenmeyerkolben E (500 ml) – Bunsenbrenner F.
B wird gegen den Hals der Saugflasche C durch einen Gummiring abgedichtet. C enthält so viel Wasser, daß die Mündung von B durch das Wasser gerade verschlossen wird. E wird erst im Laufe des Versuchs unter das Rohr D gestellt.

Hilfsmittel:
CO_2-Quelle – roter Phosphor – Schwefelkohlenstoff – $CuSO_4$-Lsg. – Pinzette – Reagenzgläser – Filtrierpapier – Asbestplatte.

Ausführung:
Man gibt in die Kugel von B etwa 2 g roten Phosphor; dann leitet man durch die Apparatur zur Vertreibung der Luft einen lebhaften Kohlendioxid-Strom, mäßigt ihn nach etwa 5 Minuten auf 3 Blasen pro Sekunde und erwärmt die Kugel des Reaktionsrohres zunächst vorsichtig, dann stärker. Der rote Phosphor verdampft, ohne zu schmelzen, wobei die einzelnen Phosphorteilchen durcheinandergewirbelt werden. Der Phosphor kondensiert in dem absteigenden Teil des Rohres B und tropft in das Wasser.
Nun wird der *Erlenmeyer*kolben entsprechend der Abbildung an seinen Platz gebracht. Dunkelt man den Raum ab, so beobachtet man in dem *Erlenmeyer*kolben ein Leuchten. Hat sich in der Saugflasche genügend Phosphor angesammelt, läßt man im Kohlendioxid-Strom erkalten, entfernt, ohne denselben zu unterbrechen, die Saugflasche und bringt mit der Pinzette (Schutzbrille!) die in der Mündung des Reaktionsrohres haftenden Phosphorteile in die Saugflasche. Man verteilt den erhaltenen weißen Phosphor auf zwei Reagenzgläser und führt damit die Versuche III - 4.2.1 a und b aus.

Beendigung:
Nach Beendigung wird das Reaktionsrohr sofort mit konz. Salpetersäure ausgespült, um die Phosphorreste unschädlich zu machen.

III - 4.2.4 Umwandlung von weißem in roten Phosphor

Versuchsanordnung:
Ein großes Reagenzglas steckt in einem mit Sand gefüllten Eisentiegel, der in einem auf einem Stativring aufliegenden Tondreieck steht. Ein rechtwinklig gebogenes Glasrohr wie Abb. 83, G ragt mit seinem langen Schenkel, der der Länge des Reagenzglases entspricht, in dieses hinein und kann mit einer Stativklammer in jeder Lage fixiert werden. Das kurze Ende des Glasrohres ist über einen längeren Schlauch über eine *Drechsel*sche Waschflasche (konz. H_2SO_4) mit einer CO_2-Quelle verbunden. Unter dem Eisentiegel (Sandbad) steht ein Bunsenbrenner.

Hilfsmittel:
Vaseline – Jod – konz. Salpetersäure – Schwefelkohlenstoff – Tetrachlorkohlenstoff – weißer Phosphor (kleine Stückchen in einer Porzellanschale unter Wasser) – Pinzette – Filtrierpapier – Asbestpappe – 3 Reagenzgläser – langer Spatel – Tonplatte – Thermometer (bis 350 °C).

Vorbereitung:
Im großen Reagenzglas schmilzt man etwa 5 g Vaseline unter Zusatz von einem Körnchen Jod (Katalysator) und steckt es bis zum oberen Rand der Schmelze in das Sandbad. Das Glasrohr wird mit der Mündung etwa 3 bis 4 cm über der geschmolzenen Vaseline fixiert und das Thermometer in die Schmelze eingetaucht.

Ausführung:
Man leitet einen lebhaften Kohlendioxid-Strom durch das Reagenzglas. Wenn anzunehmen ist, daß alle Luft vertrieben ist, wird der Gasstrom gemäßigt und das Sandbad vorsichtig mit der Bunsenflamme erhitzt, bis das Thermometer 60 bis 70 °C anzeigt.
Dann läßt man in das Reagenzglas mittels einer Pinzette einige mit Filtrierpapier abgetupfte Stückchen weißen Phosphor fallen, die schmelzend in der Vaseline untersinken. Nun setzt man das Erhitzen mit starker Flamme fort. Oberhalb 100 °C auf-

tretende Gasblasen bestehen aus Wasserdampf, der von der am Phosphor haftengebliebenen Feuchtigkeit herrührt. Ist eine Temperatur von 320 bis 330 °C erreicht, so hält man sie etwa 10 Minuten konstant. Ein geringer Teil des Phosphors verdampft und kondensiert sich im oberen Teil des Reagenzglases als orangegelber Beschlag. Man zieht das Reagenzglas aus dem Sand heraus, stellt es auf eine über den Eisentiegel gelegte Asbestpappe und läßt im Kohlendioxid-Strom erkalten. Ist die Temperatur auf 40 bis 50 °C gesunken, werden Thermometer und Einleitungsrohr herausgenommen und sofort in bereitgehaltene Reagenzgläser mit konz. Salpetersäure gestellt. Dann gibt man in das Reagenzglas Tetrachlorkohlenstoff, vermischt ihn mit der Vaseline und gießt ihn ab; dies wird noch zweimal wiederholt. Den am Boden des Reagenzglases befindlichen, fest zusammengebackenen Phosphor nimmt man mit einem langen Spatel heraus, preßt ihn auf Ton kurz ab und bringt ihn in ein bereitgehaltenes, mit Schwefelkohlenstoff (Vorsicht! s. I - 20.7) gefülltes Reagenzglas. Im Gegensatz zum Ausgangsmaterial löst sich der erhaltene rote Phosphor nicht auf.

III - 4.2.5 Verbrennung von Phosphor unter Wasser

$$P_4 + 5\,O_2 \rightarrow P_4O_{10} \qquad \Delta H = -713{,}2 \text{ kcal } (-2984{,}0 \text{ kJ})$$

Versuchsanordnung: Abb. 116
Becherglas A (400 ml, hohe Form) auf einem Stativring mit Asbestdrahtnetz und Bunsenbrenner – großes Reagenzglas B (∅ 3 cm) – rechtwinkliges Einleitungsrohr C, langer Schenkel mit aufgeschobenem Drahtnetz D – O_2-Quelle, mit Waschflasche (Wasser), die mit langem Gummischlauch an C angeschlossen ist.
Das engmaschige Drahtnetz D muß so eng durchlocht sein, daß es fest an dem Glasrohr anliegt.

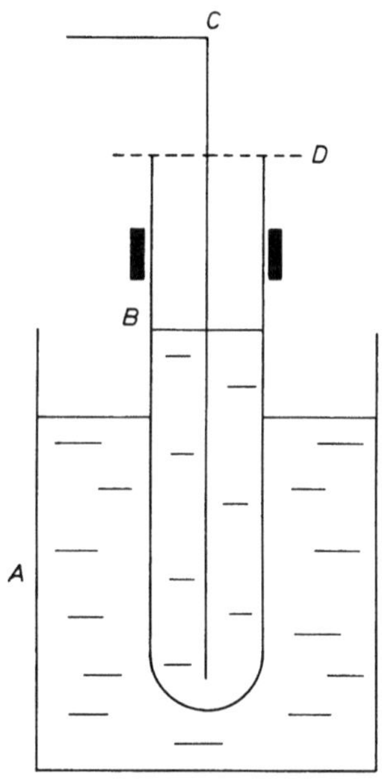

Abb. 116. Verbrennung von Phosphor unter Wasser

Hilfsmittel:
Weißer Phosphor – pH-Indikatorpapier – Pinzette – Thermometer (bis 100 °C).

Vorbereitung:
In das Becherglas A und das Reagenzglas B füllt man Wasser bis zu der in der Abbildung angegebenen Höhe und gibt in das Reagenzglas einige erbsengroße Stückchen weißen Phosphor. Das Einleitungsrohr C wird zunächst noch nicht in das Reagenzglas eingetaucht.

Ausführung:
Man erwärmt das Wasser im Becherglas auf 60 °C. Ist der Phosphor geschmolzen, wird die Reaktion des Wassers in B mit Indikatorpapier geprüft. Danach wird ein langsamer Sauerstoff-Strom angestellt und das Einleitungsrohr bis auf etwa 1,5 cm Abstand vom Boden in das Reagenzglas eingetaucht.
Das Drahtnetz soll dann auf der Mündung von B aufliegen. Vorsicht! Man darf die Hand nicht über die Öffnung des Reagenzglases bringen! Wo die Sauerstoffblasen mit dem Phosphor in Berührung kommen, verbrennt dieser mit heller Lichterschei-

nung. Nach beendeter Verbrennung prüft man wieder die Reaktion des Wassers in B mit Indikatorpapier.

III - 4.2.6 Phosphorwasserstoffe (Mono- und Diphosphan) aus Phosphor und Kalilauge

$$P_4 + 3\,OH^- + 3\,H_2O \rightarrow 3\,H_2PO_2^- + PH_3$$

Daneben entsteht etwas Diphosphan P_2H_4 (selbstentzündlich).

Versuchsanordnung: Abb. 117 *Abzug!*
*Muencke*sche Waschflasche A (Wasser) - Weithalsrundkolben B (250 ml) mit dreifach durchbohrtem Gummistopfen für Einleitungs- und Ableitungsrohr C und D sowie Tropftrichter E[1]) - Saugflasche F (250 ml) mit doppelt durchbohrtem Gummistopfen für Einleitungsrohr G sowie Tropftrichter H - pneumatische Wanne J (Wasser); das Ableitungsrohr K mündet hier etwa 2 cm unterhalb der Wasseroberfläche - Bunsenbrenner.
Das Einleitungsrohr C und das Ablaufrohr von E müssen fast bis auf den Boden von B, das Rohr G und das Ablaufrohr von H bis zum Boden der Saugflasche F reichen.

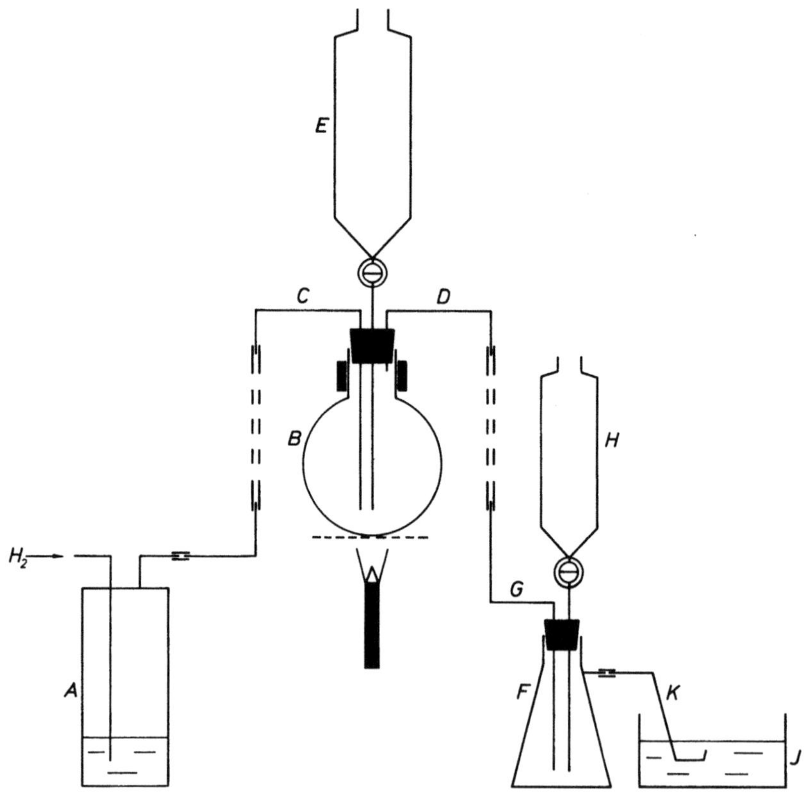

Abb. 117. Phosphorwasserstoffe

[1]) Bequemer ist die Verwendung eines dreifach tubulierten Schliffkolbens.

Hilfsmittel:
Weißer Phosphor (unter Wasser aufbewahrt) – H_2-Quelle – rote rauchende Salpetersäure – $AgNO_3$-Lösung – 40%ige Kalilauge – rauchende Salzsäure – Reagenzgläser – Glasstab – Filtrierpapier in Streifen.

Vorbereitung:
Man füllt in den Tropftrichter E 25 ml Wasser und läßt davon so viel in B einfließen, daß C und das Ablaufrohr von E darin eintauchen. Das Ablaufrohr muß vollständig (ohne Luftblasen) mit Wasser gefüllt sein; in E muß noch etwas Wasser verbleiben. Nun nimmt man den Kolben B von seinem Gummistopfen ab, gibt etwa 5 erbsengroße Stückchen weißen Phosphor hinein und setzt den Gummistopfen wieder auf den Kolben. Dann füllt man die 40%ige Kalilauge in den Tropftrichter E.

Ausführung: *Achtung! Abzug!*
Der Versuch ist unbedingt unter dem Abzug auszuführen. Man hüte sich vor dem Einatmen der giftigen Phosphorwasserstoffe. Die Arbeitsvorschrift ist genau zu befolgen.
Man leitet einen lebhaften Wasserstoffstrom durch die Apparatur, fängt nach kurzer Zeit die entweichenden Gase bei K in einem Reagenzglas auf und macht sorgfältig die Knallgasprobe (s. I - 18.9). Wenn die Luft vollkommen aus der Apparatur verdrängt ist, öffnet man den Hahn des Tropftrichters H, so daß der Wasserstoff jetzt dort hineinströmt. Man schließt den Hahn nach etwa 2 Minuten und füllt etwa 15 ml rauchende Salzsäure in den Tropftrichter H. Nun wird die Geschwindigkeit des Wasserstoffstromes gemäßigt. Man läßt Kalilauge in den Kolben B einlaufen, wobei aber keine Luft mit eindringen darf; ein Teil der Lauge muß in E zurückbleiben. Jetzt wird der Kolben vorsichtig erhitzt; die Flüssigkeit darf keinesfalls sieden. Sobald aus dem Rohr K Gasblasen entweichen, die sich an der Luft entzünden, wird die Wasserstoffzufuhr vollkommen abgestellt. Wenn eine gleichmäßige Gasentwicklung eingesetzt hat, ist die Flamme des Brenners klein zu stellen. Aus der Wanne J steigen weiße Rauchringe. Darauf läßt man in die Saugflasche F vorsichtig rauchende Salzsäure einlaufen; dabei achtet man darauf, daß keine Luft eindringt. Ein Teil der Salzsäure muß in dem Tropftrichter H zurückbleiben. Die Gase entzünden sich nicht mehr, da das selbstentzündliche Diphosphan P_2H_4 durch Salzsäure in Monophosphan und wasserstoffarme feste Polyphosphane zerlegt wird (Abscheidung gelber Flocken in F). Man füllt zwei Reagenzgläser mit Phosphan; in eines bringt man einen mit Silbernitratlösung getränkten Filtrierpapierstreifen: Schwarzfärbung durch ausgeschiedenes Silber. In das andere Reagenzglas taucht man einen mit roter rauchender Salpetersäure benetzten Glasstab ein: Entzündung. Diese Versuche sind rasch nacheinander auszuführen.

Beendigung: *Achtung!*
Wenn der Phosphor vollständig verbraucht ist, wird zunächst ein langsamer Wasserstoffstrom durch die Apparatur hindurchgeleitet; dann wird das Erhitzen des Kolbens eingestellt. Durch den Tropftrichter E läßt man kaltes Wasser in den Kolben B einlaufen, wobei man darauf achtet, daß keine Luft mit in den Kolben gelangt. Unter fortdauerndem Durchleiten von Wasserstoff läßt man vollkommen erkalten; erst dann darf die Apparatur geöffnet und abgebaut werden.
Der Inhalt von Kolben, Saugflasche und pneumatischer Wanne kann in den Ausguß gegossen werden; man muß jedoch reichlich Wasser nachlaufen lassen. Um die Geruchsbelästigung zu vermeiden, kann man vor dem Ausgießen etwas Kupfersulfatlösung zu den Flüssigkeiten in den drei Gefäßen geben und einige Zeit stehen lassen; Phosphanreste werden dadurch gebunden.

III - 4.2.7 Phosphortrichlorid aus Phosphor und Chlor
Eigenschaften von Phosphortrichlorid

$$P_4 + 6\ Cl_2 \rightarrow 4\ PCl_3 \qquad \Delta H = -305{,}6\ \text{kcal}\ (-1278{,}6\ \text{kJ})$$

Versuchsanordnung: Abb. 118
Gasentwickler Abb. 19b, A bis C – Waschflasche D (konz. H_2SO_4) – T-Stück E, daran angeschlossen über Waschflasche F (konz. H_2SO_4) eine CO_2-Quelle – Destillierkol-

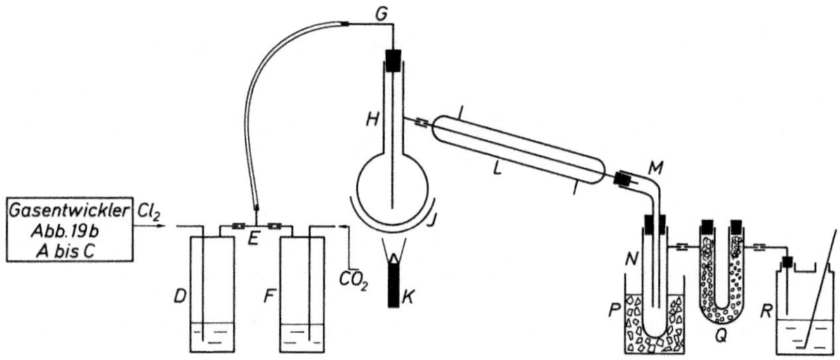

Abb. 118. Phosphortrichlorid

ben H (100 ml) mit durchbohrtem Gummistopfen für Zuleitungsrohr G (leicht verschiebbar, mit PVC-Schlauch an E angeschlossen) – Eisenschale J, mit Asbestpapier ausgelegt, als Luftbad in einem Stativring unter H – Bunsenbrenner K – Kühlmantel L am Ablaufrohr von H – Vorstoß M mit direkt angesetztem Saugrohr N (Destilliervorlage) – kleines Becherglas P (Eis) – U-Rohr Q ($CaCl_2$) an N - Woulfesche Waschflasche R (20%ige Natronlauge) mit Rührstab.

Hilfsmittel:
Weißer Phosphor (unter Wasser aufbewahrt) – $KMnO_4$ – konz. Salzsäure – Porzellanschale – Pinzette – Messer – Asbestpapier – zerkleinertes Eis – Filtrierpapier.

Vorbereitung:
Auf den Boden des Kolbens H bringt man eine Lage Asbestpapier und leitet anschließend Kohlendioxid über F durch die Apparatur. Dann schneidet man in einer Porzellanschale unter Wasser eine Stange Phosphor (etwa 5 g) in kleine Stücke, trocknet diese rasch durch Abpressen zwischen Filtrierpapier gut ab und wirft sie vorsichtig mit einer Pinzette in den Destillierkolben. Bis zur Ausführung des Versuchs wird langsam Kohlendioxid durch die Apparatur geleitet.
Der Kolben A des Gasentwicklers wird mit Kaliumpermanganat beschickt, der Tropftrichter B mit konz. Salzsäure.

Ausführung:
Das Kühlwasser wird angestellt und das Becherglas P mit Eis und Wasser gefüllt. Ehe man den Gasentwickler bei D an die Apparatur anschließt, wird die Luft aus der zwischengeschalteten Waschflasche D durch einen langsamen Chlorstrom vertrieben.

Man erhitzt das Luftbad J, bis der Phosphor gerade schmilzt. Dann wird die Flamme entfernt und der Kohlendioxidstrom abgestellt. Nun schiebt man das Einleitungsrohr G soweit in den Kolben H, daß es etwa 2 cm über dem Phosphor mündet, und leitet einen lebhaften Chlorstrom durch die Apparatur. Der Phosphor entzündet sich und verbrennt mit grünlicher Flamme. Man zieht nun das Einleitungsrohr etwas höher, so daß aus ihm eine fahle „umgekehrte" Flamme herausbrennt. Das gebildete Phosphortrichlorid (Sdp. 76,1 °C) destilliert in die Vorlage (farblose Flüssigkeit).
Beim weiteren Verlauf des Prozesses ist darauf zu achten, daß überschüssiger Phosphordampf vorhanden ist, was sich darin zeigt, daß das Chlor in dem Phosphordampf verbrennt. Ist überschüssiges Chlor vorhanden, so bildet sich ein weißer Beschlag von Phosphorpentachlorid; in diesem Falle ist das Einleitungsrohr dem Phosphor zu nähern oder von außen Wärme zuzuführen. Bildet sich dagegen an den oberen Kolbenwandungen ein gelbroter Beschlag von kondensiertem Phosphor, so ist das Einleitungsrohr höher herauszuziehen.
Der Versuch ist abzubrechen, ehe der Phosphor vollständig verbraucht ist.

Beendigung: *Vorsicht!*
Man stellt die Chlorzufuhr ab und verdrängt das Chlor aus der Apparatur durch Einleiten von Kohlendioxid. Beim Öffnen der Apparatur hüte man sich vor dem Einatmen des giftigen Dampfes von Phosphortrichlorid. Der noch im Kolben verbliebene Rückstand von Phosphor wird durch Erhitzen des offenen Kolbens unter dem Abzug verbrannt.

Eigenschaften von Phosphortrichlorid

Hilfsmittel:
$BaCl_2$-Lsg. – $AgNO_3$-Lsg. – $HgCl_2$-Lsg. – konz. NH_3-Lsg. – $NaHCO_3$ – Thermoskop (Abb. 10); das Einsatzgefäßt wird zur Hälfte mit dest. Wasser gefüllt – Glasstab – pH-Indikatorpapier – 3 Reagenzgläser.

Ausführung:
Das Reaktionsprodukt ist eine farblose Flüssigkeit, die an der Luft Nebel bildet.
Hydrolyse

$$PCl_3 + 3\,H_2O \rightarrow 3\,HCl + H_3PO_3$$

Man gibt einige Milliliter des Reaktionsproduktes in das mit Wasser beschickte Thermoskopgefäß: Die Flüssigkeit sinkt unter (Dichte 1,57 g · cm^{-3}); zunächst keine Reaktion, nach kurzer Zeit Erwärmung, Aufsteigen von Schlieren, Ausstoßen von Gasblasen, das Phosphortrichlorid wird emporgewirbelt, es entweicht Chlorwasserstoff. Man hält einen mit konz. Ammoniaklösung befeuchteten Glasstab über die Mündung des Gefäßes: NH_4Cl-Rauch. Nach völliger Zersetzung taucht man einen Streifen Indikatorpapier in die Lösung.
Man gibt in 3 Reagenzgläser je einen Teil der Lösung, neutralisiert mit Natriumhydrogencarbonat und versetzt

1) mit Bariumchloridlösung: Weißer Niederschlag von $BaHPO_3$.
2) mit Silbernitratlösung: Weißer Niederschlag von Ag_2HPO_3, der in der Wärme unter Abscheidung von Silber schwarz wird.
3) mit Quecksilber(II)-chloridlösung: Weißer Niederschlag von Hg_2Cl_2.

III - 4.2.8 Phosphorpentoxid

$$P_4 + 5\ O_2 \rightarrow P_4O_{10} \qquad \Delta H = -713{,}2\ \text{kcal}\ (-2984{,}0\ \text{kJ})$$

Versuchsanordnung: Abb. 119

Zwei *Drechsel*sche Waschflaschen A und B (jede konz. H_2SO_4) – dreifach tubulierter Rundkolben C (100 ml) mit Einfülltrichter E (∅ 12 mm) mit Stopfen verschließbar,

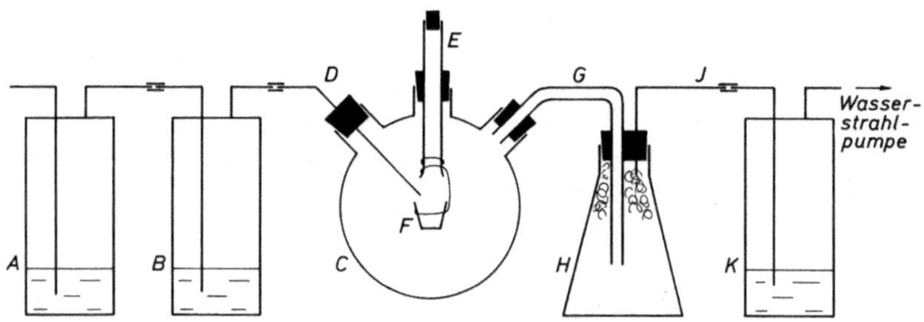

Abb. 119. Phosphorpentoxid

unten trichterartig erweitert zur Halterung einer Kupferdrahtschlinge, an der ein Porzellantiegel F befestigt ist – Luftzuleitungsrohr D, bis an die Tiegelöffnung heranreichend – weites Ableitungsrohr G – *Erlenmeyer*kolben H (300 ml) mit doppelt durchbohrtem Gummistopfen – Ableitungsrohr J – Waschflasche K (konz. H_2SO_4) – Wasserstrahlpumpe.

Hilfsmittel:

Weißer Phosphor in kleinen Stückchen, unter Wasser in einer Glasschale – verd. Salpetersäure – Messer – Pinzette – Filtrierpapier – pH-Indikatorpapier – kleine Eisennägel – Tiegelzange – Thermoskop (Abb. 10); das Einsatzgefäß wird zu 3/4 mit dest. Wasser gefüllt – Glasstab.

Vorbereitung:

In den oberen Teil des *Erlenmeyer*kolbens wird locker Glaswolle gestopft. Die Waschflasche K wird über eine Sicherheitsflasche mit der Wasserstrahlpumpe verbunden. Die Apparatur muß vollkommen trocken sein. Zum Trocknen saugt man einen mäßigen Luftstrom durch die Apparatur, wobei das Einfüllrohr E mit einem Stopfen verschlossen wird. Dabei fächelt man die Kolben C und H mit großer, schwach entleuchteter Flamme des Bunsenbrenners etwa 5 Minuten lang ab. Nach dem Erkalten kann mit dem Versuch begonnen werden.

Ausführung: *Vorsicht!*

Man läßt durch das Glasrohr E einige Stückchen weißen Phosphor, die zwischen Filtrierpapier sorgfältig abgepreßt wurden, in den Tiegel herabfallen. Der Phosphor darf nur mit der Pinzette angefaßt werden. Darauf erhitzt man einen kleinen Eisennagel, den man mit einer Tiegelzange faßt, und läßt ihn durch das Rohr E zu dem Phosphor herabfallen. Wenn sich der Phosphor entzündet hat, verschließt man die Öffnung des Einwurfrohres und saugt einen lebhaften Luftstrom durch die Apparatur. Das Phosphorpentoxid setzt sich als schneeartige Masse an den Wandungen der Kolben

C und H ab. Die Geschwindigkeit des Luftstromes ist so zu regulieren, daß aus dem Kolben H kein Phosphorpentoxid entweicht.
Wenn der Tiegelinhalt abgebrannt ist, stellt man die Luftzufuhr ab, zieht das Rohr E mit angehängtem Tiegel vorsichtig aus dem Kolben heraus und stellt den Tiegel unter den Abzug. Man trägt in kleinen Anteilen Phosphorpentoxid, das man den Kolben C oder H entnimmt, in das vorbereitete Thermoskopgefäß ein: Aufzischen, klare Auflösung, starke Wärmeentwicklung. Man prüft die Lösung mit pH-Indikatorpapier.

Bemerkung:
Der Tiegel wird unter dem Abzug – im Tondreieck auf einem Dreifuß – mit freier Flamme kräftig erhitzt, um Reste unverbrannten Phosphors zu vernichten.

III - 4.3 Arsen und Antimon

S. auch
II - 11.4 Antimon(III)-sulfid-Sol
II - 11.5 Elektrophorese
III - 2.1.1c Reaktion von Chlor mit Antimon
III - 4.1.11 Distickstofftrioxid aus Salpetersäure und Arsen(III)-oxid

III - 4.3.1 Bildung und thermische Zersetzung von Arsenwasserstoff[1])

$$H_3AsO_3 + 3\ Zn + 6\ H_3O^+ \rightarrow AsH_3 + 3\ Zn^{2+} + 9\ H_2O$$
$$2\ AsH_3 \rightarrow 2\ As + 3\ H_2 \qquad \Delta H = -31{,}8\ \text{kcal}\ (-133{,}1\ \text{kJ})$$

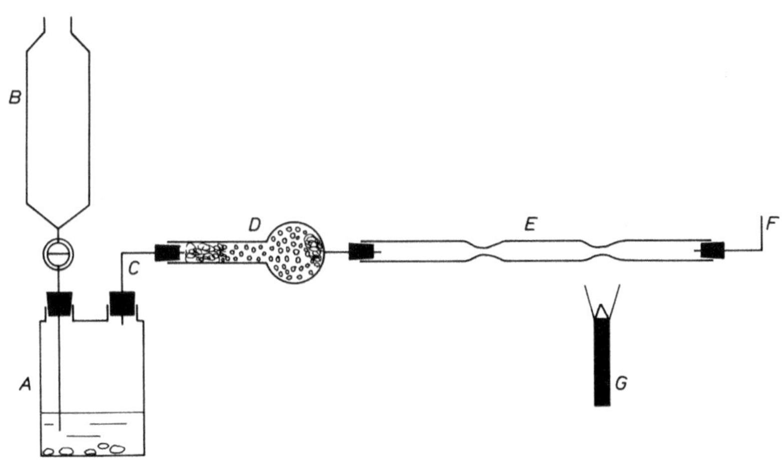

Abb. 120. Bildung und thermische Dissoziation von Arsenwasserstoff

Versuchsanordnung: Abb. 120 *Abzug!*
*Woulf*esche Flasche A (250 ml) mit Tropftrichter B und Gasableitungsrohr C – Trokkenrohr D (Calciumchlorid zwischen Glaswollebäuschen) – zweifach verjüngtes

[1]) Nachweis von Arsen nach *J. Marsh* 1837.

Rohr E aus schwerschmelzbarem Glas (30 cm lang) – rechtwinklig gebogenes Gasableitungsrohr F, zur Spitze ausgezogen – Bunsenbrenner G.

Hilfsmittel:
„Arsenige Säure“[1]): Man löst etwa 0,5 g As_2O_3 unter Erwärmen in 10 ml verd. Salzsäure. – Schwefelsäure (20%ig) – Zink (p.a. granuliert) – $CuSO_4$-Lsg. – $MgSO_4$ – NH_4Cl –verd. NH_3-Lsg. – verd. Natronlauge – H_2O_2 (3%ig) – Magnesiamischung (s. V) – H_2S-Wasser – Ammoniumsulfid-Lsg. – 2 Porzellanschalen – Glasstab – Reagenzgläser.

Ausführung: *Abzug! Vorsicht!*
Man hüte sich vor dem Einatmen selbst geringster Mengen von Arsenwasserstoff! Man gibt in die *Woulf*esche Flasche etwa 5 g Zink und läßt aus dem Tropftrichter die 20%ige Schwefelsäure mit einigen Tropfen Kupfersulfatlösung einfließen.
Nach negativem Ausfall der Knallgasprobe (s. I - 18.9) wird der entweichende Wasserstoff bei F angezündet. Nun gibt man durch den Tropftrichter etwa 3 ml der „arsenigen Säure“ hinzu: Die Wasserstoffflamme wird größer und fahlblau. Vorsicht! Man hält die Innenseite einer Porzellanschale einige Zeit tief in die Flamme hinein und erzeugt so einen größeren schwarzen Beschlag (As). Dann hält man die Innenseite einer zweiten Porzellanschale über die Spitze der Flamme und erzeugt einen größeren weißen Beschlag (As_2O_3). Darauf erhitzt man das Rohr kurz vor der zweiten verjüngten Stelle: Glänzender, schwarzer Arsenspiegel in und hinter der Rohrverengung; die Färbung der Wasserstoffflamme verschwindet. Dann erhitzt man vor der ersten Verengung des Rohres. Den hier abgeschiedenen Arsenspiegel treibt man durch Erhitzen in den mittleren Teil des Rohres: Sublimation bei etwa 616 °C.

Beendigung:
Durch Eingießen von Wasser füllt man die *Woulf*esche Flasche, erst dann darf die Apparatur auseinandergenommen werden. Die Arsenspiegel entfernt man aus dem Rohr durch Spülen mit einem Gemisch von Natronlauge und Wasserstoffperoxid (s. u.).

Untersuchung der Beschläge in den Porzellanschalen:
a) Man übergießt den schwarzen Beschlag (As) in der Porzellanschale mit einigen Millilitern eines im Reagenzglas bereiteten Gemisches gleicher Volumteile verd. Natronlauge und Wasserstoffperoxid (3%ig): Der Beschlag löst sich leicht auf. Man gibt in einem Reagenzglas etwas Magnesiamischung zu dieser Arsenatlösung: Weißer kristalliner Niederschlag ($NH_4MgAsO_4 \cdot 6\,H_2O$).
b) Den weißen Beschlag betupft man mit einem Tropfen Schwefelwasserstoffwasser: Gelbfärbung; nach Zugabe einiger Tropfen Ammoniumsulfid-Lösung: Farblose Lösung von AsS_3^{3-}.

III - 4.3.2 Antimon aus Antimonsulfid und Eisen
Eigenschaften von Antimon

$$Sb_2S_3 + 3\,Fe \rightarrow 3\,FeS + 2\,Sb$$

Versuchsanordnung:
Tontiegel (hessischer Tiegel) mit Deckel – Tiegelglühofen (Abb. 7) – Teclubrenner.

[1]) In einer solchen Lösung liegt im wesentlichen $As(OH)_3$ vor; vgl. *Loehr, T. M.*, u. *R. A. Plane*, Inorg. Chem. 7, 1708 (1968).

Hilfsmittel:
Antimonsulfid (Sb_2S_3, Grauspießglanz) – Eisenspäne, möglichst fein – Na_2SO_4, wasserfrei – Holzkohle – Tiegelzange – Hammer – Tonteller – Reibschale – Stricknadel mit Korkgriff.

Vorbereitung:
Durch Verreiben in der Reibschale bereitet man ein inniges Gemenge von 25 g Grauspießglanz, 11 g feinen Eisenspänen, 2,5 g Natriumsulfat[1]) und 0,5 g Holzkohlepulver. Das Gemenge wird im Trockenschrank bei 100 °C gut getrocknet und in einer verschlossenen Pulverflasche aufbewahrt.

Ausführung:
Das Gemenge wird in den Tiegel eingefüllt und im Ofen erhitzt; dabei soll die Temperatur nicht bis zum völligen Durchschmelzen der Schlacke gesteigert werden, sondern nur bis zu deren Erweichen[2]); Prüfung mit einer Stricknadel.
Die Versuchsdauer beträgt 15 bis 20 Minuten. Nach dem Erkalten wird der Tiegel mit dem Hammer zerschlagen und der „Antimonregulus“ auf einen Tonteller gebracht; etwa anhaftende Schlacke ist zu entfernen.

Eigenschaften von Antimon

Hilfsmittel:
Antimon – für b) bis e): Reagenzgläser – Bunsenbrenner.
a) Leitfähigkeitsprüfer (s. Abb. 18) – Hammer – Reibschale.
b) Konz. Salzsäure.
c) Konz. Schwefelsäure.
d) Konz. Salpetersäure.
e) Verd. Natronlauge.

Ausführung:
a) Allgemeine Eigenschaften
Man berührt die Oberfläche des Antimons mit den Elektroden des Leitfähigkeitsprüfers: Leitfähigkeit. Man zerschlägt den Regulus mit dem Hammer: Sprödigkeit, sichtbare Kristalle an den Bruchflächen.
Ein Teil des Antimons wird in der Reibschale fein gepulvert und zu den folgenden Versuchen verwendet.

b) Keine Reaktion mit Salzsäure
Man erhitzt Antimonpulver mit konz. Salzsäure in einem Reagenzglas: Keine Auflösung (Redoxpotential $e_o(Sb/Sb^{3+}) = +0{,}2$ V).

c) Reaktion mit konz. Schwefelsäure
Man erhitzt Antimonpulver mit konz. Schwefelsäure: Auflösung unter Schwefeldioxid-Entwicklung

$$2\,Sb + 6\,H_2SO_4 \rightarrow Sb_2(SO_4)_3 + 3\,SO_2 + 6\,H_2O.$$

Nach dem Erkalten sind im Reagenzglas farblose Nadeln von $Sb_2(SO_4)_3$ zu beobachten.

[1]) Das bei der Reaktion von Na_2SO_4 und Kohlenstoff entstehende Na_2S reagiert mit FeS unter Bildung von Na_2FeS_2, das mit überschüssigem Na_2S eine relativ niedrig schmelzende Schlacke bildet.
[2]) Smp. von Antimon 630,5 °C.

d) Reaktion mit konz. Salpetersäure *Abzug!*
Man erhitzt Antimonpulver mit konz. Salpetersäure: Entwicklung von Stickstoffoxiden, Oxidation des Antimons zu schwerlöslicher „Antimonsäure" $Sb_2O_5 \cdot x\, H_2O$[1]) (weißes Pulver).

e) Reaktion mit Natronlauge
Man erhitzt Antimonpulver mit verd. Natronlauge: Auflösung unter Wasserstoff-Entwicklung

$$2\,Sb + 2\,OH^- + 2\,H_2O \rightarrow 2\,SbO_2^- + 3\,H_2.$$

Redoxpotential $e_o(Sb/SbO_2^-) = -0{,}67$ V.

III - 4.3.3 Bildung und thermische Zersetzung von Antimonwasserstoff

$$Sb^{3+} + 3\,Zn + 3\,H_3O^+ \rightarrow SbH_3 + 3\,Zn^{2+} + 3\,H_2O$$
$$2\,SbH_3 \rightarrow 2\,Sb + 3\,H_2 \qquad \Delta H = -69{,}4 \text{ kcal } (-290{,}4 \text{ kJ})$$

Versuchsanordnung: *Abzug!*
Wie Vers. III - 4.3.1, Abb. 120

Hilfsmittel:
Schwefelsäure (20%ig) – Zink, granuliert – Kaliumantimonotartrat, 1 g gelöst in 20 ml verd. Salzsäure – Reagenzgläser – verd. NaOH – H_2O_2 (3%ig) – H_2S-Wasser – Ammoniumsulfidlösung – 2 Porzellanschalen.

Ausführung: *Abzug! Vorsicht!*
Die Ausführung erfolgt wie bei Versuch III - 4.3.1. Vorsicht! Antimonwasserstoff ist wie Arsenwasserstoff ein starkes Gift! Man hüte sich vor dem Einatmen selbst geringer Mengen des Gases.
Nach Erzeugung der Beschläge in den Porzellanschalen erhitzt man das Rohr an den verjüngten Stellen. Der Antimonspiegel scheidet sich beiderseits der erhitzten Stelle ab. Man erhitzt den Antimonbeschlag kräftig: Keine merkbare Verdampfung bzw. Sublimation (Unterschied gegenüber Arsen).

Beendigung:
Wie bei Versuch III - 4.3.1. Die Antimonspiegel lassen sich aus dem Rohr und aus der Schale durch Chlorwasser oder konz. Salpetersäure entfernen.

Untersuchung der Beschläge in den Porzellanschalen:
a) Antimonbeschlag (schwarz)
Unlöslich in einem Gemisch von verd. Natronlauge und Wasserstoffperoxid (Unterschied gegenüber Arsen).

b) Antimon(III)-oxid-Beschlag (weiß)
Färbt sich mit Schwefelwasserstoffwasser orangerot (Sb_2S_3). Nach Betupfen mit Ammoniumsulfidlösung: Farblose Lösung von SbS_3^{3-}.

[1]) Antimon(V)-aquoxid.

III - 5 Vierte Hauptgruppe

III - 5.1 Kohlenstoff

S. auch

I - 19.15 Kohlenmonoxid
I - 19.16 Kohlendioxid
II - 1.6 Quantitative Oxidation von Kohlenmonoxid zu Kohlendioxid
II - 1.7 Quantitative Oxidation von Kohlenstoff zu Kohlendioxid
II - 1.14 Kristallwasserbestimmung von Natriumcarbonat
II - 6.1 Heterogenes Gleichgewicht: Thermische Zersetzung von Carbonaten
II - 6.3 Boudouard-Gleichgewicht
II - 7.1 Zersetzung von Ameisensäure
II - 8.1 Adsorption von Gasen durch Aktivkohle
II - 8.4 Adsorption flüchtiger Lösungsmittel durch Aktivkohle
II - 8.5 Adsorption gelöster Farbstoffe durch Aktivkohle
II - 8.6 Entfärbung von Rohzuckerlösung durch Aktivkohle
III - 7.2.2 Thermische Dissoziation von Calciumcarbonat
III - 7.2.3 Calciumcarbonat aus Calciumoxid und Kohlendioxid
III - 7.2.4 Einwirkung von Kohlendioxid auf Calciumhydroxid
III - 7.2.5 Calciumcarbid aus Calciumoxid und Kohlenstoff
III - 7.2.6 Calciumcyanamid („Kalkstickstoff") aus Calciumcarbid und Stickstoff
III - 8.2.3 Natriumcarbonat nach dem Ammoniaksoda-Verfahren
III - 9.1.1 Reduktion von Kupfer(II)-oxid durch Kohlenstoff
III - 9.5.1 Reduktion von Eisen(III)-oxid durch Kohlenmonoxid
III - 9.5.5 Eisen(II)-hydrogencarbonat
III - 9.6.1 Nickeltetracarbonyl aus Nickel und Kohlenmonoxid
IV - 1.10 Acetylen (Äthin) aus Calciumcarbid
IV - 5.1 Natriumformiat aus Kohlenmonoxid und Natriumhydroxid

III - 5.1.1 Kohlenmonoxid und Kohlendioxid als Verbrennungsprodukte von Kohlenstoff

$$2\,C + O_2 \rightarrow 2\,CO \qquad \Delta H = -52{,}8\ \text{kcal}\ (-220{,}9\ \text{kJ})$$
$$C + O_2 \rightarrow CO_2 \qquad \Delta H = -94{,}1\ \text{kcal}\ (-393{,}7\ \text{kJ})$$

Versuchsanordnung: Abb. 121

O_2-Quelle – *Muencke*sche Waschflasche A (konz. H_2SO_4) – schwerschmelzbares Glasrohr B (∅ innen 18 mm, Länge 25 cm) – *Muencke*sche Waschflasche C – Drechselsche Waschflasche D – Gummischlauch zum Abzug – Teclubrenner E mit Schlitzaufsatz.

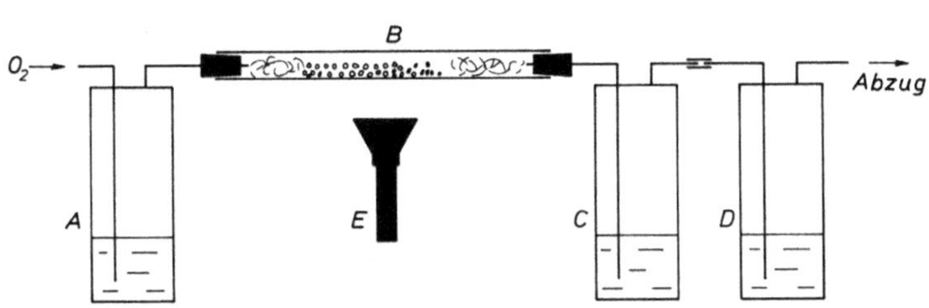

Abb. 121. Kohlenmonoxid und Kohlendioxid als Verbrennungsprodukte von Kohlenstoff

Hilfsmittel:
Holzkohle (feingekörnt) – $Ba(OH)_2$-Lsg. – Palladium(II)-chlorid-Lsg. oder alkal. Silbernitrat-Lsg. (Reagenzien auf CO, s. V) – konz. Schwefelsäure – Porzellantiegel mit Deckel – Exsikkator – Sieb (Maschenweite 1 mm) – Asbestfasern (ausgeglüht).

Vorbereitung:
Man glüht die Holzkohle im bedeckten Tiegel scharf aus und läßt sie im Exsikkator erkalten. Dann füllt man die feingekörnte, durch Sieben von Staub befreite Holzkohle in einer etwa 10 cm langen Schicht in das Glasrohr ein unter Freilassung eines breiten Kanals über der Füllung. Beiderseits der Beschickung wird je ein Knäuel von Asbestfasern in das Rohr geschoben. Die Waschflasche C wird mit Barytwasser und die Waschflasche D mit Palladium(II)-chloridlösung oder alkal. Silbernitrat-Lösung gefüllt.

Ausführung:
Man leitet einen Sauerstoffstrom durch die Apparatur; in der Kälte keine Reaktion. Dann unterbricht man die Sauerstoffzufuhr, erhitzt das Rohr bis zur Rotglut und leitet danach wieder Sauerstoff zu: Die Kohle glüht hell auf; in der Waschflasche C bildet sich ein weißer Niederschlag von Bariumcarbonat, das Kohlenmonoxidreagenz in der Waschflasche D färbt sich schwarz oder dunkelbraun.

Beendigung:
Man läßt im langsamen Gasstrom erkalten.

III - 5.1.2 Kohlenmonoxid durch Dehydratisierung von Ameisensäure

$$HCOOH \rightarrow H_2O + CO$$

Versuchsanordnung:
Gasentwickler Abb. 19b, A bis C und D' – *Muenck*esche Waschflasche (konz. Kalilauge) – längerer Gummischlauch – pneumatische Wanne mit Experimentiersockel und Glasrohr nach Abb. 23, A – evtl. Gasbehälter (I - 18.3, Sperrflüssigkeit Wasser). Der Kolben des Gasentwicklers steht auf einem Wasserbad.

Hilfsmittel:
Konz. Schwefelsäure – konz. Ameisensäure – Reagenzgläser – Thermometer (bis 100 °C) – Bunsenbrenner – Standzylinder (200 x 40 mm) mit Verschlußplatte – Becherglas (Wasser).

Ausführung:
Der Rundkolben wird mit 50 ml konz. Schwefelsäure gefüllt und auf dem Wasserbad auf 70–80 °C erwärmt. Aus dem Tropftrichter läßt man Ameisensäure zu der Schwefelsäure zutropfen. Es muß unbedingt bereits bei Zugabe der ersten Tropfen Gasentwicklung einsetzen; andernfalls ist die Schwefelsäure vor weiterer Zugabe stärker zu erwärmen. Nach Einsetzen der Reaktion wird das Wasserbad nicht weiter erhitzt. Ist die „Knallgasprobe" (I - 18.9) negativ, wird der Standzylinder mit Kohlenmonoxid gefüllt. Man verschließt ihn mit der Glasplatte und stellt ihn auf den Tisch. Nach Wegnahme der Glasplatte zündet man das Gas an und treibt die blaue Flamme durch Eingießen von Wasser aus dem Zylinder. Gegebenenfalls kann dann der Gasbehälter mit Kohlenmonoxid gefüllt werden.

III - 5.1.3 Oxidation von Kohlenmonoxid durch Wasserdampf

$$CO + H_2O(g) \rightarrow CO_2 + H_2 \qquad \Delta H = -9{,}8\ kcal\ (-41{,}0\ kJ)$$

Versuchsanordnung: Abb. 122
Gasentwickler Abb. 19b, A bis C und D'; Wasserbad - *Muencke*sche Waschflasche E (konz. Natronlauge) - Dreiwegehahn F - T-Stück G - daran angeschlossen

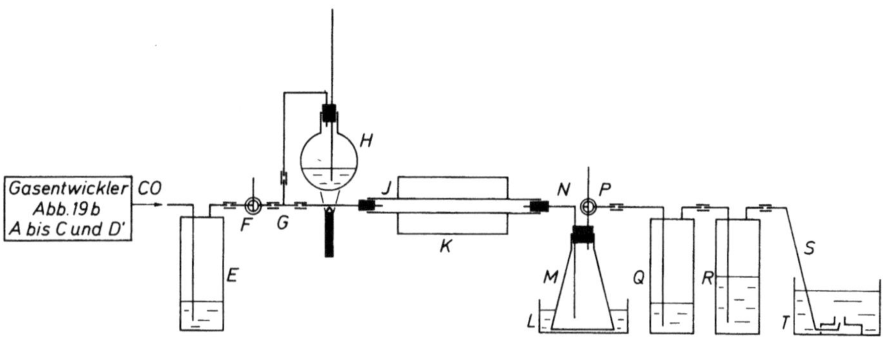

Abb. 122. Oxidation von Kohlenmonoxid durch Wasserdampf

Rundkolben H (250 ml) mit doppelt durchbohrtem Gummistopfen und Sicherheitsrohr, Bunsenbrenner - Reaktionsrohr J aus Porzellan oder Eisen (∅ innen 18 mm, Länge 50 cm) - Verbrennungs- oder Rohrofen K (I - 15.1, I - 15.2) - große Glasschale L - Weithals-*Erlenmeyer*kolben M (200 ml) mit doppelt durchbohrtem Gummistopfen und Gaseinleitungsrohr N - Dreiwegehahn P - Waschflasche Q (Barytwasser) - Waschflasche R (s. u.) - Gasableitungsrohr S - pneumatische Wanne T (Wasser) mit Experimentiersockel.
Das Winkelrohr N soll bis fast auf den Boden des *Erlenmeyer*kolbens M reichen.

Hilfsmittel:
Konz. Schwefelsäure - konz. Ameisensäure - konz. $Ni(NO_3)_2$-Lsg. - Bimssteinbrocken oder Tonscherben, etwa erbsengroß (evtl. Siedesteinchen) - Porzellanschale - Wasserbad - Dreifuß mit Drahtnetz - Teclubrenner - zerstoßenes Eis - Reagenzgläser - Standzylinder (150 x 30 mm) mit Verschlußplatte.

Vorbereitung:
Herstellung des Nickel-Katalysators: Die Bimssteinbrocken werden in einer Porzellanschale mit konz. Nickelnitratlösung übergossen und darin etwa eine halbe Stunde auf dem Wasserbad erwärmt; dann gießt man die Lösung ab und läßt die aufgesaugte Flüssigkeit vollkommen eintrocknen. Das imprägnierte Material wird im Abzug auf ein auf einem Dreifuß liegendes Drahtnetz gebracht und mit der Flamme eines Teclubrenners, die von oben her schräg auf das Drahtnetz aufbrennt, etwa eine halbe Stunde gut durchgeglüht, bis keine Stickstoffoxide mehr entweichen. Der Katalysator soll nach dem Erkalten tief schwarz sein; er wird in verschlossener Flasche aufbewahrt.
Den Rundkolben H füllt man mit Wasser, die Waschflasche R etwa zur Hälfte mit ammoniakalischer Kupfer(I)-chlorid-Lösung (I - 19.15) zur Absorption des restlichen

Kohlenmonoxids. Das Reaktionsrohr wird auf eine Länge von etwa 30 cm mit dem Nickelkatalysator beschickt.
Den Kolben A des Gasentwicklers füllt man etwa zu einem Viertel mit konz. Schwefelsäure, den Tropftrichter B mit konz. Ameisensäure. Das Wasserbad unter dem Kolben A muß rechtzeitig vor Versuchsbeginn angeheizt werden.

Ausführung:
Die Dreiwegehähne F und P werden in Stellung ⏀ gebracht. Die Schale L wird mit Eiswasser gefüllt. Dann werden der Ofen K und der Kolben H angeheizt. Wenn das Wasser in H lebhaft siedet, läßt man die Ameisensäure zur heißen Schwefelsäure zutropfen. Vorsicht! Beim ersten Tropfen muß bereits Gasentwicklung eintreten. Wenn A und E mit Kohlenmonoxid gefüllt sind, werden die Dreiwegehähne F und P in Stellung ⏁ gebracht. Dann wird ein lebhafter Gasstrom durch die Apparatur geleitet: Während das Barytwasser in Waschflasche E klar bleibt, tritt in Waschflasche Q eine starke Ausfällung von Bariumcarbonat auf. Das an der Mündung von S entweichende Gas wird zunächst in einem Reagenzglas aufgefangen und entzündet: Das Gas muß mit farbloser – nicht bläulicher – Flamme abbrennen. Ist dies nicht der Fall, muß die Geschwindigkeit des Kohlenmonoxid-Stromes gemäßigt werden. Wenn das aufgefangene Gas vollkommen farblos und ruhig abbrennt, wird der mit Wasser gefüllte Standzylinder mit dem Gas gefüllt, mit der Glasplatte verschlossen und herausgenommen; nach Wegnahme der Verschlußplatte wird das Gas sofort entzündet: Farblose Flamme (H_2).

Beendigung:
Der Kohlenmonoxid-Strom und die Heizung des Ofens werden abgestellt, der Hahn F in Stellung ⏂ gebracht und das Erhitzen des Kolbens H beendet.

III - 5.1.4 Reduktion von Kohlendioxid durch Kohlenstoff

$$CO_2 + C \rightarrow 2\,CO \qquad \Delta H = +41{,}2\ \text{kcal}\ (+172{,}4\ \text{kJ})$$

Versuchsanordnung:
CO_2-Quelle – Waschflasche (konz. H_2SO_4) – Eisenrohr (⌀ 18 mm, Länge 40 cm) in einem Rohrofen – am Rohrende einfach durchbohrter Stopfen mit einem rechtwinklig aufwärts gebogenen Glasrohr, das zu einer Spitze (⌀ 2 mm) ausgezogen ist und dessen horizontaler Teil einen lockeren Glaswollebausch enthält.
Am besten verwendet man Asbeststopfen oder umkleidet die Gummistopfen mit Asbestpapier.

Hilfsmittel:
Holzkohle oder Aktivkohle (gekörnt) – alkal. Silbernitrat-Lsg. (Reagenz auf CO, s. V) – Quarzwolle – Filtrierpapierstreifen.

Vorbereitung
Man beschickt das Eisenrohr in der Mitte mit der Holzkohle in der Weise, daß oberhalb der Kohleschicht ein breiter Kanal frei bleibt, und fixiert die Kohle durch Quarzwollebäusche.

Ausführung:
Man leitet zur Vertreibung der Luft einen langsamen Kohlendioxid-Strom durch die Apparatur. Dann wird das Eisenrohr möglichst hoch erhitzt und über die Ausströ-

mungsöffnung ein Reagenzglas mit einem Filtrierpapierstreifen gestülpt, der mit alkal. Silbernitrat-Lösung getränkt wurde. Wenige Minuten nach Erreichen von Rotglut färbt sich das Reagenzpapier schwarz (CO-Nachweis). Nun wird das Gas an der Düse angezündet. Die Kohlendioxid-Zufuhr wird so reguliert, daß man eine ruhig brennende blaue Kohlenmonoxidflamme erhält.

Beendigung:
Die Heizung des Ofens wird abgestellt und so lange Kohlendioxid durch die Apparatur geleitet, bis die Flamme erloschen ist.

III - 5.1.5 Reduktion von Kohlendioxid durch Magnesium

$$CO_2 + Mg \rightarrow MgO + CO \qquad \Delta H = -74{,}2\ \text{kcal}\ (-310{,}5\ \text{kJ})$$
$$CO_2 + 2\ Mg \rightarrow 2\ MgO + C \qquad \Delta H = -193{,}6\ \text{kcal}\ (-810{,}0\ \text{kJ})$$

Versuchsanordnung:
CO_2-Quelle – Muenckesche Waschflasche (konz. H_2SO_4) – schwer schmelzbares Glasrohr (∅ innen 18 mm, Länge etwa 25 cm) mit 2 Gummistopfen – *Muencke*sche Waschflasche (40%ige Kalilauge) – *Drechsel*sche Waschflasche (s. u.) – Teclubrenner.

Hilfsmittel:
Magnesiumpulver – alkal. Silbernitrat-Lsg. (Reagenz auf CO, s. V) – verd. Salzsäure – Natronlauge – Asbestpapier – Asbestwolle – Kelchglas – langer Glasstab – Trichter mit Faltenfilter auf einem *Erlenmeyer*kolben.

Vorbereitung:
In das Rohr bringt man auf einer Unterlage von Asbestpapier eine etwa 7 cm lange Schicht von Magnesiumpulver; darüber muß ein weiter Kanal freibleiben. Vor die Gummistopfen wird zum Schutz gegen Hitzeeinwirkung je ein Knäuel Asbestwolle in das Rohr eingeschoben. In die Drechselsche Waschflasche füllt man alkal. Silbernitrat-Lösung.

Ausführung:
Man verdrängt die Luft durch Kohlendioxid und erhitzt darauf das Rohr kräftig unter Hindurchleiten eines mäßigen Kohlendioxidstromes. Sobald das Magnesium aufglüht, verstärkt man den Gasstrom und entfernt den Brenner. Das Metall verbrennt im Kohlendioxidstrom ohne weitere Wärmezufuhr, das Kohlenmonoxidreagenz wird geschwärzt. Nach beendeter Reaktion läßt man abkühlen, stößt das graue Reaktionsprodukt mit dem Glasstab aus dem Rohr heraus und übergießt es in einem Kelchglas mit verd. Salzsäure: Auf der Lösung schwimmt schwarzer Kohlenstoff, den man durch Filtrieren auf einem Faltenfilter sammelt. Im Filtrat wird Mg^{2+} durch Zugabe von überschüssiger Natronlauge nachgewiesen: Gallertiger Niederschlag ($Mg(OH)_2$).

Bemerkungen:
Die Reduktion von Kohlendioxid durch Magnesium kann man auch folgendermaßen zeigen:

a) Man füllt ein großes Reagenzglas oder einen Standzylinder mit Kohlendioxid und führt in das senkrecht mit der Öffnung nach oben gerichtete Gefäß mit der Tiegelzange ein brennendes Stück Magnesiumband ein. Es brennt in der Kohlendioxid-Atmosphäre weiter unter Abscheidung von Kohlenstoff und Magnesiumoxid.

b) Man bereitet ein inniges Gemenge von etwa 10 g Kohlendioxidschnee oder gepulvertem Trockeneis (s. I - 18.8.1) mit etwa 10 g Magnesiumgrieß, das man im Abzug auf einem Ziegelstein eng zusammenhäuft. In den Haufen steckt man ein kurzes Stück Magnesiumband, das man mit der Flamme eines Bunsenbrenners entzündet (Schutzbrille!): Reaktion unter intensiver Lichtentwicklung. Das Reaktionsprodukt behandelt man wie oben angegeben.

III - 5.1.6 Kohlendioxid in der Atemluft

a) Beim Menschen

Versuchsanordnung:
An ein T-Stück sind über kurze Gummischläuche eine *Drechsel*sche Waschflasche (I) mit ihrer Ausgangsseite und eine zweite Waschflasche (II) mit ihrer Eingangsseite (Einleitungsrohr) angeschlossen. Der dritte Schenkel des T-Stücks ist mit einem längeren Gummischlauch verbunden, in dem ein kurzes Glasrohr (als Mundstück) steckt.

Hilfsmittel:
Ges. $Ca(OH)_2$-Lsg.

Ausführung:
Kurz vor Ausführung des Versuchs werden die beiden Waschflaschen bis zur gleichen Höhe mit Kalkwasser gefüllt.
Man atmet aus und saugt dann mit einem langsamen Atemzug ein größeres Luftvolumen durch die Waschflasche I hindurch: Keine nennenswerte Trübung des Kalkwassers. Beim Ausatmen geht die Luft durch die Waschflasche II: Starke Trübung, Niederschlag ($CaCO_3$). Gegebenenfalls wiederholt man den Atmungsvorgang.

Bemerkung:
Bei vorsichtiger Ausführung des Versuchs genügt der entstehende hydrostatische Überdruck, um den Gasdurchgang durch die jeweils nicht benützte Waschflasche zu sperren. Notfalls kann man auch an den kurzen Schlauchstücken je einen einfachen Quetschhahn anbringen und damit die Gaszu- bzw. -ableitung entsprechend regeln.

b) Bei Pflanzen

Versuchsanordnung:
*Drechsel*sche Waschflasche (50%ige Kalilauge) – Drechselsche Waschflasche (Barytwasser) – rechtwinklig gebogenes Gaseinleitungsrohr, dessen langer Schenkel durch einen doppelt durchbohrten Gummistopfen bis fast zum Boden eines Stehkolbens (1000 ml) reicht – in der anderen Bohrung des Gummistopfens kurzschenkliges rechtwinklig gebogenes Gasableitungsrohr – Drechselsche Waschflasche (Barytwasser) – Gummischlauch zu einer Wasserstrahlpumpe.

Hilfsmittel:
Kurzabgeschnittene Blütenköpfe von Gänseblümchen, die man von grünen Pflanzenteilen möglichst befreit hat, oder keimende Erbsen (s. u.) – evtl. große, flache Glasschale (Petrischale), Sägemehl, Filtrierpapier, Erbsen.

Vorbereitung:
Herstellung keimender Erbsen: In die Glasschale bringt man eine Schicht Sägemehl, das mit Wasser angefeuchtet wird. Darüber breitet man ein Stück Filtrierpapier aus,

legt auf dieses die Erbsen, bedeckt sie mit einem Stück Filtrierpapier und schichtet darauf angefeuchtetes Sägemehl. Das Ganze wird an einen warmen Ort gestellt, etwa 48 Stunden vor Gebrauch.
Einige Stunden vor Ausführung des Versuches füllt man den Stehkolben mit den Blütenköpfen oder mit den keimenden Erbsen.

Ausführung:
Man saugt einen sehr langsamen Luftstrom durch die Apparatur: Das Barytwasser in der vor dem Kolben stehenden Waschflasche wird nicht getrübt, in der nachgeschalteten Waschflasche entsteht ein kräftiger Niederschlag ($BaCO_3$).

III - 5.2 Silicium

S. auch
II - 8.2 Selektive Adsorption von Stickstoffdioxid
II - 8.3 Adsorption von Wasserdampf durch Kieselgel
II - 10.1.1d Erweichendes und schmelzendes Glas als Elektrolyt
II - 11.6 Kieselsäure-Sol und -Gel

III - 5.2.1 Monosilan aus Magnesiumsilicid und Salzsäure

$$Mg_2Si + 4\,H^+ \rightarrow 2\,Mg^{2+} + SiH_4{}^{1)}\ (Si_2H_6 \text{ u. a.})$$

Versuchsanordnung: *Abzug!*
Gasentwickler („Schwefeldioxid-Entwickler") Abb. 102, A_S bis D_S; D_S muß unmittelbar mit der Innenfläche des Stopfens abschneiden – Gasableitungsrohr nach Abb. 23, A – pneumatische Wanne (Wasser).

Hilfsmittel:
Magnesiumpulver – Kieselgur (gereinigt und geglüht) – konz. Salzsäure – kaltes, ausgekochtes dest. Wasser – Glasschale – Reibschale – Tiegel – Gebläsebrenner.

Vorbereitung:
Herstellung von Magnesiumsilicid:

$$4\,Mg + SiO_2 \rightarrow Mg_2Si + 2\,MgO$$

5 g Kieselgur werden vor dem Gebläse scharf ausgeglüht; man läßt sie im Exsikkator erkalten. Durch sorgfältiges Verreiben im Mörser bereitet man ein Gemenge der trockenen Kieselgur mit 8 g Magnesiumpulver. Das Gemenge wird in einem Eisentiegel hinter der Abzugscheibe (Vorsicht! Schutzbrille!) mit der Gebläseflamme bis zum Eintritt der heftigen Reaktion scharf erhitzt. Der am Tiegelboden sitzende bläuliche, kristalline Anteil wird für den Versuch verwendet. Die Darstellung des Magnesiumsilicids ist nicht zu lange vor der Ausführung des Versuchs vorzunehmen.
Man gibt etwa 1 g Magnesiumsilicid in den Kolben, setzt den Stopfen mit Tropftrichter und Ableitungsrohr fest auf und läßt durch den Tropftrichter kaltes, ausgekochtes dest. Wasser zulaufen, bis der Kolben vollkommen mit Wasser gefüllt ist. Dann wird das Gasableitungsrohr in die mit Wasser gefüllte Glasschale so eingetaucht, daß die Mündung des Rohres etwa 1,5 cm unterhalb des Wasserspiegels liegt. Man läßt durch den Tropftrichter nochmals dest. Wasser zulaufen, bis das Gasableitungsrohr vollkommen mit Wasser bis oberhalb des Hahns steht. Achtung! Man vergewissere sich, daß nirgends Luftblasen vorhanden sind.

[1]) Neben SiH_4 entstehen Wasserstoff und homologe Silane Si_nH_{2n+2}.

Ausführung:
Der Tropftrichter wird mit konz. Salzsäure gefüllt. Man läßt etwas Salzsäure einlaufen, wobei man darauf achtet, daß keine Luft mit eindringt. Der Tropftrichter muß stets teilweise mit Säure gefüllt bleiben. Man läßt soviel Salzsäure zufließen, daß das entwickelte Gas in langsamer Blasenfolge in die Wanne austritt. Das Wasser der Wanne trübt sich:

$$SiH_4 + 2\,H_2O \rightarrow SiO_2 + 4\,H_2$$

Nach einiger Zeit entzünden sich die entweichenden Gasblasen mit knatterndem Geräusch und unter Ausbildung weißer Rauchringe.

Beendigung:
Achtung! Die Apparatur darf erst abgebaut werden, wenn die Gasentwicklung vollkommen beendet ist; evtl. muß man erneut Salzsäure zugeben.

III - 5.2.2 Siliciumtetrafluorid und Hexafluorokieselsäure

Eigenschaften von Hexafluorokieselsäure

$$2\,CaF_2 + 2\,H_2SO_4 \rightarrow 2\,CaSO_4 + 4\,HF$$
$$SiO_2 + 4\,HF \rightarrow 2\,H_2O + SiF_4$$
$$3\,SiF_4 + 4\,H_2O \rightarrow H_4SiO_4 + 2\,H_2SiF_6$$

Versuchsanordnung: Abb. 123
Rundkolben A (500 ml) mit einfach durchbohrtem Gummistopfen – Eisenschale B, mit Asbestpapier ausgelegt (als Luftbad) in einem Stativring – Gasableitungsrohr C Glas an Glas mit herabhängendem Trichter D (∅ 6 cm) – Becherglas E (400 ml, niedrige Form, zu etwa 3/4 mit Wasser gefüllt); D darf nur wenig (etwa 3 mm) eintauchen – Bunsenbrenner F.

Hilfsmittel:
CaF_2 – Quarzsand, fein gepulvert – Trichter (∅ 10 cm) mit Faltenfilter in Filtriergestell, darunter Becherglas (400 ml) – große Reagenzgläser – großes Becherglas – Reibschale.

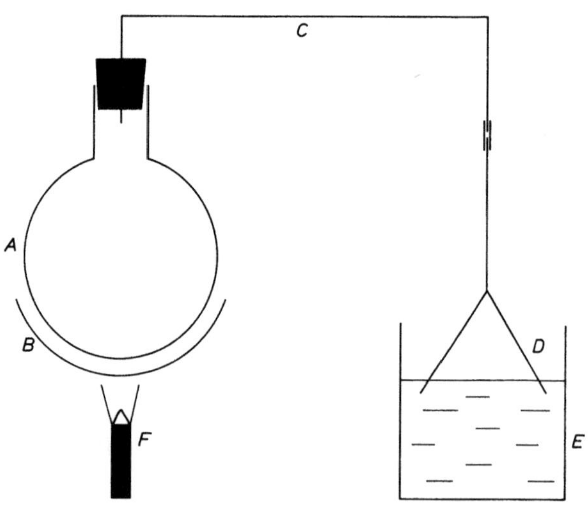

Abb. 123. Siliciumtetrafluorid und Hexafluorokieselsäure

Vorbereitung:
Man verreibt 30 g fein gepulvertes Calciumfluorid mit 30 g ebenfalls fein gepulvertem Quarzsand und bringt dieses Gemisch in den Kolben. Dann gibt man unter Umschütteln des Kolbens so viel konz. Schwefelsäure hinzu, daß ein dünner Brei entsteht.

Ausführung:
Man erhitzt die Eisenschale B so langsam, daß das Gas regelmäßig und nicht stürmisch entweicht und beobachtet dabei den Vorgang im Becherglas E.
Das Wasser darf keinesfalls in das Trichterrohr zurücksteigen. Sollte dies zu befürchten sein, ist der Versuch sofort zu unterbrechen. Das Becherglas E wird von Zeit zu Zeit umgerührt. Der Versuch wird abgebrochen, bevor die Zersetzung der Schwefelsäure beginnt.
Man entfernt zunächst den Trichter aus dem Wasser, löscht dann erst die Flamme und stellt die Eisenschale tiefer. Den Inhalt des Becherglases E filtriert man durch ein Faltenfilter. Mit dem Filtrat werden die unten angegebenen Versuche ausgeführt.

Eigenschaften von Hexafluorokieselsäure

Hilfsmittel:
Reaktionslösung (Filtrat) – Reagenzgläser.
a) pH-Indikatorpapier.
b) Wasserbad – großes Uhrglas – konz. NH_3-Lsg.
c) Konz. KCl-Lsg. – Äthanol – $BaCl_2$-Lsg. – konz. Salzsäure.

Ausführung:

a) Saure Reaktion
Man prüft die Reaktion der Lösung mit pH-Indikatorpapier.

b) Hydrolyse *Abzug!*
Eine Probe der Lösung dampft man auf einem Uhrglas auf dem siedenden Wasserbad ein: Das Uhrglas wird angeätzt, da Fluorwasserstoff entsteht.

$$2\,H_3O^+ + SiF_6^{2-} \rightarrow 2\,HF + SiF_4 + 2\,H_2O.$$

Man gibt zu der Lösung konz. Ammoniaklösung: Bildung von Kieselsäure-Gel (s. Vers. II - 11.6)

c) Salzbildung
Man gibt zu der Lösung konz. Kaliumchloridlösung und setzt etwas Äthanol zu: Farbloser kristalliner Niederschlag (K_2SiF_6).
Man versetzt einen Teil der Lösung mit Bariumchloridlösung (Niederschlag von $BaSiF_6$), gibt konz. Salzsäure zu und erhitzt: Auflösung des Niederschlags.

III - 5.3 Zinn und Blei

S. auch

II - 10.2.1b	Elektrochemische Spannungsreihe (qualitativ); Einordnung einiger Metalle
II - 10.2.7b	Elektrochemische Spannungsquellen; Bleiakkumulator
III - 3.1.5e	Oxidation von Blei(II)-hydroxid mit Ozon
III - 3.1.5g	Oxidation von Bleisulfid zu Bleisulfat durch Ozon
III - 3.1.7k	Oxidation von Bleisulfid zu Bleisulfat durch Wasserstoffperoxid
III - 3.1.7l	Reduktion von Blei(IV)-oxid durch Wasserstoffperoxid
III - 4.1.12	Stickstoffdioxid (Distickstofftetroxid) durch thermische Zersetzung von Bleinitrat

III - 5.3.1 Blei aus Blei(II)-oxid und Kohlenstoff
Eigenschaften von Blei

$$2\,PbO + C \rightarrow 2\,Pb + CO_2$$

Versuchsanordnung:
Tiegelglühofen (Abb. 7) – Porzellantiegel mit Deckel – Dreifuß – Tondreieck – Bunsenbrenner.

Hilfsmittel:
PbO – Holzkohle (gepulvert und in Stücken) – Reibschale – Kohlestab – Tiegelzange – Tonteller.

Vorbereitung:
Man glüht die Holzkohle im bedeckten Tiegel aus und trocknet das Bleioxid im Trockenschrank. Dann bereitet man in der Reibschale ein Gemenge von 25 g Blei(II)-oxid mit 1,5 g fein gepulverter Holzkohle. Das Gemenge wird in einer verschlossenen Flasche aufbewahrt.

Ausführung:
Man füllt das Gemenge in den Tiegel, schichtet bis zum Rand grobe Holzkohlestückchen darüber und erhitzt den Tiegel im Ofen mit kräftiger Flamme. Nach etwa 10 Min. rührt man mit einem Kohlestab um und erhitzt darauf weitere 5 bis 10 Min. Dann wird das erschmolzene Blei auf einen Tonteller ausgegossen (Smp. von Blei 327,4 °C).

Eigenschaften von Blei

Hilfsmittel:
a) Messer – weißes Zeichenpapier.
b) Schwefelwasserstoffwasser – 2 große Reagenzgläser.
c) Konz. Salpetersäure – Reagenzglas.

Ausführung:
a) Weiches Metall
Man zerschneidet das Bleistück mit einem Messer: Bläulichweiße Schnittfläche, wird an der Luft grau.
Man schreibt mit einem Stückchen Blei auf weißes Zeichenpapier: Grauschwarzer Strich.

b) Verhalten gegenüber Wasser
In zwei große Reagenzgläser gibt man je ein kleines Stückchen Blei, füllt in das eine Glas dest. Wasser, in das andere Leitungswasser: In keinem Fall Wasserstoffentwicklung[1]).
Man schüttelt nun kräftig mit Luft durch und gibt nach etwa 5 Min. in beide Reagenzgläser etwas H_2S-Wasser: In dem Glas mit dest. Wasser erfolgt Ausscheidung von PbS; hier wurde das Blei von Luftsauerstoff angegriffen:

$$2\,Pb + O_2 + 2\,H_2O \rightarrow 2\,Pb^{2+} + 4\,OH^-$$

[1]) Das Standardpotential des Bleis beträgt −0,126 V; infolge der hohen Überspannung von Wasserstoff an Blei (0,78 V) wird es jedoch von Wasser und verdünnten Säuren nicht angegriffen.

In dem Leitungswasser entsteht kein PbS, da sich auf dem Blei infolge des Hydrogencarbonat-Gehaltes von Leitungswasser eine Schutzschicht von $PbCO_3$ bildet.

c) Löslichkeit in Salpetersäure
In einem Reagenzglas erhitzt man wenig Blei mit konz. Salpetersäure: Auflösung des Bleis unter Entwicklung brauner Gase (Stickstoffoxide). Nach beendeter Gasentwicklung kühlt man unter fließendem Wasser ab: Farblose Kristalle ($Pb(NO_3)_2$), die sich in Wasser auflösen.

III - 6 Dritte Hauptgruppe

III - 6.1 Aluminium

S. auch

II - 1.11 Bestimmung der Äquivalentmassen von Metallen durch Reaktion mit Chlor
II - 9.1 Säulenchromatographie
III - 8.2.1c Entflammen eines Gemenges von Natriumperoxid mit Aluminiumpulver
III - 7.2.5 Calciumcarbid aus Calciumoxid und Kohlenstoff (Bemerkung)

III - 6.1.1 Aluminiumchlorid aus Aluminium und Chlor

$$2\,Al + 3\,Cl_2 \rightarrow 2\,AlCl_3 \qquad \Delta H = -336{,}6\ \text{kcal}\ (-1408{,}3\ \text{kJ})$$

Versuchsanordnung: Abb. 124
Gasentwickler Abb. 19b, A bis E, E mit konz. NaCl-Lsg. gefüllt – *Muencke*sche Waschflasche F (konz. H_2SO_4) – Dreiwegehahn G, daran über *Muencke*sche Waschflasche H (konz. H_2SO_4) angeschlossen CO_2-Quelle – U-Rohr J (Siccapent oder P_2O_5 auf Glaswolle) – Reaktionsrohr K (∅ innen 18 mm, Länge 25 cm) mit Verjüngung L (∅ 10 mm), 15 cm vom Rohranfang entfernt – Winkelrohr M – *Woulf*esche Flasche N (500 ml, 25%ige Natronlauge), M darf nicht in die Flüssigkeit eintauchen – Bunsenbrenner P mit Schlitzaufsatz.

Hilfsmittel:
Aluminiumgrieß – $KMnO_4$ – konz. Salzsäure – konz. NH_3-Lösung – verd. Natronlauge – Asbestpapier – Uhrglas – Glasstab – Thermoskop (Abb. 10), Einsatzgefäß zu 3/4 mit Wasser gefüllt, Glasstab – pH-Indikatorpapier – Glaswolle.

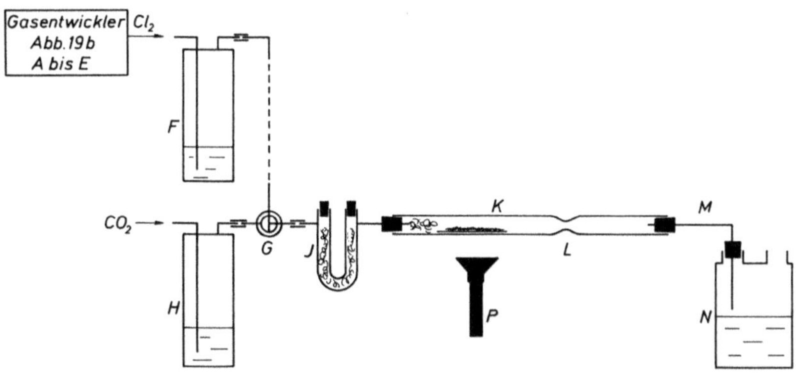

Abb. 124. Aluminiumchlorid aus Aluminium und Chlor

Vorbereitung:
In den Kolben A des Gasentwicklers gibt man Kaliumpermanganat, in den Tropftrichter B konz. Salzsäure. In den vorderen Teil des Rohres K bringt man auf einer Unterlage aus Asbestpapier 3 g Aluminiumgrieß und schiebt davor einen lockeren Glaswollebausch in das Rohr.

Ausführung:
Zunächst wird die Luft durch Chlor (G in Stellung ⊕) verdrängt und danach (ohne Unterbrechung des Chlorstromes) der mit Aluminium beschickte Teil des Rohres K erhitzt. Das Metall glüht hell auf und verbrennt ohne äußere Wärmezufuhr; der Brenner ist zu entfernen. Das Aluminiumchlorid sublimiert sehr leicht durch die Verengung gegen das längere Rohrende hin. Man unterstützt die Sublimation gegebenenfalls durch gelindes Erwärmen und sorgt dafür, daß sich die verjüngte Stelle des Rohres nicht zusetzt und daß das Sublimat nicht durch einen zu schnellen Chlorstrom zu weit fortgeführt wird. Das Aluminiumchlorid soll sich möglichst unmittelbar hinter der Rohrverengung absetzen.
Nach beendeter Umsetzung wird der Chlorstrom abgestellt und das in dem Rohr befindliche Chlor durch Kohlendioxid (Hahn G in Stellung ⊖) verdrängt. Man läßt im Kohlendioxid-Strom erkalten, öffnet die Apparatur und verwendet das Reaktionsprodukt zu folgenden Versuchen:
Einen kleinen Teil bringt man auf ein Uhrglas: Nebelbildung an feuchter Luft; der Chlorwasserstoffnebel wird durch Darüberhalten eines in konz. Ammoniaklösung eingetauchten Glasstabes identifiziert.
Die Hauptmenge des Aluminiumchlorids bringt man in das mit Wasser gefüllte Reaktionsgefäß des Thermoskops: Starke Wärmeentwicklung. Man prüft die Reaktion der Lösung gegen Indikatorpapier. Durch vorsichtige Zugabe von verd. Natronlauge zeigt man die Ausfällung von Aluminiumhydroxid und dessen Löslichkeit in überschüssiger Natronlauge.

III - 6.1.2 Aluminothermie[1])

(Darstellung von Metallen durch Reduktion von Oxiden mit Aluminium)

$$3\ M_nO_m + 2\ m\ Al \rightarrow m\ Al_2O_3 + 3n\ M$$

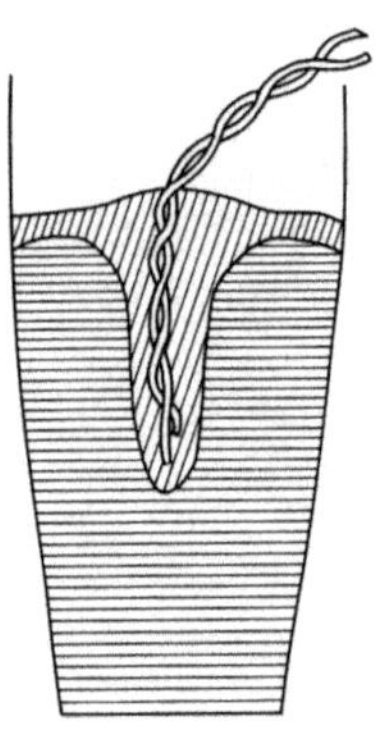
Abb. 125. Aluminothermie

Versuchsaufbau: Abb. 125
Die Versuche werden unter dem Abzug oder im Freien ausgeführt. In einen trockenen Tontiegel füllt man zunächst das Reaktionsgemenge von Metalloxid und Aluminium (s. u.) ein, bis der Tiegel zu etwa einem Drittel gefüllt ist. Dann stellt man in die Mitte des Tiegels ein Reagenzglas und drückt um dieses herum den Rest des Reaktionsgemenges fest in den Tiegel ein. Man zieht das Reagenzglas vorsichtig heraus, bringt in den ausgesparten Raum ein zusammengeflochtenes, durch Abschmirgeln gereinigtes Magnesiumband und füllt das Zündgemisch (s. u.) ein, das man auch über die Oberfläche des Reaktionsgemenges ausbreitet. Die Größe des Tiegels ist so zu wählen, daß er nach der Beschickung zu etwa 4/5 gefüllt ist.
Den beschickten Tiegel setzt man so in einen eisernen Eimer oder einen großen Blu-

[1]) *H. Goldschmidt* 1894

mentopf, daß er nicht aus dem Behälter herausschaut, und bettet ihn in trockenen Sand ein.

Hilfsmittel:
Metalloxid - getrockneter Aluminiumgrieß (kein Pulver!) - getrocknetes Bariumperoxid (kein Hydrat) - getrocknetes Magnesiumpulver (fein) - große Pulverflasche mit Stopfen - Tiegelzange - Hammer.

Vorbereitung:
Das Zündgemisch bereitet man keinesfalls in der Reibschale, sondern durch Schütteln von 50 g Bariumperoxid mit 7 g Magnesiumpulver in der Pulverflasche. Es wird in der verschlossenen Flasche aufbewahrt. Für den Versuch werden etwa 16 g verwendet. Das Reaktionsgemisch wird durch Vermischen von Metalloxid mit Aluminiumgrieß (s. u.) hergestellt; die beiden Ausgangssubstanzen werden vorher getrennt im Trockenschrank getrocknet.
Ausgangsgemische:
Eisen: 50 g Fe_2O_3 und 16 g Aluminiumgrieß.
Nickel: 50 g NiO und 11 g Aluminiumgrieß.
Mangan: 80 g feingepulvertes MnO_2 werden in einem Tiegel im Tiegelglühofen (Abb. 7) stark erhitzt. Das erhaltene Mn_3O_4[1]) wird mit 20 g Aluminiumgrieß vermengt.
Chrom: 70 g Cr_2O_3 werden in einem Tiegel im Tiegelglühofen scharf ausgeglüht und mit 30 g Aluminiumgrieß sowie mit 20 g geschmolzenem und dann fein gepulvertem $K_2Cr_2O_7$ vermengt.

Ausführung: *Achtung! Schutzbrille!*
Man entzündet das Magnesiumband mit einer Gasflamme oder einem Streichholz, schließt sofort die Abzugsscheibe oder entfernt sich einige Meter von dem Behälter. Vorsicht! Es ist dringend davor zu warnen, aus Ungeduld in den Tiegel hineinzuschauen oder in ihm herumzustochern, falls das Einsetzen der Reaktion etwas auf sich warten läßt.
Nach beendeter Reaktion läßt man den Tiegel in dem Standbehälter erkalten und zerschlägt ihn dann mit dem Hammer. Der Metallregulus läßt sich meist leicht aus der Schlacke herausbrechen.

III - 6.1.3 Thermischer Effekt bei der Reaktion von Eisenthermit[2])

$$3\ Fe_3O_4 + 8\ Al \rightarrow 4\ Al_2O_3 + 9\ Fe$$
$$\Delta H = -798{,}0\ kcal\ (-3338{,}8\ kJ)$$

Versuchsanordnung: Abb. 126 *Abzug!*
Kleiner Blumentopf A (etwa 8 cm hoch), in einen Stativring eingehängt - Eisenblech B (ca. 3 x 3 cm) - großer Blumentopf C (mit Sand) steht direkt unter A.

Hilfsmittel:
Fe_3O_4 - Magnesiumband - Aluminiumgrieß (kein Pulver) - Zündgemisch (s. Versuch III - 6.1.2) oder ein sog. „Thermitzünder[3]) - Tiegel - Teclubrenner - Becherglas.

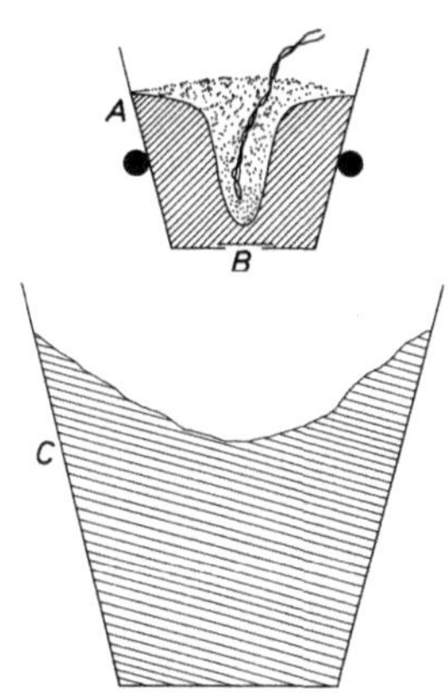

Abb. 126. Thermischer Effekt bei der Reaktion von Eisenthermit

[1]) MnO_2 darf nicht verwendet werden, da es zu heftig reagiert.
[2]) Durch die Eisenthermitreaktion lassen sich Temperaturen bis zu 2400 °C erzeugen.
[3]) Im Handel erhältlich.

Vorbereitung: *Abzug!*
70 g Eisen (II,III)-oxid werden in einem Tiegel ausgeglüht und nach Erkalten mit 25 g Aluminiumgrieß (im Trockenschrank getrocknet) innig vermischt. Dann wird im Topf A das Bodenloch mit dem Eisenblech überdeckt und das Reaktionsgemenge mit 10 g Zündgemisch in A eingefüllt, wie bei Versuch III - 6.1.2 beschrieben. Bei Verwendung eines Thermitzünders wird dieser mit Magnesiumband umwickelt und in das Fe_3O_4/Al-Gemisch gesteckt. In dem Sand von Blumentopf C bringt man senkrecht unter der Ausflußöffnung von A eine Mulde an.

Ausführung: *Vorsicht! Schutzbrille! Abzug!*
Die in Versuch III - 6.1.2 angegebenen Vorsichtsmaßnahmen sind auch hier zu beachten.
Das Magnesiumband wird entzündet. Wenige Augenblicke, nachdem das Thermit unter heftiger Reaktion abgebrannt ist, schmilzt das Eisenblech durch und das weißglühende Eisen fließt mit der flüssigen Schlacke durch das freigegebene Bodenloch des kleinen Topfes in den untergestellten Blumentopf.
Nach dem Erkalten lassen sich Metallregulus und Schlacke leicht trennen.

III - 6.1.4 Reaktion von Aluminium mit Natronlauge

$$2\ Al + 2\ OH^- + 6\ H_2O \rightarrow 2\ [Al(OH)_4]^- + 3\ H_2$$

Versuchsanordnung:
Gasentwickler (Abb. 19a oder b, A bis C und D') – Gaseinleitungsrohr mit pneumatischer Wanne und Experimentiersockel (Abb. 23; A, C, D) – Bunsenbrenner unter dem Kolben des Gasentwicklers.

Hilfsmittel:
Aluminium granuliert oder in Spänen – verd. Natronlauge – CO_2-Quelle mit Gummischlauch und Gaseinleitungsrohr – große Reagenzgläser.

Vorbereitung:
In den Kolben des Gasentwicklers gibt man das Aluminium, in den Tropftrichter verd. Natronlauge.

Ausführung:
Man läßt die Natronlauge zum Aluminium zutropfen und erwärmt den Kolben vorsichtig mit leuchtender Flamme, bis eine Gasentwicklung einsetzt. Das Gas wird nach Verdrängung der Luft in einem Reagenzglas aufgefangen und durch die Knallgasprobe (s. I - 18.9) als Wasserstoff identifiziert.
Wenn sich das Aluminium vollständig gelöst hat, kühlt man die Lösung unter fließendem Wasser ab, gibt etwas davon in ein großes Reagenzglas und leitet Kohlendioxid ein: Weißer, voluminöser Niederschlag ($Al(OH)_3$)

$$[Al(OH)_4]^- + CO_2 \rightarrow Al(OH)_3 + HCO_3^-.$$

Bemerkung:
In analoger Weise reagiert Zink (Zinkstaub) mit Natronlauge

$$Zn + OH^- + 2\ H_2O \rightarrow [Zn(OH)_3]^- + H_2.$$

III - 7 Zweite Hauptgruppe

III - 7.1 Magnesium

S. auch

II - 5.6	Reaktionsenthalpie bei der Bildung eines Niederschlags
II - 10.2.1b	Elektrochemische Spannungsreihe (qualitativ); Einordnung einiger Metalle
III - 1.2	Wasserstoff aus Wasserdampf und Magnesium
III - 3.2.9	Reduktion von Schwefeldioxid durch Magnesium
III - 5.1.5	Reduktion von Kohlendioxid durch Magnesium
III - 5.2.1	Monosilan aus Magnesiumsilicid und Salzsäure
IV - 1.6	Äthan durch Hydrolyse von Äthylmagnesiumbromid

III - 7.1.1 Magnesiumnitrid aus Magnesium und Ammoniak

$$3\ Mg + 2\ NH_3 \rightarrow Mg_3N_2 + 3\ H_2 \qquad \Delta H = -88{,}1\ kcal\ (-368{,}6\ kJ)$$

Versuchsanordnung: Abb. 127
Gasentwickler Abb. 19a, A bis C – Waschflasche D (Paraffinöl) – U-Rohr E (KOH-Plätzchen oder Natronkalk) – schwerschmelzbares Glasrohr F (∅ innen 18 mm, Län-

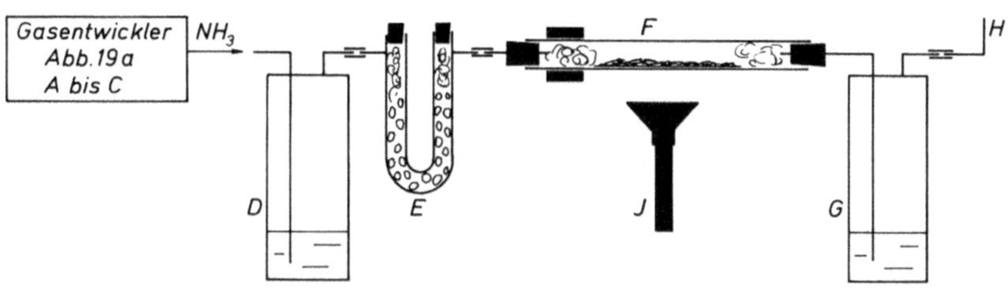

Abb. 127. Magnesiumnitrid aus Magnesium und Ammoniak

ge 25 cm) mit durchbohrtem Gummistopfen zum direkten Anschluß der Muenckeschen Waschflasche G (zu 1/3 mit Wasser gefüllt) – kurzes Glasrohr H, der aufwärts gerichtete Schenkel zur Spitze verjüngt, im horizontalen Schenkel ein Glaswollebausch – Teclubrenner J mit Schlitzaufsatz.

Hilfsmittel:
Konz. NH_3-Lsg. – KOH (Plätzchen) – Magnesiumpulver – konz. Salzsäure – NH_4Cl-Lsg. – pH-Indikatorpapier – Glasstab – Asbestpapier – Glaswolle – Reagenzgläser – Thermoskop (Abb. 10).

Vorbereitung:
Der Kolben A des Gasentwicklers wird mit Kaliumhydroxid beschickt, der Tropftrichter B mit konz. Ammoniaklösung.
In die Mitte des Rohres E wird auf einer Unterlage von Asbestpapier eine etwa 7 cm lange Schicht von Magnesiumpulver so eingefüllt, daß über der Füllung ein Kanal frei bleibt. Die Magnesiumschicht wird von beiden Seiten durch Glaswollebäusche fixiert.

Ausführung:
Man läßt die Ammoniaklösung zu dem Kaliumhydroxid zutropfen und leitet den Ammoniakstrom durch die Apparatur. Ist die Luft vollständig daraus vertrieben (das in die Waschflasche G eintretende Gas wird dann vollkommen absorbiert), wird das Magnesium bei strömendem Ammoniak nach vorsichtigem Anwärmen des Rohres kräftig erhitzt. Das Metall entzündet sich, die Reaktion schreitet bei raschem Zuleiten von Ammoniak auch nach dem Entfernen des Brenners durch die ganze Schicht hindurch fort. Das entweichende Gas wird nach negativem Ausfall der Knallgasprobe (I - 18.9) an der Ausströmungsöffnung entzündet.
Man läßt im verlangsamten Ammoniakstrom erkalten, stößt dann das grünlichgraue Reaktionsprodukt aus dem Rohr heraus, bringt es in das Reaktionsgefäß des Thermoskops und gibt wenig Wasser hinzu: Starke Wärmeentwicklung, Gasentwicklung. Man hält nacheinander über die Mündung des Gefäßes angefeuchtetes pH-Indikatorpapier und einen mit konz. Salzsäure benetzten Glasstab (Nachweis von NH_3). Dann wird so viel Wasser zugegeben, bis die Umsetzung beendet ist. Der Rückstand ($Mg(OH)_2$) löst sich in Ammoniumchlorid-Lösung auf.

$$Mg_3N_2 + 6\ H_2O \rightarrow 3\ Mg(OH)_2 + 2\ NH_3$$

III - 7.1.2 Magnesiumnitrid aus Magnesium und Luftstickstoff

$$3\ Mg + N_2 \rightarrow Mg_3N_2 \qquad \Delta H = -110{,}1\ kcal\ (-460{,}7\ kJ)$$
$$2\ Mg + O_2 \rightarrow 2\ MgO \qquad \Delta H = -287{,}7\ kcal\ (-1203{,}7\ kJ)$$

Hilfsmittel:
Magnesiumgrieß – Magnesiumband – konz. Salzsäure – Tonteller – pH-Indikatorpapier – Glasstab – großes Reagenzglas.

Ausführung:
Auf einen Tonteller schüttet man ein kegelförmiges Häufchen von etwa 5 g Magnesiumgrieß und entzündet dieses an der Spitze mit einem brennenden Magnesiumband. Das Häufchen brennt ruhig ab. Nach vollständigem Erkalten bricht man den Kegel auseinander; er enthält einen gelben Kern (Mg_3N_2). Man bringt etwas davon in ein großes Reagenzglas und übergießt es mit etwa 2 ml Wasser: Aufbrausen unter Entwicklung von Ammoniak, das wie bei Versuch III - 7.1.1 mit pH-Indikatorpapier bzw. durch Bildung von Ammoniumchlorid-Rauch nachgewiesen wird.

III - 7.2 Calcium

S. auch

II - 5.6	Reaktionsenthalpie bei der Bildung eines Niederschlags
II - 6.1	Heterogenes Gleichgewicht: Thermische Zersetzung von Carbonaten
III - 2.1.9	Chlorkalk aus Calciumhydroxid und Chlor
III - 2.1.10	Katalytische Zersetzung von Chlorkalk
IV - 1.10	Acetylen (Äthin) aus Calciumcarbid

III - 7.2.1 Calciumhydrid aus Calcium und Wasserstoff
Eigenschaften von Calciumhydrid

$$Ca + H_2 \rightarrow CaH_2 \qquad \Delta H = -45{,}1\ kcal\ (-188{,}7\ kJ)$$

Versuchsanordnung: Abb. 128
H_2-Quelle: Entweder *Kipp*scher Gasentwickler[1]) (s. I - 18.1) oder Stahlflasche mit Überdruckventil A (wie Abb. 19a, T-Stück D und Standzylinder E, mit Wasser ge-

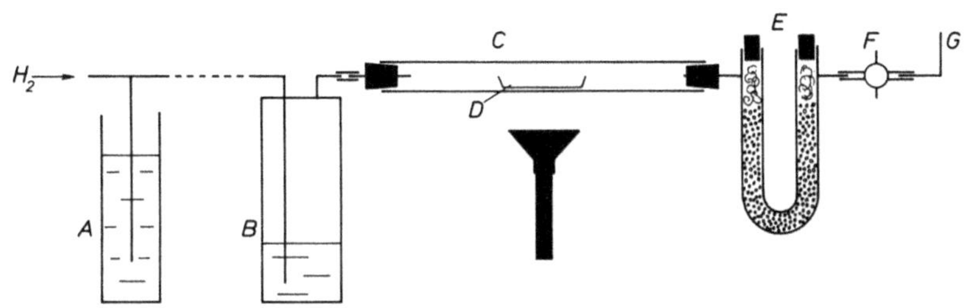

Abb. 128. Calciumhydrid

füllt) - Muenckesche Waschflasche B (konz. H_2SO_4) - schwerschmelzbares Glasrohr C (∅ innen 18 mm, Länge 25 cm) - Eisenschiffchen D (5 bis 6 cm lang) - größeres U-Rohr E (Silicagel) - Quetschhahnverschluß F mit angesetztem Winkelrohr G - Bunsenbrenner.

Hilfsmittel:
Calcium-Späne - Reagenzgläser - Pinzette - Tiegelzange - Wägegläschen.

Vorbereitung:
Man leitet einen mäßigen Wasserstoffstrom durch die Apparatur, beschickt das Schiffchen D mit einigen Spatelspitzen Calciumspänen und schiebt es in den mittleren Teil von Rohr C; dieses ist sofort wieder zu verschließen.

Ausführung:
Man leitet einen lebhaften Wasserstoffstrom durch die Apparatur. Wenn die Knallgasprobe (s. I - 18.9) bei G negativ ausgefallen ist, wird F geschlossen und bei Verwendung einer Stahlflasche der Gasdruck soweit erhöht, daß aus dem Sicherheitsventil Wasserstoff herausperlt. Nun wird das Rohr C mit dem Bunsenbrenner erhitzt. Bereits bei etwa 350 °C, also vor beginnender Rotglut, glüht das Metall auf und absorbiert stürmisch Wasserstoff. Der Brenner ist dann sofort zu entfernen und der Gasstrom ist so einzuregeln, daß unter keinen Umständen Luft, etwa durch das Sicherheitsventil, in die Apparatur gesaugt wird.
Man läßt in der Wasserstoffatmosphäre vollkommen erkalten, nimmt das Schiffchen aus dem Rohr und füllt das Reaktionsprodukt, eine graue Masse, in das Wägegläschen.

Eigenschaften von Calciumhydrid

Hilfsmittel:
a) Reagenzgläser - Bunsenbrenner.
b) Gasentwickler mit Druckausgleich Abb. 19b, A bis C - Gasableitungsrohr, pneumatische

[1]) Bei Verwendung eines *Kipp*schen Gasentwicklers entfällt das Sicherheitsventil, da kein gefährlicher Überdruck entstehen kann.

Wanne mit Experimentiersockel wie Abb. 23, A bis D; statt des Standzylinders B ein graduierter Schüttelzylinder (500 ml) – Waage – Wägegläschen.

Ausführung:
a) Reaktion mit Wasser (qualitativ)
Man gibt etwas Calciumhydrid in ein Reagenzglas, dazu Wasser: Gasentwicklung. Der entstehende Wasserstoff wird durch die Knallgasprobe nachgewiesen.

b) Reaktion mit Wasser (quantitativ)
Man füllt den Schüttelzylinder vollständig mit Wasser und stellt ihn mit der Öffnung über die Mündung des Gasableitungsrohres in der pneumatischen Wanne. Den Kolben des Gasentwicklers beschickt man mit einer in einem Wägegläschen abgewogenen Menge (etwa 0,2 g) Calciumhydrid, den Tropftrichter mit Wasser. Man setzt die Apparatur zusammen, läßt Wasser zu dem Calciumhydrid zutropfen und fängt den Wasserstoff im Schüttelzylinder auf. Aus dem Gasvolumen kann man näherungsweise den Hydridgehalt des Präparats berechnen.
Für genauere Messungen verwendet man statt des Schüttelzylinders eine Gasmeßglocke (s. I - 18.6) und sorgt vor dem Ablesen für Niveaugleichheit der Sperrflüssigkeit in der Glocke und im äußeren Gefäß. Bei dem Versuch sollten etwa 210 ml Wasserstoff (bei Normalbedingungen) entwickelt werden.

III - 7.2.2 Thermische Dissoziation von Calciumcarbonat

$$CaCO_3 \rightarrow CaO + CO_2 \qquad \Delta H = +42{,}6 \text{ kcal } (+178{,}2 \text{ kJ})$$

Versuchsanordnung:
Wie Abb. 97: Waschflasche A (konz. Natronlauge) – schwerschmelzbares Glasrohr B (Ø innen 18 mm, Länge 35 cm) in einem Verbrennungs- oder Rohrofen C (I-15.1 oder I-15.2) – Drechselsche Waschflasche D – Wasserstrahlpumpe. Die O_2-Quelle entfällt.

Hilfsmittel:
Marmor in erbsengroßen Brocken – $Ba(OH)_2$-Lsg. – Phenolphthalein-Lsg. – Teclubrenner mit Schlitzaufsatz – 2 Kelchgläser – 2 Glasstäbe.

Vorbereitung:
Man bringt den zerkleinerten Marmor in die Mitte des Glasrohres und füllt die Waschflasche D erst kurz vor Versuchsbeginn mit klarem Barytwasser.

Ausführung:
Das Glasrohr wird auf helle Rotglut erhitzt. Dann saugt man mit der Wasserstrahlpumpe einen langsamen Luftstrom durch die Apparatur: Nach wenigen Augenblikken ist in der Waschflasche D ein starker Niederschlag von Bariumcarbonat entstanden, während das Barytwasser in der Waschflasche vor dem Rohr klar geblieben ist. Nach dem Erkalten bringt man einen Teil des gebrannten Kalks in ein Kelchglas mit Wasser und gibt einige Tropfen Phenolphthalein-Lösung hinzu. Gegenversuch mit dem Ausgangsmaterial.

III - 7.2.3 Calciumcarbonat aus Calciumoxid und Kohlendioxid

(Umkehrung des Kalkbrennens)

$$CaO + CO_2 \rightarrow CaCO_3 \qquad \Delta H = -42{,}6 \text{ kcal } (-178{,}2 \text{ kJ})$$

Versuchsanordnung:
CO_2-Quelle – *Drechsel*sche Waschflasche (konz. H_2SO_4) – schwerschmelzbares Glasrohr (∅ innen 18 mm, Länge 25 cm) mit durchbohrtem Gummistopfen; das Rohrende bleibt offen.

Hilfsmittel:
CaO (feinpulvrig) - verd. Salzsäure – Quarzwolle – Asbestwolle– Teclubrenner mit Schlitzaufsatz – 2 Standzylinder – Kerze an umgebogenem Draht.

Vorbereitung:
Man füllt in den mittleren Teil des Rohres zwischen zwei Quarzwollepfropfen eine etwa 10 cm lange Schicht von Calciumoxid so ein, daß darüber ein weiter Kanal frei bleibt, und schiebt vor den Gummistopfen Asbestwolle zum Schutz vor Wärmestrahlung. Wird der Versuch nicht sofort durchgeführt, müssen beide Öffnungen des Rohres mit Gummistopfen bis zum Versuchsbeginn verschlossen werden.

Ausführung:
Man erhitzt das Rohr auf Rotglut, leitet dann einen lebhaften Kohlendioxid-Strom hindurch und entfernt nun den Brenner. Das Calciumoxid glüht hell auf.
Nach dem Erkalten schüttet man das Reaktionsprodukt in einen Standzylinder, versetzt mit verd. Salzsäure und senkt eine brennende Kerze in den Zylinder ein: Die Flamme erlischt. Gegenversuch mit dem Ausgangsmaterial.

III - 7.2.4 Einwirkung von Kohlendioxid auf Calciumhydroxid
(Erhärten von Luftmörtel)

Kalklöschen: $CaO + H_2O \rightarrow Ca(OH)_2$ $\Delta H = -15{,}6$ kcal ($-65{,}3$ kJ)
Erhärten: $Ca(OH)_2 + CO_2 \rightarrow CaCO_3 + H_2O$

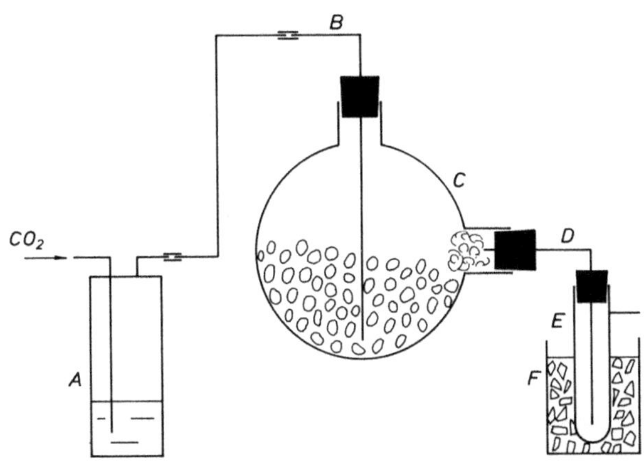

Abb. 129. Einwirkung von Kohlendioxid auf Calciumhydroxid

Versuchsanordnung: Abb. 129
CO_2-Quelle – *Drechsel*sche Waschflasche A (konz. H_2SO_4) – Gaszuleitungsrohr B – zweifach tubulierte Experimentierkugel C (1000 ml) – Gasableitungsrohr D – Reagenzglas mit Schlauchansatz (Saugrohr) E – Becherglas F (Eiswasser). Das Gaszuleitungsrohr B muß bis fast auf den Boden der Kugel herunterreichen.

Hilfsmittel:
Gebrannter Kalk (Weißkalk[1])) – Sand – $Ba(OH)_2$-Lsg. – verd. Salzsäure – $CuSO_4$ wasserfrei (s. V) in verschlossener Flasche – Glaswolle – große Porzellanschale. – Kleine Apparatur zum Nachweis von Gasen nach Abb. 20: Saugrohr A, Tropftrichter B, Ableitungsrohr C, Reagenzglas D.

Vorbereitung: *Schutzbrille!*
Bereitung von Mörtel: In einer großen Porzellanschale werden einige große Stücke von gebranntem Kalk (Weißkalk) zunächst mit wenig Wasser überspritzt, bis die heftig einsetzende Reaktion abgeklungen ist. Dann wird vorsichtig Wasser zugegeben, bis ein nicht zu steifer Brei entstanden ist (Kalklöschen). Zu dem Brei gibt man etwa die dreifache Menge grobkörnigen Sand, mischt mit einem Spatel gut durch und streicht die Masse auf einer Tonplatte zu einer etwa 1/2 cm dicken Schicht gleichmäßig aus. Nach Aufdrücken einer zweiten Tonplatte trocknet man in einem vorgeheizten Trockenschrank bei 105 °C in möglichst kurzer Zeit. Das noch warme trokkene Produkt wird in erbsengroße Stücke zerbrochen und entweder zu sofortiger Verwendung in die Experimentierkugel eingefüllt oder bis zum Gebrauch in einer verschlossenen Flasche aufbewahrt.
Füllen der Kugel: Vor dem Einfüllen wird ein Glaswollebausch vor die Mündung des Gasableitungsrohres D geschoben zum Schutz gegen ein mögliches Verstopfen. Dann wird die Kugel gut zur Hälfte mit den locker geschichteten Mörtelstücken gefüllt.

Ausführung:
Man leitet einen sehr lebhaften Kohlendioxidstrom durch die Apparatur. Schon nach kurzer Zeit hat sich die Innenwand der Kugel mit dicken Wasserstropfen beschlagen. Die Kugel erhitzt sich so stark, daß man sie nicht mehr anfassen kann. Das Wasser verdampft und wird in reichlicher Menge in dem Saugrohr E kondensiert. Der Versuch wird abgebrochen, wenn die Kugel zu erkalten beginnt. Das aufgefangene Wasser wird mit wasserfreiem Kupfersulfat identifiziert.
Zu einer Probe des aus der Kugel entnommenen Reaktionsproduktes tropft man in dem Saugrohr A der Anordnung Abb. 20 verd. Salzsäure und leitet das entstehende Gas in das Reagenzglas D (Barytwasser): Weißer Niederschlag ($BaCO_3$). Dasselbe führt man mit einem Teil des zurückbehaltenen Mörtels aus: Keine Gasentwicklung.

III - 7.2.5 Calciumcarbid aus Calciumoxid und Kohlenstoff

$$CaO + 3\,C \rightarrow CaC_2 + CO \qquad \Delta H = +111{,}1\ \text{kcal}\ (+464{,}8\ \text{kJ})$$

[1]) Es ist für das Gelingen des Versuches wesentlich, daß man „Weißkalk", am besten „Marmorkalk" und keinen „Graukalk" verwendet. Graukalk ist der durch Brennen von Dolomit entstehende und somit Magnesiumoxid enthaltende Kalk. Ferner darf die Substanzmenge nicht zu gering sein.

Versuchsanordnung a: Abb. 130 *Abzug!*
Lichtbogenofen[1]): Zwei ineinander gestellte Blumentöpfe A und B (oberer ∅ etwa 10 bzw. 7 cm), die Bodenlöcher mit einer Rundfeile auf 16 bis 17 mm ∅ erweitert – Graphitelektrode C (∅ etwa 15 mm, Länge 20 cm) [2]), oben mit einer Muffe D, die mit ei-

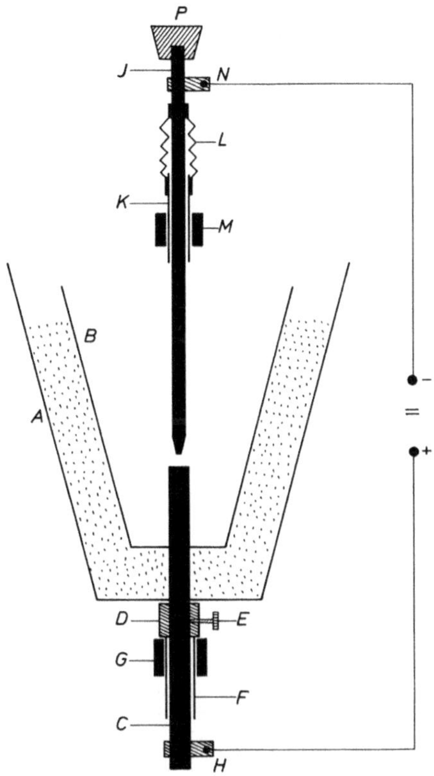

Abb. 130. Calciumcarbid aus Calciumoxid und Kohlenstoff

ner Klemmschraube E gehalten wird, als Träger für A versehen – dickwandiges Glasrohr F (∅ innen 16 bis 17 mm, Länge 8 cm), auf C bis an D herangeschoben, durch Stativklammer G gehalten – Lasche H aus Kupferblech mit Schraube und Mutter zum Anschluß an die Stromquelle – Gegenelektrode J (Graphitstab ∅ 10 mm, Länge etwa 30 cm)[2]), in einem Führungsrohr K (Glasrohr, ∅ innen 11 mm) durch übergezogenen Gummibalgen oder Gummischlauch L federnd mit J verbunden – Stativklammer M zur Halterung von K – Lasche N wie H für die Stromzuführung – großer Korkstopfen P, bis zur Mitte ausgebohrt, als Handgriff fest auf J aufgesetzt. – Das zugespitzte Ende der Elektrode J soll etwa 1 cm vom Ende der Elektrode C entfernt sein. Durch Druck auf P muß sich J der Elektrode C bis zur Berührung nähern lassen; bei Nachlassen des Druckes muß J wieder in die Ausgangsstellung zurückkehren.
Stromversorgung für den Lichtbogen: Vgl. die Angaben bei Versuch III - 4.2.1. Die Stromstärke soll hier jedoch höher sein.

[1]) Die Apparatur ist bei Fa. Kind (I - 17.8) erhältlich.
[2]) Als Elektroden verwendet man Spezialgraphitstäbe mit geringem Widerstand (EK 47), Fa. Ringsdorff (I - 17.8).

In den auf die Muffe D gestellten Blumentopf A füllt man eine 2 bis 3 cm hohe Bodenschicht von Kieselgur und setzt darauf B fest ein. C soll etwa 2 cm in B hineinragen. Dann wird der Zwischenraum zwischen A und B mit Kieselgur ausgefüllt.

Hilfsmittel:
CaO – Holzkohlepulver – konz. Rohrzucker-Lsg. – Kupfer(I)-chlorid-Gelatine-Lsg. (s. V) – zweiteilige Asbestplatte mit 2 halbkreisförmigen Ausschnitten zur Bedeckung des Ofens während des Versuches – Tiegelzange – langer Graphitstab (Ø 5 mm) mit Korkgriff – dunkle Brille – Gasentwickler Abb. 19a, A bis C, mit kleinem Kolben A; an C angeschlossen Schlauch mit Glasrohr nach Abb. 23, A – pneumatische Wanne (Wasser) – Reagenzgläser – Bunsenbrenner – Tonplatte.

Vorbereitung:
Aus 15 g Calciumoxid und 10 g Kohlepulver bereitet man durch Verrühren mit konz. Rohrzuckerlösung eine teigige Masse, aus der man Kugeln von etwa 5 mm Durchmesser formt. Diese werden auf einer Tonplatte im Trockenschrank bei 110 °C sorgfältig und lange getrocknet[1]) und bis zur Ausführung des Versuches in verschlossener Flasche aufbewahrt. Die angegebene Menge reicht für mehrere Versuche aus.

Ausführung: *Abzug!*
Man bedeckt den Boden des Topfes B so mit Kohlepulver, daß nur noch das Ende der Elektrode frei bleibt und in der Mitte eine trichterförmige Vertiefung gebildet wird.
Darauf füllt man etwa 10 bis 15 der vorbereiteten Kugeln ein und bringt sie in möglichste Nähe der Elektroden. Dunkle Brille! Der Strom wird eingeschaltet und durch einen Druck auf den Korkgriff der oberen Elektrode der Lichtbogen gezündet. Nach kurzem Einbrennen zieht man die Elektroden möglichst weit auseinander. Man muß dafür sorgen, daß fortdauernd neue Substanz in den Lichtbogen hineinkommt; daher stößt man mit Hilfe des Graphitstabes die einzelnen Kugeln nacheinander in den Lichtbogen hinein. Der Tiegel ist während des Versuches mit der zweiteiligen Asbestplatte zu bedecken, die nur von Zeit zu Zeit gelüftet wird. Nach einer Versuchsdauer von 10 bis 15 Minuten wird der Lichtbogen abgeschaltet; man entfernt die Asbestplatte und läßt erkalten. Dann wird der Carbidregulus herausgebrochen und zerkleinert.
Man bringt einen Teil des Calciumcarbids in den Kolben des Gasentwicklers, gibt durch den Tropftrichter Wasser zu und leitet das entwickelte Gas in die pneumatische Wanne, wo man es in einem Reagenzglas auffängt, sobald es luftfrei ist („Knallgasprobe“ mit nur kleinen Gasmengen): Das Gas (Acetylen, s. auch I - 19.8) brennt mit leuchtender und rußender Flamme. Danach leitet man es in Kupfer(I)-chlorid-Gelatinelösung: Rosa bis tiefrote Färbung.

Versuchsanordnung b: *Abzug!*
In einem großen Blumentopf (zum Schutz gegen herausgeschleuderte Schmelze) steht auf einer Schicht Sand oder Kieselgur (als Wärmeisolierung) eine Eisenschale oder ein ähnliches hitzebeständiges Gefäß. Zwei Kohleelektroden sind vorn zugespitzt und werden hinten durch Stativklammern gehaltert; die Stromzuführungen

[1]) Die Kugeln müssen auch im Innern vollkommen trocken sein; das Gelingen des Versuches hängt entscheidend davon ab.

(dicke Kupferdrähte, isoliert) werden an den Elektroden mit Laschen aus Metall befestigt (s. Vers. a). Die Elektroden werden so an Stativen angebracht, daß eine davon abgenommen und mit der Hand (Isolierung der Klammer!) in der Schale herumgeführt werden kann.
Stromversorgung für den Lichtbogen: Vgl. die Angaben bei Versuch III - 4.2.1.

Hilfsmittel:
CaO – Holzkohle- oder Aktivkohle-Pulver – Kupfer(I)-chlorid-Gelatine-Lsg. (s. V) – dunkle Brille – Gasentwickler, pneumatische Wanne usw. wie bei Versuch a.

Vorbereitung:
Man mischt 10 g gepulvertes Calciumoxid und 6 g Kohlepulver und trocknet die Mischung sehr sorgfältig im Trockenschrank. Sie wird in verschlossener Flasche oder im Exsikkator aufbewahrt.

Ausführung: *Abzug!*
Man gibt die Kalk-Kohle-Mischung in die Eisenschale, schaltet den Strom ein und zündet den Lichtbogen (dunkle Brille!), indem man die bewegliche Elektrode bis zur Berührung an die feste heranführt und dann wieder auf geeignete Distanz bringt. Man erzielt eine größere Ausbeute, wenn man die bewegliche Elektrode vorsichtig im Reaktionsgefäß herumführt und so den Lichtbogen an möglichst vielen Stellen mit dem Gemisch in Berührung bringt; er soll dabei möglichst nicht abreißen.
Als Reaktionsprodukt erhält man graue zusammengesinterte Brocken, die wie in Versuch a mit Wasser zusammengebracht werden; ebenso wie dort wird das entwickelte Acetylen nachgewiesen.

Bemerkung:
Analog Vers. a kann man auch Aluminiumcarbid herstellen

$$4\,Al + 3\,C \rightarrow Al_4C_3 \qquad \Delta H = -49{,}9\text{ kcal } (-208{,}8\text{ kJ}).$$

Dazu wird in einer Porzellanschale durch Zugabe einer konz. Rohrzuckerlösung zu einem Gemenge von 30 g Aluminiumgrieß und 11 g Aktiv- oder Holzkohlepulver unter Verrühren eine teigige Masse bereitet, aus der man kirschengroße Kugeln formt. Diese werden auf einer Tonplatte im Trockenschrank bei 110 °C sorgfältig getrocknet.
Die Umsetzung im Lichtbogen wird wie bei Vers. a durchgeführt, In der erstarrten Schmelzmasse findet man gelbliche Kristalle. Bei der Reaktion mit Wasser (s. Vers. a) entsteht Methan

$$Al_4C_3 + 12\,H_2O \rightarrow 4\,Al(OH)_3 + 3\,CH_4.$$

Dieses brennt im Gegensatz zu Acetylen mit kaum leuchtender und nicht rußender Flamme und reagiert nicht mit Kupfer(I)-chlorid-Gelatine-Lösung.

III - 7.2.6 Calciumcyanamid („Kalkstickstoff") aus Calciumcarbid und Stickstoff

$$CaC_2 + N_2 \rightarrow CaCN_2 + C \qquad \Delta H = -69{,}5\text{ kcal } (-290{,}8\text{ kJ})$$

Versuchsanordnung:
Wie Vers. III - 3.1.3, Abb. 97. An die Waschflasche A angeschlossen ist eine N_2-Stahlflasche oder ein mit mindestens 4 l Stickstoff gefüllter Behelfsgasometer (s. I - 18.3, Abb. 25a oder b).

[1]) Z.B. Fa. Leybold (I - 17.8).

Hilfsmittel:
Calciumcarbid – $CaCl_2$ wasserfrei – Reibschale – 2 Tiegel – Tiegelglühofen (Abb. 7) – Asbestpapier – Quarzwolle – 2 durchlochte Asbestplatten – pH-Indikatorpapier – Reagenzgläser – Dreifuß mit Tondreieck – Pipette – Bunsenbrenner.
Falls keine N_2-Stahlflasche zur Verfügung steht: Gasentwickler Abb. 19a, A bis C, D mit Wasserbad – kalt gesättigte $(NH_4)_2SO_4$-Lsg. – $NaNO_2$-Lsg. (30%ig).

Vorbereitung: *Schutzbrille!*
10 g frisch zerkleinertes Calciumcarbid werden in der Reibschale feinst gepulvert und in einem Tiegel im Tiegelglühofen gründlich ausgeglüht. Gleichzeitig werden 3 g Calciumchlorid[1]) (wasserfrei) durch etwa einstündiges Erhitzen auf 130 °C getrocknet und noch warm in der Reibschale fein gepulvert. Beide Stoffe werden noch warm innig miteinander vermengt. Das Gemenge wird in einer gut verschlossenen Flasche aufbewahrt.
Kurz vor Versuchsbeginn bringt man auf einer Unterlage von Asbestpaper die Substanz in das Rohr; dabei muß ein Kanal für den Gasdurchgang freibleiben. Etwa 1 g des Gemenges wird in verschlossener Flasche zurückbehalten. Von beiden Seiten her werden Quarzwollebäusche in das Rohr eingeschoben. Auf beide Enden des Porzellanrohres wird eine durchlochte Asbestplatte aufgeschoben.
Falls keine N_2-Stahlflasche verwendet wird, erzeugt man im Gasentwickler durch Zutropfen von Natriumnitritlösung zu der erhitzten Ammoniumsulfatlösung Stickstoff (Vers. III - 4.1.3) und füllt damit den Behelfsgasometer.
Man kann den Stickstoff auch aus Luft nach Versuch III - 4.1.1 darstellen. Dabei wird der Mischzylinder F durch den Behelfsgasometer ersetzt.

Ausführung:
Es wird ein langsamer Stickstoffstrom durch die Apparatur geleitet und dann das Rohr möglichst hoch erhitzt. Zunächst entweichen bräunliche Dämpfe – durch Verunreinigungen des Carbids verursacht –, die sich in der Schwefelsäure der endständigen Waschflasche mit brauner Farbe auflösen. Wenn das Rohr auf helle Rotglut erhitzt ist, setzt eine starke Absorption des Stickstoffs ein. Die Gasgeschwindigkeit wird so reguliert, daß aus der endständigen Waschflasche kein Gas austritt, die Schwefelsäure aber auch nicht hochsteigt.
Wenn die Reaktion beendet ist, läßt man das Rohr im Stickstoffstrom erkalten. In dem Reaktionsprodukt sind neben pulverigem Material feste Brocken enthalten. Beim Einwerfen in Wasser erfolgt keine Gasentwicklung; Vergleich mit Calciumcarbid.
Man gibt in einen Tiegel etwas von dem Reaktionsprodukt, erhitzt auf dem Dreifuß, tropft dann vorsichtig (Schutzbrille!) wenig Wasser auf und hält einen angefeuchteten Streifen pH-Papier darüber: Alkalische Reaktion (NH_3).

$$CaCN_2 + 3\,H_2O \rightarrow CaCO_3 + 2\,NH_3.$$

III - 7.3 Strontium und Barium

S.auch
II - 5.6 Reaktionsenthalpie bei der Bildung eines Niederschlags
II - 6.1 Heterogenes Gleichgewicht: Thermische Zersetzung von Carbonaten

[1]) Durch den Zusatz von Calciumchlorid wird die erforderliche Reaktionstemperatur von 1100 °C um 400 bis 500 °C herabgesetzt.

III - 3.1.3 Sauerstoff aus Bariumperoxid
III - 3.1.7 Wasserstoffperoxid aus Bariumperoxid und Schwefelsäure; Salzbildung aus Bariumhydroxid und Wasserstoffperoxid

III - 7.3.1 Bariumsulfid aus Bariumsulfat und Kohlenstoff[1])

$$BaSO_4 + 2\,C \rightarrow BaS + 2\,CO_2$$

Hilfsmittel:
$BaSO_4$ – Holzkohle (Pulver und Stückchen) – verd. Salzsäure – verd. Schwefelsäure – Bleiacetatlsg. – großer Tiegel (evtl. hessischer Tontiegel) – Tiegelglühofen (Abb. 7) – Gebläsebrenner – Tiegelzange – Reibschale – Erlenmeyerkolben (200 ml) – großes Kelchglas – pH-Indikatorpapier – Filtrierpapierstreifen – Trichter mit Faltenfilter auf Erlenmeyerkolben (200 ml).

Ausführung:
Das in der Reibschale fein zerriebene Gemenge von 12 g Bariumsulfat und 3 g Holzkohlepulver gibt man in den Tiegel, der damit etwa zu 2/3 gefüllt sein soll, und schichtet große Holzkohlestückchen darüber. Dann wird der Tiegel im Tiegelglühofen mit dem Gebläsebrenner 15 Minuten kräftig erhitzt. Nach dem Erkalten bricht man die gesinterte poröse Masse aus dem Tiegel heraus (evtl. muß man den Tiegel zerschlagen), pulvert sie in der Reibschale und übergießt sie im Erlenmeyerkolben mit 100 ml Wasser. Man schwenkt den Kolben etwa 5 Minuten lang um und filtriert dann. Man prüft die Lösung im Kelchglas mit pH-Indikatorpapier: Alkalische Reaktion.

$$BaS + H_2O \rightarrow Ba^{2+} + SH^- + OH^-.$$

Dann fügt man zu der Lösung 10 ml konz. Salzsäure und hält einen mit Bleiacetatlösung befeuchteten Filtrierpapierstreifen über die Lösung: Schwarzfärbung (PbS). Man versetzt die Lösung mit verd. Schwefelsäure: Weißer Niederschlag ($BaSO_4$).

III - 8 Erste Hauptgruppe

III - 8.1 Lithium

S. auch
II - 10.3.5 Schmelzflußelektrolyse von Lithiumchlorid

III - 8.1.1 Lithiumhydrid aus Lithium und Wasserstoff

$$2\,Li + H_2 \rightarrow 2\,LiH \qquad \Delta H = -43{,}2\ \text{kcal}\ (-180{,}7\ \text{kJ})$$

Versuchsanordnung:
Wie Vers. III - 7.2.1, Abb. 128. Zusätzlich wird ein Dachreiter aus Asbest für das Reaktionsrohr benötigt.

[1]) Technisches Aufschlußverfahren zur Herstellung von Bariumsalzen.

Hilfsmittel:
Lithium – Phenolphthalein-Lsg. – Pinzette – Tiegelzange – Filtrierpapier – Messer – Reagenzgläser – Thermoskop (s. Abb. 10) – Bunsenbrenner.

Vorbereitung: *Schutzbrille!*
Man leitet einen nicht zu starken Wasserstoffstrom durch die Apparatur. In das Schiffchen D gibt man ein Stückchen Lithium, das man frisch abgeschnitten und zwischen Filtrierpapier gründlich abgetrocknet hat. Die Apparatur muß dann sofort wieder verschlossen werden.

Ausführung:
Wie bei Vers. III - 7.2.1, jedoch muß das Reaktionsrohr C mit aufgesetztem Dachreiter bis etwa 500 °C (beginnende Rotglut) erhitzt werden; dann setzt die Absorption von Wasserstoff ein, die sich zunehmend steigert. Nach beendeter Reaktion läßt man unter Wasserstoff vollkommen erkalten. Dann holt man das Schiffchen aus dem Rohr und bricht (Schutzbrille!) einen Teil des grauen, harten Reaktionsproduktes heraus.
Man übergießt etwas Lithiumhydrid in einem Reagenzglas mit Wasser und weist den entstehenden Wasserstoff nach, indem man ihn entzündet.
Das Reaktionsgefäß des Thermoskops füllt man etwa zu 3/4 mit Wasser, setzt etwas Phenolphthalein zu und verbindet das Mantelgefäß mit dem Manometer. Dann wirft man ein Stückchen Lithiumhydrid in das Wasser: Rotfärbung, Gasentwicklung, Temperaturanstieg

$$LiH + H_2O \rightarrow LiOH + H_2$$

III - 8.1.2 Lithiumnitrid aus den Elementen

$$6\,Li + N_2 \rightarrow 2\,Li_3N \quad \Delta H = -94{,}4\ \text{kcal}\ (-395{,}0\ \text{kJ})$$

Versuchsanordnung:
Wie Vers. III - 7.2.1, Abb. 128 mit folgenden Abänderungen: Statt der H_2-Quelle ein Gasentwickler Abb. 19a, A bis C und D′ mit Wasserbad, oder eine andere N_2-Quelle. Der Quetschhahn E entfällt.

Hilfsmittel:
Lithium (einige kleine Stücke unter Petroläther) – kalt gesättigte $(NH_4)_2SO_4$-Lösung – $NaNO_2$-Lösung (30%ig) – pH-Indikatorpapier – Filtrierpapier – Holzspäne – Eisenschiffchen (5 bis 6 cm lang) – Pinzette – Reagenzgläser – Kelchglas – Teclubrenner.

Vorbereitung:
Man beschickt den Kolben des Gasentwicklers mit der Ammoniumsulfat-Lösung, den Tropftrichter mit der Natriumnitrit-Lösung. Das Wasserbad muß rechtzeitig angeheizt werden.

Ausführung:
Man bringt die mit Filtrierpapier gut abgetrockneten Lithiumstückchen mit der Pinzette in das Eisenschiffchen, das sofort in die Mitte des Reaktionsrohres geschoben wird, während man durch Zutropfen der Natriumnitrit-Lösung zu der erwärmten Ammoniumsulfat-Lösung (s. Vers. III - 4.1.3) Stickstoff erzeugt und durch die Apparatur leitet. Die entweichenden Gase werden in einem über die Ausströmungsöffnung des rechtwinklig gebogenen Glasrohres F gestülpten Reagenzglas aufgefangen

und durch Eintauchen eines brennenden Holzspans in das Reagenzglas auf Abwesenheit von Luft geprüft. Nach Verdrängung der Luft wird kräftig erhitzt, bis das geschmolzene Metall (Smp. 186 °C), aufglüht (bei etwa 450 °C); dann wird die Flamme entfernt: Das Metall glüht im Stickstoffstrom weiter. Zum Schluß wird nochmals kurz erhitzt. Man läßt im Stickstoffstrom erkalten: Dunkelgraues Reaktionsprodukt. Einen Teil des Reaktionsproduktes bringt man in ein Kelchglas, spritzt wenig Wasser hinzu und hält in das Glas einen angefeuchteten Streifen Indikatorpapier (Nachweis von NH_3)

$$Li_3N + 3\ H_2O \rightarrow 3\ Li^+ + 3\ OH^- + NH_3.$$

III - 8.2 Natrium und Kalium

S. auch

I - 20.2	Natrium
I - 20.3	Kalium
II - 1.14	Kristallwasserbestimmung von Natriumcarbonat
II - 12.1	Reaktionen in flüssigem Ammoniak
III - 2.1.3	Chloralkali-Elektrolyse
IV - 3.2	Quantitative Umsetzung von Äthanol mit Natrium

III - 8.2.1 Natriumperoxid aus Natrium und Sauerstoff

Eigenschaften von Natriumperoxid

$$2\ Na + O_2 \rightarrow Na_2O_2 \qquad \Delta H = -120{,}6\ kcal\ (-504{,}6\ kJ)$$

Versuchsanordnung:
*Muencke*sche Waschflasche (konz. Schwefelsäure) – schwerschmelzbares Glasrohr (∅ innen 18 mm, Länge 25 cm) – *Drechsel*sche Waschflasche (leer, umgekehrt geschaltet als Sicherheitsflasche) – Schlauchanschluß zur Wasserstrahlpumpe – Teclubrenner mit Schlitzaufsatz – Eisenschiffchen (etwa 5 cm lang).

Hilfsmittel:
Natrium (in einer Schale unter Benzol) – Pinzette – Filtrierpapier – Glaswolle – Asbestpappe.

Ausführung:
Das Schiffchen wird mit einigen frisch geschnittenen und gut zwischen Filtrierpapier abgetrockneten möglichst kleinen Natriumscheibchen beschickt und in den vorderen Teil des Glasrohres eingebracht. Vom Rohrende her schiebt man einen etwa 10 cm langen Glaswollebausch bis auf etwa 3 cm an das Schiffchen heran, um zerstäubtes Natriumperoxid zurückzuhalten. Man erhitzt nun das Rohr, bis das Natrium (Smp. 98 °C) geschmolzen ist, und saugt dann einen lebhaften Luftstrom durch die Apparatur. Sobald sich das Metall entzündet hat, entfernt man die Flamme; die Reaktion schreitet ohne äußere Wärmezufuhr lebhaft fort: Gelblichweißes Reaktionsprodukt.
Man läßt unter langsamem Durchleiten von Luft vollständig erkalten; dann wird das Schiffchen aus dem Rohr genommen und der Inhalt sofort zu der Reaktion a verwendet:

Eigenschaften von Natriumperoxid

Hilfsmittel:

a) Titanylschwefelsäure (s. V) – Eiswasser – 4 große Reagenzgläser – Holzspäne.

b) Natriumperoxid, gepulvert – feines Sägemehl – Ziegelstein – Glasstab – Becherglas mit Wasser – Pipette (Länge mindestens 50 cm).

c) Natriumperoxid, gepulvert – Aluminiumpulver – 2 Ziegelsteine – Asbestpappe – Glasstab – Becherglas mit Wasser – Pipette (s. o.) – Stricknadel, befestigt an einem Korkstopfen – Bunsenbrenner.

d) Natriumperoxid – Eisessig – kleine Porzellanschale – Pipette (s. o.).

Ausführung:

a) Reaktion mit Wasser

In ein zur Hälfte mit Eiswasser gefülltes großes Reagenzglas wirft man unter Umschütteln einige Körnchen des Reaktionsproduktes; Vorsicht, es darf kein Natriummetall dabei sein: Nur geringe Gasentwicklung. Dann gibt man sofort einige Tropfen der Lösung in eine Mischung von wenig Titanylschwefelsäure und viel Wasser: Gelbfärbung.

Man wiederholt den Versuch mit Wasser von Raumtemperatur: Starke Gasentwicklung. Man senkt einen glimmenden Holzspan in den Gasraum ein: Aufflammen (O_2). Beim Eintropfen der Lösung in eine Mischung von wenig Titanylschwefelsäure und viel Wasser keine wesentliche Gelbfärbung.

b) Entflammen eines Gemenges mit Sägemehl *Abzug! Schutzbrille!*

Auf einem Ziegelstein bereitet man ein Gemenge von etwa 20 g trockenem Natriumperoxid mit etwa dem halben Volumen von trockenem Sägemehl durch vorsichtiges Verrühren mit einem trockenen Glasstab und häuft es zusammen. Aus der Pipette läßt man in die Mitte des Haufens vorsichtig einige Tropfen Wasser fallen: Entflammen und lebhafte Verbrennung.

Achtung! Das Gemenge darf keinesfalls vorbereitet und etwa in einer Flasche aufbewahrt werden!

c) Entflammen eines Gemenges mit Aluminiumpulver *Abzug! Schutzbrille!*

Auf 2 Ziegelsteinen bereitet man wie bei b) mit der nötigen Vorsicht je ein Gemenge gleicher Volumina Aluminiumpulver und Natriumperoxid, die man zu Haufen formt. Auf den einen Haufen läßt man sehr vorsichtig aus der Pipette einige wenige Tropfen Wasser fallen: Entflammen, Verbrennen unter Verpuffen. Den anderen Haufen berührt man mit einer zum Glühen erhitzten Stricknadel: Lebhaftes Verbrennen.

Achtung! Das Gemenge darf keinesfalls vorbereitet und aufbewahrt werden. Man überzeuge sich von der Gefährlichkeit des Gemenges, indem man etwas davon auf Asbestpappe an feuchter Luft stehen läßt: Nach einger Zeit Aufflammen.

d) Entzünden von Eisessig *Abzug! Schutzbrille!*

In ein kleines Porzellanschälchen gibt man ein Häufchen Natriumperoxid und läßt aus der Pipette vorsichtig etwas Eisessig auftropfen: Verpuffen, intensive Lichterscheinung.

III - 8.2.2 Natriumamid aus Natrium und Ammoniak

$$2\,Na + 2\,NH_3 \rightarrow 2\,NaNH_2 + H_2$$

Versuchsanordnung:

Wie Vers. III - 7.1.1, Abb. 127.

Hilfsmittel:
Konz. NH_3-Lsg. – KOH (Plätzchen) – Natrium in kleinen Stücken unter Benzol oder Xylol – konz. Salzsäure – Quecksilber(I)-nitrat-Lösung – Eisenschiffchen (etwa 5 cm lang) – Filtrierpapier – Holzspäne – großes Uhrglas – pH-Indikatorpapier – Glasstab – Asbestwolle.

Vorbereitung:
Man gibt Kaliumhydroxid in den Kolben des Gasentwicklers, konz. Ammoniaklösung in den Tropftrichter.

Ausführung:
Natriumstückchen (etwa 1 g) werden gut zwischen Filtrierpapier abgetrocknet und in das Eisenschiffchen gebracht; dieses wird in die Mitte des Reaktionsrohres geschoben. Die beiden Gummistopfen des Rohres sind durch je einen lockeren Asbestwollepfropfen vor Hitzeeinwirkung zu schützen.
Man verdrängt die Luft aus der Apparatur durch Ammoniak und erhitzt dann das Rohr sehr vorsichtig. Das Natrium schmilzt (98 °C) und setzt sich bei beginnender Dunkelrotglut (etwa 350 °C) um. Das entweichende Gas wird an der Ausströmungsöffnung entzündet. Der Versuch wird etwa 10 bis 15 Minuten in Gang gehalten. Man läßt im Ammoniakstrom vollkommen erkalten. Der Gasstrom darf erst abgestellt werden, nachdem die Verbindung zwischen der Apparatur und der mit Wasser gefüllten Waschflasche getrennt worden ist. Das Reaktionsprodukt erstarrt zu einer weißlich-grauen, kristallinen Masse. In reinem Zustand ist Natriumamid farblos.
Man nimmt das Schiffchen aus dem Rohr heraus und legt es auf ein großes Uhrglas. Dann hält man ein angefeuchtetes Indikatorpapier sowie einen mit wenig konz. Salzsäure befeuchteten Glasstab über das Schiffchen und weist damit das nach

$$NaNH_2 + H_2O \rightarrow NaOH + NH_3$$

gebildete Ammoniak nach.
Achtung! Man achte darauf, daß keine Flüssigkeit in das Schiffchen tropft! Natriumamid darf keinesfalls in Wasser geworfen oder gar mit Wasser übergossen werden. Man läßt das Schiffchen an der Luft stehen, bis der Inhalt zerflossen ist; erst dann darf es mit Wasser gespült werden.

III - 8.2.3 Natriumcarbonat nach dem Ammoniaksoda-Verfahren[1])

$$CO_2 + 2\,H_2O \rightleftharpoons H_3O^+ + HCO_3^-$$
$$NH_3 + H_3O^+ \rightleftharpoons NH_4^+ + H_2O$$
$$HCO_3^- + Na^+ \rightleftharpoons NaHCO_3\ \text{(Bodenkörper)}$$
$$2\,NaHCO_3 \rightarrow Na_2CO_3 + CO_2 + H_2O$$

Versuchsanordnung a[2]): Abb. 131
Kühlmantel A (∅ 50 mm, Länge 50 cm, oben und unten auf 40 mm verjüngt) – Innenrohr B (dünnwandig, ∅ 35 mm, Länge 60 cm) durch Schlauchstücke C_1 und C_2 mit A verbunden – Eintauch-Glasfritte[3]) D, mit einfach durchbohrtem Gummistopfen E in B eingesetzt – Gummistopfen F, durchbohrt mit Gasableitungsrohr G – Standzylinder H (konz. NaCl-Lsg.)[4]) – CO_2-Quelle (Stahlflasche), durch Druckschlauch an den aus E herausragenden Stiel der Glasfritte angeschlossen.

[1]) *E. Solvay* 1863.
[2]) Die Apparatur ist durch die Fa. Kind zu beziehen.
[3]) Zu empfehlen ist Porenweite G4.
[4]) Gummistopfen F, Gasableitungsrohr G und Zylinder H können entfallen; das Rohr B ist dann oben offen.

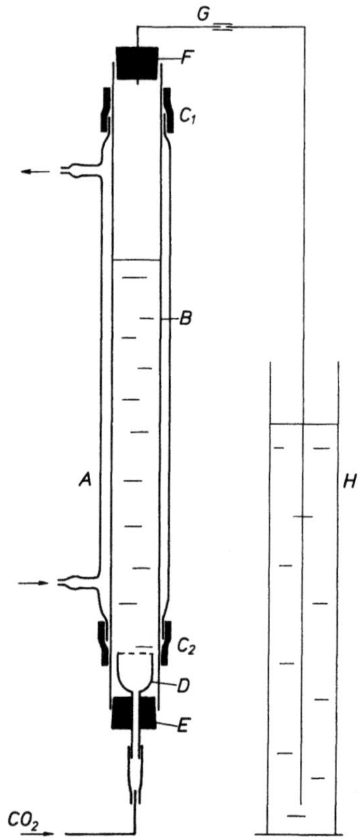

Abb. 131. Ammoniaksodaverfahren

Hilfsmittel:
Gesättigte NaCl-Lsg. (etwa 360 g fein gepulvertes Natriumchlorid in 1000 ml dest. Wasser) - konz. NH_3-Lsg. - $Ba(OH)_2$-Lsg. - Äthanol - Äther - Phenolphthalein-Lsg. - Meßzylinder (250 ml) - Porzellannutsche (Ø 70 mm) mit Filter auf einer Saugflasche - Eiswasser - Filtrierpapier - pH-Indikatorpapier - Kelchglas mit Glasstab - Reagenzgläser - Holzspäne - schwerschmelzbares Reagenzglas (horizontal an einem Stativ befestigt) mit einfach durchbohrtem Gummistopfen und Gasableitungsrohr nach Abb. 23, A, das in eine kleine pneumatische Wanne mit Wasser eintaucht; darin kleiner Standzylinder (etwa 150 x 30 mm) mit Verschlußplatte - Bunsenbrenner.

Ausführung:
Man leitet zunächst einen schwachen Kohlendioxidstrom durch die Fritte, dann werden in den Reaktionsraum 230 ml der gesättigten Natriumchloridlösung und darauf 95 ml konz. Ammoniaklösung eingefüllt. Nach Aufsetzen des Stopfens F wird ein lebhafter Kohlendioxidstrom durch die Lösung geschickt; dieser ist so zu regulieren, daß die Lösung völlig milchig getrübt erscheint, während in den Standzylinder H nur vereinzelte Kohlendioxidblasen in langsamer Folge austreten. Zugleich wird ein lebhafter Kühlwasserstrom angestellt. Nach einer Versuchsdauer von 20 bis 30 Minuten hört der Durchgang des Kohlendioxids durch die Glasfritte infolge starker Ausscheidung von Natriumhydrogencarbonat plötzlich auf. Der Zeitpunkt ist genau zu beobachten, der Kohlendioxidstrom muß sofort abgestellt werden!
Nach Abnahme des Stopfens F wird der Inhalt des Reaktionsgefäßes B kräftig umgeschüttelt und durch die Porzellannutsche filtriert. Das Reaktionsprodukt wird auf dem Filter mit wenig Eiswasser, dann mit Alkohol und Äther (wobei die Pumpe jeweils kurz abgestellt wird) ausgewaschen und zwischen Filtrierpapier abgepreßt.
Die Glasfritte ist sofort zu reinigen, indem man verd. Salzsäure und Wasser hindurchsaugt.
Einen Teil des dargestellten Natriumhydrogencarbonats bringt man in das vorbereitete Reagenzglas, erhitzt mit dem Bunsenbrenner, von der Seite der Reagenzglasöffnung her beginnend, fängt das entbundene Gas in dem Zylinder auf und identifiziert es als Kohlendioxid durch Eintauchen eines lebhaft brennenden Holzspanes bzw. durch Eingießen von Barytwasser.
Man prüft mit pH-Indikatorpapier die Reaktion der Lösung von Natriumhydrogencarbonat und von Natriumcarbonat.

Versuchsanordnung b:
Erlenmeyer- oder Stehkolben (1000 ml) mit doppelt durchbohrtem Gummistopfen - in einer Bohrung gerades Gaseinleitungsrohr, das möglichst tief in den Kolben ein-

taucht und am unteren Ende eine feinporige Glasfritte (oder einen sog. Luftverteilungsstein für Aquarien) trägt; am oberen Ende ist über ein kurzes rechtwinklig gebogenes Glasrohr und einen Gummischlauch eine CO_2-Quelle (Stahlflasche) angeschlossen – in der anderen Bohrung des Stopfens zweimal rechtwinklig gebogenes Gasableitungsrohr (ähnlich Abb. 163, F), das mit seinem langen Schenkel in einen Standzylinder (200 x 40 mm; konz. NaCl-Lsg.) eintaucht.
Der *Erlenmeyer*kolben- oder Stehkolben steht in einem großen Glasgefäß (Becherglas, Filtrierstutzen), das als Kühlbad dient.

Hilfsmittel:
Eisstückchen – weitere Hilfsmittel wie bei Vers. a.

Ausführung:
Man leitet zunächst einen Kohlendioxidstrom durch die Apparatur und gibt dann erst (um ein Verstopfen der Glasfritte zu vermeiden) 230 ml gesättigte Natriumchlorid-Lösung und 95 ml konz. Ammoniaklösung in den Kolben. Nach Aufsetzen des Stopfens kühlt man mit Wasser und Eisstückchen und schickt einen lebhaften Kohlendioxidstrom durch die Lösung. Nach Bedarf ist weiter Eis zuzugeben. Der weitere Ablauf und die Behandlung des Reaktionsproduktes sind in Vers. a beschrieben.

III - 9 Nebengruppen

III - 9.1 Kupfer und Silber

S. auch

II - 1.11	Bestimmung der Äquivalentmassen von Metallen durch Reaktion mit Chlor
II - 1.12	Bestimmung der Äquivalentmassen von Kupfer und Sauerstoff
II - 10.2.1	Elektrochemische Spannungsreihe (qualitativ)
II - 10.2.2	Messung von Elektrodenpotentialen
II - 10.2.3	Konzentrationsabhängigkeit der EMK
II - 10.2.5	Bestimmung des Löslichkeitsproduktes von Silberchlorid
II - 10.2.7a	Elektrochemische Spannungsquellen; Daniell-Element
II - 10.3.1	Gleichzeitige elektrolytische Abscheidung von Kupfer und Silber
II - 10.3.3	Bestimmung des Ladungsverhältnisses Cu^+/Cu^{2+}
II - 10.3.4	Zersetzungsspannung einer Kupfersulfatlösung
II - 10.3.9	Elektrolytische Trennung von Kupfer und Nickel
II - 11.1	Silbersol durch elektrische Zerstäubung
II - 11.2	Silbersol durch Reduktion von Silbernitrat
III - 3.1.5d	Oxidation von Silber durch Ozon
III - 3.2.12f	Reaktion von Schwefelsäure mit Kupfer
III - 4.1.1	Stickstoff aus Luft durch Bindung des Sauerstoffs an Kupfer
III - 4.1.10	Stickstoffmonoxid aus Salpetersäure und Kupfer
IV - 4.2a	Herstellung eines Silberspiegels

III - 9.1.1 Reduktion von Kupfer(II)-oxid durch Kohlenstoff

$$2\,CuO + C \rightarrow 2\,Cu + CO_2 \qquad \Delta H = -18{,}9\ \text{kcal}\ (-79{,}1\ \text{kJ})$$

Versuchsanordnung:
Ein schwerschmelzbares Reagenzglas (Ø innen 18 mm, Länge 20 cm), das in horizontaler Lage in eine Stativklammer gespannt wird, ist mit einem einfach durchbohrten

Gummistopfen verschlossen, durch den ein zweifach rechtwinklig gebogenes Verbindungsrohr zu einer Muenckeschen Waschflasche (Barytwasser) führt – Bunsenbrenner.

Hilfsmittel:
CuO (gepulvert, bei 110 °C getrocknet) – ausgeglühte Holzkohle – halbkonz. Schwefelsäure – halbkonz. Salpetersäure – 2 Reagenzgläser.

Vorbereitung:
Man füllt ein inniges Gemisch von fein gepulvertem Kupfer(II)-oxid (14 g) und pulverisierter Holzkohle (1 g) in das Reagenzglas. Über der Füllung muß ein Kanal frei bleiben.

Ausführung:
Man erhitzt das Rohr kräftig. Plötzlich glüht das Gemenge auf, während ein Gas in die Waschflasche entweicht, das einen Niederschlag ($BaCO_3$) erzeugt. Man setzt das Erhitzen fort, bis die Gasentwicklung beendet ist. Der Inhalt des Reagenzglases ist in rotes metallisches Kupfer übergegangen.
Nach dem Erkalten entnimmt man dem Reagenzglas zwei Proben des Reaktionsproduktes. Zu der einen Probe gibt man die halbkonz. Schwefelsäure (keine Reaktion), zu der anderen die halbkonz. Salpetersäure (Auflösung mit blauer Farbe, Entwicklung von Stickstoffoxiden).

III - 9.1.2 Kupfer(I)-sulfid aus Kupfer und Schwefeldampf

$$2\,Cu + S \rightarrow Cu_2S \qquad \Delta H = -19{,}0\ \text{kcal}\ (-79{,}5\ \text{kJ})$$

Versuchsanordnung: *Abzug!*
Weithals-Rundkolben (250 ml), von einer Stativklammer gehalten, darunter Bunsenbrenner.

Hilfsmittel:
Krist. Schwefel – 2 Streifen (etwa 2 x 10 cm) dünnes Kupferblech (Schablonenblech) – 2 Glasstäbe (10 cm lang).

Vorbereitung:
Jedes Kupferblech befestigt man durch Umbiegen in der Mitte eines Glasstabes. Beim Aufliegen des Glasstabes auf dem Kolbenrand soll das Blech bis in das untere Drittel des Kolbens hineinragen.

Ausführung: *Abzug!*
Der Schwefel wird in den Kolben gefüllt. Nach vorsichtigem Anwärmen erhitzt man den Kolben bis zum Sieden des Schwefels. Auch die Seitenwände werden mit der Flamme befächelt. Wenn der Kolben bis zum Rand mit braunrotem Schwefeldampf gefüllt ist, taucht man ein Kupferblech in den Schwefeldampf ein: Es glüht auf, das geschmolzene Reaktionsprodukt fällt ab.
Man wiederholt den Versuch mit dem zweiten Kupferblech, zieht es jedoch unmittelbar nach dem Aufglühen aus dem Schwefeldampf heraus: Bläulich-graues Reaktionsprodukt.

III - 9.2 Zink, Cadmium, Quecksilber

S. auch

I - 20.1	Quecksilber
II - 6.2	Heterogenes Gleichgewicht: Thermische Zersetzung eines Amminkomplexes
II - 10.2.1b	Elektrochemische Spannungsreihe (qualitativ); Einordnung einiger Metalle
II - 10.2.2	Messung von Elektrodenpotentialen
II - 10.2.7a	Elektrochemische Spannungsquellen; Daniell-Element
II - 10.3.7	Elektrolyse einer Zinksulfatlösung
III - 3.1.1	Sauerstoff durch thermische Zersetzung von Quecksilberoxid
III - 6.1.4	Reaktion von Aluminium mit Natronlauge (Bemerkung)

III - 9.2.1 Oxidation von Zinksulfid (Zinkblende)

$$2\ ZnS + 3\ O_2 \rightarrow 2\ ZnO + 2\ SO_2 \qquad \Delta H = -209{,}9\ kcal\ (-878{,}2\ kJ)$$

Versuchsanordnung:
O_2-Quelle – *Muencke*sche Waschflasche (konz. H_2SO_4) – schwerschmelzbares Glasrohr (∅ innen 18 mm, Länge 25 cm) mit zwei durchbohrten Gummistopfen, in den Bohrungen je ein kurzes Glasrohr – Drechselsche Waschflasche (verd. Fuchsinlösung, etwa 0,025%ig).

Hilfsmittel:
Zinksulfid (Zinkblende) grob gepulvert – konz. Salzsäure – Bleiacetat-Lösung – Filtrierpapierstreifen – langer Glasstab – Asbestpapier – Glaswolle – Teclubrenner.

Ausführung:
In das linke Drittel des Reaktionsrohres bringt man auf einer Unterlage von Asbestpapier etwa 2 g Zinksulfid und schiebt von beiden Seiten einen lockeren Glaswollebausch ein. Man erhitzt das Rohr im Bereich der Füllung und leitet dabei einen Sauerstoffstrom durch die Apparatur: Verbrennung, Farbwechsel[1]), Entfärbung der Fuchsinlösung (Nachweis von schwefliger Säure). Nach beendeter Reaktion läßt man im Sauerstoffstrom erkalten und übergießt das entstandene Zinkoxid in einem Reagenzglas mit konz. Salzsäure: Auflösung ohne Schwefelwasserstoff-Entwicklung.

III - 9.3 Chrom

S. auch

III - 3.1.7p	Reaktion von Wasserstoffperoxid mit Dichromat
III - 4.1.6	Oxidation von Ammoniak durch Chrom(VI)-oxid
III - 6.1.2	Aluminothermie
III - 9.4.2	Anodische Oxidation von Mangan zu Permanganat (Bemerkung)
IV - 3.1d	Nachweis von Äthanol in Luft mit Dichromat

III - 9.3.1 Chrom(III)-chlorid aus Chrom(III)-oxid und Tetrachlorkohlenstoff

Eigenschaften von Chrom(III)-chlorid

$$Cr_2O_3 + 3\ CCl_4 \rightarrow 2\ CrCl_3 + 3\ COCl_2$$

[1]) Zinkoxid ist in der Hitze gelb und wird erst beim Erkalten weiß: Thermochromie.

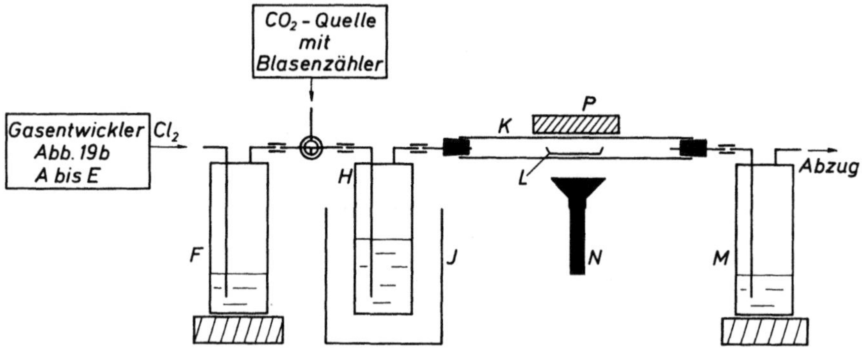

Abb. 132. Chrom(III)-chlorid aus Chrom(III)-oxid und Tetrachlorkohlenstoff

Versuchsanordnung: Abb. 132
Gasentwickler Abb. 19b, A bis E, E mit konz. NaCl-Lsg. gefüllt – Waschflasche F (konz. H_2SO_4) – Dreiwegehahn G, daran über eine Waschflasche (konz. H_2SO_4) als Blasenzähler angeschlossen eine CO_2-Quelle – Waschflasche H – Becherglas J als Wasserbad für H – an H angeschlossen Reaktionsrohr K aus Supremax- oder Quarzglas (∅ innen 18 mm, Länge 25 cm) mit Porzellanschiffchen L – Muenckesche Waschflasche M (konz. Natronlauge) mit Schlauchleitung zum Abzug (unbedingt notwendig, da bei der Reaktion Phosgen entsteht) – Bunsenbrenner N mit Schlitzaufsatz – Dachreiter P aus Asbestpappe.

Hilfsmittel:
Cr_2O_3 – CCl_4 – $KMnO_4$ – konz. Salzsäure – Thermometer.

Vorbereitung:
Das Schiffchen wird mit etwa 0,5 g Chrom(III)-oxid beschickt, die Waschflasche H zur Hälfte mit Tetrachlorkohlenstoff (Tetrachlormethan) gefüllt. Den Kolben A des Gasentwicklers beschickt man mit Kaliumpermanganat, den Tropftrichter B mit konz. Salzsäure.

Ausführung:
Nach Verdrängen der Luft aus der Apparatur durch Chlor[1]) wird das Wasserbad auf etwa 75 °C erhitzt. Sobald der Tetrachlorkohlenstoff in H zu sieden beginnt, setzt man den Dachreiter P auf das Reaktionsrohr über das Schiffchen und erhitzt das Chrom(III)-oxid möglichst hoch. Nach etwa 15 Minuten hat sich ein großer Teil zu violettem Chrom(III)-chlorid umgesetzt, das sich als Sublimat am Schiffchen und an der Wandung des Reaktionsrohres niederschlägt.

Beendigung:
Man stellt die Beheizung des Rohres und des Wasserbades sowie den Chlorstrom ab. Das heiße Wasser in K ersetzt man durch kaltes und leitet zur Verdrängung des Chlors Kohlendioxid über den Dreiwegehahn (Stellung ⊕) durch die Apparatur. Man läßt im Kohlendioxid-Strom erkalten.

[1]) Cl_2 verhindert den Zerfall des entstehenden $CrCl_3$ nach $2\,CrCl_3 \rightleftharpoons Cl_2 + 2\,CrCl_2$

Eigenschaften von Chrom(III)-chlorid

Hilfsmittel:
a) Verd. Salzsäure - Reagenzgläser.
b) $CrCl_2$-Lsg. (s. Vers. III-9.3.2) - Zinkstaub - verd. Salzsäure - Kelchgläser - Glasstäbe.

Ausführung:
a) Aussehen, Löslichkeit
Das wasserfreie sublimierte Chrom(III)-chlorid bildet leuchtend pfirsichblütenfarbene Kristallschuppen, die in der Hitze dunkel, fast schwarz erscheinen. In Wasser und Säuren, selbst beim Kochen mit Salzsäure, keine Auflösung:

b) Katalytischer Effekt von Chrom(II)-chlorid
Man gibt in einem Kelchglas zu Chrom(III)-chloridkristallen in dest. Wasser einige Tropfen einer Chrom(II)-chloridlösung und rührt mit einem Glasstab um: Auflösung der Kristalle.
Man gibt Zinkstaub zu der mit verd. Salzsäure angesäuerten Aufschlämmung von Chrom(III)-chlorid: Auflösung der Kristalle mit grüner Farbe, die allmählich in hellviolett umschlägt.
Die Auflösung von Chrom(III)-chlorid wird durch hydratisierte Cr^{2+}-Ionen katalysiert. Diese können direkt in die Lösung gegeben oder durch Reduktion von $CrCl_3$ mit Zink erzeugt werden.
Die zunächst entstehende Lösung enthält das Komplexion $[Cr(H_2O)_4Cl_2]^+$, das bei Raumtemperatur allmählich die Cl^--Liganden gegen H_2O austauscht:

$$[Cr(H_2O)_4Cl_2]^+ + H_2O \rightarrow \underset{\text{hellgrün}}{[Cr(H_2O)_5Cl]^{2+}} + Cl^-$$

$$+ H_2O \downarrow$$

$$\underset{\text{violett}}{[Cr(H_2O)_6]^{3+}} + Cl^-$$

III - 9.3.2 Chrom(II)-chlorid durch Reduktion von Chrom(III)-chlorid

Eigenschaften von Chrom(II)-Verbindungen

$$2\ CrCl_3 + H_2 \rightarrow 2\ CrCl_2 + 2\ HCl$$

Versuchsaufbau:
Wie Vers. III - 7.2.1, Abb. 128 mit folgenden Abänderungen: Überdruckventil A, Eisenschiffchen D und Quetschhahn F entfallen.

Hilfsmittel:
$CrCl_3$ (wasserfrei), s. Vers. III - 9.3.1 - konz. NH_3-Lsg. - Glaswolle - Reagenzgläser - Glasstab.

Ausführung:
Etwas vor die Mitte des Reaktionsrohres bringt man das Chrom(III)-chlorid und schiebt von beiden Seiten Glaswollebäusche in das Rohr ein. Dann leitet man einen kräftigen Wasserstoffstrom durch die Apparatur. Wenn die Knallgasprobe (s. I - 18.9) bei F negativ ausgefallen ist, wird das Chrom(III)-chlorid langsam bis zur beginnenden Rotglut erhitzt. Nach vorübergehender Dunkelfärbung wird das Produkt rein weiß. Der entstehende Chlorwasserstoff wird bei F nachgewiesen, indem man einen mit konz. Ammoniaklösung befeuchteten Glasstab über die Ausströmungsöffnung hält. Nach beendeter Reduktion läßt man im langsamen Wasserstoffstrom erkalten.

Eigenschaften von Chrom(II)-Verbindungen

Hilfsmittel:

Rundkolben (100 ml) mit Gummistopfen – Kolbenpipette oder Pipette mit Peleusball.

a) Großes Reagenzglas – verd. Salzsäure.

b) Kelchglas – Glasstab – $CuCl_2 \cdot 2\,H_2O$ – verd. Salzsäure.

c) Erlenmeyerkolben (100 ml) – Kelchglas – Glasstab – Chrom (Pulver) – Ligroin – viertelkonz. Schwefelsäure (1 Teil konz. Schwefelsäure und 3 Teile Wasser) – $CuSO_4 \cdot 5\,H_2O$.

Ausführung:

Etwa 50 ml dest. Wasser werden im Rundkolben einige Minuten zum Sieden erhitzt; man verschließt dann den Kolben und läßt erkalten. Unmittelbar vor Beginn der Versuche trägt man das Reaktionsprodukt in das luftfreie Wasser ein und führt mit der (nicht lange haltbaren) blauen Lösung die Versuche a und b aus:

a) Oxidation durch Luftsauerstoff

Mit einer Kolbenpipette (oder Pipette mit Peleusball) gibt man einige Milliliter der blauen Lösung in großes Reagenzglas und säuert mit verd. Salzsäure an. Nach kurzem Schütteln beobachtet man die grüne Farbe von Cr(III): Oxidation durch Luftsauerstoff.

b) Reaktion mit Kupfer(II)-chlorid

In einem Kelchglas löst man 2 Spatelspitzen Kupfer(II)-chlorid in 100 ml Wasser und 10 ml verd. Salzsäure. Dann gibt man wie bei Vers. a schnell etwa 5 bis 10 ml Chrom(II)-chlorid-Lösung dazu: Weißer Niederschlag (CuCl).

c) Reaktion mit Kupfer(II)-sulfat

Man bereitet eine Chrom(II)-sulfat-Lösung, indem man in einem Erlenmeyerkolben zu 2 bis 3 Spatelspitzen Chrom etwa 20 bis 30 ml Ligroin[1]) gibt und mit 30 ml der viertelkonz. Schwefelsäure unterschichtet. Nach einigen Sekunden setzt Wasserstoffentwicklung ein, nach 10 bis 15 Minuten hat die Lösung eine intensiv blaue Farbe angenommen.

In einem Kelchglas löst man 3 Spatelspitzen Kupfer(II)-sulfat in 100 ml ausgekochtem Wasser und gibt schnell, wie bei Vers. a angegeben, etwa 5 ml der Chrom(II)-sulfatlösung dazu. Es fällt elementares Kupfer aus, da die Reduktion hier in Abwesenheit von Cl^--Ionen nicht bei Cu(I) stehenbleibt.

Man kann mit der Chrom(II)-sulfat-Lösung auch die Versuche a und b durchführen.

III - 9.3.3 Alkalische Oxidationsschmelze von Chrom(III)-Verbindungen

Chrom(III)-oxid:

$$Cr_2O_3 + 2\,KNO_3 + 2\,KOH \rightarrow 2\,K_2CrO_4 + H_2O + 2\,NO$$

Chromeisenstein:

$$6\,FeCr_2O_4 + 14\,KNO_3 + 10\,KOH \rightarrow 3\,Fe_2O_3 + 12\,K_2CrO_4 + 5\,H_2O + 14\,NO$$

Hilfsmittel:

Chromeisenstein[2]) feinst gepulvert (Achatmörser) oder Chrom(III)-oxid – KOH (Plätzchenform) – KNO_3 gepulvert – verd. Essigsäure – $BaCl_2$-Lsg. – konz. Schwefelsäure – Na_2CO_3-Lsg. – kleine Eisenschale auf Dreifuß – Teclubrenner – Eisendraht (∅ etwa 2 mm) – Tiegelzange – Glastrichter mit Faltenfilter auf Erlenmeyerkolben – 2 Kelchgläser.

[1]) Das Ligroin verhindert den Zutritt von Luftsauerstoff zur Lösung.

[2]) Eisen(II)-Chrom(III)-Spinell $FeCr_2O_4$

Ausführung: *Schutzbrille!*
Ein Gemisch von 10 g Kaliumhydroxid und 5 g Kaliumnitrat wird in der Eisenschale zum Schmelzen erhitzt; dann wird unter Umrühren Chromeisenstein oder Chrom(III)-oxid eingetragen, bis eine mit dem Eisendraht entnommene Probe in Wasser eine zitronengelbe Lösung (CrO_4^{2-}) liefert.
Man läßt etwas abkühlen, gibt zu der noch warmen Masse unter Umrühren dest. Wasser hinzu und verteilt die filtrierte Lösung auf zwei Kelchgläser. Die eine Probe säuert man mit Essigsäure an und versetzt sie mit Bariumchloridlösung: Gelber Niederschlag ($BaCrO_4$). Zu der anderen Probe gibt man einige Tropfen konz. Schwefelsäure: Farbumschlag nach orangenrot ($Cr_2O_7^{2-}$). Nach Zusatz von Natriumcarbonatlösung: Gelbe Lösung (Rückbildung von CrO_4^{2-}).

III - 9.4 Mangan

S. auch

III - 3.1.2a	Sauerstoff aus Kaliumchlorat; Katalysatorwirkung von Mangan(IV)-oxid
III - 3.1.5f	Oxidation einer Mangan(II)-sulfatlösung durch Ozon
III - 3.2.14c	Oxidation von Mn(II) zu Mn(VI) durch Peroxodisulfat
III - 3.2.14d	Oxidation von Mn(II) zu Mn(VII) durch Peroxodisulfat
III - 6.1.2	Aluminothermie
IV - 3.1c	Reduktion von Permanganat durch Äthanol

III - 9.4.1 Alkalische Oxidationsschmelze von Mangan(IV)-oxid
Oxidationsstufen des Mangans

$$3\,MnO_2 + 4\,KOH + 2\,KNO_3 \rightarrow 3\,K_2MnO_4 + 2\,H_2O + 2\,NO$$

Hilfsmittel:
MnO_2 getrocknet, fein gepulvert - KOH in Plätzchenform - KNO_3 fein gepulvert - kleine Eisenschale auf Dreifuß - Teclubrenner - dicker Eisendraht (∅ 2 mm) - Tiegelzange - Trichter mit Faltenfilter auf *Erlenmeyer*kolben.

Ausführung: *Schutzbrille!*
In der Eisenschale schmilzt man ein Gemenge von 10 g Kaliumhydroxid mit 5 g Kaliumnitrat zusammen. Die Schmelze wird mit einem Eisendraht durchgerührt. Es wird in kleinen Anteilen so viel Mangan(IV)-oxid zugegeben, bis eine sattgrüne Schmelze entstanden ist. Dann läßt man abkühlen und gibt nach völligem Erkalten dest. Wasser hinzu. Die filtrierte grüne Lösung verwendet man für die Versuche a und b.

Oxidationsstufen des Mangans

Hilfsmittel:
a) Verd. Essigsäure - Kelchglas.
b) Verd. Schwefelsäure - schweflige Säure - Kelchglas.
c) Natronlauge (28%ig) - $KMnO_4$, fein gepulvert - Na_2SO_3 - Eis - Reibschale mit Pistill - Kristallisierschale als Kühlbad für die Reibschale - Thermometer - Meßzylinder (50 ml) - Glasfritte - Tonteller.
d) KOH in Plätzchen - $KMnO_4$, fein gepulvert - Eis - Becherglas (100 ml) - Meßzylinder (50 ml) - großes Becherglas als Kühlbad - Glasfritte - Bunsenbrenner.
e) $MnSO_4 \cdot 4\,H_2O$ - verd. NH_3-Lsg. - H_2O_2 (3%ig) - konz. Phosphorsäure - 3 große Reagenzgläser - Meßzylinder (50 ml) - Trichter mit Filter.

Ausführung:

a) Mn(VI) → Mn(VII) + Mn(IV)

Man gibt etwa die Hälfte der grünen Lösung der Oxidationsschmelze (s. o.) in ein Kelchglas und säuert mit verd. Essigsäure an: Violettfärbung (MnO_4^-), nach einiger Zeit brauner Niederschlag (MnO_2).

$$3\ MnO_4^{2-} + 4\ H_3O^+ \rightarrow 2\ MnO_4^- + MnO_2 + 6\ H_2O$$

b) Mn(VI) → Mn(II)

Die andere Hälfte der grünen Lösung gibt man in ein Kelchglas, säuert mit verd. Schwefelsäure an und versetzt mit schwefliger Säure: Entfärbung (Mn^{2+}).

$$MnO_4^{2-} + 2\ H_3O^+ + 2\ HSO_3^- \rightarrow Mn^{2+} + 2\ SO_4^{2-} + 2\ H_2O$$

c) Mn(VII) → Mn(V)

In einer Reibschale, die in einer Kristallisierschale mit Eis und Wasser steht, werden 25 ml 28%ige Natronlauge auf etwa 0 °C abgekühlt. Dann werden nacheinander 1 g gepulvertes Kaliumpermanganat und 1,75 g Natriumsulfit eingetragen. Man verrührt die Aufschlämmung mit dem Pistill so lange, bis sie eine hellblaue Farbe (MnO_4^{3-}) angenommen hat.

Das entstandene Natriummanganat(V) kann auf einer vorgekühlten Glasfritte abgesaugt, mit 28%iger Natronlauge gewaschen und auf einem Tonteller getrocknet werden.

$$MnO_4^- + SO_3^{2-} + 2\ OH^- \rightarrow MnO_4^{3-} + SO_4^{2-} + H_2O$$

d) Mn(VII) → Mn(VI)

In einem Becherglas löst man 15 g Kaliumhydroxid in 25 ml Wasser und trägt 5 g gepulvertes Kaliumpermanganat ein. Die Lösung wird so lange zum Sieden erhitzt, bis sie eine dunkelgrüne Farbe (MnO_4^{2-}) angenommen hat. Man ergänzt das verdampfte Wasser und kühlt in einem großen Becherglas mit Eis und Wasser. Die entstandenen Kaliummanganat(VI)-Kristalle können auf einer Glasfritte abgesaugt werden.

$$4\ MnO_4^- + 4\ OH^- \rightarrow 4\ MnO_4^{2-} + O_2 + 2\ H_2O$$

e) Mn(II) → Mn(III)

In einem großen Reagenzglas löst man eine Spatelspitze Mangan(II)-sulfat in 40 bis 50 ml Wasser, gibt einige Tropfen verd. Ammoniaklösung und 3 bis 4 Tropfen 3%iges Wasserstoffperoxid zu und schüttelt kräftig um. Der dunkelbraune Niederschlag ($Mn_2O_3 \cdot x\ H_2O$) wird abfiltriert; zwei Spatelspitzen davon bringt man in ein großes Reagenzglas, gibt etwa 20 ml konz. Phosphorsäure dazu und schüttelt um, bis eine klare Lösung entstanden ist: Rote Färbung (Mn^{3+} bzw. Mn(III)-Phosphatokomplexe).

III - 9.4.2 Anodische Oxidation von Mangan zu Permanganat

Anode: $2\ Mn + 16\ OH^- \rightarrow 2\ MnO_4^- + 8\ H_2O + 14\ e^-$

Kathode: $14\ H_2O + 14\ e^- \rightarrow 7\ H_2 + 14\ OH^-$

Versuchsanordnung: Abb. 133

Becherglas A (250 ml) – Kathode: Eisendraht B (∅ 2 mm), oben umgebogen und in das Becherglas A eingehängt, mit Krokodilklemme – Anode: Ein möglichst großes Stück Mangan C (s. Vers. III - 6.1.2) wird in eine Krokodilklemme eingeklemmt und so in das Becherglas A eingehängt, daß das Mangan teilweise in die Elektrolytlösung eintaucht, die Krokodilklemme die Lösung jedoch keinesfalls berührt – Amperemeter.

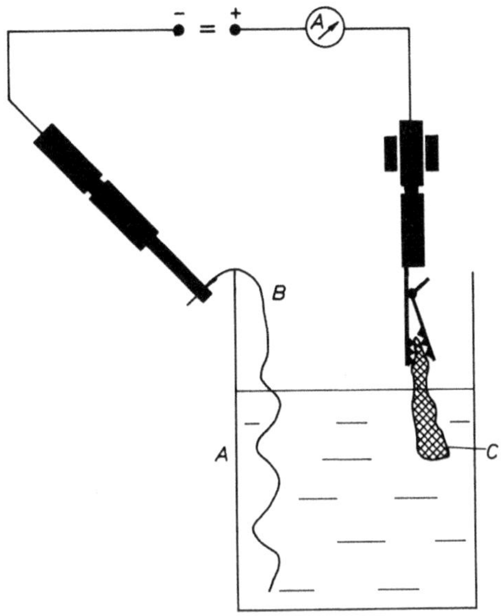

Abb. 133. Anodische Oxidation von Mangan

Hilfsmittel:
Elektrolyt: 150 g Kaliumcarbonat in 150 ml Wasser. – Konz. Natronlauge – verd. Schwefelsäure – 2 Kelchgläser – Na_2SO_3-Lsg.

Ausführung:
Man füllt die Kaliumcarbonat-Lösung[1]) in A ein. Dann wird bei einer Stromstärke von 1 A elektrolysiert. Kurz nach dem Einschalten sinken an der Manganananode violette Schlieren herab, die bald die gesamte Flüssigkeit färben. Nach 10 Minuten wird die Elektrolyse beendet.
Eine Probe der violetten Permanganatlösung wird mit Wasser verdünnt, dann mit konz. Natronlauge versetzt: Grünfärbung (MnO_4^{2-}). Eine zweite Probe säuert man mit verd. Schwefelsäure an und gibt Natriumsulfitlösung zu: Entfärbung.

Bemerkung:
Analog kann Chrom anodisch zu Chromat oxidiert werden; Elektrolyt: 15 g Natriumhydroxid in 150 ml Wasser.

Anode: $Cr + 8\,OH^- \rightarrow CrO_4^{2-} + 4\,H_2O + 6\,e^-$
Kathode: $6\,H_2O + 6\,e^- \rightarrow 3\,H_2 + 6\,OH^-$

Nachweisreaktionen:
Eine Probe der gelben Chromatlösung säuert man mit Essigsäure an und versetzt mit Bariumchlorid-Lösung: Gelber Niederschlag ($BaCrO_4$). – Zu einer weiteren Probe gibt man einige Tropfen konz. Schwefelsäure: Farbumschlag nach orangerot ($Cr_2O_7^{2-}$). Nach Zusatz von konz. Natronlauge gelbe Lösung (Rückbildung von CrO_4^{2-}).

[1]) Bei Verwendung von Natriumhydroxid würde die Oxidation nur bis zum grünen Manganat(VI) gehen.

III - 9.5. Eisen

S. auch

II - 1.11	Bestimmung der Äquivalentmassen von Metallen durch Reaktion mit Chlor
II - 10.2.1a	Elektrochemische Spannungsreihe (qualitativ); Nachweis der Reaktionswärme
II - 10.2.2	Messung von Elektrodenpotentialen
II - 10.2.4	Konzentrationsabhängigkeit des Redoxpotentials Fe^{3+}/Fe^{2+}
II - 11.3	Eisen(III)-hydroxid-Sol
II - 11.5	Elektrophorese
III - 1.1	Wasserstoff aus Wasserdampf und Eisen
III - 2.1.1e	Reaktion von Chlor mit Eisenwolle
III - 3.1.7g	Oxidation von Eisen(II)-Ionen durch Wasserstoffperoxid
III - 3.2.12e	Reaktion von Schwefelsäure mit Eisen
III - 4.1.10g	Absorption von Stickstoffmonoxid durch Eisen(II)-sulfatlösung
III - 4.3.2	Antimon aus Antimonsulfid und Eisen
III - 6.1.2	Aluminothermie
III - 6.1.3	Thermischer Effekt bei der Reaktion von Eisenthermit

III - 9.5.1 Reduktion von Eisen(III)-oxid durch Kohlenmonoxid

$$Fe_2O_3 + 3\ CO \rightarrow 2\ Fe + 3\ CO_2 \qquad \Delta H = -5{,}9\ \text{kcal}\ (-24{,}7\ \text{kJ})$$

Versuchsanordnung: Abb. 134

Gasentwickler Abb. 19b, A bis C und D'; Wasserbad - Drechselsche Waschflaschen E (konz. Natronlauge) und F (Barytwasser) – Reaktionsrohr G aus schwerschmelzba-

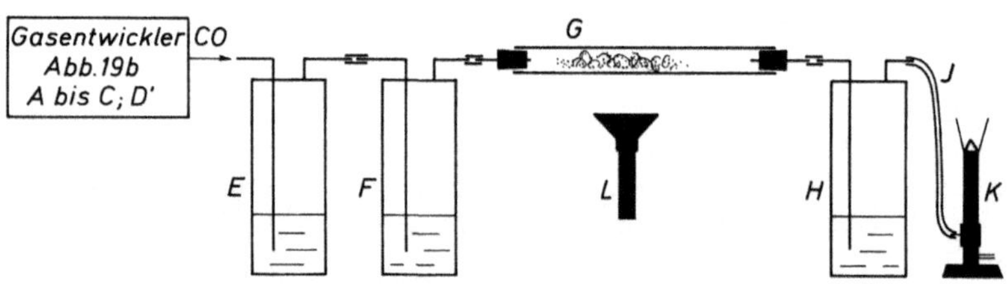

Abb. 134. Reduktion von Eisen(III)-oxid durch Kohlenmonoxid

rem Glas (∅ innen 18 mm, Länge 20 cm) – Drechselsche Waschflasche H (Barytwasser) – längerer Gummischlauch J mit einem kurzen Glasrohr, das in die Luftöffnung des Bunsenbrenners K eingesetzt werden kann - Bunsenbrenner L mit Schlitzaufsatz.

Hilfsmittel:

Fe_2O_3 (Roteisenstein) – konz. Ameisensäure – konz. Schwefelsäure – verd. Salzsäure – Glaswolle – Reagenzgläser – Uhrglas – Magnet – 2 große Reagenzgläser.

Vorbereitung:

Man beschickt den Kolben A des Gasentwicklers mit konz. Schwefelsäure, den Tropftrichter B mit konz. Ameisensäure. Das Wasserbad unter dem Kolben A muß rechtzeitig vor Versuchsbeginn angeheizt werden.

Ausführung:
Das gepulverte Eisen(III)-oxid wird auf Glaswolle verteilt in das Verbrennungsrohr G eingeführt. Der Schlauch J wird noch nicht mit dem Brenner K verbunden. Man tropft Ameisensäure zu der heißen Schwefelsäure in A (Vorsicht! Beim ersten Tropfen muß bereits Gasentwicklung eintreten, s. Vers. III - 5.1.2) und leitet einen lebhaften Kohlenmonoxidstrom durch die Apparatur. Nach Verdrängung der Luft („Knallgasprobe", I - 18.9 am Ende von J) wird das Glasrohr von J in die Luftöffnung des Brenners (entleuchtete Flamme) eingeführt. Jetzt erhitzt man das Eisenoxid, das schon nach kurzer Zeit zu schwarzem Eisen reduziert wird. Das entstehende Kohlendioxid erzeugt in der Waschflasche H einen Niederschlag ($BaCO_3$), während das Barytwasser in der Waschflasche F klar bleibt.
Man läßt im schwachen Kohlenmonoxidstrom völlig erkalten und bringt das Eisen aus dem Rohr auf ein Uhrglas. Man identifiziert es durch seinen Magnetismus. Einen Teil des Rohrinhalts gibt man in ein Reagenzglas, übergießt mit verd. Salzsäure und weist den sich entwickelnden Wasserstoff durch Entzünden (Knallgasprobe) nach.

III - 9.5.2 Reduktion von Eisen(III)-oxid durch Wasserstoff

$$Fe_2O_3 + 3\,H_2 \rightleftharpoons 2\,Fe + 3\,H_2O \qquad \Delta H = +23{,}6\ \text{kcal}\ (+98{,}7\ \text{kJ})$$

Versuchsanordnung: Abb. 135
H_2-Quelle – Drechselsche Waschflasche A (konz. H_2SO_4) – Reaktionsrohr B aus schwerschmelzbarem Glas (∅ innen 18 mm, Länge etwa 20 cm) – Ableitungsrohr C –

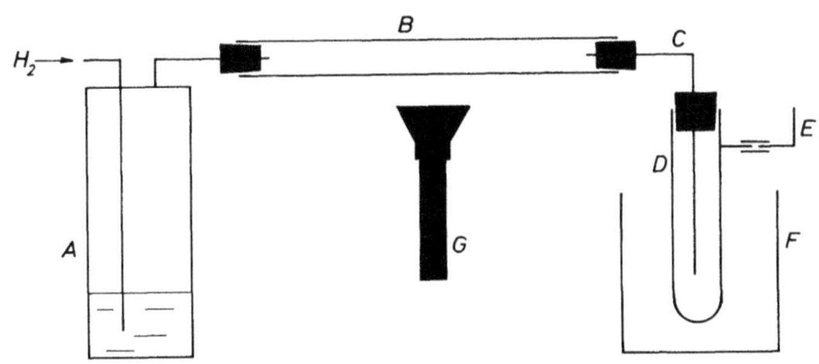

Abb. 135. Reduktion von Eisen(III)-oxid durch Wasserstoff

Reagenzglas mit Schlauchansatz (Saugrohr) D – rechtwinklig nach oben gebogenes Glasrohr E – Becherglas F (400 ml, als Kühlbad für C) – Bunsenbrenner G mit Schlitzaufsatz.

Hilfsmittel:
H_2-Quelle – Fe_2O_3 – zerkleinertes Eis – wasserfreies Kupfersulfat (s. V) – verd. Salzsäure – Glaswolle – Magnet – Tonteller – Reagenzgläser.

Ausführung:
In das Reaktionsrohr B gibt man etwa 20 g Eisen(III)-oxid, auf Glaswolle verteilt und beiderseits mit Glaswollebäuschen festgelegt. Das Becherglas E wird mit Eiswasser gefüllt. Dann wird die Luft in der Apparatur durch Wasserstoff verdrängt. Wenn die Knallgasprobe bei E negativ ausfällt, erhitzt man das Eisen(III)-oxid im Wasserstoff-

strom bei dunkler Rotglut so lange, bis der Rohrinhalt vollkommen schwarz geworden ist. Nach dem Erkalten im Wasserstoffstrom wird das Reaktionsprodukt auf den Tonteller gebracht und mit dem Magneten geprüft. Eine Probe übergießt man in einem Reagenzglas mit verd. Salzsäure und identifiziert das entstehende Gas als Wasserstoff (Gegenprobe mit dem Ausgangsmaterial). Das bei der Reduktion entstandene und in der Vorlage C kondensierte Wasser weist man mit wasserfreiem Kupfersulfat nach.

Man beachte, daß die Reduktion von Kupfer(II)-oxid mit Wasserstoff (s. Vers. II - 1.12a) exotherm, die entsprechende Reduktion von Eisen(III)-oxid endotherm verläuft.

Verwendet man feinst gepulvertes Eisen(III)-oxid und erhitzt nicht zu stark (beginnende Rotglut), so wird das Eisen in pyrophorem Zustand erhalten. Hierbei läßt man das Reaktionsrohr nicht vollkommen erkalten, entfernt einen der beiden Glaswollebäusche aus dem Reaktionsrohr und läßt dessen Inhalt hoch durch die Luft herabfallen: Aufglühen der Eisenteilchen.

III - 9.5.3 Langsame Oxidation von feuchtem Eisen

Versuchsanordnung: Abb. 136

O_2-Quelle mit Waschflasche (angefärbtes Wasser) als Blasenzähler – Thermoskop (Abb. 10): Mantelgefäß A mit Manometer B – Reaktionsgefäß C mit doppelt durch-

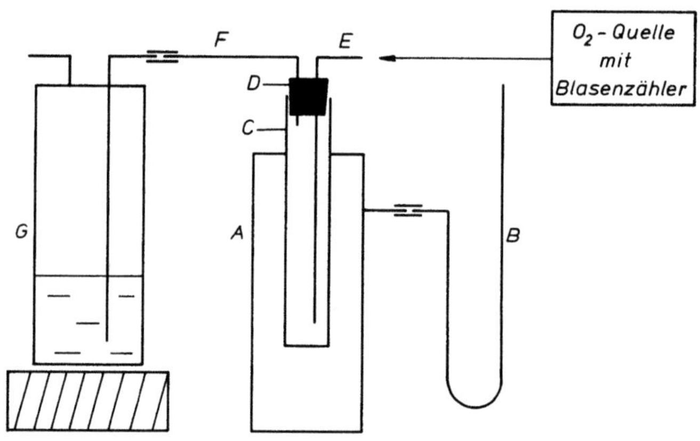

Abb. 136. Langsame Oxidation von feuchtem Eisen

bohrtem Gummistopfen D – Gaseinleitungsrohr E, das bis zum Boden von C reicht – Gasableitungsrohr F, das kurz unterhalb des Stopfens beginnt und an eine *Muencke*sche Waschflasche G (angefärbtes Wasser) angeschlossen ist.

Hilfsmittel:

Eisenpulver - Benzol - Diäthyläther - Glaswolle - Erlenmeyerkolben (200 ml) - Trichter mit Faltenfilter - Tonteller - Holzspäne.

Vorbereitung:

Die Wassermenge für G ist so zu bemessen, daß die unteren Öffnungen des Rohres auch dann noch abgesperrt werden, wenn das Wasser im Innenrohr bis oben hin hochgesaugt ist.

Reinigung und Einfüllen des Eisenpulvers: 100 g feines Eisenpulver werden in einem Erlenmeyerkolben mit Benzol durchgeschüttelt, auf einem Faltenfilter vom Benzol getrennt, mit wenig Äther nachgewaschen und auf einem Tonteller getrocknet. Das Pulver rührt man in einer Porzellanschale mit etwa 20 ml dest. Wasser innig durch, verteilt das gut befeuchtete, aber nicht breiige Eisenpulver auf lockere Glaswolle und bringt es mit dieser in das Reaktionsgefäß C des Thermoskops, so daß dieses ganz gefüllt ist. War das Eisenpulver bereits oberflächlich oxidiert, so kann der Versuch mißlingen. In diesem Fall erhitzt man das Eisenpulver vorher im Wasserstoffstrom kurze Zeit auf Rotglut.

Ausführung:
Man leitet einen kräftigen Sauerstoffstrom durch die Apparatur, bis die Luft vollkommen verdrängt ist; mit einem glimmenden Holzspan am Ende der Waschflasche G prüft man auf Sauerstoff. Dann sperrt man die Sauerstoffzufuhr ab und stellt das Manometer auf Niveaugleichheit ein. Nach wenigen Minuten ist die Flüssigkeit in der Waschflasche G emporgesaugt. Darauf läßt man vorsichtig wieder so viel Sauerstoff zutreten, daß das Wasser in der Waschflasche bis zur Niveaugleichheit im Innen-und Außenraum zurückgedrängt wird. Diese Operation wiederholt man zwei- bis dreimal und beobachtet am Manometer jeweils die Druckdifferenz.

III - 9.5.4 Eisen(II)-chlorid aus Eisen und Chlorwasserstoff

$$Fe + 2\,HCl \rightarrow FeCl_2 + H_2 \qquad \Delta H = -37{,}6 \text{ kcal } (-157{,}3 \text{ kJ})$$

Versuchsanordnung:
Wie Vers. III - 6.1.1, Abb. 124 mit folgenden Abänderungen: T-Stück D und Zylinder E beim Gasentwickler entfallen. Rohr K aus schwerschmelzbarem Glas ohne Verjüngung. Die *Woulf*esche Flasche N wird so hoch mit Wasser und Eisstückchen gefüllt, daß das Einleitungsrohr M gerade nicht in die Flüssigkeit eintaucht. Statt des Bunsenbrenners P wird ein Teclubrenner verwendet.

Hilfsmittel:
Quarzwolle – frisch ausgekochtes dest. Wasser – KSCN-Lsg. – $K_4Fe(CN)_6$-Lsg. – NH_3-Lsg. – blanker Eisendraht (Blumendraht) – NaCl – konz. Schwefelsäure – verd. Salzsäure – stark verd. $KMnO_4$-Lsg. – Becherglas (1000 ml) – 4 große Reagenzgläser.

Vorbereitung:
In den vorderen Teil von Rohr K bringt man ein Bündel blanken Eisendraht und dahinter mit 5 cm Abstand einen Quarzwollebausch. Der Kolben A des Gasentwicklers wird mit Natriumchlorid, der Tropftrichter B mit konz. Schwefelsäure beschickt.

Ausführung:
Man leitet durch Zutropfen von konz. Schwefelsäure zum Natriumchlorid Chlorwasserstoff in die Apparatur.
Ist alle Luft verdrängt (starke Nebelbildung in der *Woulf*eschen Flasche, herabsinkende Schlieren im Wasser), wird der Eisendraht stark erhitzt. Nach wenigen Minuten setzen sich vor dem Quarzwollebausch weiße Blättchen von Eisen(II)-chlorid ab[1]), zugleich überzieht sich der Eisendraht mit glitzernden weißen Kristallen.

[1]) Das Eisen(II)-chlorid wird nur dann rein weiß erhalten, wenn Luft und Feuchtigkeit vollkommen ferngehalten werden.

Man läßt das Rohr im langsamen Chlorwasserstoffstrom erkalten. Dann stellt man die Gasentwicklung ab und vertreibt durch Einleiten von Kohlendioxid den Chlorwasserstoff vollständig aus der Apparatur, ehe man sie auseinandernimmt.
Man entnimmt das Reaktionsprodukt mit einem Spatel, löst es in frisch ausgekochtem dest. Wasser und zeigt sofort an vier Proben der Lösung folgende Reaktionen:
a) KSCN-Lsg.: Keine wesentliche Rotfärbung;
b) $K_3Fe(CN)_6$-Lsg.: Blauer Niederschlag;
c) NH_3-Lsg.: Grünlicher, gallertartiger Niederschlag, der beim Durchschütteln allmählich braun wird

$$4\ Fe(OH)_2 + O_2 + 2\ H_2O \rightarrow 4\ Fe(OH)_3;$$

d) nach Ansäuern mit Salzsäure und Zusatz von stark verd. $KMnO_4$: Gelbfärbung

$$5\ Fe^{2+} + MnO_4^- + 8\ H_3O^+ \rightarrow 5\ Fe^{3+} + Mn^{2+} + 12\ H_2O$$

III - 9.5.5 Eisen(II)-hydrogencarbonat

I) $4\ Fe(OH)_2 + 8\ CO_2 \rightarrow 4\ Fe^{2+} + 8\ HCO_3^-$

II) $4\ Fe^{2+} + 8\ HCO_3^- + O_2 + 2\ H_2O \rightarrow 4\ Fe(OH)_3 + 8\ CO_2$

Versuchsanordnung:
Wie Vers. III - 8.2.3b; das Kühlgefäß entfällt.

Hilfsmittel:
CO_2-Quelle (Stahlflasche) mit Schlauch – O_2-Quelle (Stahlflasche) mit Schlauch – Eisen(II)-ammoniumsulfat (Mohrsches Salz) – NaOH (Plätzchenform) – $Ba(OH)_2$-Lsg. – Bechergläser.

Vorbereitung:
Man löst 2,5 g *Mohr*sches Salz und 0,5 g Natriumhydroxid in je 250 ml ausgekochtem dest. Wasser auf. Beide Lösungen sind in gut verschlossener Flasche aufzubewahren.

Ausführung:
Man schließt die Kohlendioxid-Stahlflasche an das Gaseinleitungsrohr an und leitet einen langsamen Kohlendioxidstrom durch die Apparatur. Nach Verdrängung der Luft füllt man die Eisen(II)-salz-Lösung ein und gibt die Natronlauge hinzu: Weißer, mitunter etwas grünlicher Niederschlag ($Fe(OH)_2$). Man setzt den Gummistopfen auf den Kolben und senkt das Gasableitungsrohr in den mit konz. Natriumchlorid-Lösung beschickten Standzylinder ein. Die Geschwindigkeit des Kohlendioxidstromes wird so eingestellt, daß nur vereinzelte Gasblasen in den Standzylinder austreten. Nach kurzer Zeit bildet sich eine schwach grünliche Lösung (Reaktion I).
Man entfernt die Kohlendioxid-Quelle und schließt an ihrer Stelle die Sauerstoff-Stahlflasche an die Apparatur an. Dann leitet man langsam Sauerstoff durch die Lösung; wenn das Kohlendioxid aus dem Gasraum verdrängt ist, ersetzt man die Natriumchlorid-Lösung im Standzylinder durch Barytwasser. Nach wenigen Augenblicken bräunt sich die Eisen(II)-hydrogencarbonat-Lösung, es entsteht ein brauner Niederschlag von Eisen(III)-oxidhydrat, das vorgelegte Barytwasser trübt sich (Reaktion II): Vorkommen von Eisen in natürlichen Wässern[1]).

[1]) Die Löslichkeit von Eisen in kohlensäurehaltigem Wasser wurde 1769 von *T. Lane* entdeckt.

III - 9.5.6 Magnetische Eigenschaften von Eisenverbindungen

Versuchsanordnung: Abb. 137
Elektromagnet, aufgebaut aus Teilen eines zerlegbaren Experimentiertransformators[1]): U-Kern A – 2 Spulen B_1 und B_2 mit 250 bis 300 Windungen[2]) – 2 Polschuhe

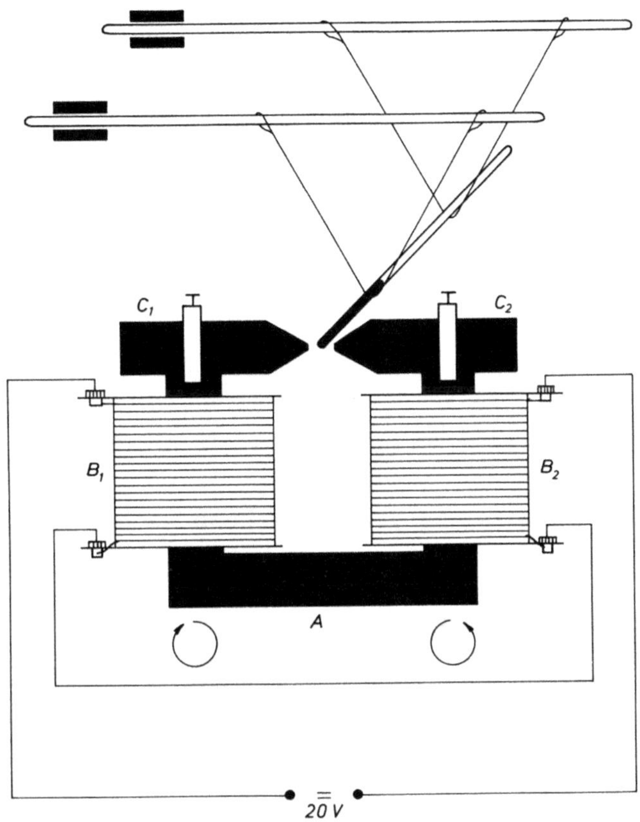

Abb. 137. Magnetische Eigenschaften von Eisenverbindungen

für inhomogenes Magnetfeld C_1 und C_2 mit Haltevorrichtungen – Gleichstromquelle (etwa 20 V, 6 A) – Verbindungskabel. – Ein Glasrohr (∅ innen 1 bis 2 mm, Länge etwa 20 cm, einseitig abgeschmolzen) wird an zwei (möglichst dünnen) Fäden aufgehängt, die ihrerseits an zwei Glasstäben befestigt sind. Das Glasrohr soll genau zwischen den Spitzen der Polschuhe hängen. Die Glasstäbe haltert man mit Klammern an Stativen. Den Magnet stellt man auf ein Blatt Millimeterpapier, das auf dem Tisch festgeklebt ist.

Hilfsmittel:
Weitere einseitig abgeschmolzene Glasrohre (s. o.) – Eisenverbindungen wie $K_4Fe(CN)_6$, $K_3Fe(CN)_6$, $(NH_4)_2Fe(SO_4)_2 \cdot 6\ H_2O$ (Mohrsches Salz) u.a. – Reibschale.

[1]) Lieferfirma z.B. Fa. Leybold (s. I - 17.8).
[2]) In Abb. 137 ist die Stromrichtung in den Spulen angedeutet.

Ausführung:
Man füllt die fein gepulverte Verbindung in das Glasrohr ein und sorgt durch mehrmaliges leichtes Aufstoßen auf den Tisch dafür, daß das Pulver am unteren Ende des Glasrohres eine möglichst kompakte, etwa 5 cm lange Schicht bildet. Dann hängt man das Rohr so auf, daß das abgeschmolzene Ende genau zwischen den Spitzen der Polschuhe justiert ist.
Schaltet man den Magnetstrom ein (20 V, 6 A), so wird das Glasrohr bei diamagnetischen Substanzen aus dem Magnetfeld herausgedrängt, bei paramagnetischen Substanzen in das Magnetfeld hineingezogen. Da die direkte Messung der Auslenkung schwierig ist, projiziert man das Röhrchen mit einer starken Lampe (z.B. Diaprojektor) an die Wand und mißt dort die Verschiebung bei Einschaltung des Feldes. Bessere Werte erhält man, wenn man den Magneten auf dem Millimeterpapier so lange verschiebt, bis das Glasrohr vom Feld gerade nicht mehr festgehalten wird (bei paramagnetischen Stoffen) und in seine Ruhelage zurückschwingt. Die Verschiebung des Magneten bis zu dieser Stelle wird abgelesen; die Wurzel daraus (bzw. aus der Auslenkung des Glasrohres) ist dem magnetischen Moment proportional.

III - 9.6 Nickel

S. auch
II - 10.3.9 Elektrolytische Trennung von Kupfer und Nickel
III - 6.1.2 Aluminothermie

III - 9.6.1 Nickeltetracarbonyl aus Nickel und Kohlenmonoxid

$$Ni + 4\ CO \rightarrow Ni(CO)_4 \qquad \Delta H = -38{,}8\ kcal\ (-162{,}3\ kJ)$$

Versuchsanordnung: Abb. 138
Gasentwickler (für CO) Abb. 19b, A bis C und D', mit Wasserbad – an D' angeschlossen *Drechsel*sche Waschflasche E (50%ige Natronlauge) mit Quetschhahn F –

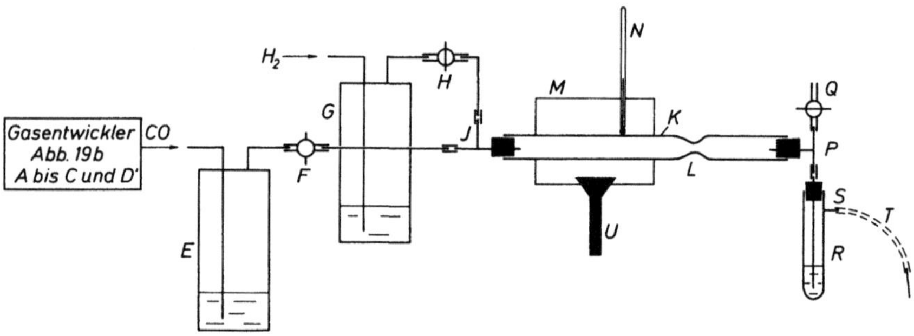

Abb. 138. Nickeltetracarbonyl aus Nickel und Kohlenmonoxid

an eine H_2-Quelle angeschlossen Waschflasche G (konz. H_2SO_4) mit Quetschhahn H – mit F und H verbunden T-Stück J – Rohr K aus schwerschmelzbarem Glas (∅ 18 mm, Länge 20 cm) mit Einschnürung L in seinem letzten Drittel – Heizkästchen M (s. u.) mit Thermometer N (bis 300 °C) – T-Stück P mit Quetschhahn Q – Saugrohr R (Wasser) mit Schlauchstutzen S – Gummischlauch T (etwa 50 cm) mit kurzem Glasrohr – Bunsenbrenner U mit Schlitzaufsatz.

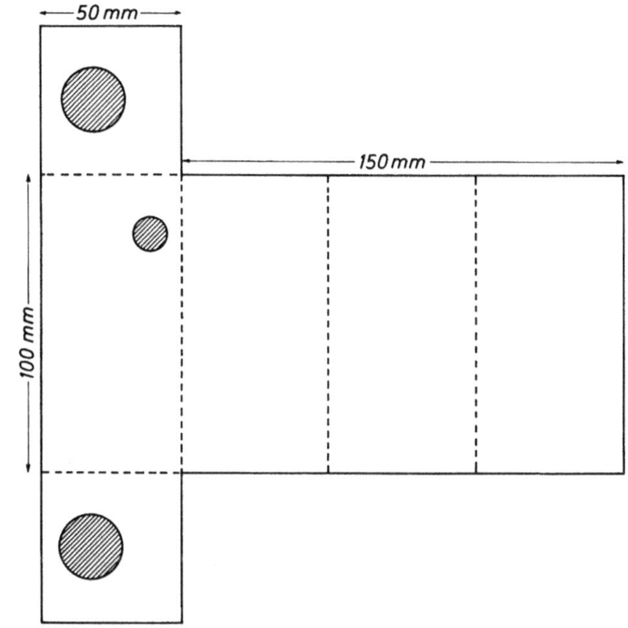

Abb. 139. Heizkästchen aus Asbestpappe

Zur Herstellung des Heizkästchens schneidet man aus Asbestpappe die aus Abb. 139 ersichtliche Form aus. Die Pappe wird entlang der gestrichelten Linien mit einem Messer angeritzt und dann scharf umgeknickt. Das Kästchen wird durch feste Schlingen aus Blumendraht (oder Kupferdraht) zusammengehalten.

Hilfsmittel:
Konz. Schwefelsäure – konz. Ameisensäure – Nickeloxalat – Silberreagenzpapier (Reagenz auf Kohlenmonoxid: Man tränkt Filtrierpapierstreifen mit alkalischer Silbernitrat-Lsg., s. V) – Porzellanschale – Reagenzgläser – 2 zusätzliche Bunsenbrenner.

Vorbereitung:
Das Reaktionsrohr K wird mit 5 g Nickeloxalat auf Glaswolle, über eine Länge von etwa 8 cm verteilt, beschickt. Die Thermometerkugel von N soll sich in unmittelbarer Nähe des Rohres K befinden (s. Abb. 138). Das Glasrohr am Gummischlauch T wird in die Luftöffnung eines mit kleiner Flamme brennenden Bunsenbrenners eingeführt, um entweichendes Kohlenmonoxid unschädlich zu machen. In das Saugrohr R gibt man zum eingefüllten Wasser alkalische Silbernitrat-Lösung.
Man beschickt den Kolben A des Gasentwicklers mit konz. Schwefelsäure, den Tropftrichter B mit konz. Ameisensäure und heizt das Wasserbad rechtzeitig an.

Ausführung:
Zunächst wird die Apparatur mit Kohlenmonoxid gefüllt, das man durch Zutropfen von Ameisensäure zu der heißen Schwefelsäure erzeugt (s. Vers. III - 5.1.2); die Quetschhähne H und Q bleiben geschlossen. Ist im Saugrohr R eine deutliche Schwärzung der Lösung aufgetreten, wird die Kohlenmonoxidentwicklung abge-

stellt; wenn in der Waschflasche E keine Blasen mehr durchtreten, wird der Quetschhahn F geschlossen. Dann wird nach Öffnen des Quetschhahnes H ein kräftiger Wasserstoffstrom durch die Apparatur geleitet. Läßt sich bei Q mit Silberreagenzpapier kein Kohlenmonoxid mehr nachweisen, prüft man auf Abwesenheit von Knallgas (s. I - 18.9) und entzündet den Wasserstoff bei Q. Brennt er ruhig mit nicht mehr blaugefärbter Flamme, wird das Asbestkästchen M beiseite geschoben und die Nickeloxalatfüllung möglichst rasch erhitzt, bis sie tief schwarz geworden ist. Das reduzierte Metall darf dabei jedoch nicht zum Glühen kommen. Nach beendeter Reduktion wird das Heizkästchen M über die Rohrfüllung geschoben und das Wasser, das sich in dem Rohr K kondensiert hat, durch vorsichtiges Befächeln mit leuchtender Flamme vollständig in das Saugröhrchen R übergetrieben.
Man läßt im verlangsamten Wasserstoffstrom abkühlen. Wenn das Thermometer 70 °C anzeigt, wird die Temperatur durch Unterstellen eines mit kleiner Flamme brennenden Bunsenbrenners auf 70 bis 80 ° C gehalten. Der Wasserstoffstrom wird abgestellt, Quetschhahn H geschlossen und F geöffnet. Dann wird langsam Kohlenmonoxid durch die Apparatur geleitet.
Bereits nach wenigen Augenblicken zeigt die Flamme des zur Verbrennung des überschüssigen Kohlenmonoxids angeschlossenen Brenners durch helles Aufleuchten die Bildung von Nickelcarbonyl an. Man hält eine kalte Porzellanschale tief in die Flamme: Rußartiger Beschlag

$$Ni(CO)_4 \rightarrow Ni + 2\ CO_2 + 2\ C.$$

Nun wird das Rohr K bei L erhitzt[1]): Nach kurzer Zeit entsteht in dem hinter L gelegenen Rohrteil ein glänzender Metallspiegel, der besonders schön wird, wenn man diesen Abschnitt des Rohres schwach erwärmt; gleichzeitig hört das Leuchten der Flamme des an T angeschlossenen Brenners auf. Die Flamme fängt langsam an zu leuchten, wenn man das Erhitzen des Rohres K bei L unterbricht.

Beendigung:
Der Kohlenmonoxidstrom und der Brenner U werden abgestellt, Quetschhahn F geschlossen, H geöffnet und Wasserstoff durch die Apparatur geleitet: Intensives Aufleuchten der Flamme des an T angeschlossenen Brenners. Nach Vertreibung des Kohlenmonoxids stellt man die Gaszufuhr dieses Brenners ab. Dann läßt man die Apparatur im Wasserstoffstrom langsam erkalten.
Vorsicht! Man hüte sich vor dem Einatmen von Kohlenmonoxid! Auch Nickelcarbonyl ist äußerst giftig. Es darf bei Ausführung des Versuches niemals frei entweichen.

[1]) Bei 180 °C zerfällt Nickelcarbonyl in Nickel und Kohlenmonoxid.

IV - Organische Chemie

S. auch
II - 1.16 Quantitative Analyse organischer Verbindungen

IV - 1 Kohlenwasserstoffe

S. auch

I - 19.11	Methan
I - 19.12	Äthan
I - 19.13	Äthylen (Äthen)
I - 19.14	Acetylen (Äthin)
II - 1.15	Thermische Zersetzung von Kohlenwasserstoffen
II - 8.4	Adsorption flüchtiger Lösungsmittel durch Aktivkohle
III - 2.2.3	Bromwasserstoff aus Brom und Kohlenwasserstoffen
III - 3.2.4	Schwefelwasserstoff aus Schwefel und Kohlenwasserstoffen
IV - 2.1	Chlorierung von Methan
IV - 2.2	Dichloräthan aus Äthylen (Äthen) und Chlor
IV - 2.3	Quantitative Bromierung von Acetylen (Äthin)
IV - 2.4	Bromierung von Toluol
IV - 4.2	Acetaldehyd durch Anlagerung von Wasser an Acetylen

IV - 1.1 Alkane aus Alkylhalogeniden
(Synthese nach *Wurtz*)

$$2\,RX + 2\,Li \rightarrow R\text{-}R + 2\,LiX$$

Versuchsanordnung:
In ein großes Reagenzglas (∅ 30 mm) mit seitlichem Schlauchansatz (großes Saugrohr) ist mit Schliff oder Gummiring ein Kühlfinger eingesetzt. An dem seitlichen Ansatz ist ein Trockenrohr (Chlorcalciumrohr) mit gekörnter Aktivkohle (zwischen Glaswollebäuschen) angeschlossen, das über einen Dreiwegehahn mit einem Kolbenprober (100 ml) verbunden ist. Der freie Schenkel des Dreiwegehahns ist nach oben gerichtet.

Hilfsmittel:
Methyljodid (Monojodmethan) oder Äthyljodid (Monojodäthan) – Äther (wasserfrei, s. I-20.6) – Lithium – $AgNO_3$-Lsg. – Becherglas als Heiz- bzw. Kühlbad für das Saugrohr – Meßzylinder (10 ml) – Gaswägekugel – Analysenwaage (Tragkraft 200 g) – Barometer – Thermometer (bis 50 °C) – Wasserstrahlpumpe – Eiswasser – warmes Wasser – Messer – Pinzette – Filtrierpapier – Reagenzgläser – Trichter mit Filter.

Vorbereitung:
Das Reagenzglas und der Kühlfinger werden im Trockenschrank getrocknet und im Exsikkator aufbewahrt. Die Gaswägekugel wird an der Wasserstrahlpumpe leicht evakuiert und gewogen.

Ausführung:
In dem Reagenzglas löst man 2,5 ml Monojodmethan in 7,5 ml Äther. Man entnimmt dem Vorratsgefäß ein Stückchen Lithium (Schutzbrille!), trocknet es sorgfältig mit Filtrierpapier ab, entfernt die Krusten, schneidet es in Scheibchen und gibt diese zu der Lösung im Reaktionsgefäß.

Dann setzt man den Kühlfinger ein, stellt das Kühlwasser an und verbindet über den Dreiwegehahn das Reaktionsrohr mit der Außenluft.
Beginnt die Reaktion nicht sofort, erwärmt man das Reaktionsgefäß, indem man es in ein Becherglas mit warmem Wasser (40 bis 50 °C) taucht; wird die Reaktion zu heftig, kühlt man mit Eiswasser.
Nach einiger Zeit sammelt man einen Teil des aus dem Dreiwegehahn ausströmenden Gases in einem Reagenzglas und prüft auf Luftfreiheit („Knallgasprobe" s. I - 18.9), Brennbarkeit und Geruch (es darf nicht nach Äther riechen[1]). Dann verbindet man das Reaktionsgefäß mit dem Kolbenprober und läßt etwas mehr als 100 ml Gas einströmen.
Durch Eintauchen des Saugrohres in Eiswasser bremst man darauf die Reaktion, stellt den Dreiwegehahn auf Verbindung Kolbenprober–Außenluft, drückt durch vorsichtiges Drehen und Bewegen des Kolbens soviel Gas aus dem Kolbenprober hinaus, daß genau 100 ml Gas unter Atmosphärendruck im Gerät verbleiben, und schließt den Hahn durch Schrägstellen (Sperrstellung).
Nun wird die Gaswägekugel mit einem kurzen Gummischlauch (Glas an Glas) an den Dreiwegehahn angeschlossen, der Hahn an der Kugel geöffnet und der Dreiwegehahn vorsichtig in die Verbindungsstellung Kolbenprober–Gaswägekugel gedreht, wobei – wegen des Unterdrucks in der Gaswägekugel – der Kolben des Kolbenprobers festgehalten werden muß. Anschließend wird die Kugel genau gewogen. Außerdem werden noch Luftdruck und Raumtemperatur gemessen.

Auswertung:
Wie bei Vers. II - 2.1 (Molmassenbestimmung von Gasen).
Man filtriert den im Reaktionsgefäß verbliebenen Rückstand ab, liest die unverbrauchten Lithiumstücke heraus und vernichtet sie durch vorsichtiges Einwerfen in Methanol oder Wasser. Dann löst man den Rest in warmem, destilliertem Wasser und weist mit Silbernitrat-Lösung die Jodid-Ionen nach.

IV - 1.2 Methan aus Natriumacetat und Natronkalk
Eigenschaften von Methan

$$H_3C\text{–}COONa + NaOH \rightarrow Na_2CO_3 + CH_4$$

Versuchsanordnung:
Ein einseitig geschlossenes Eisenrohr (∅ innen 30 mm, Länge 50 cm) ragt mit dem offenen Ende etwa 15 cm aus einem Rohrofen (Abb. 8) heraus und ist mit einem einfach durchbohrten Silicon- oder Asbeststopfen (s. I - 8.3) verschlossen. Angeschlossen ist eine *Muencke*sche Waschflasche (25%ige Natronlauge), die mit einem längeren Gummischlauch zum Anschluß an den Gasbehälter (s. u.) versehen ist.

Hilfsmittel:
Natriumacetat wasserfrei (s. u.) – Natronkalk – verd. Essigsäure – $Ba(OH)_2$-Lsg. – Gasbehälter (s. I-18.3) – pneumatische Wanne (Wasser) – Reibschale – Porzellanschale – 2 Trichter – Glaswolle – Reagenzgläser – langer Glasstab – Bunsenbrenner – Dreifuß – Eisenschale – Apparatur zum Nachweis von Gasen (Abb. 20).

[1]) Andernfalls ist das Reaktionsgefäß mit Eiswasser zu kühlen.

Vorbereitung:
Natriumacetat, $CH_3COONa \cdot 3\ H_2O$, wird in einer auf einem Dreifuß stehenden Eisenschale mit dem Bunsenbrenner unter Umrühren (Glasstab) erhitzt. Zunächst schmilzt das Salz in seinem Kristallwasser (75 °C); nach Entweichen des Wassers wird es wieder fest und schmilzt bei höherer Temperatur (319 °C) von neuem. In diese Schmelze darf kein Natriumacetat mehr eingetragen werden; die Folge wäre eine explosionsartige Wasserentbindung. Eine Überhitzung der Schmelze ist zu vermeiden. Man läßt die Schmelze im Exsikkator erkalten und bricht die erstarrte Masse möglichst bald aus der Schale heraus. Das wasserfreie Natriumacetat ist im Exsikkator oder in einer gut verschlossenen Flasche aufzubewahren.
In einer im Trockenschrank angewärmten Reibschale pulvert man 75 g wasserfreies Natriumacetat und verreibt es innig mit 75 g Natronkalk; dies muß möglichst schnell erfolgen. Das Reaktionsgemisch wird in gut verschlossener Flasche aufbewahrt.
Kurz vor Ausführung des Versuches wird der im Ofen befindliche Teil des Eisenrohres mit dem Gemisch gefüllt, wobei ein Kanal über der Füllung frei bleiben muß. Zuletzt wird ein großer, den Querschnitt des Rohres ausfüllender Glaswollebausch in das Rohr eingeführt und der Stopfen aufgesetzt.

Ausführung:
Man erhitzt das Rohr vom geschlossenen Ende her bis zur beginnenden Rotglut. Ist das am Schlauchende entweichende Gas luftfrei („Knallgasprobe“, s. I - 18.9), wird der Schlauch an den Gasbehälter angeschlossen. Wenn dieser mit dem Gas gefüllt ist, wird die Verbindung des Eisenrohres mit der Waschflasche getrennt, dann erst wird das Erhitzen unterbrochen.
Einen Teil des im Rohr verbliebenen Rückstandes versetzt man in dem Gasnachweis-Apparat mit verd. Essigsäure und fängt das Gas in Barytwasser auf: Weißer Niederschlag ($BaCO_3$). Evtl. führt man einen Parallelversuch mit dem Ausgangsmaterial durch.

Eigenschaften von Methan

Hilfsmittel:
Für Vers. a bis c: Pneumatische Wanne (Wasser) mit Experimentiersockel – langer Gummischlauch mit L-förmigem Glasrohr, passend an eine Methan-Quelle (Gasbehälter oder Druckdose) – Bunsenbrenner.
a) $Ba(OH)_2$-Lsg. – Standzylinder (200 x 40 mm) mit Verschlußplatte.
b) Standzylinder (200 x 40 mm) mit Verschlußplatte – Kerze an langem, geradem Draht.
c) 2 Standzylinder (200 x 40 mm) mit Verschlußplatten – Stativ mit Ring zum Einhängen eines Zylinders – Holzspäne.

Ausführung:
a) Brennbarkeit, Verbrennungsprodukt
Ein Standzylinder wird in der pneumatischen Wanne mit Methan gefüllt, nachdem die Luft aus dem Zuleitungsschlauch und dem Einleitungsrohr vertrieben ist. Der gefüllte Zylinder wird mit einer Glasplatte verschlossen und auf den Tisch gestellt; nach Entfernen der Verschlußplatte wird das Gas sofort entzündet: Ruhige, kaum leuchtende Flamme, die in den Zylinder hineinkriecht. Wenn das Gas abgebrannt ist, gießt man schnell etwas Barytwasser in den Zylinder, verschließt mit der Glasplatte und schüttelt um: Trübung des Barytwassers (CO_2-Nachweis).

b) Unterhält die Verbrennung nicht

In einen wie bei Vers. a mit Methan gefüllten Zylinder, der so in der Hand gehalten wird, daß seine Öffnung senkrecht nach unten zeigt, wird eine brennende Kerze eingeführt. Das Gas entzündet sich an der Mündung des Zylinders, die Kerze erlischt in der Methanatmosphäre; beim langsamen Herausziehen entzündet sie sich wieder.

c) Leichter als Luft

Von den beiden wie bei Vers. a mit Methan gefüllten Zylindern hängt man den einen umgekehrt in einen Stativring und stellt den anderen aufrecht daneben. Man zieht gleichzeitig die Verschlußplatten der Zylinder weg und hält nach etwa einer Minute je einen brennenden Holzspan in die Öffnung des stehenden bzw. hängenden Zylinders. Nur bei letzterem tritt Entzündung (unter Verpuffung) ein.

Bemerkung:

Die Identifizierung des Methans kann nach Vers. II - 2.1 (Bestimmung der Molmasse von Gasen durch Wägung) erfolgen.

IV - 1.3 Explosion von Methan-Luftgemischen[1])

$$CH_4 + 2\,O_2 \rightarrow CO_2 + 2\,H_2O \qquad \Delta H = -212{,}8 \text{ kcal } (-890{,}4 \text{ kJ})$$

Versuchsanordnung: Abb. 140

Dreifach tubulierte *Woulf*esche Flasche A (2000 ml) – Gaseinleitungsrohr B, durch langen Schlauch (etwa 1 m) über Waschflasche (konz. H_2SO_4) als Blasenzähler mit Methan-Quelle (Gasbehälter, s. Vers. IV - 1.2, oder Druckdose, s. I - 18.4) verbunden – Glasrohr C (∅ innen 10 mm, Länge etwa 100 cm) im mittleren Tubus, darf nur etwa 1 cm in A hineinragen – Korkstopfen im dritten Tubus.

Hilfsmittel:

Reagenzgläser – Bunsenbrenner mit langem Schlauch – Glasrohr (∅ 10 mm, Länge 20 cm), in der Mitte auf 3 cm Länge zu einer Kapillare verengt, an einem Ende mit einem 3 cm langen Schlauchstück versehen.

Ausführung: *Schutzscheiben!*

Man leitet Methan durch die Flasche, bis die Luft vollständig verdrängt ist. Nach negativem Ausfall der Knallgasprobe am oberen Ende des weiten Rohres (s. I - 18.9) wird das ausströmende Gas entzündet. Dann entfernt man das Gaseinleitungsrohr samt Stopfen aus der *Woulf*eschen Flasche, unterbricht sofort den Gasstrom, lockert den Stopfen des dritten Tubus etwas und entfernt sich von der Apparatur. Die Methanflamme wird zunächst größer und brennt einige Zeit ruhig weiter, dann verkleinert sie sich zusehends, beginnt zu flackern und kriecht schließlich, erst langsam, dann immer schneller durch das Rohr abwärts. Sobald die Flamme das Rohrende erreicht, erfolgt eine Explosion, wobei der Stopfen des dritten Tubus herausgeschleudert wird.

Nun setzt man in den mittleren Tubus der *Woulf*eschen Flasche das Glasrohr ein, das in der Mitte eine kapillare Verengung besitzt, und wiederholt den Versuch. Die Flamme steigt jetzt nur bis zur der kapillaren Verengung zurück und erlischt dort, ohne daß eine Explosion erfolgt.

[1]) Grubengas-Explosion, „schlagende Wetter".

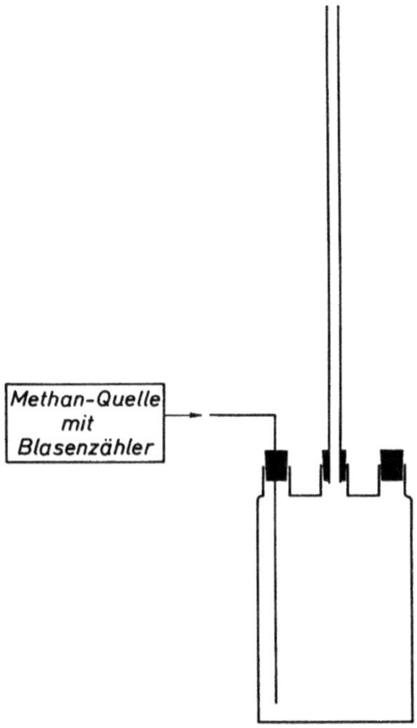

Abb. 140. Explosion von Methan-Luft–Gemischen

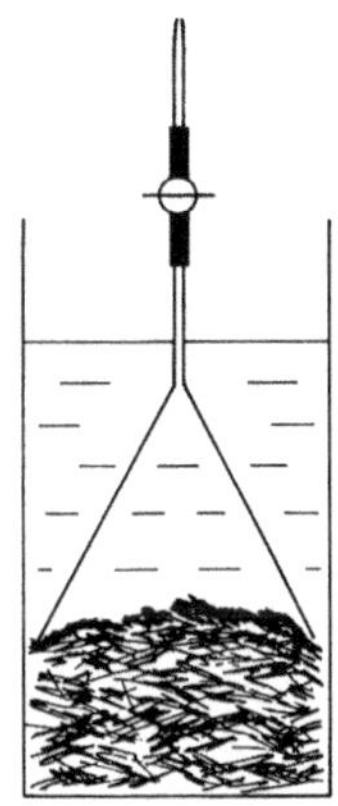

Abb. 141. Entstehung von Methan bei der Zersetzung pflanzlicher Stoffe

Bemerkung:
Zur Verhinderung der Explosion kann man auch einen Bausch von Glas- oder Metallwolle oder eine eng anliegende Kupferdrahtnetzrolle in das Rohr D einschieben.

IV - 1.4 Entstehung von Methan bei der Zersetzung pflanzlicher Stoffe[1])

Versuchsanordnung: Abb. 141
In ein größeres Glasgefäß (⌀ etwa 14 bis 15 cm, Höhe ungefähr 30 cm; Filtrierstutzen oder großes Einmachglas) bringt man eine reichliche Menge Teichschlamm mit möglichst vielen Blättern und füllt das Gefäß mit Teichwasser. Dann setzt man einen Trichter (Weite 12 cm) ein, dessen Rohr mit Gummischlauch und Quetschhahn verschlossen ist. Im Gummischlauch steckt ein Glasrohr, das zu einer Spitze ausgezogen ist. Der Trichter muß bis zum Quetschhahn mit Teichwasser gefüllt sein.
Man setzt den Versuch 3 bis 4 Tage vor der Vorführung an und läßt ihn in einem warmen Raum stehen.

Hilfsmittel:
$Ba(OH)_2$-Lsg. - langer Glasstab, am unteren Ende kurz rechtwinklig umgebogen (als Rührstab) - Becherglas (250 ml).

[1]) „Sumpfgas".

Ausführung:
Man hebt den Trichter etwas aus dem Schlamm heraus und stochert, um das Aufsteigen von Gasblasen zu zeigen, den Schlamm mit dem Glasstab um. Dann öffnet man den Quetschhahn, senkt den Trichter wieder und entzündet das ausströmende Gas. Man hält das mit Barytwasser befeuchtete Becherglas über die Flamme: Trübung (CO_2-Nachweis).

IV - 1.5 Äthan durch Elektrolyse einer Natriumacetat-Lösung[1])

Anode: $2\ CH_3COO^- \rightarrow C_2H_6 + 2\ CO_2 + 2\ e^-$
Kathode: $2\ H_3O^+ + 2\ e^- \rightarrow H_2 + 2\ H_2O$

Versuchsanordnung: Abb. 142
Kolbenprober A – Doppel-T-Stück B mit Hähnen B_1 und B_2 – an B_1 angeschlossen Orsatpipette C (40%ige Kalilauge) – U-Rohr D mit seitlichen Ansätzen in Becherglas E – Dreiwegehahn F, freier Schenkel nach oben – Kolbenprober G. Im U-Rohr D sind mit Gummistopfen dicht eingesetzt eine Platindrahtelektrode als Anode und eine Platinblechelektrode als Kathode.

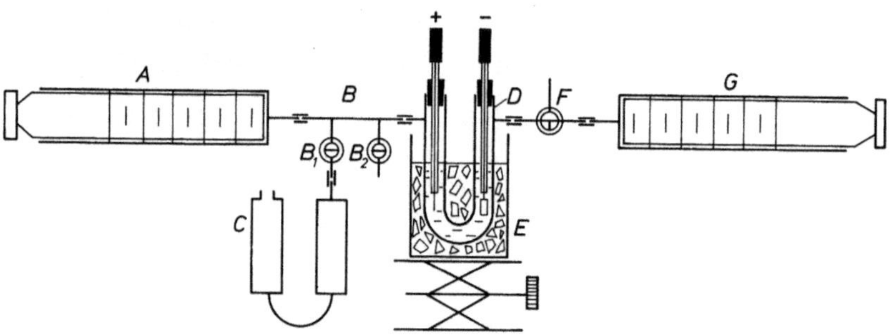

Abb. 142. Äthan durch Elektrolyse einer Natriumacetat-Lösung

Hilfsmittel:
Kaltgesättigte Natriumacetat-Lösung – Eisessig – Eiswasser – 2 Meßzylinder (50 ml und 10 ml) – regelbare Gleichstromquelle – Amperemeter – Stoppuhr – Thermometer – Barometer – Eiswasser.

Vorbereitung:
Als Elektrolyt mischt man 100 ml der Natriumacetatlösung mit 10 ml Eisessig und füllt damit das U-Rohr so weit, daß die Elektroden vollständig eintauchen.
Dann dreht man den Dreiwegehahn F in Stellung ⦶, saugt die Kalilauge in der Orsatpipette bis zur Meßmarke hoch und schließt B_1. Nachdem beide Kolbenprober auf die Nullmarke eingestellt sind, schließt man B_2. In das Becherglas E füllt man Eiswasser.

Ausführung:
Man schaltet die Stromquelle und gleichzeitig die Stoppuhr ein und stellt die Stromstärke auf mindestens 300 mA ein. Der eingestellte Wert wird während der Elektrolyse durch Nachregulieren der Spannung (etwa 20 bis 25 V) konstant gehalten. Man

[1]) Zum Reaktionsmechanismus vgl. *Beck, F.*, Elektroorganische Chemie (Weinheim 1974).

beobachtet während des Versuches die Kolbenprober und stellt in beiden durch leichtes Drehen an den Kolben jeweils gleichen Druck ein, wobei das U-Rohr als Manometer dient. Die Temperatur des Kühlwassers im Becherglas E soll nicht über 5 °C ansteigen. Nach etwa 15 Minuten unterbricht man die Elektrolyse und liest in beiden Kolbenprobern die Gasvolumen (V_A bzw. V_G) ab.
Dann schließt man den Dreiwegehahn F durch Schrägstellen und drückt das im Kolbenprober A befindliche Gas mehrmals in die Orsatpipette, bis keine Änderung des Volumens mehr eintritt. Das Restvolumen V_R wird abgelesen.
Man mißt die Raumtemperatur und den Luftdruck.
Das Gas im Kolbenprober G wird als Wasserstoff identifiziert: Knallgasprobe am Dreiwegehahn F (Stellung ⊕); das Restgas im Kolbenprober A wird durch Luftverdrängung in ein Reagenzglas gefüllt und angezündet (Äthan).
Zur genaueren Identifikation kann man es auch in eine Gaswägekugel überführen und seine Molmasse bestimmen (s. Vers. II - 2.1) oder man kann es gaschromatographisch untersuchen.

Auswertung:
Das Volumen V_R des im Kolbenprober A nach der Absorption des Kohlendioxids verbleibenden Restgases (Äthan[1]) soll gleich dem Volumen V_G des im Kolbenprober G befindlichen Gases (Wasserstoff) sein; das Volumen (V_A – V_R) des absorbierten Kohlendioxids sollte doppelt so groß sein[2]). Aus der verbrauchten Strommenge (Stromstärke mal Zeit) berechnet man das Wasserstoffvolumen, das sich theoretisch hätte bilden müssen, und vergleicht es mit dem auf Normalbedingungen reduzierten gemessenen Volumen V_G.

IV - 1.6 Äthan durch Hydrolyse von Äthylmagnesiumbromid[3])

$$C_2H_5Br + Mg \rightarrow C_2H_5MgBr$$
$$C_2H_5MgBr + H_3O^+ \rightarrow C_2H_6 + Mg^{2+} + Br^- + H_2O$$

Versuchsanordnung: Abb. 143
Rundkolben A (250 ml) mit Magnetrührer B und kleinem Rührstäbchen C – Tropftrichter D mit Druckausgleich – Intensivkühler (notfalls Dimrothkühler) E mit Trockenrohr F ($CaCl_2$). Gasableitungsrohr G mit Schliffkern – Waschflasche H (Wasser). – Gasableitungsrohr, Standzylinder (200 x 40 mm), pneumatische Wanne und Experimentiersockel wie Abb. 23, A bis D.

Hilfsmittel:
Magnesiumspäne, im Exsikkator getrocknet – abs. Äther – Äthylbromid – Brom – $Ba(OH)_2$-Lsg. – Meßzylinder (50 ml) – 2 Bechergläser oder Plastikschüsseln, eine mit warmem Wasser, die andere mit Eiswasser; zum Erwärmen bzw. Kühlen des Kolbens A – Reagenzgläser – Bunsenbrenner – Verschlußplatte für Standzylinder – Becherglas (250 ml) – *Erlenmeyer*kolben (200 ml).

[1]) Gaschromatographische Untersuchungen zeigten, daß bei der Elektrolyse immer auch Methan entsteht. Unter den angegebenen Bedingungen ist der Methan-Anteil etwa 10%; er steigt bei geringerer Stromdichte bzw. höherer Temperatur.
[2]) Wegen der Löslichkeit von Kohlendioxid in der Elektrolytlösung findet man meist nicht genau den doppelten Wert.
[3]) *V. Grignard* 1901.

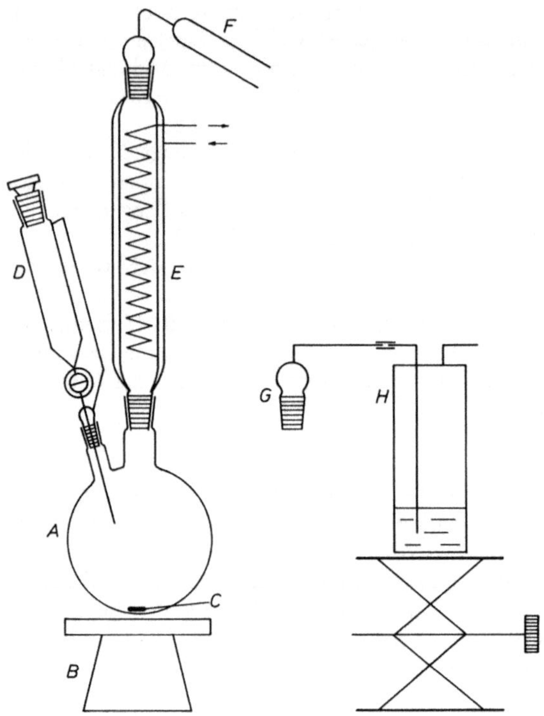

Abb. 143. Äthan durch Hydrolyse von Äthylmagnesiumbromid

Ausführung:
Man stellt das Kühlwasser an und gibt in den Kolben A 3 g Magnesiumspäne, in den Tropftrichter D eine vorher in einem *Erlenmeyer*kolben gut durchmischte Lösung von 8 ml Äthylbromid in 75 ml abs. Äther.
Dann gibt man da, wo die Lösung später auftropft, 1 bis 2 Tropfen Brom auf die Magnesiumspäne. Darauf läßt man langsam die Äthylbromid-Lösung zutropfen und beobachtet das Einsetzen der Reaktion: Erwärmung, schwache Trübung, Aufsteigen von Gasbläschen. Setzt die Reaktion nach den ersten Tropfen nicht von selbst ein, so wird der Kolben vorsichtig durch Eintauchen in warmes Wasser erwärmt. Sobald die Reaktion einsetzt, ist das warme Wasser zu entfernen. Man läßt nun aus dem Tropftrichter etwa 10 ml Lösung zutropfen und beginnt dann zu rühren. Die Zutropfgeschwindigkeit ist so zu wählen, daß der Äther im gelinden Sieden bleibt; wird die Reaktion zu heftig, so ist der Kolben mit Eiswasser zu kühlen.
Wenn das Magnesium vollkommen verschwunden ist, füllt man den Tropftrichter mit verd. Salzsäure, stellt den Kolben in Eiswasser, wartet, bis die Lösung im Kolben auf 0 °C abgekühlt ist und setzt statt des Kühlers E das Ableitungsrohr G mit Waschflasche auf den Kolben. Der Standzylinder wird mit Wasser gefüllt, aber noch nicht über die Mündung des Gasableitungsrohres gestellt. Man läßt ganz langsam verd. Salzsäure in die *Grignard*-Lösung eintropfen; das in heftiger Reaktion entstehende Gas wird zunächst in einem Reagenzglas aufgefangen und auf Luftfreiheit geprüft. Nach negativem Ausfall der „Knallgasprobe“ (s. I - 18.9) wird das Gas in dem Zylinder aufgefangen. Ist dieser gefüllt, entfernt man das Gasableitungsrohr, verschließt

den Zylinder mit der Glasplatte und stellt ihn auf den Tisch. Man nimmt die Verschlußplatte weg, entzündet das Gas und hält das mit Barytwasser ausgespülte Becherglas über die Flamme: Weißer Beschlag (CO_2-Nachweis).

IV - 1.7 Äthylen (Äthen) aus Äthanol

Eigenschaften von Äthylen

$$C_2H_5OH \rightarrow C_2H_4 + H_2O$$

a) Dehydratisierung durch konz. Schwefelsäure

Versuchsanordnung:
Gasentwickler Abb. 19a, A bis E und D'; E mit konz. Natriumchlorid-Lösung gefüllt; Kolben A auf Asbestdrahtnetz mit Bunsenbrenner – Waschflasche (20%ige Kalilauge) – Gummmischlauch (50 cm) mit L-förmigem Einleitungsrohr – pneumatische Wanne (Wasser) mit Experimentiersockel.

Hilfsmittel:
Äthanol – konz. Schwefelsäure – reiner Quarzsand – 2 *Erlenmeyer*kolben (200 ml) – Gasbehälter (s. I-18.3, Sperrflüssigkeit Wasser) – Reagenzgläser – 3 Standzylinder (200 x 40 mm) mit plangeschliffenem, eingefettetem Rand und Verschlußplatten – großes Becherglas als Kühlbad für die Erlenmeyerkolben – Eiswasser – Meßzylinder (100 ml).

Vorbereitung:
Durch vorsichtiges Eintragen von konz. Schwefelsäure in Äthanol im Erlenmeyerkolben unter Umschwenken und Kühlen mit Eiswasser stellt man folgende Mischungen her: I) 30 ml Äthanol, 80 ml konz. Schwefelsäure. II) 50 ml Äthanol, 50 ml konz. Schwefelsäure. Mischung I füllt man in den Kolben A und gibt so viel reinen, trockenen Quarzsand hinzu, daß ein dickflüssiger Brei entsteht. Mischung II wird in den Tropftrichter B gefüllt.

Ausführung:
Man erhitzt den Kolben A vorsichtig, bis die Gasentwicklung gerade beginnt. Dann stellt man die Flamme des Brenners klein und läßt aus dem Tropftrichter B das Äthanol-Schwefelsäure-Gemisch mit solcher Geschwindigkeit zutropfen, daß ein langsamer gleichmäßiger Gasstrom durch die Waschflasche perlt. Nach etwa 10 Min. fängt man das Gas in einem Reagenzglas auf und macht die „Knallgasprobe" (s. I - 18.9). Nach negativem Ausfall werden die drei Standzylinder mit dem Gas gefüllt und mit den Glasplatten verschlossen. Schließlich wird der bereitgestellte Gasbehälter mit Äthylen gefüllt.

Eigenschaften von Äthylen

Hilfsmittel:
a) $Ba(OH)_2$-Lsg. – Standzylinder mit Äthylen – Bunsenbrenner – Becherglas (250 ml).
b) Bromwasser – Standzylinder mit Äthylen.
c) 1%ige $KMnO_4$-Lsg. – Na_2CO_3-Lsg. – Standzylinder mit Äthylen – Reagenzglas.

Ausführung:
a) Brennbarkeit:
Man stellt den Zylinder auf den Tisch, entfernt die Verschlußplatte und entzündet das Gas: Leuchtende Flamme. Man hält das mit Barytwasser befeuchtete Becherglas über die Flamme: Weißer Beschlag ($BaCO_3$).

b) Reaktion mit Brom
In den Zylinder gibt man etwas Bromwasser und schüttelt um: Die Bromfarbe verschwindet (Bildung von 1,2-Dibromäthan $C_2H_4Br_2$).

c) Reaktion mit Permanganat
In den Zylinder gießt man einige Milliliter verd. Kaliumpermanganatlösung, die man vorher im Reagenzglas mit etwas Natriumcarbonat-Lösung versetzt hat und schüttelt nach Aufsetzen der Verschlußplatte um: Die Permanganatlösung wird entfärbt (Ausscheidung von MnO_2, Bildung von $CH_2(OH)CH_2OH$).

b) Katalytische Dehydratisierung

Versuchsanordnung: Abb. 144
N_2-Quelle (Stahlflasche oder Gasbehälter Abb. 25, den man vorher nach Vers. III-4.1.3 mit Stickstoff gefüllt hat) – Waschflasche A (konz. H_2SO_4) – Waschflasche B

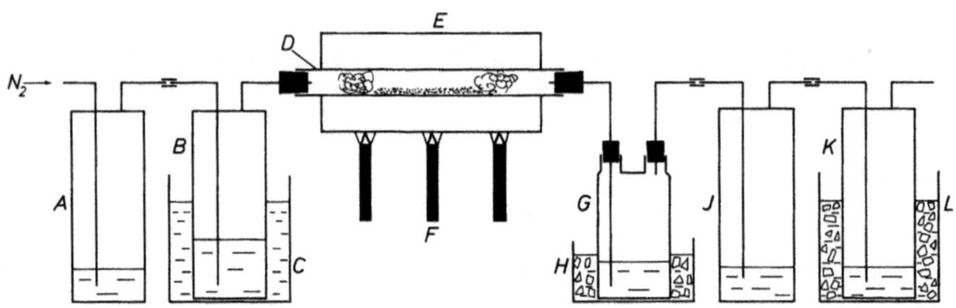

Abb. 144. Katalytische Dehydratisierung von Äthanol

(zur Hälfte mit Äthanol gefüllt) – Becherglas C als Heizbad für B – Reaktionsrohr D (schwerschmelzbares Glas, ∅ innen 18 mm, Länge 35 cm) – Rohrofen E (Abb. 8) mit Reihenbrenner F – *Woulf*esche Flasche G (500 ml, konz. $CaCl_2$-Lsg.[1]) zur Absorption des überschüssigen Äthanols) in Glasschale H (Eiswasser) – Waschflasche J (stark verd. $KMnO_4$-Lsg. mit etwas Na_2CO_3-Lsg.) – Waschflasche K (Bromwasser) im Becherglas L (Eiswasser).

Hilfsmittel:
$Al_2(SO_4)_3$-Lsg. – Na_2CO_3-Lsg. (20%ig) – zerkleinertes Eis – heißes Wasser – Becherglas (400 ml) – Porzellannutsche mit Filter und Saugflasche – Bimsstein – Porzellanschale – Bunsenbrenner – Thermometer (bis 300 °C).

Vorbereitung:
Man bringt in den mittleren Teil des Reaktionsrohres zwischen zwei Glaswollebäuschen eine etwa 8 cm lange Schicht des Katalysators, über der ein Kanal frei bleiben muß.
Herstellung des Katalysators: Zu einer heißen Aluminiumsulfat-Lösung gibt man so lange 20%ige Natriumcarbonat-Lösung, bis das Aluminiumhydroxid ausgefällt ist. Der Niederschlag wird auf der Nutsche abgetrennt, oftmals mit heißem Wasser aus-

[1]) 3 Gew.-Teile $CaCl_2 \cdot 6\,H_2O$ und 2 Gew.-Teile Wasser.

gewaschen und ausgepreßt. Das feuchte Aluminiumhydroxid vermengt man mit gleichviel Gewichtsteilen von grob gepulvertem Bimsstein. Das Gemenge wird etwa eine halbe Stunde auf höchstens 300 °C erhitzt.

Ausführung:
Man erhitzt das Reaktionsrohr bis zur Rotglut (etwa 400 °C), gießt dann heißes Wasser in das Becherlas C und leitet einen Stickstoff-Strom, der sich in B mit Äthanoldampf belädt, langsam durch die Apparatur. Nach kurzer Zeit entfärbt sich in Waschflasche J die Permanganat-Lösung (Ausscheidung von MnO_2) und in Waschflasche K das Bromwasser.

Bemerkung:
Zur Herstellung größerer Mengen 1,2-Dibromäthan werden 50 g (16,5 ml) Brom in die Waschflasche K gegeben und mit wenig Wasser überschichtet. Nach der Entfärbung wird das Reaktionsprodukt im Schütteltrichter mit Wasser, verd. Natronlauge und nochmals mit Wasser gewaschen, über Calciumchlorid getrocknet und destilliert; Sdp. 132 °C.

IV - 1.8 Acetylen (Äthin) aus den Elementen

$$2\,C + H_2 \rightarrow C_2H_2 \qquad \Delta H = +54{,}2\ \text{kcal}\ (+226{,}8\ \text{kJ})$$

Versuchsanordnung: Abb. 145
H_2-Quelle – Waschflasche A (konz. H_2SO_4) – vierfach tubulierte Experimentierkugel B („Scheidsche Kugel"), eingesetzt in einen mit Asbestschnur umwickelten Stativ-

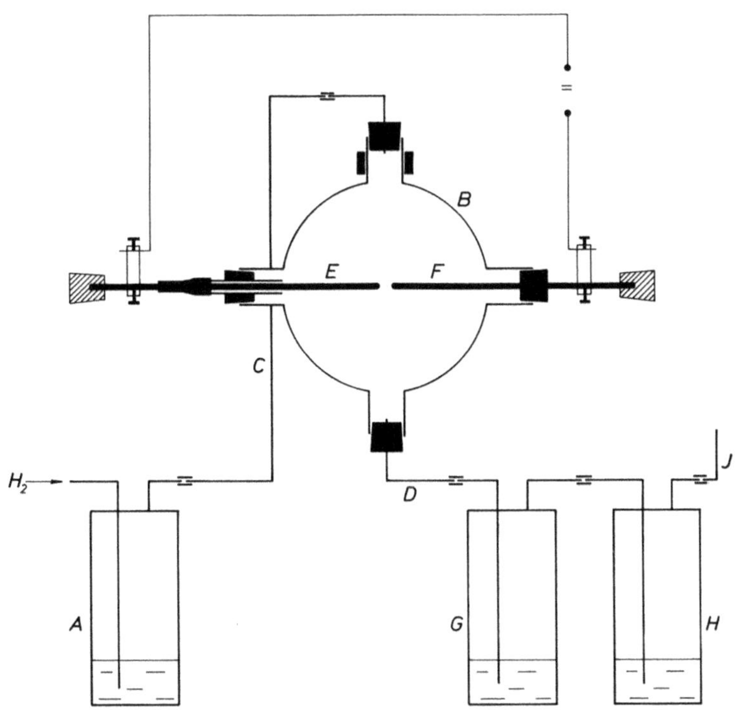

Abb. 145. Acetylen-Synthese aus den Elementen

ring, durch eine Klammer am oberen Tubus gehalten – Zuleitungs- und Ableitungsrohr C bzw. D; diese dürfen nur etwa 1 mm in den Tubus hineinragen – Graphitstabelektroden E und F – Waschflasche G (CuCl-Gelatine-Lsg., s. V) – Waschflasche H (ammoniakalische $AgNO_3$-Lsg., s. V) mit angesetztem Quarzröhrchen J – Gleichstromquelle (etwa 5 A) für Lichtbogen; vgl. Vers. III - 4.2.1.
Die Elektrode F wird durch den Gummistopfen hindurchgeführt und muß in der Bohrung unverrückbar festsitzen. Die Elektrode E steckt man durch ein eng anliegendes dickwandiges Glasrohr (Länge 3 cm), das seinerseits fest im Stopfen sitzen muß. Über die Elektrode und das Glasrohrende wird ein beiderseits straff anliegendes Stück Gummischlauch (5 cm lang) gezogen und auf die Enden beider Elektroden je ein bis zur Mitte angebohrter Korkstopfen als isolierender Handgriff aufgesetzt. Beide Gummistopfen werden mit den entsprechenden Tuben durch Drahtligaturen verbunden. Der Abstand der Elektrodenspitze wird so eingestellt, daß die Elektrode E durch Druck auf den Handgriff leicht die Elektrode F berührt und nach Aufhebung des Druckes in die Ausgangsstellung zurückkehrt[1]).

Hilfsmittel:
Konz. Salzsäure – 2 Bunsenbrenner – 2 Dreifüße mit Asbestpappe – 2 Saugflaschen mit kleinen Porzellannutschen (∅ 30 mm) und Rundfilter – Becherglas (200 ml).

Ausführung: *Vorsicht! Schutzbrille!*
Man leitet einen lebhaften Wasserstoffstrom durch die Apparatur und prüft nach einiger Zeit sehr sorgfältig das bei J austretende Gas auf Luftfreiheit (Knallgasprobe, s. I - 18.9). Dann wird der Wasserstoffstrom gemäßigt und das Gas am Ende der Apparatur entzündet. Wenn die Wasserstoffflamme ruhig, etwa 2 bis 3 cm hoch, brennt, wird der elektrische Strom eingeschaltet. Durch vorübergehenden Druck auf die Elektrode E bis zur Berührung mit F wird der Lichtbogen gezündet. Die Geschwindigkeit des Wasserstoffstromes ist nun so zu regulieren, daß die Wasserstoffflamme gleichmäßig weiterbrennt. Achtung! Bei der geringsten Störung – etwa bei Versagen der Wasserstoffzufuhr – ist der elektrische Strom sofort auszuschalten. Nach kurzer Zeit fallen in den Waschflaschen G und H braunrotes Kupferacetylid ($Cu_2C_2 \cdot H_2O$) bzw. weißes Silberacetylid (Ag_2C_2) aus. Die vorher farblose Flamme wird leuchtend (C_2H_2).
Nach Abschalten des elektrischen Stromes läßt man die Apparatur im Wasserstoffstrom erkalten. Die Waschflaschen werden von der Apparatur getrennt. Die Niederschläge werden abgenutscht, mit Wasser, dann mit Methanol ausgewaschen und je ein Teil davon (durch Zerreißen der Filter) sofort auf die Asbestpappen gebracht. Man trocknet vorsichtig zunächst mit kleiner, später mit stärkerer Flamme: Explosion! In die entleerten Waschflaschen ist sofort Wasser nachzufüllen.
Achtung! Reste der Acetylide dürfen nicht austrocknen (Explosionsgefahr). Man wirft sie in Wasser und vernichtet sie durch Zugabe von konz. Salzsäure.

IV - 1.9 Acetylen (Äthin) aus Methan

a) Bei unvollständiger Verbrennung

$$4\,CH_4 + 3\,O_2 \rightarrow 6\,H_2O + 2\,C_2H_2$$

Versuchsanordnung:
Methanquelle: Druckdose (s. I - 18.4) oder Gasbehälter (Abb. 25), der nach Vers. IV - 1.2 mit Methan gefüllt wurde; statt Methan kann auch Erdgas, Stadtgas oder

[1]) Falls bereits ein Versuch durchgeführt wurde, muß die gesamte Apparatur von Wasserstoff und Acetylen befreit werden, ehe man den Lichtbogen auf Funktionieren prüft.

Leuchtgas verwendet werden, evtl. auch Propan oder Butan. – Muenckesche Waschflasche (konz. $KMnO_4$-Lsg.), in die Gaszuleitung zum Bunsenbrenner eingebaut zur oxidativen Entfernung des im Gas evtl. vorhandenen Acetylens – Bunsenbrenner – kleiner, nach unten hängender Trichter; das Brennerrohr ragt etwa 3 bis 5 mm in den Trichter hinein – am Trichterrohr angeschlossen rechtwinklig gebogenes Gasableitungsrohr zu einer Drechselschen Waschflasche, die mit ammoniakalischer Kupfer(I)-chlorid-Gelatine-Lösung (Reagenz auf Acetylen, s. V) gefüllt und an eine Wasserstrahlpumpe angeschlossen ist.

Ausführung:
In den Bunsenbrenner leitet man Methan, Leuchtgas o. ä. und entzündet es. Dann läßt man die Flamme bei überreichlicher Luftzufuhr zurückschlagen, indem man mit der Handkante kurz auf den Gaszuführungsschlauch schlägt. Die aus dem Brennerrohr herausbrennende Flamme wird ausgeblasen, so daß das Gas nur an der Düse im Innern brennt („durchgeschlagener Brenner"). Dann stellt man den Brenner unter den Trichter und saugt einen langsamen Luftstrom durch die Waschflasche hindurch: Nach wenigen Augenblicken wird das Acetylenreagenz intensiv rot.

b) Bei thermischer Zersetzung

Versuchsanordnung:
Wie Vers. III - 1.4, Abb. 82 mit folgenden Abänderungen: Rundkolben F entfällt – Zuleitungsrohr E wird über ein Trockenrohr (lockere Wattefüllung) und eine Drechselsche Waschflasche (konz. H_2SO_4) an einen Gasbehälter (s. I - 18.3) mit Methanfüllung (Vers. IV - 1.2) angeschlossen – anstelle von Rohr D wird ein rechtwinklig gebogenes Ableitungsrohr mit einem langen Schenkel (etwa 50 cm) bis zum Boden des *Erlenmeyer*kolbens hinaufgeführt; der kurze Schenkel wird an das Einleitungsrohr einer Muenckeschen Waschflasche (CuCl-Gelatine-Lsg., s. V, Reagenz auf Acetylen) angeschlossen.

Hilfsmittel:
Reagenzgläser – Bunsenbrenner.

Ausführung: *Vorsicht! Hochspannung!*
Man leitet Methan, Erdgas o. ä. durch die Apparatur, fängt die entweichenden Gase am Austrittsrohr der nachgeschalteten Waschflasche in einem Reagenzglas auf und prüft auf Luftfreiheit. Nach negativem Ausfall der Knallgasprobe (s. I - 18.9) wird der elektrische Strom eingeschaltet; durch Regulierung der Gasgeschwindigkeit werden die zwischen den Elektroden übergehenden Funken zu einem Band auseinandergeblasen. Nach 10 bis 15 Sekunden ist das vorgelegte Reagenz tiefrot gefärbt. Das Funkenband leuchtet blauviolett; zwischen den Elektroden scheidet sich etwas Kohle ab.

IV - 1.10 Acetylen (Äthin) aus Calciumcarbid und Wasser
Eigenschaften von Acetylen

$$CaC_2 + 2\,H_2O \rightarrow Ca(OH)_2 + C_2H_2$$

Versuchsanordnung: Abb. 146
Saugflasche A (1000 ml, zu 2/3 mit konz. NaCl-Lsg. gefüllt) – Glasrohr B (⌀ außen 20 mm, Länge 30 cm), unteres Ende im stumpfen Winkel gebogen – 2 Drechselsche Waschflaschen C (verd. Natronlauge) und D (5%ige $Na_2Cr_2O_7$-Lsg., mit verd.

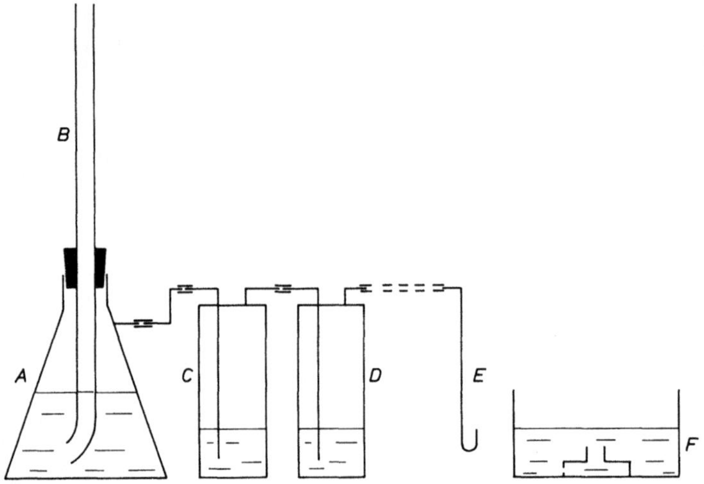

Abb. 146. Acetylen aus Calciumcarbid und Wasser

H_2SO_4 angesäuert) – Gummischlauch (Länge etwa 50 cm) mit Gaseinleitungsrohr E – pneumatische Wanne F. Bei Verwendung des Experimentiersockels ersetzt man E durch ein Einleitungsrohr nach Abb. 23, A.

Hilfsmittel:
Gesättigte NaCl-Lsg. – Calciumcarbid in erbsengroßen Stückchen, in verschlossener Pulverflasche aufbewahrt – 2 Tropftrichter (s.u.) – 2 Standzylinder (200 x 40 mm) mit Verschlußplatten – Reagenzgläser – Bunsenbrenner.

Vorbereitung:
Die pneumatische Wanne wird mit gesättigter Natriumchlorid-Lösung gefüllt, ebenso die Tropftrichter (bis zur Hahnbohrung) und die Standzylinder.

Ausführung:
Man läßt in das Rohr B Calciumcarbid-Stückchen fallen in dem Maße, wie das sich entwickelnde Acetylen gebraucht wird. Das aus dem Rohr E austretende Gas wird in einem Reagenzglas aufgefangen und sorgfältig auf Abwesenheit von Luft geprüft (Knallgasprobe, s. I - 18.9). Dann füllt man die Tropftrichter und die Standzylinder mit Acetylen.

Eigenschaften von Acetylen

Hilfsmittel:
a) 2 Tropftrichter mit Acetylen gefüllt; am Ablaufrohr des einen kurzer Gummischlauch mit kleinem Glasrohr, das zu einer engen Spitze ausgezogen ist; am Ablaufrohr des anderen kurzer Gummischlauch mit Acetylenbrenner – kleine Porzellanschale.
b) Calciumcarbid, erbsengroße Stücke in verschlossener Flasche – $KMnO_4$ – konz. Salzsäure – Standzylinder (200 x 60 mm, leer).
c) Kolbenprober mit Acetylen gefüllt – ausgekochtes Wasser – Becherglas (100 ml, niedrige Form) – Thermometer (bis 50 °C) – Meßzylinder (50 ml).
d) Bromwasser – Standzylinder mit Acetylen gefüllt – Reagenzglas.
e) $KMnO_4$-Lsg. – Na_2CO_3-Lsg. – Standzylinder mit Acetylen gefüllt – Reagenzglas.

Ausführung:

a) Brennbarkeit

Man drückt das Gas zunächst aus dem Tropftrichter mit dem aufgesetzten Glasrohr heraus, indem man den Hahn behutsam öffnet und den Trichter langsam in der Wanne bis zum Hahn untertaucht. Das entweichende Gas wird entzündet: Rußende Flamme. Man hält eine kalte Porzellanschale in die Flamme: Schwarzer Beschlag. Das aus dem Tropftrichter mit Acetylenbrenner herausgedrückte Acetylen verbrennt dagegen mit nicht rußender, intensiv leuchtender Flamme, weil das ausströmende Gas hier fächerförmig auseinandergezogen wird.

b) Reaktion mit Chlor *Abzug!*

Man gibt zu etwa 2 g Kaliumpermanganat in dem Standzylinder ungefähr 10 ml konz. Salzsäure: Chlorentwicklung. Dann läßt man in den Zylinder ein etwa bohnengroßes Stück Calciumcarbid fallen: Verpuffen (evtl. mehrfach), Flamme, Rußabscheidung.

$$C_2H_2 + Cl_2 \rightarrow 2\,C + 2\,HCl.$$

c) Löslichkeit in Wasser

Man bestimmt analog Vers. III - 4.1.8e die Löslichkeit von Acetylen, wobei man etwa 25 ml ausgekochtes Wasser in den Kolbenprober saugt.

d) Reaktion mit Brom

In einen mit Acetylen gefüllten Standzylinder gibt man etwas Bromwasser, verschließt mit einer Glasplatte und schüttelt kräftig um: Die Farbe des Broms verschwindet (Dibromäthylen $C_2H_2Br_2$). Vgl. Vers. IV - 2.3

e) Reaktion mit Kaliumpermanganat

In einen mit Acetylen gefüllten Zylinder gibt man etwa 10 ml Kaliumpermanganat-Lösung, die man mit Natriumcarbonatlösung versetzt hat, und schüttelt kräftig um: Die Lösung wird entfärbt, Mangan(IV)-oxid scheidet sich ab.

IV - 1.11 Katalytische Hydrierung von Äthylen (Äthen)

$$C_2H_4 + H_2 \rightarrow C_2H_6 \qquad \Delta H = -32{,}7\ \text{kcal}\ (-136{,}8\ \text{kJ})$$

Versuchsanordnung: Abb. 147

Kolbenprober A – Dreiwegehahn B – kleines U-Rohr C – Dreiwegehahn D – Kolbenprober E – Becherglas F als Wasserbad für C.

Hilfsmittel:

Äthylen (Druckdose, s. I - 18.4, oder Gasbehälter, Abb. 25, gefüllt nach Vers. IV-1.7) – H_2-Quelle – $PdCl_2$ – Salpetersäure (1 : 1 verd.) – Hydrazinhydrat – Bromwasser – Kieselgel gekörnt (z.B. Nr. 60, Korngröße 0,2 bis 0,5 mm, Merck 7733) – Drechselsche Waschflasche mit passend gebogenem Glasrohr zum Anschluß an Dreiwegehahn D – Glaswolle – Thermometer (bis 100 °C).

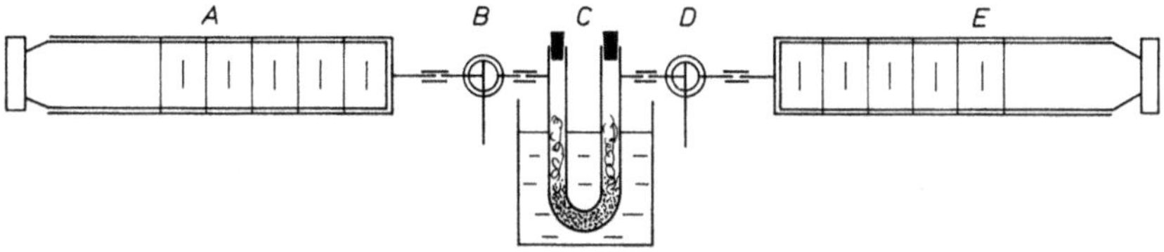

Abb. 147. Katalytische Hydrierung von Äthylen

Vorbereitung:
Herstellung des Katalysators: 0,06 g Palladium(II)-chlorid werden in 15 ml Salpetersäure gelöst; 10 ml dieser Lösung werden auf 10 g Kieselgel gegeben, mit einer 80%-igen Lösung von Hydrazinhydrat bei Raumtemperatur reduziert und dann etwa 2 Stunden im Trockenschrank bei 250 °C getrocknet.[1]).
Man füllt von dem Katalysator soviel in das U-Rohr, daß der untere Bogen ausgefüllt ist, und legt ihn beiderseits mit Glaswollebäuschen fest. Das Wasserbad wird rechtzeitig angeheizt und das Wasser auf 60 bis 70 °C erwärmt. Diese Temperatur wird während des Versuches konstant gehalten.

Ausführung:
Man füllt in den Kolbenprober A über den Dreiwegehahn B 50 ml Äthylen und 50 ml Wasserstoff ein, stellt den Dreiwegehahn D auf Verbindung nach außen (Stellung ⊕) und spült mit dem Gasgemisch (B in Stellung ⊖) die Luft aus dem U-Rohr heraus. Dann füllt man den Kolbenprober A erneut mit dem Gemisch von Äthylen und Wasserstoff, stellt beide Dreiwegehähne auf Durchgang Kolbenprober–U-Rohr (Stellung ⊖) und schiebt das Gasgemisch zwischen den Kolbenprobern so lange hin und her, bis das Volumen nicht mehr abnimmt. Man liest das Endvolumen ab. Dann drückt man das Gas durch eine am Dreiwegehahn D angeschlossene Waschflasche mit Bromwasser: Keine (oder nur geringe) Entfärbung.

Bemerkung:
Analog kann man mit einem Gemisch von Acetylen und Wasserstoff im Volumenverhältnis 1 : 2 verfahren:

$$C_2H_2 + 2\,H_2 \rightarrow C_2H_6 \qquad \Delta H = -74{,}4 \text{ kcal } (-311{,}3 \text{ kJ})$$

Das Acetylen wird nach Vers. IV - 2.3 dargestellt.

Auswertung:
Nach der Reaktionsgleichung entsteht aus zwei Volumteilen Äthen-Wasserstoff-Gemisch ein Volumteil Äthan.
Das Restvolumen muß also 50 ml betragen. Dieses Ergebnis erhält man erst nach 1 bis 2 Versuchen genau, weil der Katalysator zunächst mit den Gasen gesättigt werden muß.
Analog wertet man den Versuch mit dem Gemisch der Gase Acetylen und Wasserstoff aus.

IV - 1.12 Trockene Destillation von Steinkohle

Versuchsanordnung: Abb. 148
Einseitig geschlossenes Eisenrohr A (Bomben-Mantelrohr, ∅ innen 30 mm, Länge 50 cm) mit einfach durchbohrtem Silikon- oder Asbeststopfen – Rohrofen B (s. I - 15.1) – weites Ableitungsrohr C – Erlenmeyerkolben D (300 ml) mit zweifach durchbohrtem Gummistopfen – gerader Vorstoß E, im erweiterten Teil (∅ etwa 20 mm) lockerer Glaswollebausch – am engen Rohrende Glas an Glas Verbindungsrohr – *Drechsel*sche Waschflasche F (konz. Kalilauge zur Absorption von H_2S) – Drechselsche Waschflasche G (Wasser) – angeschlossen Bunsenbrenner H mit Schlauch – Glasschale J (Eiswasser) als Kühlbad für D. Das Eisenrohr A wird, soweit es sich im Ofen befindet, mit kleinstückiger (∅ etwa 5 mm) Steinkohle, am besten Gasflammkohle[2]), beschickt.

[1]) Für die Hydrierung kann auch der Katalysator Palladium-Aktivkohle von Merck (Nr. 807104) verwendet werden.

[2]) Anthrazit ist ungeeignet.

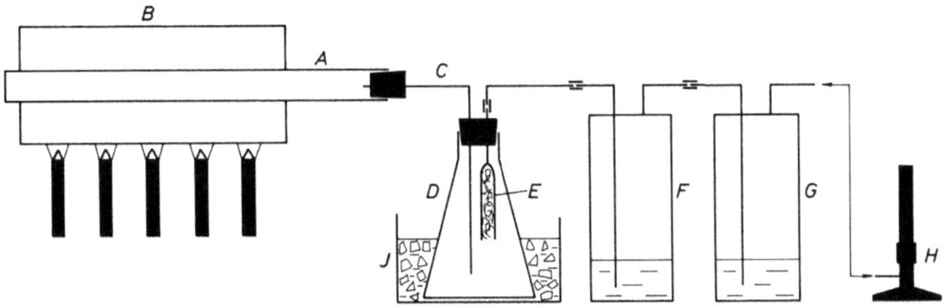

Abb. 148. Trockene Destillation von Steinkohle

Hilfsmittel:
Bleiacetatlsg. - konz. Natronlauge - Nesslers Reagenz (s. V) - alkal. Silbernitratlsg. (Reagenz auf CO, s. V) - pH-Indikatorpapier - zerkleinertes Eis - Reagenzgläser - langer Glasstab - Tonteller - Filtrierpapierstreifen.

Ausführung:
Das Eisenrohr wird auf Rotglut erhitzt; allmählich entsteht ein ununterbrochener Gasstrom, während sich in dem Erlenmeyerkolben ein wäßriges und ein teerartiges Destillat kondensieren. Nach Vertreibung der Luft (Knallgasprobe, s. I - 18.9) wird das Gas an dem Bunsenbrenner entzündet, dessen Luftzufuhr abgestellt wurde: Große, hell leuchtende Flamme. Durch Freigabe der Luftzufuhr des Brenners wird die Flamme entleuchtet. Man kann den Bunsenbrenner über einen längeren Zeitraum so speisen.
Zum Nachweis des Kohlenmonoxids läßt man nach Löschen der Flamme das Gas in ein übergestülptes Reagenzglas strömen, in das ein mit alkalischer Silbernitratlösung getränkter Filtrierpapierstreifen eingebracht ist: Schwärzung.
Zur Beendigung des Versuchs stellt man die Beheizung des Ofens ab; wenn die Flamme des an die Apparatur angeschlossenen Bunsenbrenners erloschen ist, trennt man die Waschflasche F von der Apparatur.
Man prüft den Inhalt der Waschflasche G mit pH-Indikatorpapier: Basische Reaktion. Dann gibt man in einem Reagenzglas zu einem Teil der Lösung 2 bis 3 ml konz. Natronlauge, erhitzt zum Sieden und weist das entweichende Ammoniak mit pH-Indikatorpapier und mit Nesslers Reagenz nach. Auch in dem wäßrigen Kondensat im *Erlenmeyer*kolben ist Ammoniak nachzuweisen. In der Waschflasche F wird in der Lösung Sulfid mit Bleiacetatlösung nachgewiesen. Nach Erkalten des Eisenrohres entfernt man daraus den Destillationsrückstand und bringt ihn auf einen Tonteller: Koks.

Bemerkung:
Das selbst dargestellte Leuchtgas kann durch eine Kombination von Absorptions- und Verbrennungsmethoden analysiert werden (s. I - 18.6).

IV - 1.13 Trockene Destillation von Holz

Versuchsanordnung: Abb. 149
Weithalsrundkolben A (500 ml, zur Hälfte mit Sägemehl oder Sägespänen beschickt) mit durchbohrtem Stopfen - Destillierrohr B - Reagenzglas mit Schlauchansatz (Saugrohr) C - zur Spitze ausgezogenes Gasableitungsrohr D mit lockerem Glaswollebausch - Glasschale E (Eiswasser) - Bunsenbrenner F.

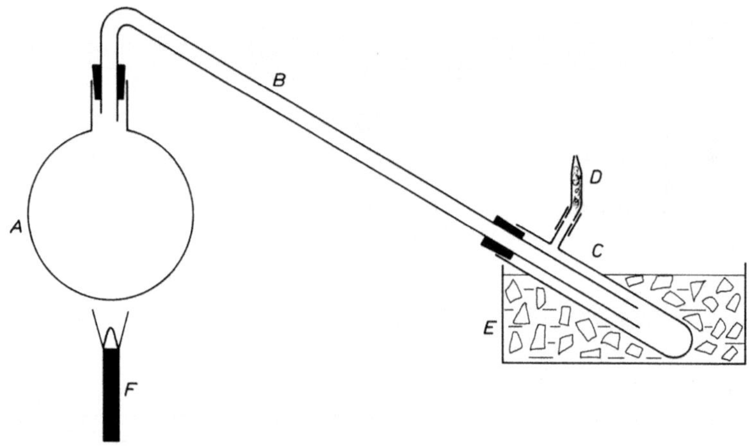

Abb. 149. Trockene Destillation von Holz

Hilfsmittel:
Drei hintereinander geschaltete *Muencke*sche Waschflaschen, der Reihe nach beschickt mit Barytwasser, Bromwasser und alkal. Silbernitrat-Lsg. (Reagenz auf CO, s. V) – *Erlenmeyer*kolben (50 ml).

Ausführung:
Der Kolben wird zuerst vorsichtig, dann stärker erhitzt. Nach negativem Ausfall der Knallgasprobe (s. I - 18.9) wird das nun entweichende Gas bei D entzündet: Große hellleuchtende Flamme („Holzgas"). Man löscht die Flamme, entfernt das Rohr D und schließt dafür die 3 vorbereiteten Waschflaschen über einen Gummischlauch an Saugrohr C an. Der Kolben wird ruhig und gleichmäßig weiter erhitzt. Bald zeigt sich in der ersten Waschflasche ein dicker weißer Niederschlag ($BaCO_3$, Nachweis von CO_2), in der dritten Waschflasche eine Schwärzung, die nach einiger Zeit in einen schwarzen Niederschlag übergeht (fein verteiltes Ag, Nachweis von CO). In der zweiten Waschflasche tritt nach längerem Gasdurchgang völlige Entfärbung ein (Bildung von $C_2H_4Br_2$, Nachweis von C_2H_4).
Man erhitzt den Kolben so lange, bis kein Gas mehr entweicht; dann wird die Vorlage entfernt und die wenig gefärbte wäßrige Flüssigkeit von dem dunklen Teer vorsichtig in einem *Erlenmeyer*kolben abgegossen (s. u.).

Beendigung: *Abzug!*
Den Kolben säubert man nach mechanischer Vorreinigung durch vorsichtiges Erhitzen mit konz. Schwefelsäure unter Umschwenken. Die Schwefelsäure läßt man im Kolben erkalten und gießt sie dann langsam in Wasser aus.

Eigenschaften des wäßrigen Destillates

Hilfsmittel:
a) pH-Indikatorpapier.
b) Verd. Natronlauge – Steigrohr mit Stopfen, passend auf den Erlenmeyerkolben mit dem Destillat – Siedesteinchen – Dreifuß mit Asbestdrahtnetz – Bunsenbrenner.
c) H_2O_2 (30%ig) – verd. Schwefelsäure – Phenolphthalein-Lösung – $FeCl_3$-Lsg. – Becherglas (250 ml).

Ausführung:
Die folgenden Versuche werden mit dem abgetrennten wäßrigen Destillat ausgeführt.

a) pH-Wert
Man prüft mit pH-Indikatorpapier: Saure Reaktion.

b) Nachweis von Methanol
Das gesamte wäßrige Destillat wird im Erlenmeyerkolben mit Natronlauge schwach alkalisch gemacht: Braunfärbung der Lösung.
Der Kolben wird auf das Asbestdrahtnetz gestellt, das Steigrohr aufgesetzt und an einem Stativ fixiert. Man gibt Siedesteinchen zu, erhitzt zum Sieden und entzündet das aus dem Steigrohr ausströmende Gas: Große bläuliche Flamme (CH_3OH, „Holzgeist“). Man erhitzt so lange, bis die Flamme erlischt.

c) Nachweis von Essigsäure
Man gießt die heiße, von Methanol weitgehend befreite dunkelbraune alkalische Flüssigkeit in ein hohes Becherglas und versetzt zur Entfärbung unter Umschwenken mit 30%igem Wasserstoffperoxid: Aufschäumen (O_2-Entwicklung durch Zersetzung von H_2O_2, katalytisch beschleunigt durch Alkali), Farbaufhellung nach Hellgelb. Dann wird die Lösung mit verd. Schwefelsäure (Phenolphthalein als Indikator) neutralisiert, mit einigen Tropfen verd. Schwefelsäure angesäuert und Eisen(III)-chloridlösung zugefügt: Rotfärbung (Bildung eines Eisenacetatokomplexes).

IV - 1.14 Crackung von Paraffinöl

Versuchsanordnung: Abb. 150
Schliffkolben A (100 ml, NS 29), zu einem Drittel mit Katalysator (s. u.) gefüllt – Asbestpappe B zur Hitzeabschirmung – Destillieraufsatz C (Claisenaufsatz) – Tropf-

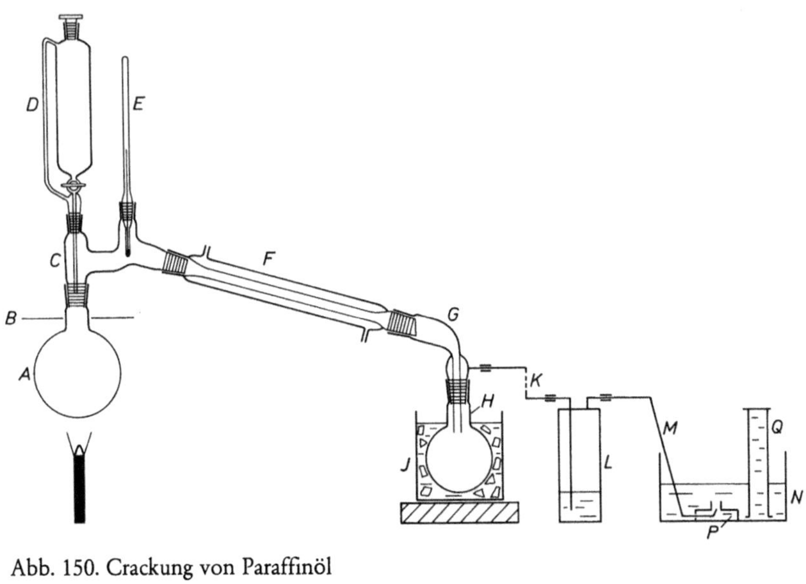

Abb. 150. Crackung von Paraffinöl

trichter D mit Druckausgleich – Thermometer E (bis 200 °C) – Liebigkühler F – gebogener Vorstoß G mit Schlauchansatz – Schliffkolben H (50 ml) als Vorlage – Becherglas oder Schale J als Kühlbad für H (Eiswasser) – Ableitungsrohr K – Muenckesche Waschflasche L (Bromwasser) – Einleitungsrohr M – pneumatische Wanne N (Wasser) – Experimentiersockel P – Standzylinder Q (100 x 40 mm) mit Verschlußplatte; er wird zunächst noch nicht auf den Experimentiersockel gestellt – Bunsenbrenner.

Hilfsmittel:
Paraffinöl – Katalysator: Bimssteine, mit $CuCl_2$-Lsg. getränkt und dann gut getrocknet, s. Vers. III-2.1.4 – Eisstückchen – Reagenzgläser – 2 Uhrgläser – Bunsenbrenner.

Vorbereitung:
Kurz vor Versuchsbeginn wird der Katalysator noch einmal gut ausgeheizt; er muß vollkommen trocken sein, wenn er in den Kolben A eingefüllt wird. Den Tropftrichter D beschickt man mit Paraffinöl.

Ausführung:
Die Vorlage H wird während des ganzen Versuches gut mit Eis gekühlt. Man erhitzt den Kolben A nach vorsichtigem Anheizen kräftig mit dem Bunsenbrennr (ohne Asbestdrahtnetz). Wenn die Bimssteinstücke heiß sind (250 bis 300 °C), läßt man langsam Paraffinöl zutropfen und erhitzt weiter. Die Kondensationszone soll dabei nicht zu hoch steigen; sie darf keinesfalls die Thermometerkugel im Destillieraufsatz erreichen. Am Einleitungsrohr M prüft man von Zeit zu Zeit, ob die Apparatur luftfrei ist; wenn das entstandene Gas ruhig abbrennt (Knallgasprobe, s. I - 18.9), stellt man den mit Wasser gefüllten Zylinder Q über die Mündung von M und fängt das Gas auf. Wenn der Zylinder voll ist, nimmt man ihn heraus und brennt das Gas ab. Das Bromwasser in der Waschflasche L ist inzwischen entfärbt (Nachweis für ungesättigte Kohlenwasserstoffe). Im Kolben A kann man die Abscheidung von Kohlenstoff beobachten.
Beim weiteren Erhitzen ist darauf zu achten, daß die am Thermometer E abgelesene Temperatur nicht über 130 °C ansteigt.
Wenn sich in der Vorlage H einige Milliliter Destillat angesammelt haben, unterbricht man das Erhitzen von A und das Zutropfen von Paraffinöl. Die Vorlage H wird abgenommen, der Inhalt auf ein Uhrglas gegossen und angezündet: Leicht entflammbar. Man zeigt, daß das Ausgangsmaterial (Paraffinöl) nicht entflammbar ist.

Bemerkung:
Statt Paraffinöl können auch andere Gemische hochsiedender Kohlenwasserstoffe (Dieselöl, Heizöl) verwendet werden. Ebenso sind auch andere Katalysatoren als der angegebene anwendbar.

IV - 2 Halogenkohlenwasserstoffe

S. auch
III - 9.3.1 Chrom(III)-chlorid aus Chrom(III)-oxid und Tetrachlorkohlenstoff
IV - 1.1 Alkane aus Alkylhalogeniden
IV - 1.6 Äthan durch Hydrolyse von Äthylmagnesiumbromid

IV - 2.1 Chlorierung von Methan

Versuchsanordnung: *Abzug!*
Gasentwickler (Abb. 19b, A bis C) – pneumatische Wanne (ges. NaCl-Lsg.) mit Experimentiersockel und Einleitungsrohr (Abb. 23, A bis D) – Standzylinder (200 x 40 mm).

Hilfsmittel:
Methanquelle: Druckdose (s. I - 18.4) oder Gasbehälter (Abb. 25), der nach Vers. IV - 1.2 mit Methan gefüllt wurde – konz. Salzsäure – $KMnO_4$.

Vorbereitung:
Man beschickt den Kolben des Gasentwicklers mit Kaliumpermanganat, den Tropftrichter mit konz. Salzsäure.

Ausführung: *Abzug!*
Achtung! Der Abzug, vor allem die pneumatische Wanne und der Standzylinder dürfen nicht dem direkten Sonnenlicht ausgesetzt sein!
Man füllt den Standzylinder in der pneumatischen Wanne zu einem Drittel mit Methan. Dann erzeugt man durch Zutropfen von Salzsäure zum Kaliumpermanganat Chlor; wenn dieses aus dem Gaseinleitungsrohr D austritt, stellt man den Standzylinder über die Austrittsöffnung und leitet Chlor ein, bis er voll ist (zwei Drittel des Inhalts). Man läßt den Zylinder in der Wanne im diffusen Tageslicht stehen: Die Chlorfarbe verschwindet allmählich, es entstehen ölige Tröpfchen (Chlorierungsprodukte des Methans).

IV - 2.2 Dichloräthan aus Äthylen (Äthen) und Chlor

$$H_2C{=}CH_2 + Cl_2 \rightarrow ClH_2C\text{-}CH_2Cl \qquad \Delta H = -52{,}2\ \text{kcal}\ (-218{,}4\ \text{kJ})$$

Versuchsanordnung: Abb. 151
Gasentwickler Abb. 19b, A bis C – Waschflasche D (Wasser) –vierfach tubulierte Experimentierkugel E – daran angeschlossen über Waschflasche F (Wasser) eine Äthylenquelle (Druckdose, s. I - 18.4, oder Gasbehälter, s. Abb. 25, der nach Vers. IV - 1.7 mit Äthylen gefüllt wurde) – Stockthermometer G (bis 100 °C) – Ableitungsrohr H, darf nicht über den Gummistopfen hinausragen – Saugflasche J, zur Hälfte mit Wasser gefüllt – Gummischlauch zum Abzug.

Hilfsmittel:
Konz. Salzsäure – $KMnO_4$ – $CaCl_2$ wasserfrei, gekörnt – großes Reagenzglas – kleiner Tropf- oder Scheidetrichter.

Vorbereitung:
Man gibt in den Kolben A etwa 10 g Kaliumpermanganat, in den Tropftrichter B konz. Salzsäure.

Ausführung:
Man füllt durch Zutropfen der Salzsäure zum Kaliumpermanganat die Experimentierkugel mit Chlor und leitet dann langsam Äthylen ein. Nach kurzer Zeit beschlägt die Kugelwand mit Flüssigkeitströpfchen, die sich allmählich sammeln, als dicke farblose Tropfen ins Wasser der Saugflasche fallen und untersinken. Wenn die Reak-

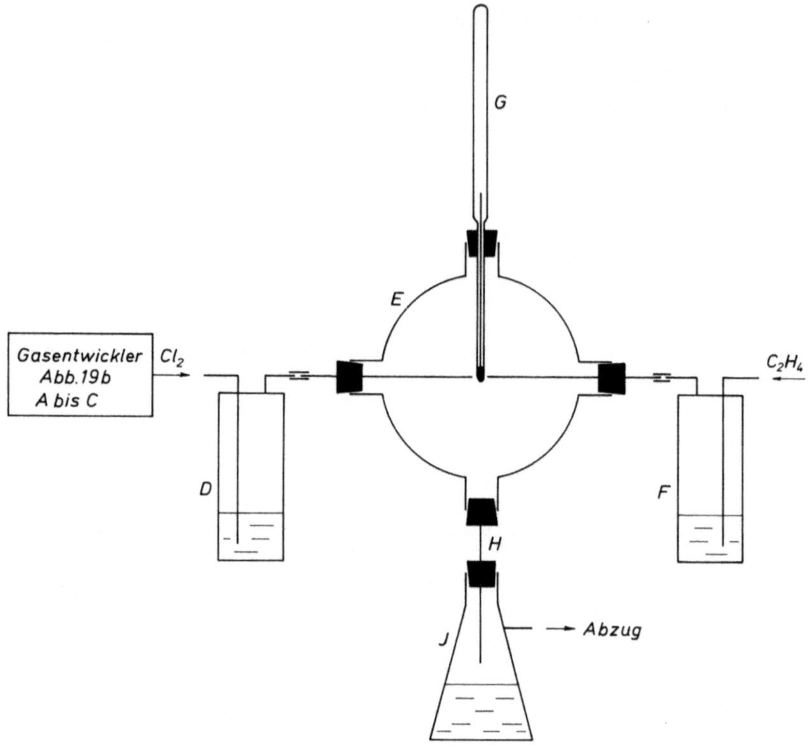

Abb. 151. Dichloräthan aus Äthylen und Chlor

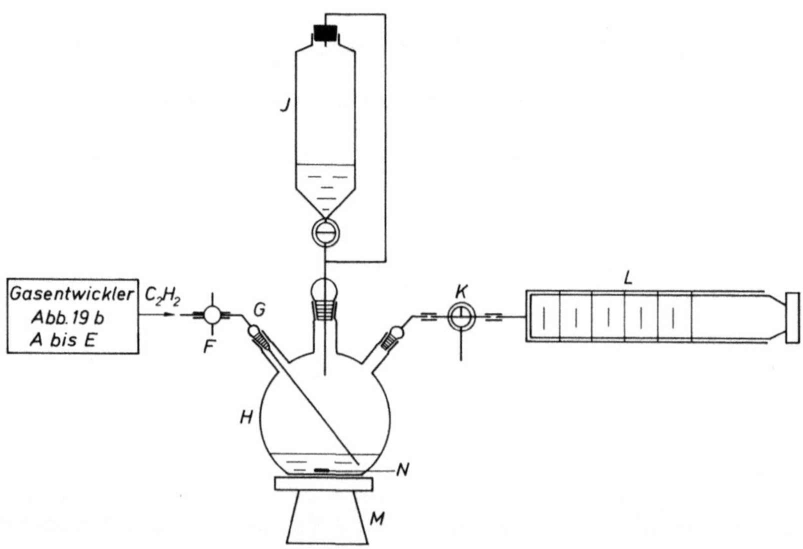

Abb. 152. Bromierung von Acetylen

tion begonnen hat, werden die Gase in langsamer Blasenfolge zugeleitet; die Kugel erhitzt sich stark. Zur Beendigung des Versuches stellt man die Chlorentwicklung ab und verdrängt das Chlor in der Apparatur durch Äthylen. Dann nimmt man die Saugflasche ab, gießt den größten Teil des Wassers ab und bringt den Rest in einen kleinen Tropf- oder Scheidetrichter: Zwei Schichten. Man läßt die untere, ölige Flüssigkeit (1,2-Dichloräthan, „Äthylenchlorid") in ein Reagenzglas ab; sie ist milchig trüb. Durch Schütteln mit einigen Stückchen Calciumchlorid verschwindet die Trübung.

Bemerkung:
Damit der Versuch in kurzer Zeit gelingt, müssen beide Gase feucht sein; deshalb werden sie durch die Waschflaschen mit Wasser geleitet.

IV - 2.3 Quantitative Bromierung von Acetylen (Äthin)

I) $C_2H_2 + Br_2 \rightarrow C_2H_2Br_2$
II) $C_2H_2 + 2\ Br_2 \rightarrow C_2H_2Br_4$
III) $BrO_3^- + 5\ Br^- + 6\ H_3O^+ \rightarrow 3\ Br_2 + 9\ H_2O$

Versuchsanordnung: Abb. 152 *Abzug!*
Gasentwickler (Abb. 19b, A bis E; E mit konz. NaCl-Lsg. gefüllt) – Schraubenquetschhahn F – Gaseinleitungsrohr G, das bis zum Boden des Stehkolbens H reicht – Dreihalsschliffkolben H (100 ml, mittlerer Schliff NS 29, seitliche Schliffe NS 14,5) – Tropftrichter mit Druckausgleich J – Gasableitungsrohr mit Dreiwegehahn K – Kolbenprober L (100 ml) – Magnetrührer M mit Heizplatte – Rührstäbchen N.

Hilfsmittel:
Calciumcarbid – $KBrO_3$ – KBr – verd. Salzsäure – Analysenwaage – Wägegläschen – Quecksilberhochdrucklampe – Thermometer (bis 50 °C).

Vorbereitung:
Man wiegt 0,167 g Kaliumbromat und 0,595 g Kaliumbromid ab, gibt beide Substanzen in den Kolben H und fügt etwa 20 ml Wasser hinzu. Den Tropftrichter J beschickt man mit verdünnter Salzsäure.
In den Kolben A des Gasentwicklers gibt man Calciumcarbid, in den Tropftrichter B Wasser.

Ausführung: *Abzug!*
a) Man öffnet den Quetschhahn F und stellt den Dreiwegehahn K auf Verbindung mit dem Kolbenprober L (Stellung ⊖). Dann läßt man Wasser aus dem Tropftrichter B zu dem Calciumcarbid tropfen und verdrängt über das Gaseinleitungsrohr G und das Ableitungsrohr die Luft aus dem Kolben H, indem man zweimal den Kolbenprober L mit Gas füllt und jeweils über den Dreiwegehahn K (Stellung ⊕) nach außen entleert. Darauf füllt man den Kolbenprober mit genau 100 ml (= V_A) Acetylen. Man schließt den Quetschhahn F und trennt den Gasentwickler von der Apparatur ab. Nun erwärmt man die Lösung im Kolben H auf etwa 30 bis 40 °C und läßt ungefähr 10 ml Salzsäure zutropfen. Wenn im Kolbenprober keine Volumenabnahme mehr beobachtet wird, läßt man auf Raumtemperatur abkühlen, liest das Volumen V_E ab und notiert Raumtemperatur und Luftdruck.
b) Man wiederholt den Versuch a mit folgender Änderung: Vom Zutropfen der verd. Salzsäure zu der Lösung von Kaliumbromat und Kaliumbromid an bis zum Ende des Versuches beleuchtet man den Kolben H mit der Quecksilberhochdrucklampe.

Auswertung:
Das jeweilige Reaktionsprodukt ist flüssig (ölige Tropfen) und nimmt praktisch kein Volumen ein. Aus der Einwaage von Kaliumbromat und Kaliumbromid berechnet man nach der Reaktionsgleichung III die Anzahl der Mole Brom, die bei der Reaktion umgesetzt wurden; bei den angegebenen Mengen sind es $3 \cdot 10^{-3}$ mol Br_2. Dann reduziert man bei den Versuchen a und b das verbrauchte Acetylen-Volumen ($V_A - V_E$) auf Normalbedingungen (s. I - 18.7) und rechnet es in mol um. Aus dem Vergleich der Molzahlen Brom und Acetylen kann man bei Versuch a auf die Reaktion I und bei b auf die Reaktion II schließen: Addition von Brom, Dreifachbindung.

IV - 2.4 Bromierung von Toluol

a) Bromierung am Ring

$$H_3C{-}C_6H_5 + Br_2 \xrightarrow[\text{Katalysator}]{} H_3C{-}C_6H_4Br + HBr$$

Versuchsanordnung:
Gasentwickler mit Druckausgleich (Abb. 19b, A bis C und D'; Kolben A auf Asbestdrahtnetz) – Kristallisierschale als Kühlbad für A – an C angeschlossen Gaseinleitungsrohr zu einer zweifach tubulierten *Woulf*eschen Flasche oder zu einer Saugflasche (Wasser); das Gaseinleitungsrohr endet oberhalb der Flüssigkeitsoberfläche – Gummischlauch zum Abzug. Das Hahnküken am Tropftrichter B muß sorgfältig gegen Herausfallen geschützt werden (Gummiring, Ligatur).

Hilfsmittel:
Toluol (mit Natrium vorgetrocknet) – Brom – Aluminium (Grieß) – verd. Natronlauge – $CaCl_2$ wasserfrei – Eiswasser – $AgNO_3$-Lsg. – pH-Indikatorpapier – Meßzylinder (50 ml) – Reagenzglas – kleiner Tropf- oder Scheidetrichter.

Ausführung:
Man gibt in den Kolben A 31 ml Toluol und eine Spatelspitze Aluminiumgrieß. In den Tropftrichter füllt man 15 ml Brom, das man zunächst sehr vorsichtig zu dem Toluol zutropfen läßt. Die Reaktion ist angelaufen, wenn lebhaft Gas (HBr) entwikkelt wird. Die weitere Zugabe von Brom erfolgt langsam über einen längeren Zeitraum hinweg. Wenn die Reaktion zu heftig wird, muß der Kolben mit Eiswasser gekühlt werden. Ist das Brom verbraucht, bleibt die Reaktionslösung noch einige Zeit stehen. Dann wird das Produkt im Scheidetrichter zweimal mit je 75 ml verd. Natronlauge, anschließend mehrmals mit Wasser gewaschen. Zum Trocknen gibt man dann etwas Calciumchlorid zu.
Das Produktgemisch (o- und p-Bromtoluol) hat einen Siedepunkt von 179 °C.
Die Lösung in der *Woulf*eschen Flasche wird mit pH-Indikatorpapier (saure Reaktion) und mit Silbernitrat-Lösung (Fällung von AgBr) auf Bromwasserstoff geprüft.

b) Bromierung der Seitenkette

$$C_6H_5{-}CH_3 + Br_2 \xrightarrow[\text{Licht}]{} C_6H_5{-}CH_2Br + HBr$$

Hilfsmittel:
Rundkolben (50 ml) – Toluol – Brom – Quecksilber-Hochdrucklampe oder starke Photolampe – Meßzylinder (10 ml).

Ausführung: *Abzug!*
Im Rundkolben, den man an ein Stativ angeklammert hat, versetzt man 10 ml Toluol mit 5 ml Brom und belichtet das Gemisch aus kurzem Abstand mit einer Photolampe: Heftige Reaktion, Entwicklung von Bromwasserstoff. Das Reaktionsprodukt (Benzylbromid[1]), Sdp. 198 bis 199 °C) ist giftig, riecht stechend, reizt schon in sehr geringen Konzentrationen zu Tränen und verursacht Hautreizungen.

IV - 2.5 Monochloräthan (Äthylchlorid) aus Äthanol und Salzsäure

$$C_2H_5OH + HCl \rightarrow C_2H_5Cl + H_2O$$

Versuchsanordnung: Abb. 153
Schliffkolben A (250 ml) auf Asbestdrahtnetz - Verbindungsstück B - Liebigkühler C - Vorstoß D - großes Reagenzglas mit seitlichem Ansatz (Saugrohr) E mit Wasser;

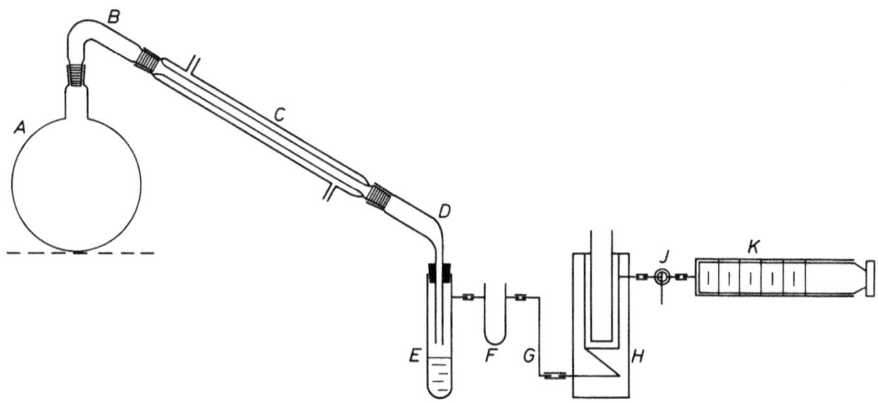

Abb. 153. Monochloräthan aus Äthanol und Salzsäure

das Rohr des Vorstoßes endet 1 bis 2 cm über dem Wasserspiegel - U-Rohr (Trockenrohr) F ($CaCl_2$) - Anschlußrohr G an den Gasverflüssiger H - Dreiwegehahn J - Kolbenprober K - Bunsenbrenner.

Hilfsmittel:
Äthanol - rauch. Salzsäure (Dichte 1,19) - $ZnCl_2$ (wasserfrei) - Eiswasser - Becherglas oder Schale als Kühlbad für den Kolben A - Gaswägekugel (Zweihahnkugel) - Analysenwaage - 2 Meßzylinder (50 und 10 ml) - Thermometer (Raumtemperatur) - Barometer - Wasserstrahlpumpe - Quarzglasdüse mit Schlauch (20 bis 30 cm lang) - Schraubenquetschhahn - Gummigebläse.

Vorbereitung:
Man füllt den Einsatz des Gasverflüssigers mit Eiswasser. Die konz. Salzsäure wird mit Eiswasser gekühlt. Das Kühlwasser des Kühlers C wird angestellt. Der Dreiwegehahn J wird auf Verbindung nach außen gestellt (Stellung ⦶). Die Gaswägekugel wird mit der Wasserstrahlpumpe teilweise evakuiert und dann genau gewogen: Masse M_0.

[1]) Daneben können Benzalbromid C_6H_5-$CHBr_2$ und Benzotribromid C_6H_5-CBr_3 entstehen.

Ausführung:
Man stellt den Kolben A in das mit Eiswasser gefüllte Becherglas und füllt 16 ml eisgekühlte Salzsäure ein. Dann trägt man 27 g Zinkchlorid ein und fügt 5,8 ml Äthanol hinzu. Darauf nimmt man das Kühlgefäß weg und erwärmt noch einige Zeit (15 bis 20 Minuten) mit kleiner Flamme. Wenn sich im Ansatz des Gasverflüssigers etwa 10 ml Flüssigkeit angesammelt haben (nach 1 bis 2 Std.), klemmt man die Schlauchverbindung zwischen G und H mit dem Schraubenquetschhahn ab, gießt das Eiswasser aus dem Kühleinsatz des Gasverflüssigers aus und füllt warmes Wasser ein. Dann dreht man den Dreiwegehahn J auf Verbindung mit dem Kolbenprober K (Stellung ⊖) und saugt 100 ml der verdampfenden Flüssigkeit (Sdp. von Äthylchlorid 12,5 °C) in den Kolben ein. Man schließt die Gaswägekugel an den Dreiwegehahn J an, dreht ihn auf Verbindung mit dem Kolbenprober (Stellung ⦶) und läßt das im Kolbenprober befindliche Gas in die Gaswägekugel einströmen; dabei muß der Kolben des Kolbenprobers festgehalten werden. Es ist empfehlenswert, nochmals 100 ml Gas in den Kolbenprober einzusaugen und in die Gaswägekugel zu überführen. Dann wird die Kugel genau gewogen: Masse M_E.
Anschließend setzt man auf einer Seite der Gaswägekugel den Gummischlauch mit der Quarzdüse an, auf der anderen Seite ein Gummigebläse und bläst das in der Kugel befindliche Gas in eine kleine, entleuchtete Bunsenflamme: Das Gas verbrennt mit grüner Flamme.

Auswertung:
Man reduziert das gewogene Gasvolumen auf Normalbedingungen (vgl. I - 18.7) und berechnet aus seiner Masse $M_E - M_0$ die Molmasse des Gases (s. Vers. II - 2.1).

IV - 2.6 Jodoform durch Elektrolyse

Versuchsanordnung:
Becherglas (400 ml) im Wasserbad oder auf einem Magnetrührer mit Heizplatte – 2 Kohleelektroden – regelbare Gleichstromquelle (10 V) – Voltmeter.

Hilfsmittel:
Äthanol – KJ – Na_2CO_3 – Thermometer (bis 100 °C).

Ausführung:
In dem Becherglas löst man 20 g Natriumcarbonat, 25 g Kaliumjodid und 50 ml Äthanol in 200 ml Wasser, setzt die Kohleelektroden ein und verbindet sie mit der Stromquelle. Dann hängt man das Thermometer in die Lösung und erwärmt den Elektrolyten auf 65 bis 70 °C. Man elektrolysiert bei 10 V ungefähr 10 Minuten. An der Anode bildet sich ein gelber, kristalliner Niederschlag: Geruch nach Jodoform.

Auswertung:
An der Anode entsteht Jod, das in alkalischer Lösung zu Hypojodit und Jodid disproportioniert. Hypojodit reagiert mit Äthanol zu Jodoform[1])

$$H_3C\text{-}CH_2OH + 4\,JO^- \rightarrow HCJ_3 + HCOO^- + 2\,OH^- + H_2O + J^-.$$

[1]) S. Lehrbücher der organischen Chemie.

IV - 3 Alkohole, Ester, Äther

S. auch

I - 20.6	Diäthyläther
II - 2.1	Bestimmung der Molmasse von Gasen durch Wägung
II - 6.4	Estergleichgewicht
II - 6.5	Verschiebung eines Estergleichgewichts durch azeotrope Destillation
IV - 1.7	Äthylen (Äthen) aus Äthanol
IV - 2.5	Monochloräthan (Äthylchlorid) aus Äthanol und Salzsäure
IV - 4.1	Formaldehyd durch katalytische Oxidation von Methanol
IV - 4.6	Aceton durch Oxidation von Isopropanol
IV - 5.3	Carbonsäuren durch Oxidation von primären Alkoholen
IV - 5.7	Verseifung eines Fettes

IV - 3.1 Alkoholische Gärung
Eigenschaften von Äthanol

Versuchsanordnung: Abb. 154

Stehkolben A (1000 ml) – Ableitungsrohr B – Quetschhahnverschluß C – Einleitungsrohr D zum Becherglas E (100 ml, Wasser) – vom Kolben A Gasableitungsrohr F über Quetschhahnverschluß G zur Drechselschen Waschflasche H (Barytwasser) – U-Rohr J (KOH in Plätzchen).

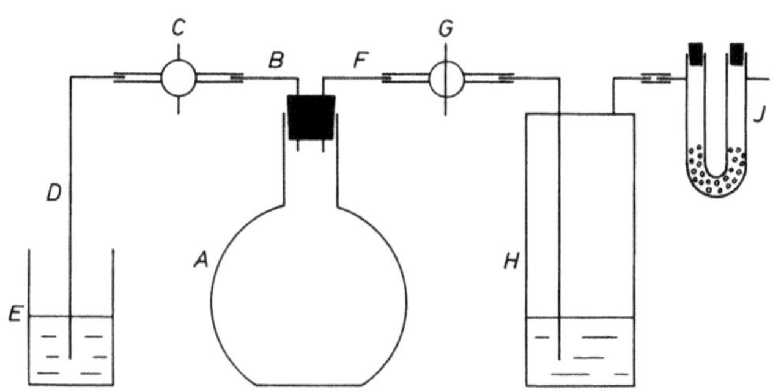

Abb. 154. Alkoholische Gärung

Hilfsmittel:

Rohrzucker – NH_4NO_3 – KH_2PO_4 – $Ca_3(PO_4)_2$ – $MgSO_4$ – Preßhefe – größeres Gefäß (Schale oder Schüssel) mit warmem Wasser als Heizbad für A – großer Trichter mit Faltenfilter auf Erlenmeyerkolben (1000 ml) – Destillationsapparatur nach Abb. 155: Schliffkolben (1000 ml); unter dem Kolben Asbestdrahtnetz und Bunsenbrenner (statt dessen besser Pilzheizhaube) – Destillieraufsatz – Thermometer – absteigender Kühler – *Erlenmeyer*kolben (300 ml) als Vorlage – Siedesteine.

Vorbereitung:

In den Stehkolben füllt man 500 ml Wasser und löst darin auf: 50 g Rohrzucker, 5 g Ammoniumnitrat, 2,5 g Kaliumdihydrogenphosphat, 0,25 g Calciumphosphat und 0,15g Magnesiumsulfat. In dieser Nährlösung werden etwa 5 g Preßhefe in kleinen Anteilen unter Umschütteln eingetragen. Quetschhahn G wird geschlossen, C geöffnet.

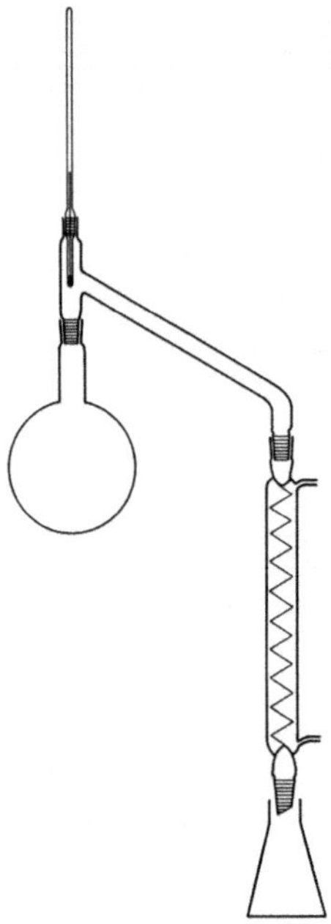

Abb. 155. Destillationsapparatur

Der Versuch ist bei einer Raumtemperatur von 20 °C etwa 2 Stunden vor der Vorführung anzusetzen. Liegt die Raumtemperatur tiefer, so wird der Stehkolben in das mit Wasser von 25 bis 30 °C gefüllte Heizbad (Schüssel) gestellt.

Ausführung:
Wenn durch das Wasser des Becherglases in regelmäßiger Folge Gasblasen hindurchgehen, wird Hahn G geöffnet und C geschlossen: Nach kurzer Zeit tritt in H ein weißer Niederschlag ($BaCO_3$) auf. Waschflasche H und U-Rohr J werden dann von der Apparatur abgenommen; Hahn C wird geöffnet, G geschlossen. Man läßt den Kolben an einem warmen Ort stehen, bis die Kohlendioxidentwicklung beendet ist; die Hefe vermehrt sich dabei stark. Darauf wird der Kolbeninhalt durch ein großes Faltenfilter filtriert. Das Filtrat bringt man in den Schliffkolben der Destillationsapparatur, gibt einige Siedesteine dazu und destilliert die zwischen 75 °C und 95 °C übergehende Flüssigkeit durch langsames Erhitzen des Kolbens ab. Das im Erlenmeyerkolben aufgefangene Destillat wird für die folgenden Versuche verwendet.

Eigenschaften von Äthanol

Hilfsmittel:
a) $Ba(OH)_2$-Lsg. – großer Metall-Löffel – Becherglas (100 ml) – Bunsenbrenner.
b) Jod – verd. Natronlauge – großes Reagenzglas – Bunsenbrenner.
c) Stark verd. $KMnO_4$-Lsg. (etwa 0,01 N) – stark verd. Kalilauge (etwa 0,1 N) – Äthanol-Lsg. (10%ig) – großes Reagenzglas.
d) $K_2Cr_2O_7$ – konz. Schwefelsäure – Äthanol – Silicagel gekörnt (ungefärbt) – Becherglas (100 ml) – Glasstab – Porzellanschale – Meßzylinder (50 ml) – Glasröhrchen (∅ 8 mm, Länge etwa 8 cm) – Watte – Waschflasche – Gummischlauch zur Wasserstrahlpumpe.

Ausführung:

a) Brennbarkeit, Verbrennungsprodukt
Man erhitzt in dem Löffel einen Teil des Destillats und entzündet die entweichenden Dämpfe. Über die Flamme hält man das mit Barytwasser ausgespülte Becherglas: Trübung ($BaCO_3$).

b) Jodoformreaktion
In einem großen Reagenzglas gibt man zu etwa 10 ml des Destillats einige Körnchen Jod und so viel verd. Natronlauge, wie erforderlich ist, um das Jod unter Entfärbung umzusetzen (Hypojodit). Die Lösung wird gelinde erwärmt, bis sie sich gelb färbt und ein charakteristischer Geruch auftritt; dann wird unter fließendem Wasser abgekühlt: Feine gelbe Kristalle (Jodoform, CHJ_3).

c) Reduktion von Permanganat
Man gibt gleiche Volumteile der stark verdünnten Kaliumpermanganat- und Kaliumhydroxid-Lösung in ein Reagenzglas und fügt etwas 1 ml Äthanol-Lösung zu: Nach 1 bis 2 Min. Grünfärbung (MnO_4^{2-}).

d) Nachweis von Äthanol in Luft

Vorbereitung: Man löst im Becherglas eine große Spatelspitze Kaliumdichromat in 25 ml Wasser und säuert mit etwa 1 ml konz. Schwefelsäure an. Dann gibt man soviel Silicagel zu, daß ein dicker Brei entsteht. Diesen trocknet man in einer Porzellanschale im Exsikkator an der Wasserstrahlpumpe.

Ausführung: Man bringt in das Glasröhrchen eine etwa 5 cm lange Schicht des vorbehandelten Silicagels und legt sie beiderseits mit einem lockeren Wattebausch fest. Dann füllt man in die Waschflasche wenig Äthanol (das Einleitungsrohr darf nicht eintauchen) und verbindet das Glasröhrchen einerseits mit dem Ableitungsrohr der Waschflasche, andererseits mit einer Wasserstrahlpumpe. Dann saugt man einen langsamen Luftstrom durch die Apparatur: Grünfärbung der Silicagel-Schicht.

$$Cr_2O_7^{2-} + 8\,H^+ + 3\,H_3C\text{–}CH_2OH \rightarrow 2\,Cr^{3+} + 3\,H_3C\text{–}CHO + 7\,H_2O$$

Bemerkung:

Zum Nachweis von Äthanol in der Atemluft bläst man mit alkoholhaltigem Atem in das Röhrchen: Grünfärbung.

IV - 3.2 Quantitative Umsetzung von Äthanol mit Natrium

$$2\,H_3C\text{–}CH_2OH + 2\,Na \rightarrow 2\,H_3C\text{–}CH_2ONa + H_2$$

Versuchsanordnung: Abb. 156

Großes Reagenzglas mit Schlauchansatz (Saugrohr) A – Meßpipette B (5 ml) in Gummistopfen – Gummistopfen C, oben mit Glasstäbchen verschlossen, zum Aufsetzen auf B – am seitlichen Ansatz von A längerer Gummischlauch D (50 bis 80 cm) zum kapillaren Dreiwegehahn E der Gasmeßbürette F (Sperrflüssigkeit angefärbtes Wasser) – Niveaurohr G – Magnetrührer H – kleines Rührstäbchen J.

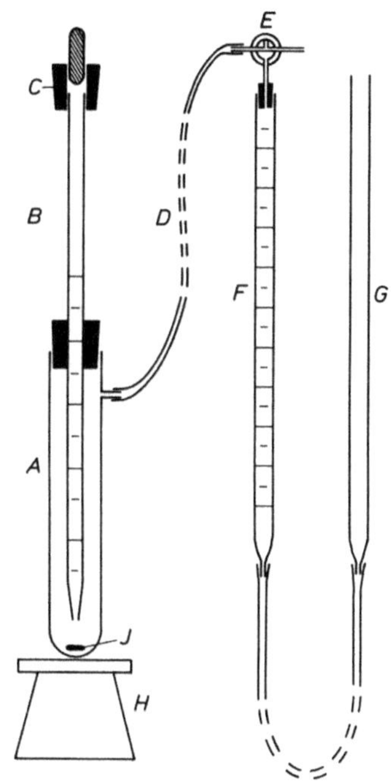

Abb. 156. Umsetzung von Äthanol mit Natrium

Hilfsmittel:

Absol. Äthanol – Toluol (wasserfrei[1]) – Natrium – Meßkolben (100 ml) – Pipette (5 ml) mit Peleusball – Analysenwaage – Pinzette – Messer – Filtrierpapier – Barometer – Thermometer (bis 50 °C).

Vorbereitung:

Man gibt in den Meßkolben etwa 50 bis 70 ml Toluol und wiegt ihn auf der Analysenwaage genau aus. Dann fügt man mit der Pipette 5 ml absol. Äthanol hinzu, wiegt erneut und erhält so die Einwaage an Alkohol. Der Meßkolben wird mit Toluol auf 100 ml aufgefüllt.

Das Niveaurohr G wird soweit gehoben, daß die Sperrflüssigkeit in F bis zum Ansatz des Dreiwegehahns E (Stellung ⊕) steigt; dann dreht man E in Stellung ⊖ und senkt das Niveaurohr G soweit, daß das Wasser darin etwa 10 cm tiefer steht als in F.

[1]) Evtl. muß das Toluol durch Kochen über Natrium am Rückfluß und anschließende Destillation wasserfrei gemacht werden.

Ausführung:
In das Saugrohr A mit dem Rührstäbchen J gibt man 10 bis 15 ml Toluol und fügt 4 bis 6 etwa erbsengroße von Krusten befreite Natriumstücke (s. I - 20.2) hinzu. Man erhitzt das Toluol bis kurz unter den Siedepunkt (110,8 °C); wenn die Natriumstücke geschmolzen sind (Smp. 97,8 °C), stellt man das Reagenzglas auf den Magnetrührer und rührt kräftig durch. Dabei muß das geschmolzene Natrium zu feinen Kügelchen (Durchmesser etwa 1 bis 2 mm oder kleiner) zerschlagen werden. Notfalls muß man erneut erhitzen und rühren. Dann saugt man genau 5 ml der Lösung von Äthanol in Toluol in die Pipette B auf (Peleusball) und setzt diese mit dem Gummistopfen fest auf das Reagenzglas A. Dabei muß die Spitze der Pipette in das Toluol im Saugrohr eintauchen. Dann läßt man die Lösung aus der Pipette auslaufen, verschließt diese mit dem Stopfen C und stellt die Verbindung zwischen Saugrohr A und Bürette F her (E in Stellung ⊕). Während der Reaktion (Wasserstoffentwicklung) rührt man nicht zu stark und hält durch Senken des Niveaurohres G einen geringen Unterdruck in A und F aufrecht. Wenn keine Gasentwicklung mehr zu beobachten ist, kann man die Lösung in A nochmals leicht erwärmen, jedoch nicht bis zum Sieden. Setzt dabei keine Gasentwicklung mehr ein, läßt man abkühlen und liest dann das entstandene Gasvolumen V_t unter Atmosphärendruck (Niveaugleichheit in F und G) ab. Man mißt noch den Luftdruck und die Raumtemperatur.
Die Lösung im Saugrohr A gießt man unter dem Abzug in ein Gefäß mit Methanol, um das Natrium zu vernichten.

Auswertung:
Man reduziert das gemessene Gasvolumen V_t auf das Volumen V_0 bei Normalbedingungen (vgl. I-18.7), wobei man berücksichtigen muß, daß der Wasserstoff über Wasser aufgefangen wurde. Dann berechnet man daraus die Anzahl Mole ($n_{H_2} = \frac{V_0}{22,4}$), die bei der Reaktion entstanden sind. Ebenso berechnet man aus der Einwaage a unter Berücksichtigung des aliquoten Teils ($\frac{5}{100}$) der Lösung die Anzahl Mole ($n_A = \frac{5}{100} \cdot \frac{a}{46,07}$) Alkohol, die reagiert haben. Das Verhältnis $n_A : r_{H_2}$ sollte nach der Reaktionsgleichung den Wert 2 haben.

Bemerkung:
Durch diesen Versuch kann bewiesen werden, daß ein Wasserstoffatom des Äthanols anders gebunden ist als die fünf übrigen.

IV - 3.3 Ester aus Carbonsäure und Alkohol

$$\text{R-COOH} + \text{HO-R}' \xrightarrow[H_2SO_4]{\text{konz.}} \text{R-COOR}' + H_2O$$

Hilfsmittel:
Eisessig – Äthanol – konz. Schwefelsäure – 2 *Erlenmeyer*kolben (100 ml) mit durchbohrtem Stopfen und Steigrohr, am Stativ befestigt, auf Asbestdrahtnetz – 2 Bunsenbrenner – Meßzylinder (10 ml) – Siedesteine – 2 Kelchgläser.

Ausführung:
In die *Erlenmeyer*kolben gibt man je 10 ml Eisessig und Äthanol, zu der Lösung in dem einen Kolben noch langsam unter Umschütteln 5 ml konz. Schwefelsäure.

Nach Zugabe einiger Siedesteine werden beide Mischungen etwa 5 Min. zum schwachen Sieden erhitzt.
Man läßt abkühlen und gießt den Inhalt der beiden Kolben vorsichtig in je ein Kelchglas, das zu 2/3 mit Wasser gefüllt ist: Nur bei dem Ansatz mit Schwefelsäure bilden sich zwei Schichten (Ester und wäßrige Lösung). Fruchtartiger Geruch des Essigsäureäthylesters.

Bemerkung:
Der Versuch kann in ähnlicher Weise mit zahlreichen anderen Kombinationen von Carbonsäuren und Alkoholen ausgeführt werden; der Geruch des Esters ist jeweils in Klammern angegeben:

Ameisensäure/Äthanol	(Rum,Arrak)
Essigsäure/Isobutanol	(Banane)
Buttersäure/Methanol	(Apfel)
Buttersäure/Äthanol	(Ananas)
Buttersäure/Isoamylalkohol	(Birne)
Isobuttersäure/Methanol	(Aprikose)
Propionsäure/Benzylalkohol	(Jasmin)
Benzoesäure/Äthanol	(Nelken)

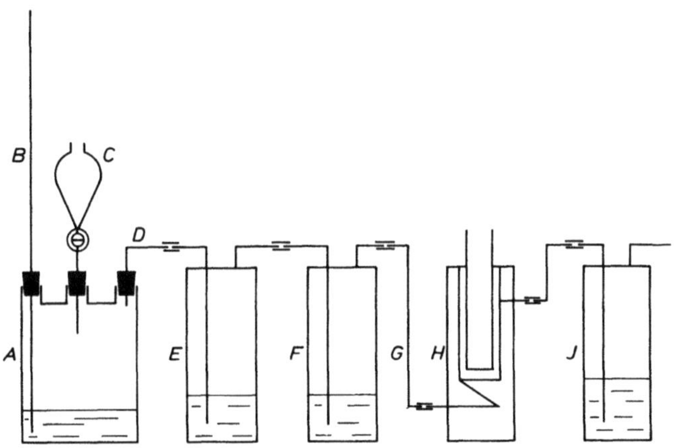

Abb. 157. Salpetrigsäure-äthylester

IV - 3.4 Salpetrigsäure-äthylester (Äthylnitrit)
Eigenschaften von Äthylnitrit

$$H_3C\text{-}CH_2OH + HNO_2 \rightarrow H_3C\text{-}CH_2ONO + H_2O$$

Versuchsanordnung: Abb. 157
Dreifach tubulierte *Woulf*esche Flasche A (500 ml); in den Tuben Steigrohr B (50 cm), bis auf den Boden der Flasche reichend, Tropftrichter C (100 ml) und rechtwinklig gebogenes Gasableitungsrohr D – zwei *Drechsel*sche Waschflaschen E (50%iges Äthanol) und F (10%ige Natronlauge) – Verbindungsrohr G – Gasverflüssiger H (s.

Abb. A 18 – 13) – an das Gasableitungsrohr des Verflüssigers ist direkt eine Muenckesche Waschflasche J (zu 1/4 mit Äthanol gefüllt) angeschlossen.

Hilfsmittel:
$NaNO_2$ – konz. Salzsäure – verd. Salzsäure – konz. Natronlauge – Äthanol – Diphenylamin-Schwefelsäure (s. V) – KJ-Lsg. – NaCl – zerkleinertes Eis – Leitfähigkeitsprüfer (s. Abb. 18) – Plastiklöffel -Becherglas (250 ml) – Meßzylinder (100 ml) – *Erlenmeyer*kolben (300 ml) mit Trichter und Faltenfilter – 2 große Reagenzgläser – 2 große Uhrgläser – Bunsenbrenner.

Vorbereitung:
Man löst 50 g Natriumnitrit in 90 ml Wasser, setzt 50 ml Äthanol zu und füllt die durch ein Faltenfilter filtrierte Lösung in die Woulfesche Flasche A.
Der Tropftrichter C wird mit einem Gemisch von je 50 ml konz. Salzsäure und Äthanol beschickt.
Man stellt eine Eis-Kochsalz-Kältemischung her und füllt damit den Kühleinsatz des Gasverflüssigers. Dieser wird erst an die Waschflasche J angeschlossen, wenn sich der Luftraum des Gasverflüssigers abgekühlt hat.

Ausführung:
Man läßt die Lösung aus dem Tropftrichter langsam in regelmäßiger Tropfenfolge zur Nitritlösung in der Woulfeschen Flasche zutropfen. Nach etwa 5 Min. bilden sich Flüssigkeitströpfchen am Kühleinsatz des Gasverflüssigers, die sich zu einer gelblichen Flüssigkeit sammeln. Hat sich der untere verjüngte Teil des Kondensationsraumes gefüllt, wird der Hahn des Tropftrichters zugedreht.

Eigenschaften von Äthylnitrit[1])

a) Nichtleiter
Man lüftet den Kühleinsatz des Gasverflüssigers und senkt die Elektroden des Leitfähigkeitsprüfers schnell und kurz in das Äthylnitrit ein: Kein Stromdurchgang.

b) Flüchtigkeit
Eine kleine Probe gießt man auf ein Uhrglas; nach wenigen Augenblicken ist das Äthylnitrit verdunstet (Sdp. +17 °C). Erfrischender obstartiger Geruch.

c) Brennbarkeit
Etwas Äthylnitrit wird auf einem Uhrglas entzündet: Grünliche Flamme.

d) Verseifung durch Säuren und Alkalien
In einem großen Reagenzglas gibt man zu Kaliumjodidlösung unter Umschütteln etwas Äthylnitrit: Keine beachtenswerte Jodausscheidung. Nach Zusatz einiger Tropfen verd. Salzsäure: Sofortige Ausscheidung von Jod (Nachweis von salpetriger Säure).
Man schüttelt Äthylnitrit mit konz. Natronlauge und verdünnt mit dest. Wasser: Nur noch eine Phase. Bei Zugabe einiger Tropfen Diphenylamin-Schwefelsäure: Intensive Blaufärbung (Nachweis von Nitrit).

[1]) Vorsicht! Die Dämpfe von Äthylnitrit erzeugen eingeatmet eine starke Erweiterung der peripheren Blutgefäße (Blutandrang zum Kopf).

IV - 3.5 Cellulosenitrat („Nitrocellulose") aus Cellulose und Salpetersäure

Hilfsmittel:
Konz. Salpetersäure – konz. Schwefelsäure – Watte (etwa 3 g) – Äther – Äthanol – *Erlenmeyer*-kolben (200 ml) – Becherglas (250 ml) – Schale mit Eiswasser – Filtrierpapier – Porzellanschale auf einem Wasserbad – Stricknadel – Bunsenbrenner – Eisenklotz oder eiserner Amboß – Hammer – 3 Reagenzgläser – Glasplatte – Messer – Glasstäbe.

Vorbereitung:
In einem *Erlenmeyer*kolben kühlt man 35 ml konz. Salpetersäure in Eiswasser und gibt dann langsam 70 ml konz. Schwefelsäure hinzu. Die Mischung wird in dem gut verschlossenen Kolben aufbewahrt.

Ausführung:
Man gießt das vorbereitete Säuregemisch in das Becherglas, gibt einen Wattebausch (3 g) dazu und läßt ihn 7 bis 10 Min. in der Lösung. Dann wird der Bausch mit einem Glasstab herausgeholt, unter fließendem Wasser schnell und sehr gründlich ausgewaschen, ausgedrückt und zwischen Filtrierpapier vom Wasser teilweise befreit. Man lockert ihn durch Auseinanderzupfen und trocknet ihn in der Porzellanschale auf dem Wasserbad. Nach dem Trocknen (Dauer 15 bis 20 Min.) bringt man einige Flocken dieses Cellulosenitrats an der Spitze einer Stricknadel in eine Bunsenflamme: Blitzartig schnelles Verbrennen mit heller, gelber Flamme ohne Rauch. Zum Vergleich hält man etwas Watte (Ausgangsmaterial) in die Flamme: Langsames Verbrennen mit schwach leuchtender Flamme.
Man legt einige kleine Flocken Cellulosenitrat auf einen eisernen Amboß und schlägt mit dem Hammer darauf, wobei man den Mund etwas öffnen muß: Schußartiger Knall. Der Amboß darf nicht auf einen mit Steinplatten belegten Arbeitstisch gestellt werden.
In zwei Reagenzgläsern übergießt man Cellulosenitrat mit Äther bzw. mit Äthanol: Keine Lösung. Man mischt in einem Reagenzglas Äthanol und Äther im Volumverhältnis 1 : 2 und gibt etwas Cellulosenitrat dazu: Rasche Auflösung. In dem Äther-Äthanol-Gemisch löst man noch weiteres Cellulosenitrat auf und gießt einen Teil der Lösung auf einer Glasplatte aus; nach dem Verdunsten der Lösungsmittel kann man die entstandene Kollodiumhaut mit einem Messer ablösen.

IV - 3.6 Diäthyläther aus Äthanol

$$2\ H_3C{-}CH_2OH \xrightarrow[H_2SO_4]{\text{konz.}} H_3C{-}CH_2{-}O{-}CH_2{-}CH_3 + H_2O$$

Versuchsanordnung: Abb. 158
Zweifach tubulierter Schliffkolben A (250 ml); im seitlichen Tubus (NS 14,5) Thermometer B (bis 200 °C), Schaft muß bis in Bodennähe von A reichen – Destillierbrücke C mit Tropftrichter D (mit Druckausgleich) – Dimroth- oder Kugelkühler E – Destilliervorstoß F mit Schlauch zum Abzug – Schliffkolben G als Vorlage – Ölbad mit Asbestdrahtnetz und Bunsenbrenner oder besser Pilzheizhaube für Kolben A.

Bemerkung:
Statt der Schliffgeräte kann auch folgende Apparatur verwendet werden: Destillierkolben mit doppelt durchbohrtem Korkstopfen, darin Thermometer (muß bis in Bodennähe des Kolbens

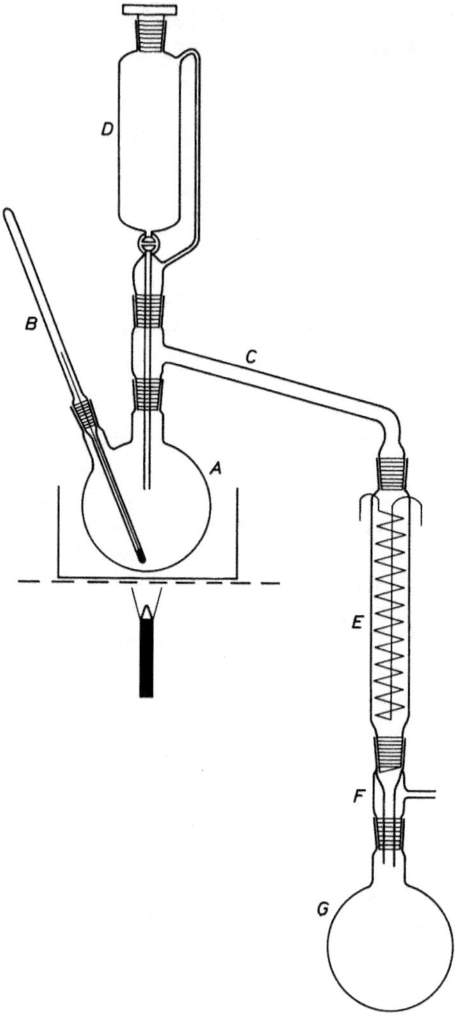

Abb. 158. Diäthyläther aus Äthanol

reichen) und Tropftrichter; am Destillierrohr, das man senkrecht nach unten abbiegt, ist mit einem Korkstopfen ein Kugelkühler angeschlossen, der in eine Saugflasche (Gummi- oder Korkstopfen) mündet. Von der Saugflasche langer Gummischlauch zum Abzug. Unter den Destillierkolben stellt man als Luftbad eine Eisenschale mit Asbestpapier-Einlage; Bunsenbrenner.

Hilfsmittel:
Äthanol – konz. Schwefelsäure – verd. Natronlauge – Erlenmeyerkolben (300 ml) – Schale mit Eiswasser – Meßzylinder (100 ml) – kleiner Scheidetrichter – Thermoskop (Abb. 10), Einsatzgefäß mit doppelt durchbohrtem Gummistopfen, Gaseinleitungsrohr (bis auf den Boden reichend) und Gasableitungsrohr mit Schlauch zu einer Wasserstrahlpumpe.

Vorbereitung:
In einem *Erlenmeyer*kolben versetzt man 60 ml Äthanol vorsichtig unter Umschwenken und Kühlen in Eiswasser langsam mit 20 ml konz. Schwefelsäure und gibt diese Mischung in den Kolben A. Der Tropftrichter B wird mit etwa 100 ml Äthanol gefüllt.

Ausführung:
Man stellt das Kühlwasser an und erhitzt den Kolbeninhalt auf 140 bis 145 °C. Dann läßt man bei möglichst konstant gehaltener Temperatur langsam Äthanol zutropfen, und zwar in dem Maße wie die Flüssigkeit abdestilliert. Hat sich in F eine ausreichende Menge Destillat angesammelt (zwei Schichten, die untere ist Wasser), wird der Versuch, bevor alles Äthanol in B verbraucht ist, unterbrochen.
Achtung! Es sind jetzt alle in der Nähe befindlichen Flammen zu löschen.
Man schüttelt zur Entfernung von schwefliger Säure das Destillat im Scheidetrichter mit verd. Natronlauge durch, trennt die untere wäßrige Schicht von der Ätherschicht ab und füllt das Einsatzgefäß des Thermoskops zur Hälfte mit dem Äther. Dann wird die Wasserstrahlpumpe angeschlossen und ein kräftiger Luftstrom durch den Äther hindurchgesaugt: Starke Temperaturerniedrigung, Trübung des Äthers (Eiskriställchen).

IV - 4 Aldehyde und Ketone

S. auch

II - 7.3	Geschwindigkeit der Inversion von Saccharose (Rohrzucker)
II - 9.3c	Dünnschichtchromatographie; Trennung der Hydrolyseprodukte von Rohrzukker
III - 3.1.7i	Gleichzeitige Oxidation von Formaldehyd und Pyrogallol durch Wasserstoffperoxid

IV - 4.1 Formaldehyd durch katalytische Oxidation von Methanol[1])
Eigenschaften von Formaldehyd

$$2\ H_3COH + O_2 \rightarrow 2\ H_2C{=}O + 2\ H_2O \qquad \Delta H = -74{,}8\ \text{kcal}\ (-313{,}0\ \text{kJ})$$

Versuchsanordnung: Abb. 159
*Drechsel*sche Waschflasche A (Wasser) – Zuleitungsrohr B, reicht fast bis zum Boden von Destillierkolben C (150 ml); das Ablaufrohr von C ist zu einer Öffnung von etwa 2 mm lichter Weite verengt – Becherglas D (250 ml, Wasser) mit Thermometer E, auf einem Stativring mit Drahtnetz – Rohr F aus schwerschmelzbarem Glas (Ø innen 18 mm, Länge 20 cm) mit passender Kupferdrahtnetzrolle G (Länge 10 cm) – Winkelrohr H – Waschflasche J (fuchsinschweflige Säure, s. V) – Wasserstrahlpumpe – 2 Bunsenbrenner K und L; K mit Schlitzaufsatz und langem Gummischlauch.

Hilfsmittel:
Methanol – konz. Salzsäure – Kelchglas.

[1]) *A. W. v. Hofmann* 1867.

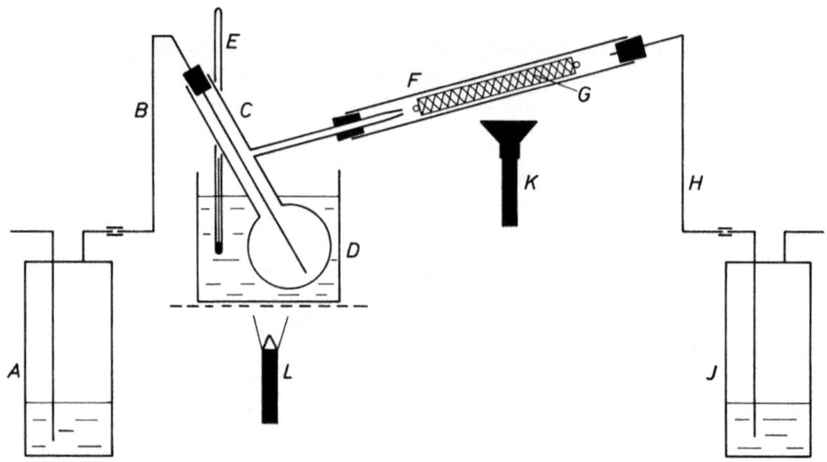

Abb. 159. Formaldehyd durch katalytische Oxidation von Methanol

Ausführung:
In den Destillierkolben C gibt man 50 ml Methanol. Das Wasser in D wird auf 45 bis 48 °C erhitzt. Diese Temperatur hält man während des Versuches konstant. Dann saugt man mit der Wasserstrahlpumpe einen kräftigen Luftstrom durch die Apparatur und erhitzt die Kupferspirale im Rohr F mit dem Brenner K, den man in der Hand hält, bis zum Aufglühen der Spirale. Nun reguliert man die Geschwindigkeit des Luftstromes so ein, daß die Kupferspirale ohne äußere Wärmezufuhr unvermindert weiterglüht. Nach kurzer Zeit färbt sich die fuchsinschweflige Säure in J intensiv violett.
Man läßt die Apparatur im langsamen Luftstrom erkalten und versetzt dann die Lösung in J mit konz. Salzsäure: Farbumschlag nach blau (charakteristische Reaktion für Formaldehyd).

Bemerkung:
Der Versuch kann in derselben Weise auch mit Äthanol ausgeführt werden (Bildung von Acetaldehyd).

Eigenschaften von Formaldehyd

Hilfsmittel:
Formaldehyd-Lsg. (40%ig, Formalin).
a) Konz. NH_3-Lsg. - verd. Schwefelsäure - verd. Natronlauge - Porzellanschale auf einem Wasserbad - 2 Reagenzgläser - pH-Indikatorpaper - Bunsenbrenner.
b) Porzellanschale auf einem Wasserbad - Reagenzglas - Bunsenbrenner.

Ausführung:

a) Reaktion mit Ammoniak zu Hexamethylentetramin
In einer Porzellanschale dampft man eine Mischung von 6 ml Formaldehydlösung mit 9 ml konz. Ammoniaklösung auf dem Wasserbad bis zur Trockne ein: Weißer kristalliner Rückstand (Hexamethylentetramin, „Urotropin").

In einem Reagenzglas wird etwas Hexamethylentetramin mit wenig verd. Schwefelsäure erwärmt: Geruch nach Formaldehyd. Man macht die Lösung mit verd. Natronlauge alkalisch und erwärmt: Geruch nach Ammoniak, Prüfung mit angefeuchtetem pH-Indikatorpapier.

b) Polymerisation zu Paraformaldehyd
Etwa 10 bis 15 ml Formaldehydlösung werden in einer Porzellanschale auf dem Wasserbad bis zur Trockne eingedampft: Weißer Rückstand (Paraformaldehyd). Man gibt etwas Paraformaldehyd in ein Reagenzglas und erhitzt: Die Substanz schmilzt, Geruch nach Formaldehyd (Depolymerisation).

IV - 4.2 Acetaldehyd durch Anlagerung von Wasser an Acetylen
Eigenschaften von Acetaldehyd

$$HC{\equiv}CH + H_2O \rightarrow H_3C\text{–}CHO \qquad \Delta H = -36{,}2\ \text{kcal}\ (-151{,}5\ \text{kJ})$$

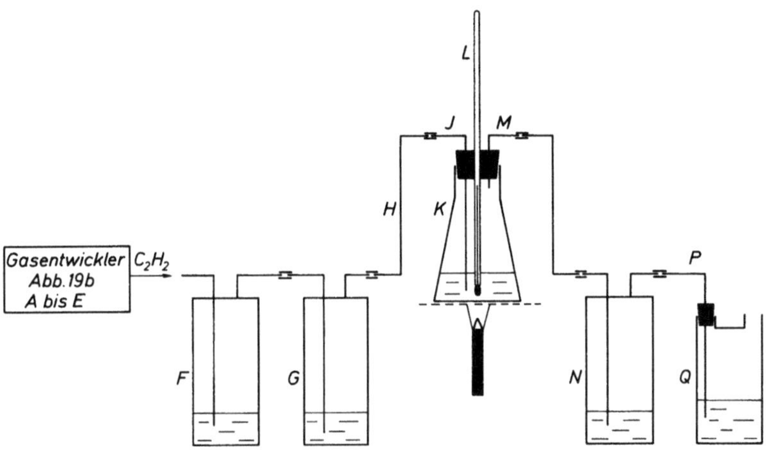

Abb. 160. Acetaldehyd durch Anlagerung von Wasser an Acetylen

Versuchsanordnung: Abb. 160
Gasentwickler mit Druckausgleich Abb. 19b, A bis E; E mit konz. NaCl-Lsg. gefüllt – Drechselsche Waschflasche F (konz. H_2SO_4 mit etwa 0,1 g $K_2Cr_2O_7$[1])) – Mueckesche Waschflasche G (50%ige Natronlauge) – Verbindungsrohr H – Gaseinleitungsrohr J – Weithals-Erlenmeyerkolben (200 ml) mit dreifach durchbohrtem Gummistopfen auf Asbestdrahtnetz – Thermometer L (bis 100 °C) – Ableitungsrohr M – Drechselsche Waschflasche N (fuchsinschweflige Säure, s. V) – Gaseinleitungsrohr P – Woulfesche Flasche Q (Aceton) – Bunsenbrenner.

Hilfsmittel:
Calciumcarbid – NaCl-Lsg. (25%ig) – konz. Schwefelsäure – $HgSO_4$ – MnO_2 – konz. Salzsäure – zerkleinertes Eis – Reibschale (am besten Mörser aus Eisen) zum Zerschlagen des Carbids – Reagenzgläser – Waschflasche mit Wasser, die in einem Becherglas mit Eiswasser steht.

[1]) Zur oxidativen Zerstörung von Phosphan (PH_3), das stets in geringen Mengen aus Verunreinigungen (Phosphiden) des Calciumcarbids entsteht.

Vorbereitung:
Der Kolben A wird mit bohnengroßen, frisch zerschlagenen Stücken Calciumcarbid beschickt, der Tropftrichter B mit 25%iger Natriumchlorid-Lösung. In den *Erlenmeyer*kolben K gibt man 0,5 g Quecksilber(II)-sulfat, 50 ml dest. Wasser und vorsichtig in kleinen Portionen 30 ml konz. Schwefelsäure. Nach dem Erkalten der Lösung setzt man etwa 0,1 g Mangan(IV)-oxid zur Oxidation von etwa entstandenem Schwefeldioxid zu.

Ausführung:
Man läßt langsam die Natriumchloridlösung zum Calciumcarbid zutropfen. Wenn die sehr sorgfältig auszuführende „Knallgasprobe" an der Ausströmungsöffnung der Waschflasche N negativ verläuft, wird die *Woulf*esche Flasche Q angeschlossen und der Erlenmeyerkolben K auf 70 bis 75 °C erhitzt. Nach kurzer Zeit färbt sich die fuchsinschweflige Säure in N intensiv rot (Aldehydnachweis).
Dann wird die Waschflasche N durch die vorbereitete Waschflasche mit Wasser ersetzt. Man hält den Versuch noch etwa eine halbe Stunde in Gang, wobei man weiter mit Eis kühlt.

Beendigung: *Achtung!*
Die Acetylenentwicklung wird abgestellt und die Flamme des Brenners gelöscht; dann erst trennt man die Verbindung zwischen dem Kolben K und den angeschlossenen Waschflaschen. Die rotgefärbte fuchsinschweflige Säure wird mit konz. Salzsäure versetzt: Fast völlige Entfärbung (Unterschied zu Formaldehyd, vgl. Vers. IV-4.1).

Eigenschaften von Acetaldehyd
Mit der Acetaldehydlösung aus der Waschflasche werden die folgenden Versuche ausgeführt.

Hilfsmittel:
a) $AgNO_3$ – konz. NH_3-Lsg. – NaOH – Chromschwefelsäure (s. I-11) – konz. Natronlauge – Reagenzglas – Becherglas (150 ml, Wasser) – leeres Becherglas (150 ml) – Meßzylinder (10 ml).
b) Fehlingsche Lösung (s. V) – Reagenzglas.
c) 2,4-Dinitrophenylhydrazin-Lsg. (s. V) – Kelchglas.

Ausführung:

a) Herstellung eines Silberspiegels
Man bereitet eine Lösung von 1 g Silbernitrat in 3,5 ml Wasser und fügt 9 ml konz. Ammoniaklösung sowie eine Lösung von 1 g Natriumhydroxid in 10 ml Wasser hinzu. Diese Lösung wird in ein durch Erwärmen mit Chromschwefelsäure, darauf mit Natronlauge gereinigtes und mit dest. Wasser gespültes Reagenzglas eingefüllt. Man gibt einige Milliliter der Acetaldehydlösung hinzu und stellt das Reagenzglas in ein mit heißem Wasser gefülltes Becherglas. Sobald die Silberausscheidung beginnt, wird das Reagenzglas aus dem warmen Wasser herausgenommen und ohne Erschütterung in ein leeres Becherglas gestellt: Silberspiegel.

b) Reaktion mit Fehlingscher Lösung
Zu einigen Millilitern *Fehling*scher Lösung gibt man in einem Reagenzglas einen Überschuß von Acetaldehydlösung und erwärmt: Zunächst gelber, dann roter Niederschlag (Cu_2O),

c) Reaktion mit 2,4-Dinitrophenylhydrazin
In einem Kelchglas gibt man zu der Acetaldehydlösung etwas 2,4-Dinitrophenylhydrazin-Lösung: Gelber feinkristalliner Niederschlag (Dinitrophenylhydrazon des Acetaldehyds)

$$H_3C\text{-}CHO + H_2N\text{-}NH\text{-}C_6H_4(NO_2)_2 \rightarrow H_3C\text{-}CH{=}N\text{-}NH\text{-}C_6H_4(NO_2)_2 + H_2O.$$

IV - 4.3 Quantitative Oxidation von Acetaldehyd

$$2\,MnO_4^- + 6\,H_3O^+ + 10\,e^- \rightarrow 2\,Mn^{2+} + 5\,O^{2-} + 9\,H_2O$$
$$5\,H_3C\text{-}CHO + 5\,O^{2-} \rightarrow 4\,H_3C\text{-}COOH + 10\,e^-$$
$$2\,MnO_4^- + 5\,H_3C\text{-}CHO + 6\,H_3O^+ \rightarrow 2\,Mn^{2+} + 5\,H_3C\text{-}COOH + 9\,H_2O$$

Hilfsmittel:
Acetaldehyd p.a. - 0,1 N-$KMnO_4$ - 0,1 N-Oxalsäure - Schwefelsäure (50%ig) - Meßkolben (100 ml) - Bürette (50 ml) - 3 Pipetten (10, 25 und 50 ml) - Erlenmeyerkolben (200 ml) - Analysenwaage - Eiswasser im Becherglas (600 ml) - Meßzylinder (5 ml).

Ausführung:
Man füllt in den Meßkolben etwa 50 ml eisgekühltes Wasser und bestimmt auf der Analysenwaage das Gewicht. Dann gibt man 1 ml Acetaldehyd hinzu, wiegt erneut und erhält damit die Einwaage E an Acetaldehyd. Man füllt den Meßkolben auf 100 ml auf. Von dieser Lösung werden 10 ml abpipettiert und in den Erlenmeyerkolben gegeben, der 50 ml (= V_E) 0,1 N-$KMnO_4$ und etwa 20 ml 50%ige Schwefelsäure enthält. Der Kolben wird einige Minuten lang geschüttelt. Dann wird der nicht verbrauchte Teil des Permanganats ermittelt; dazu gibt man 25 ml (= V_{Ox}) 0,1 N-Oxalsäure hinzu, erwärmt die jetzt farblose Lösung auf 40 bis 50 °C und titriert den Überschuß an Oxalsäure mit 0,1 N-$KMnO_4$ zurück (Verbrauch: V_R)[1]).

Auswertung:
Das zur Oxidation von E mg Acetaldehyd verbrauchte Volumen V_x an 0,1 N-$KMnO_4$-Lösung erhält man, wenn man von dem eingesetzten Volumen V_E (50 ml) das durch die Rücktitration ermittelte Volumen des nicht verbrauchten Anteils (V_{Ox} - V_R) bzw. (25 - V_R) abzieht:

$$V_x = V_E - (V_{Ox} - V_R)$$

Nach der Reaktionsgleichung werden für die Oxidation von 220,25 mg ($5 \cdot 10^{-3}$mol) Acetaldehyd 100 ml 0,1 N-$KMnO_4$ ($2 \cdot 10^{-3}$ mol) benötigt.
Der Versuch dient zur Bestätigung der Reaktionsgleichung, nach der 1 Molekül Acetaldehyd bei der Oxidation 1 Sauerstoffatom aufnimmt.

IV - 4.4 Aceton aus Essigsäure

$$2\,CH_3COOH \rightarrow H_3C\text{-}CO\text{-}CH_3 + CO_2 + H_2O$$

Versuchsanordnung: Abb. 161
Knieförmig gebogenes Eisenrohr A (∅ innen 18 mm), Schenkellänge senkrecht 15 cm, waagrecht 30 cm - Tropftrichter B mit Tropfenzähler (s. Abb. 11) - Drechselsche

[1]) Durch das hier angegebene Verfahren wird vermieden, daß die bei der Reduktion von Kaliumpermanganat durch Acetaldehyd beobachtete Bildung geringer Mengen Mangan(IV)-oxid zu fehlerhaften Ergebnissen führt.

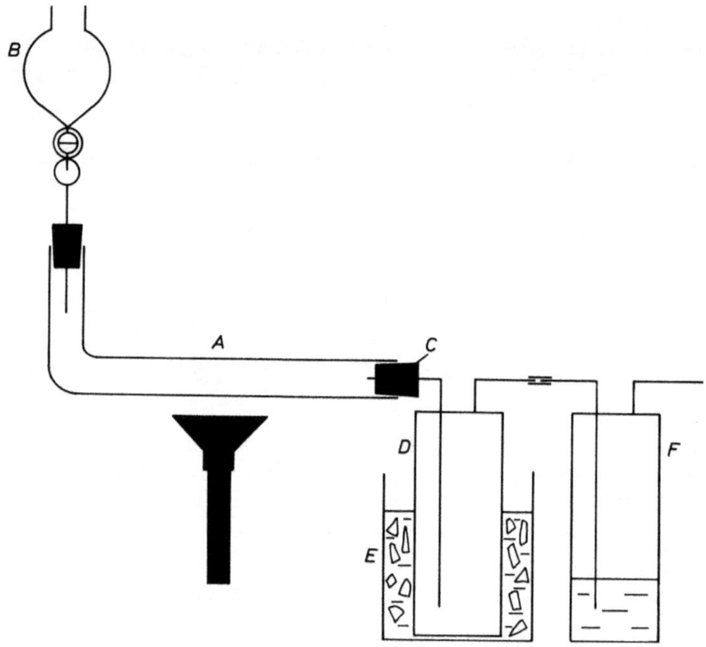

Abb. 161. Aceton aus Essigsäure

Waschflasche D (leer) in Becherglas E mit Eiswasser; D ist direkt an A angeschlossen – Silicon- oder Asbeststopfen C oder mit Asbestpapier umkleideter Gummistopfen – Drechselsche Waschflasche F (Barytwasser) – Bunsenbrenner mit Schlitzaufsatz.

Hilfsmittel:
Eisessig – Stahlspäne – Äthanol – konz. Salzsäure – 2,4-Dinitrophenylhydrazin-Lsg. (s. V) – zerkleinertes Eis – Becherglas (400 ml) – Tonscherben.

Vorbereitung:
Ein großes Knäuel Stahlspäne wird in einem Becherglas mit konz. Salzsäure übergossen, nach wenigen Sekunden mit Wasser gründlich gewaschen, mit Äthanol abgespült und im Trockenschrank schnell getrocknet. Dann stopft man das Knäuel in die Mitte des langen Schenkels des Eisenrohres. Durch den senkrechten Schenkel läßt man einige Tonscherben herabfallen; der Tropftrichter B wird mit Eisessig gefüllt.

Ausführung:
Man erhitzt das Eisenrohr A bis zur dunklen Rotglut (etwa 500 °C) und läßt dann langsam und gleichmäßig Eisessig zutropfen, der auf den heißen Tonscherben verdampft. Bald tritt in der Waschflasche F ein Niederschlag auf ($BaCO_3$). Nach etwa 15 Min. wird der Versuch beendet. Das in Waschflasche D kondensierte, wasserhaltige Aceton wird durch Reaktion mit 2,4-Dinitrophenylhydrazin (s. Vers. IV - 4.5e) nachgewiesen.

IV - 4.5 Aceton durch thermische Spaltung von Calciumacetat
Eigenschaften von Aceton

$$Ca(H_3C\text{-}COO)_2 \rightarrow H_3C\text{-}CO\text{-}CH_3 + CaCO_3$$

Versuchsanordnung:
Ein einseitig geschlossenes Rohr aus schwer schmelzbarem Glas wird so in einen Rohrofen (Abb. 8) eingelegt, daß das offene Ende etwa 15 cm herausragt. In das Rohr ist ein schwach abwärts gebogenes kurzes Glasrohr mit einem Silicon- oder Asbeststopfen oder mit einem durch Asbestpapier isolierten Gummistopfen eingesetzt. Daran befindet sich ein abwärts geneigter Liebigkühler mit gebogenem Vorstoß, der bis zur Mitte eines großen Reagenzglases mit Schlauchansatz (Saugrohr) reicht. Dieses taucht zur Kühlung in ein mit Eiswasser gefülltes Becherglas.

Hilfsmittel:
Calciumacetat (bei erwa 60 °C im Trockenschrank getrocknet) – $Ba(OH)_2$-Lsg. – verd. Essigsäure – Aktivkohle gepulvert – zerkleinertes Eis – Becherglas (100 ml) – Trichter mit Filter auf Erlenmeyerkolben.

Ausführung:
Man füllt das Reaktionsrohr mit 75 g getrocknetem Calciumacetat. Das Rohr wird vorsichtig mit kleiner Flamme erhitzt; gleichzeitig wird das Kühlwasser angestellt. Nach etwa 5 Min. beginnt die Destillation des Acetons. Nach weiteren 10 Min. wird der Versuch abgebrochen: 20 bis 25 ml gelbliches Destillat. Nach dem Erkalten des Reaktionsrohres bringt man einen Teil seines Inhalts in ein Kelchglas, übergießt mit verd. Essigsäure und hält darüber ein mit Barytwasser ausgespültes Becherglas: Trübung ($BaCO_3$). In das Destillat gibt man etwa 3 g gepulverte Aktivkohle, schwenkt öfters um und filtriert nach etwa 5 Min. Mit dem jetzt farblosen Reaktionsprodukt werden die nachfolgenden Versuche gemacht.

Eigenschaften von Aceton

Hilfsmittel:
a) Porzellanschälchen.
b) Konz. $NaHSO_3$-Lsg. – großes Reagenzglas mit Stopfen.
c) Jod-Kaliumjodidlsg. (s. V) – verd. Natronlauge – großes Reagenzglas.
d) Hydroxylammoniumchlorid – Natriumcarbonat krist. – Äthanol – Meßzylinder (10 ml) – kleiner Trichter mit Filter auf einem Erlenmeyerkolben – Tonplatte – großes Reagenzglas.
e) 2,4-Dinitrophenylhydrazin-Lsg. (s. V) – Kelchglas – Glasstab.
f) Aceton – Benzaldehyd – Äthanol – verd. Natronlauge – großes Reagenzglas – Meßzylinder (10 ml) – Bunsenbrenner.

Ausführung:
a) Brennbarkeit
Einige Milliliter des Destillats werden in einem Porzellanschälchen entzündet.

b) Reaktion mit Hydrogensulfit
In einem großen Reagenzglas gibt man zu 10 ml des Reaktionsproduktes 3 ml einer konz. Natriumhydrogensulfit-Lösung, verschließt mit einem Stopfen und schüttelt kräftig um: Der Inhalt erstarrt zu einer weißen kristallinen Masse.

c) Jodoformreaktion
1 ml des Reaktionsproduktes wird in einem Reagenzglas mit etwa 5 ml Jod-Kaliumjodid-Lösung versetzt. Dann gibt man unter Umschütteln verd. Natronlauge hinzu, bis die Jodfarbe verschwunden ist. Beim gelinden Erwärmen entsteht ein kristalliner gelber Niederschlag von charakteristischem Geruch

$$H_3C\text{-}CO\text{-}CH_3 + 3\,J_2 + 4\,OH^- \rightarrow 3\,J^- + 3\,H_2O + CH_3\text{-}COO^- + CHJ_3.$$

d) Acetonoxim

$$(CH_3)_2C{=}O + H_2N\text{-}OH \rightarrow H_2O + (CH_3)_2C{=}N\text{-}OH.$$

In einem großen Reagenzglas löst man in 7 ml Wasser 2 g Hydroxylammoniumchlorid und 1,5 g krist. Natriumcarbonat, gibt 1 ml des Reaktionsproduktes hinzu und schüttelt kräftig durch: Erwärmung. Beim Abkühlen unter der Wasserleitung kristallisiert das Oxim in farblosen Nädelchen aus. Das Reaktionsprodukt wird abfiltriert, aus Äthanol umkristallisiert, auf Ton abgepreßt und getrocknet: Smp. 59 bis 60 °C.

e) Reaktion mit 2,4-Dinitrophenylhydrazin[1])
Man versetzt in einem Kelchglas die Lösung von etwas Aceton in Wasser mit 2,4-Dinitrophenylhydrazin-Lösung: Gelber feinkristalliner Niederschlag (Dinitrophenylhydrazon des Acetons)

$$(H_3C)_2C{=}O + H_2N\text{-}NH\text{-}C_6H_4(NO_2)_2 \rightarrow (H_3C)_2C{=}N\text{-}NH\text{-}C_6H_4(NO_2)_2 + H_2O$$

f) Reaktion mit Benzaldehyd
In einem großen Reagenzglas gibt man zu etwa 20 ml Acetonlösung ungefähr 4 ml Benzaldehyd und soviel Äthanol, daß der Benzaldehyd vollkommen gelöst ist. Dann setzt man etwa 5 ml verd. Natronlauge zu und erhitzt vorsichtig zum Sieden, bis sich die Lösung deutlich gelb gefärbt hat. Beim Abkühlen unter der Wasserleitung scheidet sich ein dicker Kristallbrei aus (Dibenzalaceton)

$$H_3C\text{-}CO\text{-}CH_3 + 2\,C_6H_5\text{-}CHO \rightarrow C_6H_5\text{-}CH{=}CH\text{-}CO\text{-}CH{=}CH\text{-}C_6H_5 + 2\,H_2O.$$

IV - 4.6 Aceton durch Oxidation von Isopropanol

$$H_3C\text{-}CH(OH)\text{-}CH_3 \xrightarrow{+O} H_3C\text{-}CO\text{-}CH_3 + H_2O$$

a) Oxidation durch Dichromat

Versuchsanordnung:
wie Vers. IV - 3.6, Abb. 158 mit folgenden Abänderungen: Statt des Ölbades ein Wasserbad. – Die Vorlage G wird während der Versuchsdauer intensiv mit Eiswasser (in einem Becherglas oder einer Schale) gekühlt.

Hilfsmittel:
Isopropanol – Schwefelsäure (1 : 1 verdünnt) – $K_2Cr_2O_7$-Lsg. (bei 50 °C gesättigt) – Eis in kleinen Stücken – großes Reagenzglas – 2,4-Dinitrophenylhydrazin-Lsg. (s. V) – Meßzylinder (100 ml) – Thermometer (bis 100 °C).

[1]) Man kann die Reaktion auch mit Phenylhydrazin ausführen, doch liefert das Dinitroderivat besser kristalline Reaktionsprodukte mit Carbonylverbindungen.

Vorbereitung:
In den Kolben bringt man ein Gemisch aus 40 ml ges. Kaliumdichromat-Lösung und 40 ml halbkonz. Schwefelsäure, in den Tropftrichter eine Mischung von 20 ml Isopropanol und 40 ml halbkonz. Schwefelsäure.

Ausführung:
Man erwärmt den Kolben auf etwa 70 °C und läßt langsam die Isopropanollösung zutropfen. Wenn die Reaktion nicht sofort anspringt, muß stärker erwärmt werden. Das Aceton destilliert über und sammelt sich zusammen mit Wasser und nicht umgesetztem Isopropanol in der Vorlage.
Man weist in der überdestillierten Mischung das Aceton durch Reaktion mit 2,4-Dinitrophenylhydrazin (Bildung des schwerlöslichen gelben Dinitrophenylhydrazons, s. Vers. IV - 4.5e) nach.
Das Aceton (Sdp. 56,2 °C) kann durch fraktionierte Destillation über eine Kolonne von Wasser und Isopropanol (Sdp. 82,4 °C) getrennt werden.

b) Oxidation durch Sauerstoff

Versuchsanordnung:
Wie Vers. IV - 4.1, Abb. 159 mit folgender Abänderung:
Die Waschflasche J (leer) wird in ein Becherglas mit Eiswasser gestellt.

Hilfsmittel:
Isopropanol – 2,4-Dinitrophenylhydrazin-Lsg. (s. V) – Eisstückchen – Kelchglas.

Ausführung:
Wie Vers. IV - 4.1. Die Waschflasche J wird während des Versuchs mit Eiswasser gekühlt. Der Luftstrom soll nicht zu kräftig sein. Wenn sich in J etwas Flüssigkeit angesammelt hat, gießt man sie in ein Kelchglas und weist das darin enthaltene Aceton durch Reaktion mit 2,4-Dinitrophenylhydrazin-Lösung (s. Vers. IV - 4.5e) nach: Gelber Niederschlag.

IV - 5 Carbonsäuren und Säurederivate

S. auch

II - 3	Bestimmung der Loschmidtschen Konstante
II - 7.1	Zersetzung von Ameisensäure
II - 12.2	Titration von Aminen mit Perchlorsäure in Eisessig
III - 5.1.2	Kohlenmonoxid durch Dehydratisierung von Ameisensäure
III - 8.2.1f	Entzünden von Eisessig durch Natriumperoxid
IV - 1.2	Methan aus Natriumacetat und Natronkalk
IV - 1.5	Äthan durch Elektrolyse einer Natriumacetat-Lösung
IV - 3.3	Ester aus Carbonsäure und Alkohol
IV - 4.3	Quantitative Oxidation von Acetaldehyd
IV - 4.4	Aceton aus Essigsäure
IV - 4.5	Aceton durch thermische Spaltung von Calciumacetat

IV - 5.1 Natriumformiat aus Kohlenmonoxid und Natriumhydroxid

$$CO + NaOH \rightarrow HCOONa$$

Versuchsanordnung: Abb. 162
Gasentwickler Abb. 19b, A bis C mit Wasserbad – Muenckesche Waschflasche D (50%ige Natronlauge, angefärbt) – Gaseinleitungsrohr E – Weithalserlenmeyerkol-

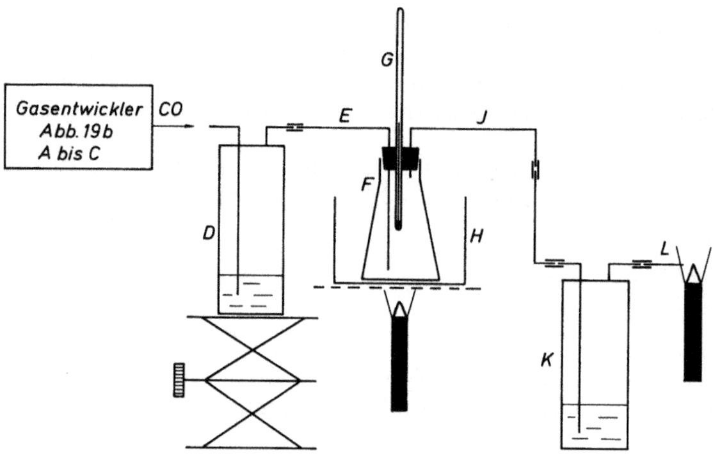

Abb. 162. Natriumformiat aus Kohlenmonoxid und Natriumhydroxid

ben F (100 ml) mit dreifach durchbohrtem Gummistopfen – Thermometer G (bis 300 °C, bis etwas unter die Mitte von F reichend) – Becherglas H (400 ml, niedrige Form) auf Asbestdrahtnetz als Ölbad für F (Füllung Siliconöl, keinesfalls Paraffinöl) – Gasableitungsrohr J – Muenckesche Waschflasche K (angefärbtes Wasser) – kurzes, mit Glaswolle ausgestopftes und zu einer Spitze verjüngtes Glasrohr L – Bunsenbrenner vor der Mündung von L – Bunsenbrenner unter H.

Hilfsmittel:
Konz. Schwefelsäure – Ameisensäure – NaOH – Natronkalk – verd. Salpetersäure – alkalische $AgNO_3$-Lsg. (s.V) – $KMnO_4$-Lsg. – Porzellanschale – Glasstab – Reibschale – Glaswolle – 2 große Reagenzgläser.

Vorbereitung:
In einer Porzellanschale löst man 40 g Natriumhydroxid unter Erwärmen in wenig Wasser auf und gibt unter beständigem Umrühren mit einem Glasstab 30 g Natronkalk hinzu. Wenn die Masse wieder fest zu werden beginnt, wird sie im Trockenschrank bei 105 bis 110 °C möglichst rasch getrocknet, bis man sie in einer angewärmten Reibschale (Schutzbrille!) pulvern kann. Man setzt das Produkt bei allen Operationen möglichst wenig der kohlendioxidhaltigen Luft aus. Das gesamte Natronkalkpulver wird noch warm in das Reaktionsgefäß F zwischen Glaswolle verteilt eingefüllt. Einleitungs- und Ableitungsrohr E bzw. J werden, falls der Versuch nicht anschließend durchgeführt wird, sofort mit Gummikappen verschlossen (Schlauchstücke mit eingeschobenen Glasstäbchen).

Den Kolben A beschickt man mit konz. Schwefelsäure, den Tropftrichter B mit Ameisensäure; das Wasserbad muß rechtzeitig vor Versuchsbeginn angeheizt werden (s. Vers. III - 5.1.2).

Ausführung:
Nachdem die Rohre E und J mit den Waschflaschen D und K verbunden sind, wird das Ölbad langsam angeheizt. Ist im Reaktionsgefäß eine Temperatur von 90 bis 100 °C erreicht, schickt man durch Zutropfen von Ameisensäure zu der heißen Schwefelsäure (s. Vers. III - 5.1.2) einen kräftigen Kohlenmonoxidstrom durch die Apparatur und stellt nach negativer Knallgasprobe vor die Ausströmungsöffnung L einen Bunsenbrenner mit entleuchteter Flamme. Dann reguliert man den Gasstrom auf etwa 60 Blasen pro Minute in der Waschflasche D. Die Temperatur des Reaktionsraumes wird langsam gesteigert. Sobald die Anzahl der durch die Waschflasche K austretenden Gasblasen geringer wird als die der in Waschflasche D eintretenden, hält man die Temperatur[1]) konstant. Gehen nach einiger Zeit durch die Waschflasche K immer noch Gasblasen hindurch, so wird die Temperatur langsam etwas gesteigert, bis eine vollständige Absorption des Kohlenmonoxids erfolgt. Nun reguliert man den Kohlenmonoxid-Strom so, daß ein Zurücksteigen des Wassers in der Waschflasche K gerade verhindert wird. Nach etwa 15 Minuten läßt man im Kohlenmonoxid-Strom erkalten. Dann nimmt man das Reaktionsprodukt aus dem Gefäß F heraus, laugt es mit Wasser aus und weist in der Lösung das Natriumformiat nach:

a) Eine Probe wird mit verd. Salpetersäure neutralisiert, etwas alkalische Silbernitratlösung zugesetzt und erwärmt: Ausscheidung von Silber.

b) Zu einer mit verd. Schwefelsäure angesäuerten und erwärmten Probe wird eine verdünnte Lösung von Kaliumpermanganat tropfenweise zugegeben: Entfärbung.

IV - 5.2 Essigsäure aus Natriumacetat und Schwefelsäure
Eigenschaften von konz. Essigsäure

$$2\ CH_3COONa + H_2SO_4 \rightarrow Na_2SO_4 + CH_3COOH$$

Versuchsanordnung:
Wie Vers. III - 4.1.13, Abb. 113

Hilfsmittel:
Natriumacetat (50 g) frisch entwässert, s. Vers. IV - 1.2 – konz. Schwefelsäure (40 ml) in Erlenmeyerkolben mit Stopfen; der Kolben steht in einer Schale mit Eiswasser – zerkleinertes Eis.

Ausführung:
Man füllt das Natriumacetat in den Kolben, stellt einen langsamen Kühlwasserstrom an und gibt die Säure in einer Portion zu dem Natriumacetat. Dann setzt man die Schliffbrücke auf den Kolben und erwärmt diesen; die Essigsäure destilliert langsam ab. Nach beendeter Umsetzung wird die Vorlage abgenommen, sofort verschlossen, in eine Schale mit Eiswasser gestellt und öfters umgeschüttelt. Die Essigsäure erstarrt zu einer eisähnlichen Masse (Eisessig).

[1]) Die Reaktionstemperatur ist von der Beschaffenheit der Reaktionsmasse abhängig; sie liegt meist zwischen 160 °C und 210 °C, manchmal auch tiefer.

Eigenschaften von konz. Essigsäure (Eisessig)

Hilfsmittel:
a) Eisessig – größerer Eisenlöffel – Bunsenbrenner.
b) Reagenzglas – Leitfähigkeitsprüfer (s. Abb. 18).
c) $KMnO_4$-Lsg. – verd. Schwefelsäure – Ameisensäure – Oxalsäure – 3 große Reagenzgläser.

Ausführung:

a) Brennbarkeit
In einem eisernen Löffel erhitzt man einige Milliliter Eisessig zum Sieden: Die Dämpfe entzünden sich und brennen mit schwach leuchtender Flamme. Eisessig darf daher niemals in offenen Gefäßen erhitzt werden.

b) Elektrische Leitfähigkeit (vgl. Vers. II - 10.1.1b)
Man bringt etwa 5 ml Eisessig in ein Reagenzglas und senkt die Elektroden des Leitfähigkeitsprüfers ein: Nichtleiter. Darauf gibt man unter Umschütteln etwas Wasser hinzu und prüft wiederum auf Leitfähigkeit: Die Lösung leitet den elektrischen Strom.

c) Beständigkeit gegen Permanganat
In einem Reagenzglas gibt man zu einer mit verd. Schwefelsäure angesäuerten Kaliumpermanganatlösung tropfenweise unter Umschütteln Eisessig hinzu: Die Färbung des Permanganats bleibt bestehen.
Vergleichsversuche mit Ameisensäure und Oxalsäure: Entfärbung.

IV - 5.3 Carbonsäuren durch Oxidation von primären Alkoholen

$$R\text{-}CH_2OH \xrightarrow{+2\ O} R\text{-}COOH + H_2O$$

Hilfsmittel:
Äthanol – n-Butanol – Isoamylalkohol – Äther – $KMnO_4$-Lsg. (gesättigt) – verd. Natronlauge – verd. Schwefelsäure – Erlenmeyerkolben (100 ml) auf Asbestdrahtnetz – Bunsenbrenner – pH-Indikatorpapier – kleiner Scheidetrichter – Meßzylinder (10 ml) – Becherglas (100 ml) – Uhrgläser oder Kristallisierschalen.

Ausführung:
Man gibt etwa 10 ml gesättigte Kaliumpermanganatlösung in den Erlenmeyerkolben, dazu ungefähr 5 ml verd. Natronlauge und etwa 1 ml des betreffenden Alkohols. Man läßt einige Zeit stehen, wobei man erwärmt und bei Butanol bzw. Isoamylalkohol längere Zeit (10 Min.) kräftig schüttelt. Dann säuert man mit verd. Schwefelsäure an (Prüfung mit pH-Indikatorpapier) und kühlt unter fließendem Wasser ab. Das Gemisch wird in einen kleinen Scheidetrichter gebracht und mit etwa 5 ml Äther ausgeschüttelt. Vorsicht! Alle offenen Flammen in der Umgebung sind zu löschen! Man läßt die untere Schicht ab und gießt etwas von der oberen (Äther-)Schicht auf ein Uhrglas oder in eine Kristallisierschale; nach Verdunsten des Lösungsmittels: Geruch der betreffenden Säure (bei Essigsäure bekannt, bei Buttersäure ranziger Geruch, bei Isovaleriansäure Geruch nach Baldrian).

IV - 5.4 Natriumoxalat durch thermische Spaltung von Natriumformiat

$$2\ HCOONa \rightarrow NaOOC\text{–}COONa + H_2$$

Hilfsmittel:
Natriumformiat - NaOH in Plätzchen - $CaCl_2$-Lsg. - verd. Essigsäure - großes schwerschmelzbares Reagenzglas mit durchbohrtem Gummistopfen; in der Bohrung kurzes Glasrohr, das oben zu einer nicht zu engen Spitze ausgezogen ist - hoher, mit feinkörnigem Sand gefüllter Eisentiegel auf Dreifuß mit Tondreieck - Teclubrenner - Thermometer (bis 360 °C) - Reibschale - Glaswolle - Kelchglas - Glasstab.

Vorbereitung:
In der angewärmten Reibschale bereitet man durch sorgfältiges Verreiben ein inniges Gemenge von 10 g Natriumformiat und 0,5 g Natriumhydroxid, das bis zur Ausführung des Versuches in einem Exsikkator oder in einer gut verschlossenen Flasche aufbewahrt wird.

Ausführung:
Das Sandbad wird kräftig erhitzt; dabei mißt man die Temperatur. In das Reagenzglas füllt man etwa 5 g des Gemenges von Natriumformiat mit Natriumhydroxid, schiebt darüber einen Glaswollebausch und setzt den Stopfen fest ein. Wenn die Temperatur des Sandbades 300 °C erreicht hat, bettet man das Reagenzglas in den Sand ein. Das Gemenge schmilzt, schäumt dann auf und wird schließlich wieder fest. Sowie die Schmelze aufschäumt, kann der entweichende Wasserstoff entzündet werden. Die Temperatur des Sandbades wird bis 360 °C gesteigert, dann wird der Brenner entfernt. Wenn die Wasserstoffflamme erloschen und die Schmelze wieder fest geworden ist, nimmt man das Reagenzglas aus dem Sandbad heraus und läßt abkühlen. Man löst den Inhalt mit dest. Wasser heraus, gießt die Lösung in ein Kelchglas, säuert mit Essigsäure an und setzt Calciumchloridlösung hinzu: Weißer Niederschlag (Calciumoxalat), der in Essigsäure unlöslich ist.

Bemerkung:
Neben der Reaktion des Formiats zu Oxalat und Wasserstoff kann auch ein Zerfall in Carbonat, Kohlenmonoxid und Wasserstoff erfolgen. Nach der angegebenen Arbeitsweise erhält man vorwiegend Oxalat, da das Optimum der Oxalatbildung zwischen 280 und 360 °C liegt. Erhitzt man das Gemenge vergleichsweise langsam bis auf 360 °C, so ist vorwiegend die Bildung von Natriumcarbonat zu beobachten.

IV - 5.5 Acetylchlorid aus Essigsäure und Phosphortrichlorid

$$3\ CH_3COOH + PCl_3 \rightarrow 3\ CH_3COCl + H_3PO_3$$

Versuchsanordnung: Abb. 163
Destillierkolben A (250 ml) - Tropftrichter B - absteigender Schlangenkühler C - Saugflasche D (250 ml) - Trockenrohr E ($CaCl_2$) - Einleitungsrohr F - Woulfesche Flasche G mit 25%iger Natronlauge zur Hälfte gefüllt; F darf nicht in die Flüssigkeit eintauchen - große Porzellanschale H auf Drahtnetz als Wasserbad für A - Bunsenbrenner.

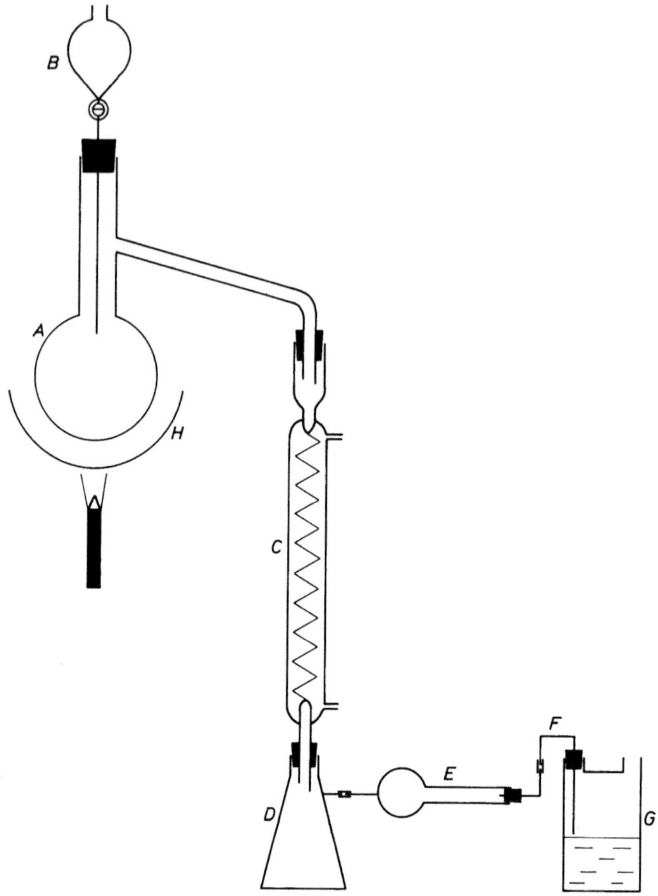

Abb. 163. Acetylchlorid aus Essigsäure und Phosphortrichlorid

Hilfsmittel:
Eisessig (90 g bzw. 1,5 mol) – Phosphortrichlorid (72 g bzw. 0,5 mol) – Thermometer (bis 100 °C).

Ausführung:
Man füllt den Eisessig in den Kolben A und läßt aus dem Tropftrichter das Phosphortrichlorid unter Kühlung (kaltes Wasser in H) langsam in den Kolben fließen. Danach taucht man den Kolben in Wasser von 40 bis 45 °C (in H) und erwärmt ihn so lange, bis die anfangs lebhafte Chlorwasserstoff-Entwicklung aufgehört hat (es steigen keine Gasblasen mehr in der Flüssigkeit auf) und sich zwei Flüssigkeitsschichten im Kolben gebildet haben. Das entstandene Acetylchlorid wird anschließend auf siedendem Wasserbad von der phosphorigen Säure (untere Schicht) in die Saugflasche abdestilliert. Die Reinigung des rohen Acetylchlorids kann durch fraktionierte Destillation (Sdp. 51 °C bei 760 Torr) erfolgen.

IV - 5.6 Acetanilid aus Acetylchlorid und Anilin

$$C_6H_5\text{–}NH_2 + ClOC\text{–}CH_3 \rightarrow C_6H_5\text{–}NH\text{–}CO\text{–}CH_3 + HCl$$

Hilfsmittel:
Frisch destilliertes Anilin – Eisessig – Acetylchlorid (s. Vers. IV - 5.5) – Eiswasser – 2 Bechergläser (50 und 1000 ml) – Reibschale – Tonplatten – Filtrierpapier – Dreifuß mit Drahtnetz – Bunsenbrenner – Erlenmeyerkolben (1000 ml) mit Trichter (⌀ 10 cm) und Faltenfilter – Meßzylinder (10 ml) – Saugflasche mit Nutsche und Filter – Schale mit Eiswasser.

Ausführung: *Abzug!*
Man stellt in dem kleinen Becherglas ein Gemisch von 9,1 ml Anilin und 5,7 ml Eisessig (je 0,1 mol) her. Nach dem Erkalten gießt man das Gemisch in die Reibschale und läßt langsam 6,9 ml Acetylchlorid (0,1 mol) unter Umrühren zufließen: Heftige Reaktion, Chlorwasserstoff-Entwicklung, starke Erwärmung. Innerhalb von zwei Minuten erstarrt das Gemisch kristallin; man rührt mehrmals mit dem Spatel um. Nach dem Erkalten verreibt man die Kristallmasse mit Eiswasser, saugt den Brei auf einer Nutsche ab, preßt den Filterrückstand zwischen Tonplatten und nochmals zwischen Filtrierpapier möglichst trocken und kristallisiert aus siedendem Wasser (500 ml, großes Becherglas) um; die siedende Lösung gießt man durch ein Faltenfilter und stellt das Filtrat in Eiswasser. Binnen einer Minute beginnt die Kristallisation von Acetanilid in großen perlmutterglänzenden Blättchen.

IV - 5.7 Verseifung eines Fettes

Hilfsmittel:
Natronlauge (32%ig) – Natriumhydrogensulfat – NaCl – verd. Schwefelsäure – Fett – 2 Porzellanschalen – Rundkolben (250 ml) mit Destillieraufsatz und Liebigkühler – Erlenmeyerkolben – Bechergläser – pH-Indikatorpapier – Filtrierpapier – Dreifuß mit Asbestdrahtnetz – Bunsenbrenner.

Ausführung:
10 g Fett werden in einem Becherglas unter Rühren mit 25 ml Natronlauge versetzt und etwa 10 Min. zum Sieden erhitzt. Dabei bilden sich zwei flüssige Phasen, oben die „Leimseife“, darunter die sog. Unterlauge (überschüssige Natronlauge und Glycerin).

a) Nachweis des Glycerins
Etwa 1 ml „Unterlauge“ wird in einer Porzellanschale mit etwa 3 g Natriumhydrogensulfat versetzt und erhitzt: Stechender Geruch (Acrolein).

b) Aussalzen der Seife
Etwa die Hälfte der noch warmen Leimseife wird in Wasser gelöst. Es bildet sich eine gelblich-trübe Seifenlösung. Versetzt man diese mit feingepulvertem Natriumchlorid, fällt die Seife in Form von Flocken aus.

c) Isolierung der Fettsäuren
Die andere Hälfte der Leimseife wird in etwa 50 ml Wasser gelöst. Man gibt verd. Schwefelsäure bis zur stark sauren Reaktion zu; dann wird die Lösung in einen Rundkolben mit Destillieraufsatz und angeschlossenem Liebigkühler gefüllt. Die Flüssigkeit wird zum Sieden erhitzt und das Destillat in einem unter das Ende des Kühlers

gestellten Erlenmeyerkolben aufgefangen. Mit dem Wasserdampf gehen flüchtige Fettsäuren über: Saure Reaktion des Destillats. Wenn die flüchtigen Fettsäuren entfernt sind (das Destillat muß dann neutral reagieren), wird der Kolbeninhalt noch warm in eine Porzellanschale gegossen. Nach dem Abkühlen werden die erstarrten Fettsäuren mit Wasser schwefelsäurefrei gewaschen (Prüfung des Wassers mit pH-Indikatorpapier) und dann zwischen Filtrierpapier trocken gepreßt.

IV - 5.8 Katalytische Hydrierung eines ungesättigten Fettes

$$-CH{=}CH- + H_2 \rightarrow -CH_2{-}CH_2-$$

Versuchsanordnung: Abb. 164
H_2-Quelle – Muenckesche Waschflasche A (konz. H_2SO_4) – großes Reagenzglas B mit doppelt durchbohrtem Gummistopfen C – Gaseinleitungsrohr D bis fast zum

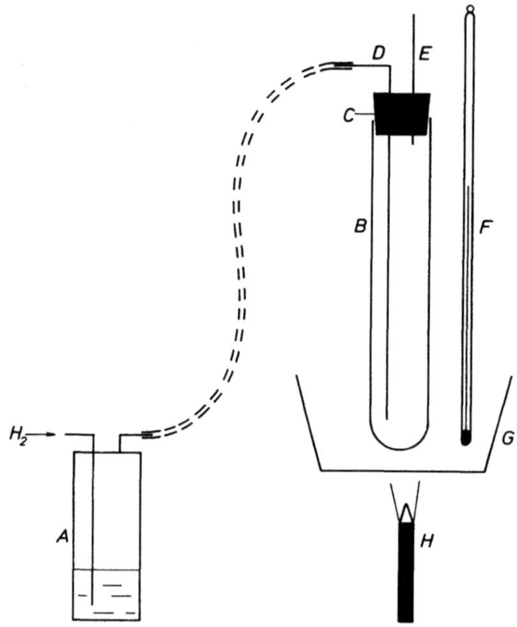

Abb. 164. Katalytische Hydrierung eines ungesättigten Fettes

Boden von B reichend, unten zu einer Spitze ausgezogen (∅ 1 bis 2 mm) – Gasableitungsrohr E, oben spitz ausgezogen – Thermometer F (bis 300 °C) – Sandbad G – Bunsenbrenner H.

Hilfsmittel:
Cottonöl (Speise-Baumwollsamenöl) – $NiCO_3$ – Äther – konz. Ameisensäure – Reibschale – Reagenzgläser – Becherglas mit Eiswasser – Trichter mit Faltenfilter – Kristallisierschale – Aktivkohle gepulvert – Erlenmeyerkolben (100 ml) – Saugflasche mit Nutsche und Filter – Filtrierpapier – Bunsenbrenner.

Vorbereitung:
Nickelformiat: In mit wenig Wasser verdünnte konz. Ameisensäure trägt man im *Erlenmeyer*kolben in der Hitze allmählich Nickelcarbonat ein. Das unter Aufbrausen entstehende Nickelformiat $(HCOO)_2Ni \cdot 2\ H_2O$ setzt sich ab; man hört mit dem Eintragen des Carbonats auf, ehe die Säure erschöpft ist. Nach Dekantieren der überstehenden Lösung wird der kristalline Bodensatz auf eine Nutsche gebracht, mit wenig Wasser ausgewaschen, scharf abgepreßt und zwischen Filtrierpapier bei 100 bis 105 °C getrocknet. Nach feinem Pulvern wird das Präparat in einer verschlossenen Flasche aufbewahrt. Man bettet das Reagenzglas B und das Thermometer in das Sandbad ein. Kurz vor Ausführung des Versuchs werden 0,3 g Nickelformiat mit 5 ml Cottonöl in einer Reibschale innig verrieben und in das Reaktionsgefäß B gebracht.

Ausführung:
Man leitet einen lebhaften Wasserstoffstrom durch die Apparatur, prüft bei E auf Luftfreiheit (Knallgasprobe, s. I - 18.9) und erhitzt dann das Heizbad rasch auf 290 bis 300 °C. Ist das Formiat vollständig zu schwarzem Nickel reduziert, erniedrigt man die Temperatur auf 250 bis 255 °C. Wenn nach etwa 30 bis 40 Minuten das Öl sehr zähflüssig geworden ist, stellt man die Heizung ab, entfernt das Heizbad und läßt das Reaktionsgefäß an der Luft abkühlen. Dann unterbricht man den Wasserstoffstrom, nimmt den Stopfen ab und taucht das Reagenzglas in ein Becherglas mit Eiswasser. Wenn die Hydrierung vollständig war, muß das Öl an den Wandungen des Gefäßes erstarren; andernfalls muß die Hydrierung von neuem eingeleitet und noch einige Zeit fortgesetzt werden. Nach völligem Erkalten löst man das Reaktionsprodukt in wenig Äther, filtriert durch ein Faltenfilter[1]) in eine Kristallisierschale und läßt den Äther verdunsten. Achtung! Flammen in der Umgebung löschen! Es hinterbleibt ein reinweißes Fett.

IV - 5.9 Bestimmung der Jodzahl von Fetten.

Hilfsmittel:
Fett oder Öl – 0,1 N-$Na_2S_2O_3$ – 10%ige KJ-Lsg. – NaBr – Brom – Methanol – Chloroform – Stärkelsg. (s. V) – Erlenmeyer-Schliffkolben mit Stopfen – 2 Büretten (50 ml) – Meßzylinder (100 ml) – Analysenwaage.

Vorbereitung:
Man stellt eine Lösung her, die in 1000 ml Methanol 120 g Natriumbromid und 5,2 ml Brom enthält.

Ausführung:
In den *Erlenmeyer*kolben werden etwa 0,2 bis 0,4 g Fett bzw. Öl genau eingewogen und in 10 ml Chloroform gelöst. Dann werden mit einer Bürette genau 25 ml der Brom-Natriumbromid-Lösung zugesetzt, wobei ein Teil des Natriumbromids ausfällt. Man bewahrt das Reaktionsgemisch etwa eine Stunde im Dunkeln auf. Gleichzeitig wird eine Blindprobe mit derselben Menge Chloroform angesetzt und ebenfalls im Dunkeln aufbewahrt. Zu Probe und Blindprobe gibt man gleichzeitig je 15 ml der Kaliumjodid-Lösung und titriert das ausgeschiedene Jod mit 0,1 N-$Na_2S_2O_3$ zunächst bis zur schwachen Gelbfärbung, fügt dann etwa 5 ml Stärkelösung hinzu und titriert weiter bis zum Farbumschlag von blau nach farblos.

[1]) Sollte das Filtrat nicht klar sein, so setzt man etwas Kohlepulver zu, schüttelt um und filtriert nochmals.

Auswertung:
Die Jodzahl (JZ) ist die Menge Jod (in Gramm), die zur Addition an die Doppelbindungen von 100 g Fett verbraucht wird.
Die Differenz zwischen dem Verbrauch an 0,1 N-$Na_2S_2O_3$ für die Blindprobe (V_0) und für die Probe (V_P) entspricht dem Verbrauch an 0,1 N-Jodlösung. Damit erhält man mit der Einwaage E (in Gramm) die Jodzahl

$$JZ = \frac{0{,}01269 \cdot (V_0 - V_P)}{E} \cdot 100$$

IV - 6 Organische Stickstoffverbindungen

S. auch

II - 9.2.2	Papierchromatographie; Streifenmethode; Trennung von Aminosäuren
II - 9.3d	Dünnschichtchromatographie; Trennung von Aminosäuren
II - 12.2	Titration von Aminen mit Perchlorsäure in Eisessig
IV - 5.6	Acetanilid aus Acetylchlorid und Anilin

IV - 6.1 Nitrierung aromatischer Kohlenwasserstoffe

$$C_6H_5\text{-}H + HNO_3 \rightarrow C_6H_5\text{-}NO_2 + H_2O$$

Hilfsmittel:
Benzol - konz. Salpetersäure - konz. Schwefelsäure - Thermoskop (s. Abb. 10) - *Erlenmeyer*kolben (200 ml) - 2 Meßzylinder (50 und 10 ml) - Thermometer (bis 100 °C) - Becherglas (250 ml) mit Eiswasser - größeres Gefäß (Becherglas oder Schale) mit Eiswasser als Kühlbad - Kelchglas - Glasstäbe.

Vorbereitung:
Zu 10 ml konz. Salpetersäure in einem *Erlenmeyer*kolben, der in Eiswasser gekühlt wird, gibt man unter Umschütteln langsam 20 ml konz. Schwefelsäure. Dieses Nitriergemisch wird im gut verschlossenen Kolben aufbewahrt.

Ausführung: *Abzug! Schutzbrille!*
In das Einsatzgefäß des Thermoskops gibt man 25 ml des vorbereiteten Nitriergemisches und nach Ausgleich der Temperatur einige Tropfen Benzol: Heftige Reaktion, starke Erwärmung. Man nimmt den Einsatz aus dem Mantelgefäß heraus und gießt den Inhalt in einen Erlenmeyerkolben. Diesen kühlt man gut mit Eiswasser und gibt dann unter Umschütteln 5 ml Benzol in kleinen Portionen hinzu. Dabei ist dauernd die Temperatur im Kolben zu prüfen; sie darf nicht über 40 bis 50 °C steigen[1]). Wenn das Benzol zugegeben ist, läßt man einige Zeit (10 Min.) stehen und gießt dann das Reaktionsgemisch langsam unter Umrühren in das Becherglas mit Eiswasser. Die (obere) wäßrige Phase wird abgegossen, die untere mit etwas Wasser in das Kelchglas gebracht: Am Boden schweres gelbes Öl (Nitrobenzol), Geruch nach Bittermandelöl. Man fügt etwas Benzol hinzu: Drei Schichten. Vorsicht! Nitrobenzol wirkt sowohl beim Einatmen als auch bei Aufnahme durch die Haut stark giftig!

[1]) Bei höherer Temperatur wirkt die Salpetersäure oxidierend, was man an der Bildung nitroser Gase erkennt.

Bemerkung:
Will man die Bildung des stark giftigen Nitrobenzols vermeiden, so kann man unter den gleichen Bedingungen Toluol nitrieren; dabei entsteht ein Gemisch von o- und p-Nitrotoluol, die ungiftig sind.
Zur Nitrierung von Naphthalin genügt es, eine Spatelspitze davon in einem Reagenzglas mit wenig konz. Salpetersäure zu übergießen; beim schwachen Erwärmen entsteht eine klare, gelbe Lösung. Man verdünnt mit Wasser: Abscheidung von festem, gelbem α-Nitronaphthalin, das wie Nitrobenzol stark giftig ist.

IV - 6.2 Anilin durch kathodische Reduktion von Nitrobenzol

$$C_6H_5NO_2 + 6\ e^- + 6\ H_3O^+ \rightarrow C_6H_5NH_2 + 8\ H_2O$$ [1])

Versuchsanordnung:
Becherglas (400 ml) als Elektrolysiergefäß, darin Tonzelle (15 cm hoch, Ø 5 cm) – 2 Bleibleche (12 cm lang, 3 cm breit) als Elektroden; die Blechstreifen werden als Anode in die Tonzelle bzw. als Kathode in das Becherglas eingehängt und durch Umbiegen um den Gefäßrand festgehalten – 2 Krokodilklemmen zum Anschluß der Elektroden – regelbare Gleichstromquelle – Amperemeter (bis 5 A).

Hilfsmittel:
Nitrobenzol – Äthanol – konz. Schwefelsäure – frisch hergestellte und filtrierte Chlorkalk-Lösung – verd. Natronlauge – kleine Pipette mit Peleusball[2]) – 2 Kelchgläser – 2 Glasstäbe – 2 Meßzylinder (100 und 10 ml) – Bechergläser.

Vorbereitung:
Man stellt 35 ml 25%ige und 100 ml 15%ige Schwefelsäure her. Erstere wird zu einer Lösung von 5 g (etwa 4 ml) Nitrobenzol in 40 ml Äthanol gegeben.
Vorsicht! Nitrobenzol wirkt beim Einatmen und bei Aufnahme durch die Haut stark giftig.

Ausführung:
Man füllt die Nitrobenzol-Lösung in das Becherglas (Kathodenraum) und soviel 15%ige Schwefelsäure in die Tonzelle, daß das Niveau in beiden Gefäßen gleich hoch ist. Dann elektrolysiert man etwa 15 Min. bei 3 bis 4 A. Zum Nachweis des im Kathodenraum entstandenen Anilins pipettiert man (Peleusball) etwa 1 ml der Kathodenflüssigkeit in ein Kelchglas, fügt 10 ml verd. Natronlauge und dann die Chlorkalklösung hinzu: Tiefviolette Färbung. Man überzeugt sich davon, daß die Ausgangslösung diese Reaktion nicht zeigt.

IV - 6.3 Anilin durch Reduktion von Nitrobenzol mit Wasserstoff

$$C_6H_5\text{–}NO_2 + 3\ H_2 \rightarrow C_6H_5\text{–}NH_2 + 2\ H_2O$$

Versuchsanordnung: Abb. 165
H_2-Quelle – Drechselsche Waschflasche A (konz. H_2SO_4) – großes Reagenzglas mit Schlauchansatz (Saugrohr) B – Gaseinleitungsrohr C – Tropftrichter D – Reaktions-

[1]) Näheres über den Ablauf der Reaktion s. *Beck, F.*, Elektroorganische Chemie (Weinheim 1974).
[2]) Unbedingt erforderlich. Die Anilinlösung (s. u.) darf keinesfalls mit dem Mund angesaugt werden.

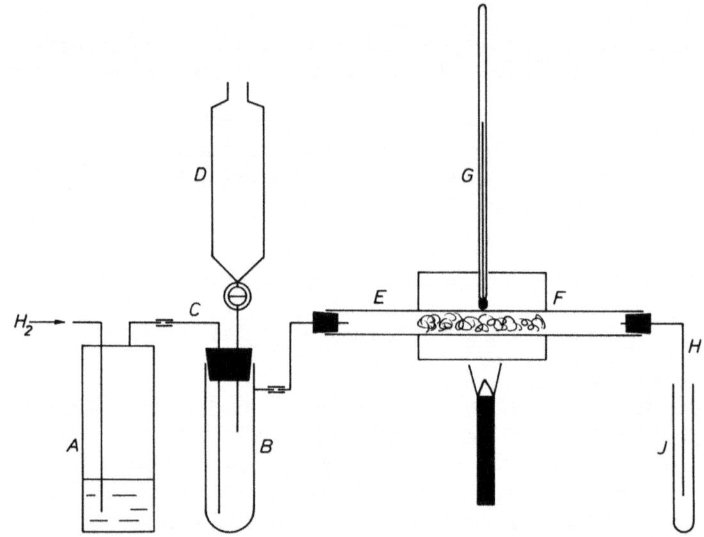

Abb. 165. Anilin durch Reduktion von Nitrobenzol mit Wasserstoff

rohr E aus schwer schmelzbarem Glas (∅ innen 18 mm, Länge 20 cm) – Heizkästchen F aus Asbestpappe (10 cm lang, s. Vers. III - 9.6.1, Abb. 138) – Thermometer G (bis 420 °C) – Gasableitungsrohr H, in dem Gummistopfen leicht drehbar (evtl. mit Glycerin geschmiert) – Reagenzglas J – Bunsenbrenner.

Hilfsmittel:
Nitrobenzol – Nickel(II)-sulfat – Natriumoxalat – Anilin – Glaswolle – Reagenzglas mit 1 bis 2 g Chlorkalk, durch Stopfen verschlossen – zusätzliche Reagenzgläser – Becherglas mit Wasser – Erlenmeyerkolben (300 ml) – Nutsche mit Filter und Saugflasche – Tonplatte – 2 Glasstäbe – Plastiklöffel – Bunsenbrenner.

Vorbereitung:
Nickel(II)-oxalat: Zu einer gesättigten Lösung von 10 g Nickelsulfat im Erlenmeyerkolben gibt man eine gesättigte Lösung von 10 g Natriumoxalat. Der entstehende hellgrüne Niederschlag von Nickeloxalat wird durch mehrmaliges Dekantieren mit heißem Wasser gereinigt, auf einer Nutsche abgesaugt und auf einer Tonplatte bei 100 °C sorgfältig getrocknet.
Das fein gepulverte Nickeloxalat wird auf lockere Glaswolle verteilt in etwa 10 cm langer Schicht in die Mitte des Reaktionsrohres E gebracht.

Ausführung:
Vorsicht! Dämpfe von Anilin und Nitrobenzol dürfen nicht eingeatmet werden. Beide Stoffe wirken auch bei Aufnahme durch die Haut giftig.
Das Gasableitungsrohr H wird zunächst senkrecht nach oben gedreht und mit dem Finger verschlossen; der Hahn des Tropftrichters wird geöffnet. Man leitet einen kräftigen Wasserstoffstrom durch die Apparatur und läßt ihn durch den Tropftrichter entweichen. Dann schließt man den Hahn des Tropftrichters, füllt diesen mit Nitrobenzol und läßt den Wasserstoff durch das Gasableitungsrohr entweichen. Nach ne-

gativem Ausfall der Knallgasprobe (s. I - 18.9) schiebt man das Heizkästchen nach links beiseite, dreht das Gasableitungsrohr senkrecht nach unten und stellt ein leeres Reagenzglas darunter. Nun erhitzt man das Nickeloxalat möglichst rasch auf 350 bis 400 °C, jedoch nicht bis zum Glühen. Sobald der Rohrinhalt intensiv schwarz geworden ist, treibt man durch vorsichtiges Befächeln mit leuchtender Flamme das noch in dem Reaktionsrohr befindliche Wasser vollständig in das vorgelegte Reagenzglas. Dann schiebt man das Heizkästchen über den inzwischen abgekühlten Katalysator und erhitzt langsam, wobei man den Temperaturanstieg kontrolliert. Zugleich läßt man aus dem Tropftrichter Nitrobenzol in das Saugrohr laufen, bis dieses zu etwa einem Drittel gefüllt ist. Der Tropftrichter darf dabei nicht leerlaufen. Das Nitrobenzol wird mit leuchtender Flamme schwach erwärmt, damit genügend verdampft. Der Wasserstoff muß stets in erheblichem Überschuß vorhanden sein. Wenn das Thermometer etwa 20 °C anzeigt, füllt man das Reagenzglas mit dem Chlorkalk zu etwa 2/3 mit Wasser, schüttelt kräftig um und schiebt es unter das Gasableitungsrohr H. Bei weiterem Erhitzen (auf etwa 240 bis 260 °C) zeigt eine tiefviolette Färbung der Chlorkalklösung die Bildung von Anilin an.

Beendigung:
Man bringt ein mit Wasser gefülltes Reagenzglas unter das Rohr H, kühlt das Nitrobenzol durch Eintauchen des Saugrohres B in ein Becherglas mit kaltem Wasser ab und läßt die Apparatur im langsamen Wasserstoff-Strom völlig erkalten.

IV - 6.4 Diazotierung und Kupplung

a) Diazotierung von Anilin

$$C_6H_5\text{-}NH_3^+\ Cl^- + HNO_2 \rightarrow C_6H_5\text{-}N{\equiv}N^+\ Cl^- + 2\ H_2O$$

Hilfsmittel:
Anilin - verd. Salzsäure - $NaNO_2$-Lsg. - $FeCl_3$-Lsg. - großes Reagenzglas - Becherglas mit Eiswasser - pH-Indikatorpapier - Holzspan - Bunsenbrenner.

Ausführung:
In einem Reagenzglas löst man etwas Anilin in verd. Salzsäure, kühlt die saure (Prüfung mit pH-Indikatorpapier) Lösung mit Eiswasser und gibt unter Umschütteln tropfenweise Natriumnitritlösung hinzu: Keine Gasentwicklung (vgl. Vers. IV-6.5). Man läßt etwa eine Minute in der Kälte stehen und erwärmt dann die Lösung: Gasentwicklung (N_2; ein eingetauchter brennender Holzspan erlischt), Geruch nach Phenol

$$C_6H_5\text{-}N{\equiv}N^+\ Cl^- + H_2O \rightarrow C_6H_5\text{-}OH + N_2 + HCl$$

b) Kupplung zu Azofarbstoffen

$$R\text{-}N{\equiv}N^+\ Cl^- + H\text{-}C_6H_4\text{-}N(CH_3)_2 \rightarrow R\text{-}N{=}N\text{-}C_6H_4\text{-}N(CH_3)_2 + HCl$$

Hilfsmittel:
Anilin - Sulfanilsäure - Dimethylanilin - $NaNO_2$-Lsg. (0,5 g $NaNO_2$ in 5 ml Wasser) - Natriumacetat - verd. Salzsäure - konz. Salzsäure - verd. Schwefelsäure - verd. Essigsäure - verd. Natronlauge - 4 große Reagenzgläser - Becherglas mit Eiswasser - 2 Kelchgläser - Glasstäbe - Bunsenbrenner.

Ausführung:

1) In einem Reagenzglas gibt man zu wenig Dimethylanilin einige Milliliter verd. Schwefelsäure und erwärmt, bis das ausgefallene Sulfat gelöst ist. Dann kühlt man und setzt eine nach Vers. a hergestellte und ebenfalls gekühlte Anilin-Diazoniumsalzlösung zu. Nach Zugabe von etwas Natriumacetat (zur Abstumpfung der Säure) fällt ein gelb-orangefarbener Niederschlag aus (Dimethylamino-azobenzol, $R = C_6H_5$, s. o.).

2) In einem Reagenzglas schlämmt man 1 g Sulfanilsäure in etwa 10 ml Wasser auf, gibt 2 Tropfen konz. Salzsäure zu, kühlt in Eiswasser ab und setzt tropfenweise unter Umschütteln 10 ml Natriumnitritlösung zu. Dann läßt man etwa 5 Min. in Eiswasser stehen und bereitet inzwischen eine Lösung von 1 g Dimethylanilin in wenig Essigsäure unter Zusatz von einem Tropfen Salzsäure vor; diese Lösung gibt man dann zu der Diazoniumsalz-Lösung: Violette breiige Masse (4-Dimethylaminoazobenzol-4'-sulfonsäure, Helianthin, Methylorange; $R = HO_3S{-}C_6H_4$, s. o.)

Mit dem Glasstab bringt man etwas von dem Reaktionsprodukt in ein Kelchglas mit Wasser und setzt verd. Natronlauge zu: Gelbe Lösung. Beim Ansäuern mit verd. Schwefelsäure: Farbumschlag nach rot (pH-Indikator).

IV - 6.5 Quantitative Bestimmung von Amino-Gruppen mit salpetriger Säure[1])

$$R{-}CH(NH_2){-}COOH + HNO_2 \rightarrow N_2 + H_2O + R{-}CH(OH){-}COOH$$

Versuchsanordnung: Abb. 166

Gasentwickler nach Abb. 19b, A bis C, Kolben A (100 ml) mit Rührstäbchen auf Magnetrührer – *Drechsel*sche Waschflasche D (s. u.) – Doppel-T-Stück E mit den Häh-

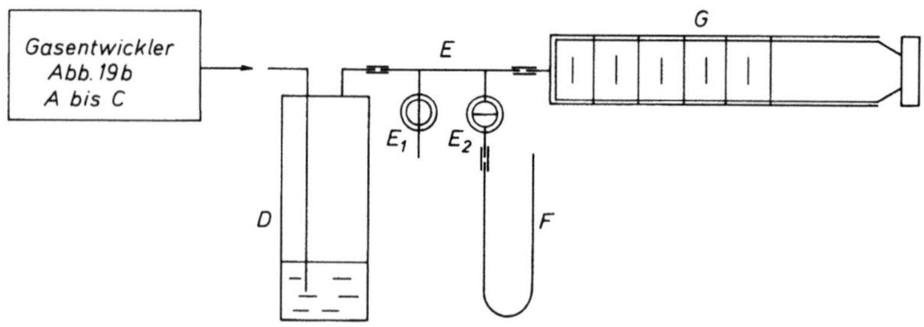

Abb. 166. Quantitative Bestimmung von Aminogruppen mit salpetriger Säure

nen E_1 und E_2 – an E_2 angeschlossen Manometer F – Kolbenprober G (100 ml) – Becherglas H als Kühlbad für den Kolben A.

Hilfsmittel:

Glycin (α-Aminoessigsäure) oder andere Verbindungen mit primären, aliphatisch gebundenen Aminogruppen – KOH – $KMnO_4$ – KNO_2 – CuCl – Eisessig – Eiswasser – Thermometer (bis 50 °C) – Reagenzgläser – Holzspäne – Bunsenbrenner.

[1]) Methode nach *van Slyke.*

Vorbereitung:
Man beschickt die Waschflasche D mit alkal. Permanganatlösung[1]) (5 g Kaliumpermanganat und 2,5 g Kaliumhydroxid in 100 ml Wasser). In dem Kolben A löst man etwa 0,25 g (genau gewogen) Glycin und 0,5 g Kaliumnitrit in 5 bis 10 ml Wasser und fügt eine Spatelspitze Kupfer(I)-chlorid als Katalysator hinzu. In den Tropftrichter B gibt man 10 bis 15 ml Eisessig. Der Kolbenprober wird bei geöffneten Hähnen E_1 und E_2 auf die Nullmarke eingestellt. Dann schließt man E_1 und E_2 und stellt den Kolben A in das mit Eiswasser gefüllte Becherglas H.

Ausführung:
Man stellt den Magnetrührer an und läßt langsam den Eisessig zu der Lösung von Nitrit und Glycin zutropfen. Wenn keine Gasentwicklung mehr zu beobachten ist, entfernt man das Kühlbad und treibt durch leichtes Erwärmen den Stickstoff vollständig aus. Man läßt auf Raumtemperatur abkühlen und liest das Gasvolumen im Kolbenprober, die Raumtemperatur und den Luftdruck ab.
Anschließend kann man das Gas aus dem Kolbenprober unter Wasser in ein Reagenzglas drücken und zeigen, daß ein brennender Holzspan erlischt (N_2).

Auswertung:
Man reduziert das gemessene Stickstoffvolumen auf Normalbedingungen und rechnet es auf Mol um. Ebenso berechnet man aus der Einwaage und der Molmasse des Glycins die Anzahl der umgesetzten Mole und ermittelt durch Vergleich, wieviel Mole Stickstoff aus einem Mol Glycin entstanden sind. Einem Mol Stickstoff entspricht ein Mol Aminogruppen.

IV - 6.6 Harnstoff

IV - 6.6.1 Harnstoff aus Ammoniumcyanat (Harnstoffsynthese nach Wöhler)

Eigenschaften von Harnstoff

$$2\ KCNO + (NH_4)_2SO_4 \rightarrow 2\ NH_4CNO + K_2SO_4 \rightarrow 2\ O{=}C(NH_2)_2 + K_2SO_4$$

Hilfsmittel:
Kaliumcyanat – $(NH_4)_2SO_4$ – abs. Alkohol – Becherglas (250 ml) auf einem Wasserbad – 2 Bechergläser (100 ml) – Meßzylinder (50 ml) – Trichter mit Filter auf *Erlenmeyer*kolben.

Ausführung:
Man löst 8 g Kaliumcyanat ($\approx$ 0,1 mol) und 13 g Ammoniumsulfat in je 20 ml heißem Wasser, gibt die Lösungen im Becherglas zusammen und dampft auf dem Wasserbad bis zur Trockne ein. Den Rückstand versetzt man mit 50 ml absolutem Alkohol, erwärmt einige Minuten auf dem Wasserbad, filtriert und dampft das Filtrat ein; es hinterbleibt Harnstoff.
Harnstoff ist in Alkohol löslich, Kaliumsulfat nicht. Die Ausbeute (theoretisch etwa 6 g) ist meist schlecht.

[1]) Zur Oxidation und Absorption etwa entstehender nitroser Gase.

Eigenschaften von Harnstoff

Hilfsmittel:
a) Harnstoff – pH-Indikatorpapier – Reagenzglas.
b) Harnstoff – konz. Natronlauge – verd. Salzsäure – $Ba(OH)_2$-Lsg. – pH-Indikatorpapier – Reagenzglas mit einfach durchbohrtem Gummistopfen und Gasableitungsrohr – Bunsenbrenner.
c) Konz. Harnstofflösung – konz. Salpetersäure – konz. Oxalsäurelösung – Reagenzgläser.
d) Harnstoff – konz. Kalilauge – $CuSO_4$-Lsg. (10%ig) – pH-Indikatorpapier – Reagenzgläser – Bunsenbrenner.
e) Harnstoff – Methanol – n-Octanol-1 – Äther – Weithalserlenmeyerkolben (200 ml) – Meßzylinder (100 ml) – Saugflasche mit Nutsche und Filter – Reagenzgläser.

Ausführung:
a) Löslichkeit
Man löst etwas Harnstoff in Wasser: Starke Abkühlung; man prüft die Lösung mit pH-Indikatorpapier: Neutrale Reaktion.

b) Hydrolyse
Man versetzt im Reagenzglas 5 bis 10 ml Harnstofflösung mit 1 bis 2 ml konz. Natronlauge, kocht auf, prüft die Dämpfe mit pH-Indikatorpapier und stellt den Geruch fest: Ammoniak

$$OC(NH_2)_2 + 2\ NaOH \rightarrow Na_2CO_3 + 2\ NH_3$$

Man säuert die zurückbleibende Lösung mit verd. Salzsäure an, setzt das Gasableitungsrohr auf und leitet das entstehende Gas in Barytwasser: Niederschlag ($BaCO_3$).

c) Salze des Harnstoffs
Man versetzt etwa 5 ml konz. Harnstofflösung mit ungefähr dem gleichen Volumen konz. Salpetersäure: Niederschlag von Harnstoffnitrat ($H_2N{-}CO{-}NH_3^+\ NO_3^-$). Ebenso verfährt man mit konz. Oxalsäurelösung: Niederschlag von Harnstoffoxalat ($H_2N{-}CO{-}NH_3^+\ HOOC{-}COO^-$). Harnstoff reagiert als einwertige Base.

d) Biuretprobe
Man erhitzt etwa 1 g Harnstoff zunächst vorsichtig im Reagenzglas zum Schmelzen und erhitzt dann stärker, wobei Ammoniak entweicht: Nachweis durch Geruch und durch pH-Indikatorpapier. Wenn bei weiterem Erhitzen die Schmelze fest geworden ist, läßt man abkühlen und laugt den Rückstand mit etwas warmem Wasser aus; dabei geht Biuret in Lösung. Man versetzt die Lösung mit etwas konz. Kalilauge und gibt einige Tropfen der Kupfersulfatlösung hinzu: Rotviolette Färbung.

e) Harnstoff-Einschlußverbindung
Man stellt 75 ml einer gesättigten Harnstofflösung in Methanol her und versetzt sie in dem Erlenmeyerkolben mit 50 ml n-Octanol-1. Den Niederschlag (große Nadeln) saugt man ab und wäscht ihn zunächst mit einem Methanol-Äther-Gemisch im Volumenverhältnis 1 : 1 und dann mit Äther aus.
Darauf füllt man ein Reagenzglas zu etwa 1/3 mit den Kristallen und setzt das halbe Volumen Wasser zu: Auflösung der Kristalle unter Ausscheidung des Octanols als leichtere Schicht.

IV - 6.6.2 Quantitative Zersetzung von Harnstoff mit Hypobromit

$$O{=}C(NH_2)_2 + 3\ KBrO \rightarrow 3\ KBr + CO_2 + N_2 + 2\ H_2O$$

Versuchsanordnung:
Gasentwickler nach Abb. 19b, A bis C, Kolben A in einem Wasserbad - an C angeschlossen über ein Doppel-T-Stück mit Hähnen ein Kolbenprober - ein Schenkel des Doppel-T-Stücks ist mit einem Manometer (angefärbtes Wasser) verbunden.

Hilfsmittel:
1%ige Harnstofflösung - konz. Kalilauge - Brom - Becherglas (100 ml) - Meßzylinder (50 ml) - Meßpipette (2 ml) mit Peleusball oder Meßzylinder (5 ml) - Thermometer (bis 100 °C) - Barometer.

Vorbereitung:
Zu 20 ml konz. Kalilauge gibt man 30 ml Wasser und fügt unter dem Abzug mit der Meßpipette oder dem Meßzylinder 1,5 ml Brom hinzu; diese alkalische Hypobromitlösung füllt man in den Tropftrichter. In den Kolben des Gasentwicklers gibt man 10 ml der Harnstofflösung. Man schiebt den Kolbenprober auf die Nullmarke und stellt in der Apparatur Atmosphärendruck her (Kontrolle am Manometer).

Ausführung:
Man heizt das Wasserbad auf 70 °C an und läßt dann die Hypobromitlösung zu der Harnstofflösung tropfen. Wenn die sichtbare Gasentwicklung aufhört, erhitzt man den Kolben etwas höher, bis keine Gasentwicklung mehr stattfindet. Nach dem Abkühlen auf Raumtemperatur liest man das gebildete Gasvolumen im Kolbenprober ab.

Auswertung:
Man reduziert das gemessene Stickstoffvolumen auf Normalbedingungen (vgl. I - 18.7) und rechnet es auf Mol um. Aus 1 mol Harnstoff entsteht 1 mol Stickstoff; das ebenfalls entstehende Kohlendioxid wird von der stark alkalischen Hypobromitlösung absorbiert. Nach dieser Methode kann der Harnstoffgehalt im Harn ermittelt werden.

IV - 6.6.3 Zersetzung von Harnstoff durch Urease

$$(H_2N)_2C{=}O + H_2O \xrightarrow{\text{Urease}} CO_2 + 2\ NH_3$$

$$\xrightarrow{H_2O} HCO_3^- + 2\ NH_4^+ + OH^-$$

Hilfsmittel:
3%ige Harnstofflösung - 1%ige Ureaselösung - Phenolphthaleinlösung - verd. Salzsäure - pH-Indikatorpapier - $Ba(OH)_2$-Lsg. - gesättigte $HgCl_2$-Lsg. - Nachweisapparatur für Gase nach Abb. 20 - Reagenzgläser - Meßzylinder (10 ml) - Becherglas 100 ml auf Magnetrührer - Rührstäbchen - Leitfähigkeitsprüfer - regelbare Wechselstromquelle - Milliamperemeter (30 bzw. 100 mA) - Voltmeter (bis 20 V) - Thermometer (bis 50 °C) - Stoppuhr.

Ausführung:

1) Man mischt je 2 ml Harnstofflösung und Ureaselösung und setzt 3–4 Tropfen Phenolphthaleinlösung hinzu: Allmähliche Rotfärbung. Man teilt die Probe in zwei Teile.

Einen Teil versetzt man mit verd. Natronlauge und erhitzt: Ammoniakbildung. Man weist das Ammoniak mit angefeuchtetem pH-Indikatorpapier nach; die Geruchsprobe versagt manchmal.

Den zweiten Teil versetzt man in der Nachweisapparatur mit verd. Salzsäure, bis die rote Farbe verschwunden ist, und erwärmt. Das entstehende Gas leitet man in Barytwasser: Niederschlag bzw. Trübung ($BaCO_3$).

2) Man erhitzt 2 ml Ureaselösung zum Sieden und gibt wie oben 2 ml Harnstofflösung sowie den Indikator zu: Keine Rotfärbung, da das Enzym durch die Hitze zerstört worden ist.

3) Man gibt zu 2 ml Harnstofflösung einige Tropfen Quecksilber(II)-chloridlösung und setzt dann 2 ml Ureaselösung zu. Mit Phenolphthalein tritt jetzt keine Rotfärbung ein: Urease (ein Globulin) enthält im aktiven Zentrum SH-Gruppen, die u. a. durch Schwermetallionen inaktiviert werden können.

4) Man füllt in das Becherglas 50 ml Harnstofflösung und gibt das Rührstäbchen hinzu. Dann befestigt man den Leitfähigkeitsprüfer so, daß er frei in der Flüssigkeit hängt, und verbindet ihn über das Milliamperemeter mit der Stromquelle. Parallel zum Leitfähigkeitsprüfer schaltet man das Voltmeter. In die Lösung hängt man das Thermometer.

Man schaltet die Stromquelle ein und reguliert die Spannung auf etwa 10 V; der eingestellte Wert muß während des Versuches durch Nachregulieren konstant gehalten werden. Dann setzt man den Magnetrührer in Betrieb, gibt 1 ml Ureaselösung in das Becherglas, setzt die Stoppuhr in Gang und liest die Stromstärke ab. Man mißt nun während 10 Minuten in Abständen von einer Minute die Stromstärke und kontrolliert auch die Temperatur. Nach 10 Minuten gibt man in das Becherglas einige Tropfen Quecksilber(II)-chloridlösung: Die Stromstärke bleibt jetzt konstant. Nach weiteren 2 bis 3 Minuten beendet man den Versuch.

Die Leitfähigkeit in der Lösung steigt an, weil sich durch die Zersetzung des Harnstoffs Ionen (NH_4^+, HCO_3^-, OH^-) bilden. Beim Zusatz des Metallsalzes wird die Spaltung des Harnstoffs blockiert; die Leitfähigkeit steigt nicht mehr.

Man trägt die Meßwerte in ein Koordinatensystem ein (Stromstärke als Ordinate, Zeit als Abszisse).

Durch Zugabe von 2, 3 usw. ml der Ureaselösung bzw. durch Verdünnen der Harnstofflösung mit Wasser im Verhältnis 1 : 1, 1 : 2 usw. kann man zeigen, daß die Reaktionsgeschwindigkeit von der Konzentration der Urease abhängt, jedoch unabhängig ist von der Harnstoffkonzentration, wenn diese größer als etwa 1% ist. Photometrische Untersuchungen ergaben, daß bei einer etwa 0,01%igen Harnstofflösung die Reaktion von 1. Ordnung in Bezug auf Harnstoff ist. Bei Konzentrationen zwischen 0,01% und 1% liegt die Reaktionsordnung zwischen 1 und 0.

IV - 6.7 Titration von Aminosäuren mit Kalilauge

Versuchsanordnung:

Bürette (25 ml) – Weithals-Erlenmeyerkolben (200 ml) – Magnetrührer und Rührstäbchen – Becherglas (200 ml).

Hilfsmittel:

Glycin (α-Aminoessigsäure, Glykokoll) – 1 N-KOH – 1%ige alkoholische Phenolphthalein-Lösung – Formaldehyd-Lösung (40%ig, Formalin) – Na_2CO_3-Lsg.

Vorbereitung:
30 ml Formalin werden mit Natriumcarbonat-Lösung gegen Phenolphthalein genau neutralisiert.

Ausführung:
Man löst 0,75 g Glycin in 100 ml Wasser, fügt einige Tropfen Phenolphthalein-Lösung hinzu und titriert mit 1 N-KOH auf schwach rosa. Der Farbumschlag tritt nach Zugabe weniger Tropfen Lauge ein. Dann gibt man die Formaldehyd-Lösung hinzu und titriert weiter bis zum Neutralisationspunkt.

Auswertung:
Glycin liegt wie alle Aminosäuren in neutraler Lösung als Zwitterion vor

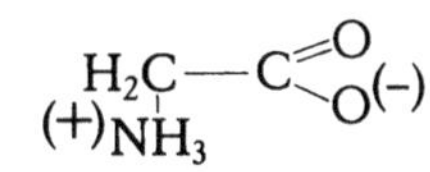

und kann mit Lauge nur titriert werden, wenn die Aminogruppe vorher durch Kondensation mit Formaldehyd blockiert wurde:

$$\underset{NH_2}{H_2C} - COOH + O{=}CH_2 \rightarrow \underset{N{=}CH_2}{H_2C} - COOH + H_2O$$

Aus der Einwaage (0,75 g, d.h. 0,01 mol Glycin) ergibt sich ein theoretischer Verbrauch von 10 ml 1 N-KOH.

IV - 7 Polymere Verbindungen (Kunststoffe)[1]

IV - 7.1 Polyamid (Nylon) aus Sebacinsäuredichlorid und Hexamethylendiamin

$$n\ H_2N\text{-}(CH_2)_6\text{-}NH_2 + n\ ClOC\text{-}(CH_2)_8\text{-}COCl \xrightarrow[\text{Diamin-Überschuß}]{+\ NaOH\ \text{oder}}$$

$$H[\text{-}NH\text{-}(CH_2)_6\text{-}NH\text{-}CO\text{-}(CH_2)_8\text{-}CO\text{-}]_n + 2n\ NaCl$$

a) Sebacinsäuredichlorid aus Sebacinsäure und Phosphortrichlorid

$$3\ HOOC\text{-}(CH_2)_8\text{-}COOH + 2\ PCl_3 \rightarrow 3\ ClOC\text{-}(CH_2)_8\text{-}COCl + 2\ H_3PO_3$$

Versuchsanordnung:
Rundkolben (500 ml) – einfach durchbohrter Gummistopfen mit weitem Glasrohr (etwa 5 cm lang), daran langer Gummischlauch zum Abzug.

Hilfsmittel:
Sebacinsäure – PCl_3 – Apparatur zur Vakuumdestillation (s. I-17.5, Abb. 14) mit Ölbad für den Destillierkolben – Thermometer (bis 250 °C) – Siedesteinchen – Meßzylinder (50 ml).

[1]) Zur Darstellung von Polyäthylen im Unterrichtsversuch s. *Seitz, H.,* Die Polymerisation des Äthylens. Math. naturwiss. Unterricht **28**, 36 (1975).

Ausführung:
In den Rundkolben gibt man 30 g Sebacinsäure und dazu 18,4 ml (28 g) Phosphortrichlorid: Starkes Aufschäumen, Chlorwasserstoff-Entwicklung[1]). Es bilden sich zwei Flüssigkeitsschichten, die untere ist phosphorige Säure. Nach Beendigung der Gasentwicklung wird die gelbe obere Schicht von der unteren in den Destillierkolben abgegossen und im Vakuum (Wasserstrahlpumpe, etwa 15 Torr) fraktioniert destilliert. Das Sebacinsäuredichlorid siedet unter diesen Bedingungen bei 168 bis 170 °C.

b) Polykondenstion

Versuchsanordnung[2]) Abb. 167
Über der Mitte eines Becherglases (250 ml, hohe Form) wird ein hakenförmig gebogener Glasstab A (Abb. 167a) parallel zur Tischkante in einer Stativklammer befestigt. Ein zweiter Glasstab B wird (etwas tiefer) parallel zu A genau über einem auf dem Fußboden stehenden größeren Becherglas (oder einer Kristallisierschale) angebracht. Man kann auch möglichst hoch über dem Becherglas eine Winde (Rolle mit Handgriff, s. Abb. 167b) befestigen.

Hilfsmittel:
Sebacinsäuredichlorid – Tetrachlorkohlenstoff (Tetrachlormethan) – Hexamethylendiamin – Phenolphthalein-Lsg. – Pinzette – 2 Meßzylinder (10 und 100 ml).

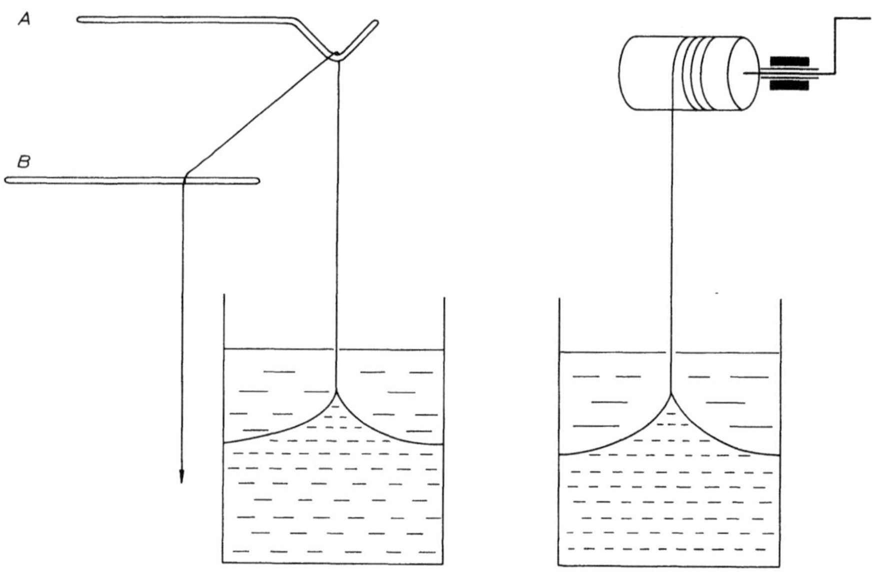

a) Anordnung mit Glasstäben b) Anordnung mit Winde

Abb. 167. Herstellung eines Polyamid- (Nylon-)Fadens

[1]) Chlorwasserstoff entsteht bei einer Nebenreaktion

$$2\,PCl_3 + 2\,H_3PO_3 \rightarrow 6\,HCl + P_4O_6.$$

[2]) *Morgan, P. W.*, u. *St. L. Krolek*, J. chem. Educat. **36**, 182 (1959).

Ausführung:
In das Becherglas wird eine Lösung von 2 ml Sebacinsäuredichlorid in 100 ml Tetrachlorkohlenstoff eingegossen und vorsichtig mit einer Lösung von 4,4 g Hexamethylendiamin in 50 ml Wasser (mit Phenolphthaleinlösung angefärbt) überschichtet. Wird der dünne Film an der Grenzfläche der beiden Flüssigkeiten mit einer Pinzette gefaßt und hochgezogen, so bildet er sich sofort wieder nach.
Man zieht den so erzeugten Faden mit der Pinzette über die beiden Glasstäbe hinweg nach unten, bis er durch sein Eigengewicht von selbst weiter herabsinkt. Da er im Becherglas immer wieder nachgebildet wird, läuft er jetzt kontinuierlich über die beiden Glasstäbe hinweg und sammelt sich in dem Gefäß auf dem Fußboden. Die Bewegung des Fadens wird besser sichtbar, wenn man von Zeit zu Zeit ein Papierstückchen aufdrückt.
Man kann auch den mit der Pinzette gefaßten Film über eine Winde (Abb. 167b) legen und damit den entstandenen Faden aufspulen, wobei man sehr gleichmäßig drehen muß, damit er nicht abreißt. Je größer der Abstand zwischen Becherglas und Winde ist, desto dünner wird der Faden.

IV - 7.2 Thioplast (kautschukähnlicher Kunststoff) aus Dichloräthan und Natriumpolysulfid

$$n\ ClCH_2\text{–}CH_2Cl + n\ Na_2S_x \rightarrow (\text{–}CH_2\text{–}CH_2\text{–}S_x\text{–})_n + 2\ n\ NaCl$$ [1])

Versuchsanordnung:
Weithals-Erlenmeyerkolben (300 ml) mit einfach durchbohrtem Gummistopfen und aufgesetztem Kugelkühler in einem Wasserbad.

Hilfsmittel:
Natriumsulfid krist. ($Na_2S \cdot 9\ H_2O$) – Schwefel krist. – Dichloräthan (Herstellung s. Vers. IV-2.2) – Äthanol – konz. $CuSO_4$-Lsg. – Enghals-Erlenmeyerkolben (300 ml) mit Gummistopfen für die Reaktions-Lösung – große Porzellanschale – 2 große Reagenzgläser – kleiner Trichter mit Filter – 2 Tonteller – Filtrierpapier – Reibschale – Bunsenbrenner.

Vorbereitung:
Herstellung der Natriumpolysulfidlösung: 24 g krist. Natriumsulfid (0,1 mol) und 19 g Schwefel (0,59 mol), jedes für sich feinst gepulvert, werden zusammen in dem Erlenmeyerkolben mit 50 ml Alkohol übergossen. Der Erlenmeyerkolben wird verschlossen und etwa 10 Min. lang häufig umgeschwenkt. Dann wird die tieforangefarbene Lösung abgegossen, die ungelöste Substanz noch zweimal mit je 15 ml Alkohol verrieben und der nunmehr nur noch kleine Rückstand mit etwa 5 ml Alkohol ausgewaschen. Alle Lösungen werden vereinigt; Dauer der Herstellung etwa 20 Minuten.

Ausführung:
In dem weithalsigen *Erlenmeyer*kolben wird die alkoholische Natriumpolysulfidlösung (etwa 80 ml) mit 19 g Dichloräthan (0,2 mol) versetzt und durchgeschüttelt. Die anfangs durchsichtig helle Lösung wird undurchsichtig blutrot. Man setzt den Kühler auf den Kolben und erwärmt das Wasserbad so lange auf etwa 50 °C, bis die Reaktion gerade einsetzt. Diese verläuft dann stürmisch unter großer Wärmeentwicklung, der Alkohol kommt ins Sieden, und innerhalb einer Minute scheidet sich am Boden eine hellgelbe, zähe Masse ab, während die Flüssigkeit sich aufhellt und schließlich

[1]) x liegt zwischen 4 und 7.

blaßgelb und durchsichtig klar wird. Nach etwa 10 Min. nimmt man mit dem Spatel den hellgelben Klumpen heraus, wäscht ihn unter fließendem Wasser ab und preßt ihn zwischen Tontellern und Filtrierpapier trocken.
Der Thioplast ist eine knetbare, gummiartig dehnbare Masse von eigenartigem Geruch. Nimmt man zur Herstellung andere Mengen Schwefel als angegeben, so ändert sich die Beschaffenheit des Kondensats. Mit weniger Schwefel fällt es z.B. mehr flokkig und krümelig aus und wird mit der Zeit hart. Die Kondensation erfolgt aber in jedem Fall.
Etwa 1 ml der Lösung versetzt man zur Ausfällung von vorhandenem Sulfid- bzw. Polysulfid-Ionen mit einem Überschuß an konz. Kupfer(II)-sulfatlösung. Nach dem Ansäuern mit verd. Salpetersäure wird zum Sieden erhitzt, filtriert und das klare Filtrat mit Silbernitratlösung versetzt: Weißer Niederschlag (AgCl).

IV - 7.3 Polykondensation von Phenol mit Formaldehyd
(Bakelit)

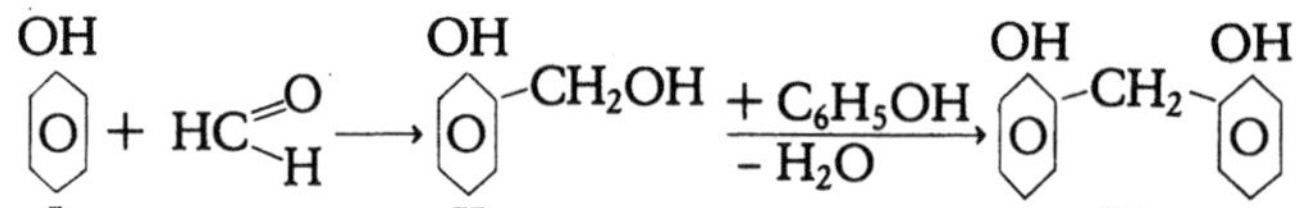

I II III

III reagiert mit überschüssigem Formaldehyd unter Eintritt neuer $-CH_2OH$-Gruppen und durch Kondensation mit I oder III unter Ausbildung weiterer Methylenbrücken: Kettenwachstum.

Hilfsmittel:
Phenol – Resorcin – Formaldehyd-Lsg. (Formalin, 30 bis 40%ig) – Na_2SO_3 – konz. Salzsäure – große Reagenzgläser – Wasserbad – Thermometer (bis 150 °C) – Bunsenbrenner.

Ausführung:
Man versetzt im Reagenzglas etwa 1 bis 2 g Phenol mit 2 ml Formaldehyd und einigen Kriställchen Natriumsulfit als Katalysator (auch ein Tropfen konz. Salzsäure wirkt als Katalysator) und erwärmt schwach, bis die Lösung zähflüssig wird. Dann erwärmt man etwas stärker (bis etwa 130 °C). Das Reaktionsgemisch erstarrt nun vollends. Man läßt erkalten und prüft nach Zerschlagen des Reagenzglases das gewonnene erhärtete Harz (Bakelit) auf Härte und auf Verhalten beim Erhitzen und gegen Lösungsmittel.
Man führt ferner einen analogen Kondensationsversuch mit Resorcin oder einem Gemisch aus Phenol und Resorcin durch.

IV - 7.4 Polykondensation von Harnstoff mit Formaldehyd[1])

$$(n+1)\ H_2N\text{-}\overset{O}{C}\text{-}NH_2 + (n+1)\ OCH_2 \rightarrow$$

$$H_2N\text{-}\overset{O}{C}\text{-}\left[NH\text{-}CH_2\text{-}NH\text{-}\overset{O}{C}\right]_n\text{-}NH\text{-}CH_2OH + n\ H_2O$$

[1]) Harnstoff-Formaldehyd-Kondensate werden als Aminoplaste bezeichnet.

Hilfsmittel:
Harnstoff – Formaldehyd-Lsg. (Formalin, 40%ig) – konz. Salzsäure – großes Reagenzglas – Wasserbad.

Ausführung:
Man löst Harnstoff in möglichst wenig kalter Formaldehyd-Lösung (z.B. 5 g Harnstoff in 15 ml Formalin) und erwärmt einige Zeit bis zur Abscheidung des Kondensationsharzes (Pollopas). Bei Zusatz von 1 ml konz. Salzsäure als Katalysator tritt die Kondensation meist schon ohne Erwärmung ein.

V - Reagenzlösungen und andere Hilfsmittel

Konzentration von Lösungen
Soweit nicht anders angegeben, sollen die verwendeten Lösungen etwa 2-normal (2N) sein; dies gilt auch für verdünnte Säuren und Laugen.

Weitere Konzentrationsangaben:

	Gew.-%	Dichte
konz. Schwefelsäure	95–97	1,84
konz. Salzsäure	32	1,16
rauch. Salzsäure	37–38	1,19
konz. Salpetersäure	65	1,40
rauch. Salpetersäure	96–100	1,50–1,52
konz. Ammoniaklösung	25	0,91
Bariumhydroxid-Lösung (Barytwasser)	gesättigt	
Silbernitrat-Lösung	5	

Acetylen-Reagenz
S. Kupfer(I)-chlorid-Gelatine-Lösung – Silbernitrat-Lösung ammoniakalisch

Aldehyd-Reagenz
S. 2,4-Dinitrophenylhydrazin – Fehlingsche Lösung – Fuchsinschweflige Säure

Ammoniak-Reagenz
S. Nesslers Reagenz

Ammoniummolybdat-Lösung
10 g Ammoniummolybdat, 20 g NH_4NO_3 und 70 ml konz. NH_3-Lsg. werden mit Wasser auf 100 ml aufgefüllt.
Reagenz auf Phosphorsäure und Phosphate (gelber krist. Niederschlag).

Arsenat-Reagenz
S. Magnesiamischung

Diacetyldioxim
Gesättigte Lsg. in 96%igem Äthanol.
Reagenz auf Nickel (roter Niederschlag).

2,4-Dinitrophenylhydrazin-Lösung
Eine Lösung von 3 g 2,4-Dinitrophenylhydrazin in 15 ml konz. H_2SO_4 gibt man langsam in eine Mischung von 20 ml Wasser und 70 ml Äthanol. Nach dem Abkühlen filtriert man.
Reagenz auf Aldehyde und Ketone (gelber Niederschlag).

Diphenylamin-Schwefelsäure
0,1 g Diphenylamin in 100 ml konz. H_2SO_4 gelöst.
Reagenz auf stark oxidierende Stoffe wie HNO_3, HNO_2, $Cr_2O_7^{2-}$ u.a. (Blaufärbung).

Fehlingsche Lösung
I) 7 g $CuSO_4 \cdot 5\,H_2O$ in 100 ml H_2O;
II) 37 g Kaliumnatriumtartrat in 100 ml H_2O unter Zusatz von 10 g NaOH gelöst. Beide Lösungen sind getrennt aufzubewahren.
Reagenz auf Aldehyde und andere starke Reduktionsmittel (Ausfällung von rotem Cu_2O nach Zugabe von I + II zur Probelsg. und Erhitzen).

Fuchsinschweflige Säure
In eine 0,025%ige Lsg. von Fuchsin wird SO_2 bis gerade zur Entfärbung eingeleitet. Reagenz auf Aldehyde (Rotfärbung).

Indigo-Lösung
S. Indigocarmin-Lösung

Indigocarmin-Lösung
1 g Indigocarmin (indigodisulfonsaures Natrium) in 100 ml H_2O.
Reagenz auf Ozon und andere starke Oxidationsmittel (Farbumschlag nach schwach gelb infolge Oxidation zu Isatin).

Jod-Reagenz
S. Stärkelösung

Jod-Kaliumjodid-Lösung
1,5 g J_2 + 2,5 g KJ in 100 ml H_2O gelöst.
Reagenz auf SO_2 bzw. H_2SO_3 (Entfärbung) und andere Reduktionsmittel.
Reagenz auf Aceton, Äthanol u. ä. (Jodoformprobe) nach Zugabe von verd. Natronlauge bis gerade zur Entfärbung (gelber Niederschlag).

Jodoform-Probe
S. Jod-Kaliumjodid-Lösung

Kaliumjodid-Stärke-Lösung
Zu 100 ml Stärkelsg. (s. d.) gibt man 0,5 k KJ, in wenig Wasser gelöst. Die Lösung ist in einer Flasche mit dicht schließendem Stopfen aufzubewahren.
Reagenz auf oxidierend wirkende Stoffe (Blaufärbung).

Ketone
S. 2,4-Dinitropenylhydrazin

Kobalt(II)-chlorid-Papier:
In einer Porzellanschale werden einige breite Streifen von grobporigem Filtrierpapier mit einer Lsg. von 5 g $CoCl_2 \cdot 6\,H_2O$ in 5 ml H_2O getränkt und dann bei 100 °C im Trockenschrank getrocknet. Aufbewahrung im Exsikkator.
Reagenz auf H_2O (Farbumschlag von tiefblau nach rosa).

Kohlenmonoxid-Reagenz
S. Palladium(II)-chlorid-Lösung – Silbernitrat-Lösung alkalisch

Kupfer(I)-chlorid-Gelatine-Lösung
1 g $Cu(NO_3)_2 \cdot 6\,H_2O$ wird in möglichst wenig H_2O gelöst; dann wird 20%ige NH_3-Lsg. tropfenweise zugegeben, bis das ausfallende $Cu(OH)_2$ wieder gelöst ist (tiefblaue

Lsg.); man gibt 3 g Hydroxylammoniumchlorid hinzu (Entfärbung), füllt mit H_2O auf 50 ml auf und bewahrt die Lösung in einer Flasche über blankem, spiralig gewikkeltem Kupferdraht verschlossen (Gummistopfen) auf. Zum Gebrauch setzt man auf 5 ml Reagenz 1 ml 20%ige Gelatinelösung (Schutzkolloid) zu und verdünnt auf 10 ml.
Reagenz auf Acetylen (rote kolloide Lsg.).

Kupfersulfat wasserfrei
Grob gepulvertes $CuSO_4 \cdot 5\,H_2O$ wird in einer kleinen Porzellanschale unter Umrühren mit einem Glasstab so lange erhitzt, bis ein rein weißes Pulver entstanden ist, das man noch warm in eine Flasche mit dicht schließendem Stopfen füllt.
Reagenz auf H_2O (Blaufärbung).

Magnesiamischung
Verd. $MgSO_4$-Lsg. wird mit NH_4Cl und darauf mit verd. NH_3-Lsg. bis zur alkalischen Reaktion versetzt. Ein etwa entstehender Niederschlag wird durch weitere Zugabe von NH_4Cl wieder gelöst.
Reagenz auf Arsenat und Phosphat (weißer Niederschlag).

Neßlers Reagenz
10 g HgJ_2 und 5 g KJ werden in 50 ml H_2O gelöst, ebenso 20 g NaOH in 50 ml H_2O. Man gießt beide Lösungen zusammen, filtriert und bewahrt die Mischung in gut verschlossener Flasche im Dunkeln auf.
Reagenz auf NH_3 (gelbbraune kolloide Lösung, Abscheidung brauner Flocken).

Nickel-Reagenz
S. Diacetyldioxim

Oxidationsmittel, Reagenz auf
S. Diphenylamin-Schwefelsäure – Indigocarmin-Lösung – Kaliumjodid-Stärke-Lösung

Ozon-Reagenz
S. Indigocarmin-Lösung

Palladium(II)-chlorid-Lösung
1 g $PdCl_2 \cdot 2\,H_2O$ werden in 100 ml H_2O gelöst. Man gibt verd. Salzsäure zu bis zur klaren Auflösung.
Reagenz auf CO (schwarzer Niederschlag von Pd).

Phosphat- (Phosphorsäure-)Reagenz
S. Ammoniummolybdat-Lösung – Magnesiamischung

Platinasbest
5 g Asbestfasern werden mit etwa 3 ml einer 10%igen Lösung von Platinchlorwasserstoffsäure getränkt, getrocknet und im Porzellantiegel mit einem Bunsenbrenner oder vor dem Gebläse scharf ausgeglüht. Platinasbest kann oftmals verwendet werden. Er ist nach jedem Versuch gründlich mit Wasser auszuwaschen und auszuglühen. Aufbewahrung in einer Glasstöpselflasche.

Reduktionsmittel, Reagenz auf
S. Fehlingsche Lösung – Jod-Kaliumjodid-Lösung

Schweflige Säure undSchwefeldioxid, Reagenz auf
S. Jod-Kaliumjodid-Lösung

Silbernitrat-Lösung alkalisch
0,85 g $AgNO_3$ werden in 3 ml H_2O gelöst und mit 18 ml 10%iger NH_3-Lsg. sowie mit 90 ml verd. NaOH (2 N) versetzt; man füllt mit Wasser auf 500 ml auf.
Reagenz auf CO (schwarzer Niederschlag von Ag).

Silbernitrat-Lösung ammoniakalisch
Eine 3%ige $AgNO_3$-Lsg. wird mit 10%iger NH_3-Lsg. versetzt, bis der zunächst ausfallende Niederschlag (Ag_2O) wieder verschwunden ist.
Reagenz auf Acetylen (schwarzer Niederschlag von Ag).

Stärkelösung
Etwa 0,5 g Stärke werden in einer Reibschale mit etwa 5 ml Wasser zu einem dünnen Brei verrieben; dieser wird unter Umrühren in 100 ml siedendes Wasser gegeben.
Reagenz auf Jod (Blaufärbung).

Titanylschwefelsäure
1 g TiO_2 werden im Porzellantiegel mit 2 ml konz. H_2SO_4 erhitzt (Abzug), bis sich reichlich weiße Nebel bilden. Nach dem Abkühlen wird die Flüssigkeit langsam in 250 ml dest. Wasser gegossen. Die Lösung ist in einer Glasstöpselflasche aufzubewahren.
Reagenz auf H_2O_2 (Gelbfärbung).

Wasser-Reagenz
S. Kobalt(II)-chlorid-Papier - Kupfersulfat wasserfrei

Wasserstoffperoxid-Reagenz
S. Titanylschwefelsäure

Namenverzeichnis

Sachverzeichnis

C

D

F

G

H

K

L

M

N

Q

T

X

Z

GPSR Compliance

The European Union's (EU) General Product Safety Regulation (GPSR) is a set of rules that requires consumer products to be safe and our obligations to ensure this.

If you have any concerns about our products, you can contact us on ProductSafety@springernature.com

In case Publisher is established outside the EU, the EU authorized representative is:

Springer Nature Customer Service Center GmbH
Europaplatz 3
69115 Heidelberg, Germany

Batch number: 10577969

Printed by Printforce, the Netherlands